《机械设计手册》（第六版）单行本卷目

●常用设计资料	第 1 篇　一般设计资料
●机械制图·精度设计	第 2 篇　机械制图、极限与配合、形状和位置公差及表面结构
●常用机械工程材料	第 3 篇　常用机械工程材料
●机构·结构设计	第 4 篇　机构 第 5 篇　机械产品结构设计
●连接与紧固	第 6 篇　连接与紧固
●轴及其连接	第 7 篇　轴及其连接
●轴承	第 8 篇　轴承
●起重运输件·五金件	第 9 篇　起重运输机械零部件 第 10 篇　操作件、五金件及管件
●润滑与密封	第 11 篇　润滑与密封
●弹簧	第 12 篇　弹簧
●机械传动	第 14 篇　带、链传动 第 15 篇　齿轮传动
●减（变）速器·电机与电器	第 17 篇　减速器、变速器 第 18 篇　常用电机、电器及电动（液）推杆与升降机
●机械振动·机架设计	第 19 篇　机械振动的控制及应用 第 20 篇　机架设计
●液压传动	第 21 篇　液压传动
●液压控制	第 22 篇　液压控制
●气压传动	第 23 篇　气压传动

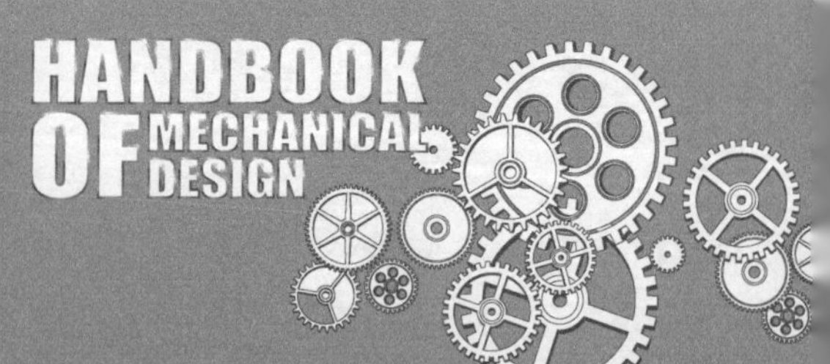

机械设计手册

第六版

单 行 本

机械制图 · 精度设计

主编单位　中国有色工程设计研究总院

主　　编　成大先

副 主 编　王德夫　姬奎生　韩学铨

姜　勇　李长顺　王雄耀

虞培清　成　杰　谢京耀

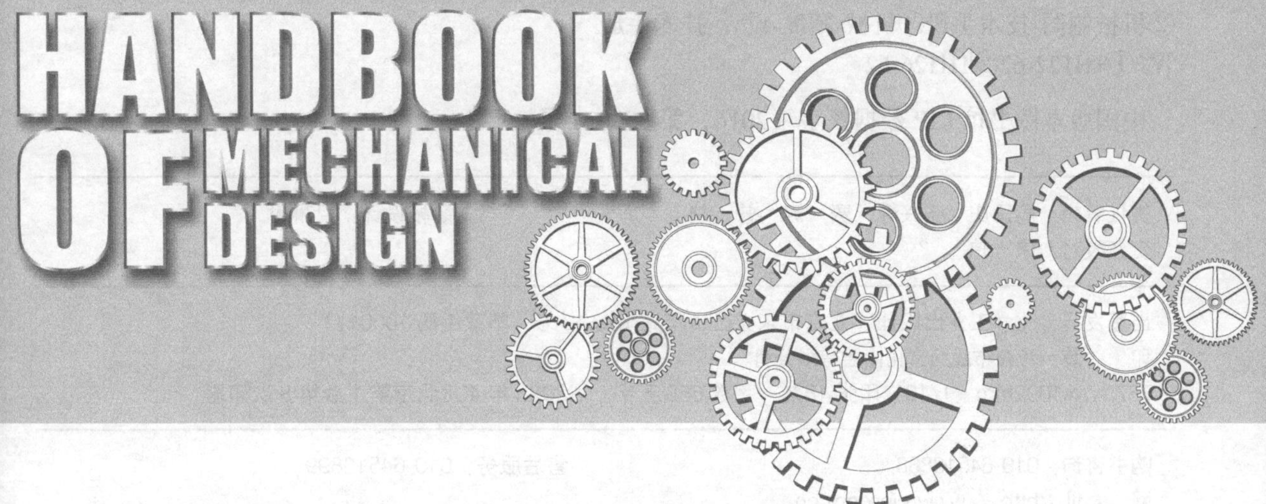

化学工业出版社

·北　京·

《机械设计手册》第六版单行本共 16 分册，涵盖了机械常规设计的所有内容。各分册分别为《常用设计资料》《机械制图·精度设计》《常用机械工程材料》《机构·结构设计》《连接与紧固》《轴及其连接》《轴承》《起重运输件·五金件》《润滑与密封》《弹簧》《机械传动》《减（变）速器·电机与电器》《机械振动·机架设计》《液压传动》《液压控制》《气压传动》。

本书为《机械制图·精度设计》。内容包括机械制图的规范要求、图样画法和标注方法，极限与配合、几何公差、表面结构参数的基本知识和选择，孔间距偏差的计算，同时还列出了相关产品标注实例。

本书可作为机械设计人员和有关工程技术人员的工具书，也可供高等院校有关专业师生参考使用。

图书在版编目（CIP）数据

机械设计手册：单行本. 机械制图·精度设计/成大先主编. —6 版. —北京：化学工业出版社，2017. 1（2023.4 重印）

ISBN 978-7-122-28707-6

Ⅰ.①机…　Ⅱ.①成…　Ⅲ.①机械设计-技术手册②机械制图-技术手册③机械-精度-设计-技术手册
Ⅳ.①TH122-62②TH126-62

中国版本图书馆 CIP 数据核字（2016）第 309034 号

责任编辑：周国庆　张兴辉　贾　娜　曾　越　　　装帧设计：尹琳琳
责任校对：宋　玮

出版发行：化学工业出版社（北京市东城区青年湖南街 13 号　邮政编码 100011）
印　　装：涿州市般润文化传播有限公司
787mm×1092mm　1/16　印张 18¾　字数 658 千字　　2023 年 4 月北京第 1 版第 8 次印刷

购书咨询：010-64518888　　售后服务：010-64518899
网　　址：http://www.cip.com.cn
凡购买本书，如有缺损质量问题，本社销售中心负责调换。

定　　价：49.00 元　

撰稿人员

成大先　中国有色工程设计研究总院
王德夫　中国有色工程设计研究总院
刘世参　《中国表面工程》杂志、装甲兵工程学院
姬奎生　中国有色工程设计研究总院
韩学铨　北京石油化工工程公司
余梦生　北京科技大学
高淑之　北京化工大学
柯蕊珍　中国有色工程设计研究总院
杨　青　西北农林科技大学
刘志杰　西北农林科技大学
王欣玲　机械科学研究院
陶兆荣　中国有色工程设计研究总院
孙东辉　中国有色工程设计研究总院
李福君　中国有色工程设计研究总院
阮忠唐　西安理工大学
熊绮华　西安理工大学
雷淑存　西安理工大学
田惠民　西安理工大学
殷鸿樑　上海工业大学
齐维浩　西安理工大学
曹惟庆　西安理工大学
吴宗泽　清华大学
关天池　中国有色工程设计研究总院
房庆久　中国有色工程设计研究总院
李建平　北京航空航天大学
李安民　机械科学研究院
李维荣　机械科学研究院
丁宝平　机械科学研究院
梁全贵　中国有色工程设计研究总院
王淑兰　中国有色工程设计研究总院
林基明　中国有色工程设计研究总院
王孝先　中国有色工程设计研究总院
童祖楹　上海交通大学
刘清廉　中国有色工程设计研究总院
许文元　天津工程机械研究所
孙永旭　北京古德机电技术研究所
丘大谋　西安交通大学
诸文俊　西安交通大学
徐　华　西安交通大学
谢振宇　南京航空航天大学
陈应斗　中国有色工程设计研究总院
张奇芳　沈阳铝镁设计研究院
安　剑　大连华锐重工集团股份有限公司
迟国东　大连华锐重工集团股份有限公司
杨明亮　太原科技大学
邹舜卿　中国有色工程设计研究总院
邓述慈　西安理工大学
周凤香　中国有色工程设计研究总院
朴树寰　中国有色工程设计研究总院
杜子英　中国有色工程设计研究总院
汪德涛　广州机床研究所
朱　炎　中国航宇救生装置公司
王鸿翔　中国有色工程设计研究总院
郭　永　山西省自动化研究所
厉海祥　武汉理工大学
欧阳志喜　宁波双林汽车部件股份有限公司
段慧文　中国有色工程设计研究总院
姜　勇　中国有色工程设计研究总院
徐永年　郑州机械研究所
梁桂明　河南科技大学
张光辉　重庆大学
罗文军　重庆大学
沙树明　中国有色工程设计研究总院
谢佩娟　太原理工大学
余　铭　无锡市万向联轴器有限公司
陈祖元　广东工业大学
陈仕贤　北京航空航天大学
郑自求　四川理工学院
贺元成　泸州职业技术学院
季泉生　济南钢铁集团

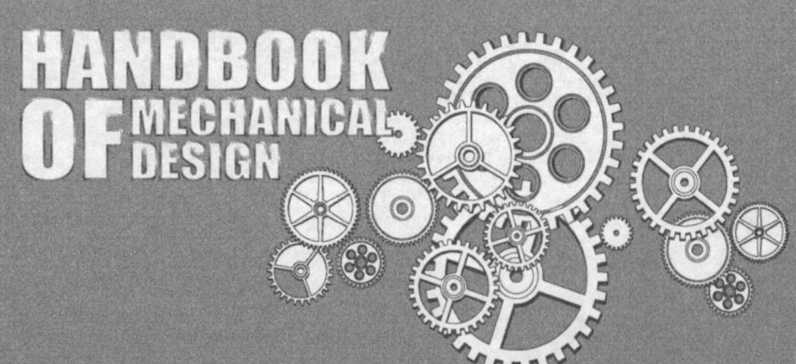

方　正　中国重型机械研究院
马敬勋　济南钢铁集团
冯彦宾　四川理工学院
袁　林　四川理工学院
孙夏明　北方工业大学
黄吉平　宁波市镇海减变速机制造有限公司
陈宗源　中冶集团重庆钢铁设计研究院
张　翌　北京太富力传动机器有限责任公司
陈　涛　大连华锐重工集团股份有限公司
于天龙　大连华锐重工集团股份有限公司
李志雄　大连华锐重工集团股份有限公司
刘　军　大连华锐重工集团股份有限公司
蔡学熙　连云港化工矿山设计研究院
姚光义　连云港化工矿山设计研究院
沈益新　连云港化工矿山设计研究院
钱亦清　连云港化工矿山设计研究院
于　琴　连云港化工矿山设计研究院
蔡学坚　邢台地区经济委员会
虞培清　浙江长城减速机有限公司
项建忠　浙江通力减速机有限公司
阮劲松　宝鸡市广环机床责任有限公司
纪盛青　东北大学
黄效国　北京科技大学
陈新华　北京科技大学
李长顺　中国有色工程设计研究总院
申连生　中冶迈克液压有限责任公司
刘秀利　中国有色工程设计研究总院
宋天民　北京钢铁设计研究总院
周　堉　中冶京城工程技术有限公司
崔桂芝　北方工业大学
佟　新　中国有色工程设计研究总院
禤有雄　天津大学
林少芬　集美大学
卢长耿　厦门海德科液压机械设备有限公司
容同生　厦门海德科液压机械设备有限公司
张　伟　厦门海德科液压机械设备有限公司
吴根茂　浙江大学
魏建华　浙江大学
吴晓雷　浙江大学
钟荣龙　厦门厦顺铝箔有限公司
黄　畬　北京科技大学
王雄耀　费斯托（FESTO）（中国）有限公司
彭光正　北京理工大学
张百海　北京理工大学
王　涛　北京理工大学
陈金兵　北京理工大学
包　钢　哈尔滨工业大学
蒋友谅　北京理工大学
史习先　中国有色工程设计研究总院

审稿人员

刘世参　成大先　王德夫　郭可谦　汪德涛　方　正　朱　炎　李钊刚
姜　勇　陈谌闻　饶振纲　季泉生　洪允楣　王　正　詹茂盛　姬奎生
张红兵　卢长耿　郭长生　徐文灿

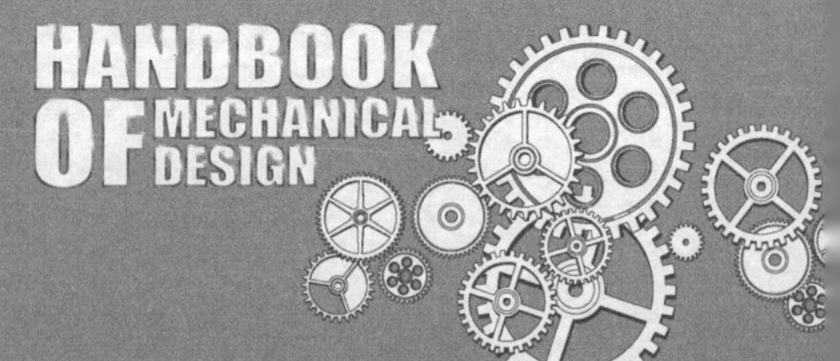

《机械设计手册》（第六版）单行本
出版说明

重点科技图书《机械设计手册》自1969年出版发行以来，已经修订至第六版，累计销售量超过130万套，成为新中国成立以来，在国内影响力最大的机械设计工具书，多次获得国家和省部级奖励。

《机械设计手册》以其技术性和实用性强、标准和数据可靠、便于使用和查询等特点，赢得了广大机械设计工作者和工程技术人员的首肯和好评。自出版以来，收到读者来信数千封。广大读者在对《机械设计手册》给予充分肯定的同时，也指出了《机械设计手册》装帧太厚、太重，不便携带和翻阅，希望出版篇幅小些的单行本，诸多读者建议将《机械设计手册》以篇为单位改编为多卷本。

根据广大读者的反映和建议，化学工业出版社组织编辑人员深入设计科研院所、大中专院校、制造企业和有一定影响的新华书店进行调研，广泛征求和听取各方面的意见，在与主编单位协商一致的基础上，于2004年以《机械设计手册》第四版为基础，编辑出版了《机械设计手册》单行本，并在出版后很快得到了读者的认可。2011年，《机械设计手册》第五版单行本出版发行。

《机械设计手册》第六版（5卷本）于2016年初面市发行，在提高产品开发、创新设计方面，在促进新产品设计和加工制造的新工艺设计方面，在为新产品开发、老产品改造创新提供新型元器件和新材料方面，在贯彻推广标准化工作等方面，都较第五版有很大改进。为更加贴合读者需求，便于读者有针对性地选用《机械设计手册》第六版中的部分内容，化学工业出版社在汲取《机械设计手册》前两版单行本出版经验的基础上，推出了《机械设计手册》第六版单行本。

《机械设计手册》第六版单行本，保留了《机械设计手册》第六版（5卷本）的优势和特色，从设计工作的实际出发，结合机械设计专业具体情况，将原来的5卷23篇调整为16分册21篇，分别为《常用设计资料》《机械制图·精度设计》《常用机械工程材料》《机构·结构设计》《连接与紧固》《轴及其连接》《轴承》《起重运输件·五金件》《润滑与密封》《弹簧》《机械传动》《减（变）速器·电机与电器》《机械振动·机架设计》《液压传动》《液压控制》《气压传动》。这样，各分册篇幅适中，查阅和携带更加方便，有利于设计人员和广大读者根据各自需要

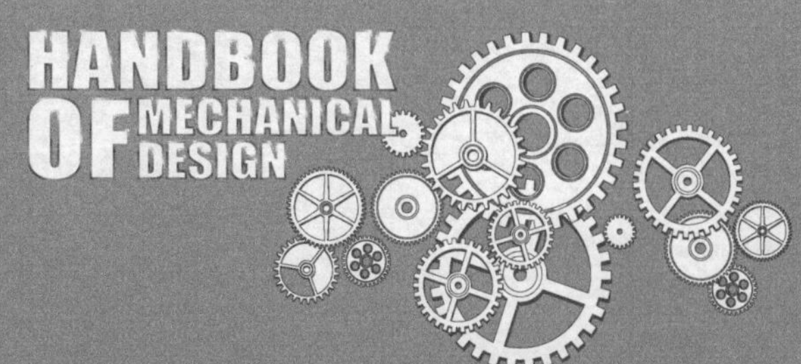

灵活选购。

《机械设计手册》第六版单行本将与《机械设计手册》第六版（5 卷本）一起，成为机械设计工作者、工程技术人员和广大读者的良师益友。

借《机械设计手册》第六版单行本出版之际，再次向热情支持和积极参加编写工作的单位和个人表示诚挚的敬意！向长期关心、支持《机械设计手册》的广大热心读者表示衷心感谢！

由于编辑出版单行本的工作量较大，时间较紧，难免存在疏漏，恳请广大读者给予批评指正。

化学工业出版社
2017 年 1 月

第六版前言

Sixth Edition Preface

《机械设计手册》自1969年第一版出版发行以来，已经修订了五次，累计销售量130万套，成为新中国成立以来，在国内影响力强、销售量大的机械设计工具书。作为国家级的重点科技图书，《机械设计手册》多次获得国家和省部级奖励。其中，1978年获全国科学大会科技成果奖，1983年获化工部优秀科技图书奖，1995年获全国优秀科技图书二等奖，1999年获全国化工科技进步二等奖，2002年获石油和化学工业优秀科技图书一等奖，2003年获中国石油和化学工业科技进步二等奖。1986~2015年，多次被评为全国优秀畅销书。

与时俱进、开拓创新，实现实用性、可靠性和创新性的最佳结合，协助广大机械设计人员开发出更好更新的产品，适应市场和生产需要，提高市场竞争力和国际竞争力，这是《机械设计手册》一贯坚持、不懈努力的最高宗旨。

《机械设计手册》(以下简称《手册》)第五版出版发行至今已有8年的时间，在这期间，我们进行了广泛的调查研究，多次邀请机械方面的专家、学者座谈，倾听他们对第六版修订的建议，并深入设计院所、工厂和矿山的第一线，向广大设计工作者了解《手册》的应用情况和意见，及时发现、收集生产实践中出现的新经验和新问题，多方位、多渠道跟踪、收集国内外涌现出来的新技术、新产品，改进和丰富《手册》的内容，使《手册》更具鲜活力，以最大限度地提高广大机械设计人员自主创新的能力，适应建设创新型国家的需要。

《手册》第六版的具体修订情况如下。

一、在提高产品开发、创新设计方面

1. 新增第5篇“机械产品结构设计”，提出了常用机械产品结构设计的12条常用准则，供产品设计人员参考。

2. 第1篇“一般设计资料”增加了机械产品设计的巧（新）例与错例等内容。

3. 第11篇“润滑与密封”增加了稀有润滑装置的设计计算内容，以适应润滑新产品开发、设计的需要。

4. 第15篇“齿轮传动”进一步完善了符合ISO国际标准的渐开线圆柱齿轮设计，非零变位锥齿轮设计，点线啮合传动设计，多点啮合柔性传动设计等内容，例如增加了符合ISO标准的渐开线齿轮几何计算及算例，更新了齿轮精度等。

5. 第23篇“气压传动”增加了模块化电/气混合驱动技术、气动系统节能等内容。

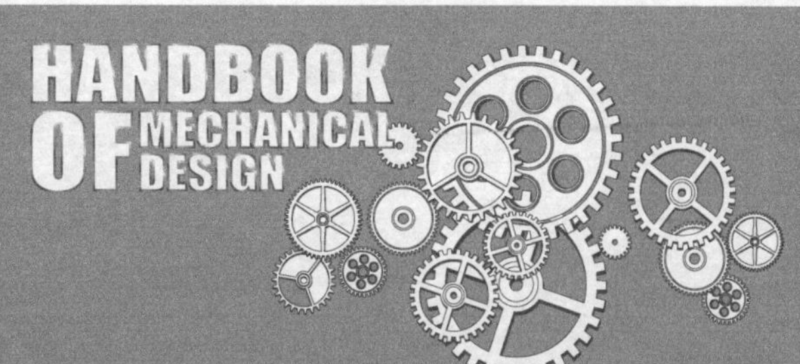

二、在为新产品开发、老产品改造创新，提供新型元器件和新材料方面

1. 介绍了相关节能技术及产品，例如增加了气动系统的节能技术和产品、节能电机等。

2. 各篇介绍了许多新型的机械零部件，包括一些新型的联轴器、离合器、制动器、带减速器的电机、起重运输零部件、液压元件和辅件、气动元件等，这些产品均具有技术先进、节能等特点。

3. 新材料方面，增加或完善了铜及铜合金、铝及铝合金、钛及钛合金、镁及镁合金等内容，这些合金材料由于具有优良的力学性能、物理性能以及材料回收率高等优点，目前广泛应用于航天、航空、高铁、计算机、通信元件、电子产品、纺织和印刷等行业。

三、在贯彻推广标准化工作方面

1. 所有产品、材料和工艺均采用新标准资料，如材料、各种机械零部件、液压和气动元件等全部更新了技术标准和产品。

2. 为满足机械产品通用化、国际化的需要，遵照立足国家标准、面向国际标准的原则来收录内容，如第15篇“齿轮传动”更新并完善了符合ISO标准的渐开线齿轮设计等。

《机械设计手册》第六版是在前几版的基础上编写而成的。借《机械设计手册》第六版出版之际，再次向参加每版编写的单位和个人表示衷心的感谢！同时也感谢给我们提供大力支持和热忱帮助的单位和各界朋友们！

由于编者水平有限，调研工作不够全面，修订中难免存在疏漏和缺点，恳请广大读者继续给予批评指正。

主 编

目录
CONTENTS

第 2 篇 机械制图、极限与配合、形状和位置公差及表面结构

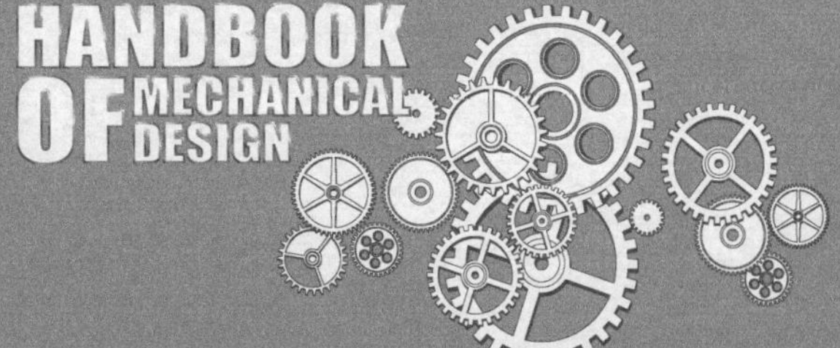

HANDBOOK
OF MECHANICAL
DESIGN

机械设计手册

第六版

第1卷

HANDBOOK OF MECHANICAL DESIGN

第2篇 机械制图、极限与配合、形状和位置公差及表面结构

主要撰稿　王德夫　杨　青　刘志杰　王欣玲

审　　稿　成大先　王德夫　强　毅

第1章 机械制图

国家已颁布部分《技术制图》标准，这些技术制图标准在技术内容上，相对工业部门（如机械、造船、建筑、土木及电气等行业）的制图标准具有统一性、通用性和通则性，它处于高一层次的位置，对各行业制图标准具有指导性。仍在贯彻执行的原《机械制图》国家标准若与《技术制图》有不一致的内容时，应执行《技术制图》标准。必要时，某些内容将《技术制图》与《机械制图》同时编入，使《机械制图》中的规定作为《技术制图》的补充。

1 图纸幅面及格式（摘自 GB/T 14689—2008）

表 2-1-1　　图纸幅面尺寸　　mm

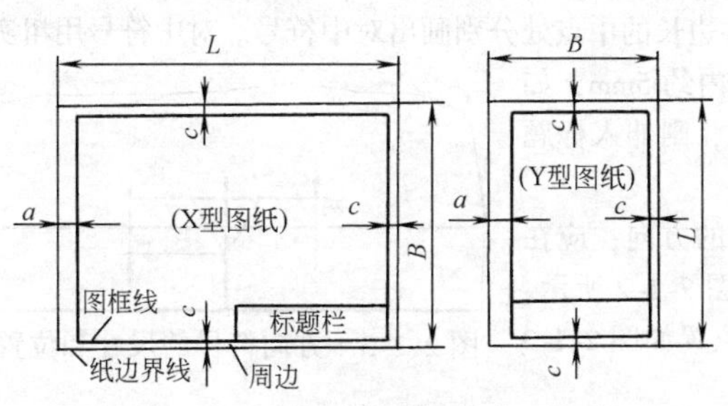

需要装订的图样

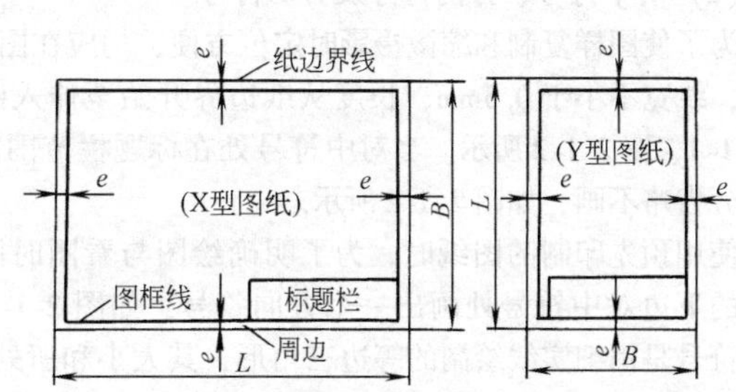

不需要装订的图样

基本幅面						加长幅面					
第一选择						第二选择		第三选择			
幅面代号	A0	A1	A2	A3	A4	幅面代号	B×L	幅面代号	B×L	幅面代号	B×L
B×L	841×1189	594×841	420×594	297×420	210×297	A3×3	420×891	A0×2	1189×1682	A3×5	420×1486
						A3×4	420×1189	A0×3	1189×2523	A3×6	420×1783
e	20		10			A4×3	297×630	A1×3	841×1783	A3×7	420×2080
						A4×4	297×841	A1×4	841×2378	A4×6	297×1261
c	10			5		A4×5	297×1051	A2×3	594×1261	A4×7	297×1471
								A2×4	594×1682	A4×8	297×1682
a	25							A2×5	594×2102	A4×9	297×1892

注：1. 绘制技术图样时，应优先采用基本幅面。必要时，也允许选用第二选择的加长幅面或第三选择的加长幅面。

2. 加长幅面的图框尺寸，按所选用的基本幅面大一号的图框尺寸确定。例如 A2×3 的图框尺寸，按 A1 的图框尺寸确定，即 e 为 20（或 c 为 10），而 A3×4 的图框尺寸，按 A2 的图框尺寸确定，即 e 为 10（或 c 为 10）。

3. 标题栏的长边置于水平方向并与图纸的长边平行时，则构成 X 型图纸，若标题栏的长边与图纸的长边垂直时，则构成 Y 型图纸，如图所示。

2　标题栏方位、附加符号及投影符号（摘自 GB/T 14689—2008）

（1）标题栏的方位

每张图纸上都必须画出标题栏，标题栏的位置位于图纸的右下方，见上一节，标题栏的格式和尺寸见下一节。当X型图纸横放、Y型图纸竖放时，看图方向与看标题栏的方向一致（见上节图）。

为了利用预先印制的图纸，允许将X型图纸的短边置于水平位置使用，如图 2-1-1 所示，或将Y型图纸的长边置于水平位置使用，如图 2-1-2 所示。

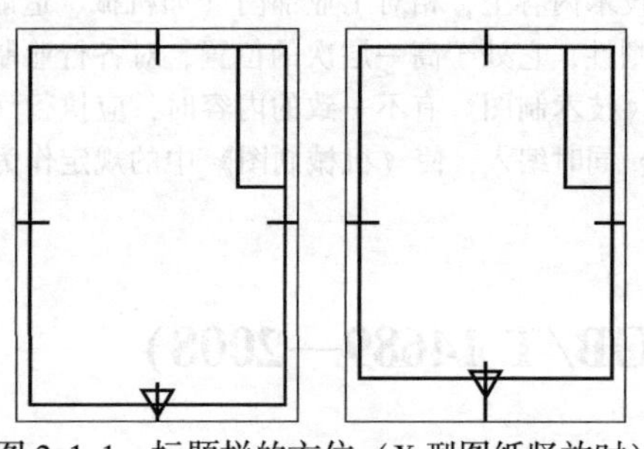

图 2-1-1　标题栏的方位（X型图纸竖放时）

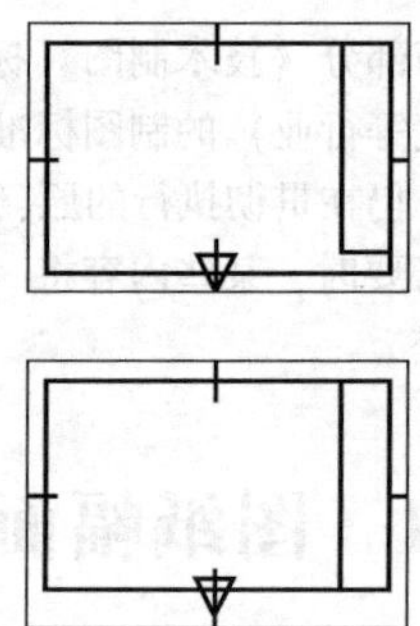

图 2-1-2　标题栏的方位（Y型图纸横放时）

（2）对中符号、方向符号及剪切符号

为了使图样复制和缩微摄影时定位方便，均应在图纸各边长的中点处分别画出对中符号。对中符号用粗实线绘制，线宽不小于 0.5mm，长度从纸边界开始至伸入图框内约 5mm，如图 2-1-1、图 2-1-2 所示。当对中符号处在标题栏范围内时，则伸入标题栏部分省略不画，如图 2-1-2 所示。

使用预先印制的图纸时，为了明确绘图与看图时图纸的方向，应在图纸的下边对中符号处画出一个方向符号，如图 2-1-1、图 2-1-2 所示。方向符号是用细实线绘制的等边三角形，其大小和所处的位置如图 2-1-3 所示。

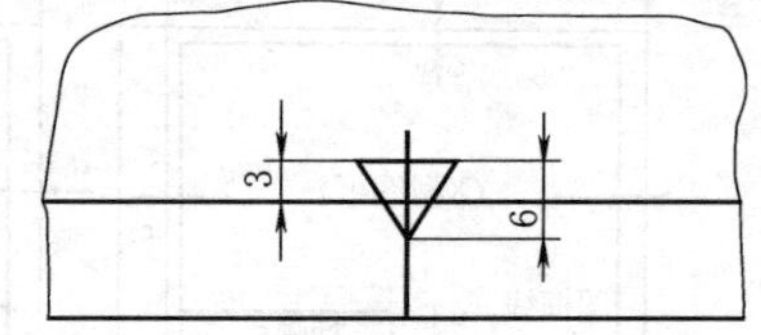

图 2-1-3　方向符号的尺寸和位置

为使复制图样时便于自动切剪，可在图纸（如供复制用的底图）的四个角上分别绘出剪切符号，剪切符号可采用直角边边长为 10mm 的黑色等腰三角形，如图 2-1-4 所示，当使用这种符号对某些自动切纸机不适合时，也可以将剪切符号画成两条粗线段，线段的线宽为 2mm，线长为 10mm，如图 2-1-5 所示。

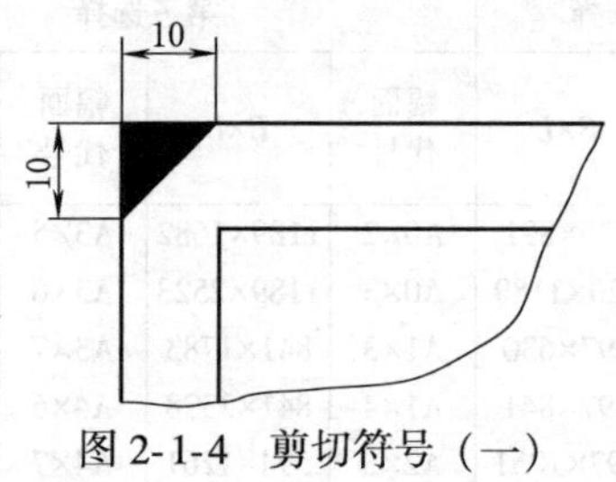

图 2-1-4　剪切符号（一）

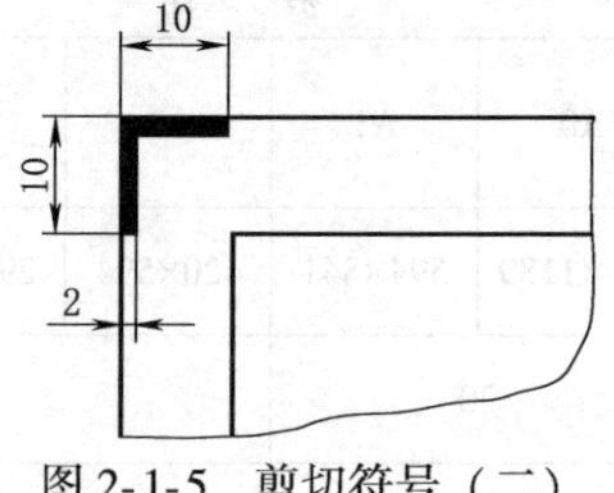

图 2-1-5　剪切符号（二）

（3）投影符号

第一角画法的投影识别符号，如图 2-1-6 所示。第三角画法的投影识别符号，如图 2-1-7 所示。

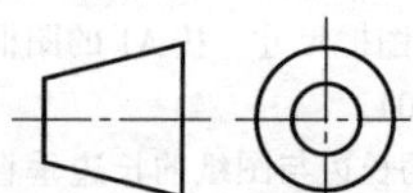

图 2-1-6　第一角画法的投影识别符号

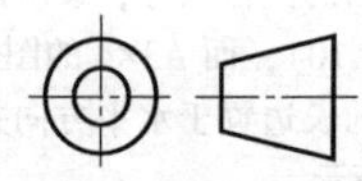

图 2-1-7　第三角画法的投影识别符号

投影符号中的线型用粗实线和细点画线绘制，其中粗实线的线宽不小于 0.5mm，如图 2-1-6、图 2-1-7 所示。投影符号一般放置在标题栏中名称及代号区的下方。

3 标题栏和明细栏（摘自 GB/T 10609.1—2008、GB/T 10609.2—2009）

标题栏的位置应位于图纸的右下角，其长边置于水平方向并与图纸的长边平行，但 A4 图纸竖放，标题栏位于图纸正下方，其看图方向见上节。标题栏见图 2-1-8，明细栏见图 2-1-9。

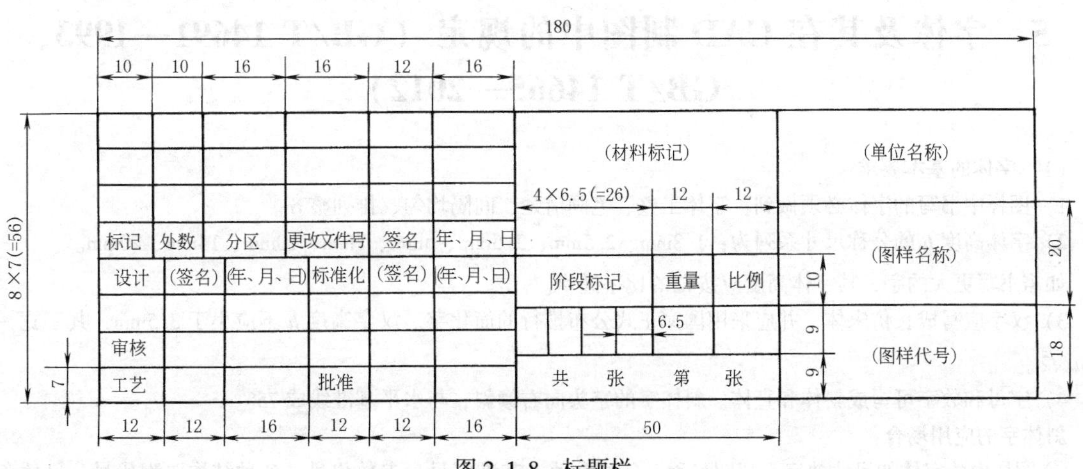

图 2-1-8 标题栏

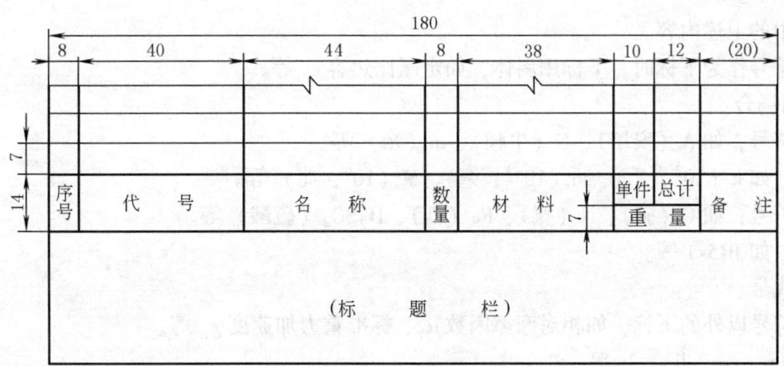

图 2-1-9 明细栏

4 比例（摘自 GB/T 14690—1993）

表 2-1-2

比例		应用说明
缩小比例	1∶2　1∶5　1∶10 1∶2×10^n　1∶5×10^n　1∶10×10^n (1∶1.5)(1∶2.5)(1∶3)(1∶4)(1∶6) (1∶1.5×10^n)(1∶2.5×10^n) (1∶3×10^n)(1∶4×10^n) (1∶6×10^n)	① 绘制同一机件的各个视图时，应尽可能采用相同的比例，使绘图和看图都很方便 ② 比例应标注在标题栏的比例栏内，必要时，可在视图名称的下方或右侧标注比例，例如： $\frac{\text{I}}{2:1}$　$\frac{A\text{向}}{1:10}$　$\frac{B—B}{2.5:1}$

续表

比例		应用说明
放大比例	2∶1　5∶1　10∶1 2×10^n∶1　5×10^n∶1　10×10^n∶1 （2.5∶1）（4∶1） （2.5×10^n∶1）（4×10^n∶1）	①当图形中孔的直径或薄片的厚度小于或等于 2mm，以及斜度和锥度较小时，可不按比例而夸大画出 ②表格图或空白图不必标注比例

注：1. n 为正整数。

2. 必要时允许采用带括号的比例。

3. 原值比例为 1∶1（即比值为 1 的比例）。

5　字体及其在 CAD 制图中的规定（GB/T 14691—1993、GB/T 14665—2012）

（1）字体的基本要求

1）图样中书写的字体必须做到：字体工整、笔画清楚、间隔均匀、排列整齐。

2）字体高度 h 的公称尺寸系列为：1.8mm、2.5mm、3.5mm、5mm、7mm、10mm、14mm、20mm。如需书写更大的字，其字体高度应按$\sqrt{2}$的比率递增。

3）汉字应写成长仿宋体，并应采用国家正式公布推行的简化字。汉字高度 h 不应小于 3.5mm，其字宽一般为 $h/\sqrt{2}$。

4）字母和数字可写成斜体和直体。斜体字的字头向右倾斜，与水平基准线成 75°。

斜体字的应用场合：

① 图样中的字体如尺寸数字，视图名称，公差数值，基准符号，参数代号，各种结构要素代号，尺寸和角度符号，物理量的符号等。

② 技术文件中的上述内容。

③ 用物理量符号作为下标时，下标用斜体，如定压比热容 c_p 等。

直体字的应用场合：

① 计量单位符号，如 A（安培）、N（牛顿）、m（米）等。

② 单位词头，如 k（10^3，千）、m（10^{-3}，毫）、M（10^6，兆）等。

③ 化学元素符号，如 C（碳）、N（氮）、Fe（铁）、H_2SO_4（硫酸）等。

④ 产品型号，如 JR5-1 等。

⑤ 图幅分区代号。

⑥ 除物理量符号以外的下标，如相对摩擦因数 μ_τ、标准重力加速度 g_n 等。

⑦ 数学符号 sin、cos、lim、ln 等。

5）字母和数字分 A 型和 B 型。A 型字体的笔画宽度（d）为字高（h）的 1/14；B 型字体的笔画宽度（d）为字高（h）的 1/10。

6）用作指数、分数、极限偏差，注脚等的数字及字母，一般应采用小一号的字体。

7）汉字、拉丁字母、希腊字母、阿拉伯数字和罗马数字等组合书写时，其排列格式和规定的间距尺寸比例见图 2-1-10 及表 2-1-3。

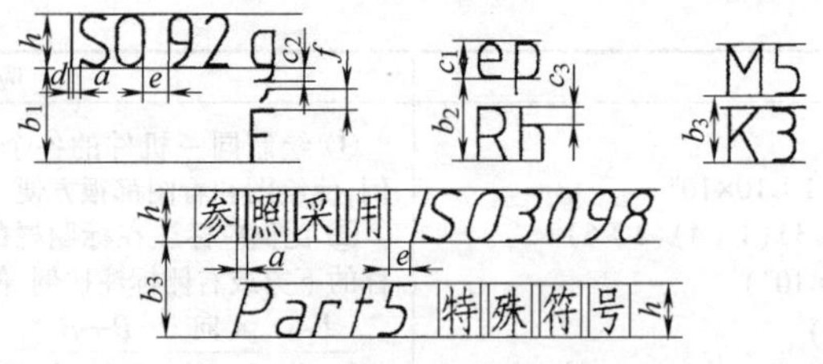

图 2-1-10

表 2-1-3　　组合字体间距尺寸基本比例

书写格式		基本比例	
		A 型字体	B 型字体
大写字母高度	h	$(14/14)h$	$(10/10)h$
小写字母高度	c_1	$(10/14)h$	$(7/10)h$
小写字母伸出尾部	c_2	$(4/14)h$	$(3/10)h$
小写字母出头部	c_3	$(4/14)h$	$(3/10)h$
发音符号范围	f	$(5/14)h$	$(4/10)h$
字母间间距①	a	$(2/14)h$	$(2/10)h$
基准线最小间距(有发音符号)	b_1	$(25/14)h$	$(19/10)h$
基准线最小间距(无发音符号)	b_2	$(21/14)h$	$(15/10)h$
基准线最小间距(仅为大写字母)	b_3	$(17/14)h$	$(13/10)h$
词间距	e	$(6/14)h$	$(6/10)h$
笔画宽度	d	$(1/14)h$	$(1/10)h$

① 特殊的字符组合，如 LA、TV、Tr 等，字母间距可为 $a=(1/14)\ h$（A 型）和 $a=(1/10)\ h$（B 型）。

（2）字体示例

表 2-1-4　　字体示例

汉字		字体工整　笔画清楚　间隔均匀　排列整齐
数字（斜体）		0123456789
拉丁字母（斜体）	大写	ABCDEFGHIJKLMNOP QRSTUVWXYZ
拉丁字母（斜体）	小写	abcdefghijklmnopq rstuvwxyz
希腊字母（斜体）	大写	ΑΒΓΔΕΖΗΘΙΚ ΛΜΝΞΟΠΡΣΤ ΥΦΧΨΩ

续表

希腊字母（斜体）	小写	αβγδεζηθϑικ λμνξοπρστ υϕφχψω
罗马数字（斜体）		I II III IV V VI VII VIII IX X
应用示例		10Js5(±0.003)　M24-6h $\phi 25\frac{H6}{m5}$　$\frac{II}{2:1}$ Ra 6.3 R8　5%　460r/min 220V　5MΩ　380kPa

注：本表示例中字母和数字均为 A 型字。

（3）CAD 制图中字体的要求

1）汉字一般用正体输出；字母除表示变量外，一般以正体输出；数字一般以正体输出。

2）小数点进行输出时，应占一个字位，并位于中间靠下处。

3）标点符号除省略号和破折号为两个字位外，其余均为一个符号一个字位。

4）字体高度 h 与图纸幅面之间的选用关系，见表 2-1-5。

5）字体的最小字（词）距、行距以及间隔或基准线与字体之间最小距离，见表 2-1-6。

表 2-1-5　　CAD 制图中字体与图幅关系　　mm

字体高度 \ 图幅	A0	A1	A2	A3	A4
汉字	7		5		
字母与数字	5		3.5		

表 2-1-6　　CAD 制图中字距、行距等的最小距离　　mm

<table>
<tr><th>字体</th><th colspan="5">最小距离</th></tr>
<tr><td rowspan="4">汉字</td><td>字距</td><td>1.5</td><td rowspan="4">字母与数字</td><td>字距</td><td>0.5</td></tr>
<tr><td rowspan="2">行距</td><td rowspan="2">2</td><td>间距</td><td>1.5</td></tr>
<tr><td>行距</td><td>1</td></tr>
<tr><td>间隔线或基准线与汉字的间距</td><td>1</td><td>间隔线或基准线与字母、数字的间距</td><td>1</td></tr>
</table>

注：当汉字与字母、数字组合使用时，字体的最小字距、行距等应根据汉字的规定使用。

6　图线（摘自 GB/T 4457.4—2002）

表 2-1-7　　线型的应用

<table>
<tr><th>代码 No.</th><th colspan="8">线　型</th><th colspan="2">一　般　应　用</th></tr>
<tr><td rowspan="3">01.1</td><td colspan="8">细实线</td><td colspan="2">1　过渡线　2　尺寸线　3　尺寸界线　4　指引线和基准线　5　剖面线　6　重合断面的轮廓线　7　短中心线　8　螺纹牙底线　9　尺寸线的起止线　10　表示平面的对角线　11　零件成形前的弯折线　12　范围线及分界线　13　重复要素表示线，如齿轮的齿根线　14　锥形结构的基面位置线　15　叠片结构位置线，如变压器叠钢片　16　辅助线　17　不连续同一表面连线　18　成规律分布的相同要素连线　19　投影线　20　网格线</td></tr>
<tr><td colspan="8">波浪线</td><td>21　断裂处边界线；视图与剖视图的分界线</td><td rowspan="2">对于波浪线或双折线在一张图样上一般采用一种线型</td></tr>
<tr><td colspan="8">双折线</td><td>22　断裂处边界线；视图与剖视图的分界线</td></tr>
<tr><td>01.2</td><td colspan="8">粗实线</td><td colspan="2">1　可见棱边线　2　可见轮廓线　3　相贯线　4　螺纹牙顶线　5　螺纹长度终止线　6　齿顶圆(线)　7　表格图、流程图中的主要表示线　8　系统结构线(金属结构工程)　9　模样分型线　10　剖切符号用线</td></tr>
<tr><td>02.1</td><td colspan="8">细虚线</td><td colspan="2">1　不可见棱边线　2　不可见轮廓线</td></tr>
<tr><td>02.2</td><td colspan="8">粗虚线</td><td colspan="2">1　允许表面处理的表示线</td></tr>
<tr><td>04.1</td><td colspan="8">细点画线</td><td colspan="2">1　轴线　2　对称中心线　3　分度圆(线)　4　孔系分布的中心线　5　剖切线</td></tr>
<tr><td>04.2</td><td colspan="8">粗点画线</td><td colspan="2">1　限定范围表示线</td></tr>
<tr><td>05.1</td><td colspan="8">细双点画线</td><td colspan="2">1　相邻辅助零件的轮廓线　2　可动零件的极限位置的轮廓线　3　质心线　4　成形前轮廓线　5　剖切面前的结构轮廓线　6　轨迹线　7　毛坯图中制成品的轮廓线　8　特定区域线　9　延伸公差带表示线　10　工艺用结构的轮廓线　11　中断线</td></tr>
<tr><td rowspan="3">图线组别和图线宽度/mm</td><td colspan="2">线型组别</td><td>0.25</td><td>0.35</td><td>0.5</td><td>0.7</td><td>1</td><td>1.4</td><td>2</td><td rowspan="3">① 在机械图样中采用粗、细两种线宽，它们之间的比例为 2∶1
② 线型组别 0.5 和 0.7 为优先采用的图线组别
③ 图线组别和图线宽度的选择应根据图样的类型、尺寸、比例和缩微复制的要求确定</td></tr>
<tr><td rowspan="2">与线型代码对应的线型宽度</td><td>01.2
02.2
04.2</td><td>0.25</td><td>0.35</td><td>0.5</td><td>0.7</td><td>1</td><td>1.4</td><td>2</td></tr>
<tr><td>01.1
02.1
04.1
05.1</td><td>0.13</td><td>0.18</td><td>0.25</td><td>0.35</td><td>0.5</td><td>0.7</td><td>1</td></tr>
</table>

注：1. 本标准是对 GB/T 17450—1998 的补充，即补充规定了机械图样中各种线型的具体应用，GB/T 17450 是本标准的基础。图线标准中所涉及的基本线型的结构、尺寸、标记和绘制规则见 GB/T 17450。

2. 对图线缩微复制的要求见 GB/T 10609.4—2009。

第 2 篇

表 2-1-8　部分线型的应用示例

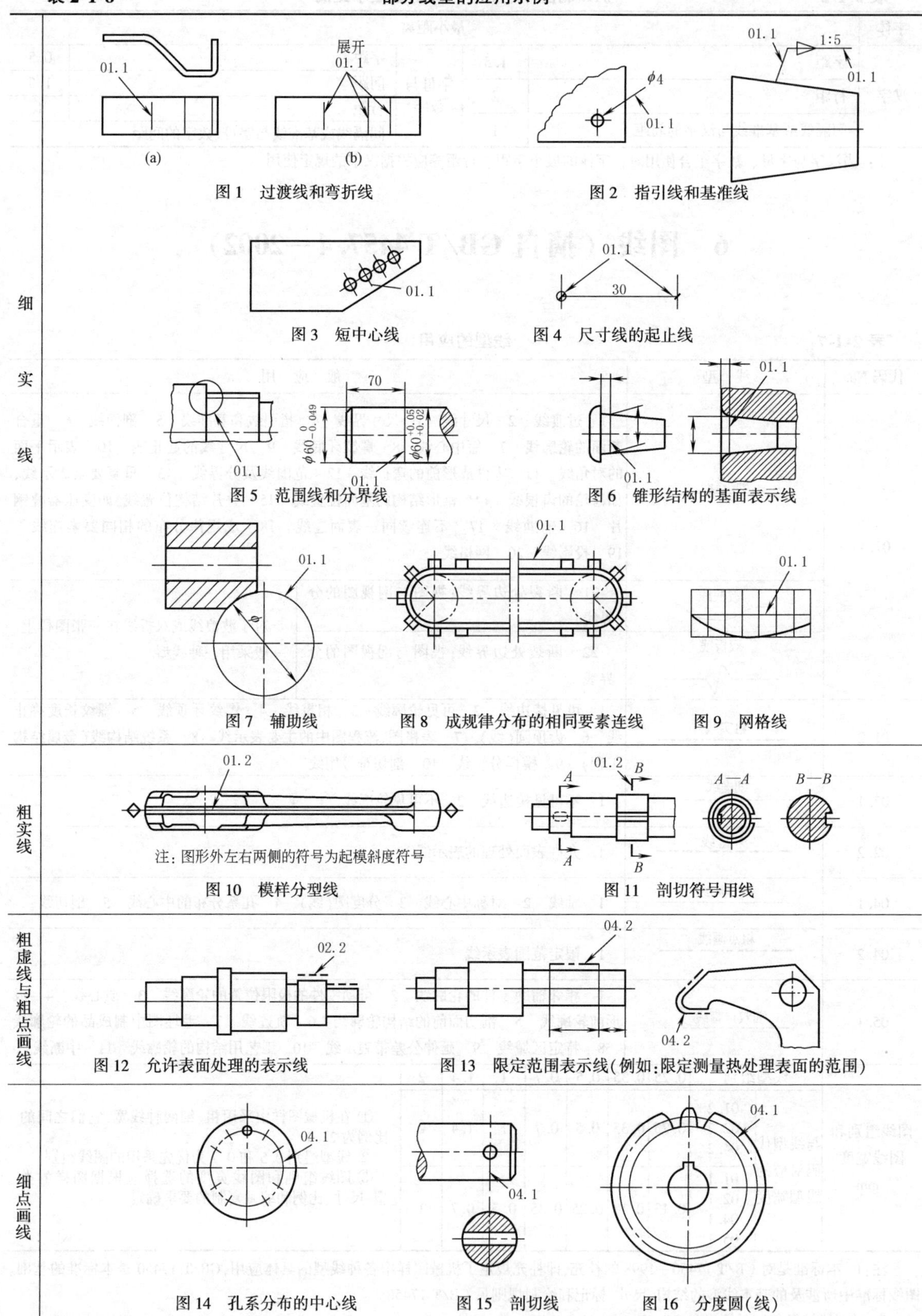

图 1　过渡线和弯折线

图 2　指引线和基准线

图 3　短中心线

图 4　尺寸线的起止线

图 5　范围线和分界线

图 6　锥形结构的基面表示线

图 7　辅助线

图 8　成规律分布的相同要素连线

图 9　网格线

图 10　模样分型线

图 11　剖切符号用线

图 12　允许表面处理的表示线

图 13　限定范围表示线（例如：限定测量热处理表面的范围）

图 14　孔系分布的中心线

图 15　剖切线

图 16　分度圆（线）

续表

细双点画线	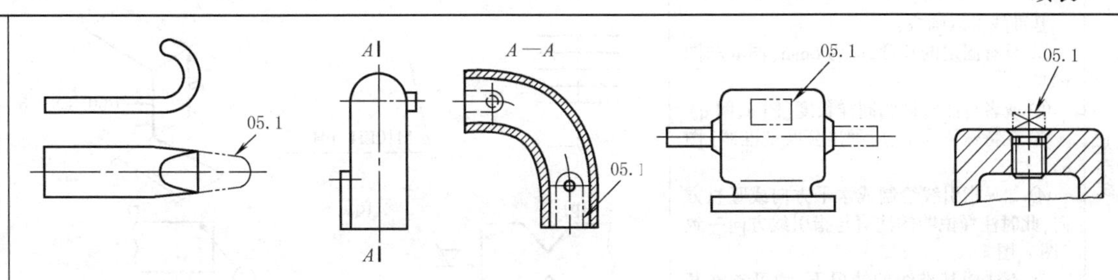 图 17 成形前轮廓线 图 18 剖切面前的结构轮廓线 图 19 特定区域线 图 20 工艺用结构的轮廓线

表 2-1-9 指引线和基准线的表达

指引线	指引线要与要表达的物体形成一定角度，在绘制的结构上给予限制，而不能与相邻的图纸(如剖面线)平行，与相应图纸所成的角度应大于 15°(图 a~图 m)	指引线为细实线，它以明确的方式建立图形和附加的字母、数字或文本说明(注意事项、技术要求、参照条款等)之间联系的线 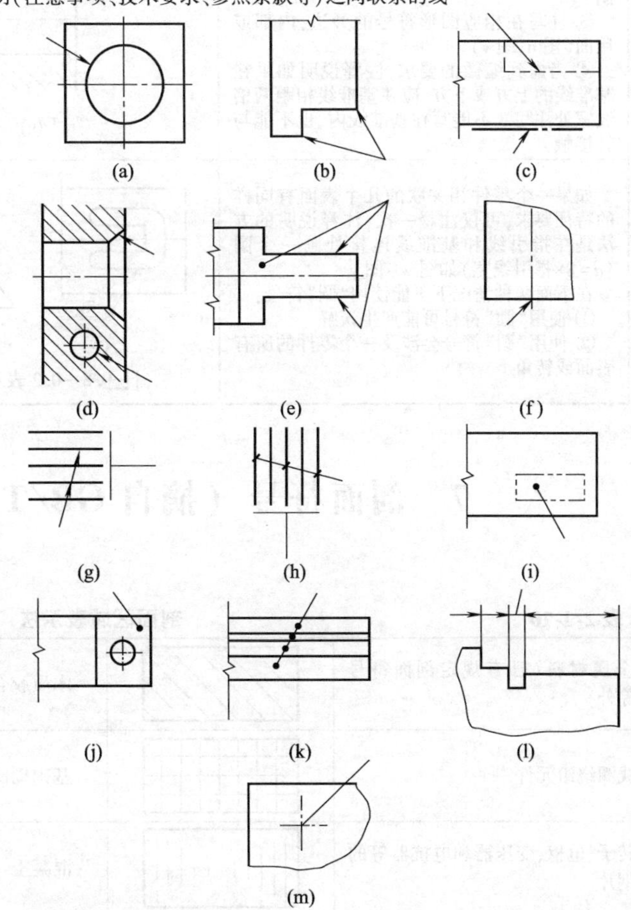
	指引线可以弯折成锐角(图 e)，两条或几条指引线可以有一个起点(图 b、图 e、图 g、图 h 和图 k)，指引线不能穿过其他的指引线、基准线以及诸如图形符号或尺寸数值等	
	指引线的终端有如下几种形式： ① 实心箭头 如果指引线终止于表达零件的轮廓线或转角处时，平面内部的管件和缆线，图表和曲线图上的图线时，可采用实心箭头。箭头也可以画到这些图线与其他图线(如对称中心线)相交处，如图 a~图 g 所示。如果是几条平行线，允许用斜线代替箭头(图 h) ② 一个点 如果指引线的末端在一个物体的轮廓内，可采用一个点(图 i~图 k) ③ 没有任何终止符号 指引线在另一条图线上，如尺寸线、对称线等(图 l、图 m)	
基准线	基准线应绘制成细实线，每条指引线都可以附加一条基准线，基准线应按水平或竖直方向绘制	基准线是与指引线相连的水平或竖直的细实线，可在上方或旁边注写附加说明 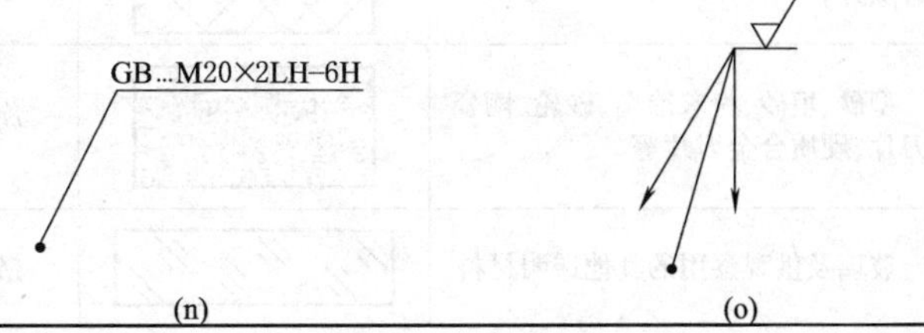

续表

基准线	基准线可以画成： ① 具有固定的长度，应为 6mm（图 o 和图 p） ② 或者与注解说明同样长度（图 n、图 q） ③ 在特殊情况下，应画出公共基准线（图 o） ④ 如果指引线绘制成水平方向或竖直方向，此时注释说明的注写与指引线方向一致（图 r、图 s） ⑤ 不适用基准线的情况下，均可省略基准线（图 l、图 t）	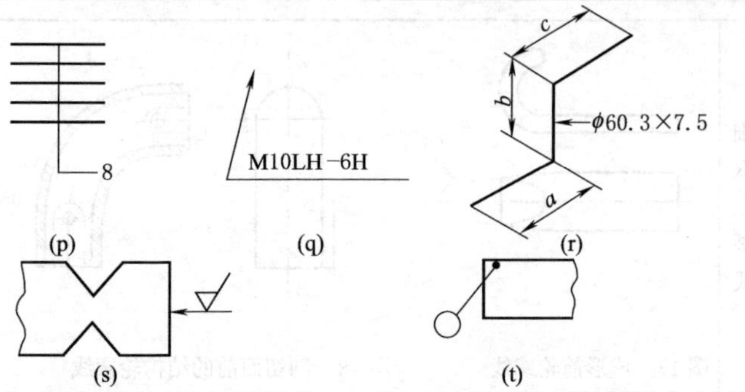 8 (p) M10LH−6H (q) c b a ϕ60.3×7.5 (r) (s) (t)
指引线注释的写法	① 优先注写在基准线的上方（图 n、图 q）（图 u、图 v） ② 注写在指引线或基准线的后面，并以字符的中部与指引线或基准线对齐（图 p、图 r） ③ 注写在相应图形符号的旁边，内部或后面（图 u、图 v） ④ 考虑到缩微的要求，注释说明如果在基准线的上方或下方，应在基准线相距两倍线宽处注写。不能写在基准线内，也不能与其接触	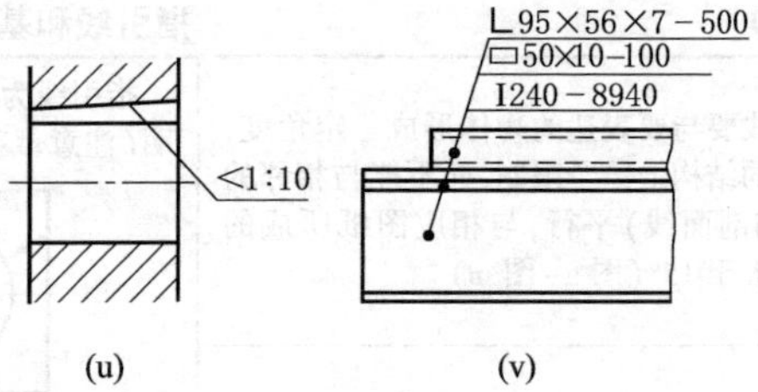 ◁1:10 (u) ∟95×56×7−500 □50×10−100 I240−8940 (v)
指引线上附加圆的应用	如果一个零件相关联的几个表面有同样的特征要求，可仅注释一次，注释说明的方法是在指引线和基准线连接处画一个圆（d=8×指引线宽）如图 w～图 y 在下面两种情况下不能使用“圆”符号： ① 使用“圆”符号可能产生误解 ② 使用“圆”符号会涉及一个零件的所有表面或转角	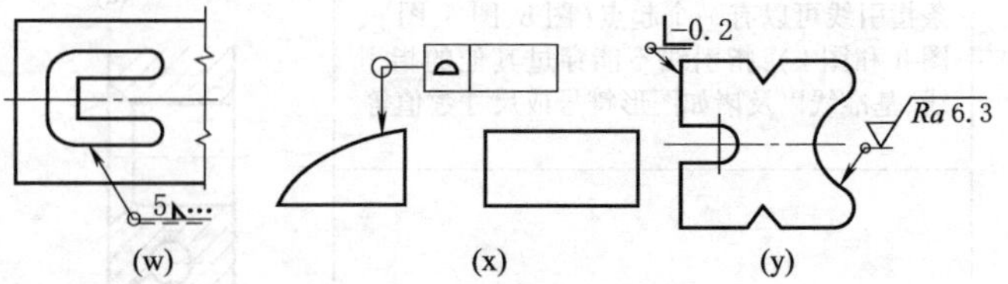 5 (w) (x) −0.2 Ra 6.3 (y) [−0.2—0.2 表示边的形状需去除材料（倒边），边为 0.2mm]

7　剖面符号（摘自 GB/T 4457.5—2013）

表 2-1-10　　剖面区域表示法

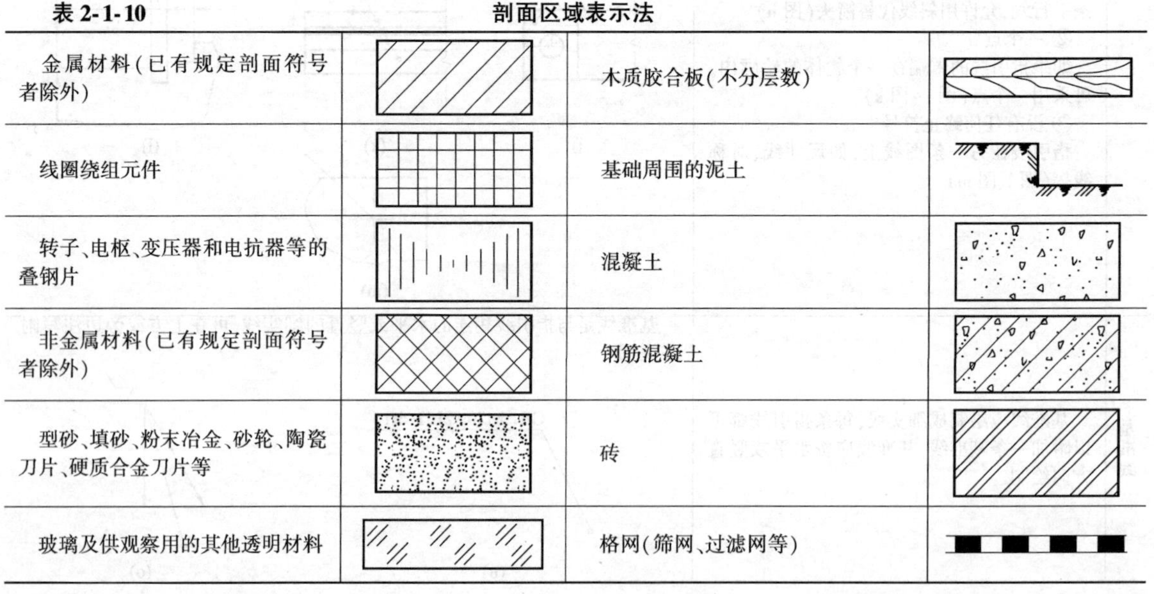

金属材料（已有规定剖面符号者除外）		木质胶合板（不分层数）	
线圈绕组元件		基础周围的泥土	
转子、电枢、变压器和电抗器等的叠钢片		混凝土	
非金属材料（已有规定剖面符号者除外）		钢筋混凝土	
型砂、填砂、粉末冶金、砂轮、陶瓷刀片、硬质合金刀片等		砖	
玻璃及供观察用的其他透明材料		格网（筛网、过滤网等）	

续表

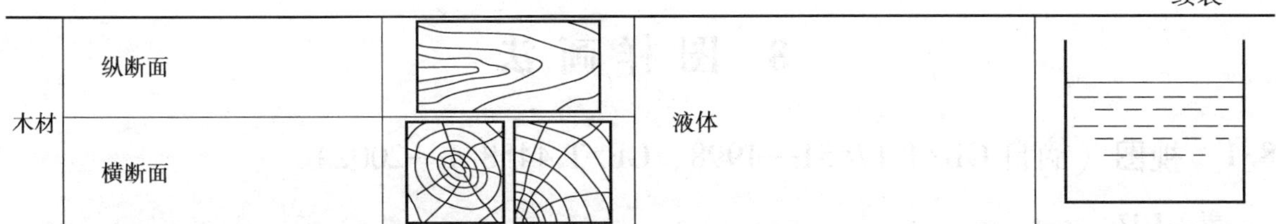

木材	纵断面		液体	
	横断面			

注：1. 剖面符号仅表示材料的类别，材料的名称和代号必须另行注明。
2. 叠钢片的剖面线方向，应与束装中叠钢片的方向一致。
3. 液面用细实线绘制。
4. 另有 GB/T 17453—2005《技术制图　图样画法　剖面区域的表示法》适用于各种技术图样，如机械、电气、建筑和土木工程图样等，所以机械制图应同时执行 GB/T 17453 的规定。

表 2-1-11　　剖面符号的画法

<table>
<tr><td colspan="2">① 在同一金属零件的零件图中，剖视图、断面图的剖面线，应画成间隔相等、方向相同且一般与剖面区域的主要轮廓或对称线成 45°的平行线（图 1）。必要时，剖面线也可画成与主要轮廓线成适当角度（见图 2）
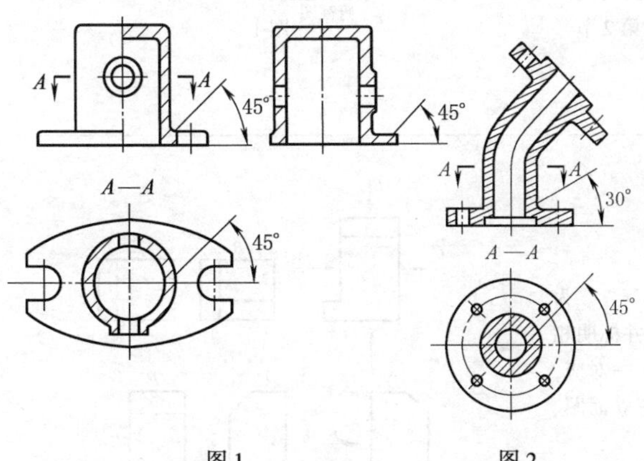

图 1　图 2</td><td colspan="2">② 当绘制接合件的图样时，各零件的剖面符号应按本表第⑧条的规定绘制（图 3～图 5）。当绘制接合件与其他零件的装配图时，如接合件中各零件的剖面符号相同，可作为一个整体画出（图 6）；如不相同，则应分别画出
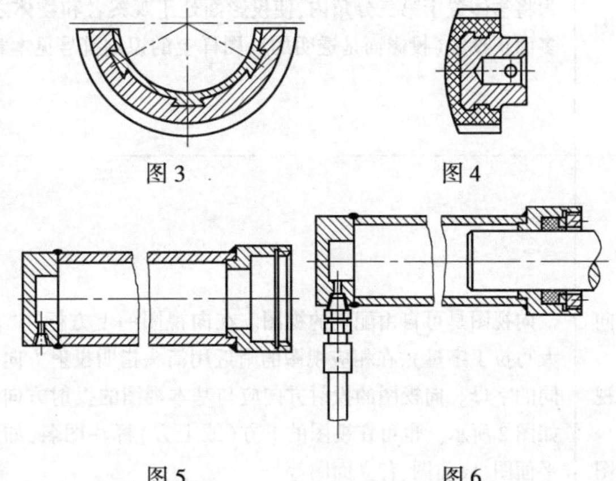
图 3　图 4
图 5　图 6</td></tr>
<tr><td>③ 相邻辅助零件（或部件），不画剖面符号（图 7）
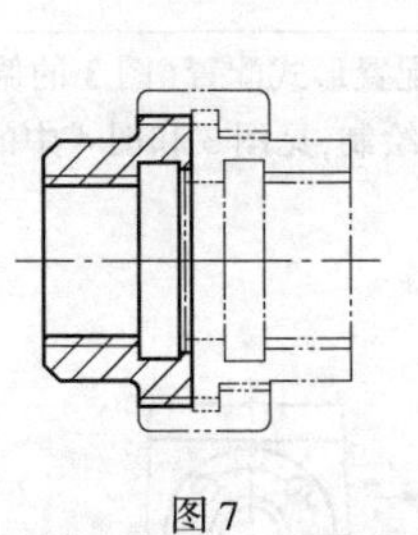
图 7</td><td>④ 当剖面区域较大时，可以只沿轮廓的周边画出剖面符号（图 8）
图 8</td><td>⑤ 如仅需画出剖视图中的一部分图形，其边界又不画波浪线时，则应将剖面线绘制整齐（图 9）
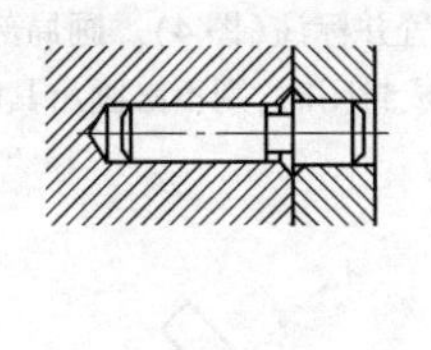
图 9</td><td>⑥ 木材、玻璃、液体、叠钢片、砂轮及硬质合金刀片等剖面符号，也可在外形视图中画出一部分或全部作为材料类别的标志（图 10）
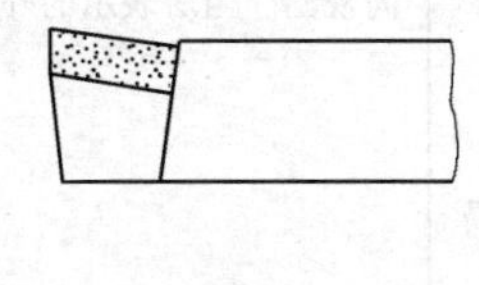
图 10</td></tr>
<tr><td colspan="2">⑦ 在装配图中，宽度小于或等于 2mm 的狭小面积的剖面区域，可用涂黑代替剖面符号（图 11）。如果是玻璃或其他材料，而不宜涂黑时，可不画剖面符号。当两邻接剖面区域均涂黑时，两剖面之间应留出不小于 0.7mm 的空隙（图 12）
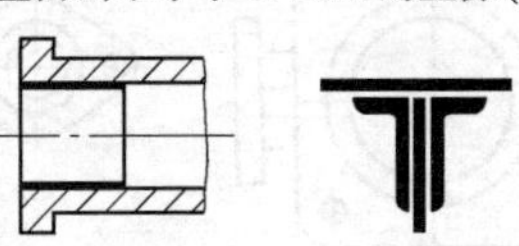
图 11　图 12</td><td colspan="2">⑧ 在装配图中，相邻金属零件的剖面线，其倾斜方向应相反，或方向一致而间隔不等（图 8、图 9）。同一装配图中的同一零件的剖面线应方向相同、间隔相等。当绘制剖面符号相同的相邻非金属零件时，应采用疏密不一的方法以示区别。由不同材料嵌入或粘贴在一起的成品，用其中主要材料的剖面符号表示。例如：夹丝玻璃的剖面符号，用玻璃的剖面符号表示；复合钢板的剖面符号，用钢板的剖面符号表示</td></tr>
</table>

第 2 篇

8 图样画法

8.1 视图（摘自 GB/T 17451—1998、GB/T 4458.1—2002）

表 2-1-12

基本视图	基本视图是物体向基本投影面投射所得的视图。六个基本视图的配置关系如图 1 所示。一般应取信息量最多的那个视图作为主视图。在同一张图纸内按图 1 配置时，可不标注视图名称 图样表示方法有第一角画法和第三角画法，见 GB/T 14692，优先采用第一角画法。本图所示为第一角画法，即将物体置于第一分角内，使其处于观察者与投影面之间得到的多面正投影。第三角画法为将物体置于第三分角内，使投影面处于观察者和物体之间得到的多面正投影（投影面是透明的），图样上的识别符号见本章第 2 节 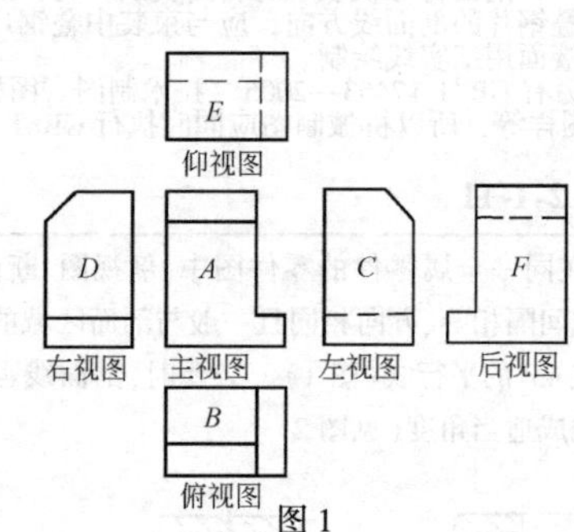 图 1
向视图	向视图是可自由配置的视图。在向视图的上方标注“×”（“×”为大写拉丁字母），在相应视图的附近用箭头指明投射方向，并标明相同的字母。向视图的投射方向应与基本视图的投射方向一一对应，如图 2 所示。也可在视图的下方（或上方）标注图名，如正立面图、平面图、底面图、背立面图等 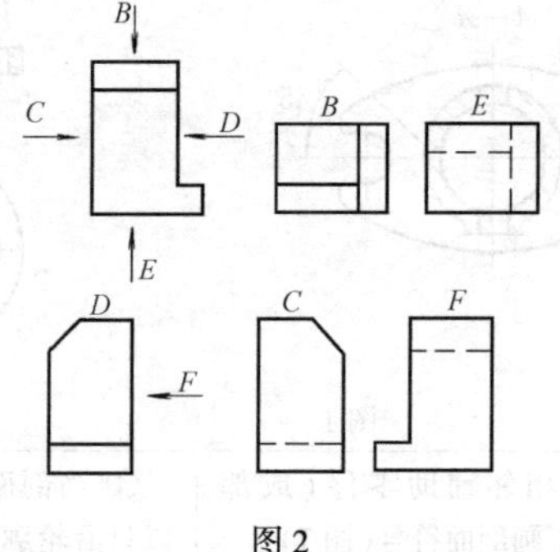 图 2
局部视图	局部视图是将物体的某一部分向基本投影面投射所得的视图。局部视图可按基本视图的配置形式配置（图 3 的俯视图）；也可按向视图的形式配置并标注（图 4）。画局部视图时，其断裂边界用波浪线或双折线绘制，见图 3 和图 4 中的 *A* 向视图。当所表示的外轮廓成封闭时，则不必画出其断裂边界线，见图 4 中 *B* 向视图 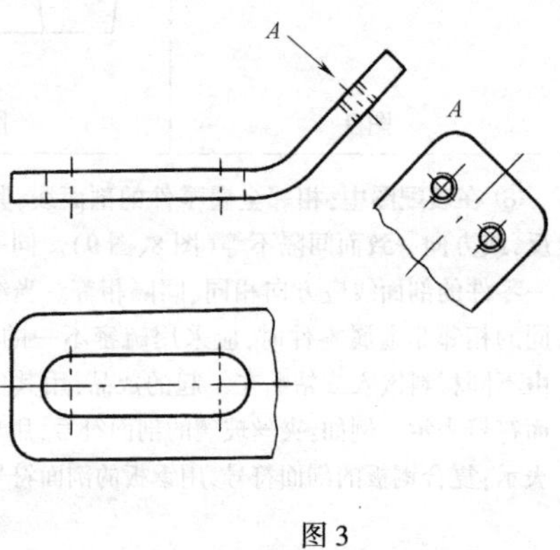 图 3 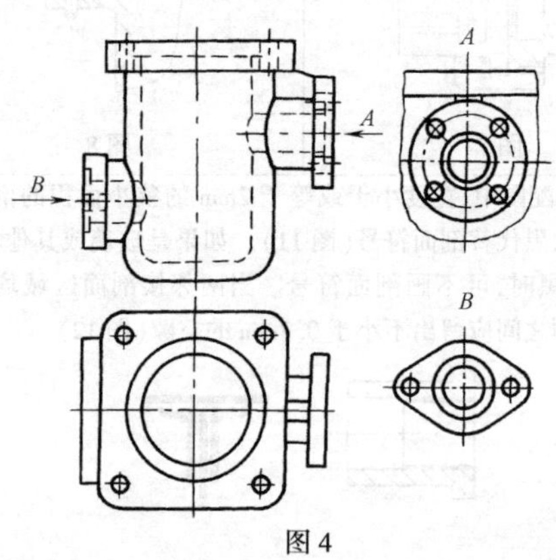 图 4

续表

<table>
<tr>
<td rowspan="3">局部视图</td>
<td colspan="2">为了节省绘图时间和图幅，对称构件或零件的视图可只画一半或四分之一，并在对称中心线的两端画出两条与其垂直的平行细实线(图 5~图 7)
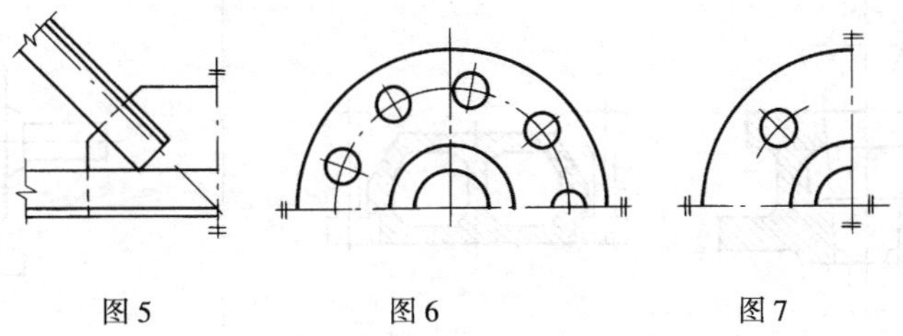
图 5　　图 6　　图 7</td>
</tr>
<tr>
<td rowspan="2">(摘自 GB/T 4458.1—2002)</td>
<td>按第三角画法(见 GB/T 14692)配置在视图上所需表示物体局部结构的附近，并用细点画线将两者相连(图 8~图 11)
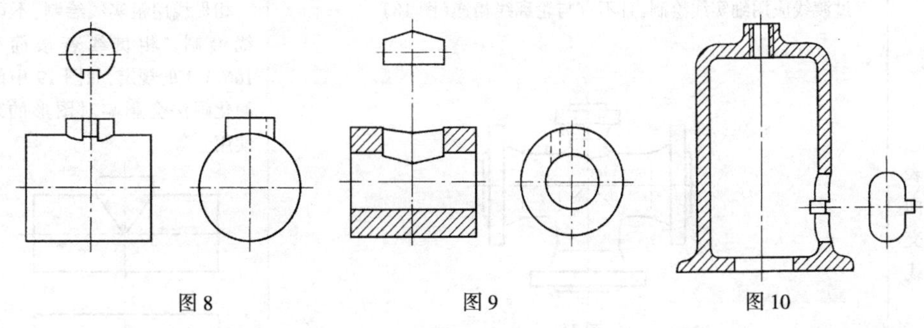
图 8　　图 9　　图 10
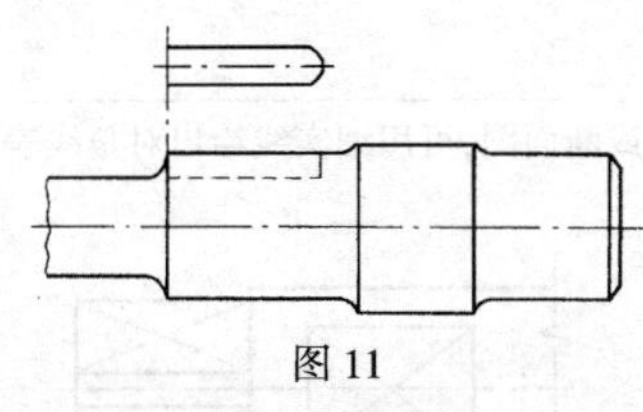
图 11</td>
</tr>
<tr>
<td>标注局部视图时，通常在其上方用大写的拉丁字母标出视图的名称，在相应视图附近用箭头指明投射方向，并注上相同的字母(图 4)。当局部视图按基本视图配置，中间又没有其他图形隔开时，则不必标注(图 3)</td>
</tr>
<tr>
<td>斜视图</td>
<td>斜视图是物体向不平行于基本投影面的平面投射所得的视图。斜视图通常按向视图的配置形式配置并标注(图 12)。必要时，允许将斜视图旋转配置，并标注旋转符号，表示该视图名称的大写拉丁字母应靠近旋转符号的箭头端(图 13)，也允许将旋转角度标注在字母之后(图 14)</td>
<td>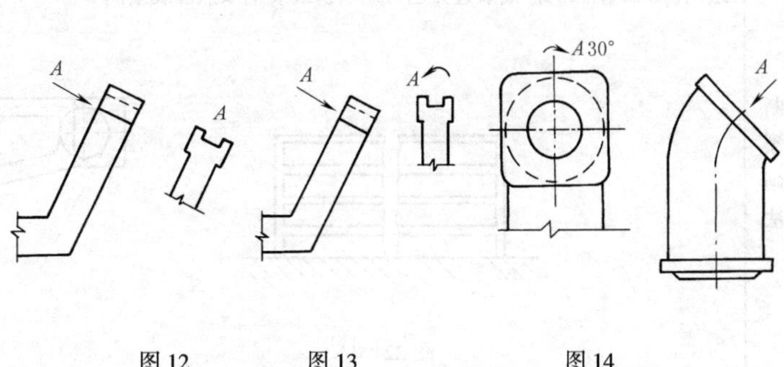

图 12　　图 13　　图 14</td>
</tr>
</table>

续表

<table>
<tr><td rowspan="4">视图其他表示法（摘自GB/T 4458.1—2002）</td><td>相邻的辅助零件与特定区域</td><td>相邻的辅助零件用细双点画线绘制。相邻的辅助零件不应覆盖主要零件，而可以被主要零件遮挡（图15、图16），相邻的辅助零件的剖面区域不画剖面线
图15　图16</td><td>当轮廓线无法明确绘制时，则其特定的封闭区域应用细双点画线绘制（图17）
（铭牌）
图17</td></tr>
<tr><td>表面交线</td><td>过渡线应用细实线绘制，且不宜与轮廓线相连（图18）
图18</td><td>相贯线用粗实线绘制，不可见相贯线用细虚线绘制。相贯线若按简化画法，按GB/T 16675.1的规定，如图19中的细虚线。当使用简化画法会影响对图形的理解时，则应避免使用
图19</td></tr>
<tr><td>平面画法</td><td colspan="2">为了避免增加视图、剖视图或断面图，可用细实线绘出对角线表示平面（图20、图21）
图20　图21</td></tr>
<tr><td>断裂画法</td><td colspan="2">较长的机件（轴、杆、型材、连杆等）沿长度方向的形状一致或按一定规律变化时，可断开绘制，其断裂边界用波浪线绘制（图22、图23）。断裂边界也可用双折线或细双点画线绘制
图22　图23</td></tr>
</table>

续表

视图其他表示法（摘自GB/T 4458.1—2002）	重复结构要素	零件中成规律分布的重复结构，允许只绘制出其中一个或几个完整的结构，并反映其分布情况。重复结构的数量和类型的表示应遵循 GB/T 4458.4 中的有关要求 对称的重复结构用细点画线表示各对称结构要素的位置(图 24、图 25)。不对称的重复结构则用相连的细实线代替(图 26) 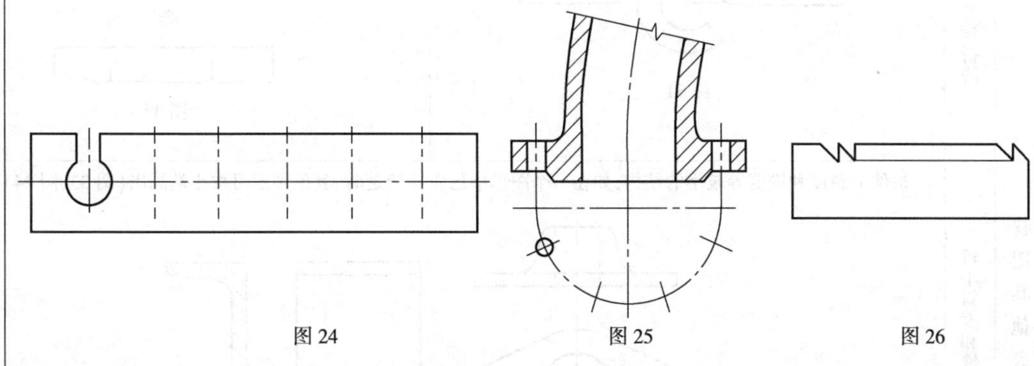 图 24　图 25　图 26
	局部放大图	局部放大图是将机件的部分结构用大于原图形的比例所画出的图形。局部放大图可画成视图，也可画成剖视图、断面图，它与被放大部分的表达方式无关(图 27)。局部放大图应尽量配置在被放大部位的附近。绘制局部放大图时，除螺纹牙型、齿轮和链轮的齿形外，应用细实线圈出被放大的部位。当机件上被放大的部分仅一个时，在局部放大图上方只需注明所采用的比例(图 28)。同一机件上不同部位的局部放大图，当图形相同或对称时，只需画出一个(图 29)。必要时可用几个图形来表达同一个被放大部分的结构(图 30) 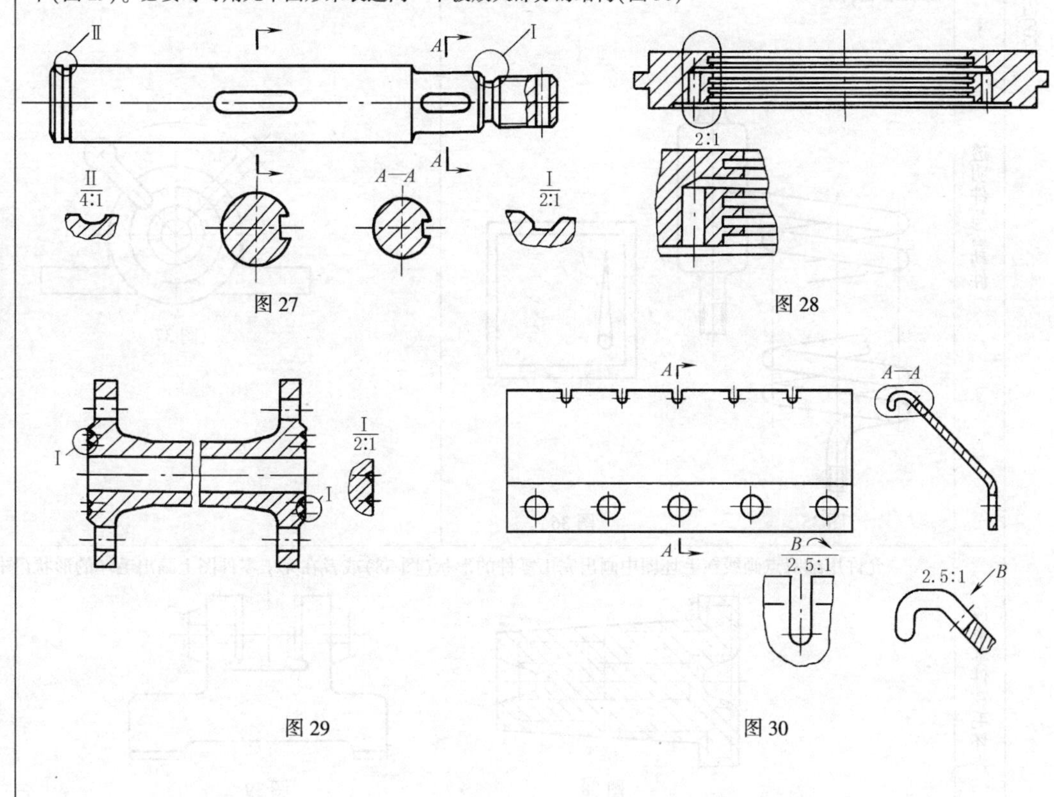 图 27　图 28　图 29　图 30

续表

视图其他表示法（摘自GB/T 4458.1—2002）

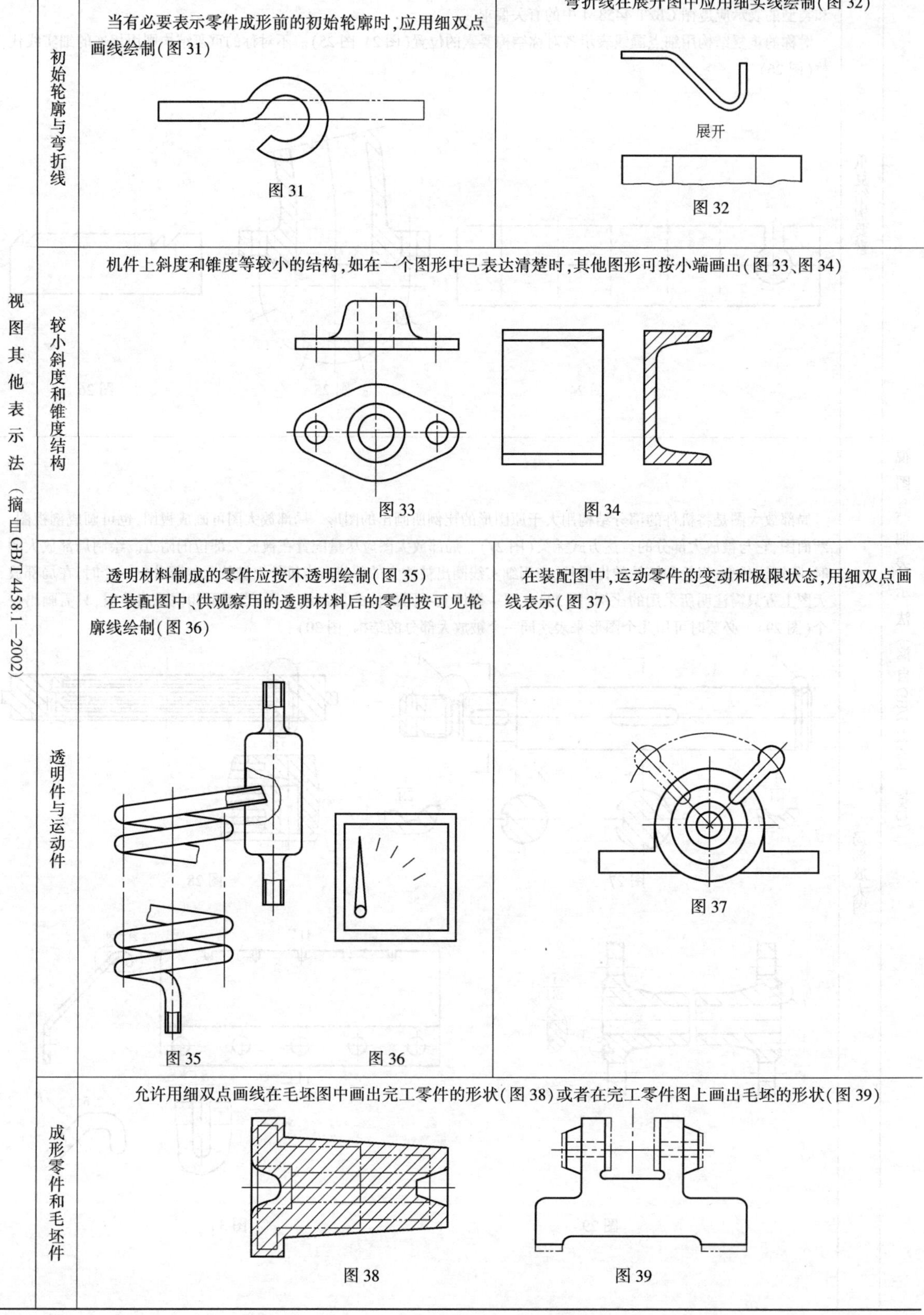

图31

图32

图33

图34

图35

图36

图37

图38

图39

续表

视图其他表示法（摘自GB/T 4458.1—2002）	分隔的相同元素的制成件和网状结构	分隔的相同元素的制成件，可局部地用细实线表示其组合情况（图 40） 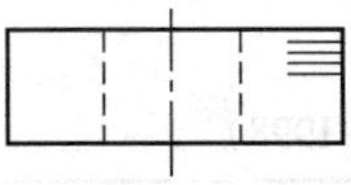 图 40	滚花、槽沟等网状结构应用粗实线完全或部分地表示出来（图 41） 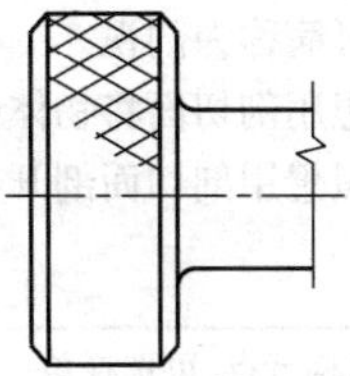 图 41
	纤维方向	材质的纤维方向和轧制方向，一般不必示出，必要时，应用带箭头的细实线表示（图 42、图 43）  纤维方向　轧制方向 图 42 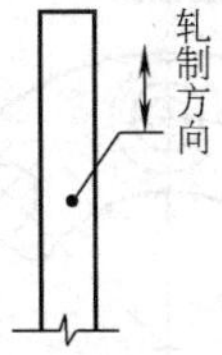　图 43	
	零件图中有两个或两个以上相同视图的表示	一个零件上有两个或两个以上图形相同的视图，可以只画一个视图，并用箭头、字母和数字表示其投射方向和位置（图 44、图 45） A1　A2　A1，A2 图 44 A2　A1　A1，A2 图 45	镜像零件：对于左右手零件或装配件，可用一个视图表示（图 46），并按 GB/T 16675.1 在图形下方注写必要的说明 零件 1(LH) 如图； 零件 2(RH) 对称 图 46

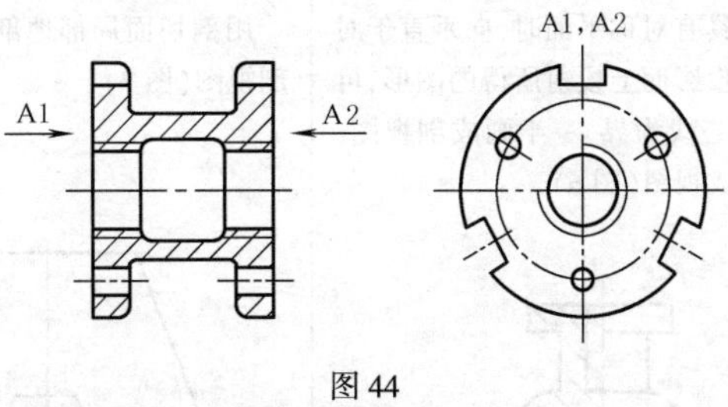

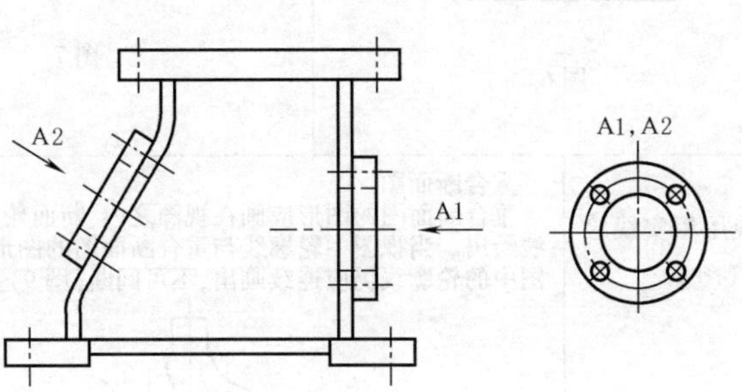

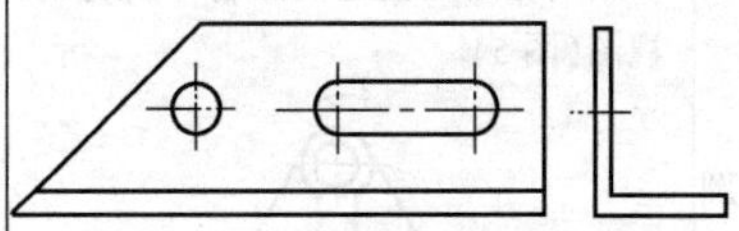

注：1. GB/T 4458.1—2002 规定，本部分适用于在机械制图中用正投影法（见 GB/T 14692—2008）绘制的技术图样，图样画法为第一角画法。在 GB/T 17451—1998 中规定优先采用第一角画法，必要时可按 GB/T 14692 的规定选用第三角画法，二者不矛盾。

2. 视图的简化画法见 GB/T 16675.1—2012。

8.2 剖视图和断面图（摘自 GB/T 17452—1998、GB/T 4458.6—2002）

剖视图是假想用剖切面剖开物体，将处在观察者和剖切面之间的部分移去，而将其余部分向投影面投射所得的图形。剖视图可简称为剖视。

断面图是假想用剖切面将物体的某处切断，仅画出该剖切面与物体接触部分的图形。断面图可简称为断面。

剖面区域是假想用剖切面剖开物体，剖切面与物体的接触部分。

表 2-1-13　　　剖视图和断面图（GB/T 17452—1998）

<table>
<tr><td>剖切面的分类</td><td colspan="3">根据物体的结构特点，可选择单一剖切面（平面或柱面）（图 1、图 2）、几个平行的剖切平面（图 3）或几个相交的剖切面（平面或柱面）（图 4）
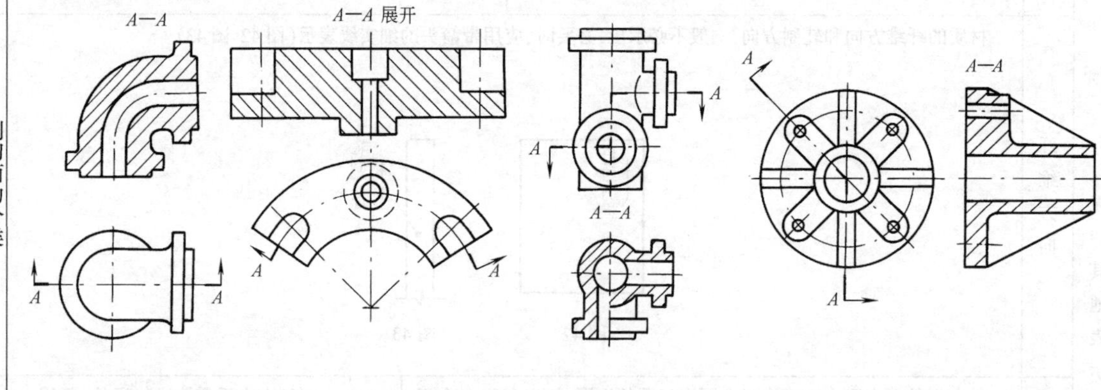

图 1　图 2　图 3　图 4</td></tr>
<tr><td>剖视图的分类</td><td>全剖视图
用剖切面完全地剖开物体所得的剖视图（图 5）
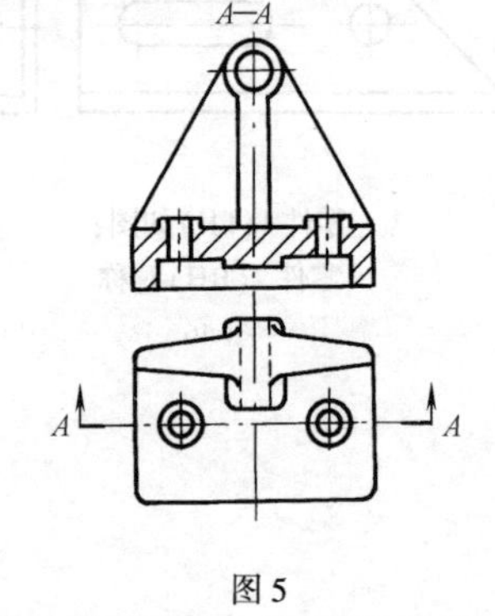

图 5</td><td>半剖视图
当物体具有对称平面时，向垂直于对称平面的投影面上投射所得的图形，可以对称中心线为界，一半画成剖视图，另一半画成视图（图 6）
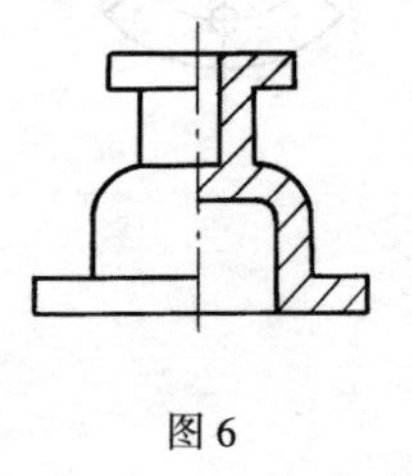
图 6</td><td>局部剖视图
用剖切面局部地剖开物体所得的剖视图（图 7）
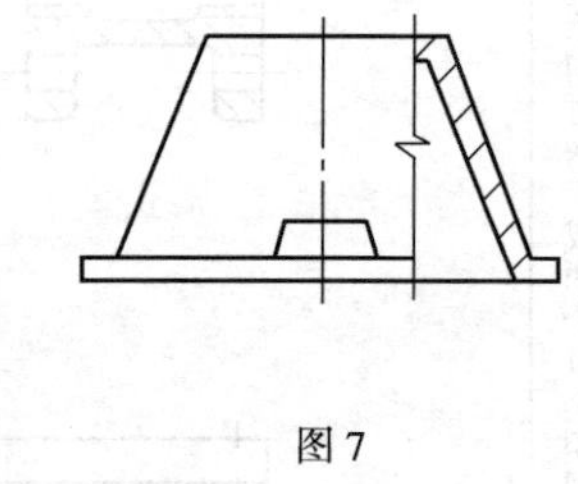
图 7</td></tr>
<tr><td>断面图的分类</td><td colspan="2">移出断面图
移出断面图的图形应画在视图之外，轮廓线用粗实线绘制，配置在剖切线的延长线上，或其他适当位置（图 8）
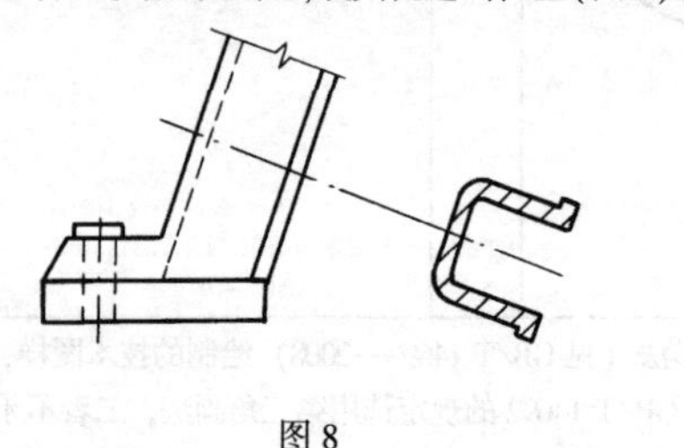
图 8</td><td>重合断面图
重合断面图的图形应画在视图之内，断面轮廓线用细实线绘出。当视图中轮廓线与重合断面图的图形重叠时，视图中的轮廓线仍应连续画出，不可间断（图 9）
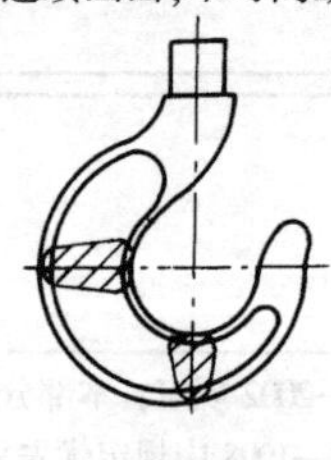
图 9</td></tr>
</table>

续表

剖视图和断面图的标注	一般应标注剖视图或移出断面图的名称“×—×”(×为大写拉丁字母或阿拉伯数字)。在相应的视图上用剖切符号表示剖切位置和投射方向,并标注相同的字母或数字(图5) 剖切符号、剖切线和字母的组合标注如图10所示。剖切线也可省略不画,如图11所示 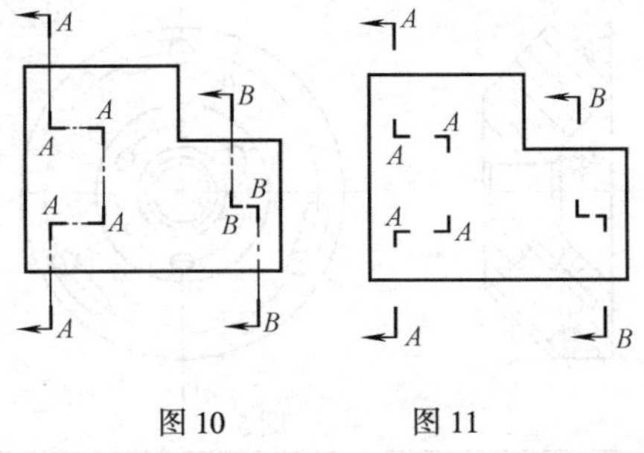 图10　　图11

表 2-1-14　　剖视图和断面图(摘自GB/T 4458.6—2002)

基本要求	GB/T 17451、GB/T 4458.1中的基本视图的配置规定同样适用于剖视图和断面图(图1中的*A—A*、图2中的*B—B*)。剖视图和断面图也可按投影关系配置在与剖切符号相对应的位置(图2中的*A—A*),必要时允许配置在其他适当位置 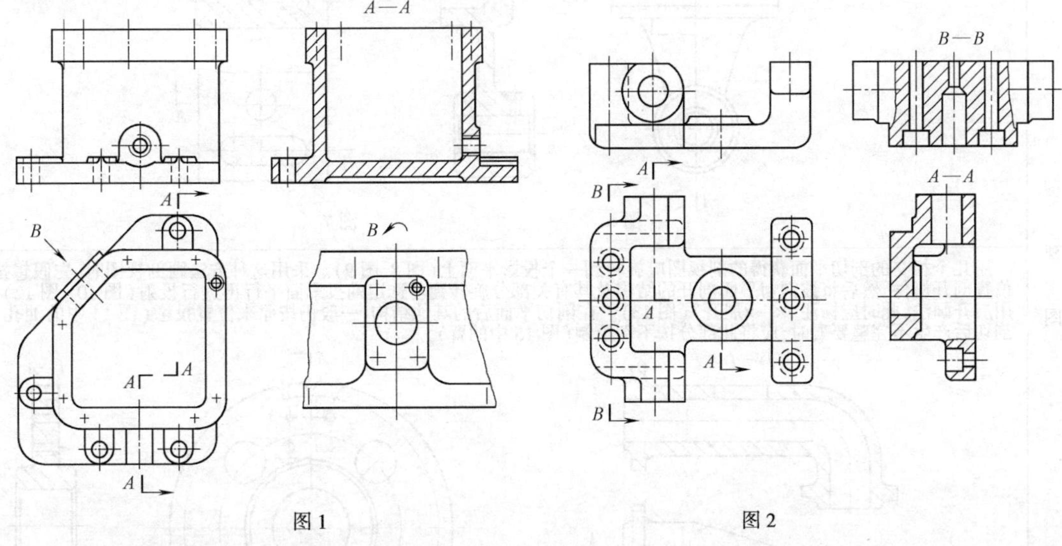 图1　　图2
剖视图	用单一剖切平面剖切(图3、图4) 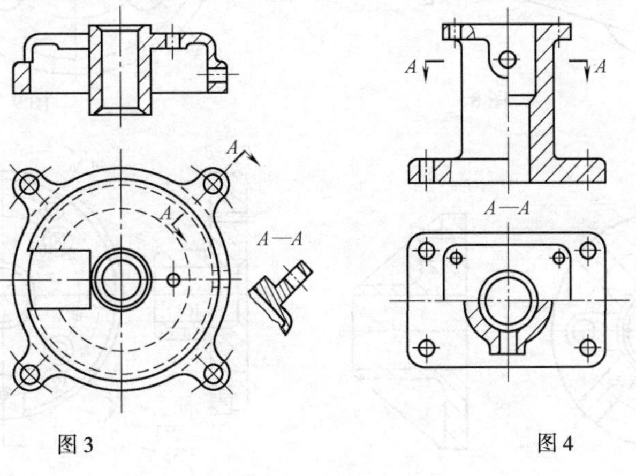 图3　　图4

第 2 篇

剖视图

用单一柱面剖切机件，剖视图一般应展开绘制（图 5 中的 *B—B*）

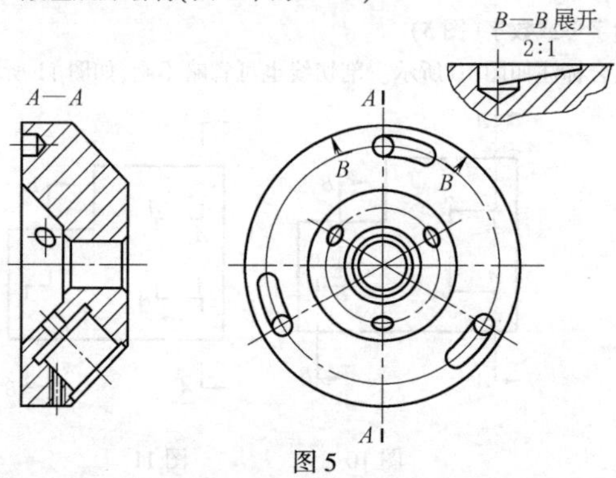

图 5

用几个平行的剖切平面（图 6）剖切时，在图形内不应出现不完整的要素，仅当两个要素在图形上具有公共对称中心线或轴线时，可以各画一半，此时应以对称中心线或轴线为界（图 7）

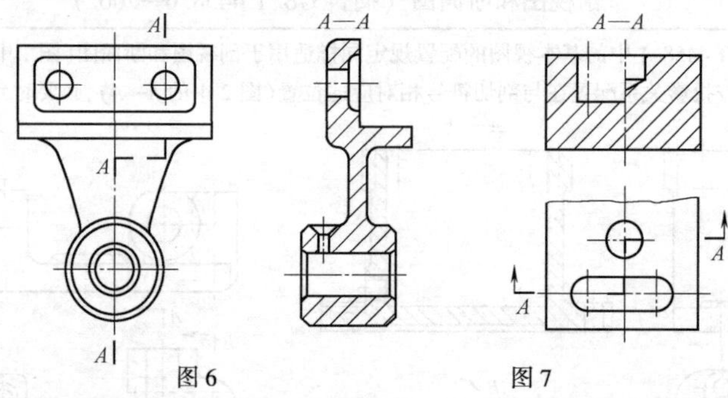

图 6　　图 7

用几个相交的剖切平面获得的剖视图应旋转到一个投影平面上（图 8、图 9）。采用这种方法画剖视图时，先假想按剖切位置剖开机件，然后将被剖切平面剖开的结构及其有关部分旋转到与选定的投影面平行再进行投射（图 10~图 12）；或采用展开画法，此时应标注“×—×展开”（图 13）。在剖切平面后的其他结构，一般仍按原来位置投影（图 14 中的油孔）。当剖切后产生不完整要素时，应将此部分按不剖绘制（图 15 中的臂）

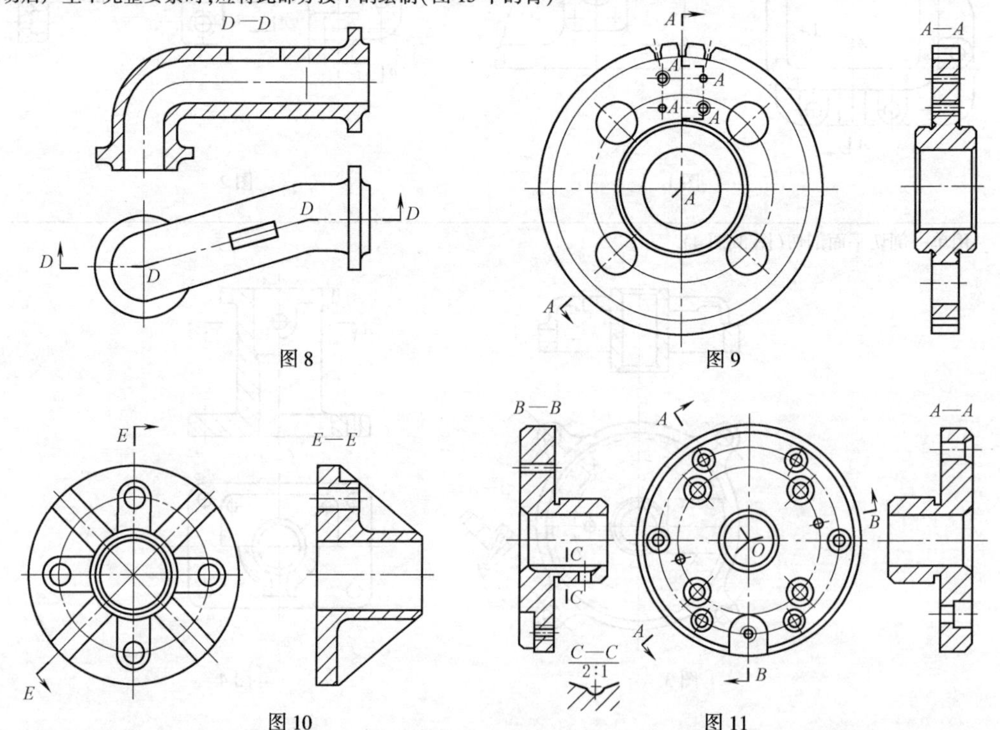

图 8　　图 9

图 10　　图 11

续表

剖视图

A—A

图 12

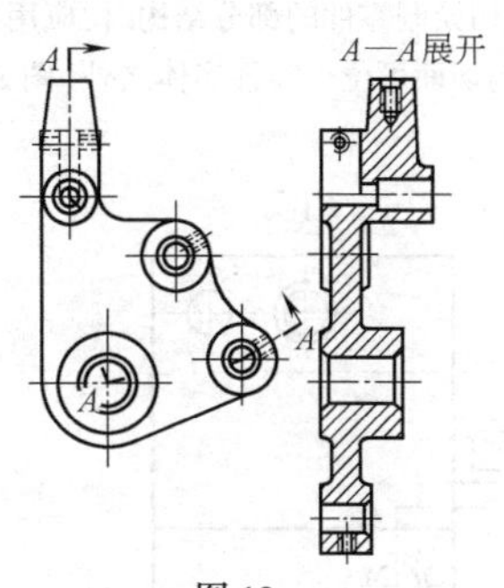

图 13

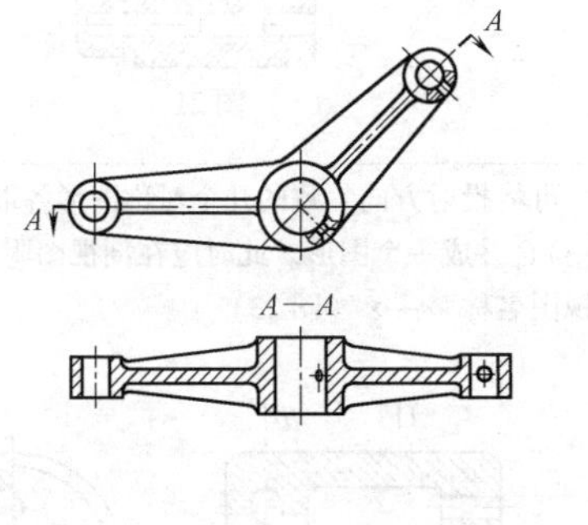

图 14

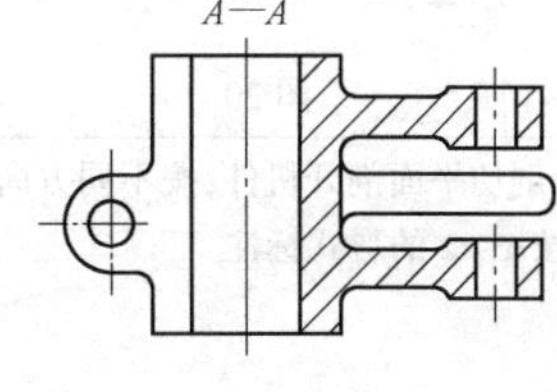

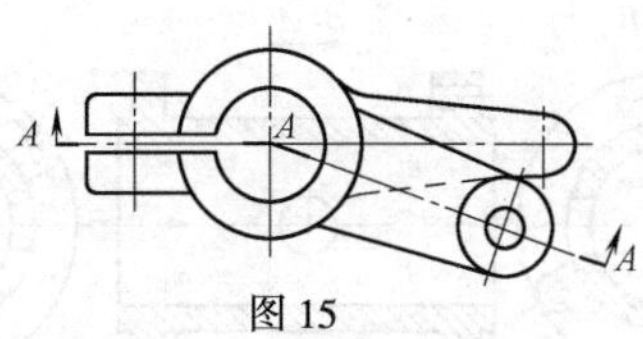

图 15

机件的形状接近于对称，且不对称部分已另有图形表达清楚时，也可以画成半剖视图（图 16、图 17）

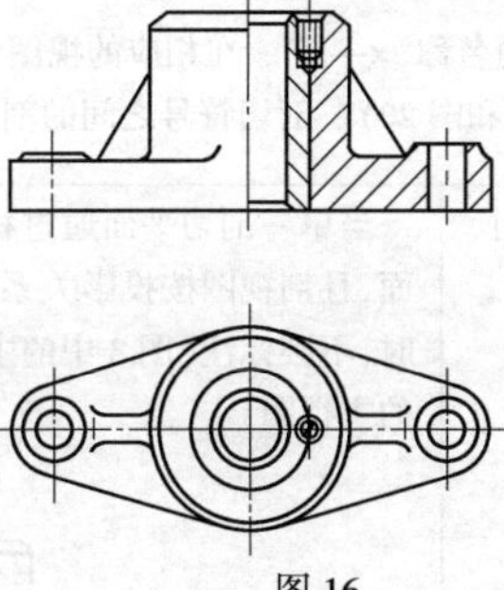

图 16

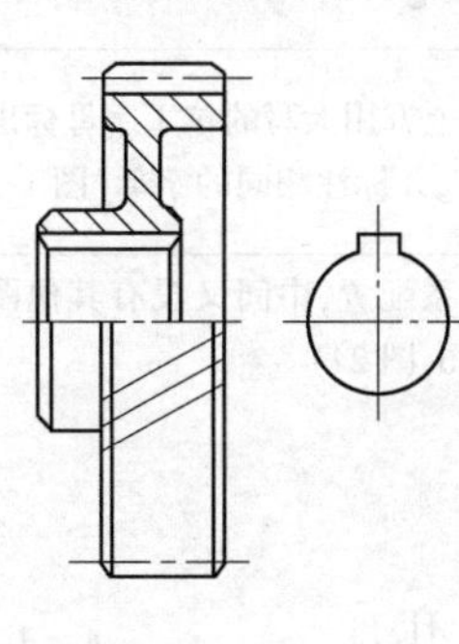

图 17

局部剖视图用波浪线或双折线分界，波浪线和双折线不应与图样上其他图线重合，当被剖切结构为回转体时，允许将该结构的轴线作为局部剖视与视图的分界线（图 18）

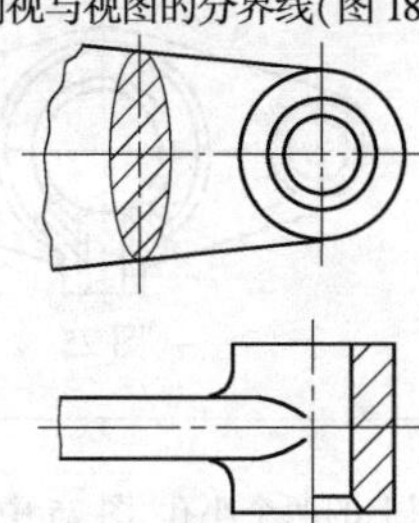

图 18

带有规则分布结构要素的回转零件，需要绘制剖视图时，可以将其结构要素旋转到剖切平面上绘制（图 19）

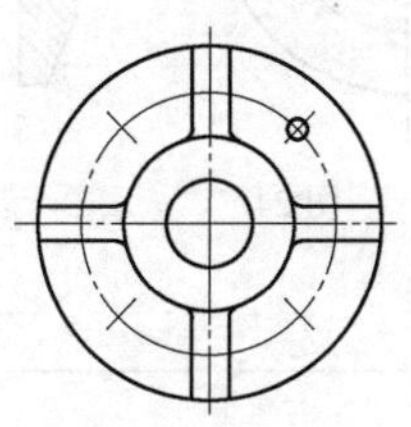

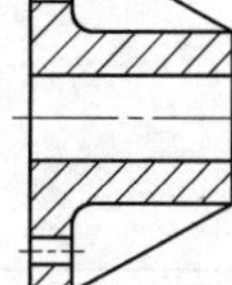

图 19

续表

<table>
<tr>
<td rowspan="2">剖视图</td>
<td>当只需剖切绘制零件的部分结构时，应用细点画线将剖切符号相连，剖切面可位于零件实体之外（图20）
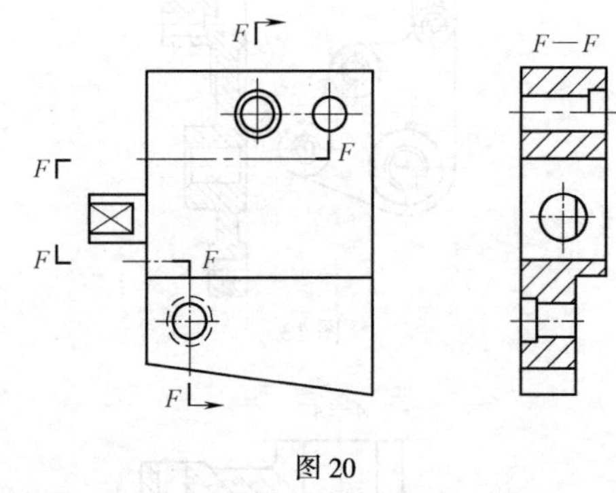

图20</td>
<td>用几个剖切平面分别剖开机件，得到的剖视图为相同的图形时，可按图21的形式标注
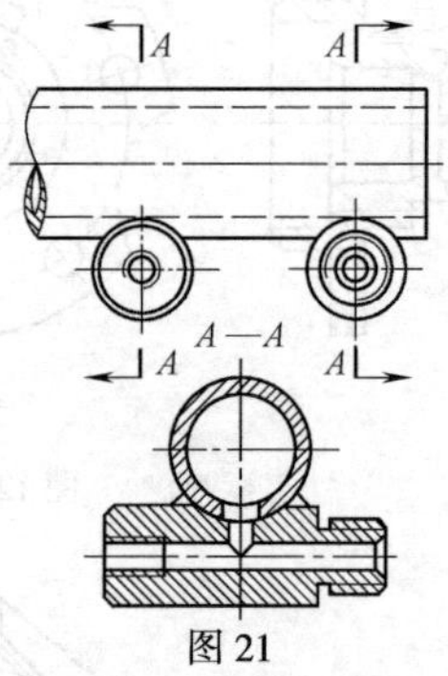

图21</td>
</tr>
<tr>
<td>用一个公共剖切平面剖开机件，按不同方向投射得到的两个剖视图，应按图22的形式标注
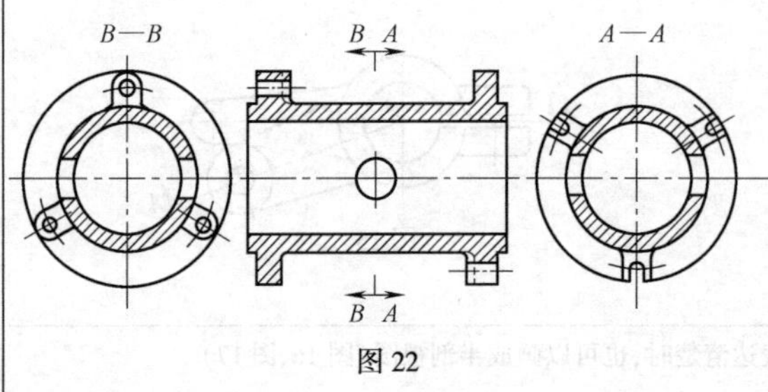

图22</td>
<td>可将投射方向一致的几个对称图形各取一半（或四分之一）合并成一个图形。此时应在剖视图附近标出相应的剖视图名称"×—×"（图23）
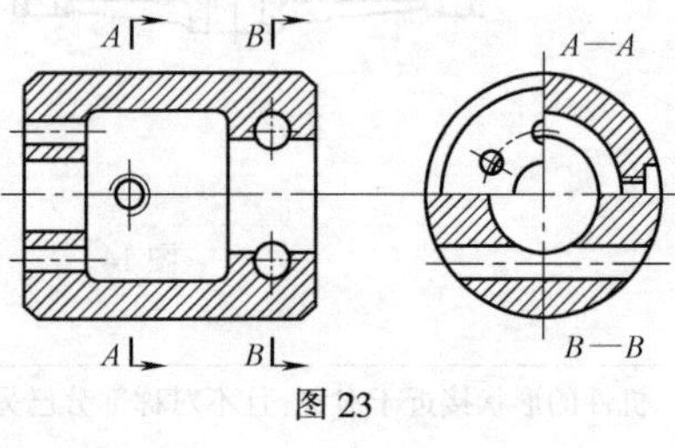

图23</td>
</tr>
<tr>
<td rowspan="3">剖切位置与剖视图的标注</td>
<td colspan="2">一般应在剖视图的上方用大写的拉丁字母标出剖视图的名称"×—×"。在相应的视图上用剖切符号表示剖切位置和投射方向（用箭头表示），并标注相同的字母（图1、图4、图9和图20）。剖切符号之间的剖切线可省略不画</td>
</tr>
<tr>
<td>当剖视图按投影关系配置，中间又没有其他图形隔开时，可省略箭头（图5、图6、图24）
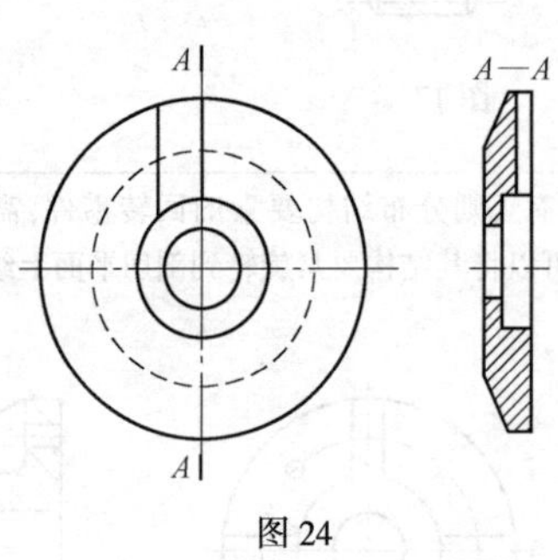

图24</td>
<td>当单一剖切平面通过机件的对称平面或基本对称的平面，且剖视图按投影关系配置，中间又没有其他图形隔开时，不必标注（图3中的主视图、图4中的主视图、图25中的主视图）
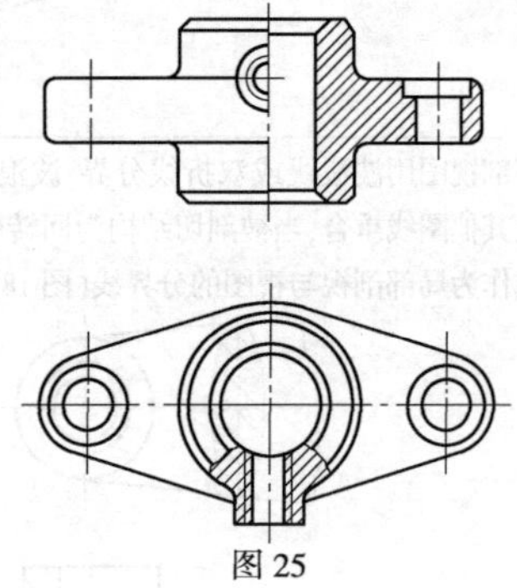
图25</td>
</tr>
<tr>
<td colspan="2">当单一剖切平面的剖切位置明确时，局部剖视图不必标注（图4中主视图上的两个小孔、图25中的俯视图）</td>
</tr>
</table>

续表

断面图	移出断面的轮廓线用粗实线绘制，通常配置在剖切线的延长线上(图26) 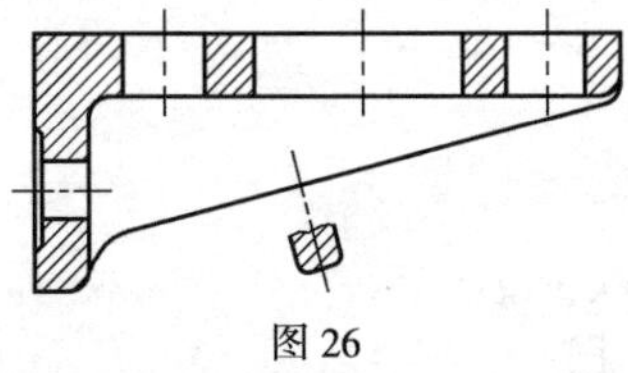 图26	移出断面的图形对称时也可画在视图的中断处(图27) 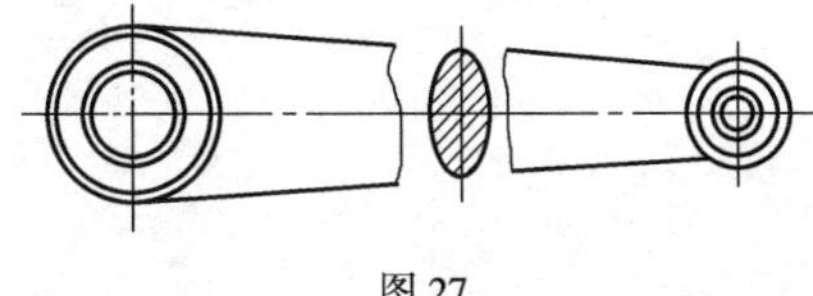 图27
	必要时可将移出断面配置在其他适当位置。在不引起误解时，允许将图形旋转，其标注形式见图28 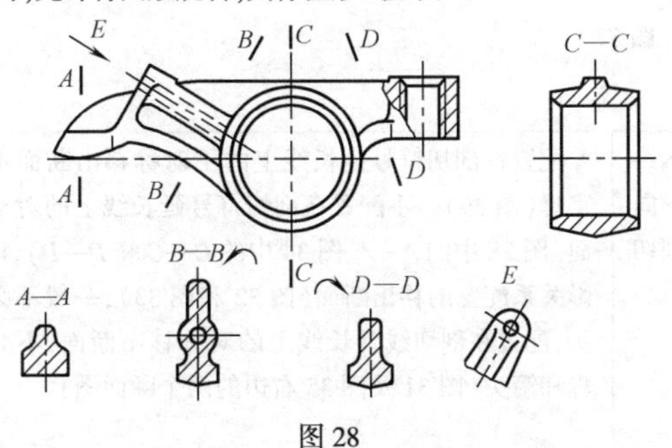 图28	由两个或多个相交的剖切平面剖切得出的移出断面图，中间一般应断开(图29) 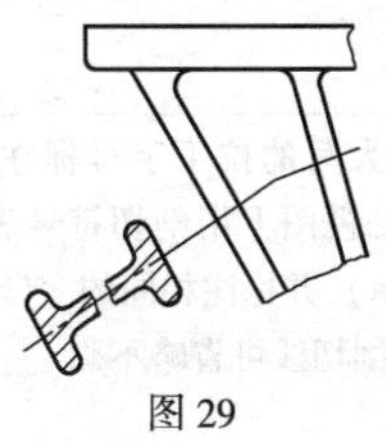 图29
	当剖切平面通过回转面形成的孔或凹坑的轴线时，则这些结构按剖视图要求绘制(图30中的A—A、图31~图33) 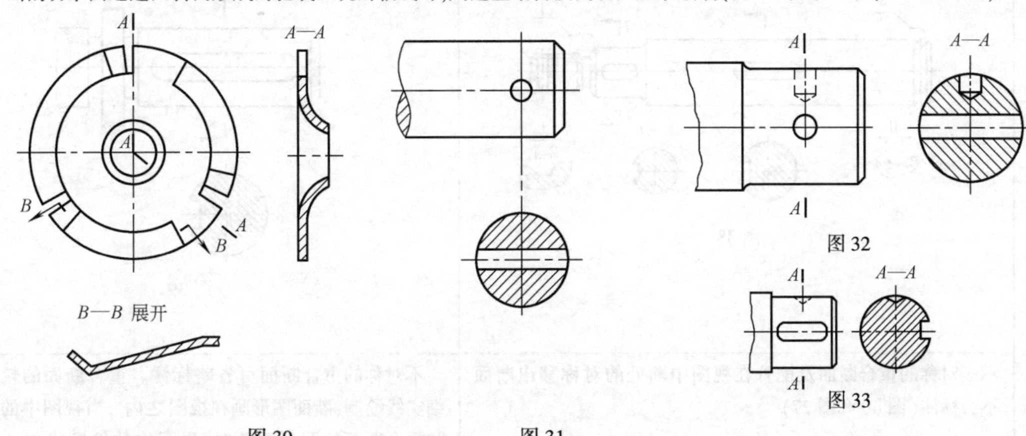 图30 图31 图32 图33	
	为便于读图，逐次剖切的多个断面图可按图34~图36的形式配置 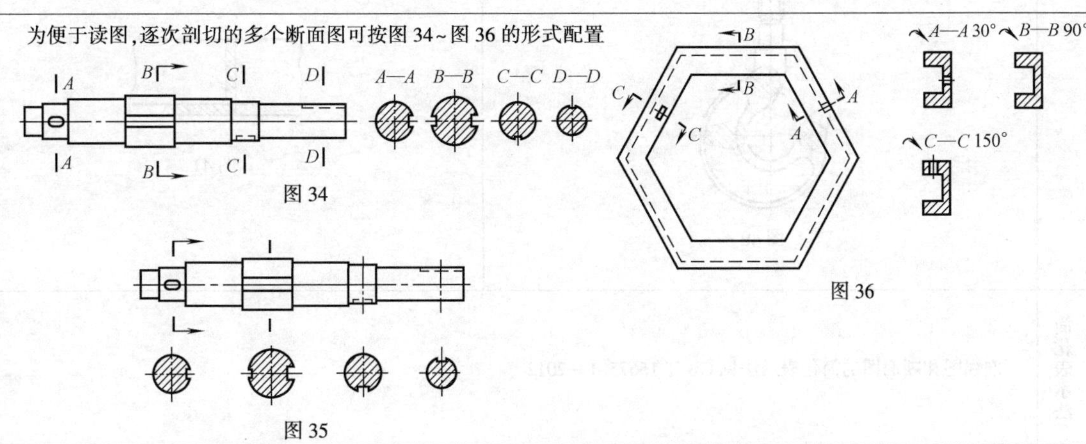 图34 图35 图36	

续表

<table>
<tr><td>断面图</td><td colspan="2">当剖切平面通过非圆孔,会导致出现完全分离的剖面区域时,则这些结构应按剖视图要求绘制(图 37)
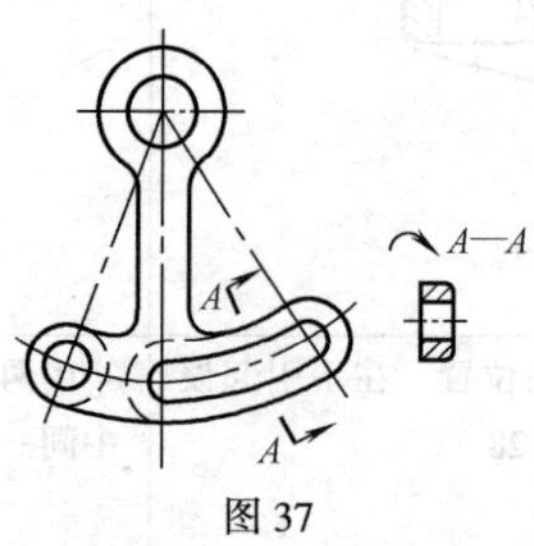

图 37</td></tr>
<tr><td rowspan="2">剖切位置与断面图的标注</td><td>一般应用大写的拉丁字母标注移出断面图的名称“×—×”,在相应的视图上用剖切符号表示剖切位置和投射方向(用箭头表示),并标注相同的字母(图 38 中的 A—A)。剖切符号之间的剖切线可省略不画
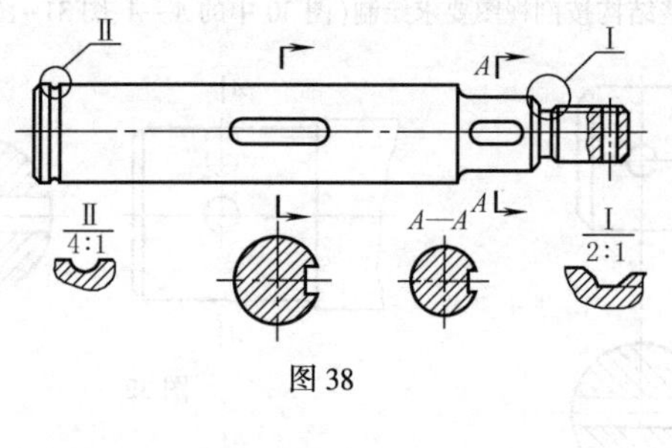

图 38</td><td>配置在剖切符号延长线上的不对称移出断面不必标注字母(图 39)。不配置在剖切符号延长线上的对称移出断面(图 28 中的 A—A、图 34 中的 C—C 和 D—D),以及按投影关系配置的移出断面(图 32 和图 33),一般不必标注箭头,配置在剖切线延长线上的对称移出断面,不必标注字母和箭头(图 31 及图 35 右边的两个断面图)
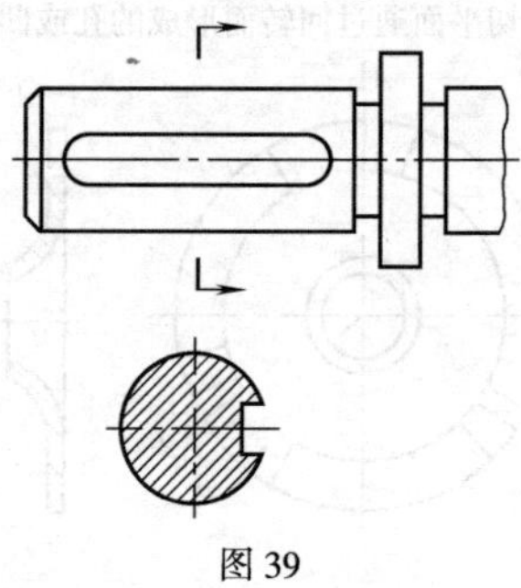
图 39</td></tr>
<tr><td>对称的重合断面及配置在视图中断处的对称移出断面不必标注(图 40 和图 27)
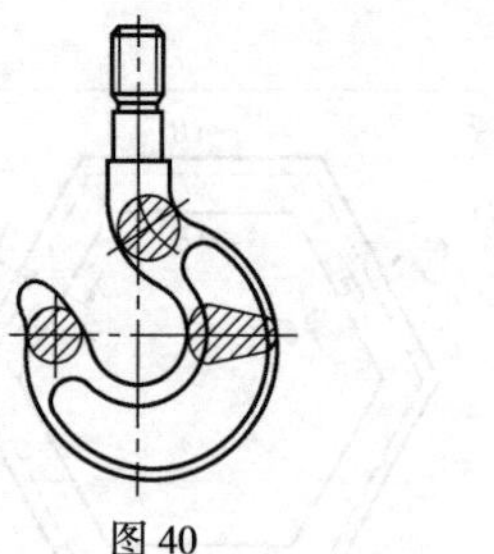
图 40</td><td>不对称的重合断面可省略标注。重合断面的轮廓线用细实线绘制,断面图形画在视图之内,当视图中的轮廓线与重合断面的图形重叠时,视图中的轮廓线仍应连续画出,不可间断(图 41)
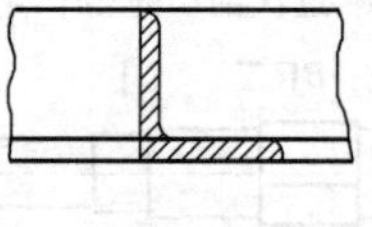
图 41</td></tr>
<tr><td>简化表示法</td><td colspan="2">剖视图和断面图的简化表示法见 GB/T 16675. 1—2012</td></tr>
</table>

8.3 图样画法的简化表示法（摘自 GB/T 16675.1—2012）

表 2-1-15 简化画法

类别	简化后	简化前	说明
左右手件画法	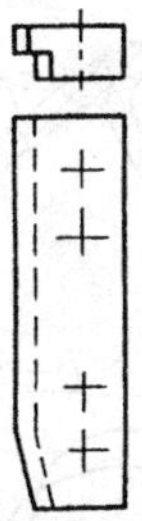 零件 1(LH)如图 零件 2(RH)对称(或镜像对称件)	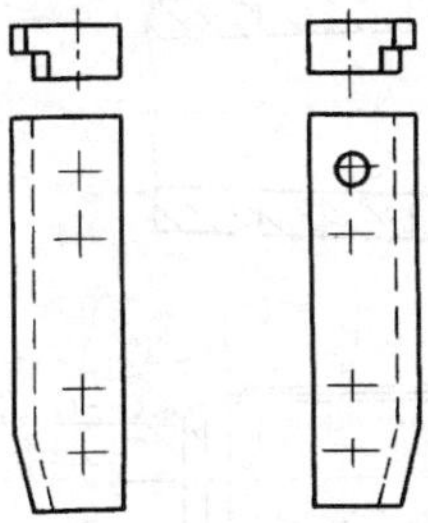 零件 1(左件)　零件 2(右件)	对于左右手零件和装配件，允许仅画出其中一件，另一件则用文字说明，其中“LH”为左件，“RH”为右件
简化被放大部位画法	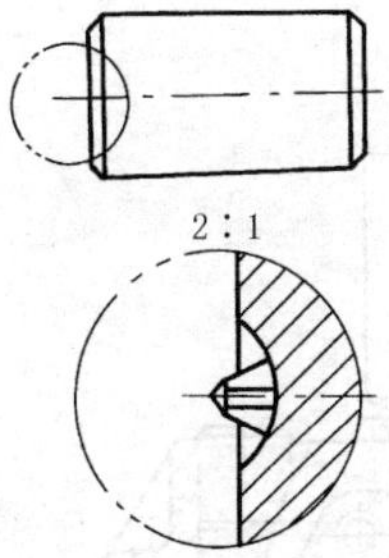 2∶1	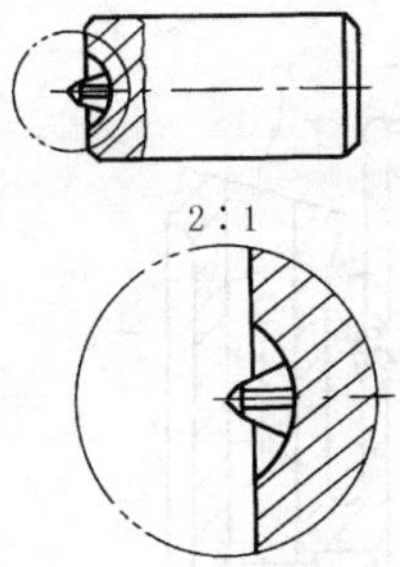 2∶1	在局部放大图表达完整的前提下，允许在原视图中简化被放大部位的图形
剖中剖画法	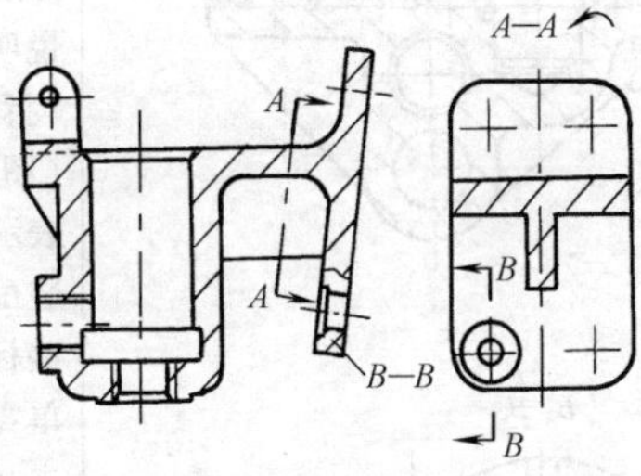 A—A　A　A　B　B—B　B	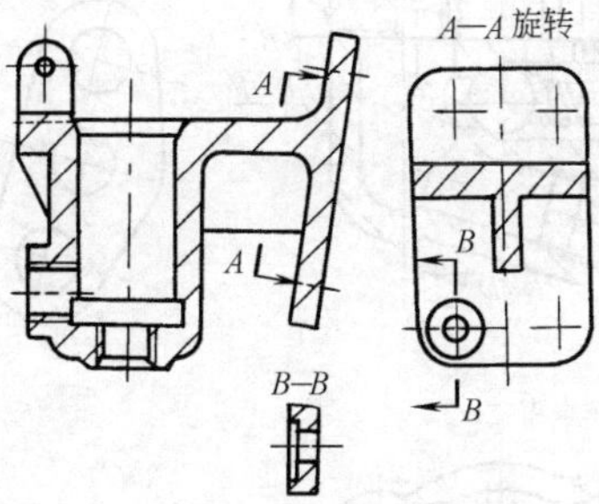 A—A 旋转　A　A　B　B　B—B	在剖视图的剖面中可再作一次局部剖视。采用这种方法表达时，两个剖面的剖面线应同方向、同间隔，但要互相错开，并用引出线标注其名称
较长件画法	简化后 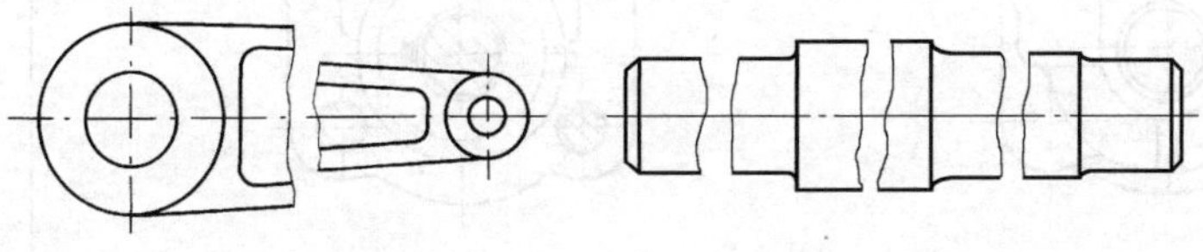		较长的机件（轴、杆、型材等）沿长度方向的形状一致或按一定规律变化时，可断开后缩短绘制

续表

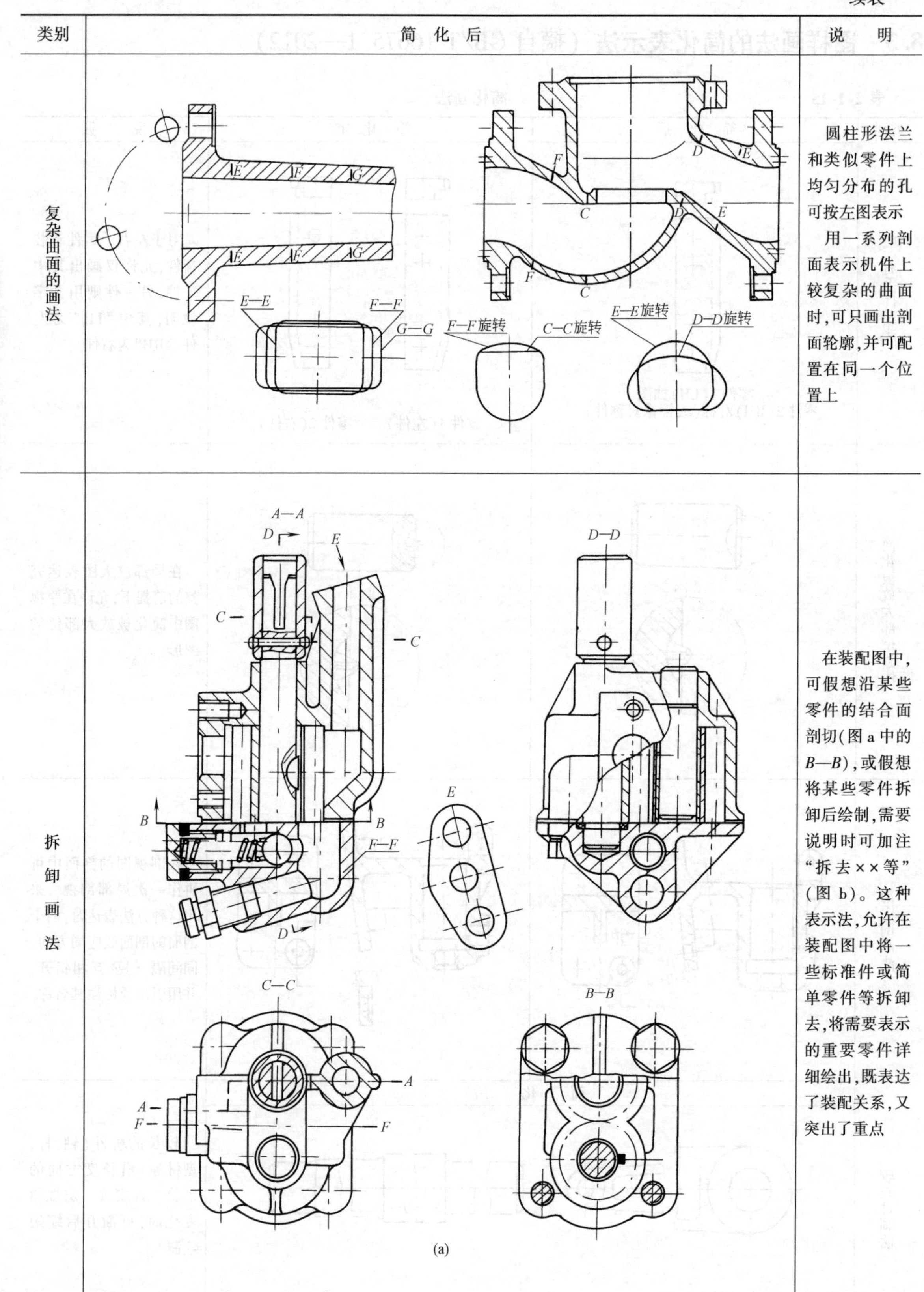

类别	简化后	说明
复杂曲面的画法		圆柱形法兰和类似零件上均匀分布的孔可按左图表示 用一系列剖面表示机件上较复杂的曲面时，可只画出剖面轮廓，并可配置在同一个位置上
拆卸画法	(a)	在装配图中，可假想沿某些零件的结合面剖切(图a中的*B—B*)，或假想将某些零件拆卸后绘制，需要说明时可加注“拆去××等”(图b)。这种表示法，允许在装配图中将一些标准件或简单零件等拆卸去，将需要表示的重要零件详细绘出，既表达了装配关系，又突出了重点

续表

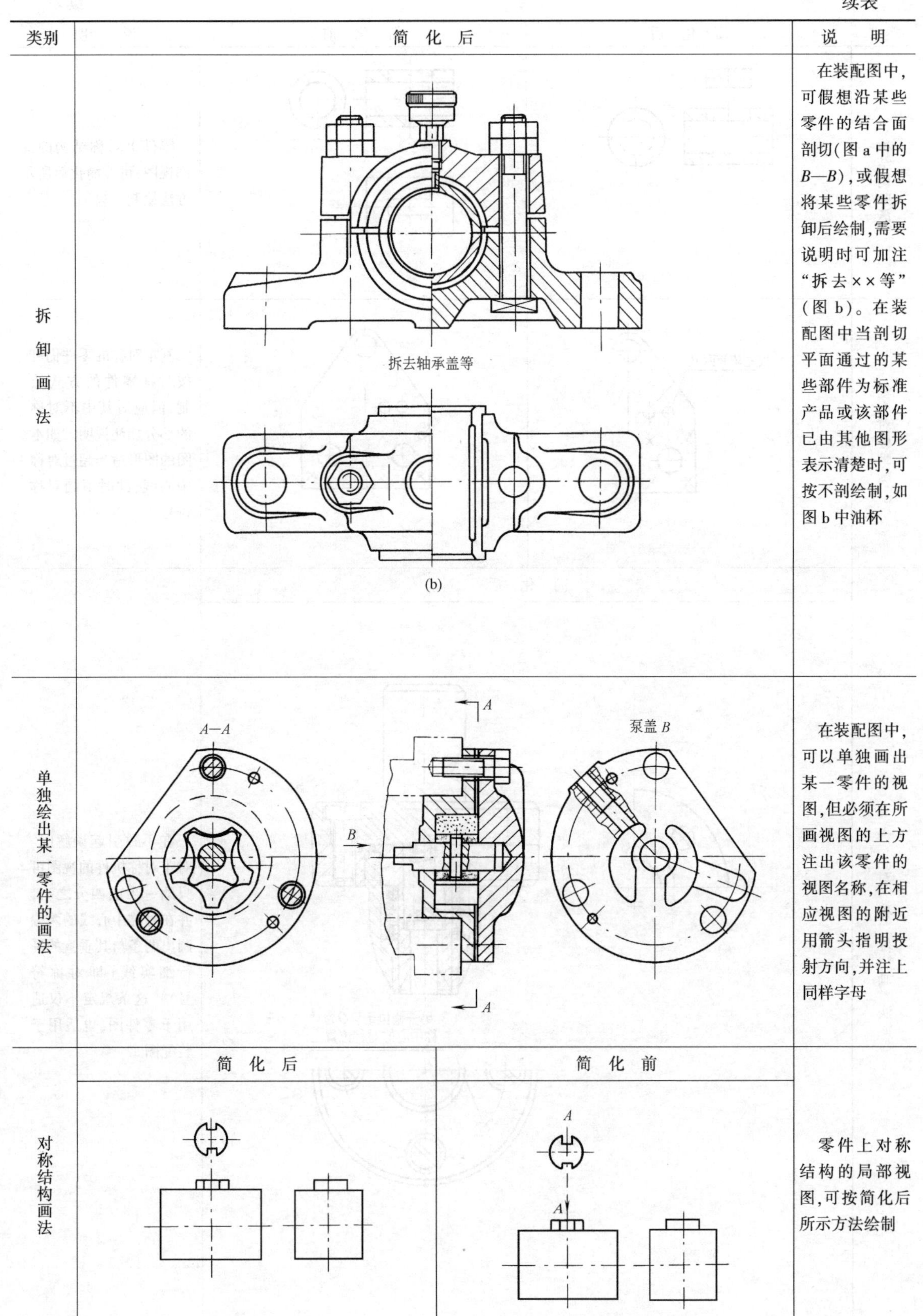

类别	简 化 后	说 明
拆卸画法	拆去轴承盖等 (b)	在装配图中，可假想沿某些零件的结合面剖切(图 a 中的 *B—B*)，或假想将某些零件拆卸后绘制，需要说明时可加注“拆去××等”(图 b)。在装配图中当剖切平面通过的某些部件为标准产品或该部件已由其他图形表示清楚时，可按不剖绘制，如图 b 中油杯
单独绘出某零件的画法	*A—A*　*A*　*B*　*A*　泵盖 *B*	在装配图中，可以单独画出某一零件的视图，但必须在所画视图的上方注出该零件的视图名称，在相应视图的附近用箭头指明投射方向，并注上同样字母
	简 化 后 ／ 简 化 前	
对称结构画法	简化后：(图) 简化前：*A*　*A*	零件上对称结构的局部视图，可按简化后所示方法绘制

续表

类别	简化后	简化前	说明
对称结构画法	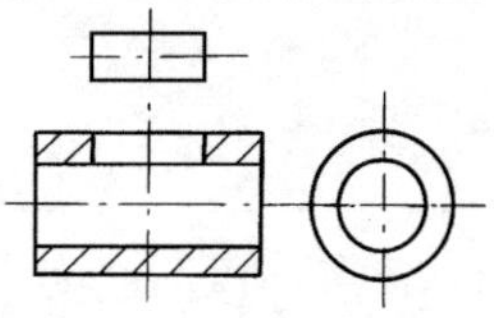	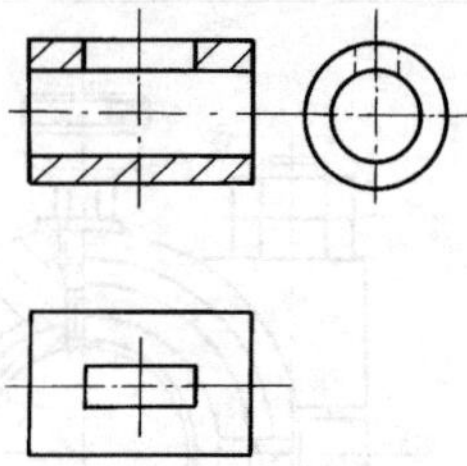	零件上对称结构的局部视图，可按简化后所示方法绘制
基本对称画法	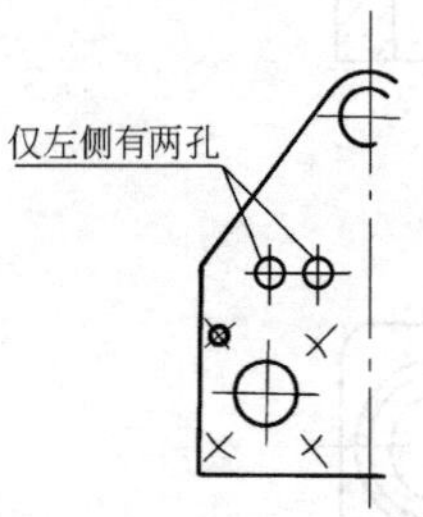 仅左侧有两孔	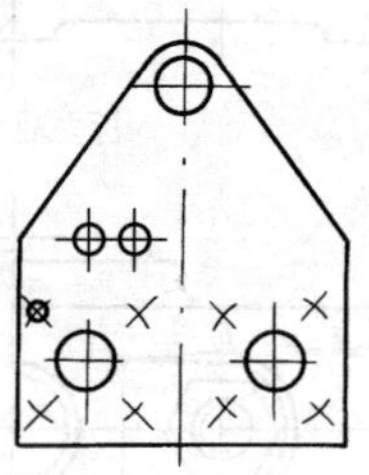	基本对称的零件仍可按对称零件的方式绘制，但应对其中不对称的部分加注说明。如本图的图形适当超过对称中心线，此时不画对称符号
对称件画法	简化后 另一销位于以O为对称中心的对称位置上 O		在不致引起误解时，对于对称机件的视图可只画一半或四分之一，并在对称中心线的两端画出两条与其垂直的平行细实线（即对称符号）。这条规定不仅适用于零件图，也适用于装配图

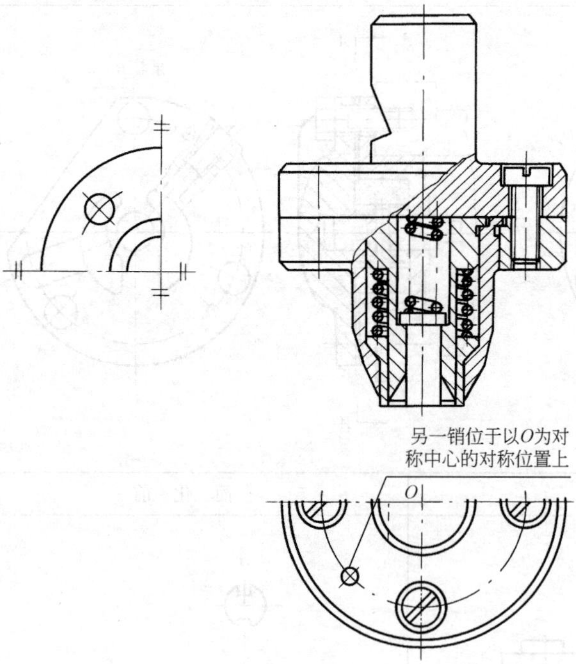

续表

类别	简化后	简化前	说明
剖切平面前的结构画法	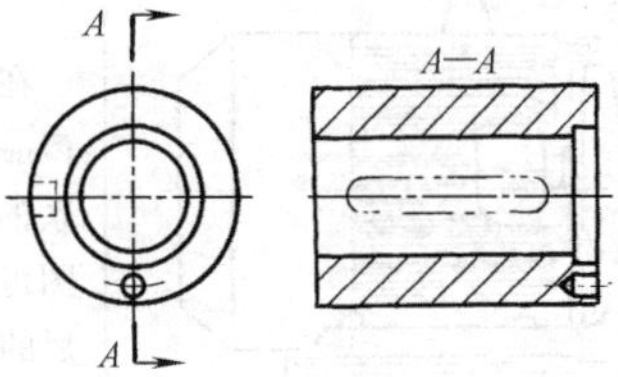 A A—A A	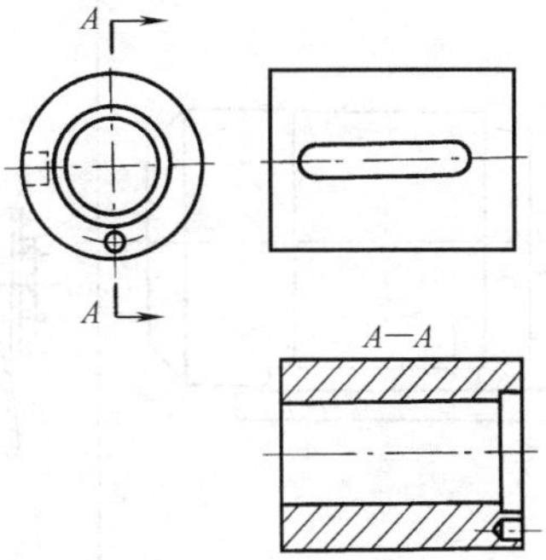 A A—A A	在需要表示位于剖切平面前的结构时,这些结构按假想投影的轮廓线绘制
剖切平面后的结构省略画法	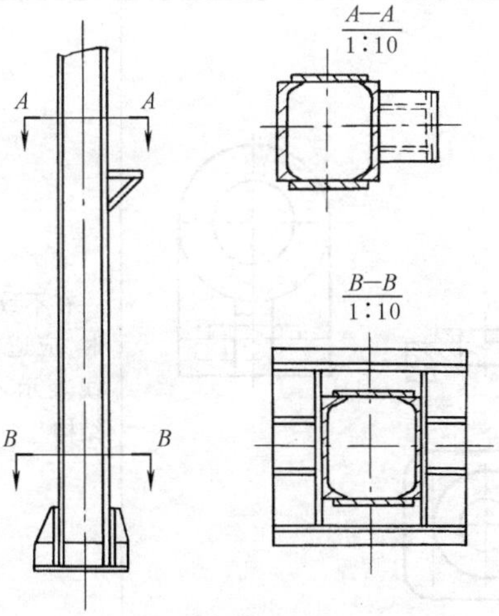 A—A 1∶10 A A B—B 1∶10 B B	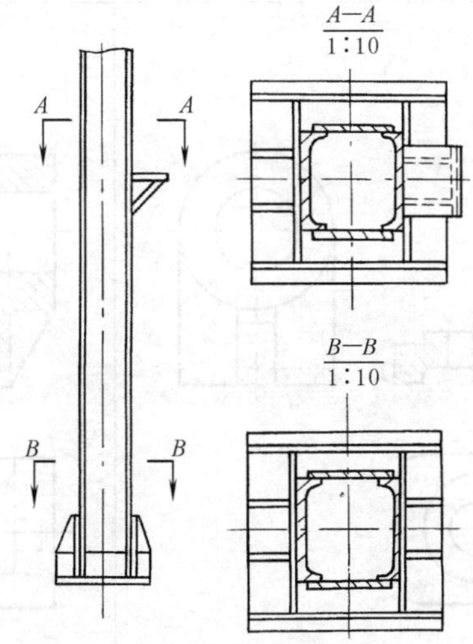 A—A 1∶10 A A B—B 1∶10 B B	在不致引起误解时,剖切平面后不需表达的部分允许省略不画(见简化后 A—A 剖视)
外形轮廓画法	简化后 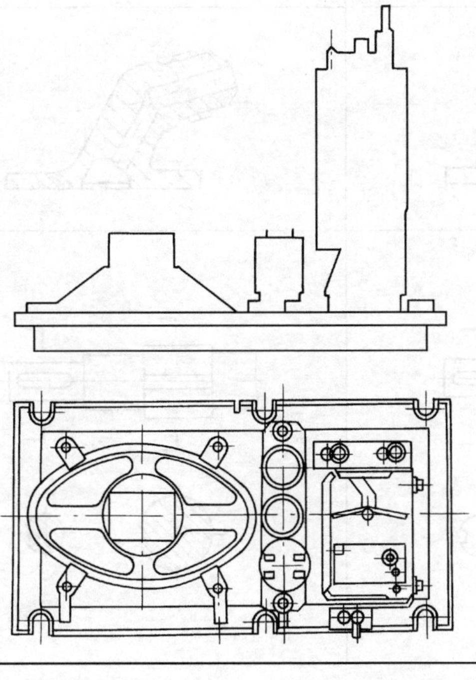		已在一个视图中表示清楚的产品组成部分,在其他视图中可以画出其外形轮廓

续表

类别	简化后	简化前	说明
简化轮廓画法	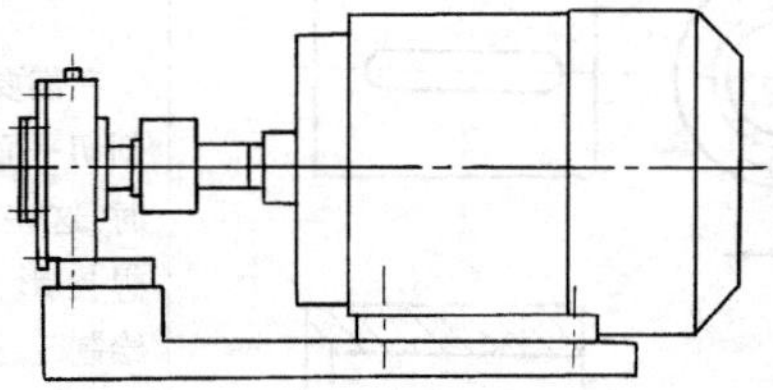	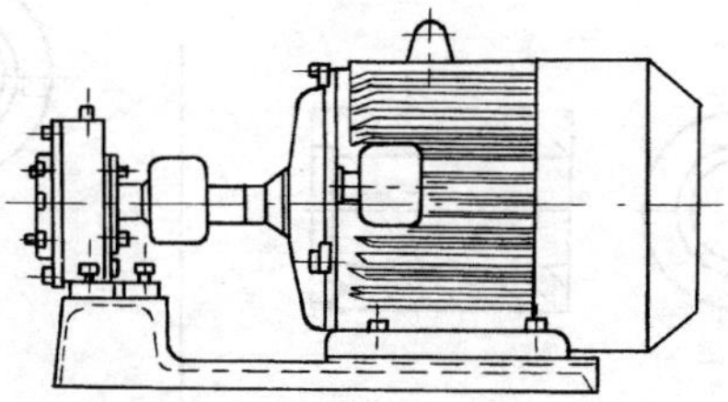	在能够清楚表达产品特征和装配关系的条件下，装配图可仅画出其简化后的轮廓
避免使用虚线	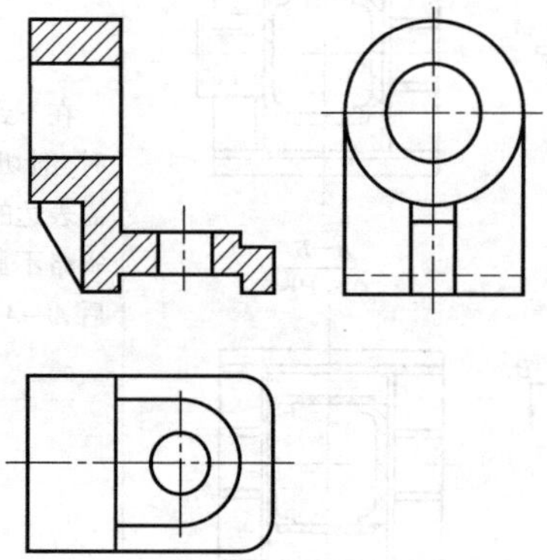	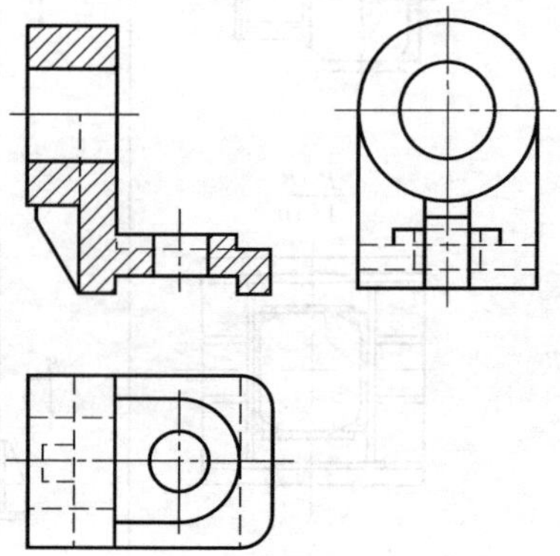	在不致引起误解时，应避免使用虚线表示不可见的结构
省略剖面符号画法	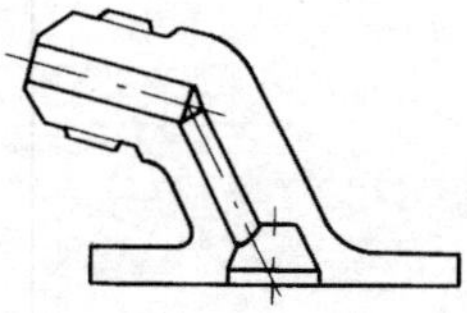	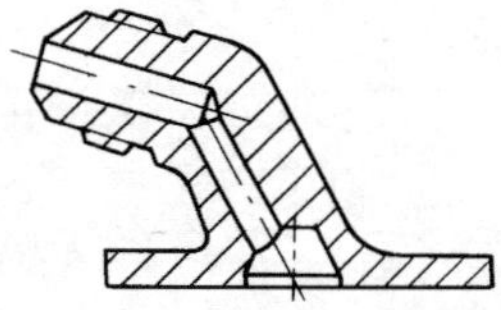	
	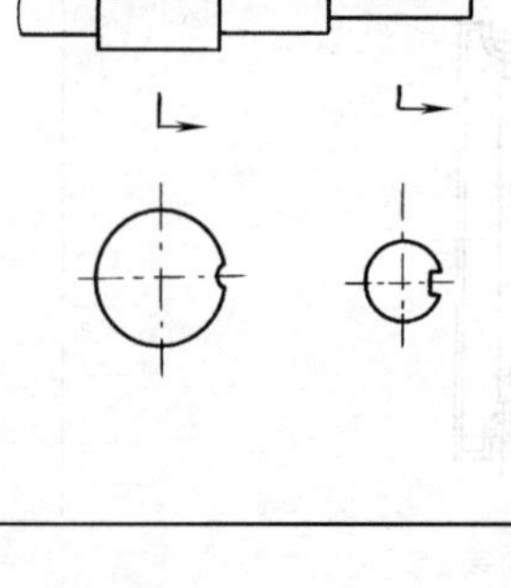	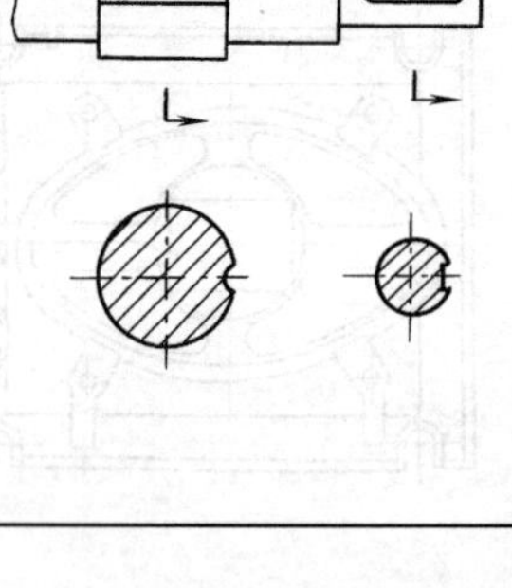	在不致引起误解的情况下，剖面符号可省略

续表

类别	简化后	简化前	说明
省略视图与剖面的画法	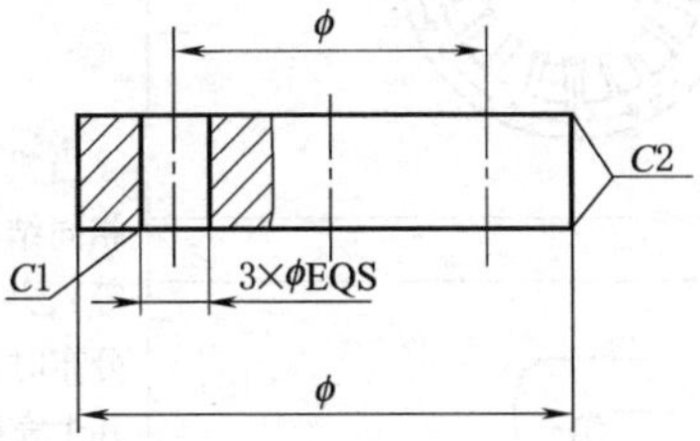 φ C2 C1 3×φEQS φ	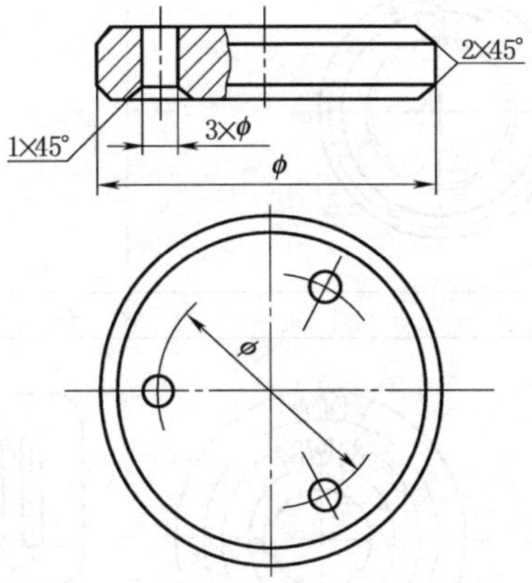 2×45° 1×45° 3×φ φ φ	应避免不必要的视图和剖视图
涂色画法	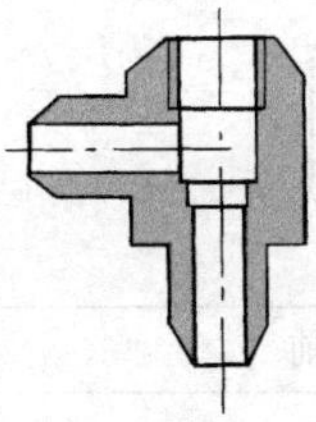	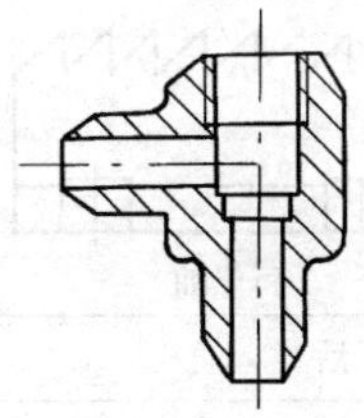	在零件图中可以用涂色代替剖面符号
	简化后		
	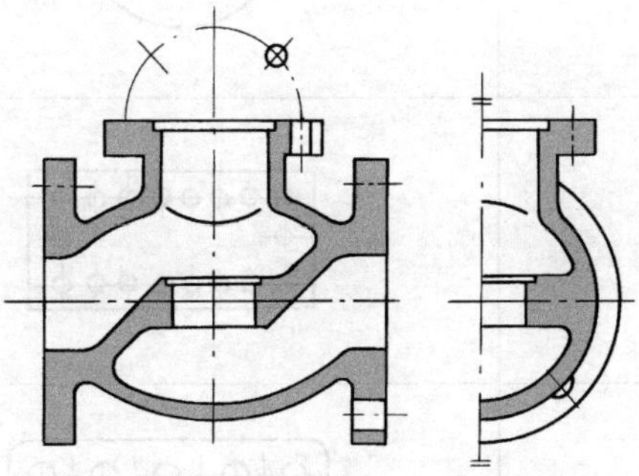		
较大剖面画法	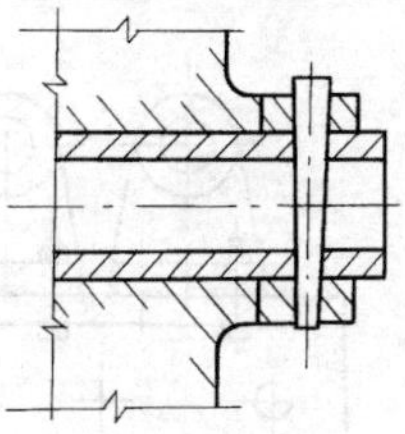		在装配图中，装配关系已清楚表达时，较大面积的剖面可只沿周边画出部分剖面符号或沿周边涂色

续表

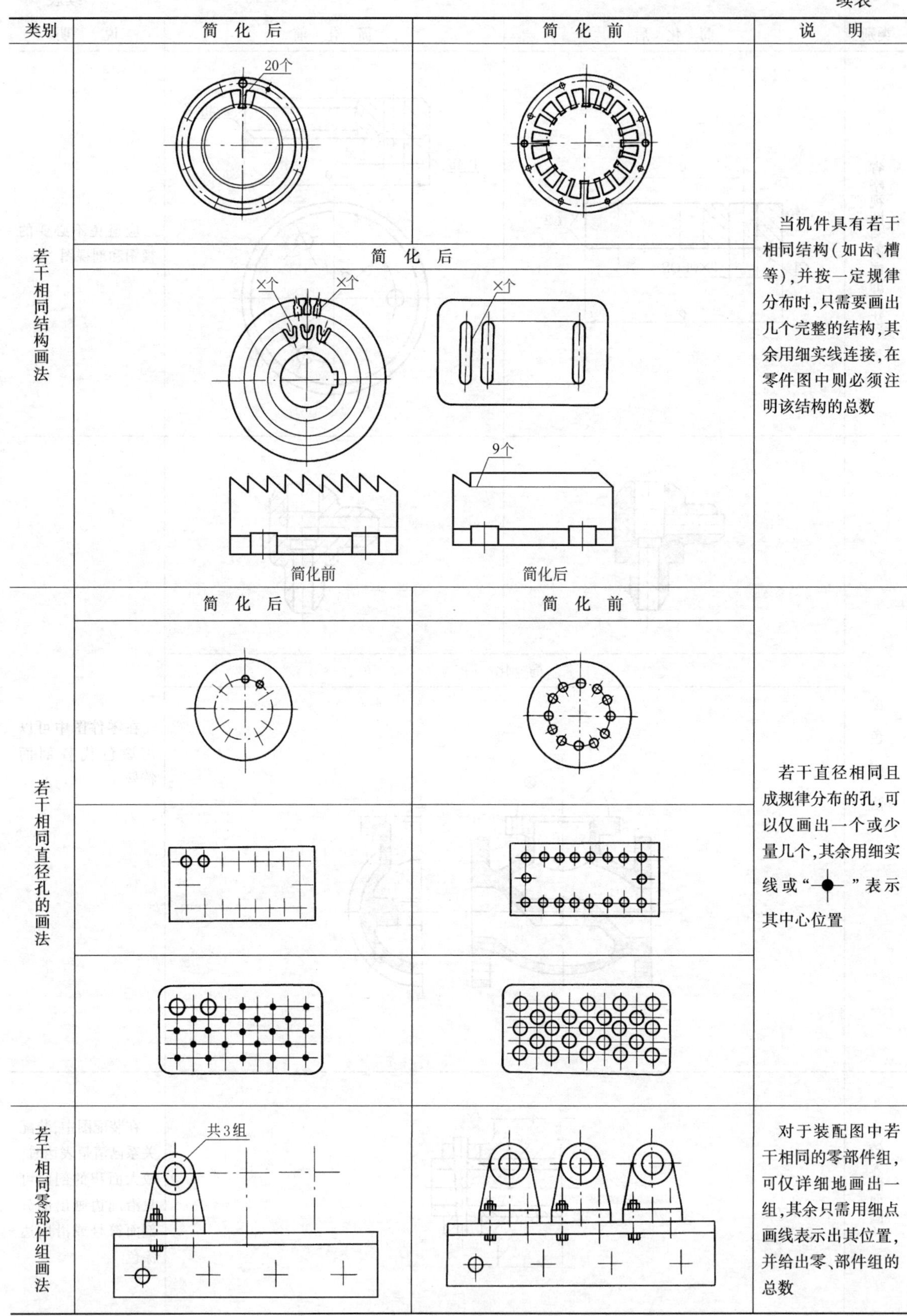

类别	简化后	简化前	说明
若干相同结构画法	20个		当机件具有若干相同结构(如齿、槽等),并按一定规律分布时,只需要画出几个完整的结构,其余用细实线连接,在零件图中则必须注明该结构的总数
	简化后		
	×个　×个　×个		
	简化前	9个 简化后	
若干相同直径孔的画法	简化后	简化前	若干直径相同且成规律分布的孔,可以仅画出一个或少量几个,其余用细实线或"—●—"表示其中心位置
若干相同零部件组画法	共3组		对于装配图中若干相同的零部件组,可仅详细地画出一组,其余只需用细点画线表示出其位置,并给出零、部件组的总数

续表

类别	简化后		说明
若干相同零部件组画法	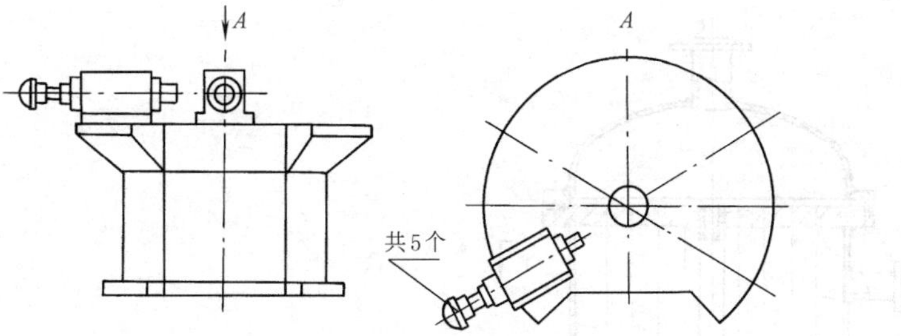 A A 共5个		对于装配图中若干相同的零部件组，可仅详细地画出一组，其余只需用细点画线表示出其位置
若干相同单元画法	简化后	简化前	对于装配图中若干相同的单元，可仅详细地画出一组，其余可采用如图所示的简化方法表示
	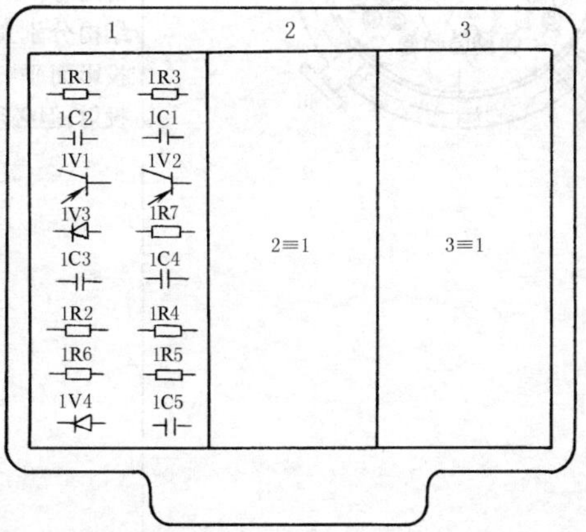 1 2 3 1R1 1R3 1C2 1C1 1V1 1V2 1V3 1R7 1C3 1C4 1R2 1R4 1R6 1R5 1V4 1C5 2≡1 3≡1	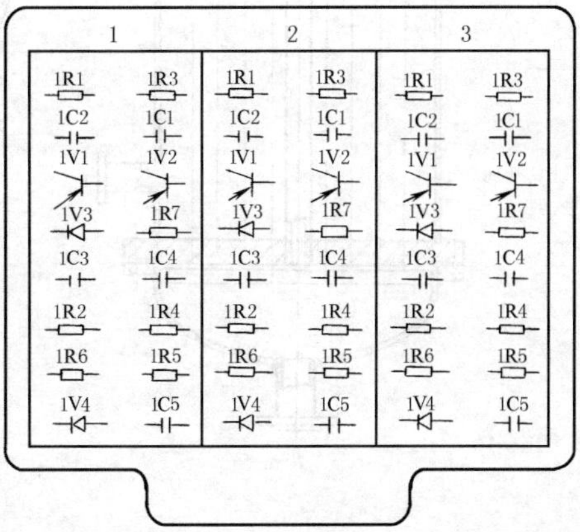 1 2 3 1R1 1R3 1C2 1C1 1V1 1V2 1V3 1R7 1C3 1C4 1R2 1R4 1R6 1R5 1V4 1C5	
成组的重复要素画法	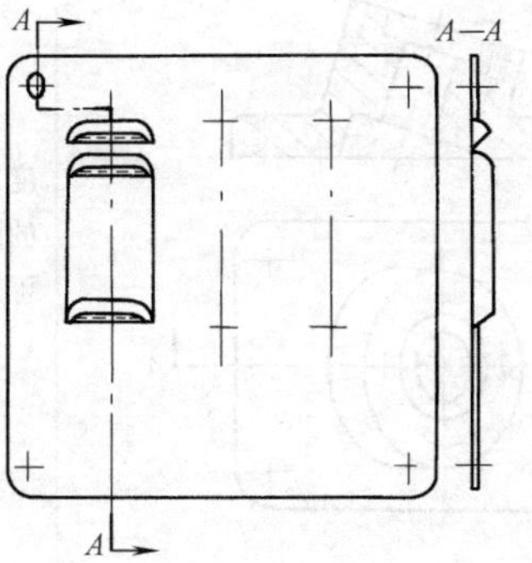 A A—A A	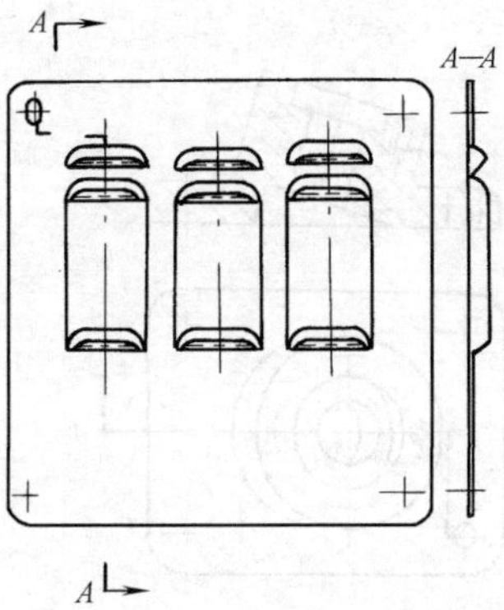 A A—A A	有成组的重复要素时，可以将其中一组表示清楚，其余各组仅用点划线表示中心位置

续表

<table>
<tr><th>类别</th><th colspan="2">简　化　后</th><th>说　　明</th></tr>
<tr><td>成组密集管子画法</td><td colspan="2">A A b c A—A a c b d d a</td><td>在锅炉、化工设备等装配图中,可用细点画线表示密集的管子。如果连接管口等结构的方位已在其他图形中表示清楚时,可以将这些结构分别旋转到与投影面平行再进行投射,但必须标注</td></tr>
<tr><td></td><td>简　化　后</td><td>简　化　前</td><td></td></tr>
<tr><td>倾斜圆或圆弧画法</td><td>A—A A A</td><td>A—A A A</td><td>与投影面倾斜角度小于或等于 30°的圆或圆弧,其投影可用圆或圆弧代替</td></tr>
</table>

续表

类别	简 化 后	简 化 前	说 明
过渡线或相贯线画法	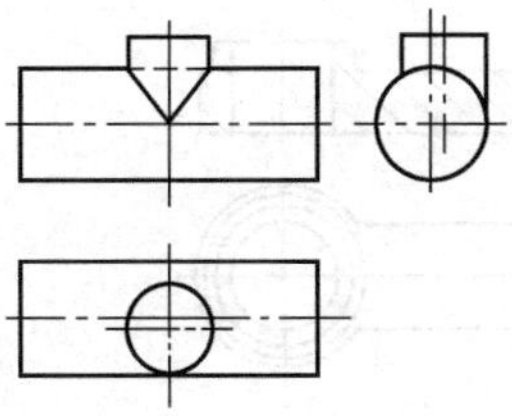	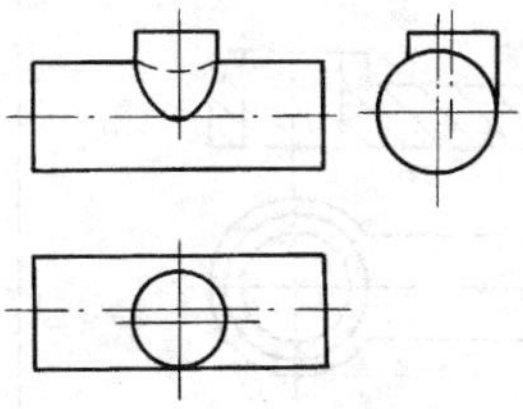	在不致引起误解时，图形中的过渡线、相贯线可以简化，例如用圆弧或直线代替非圆曲线
	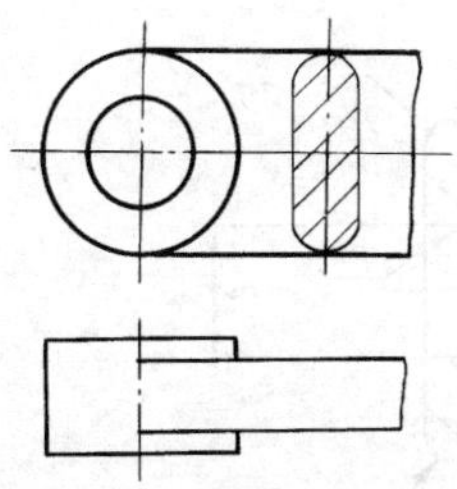	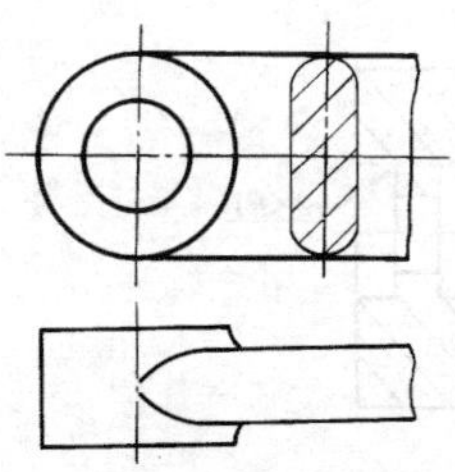	
模糊画法	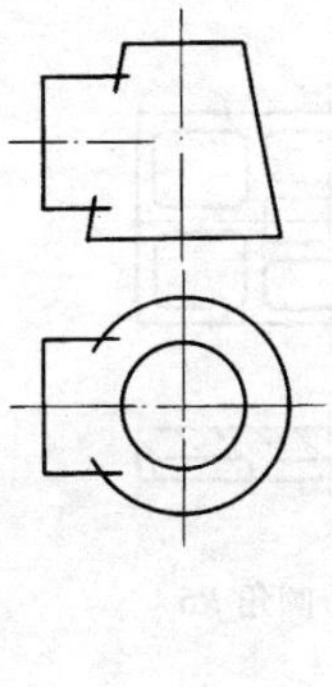	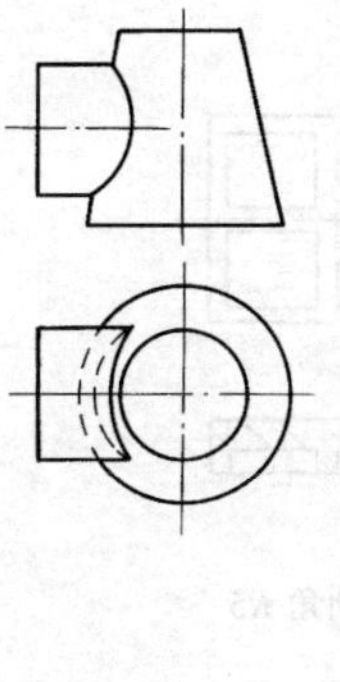	可采用模糊画法表示相贯线、过渡线。一般铸、锻、机械加工件等其相贯线、过渡线在生产过程中自然形成，只要求在图样上将组成机件的各个几何体形状、大小和相对位置表示出即可
极小结构及斜度画法	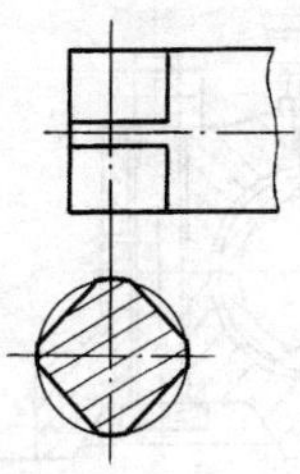	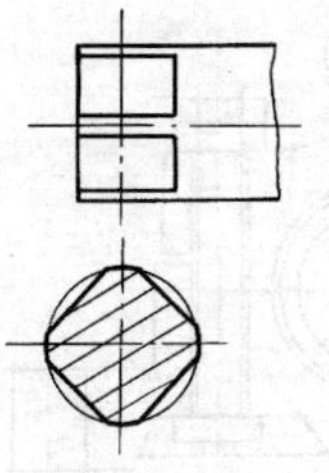	当机件上较小的结构及斜度等已在一个图形中表达清楚时，在其他图形中应当简化或省略

续表

类别	简化后	简化前	说明
极小结构及斜度画法	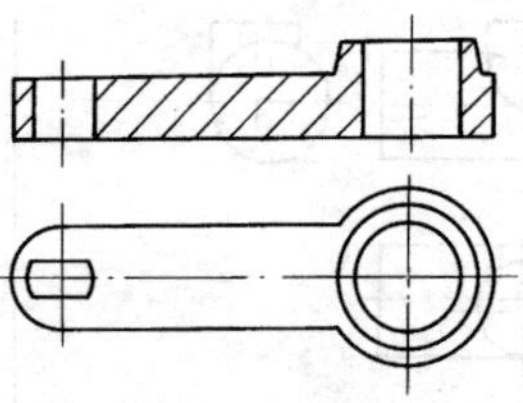	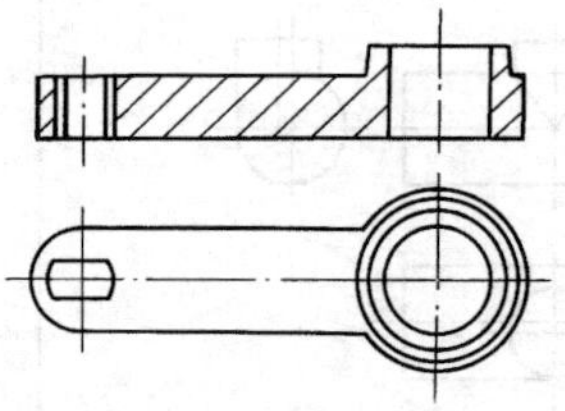	当机件上较小的结构及斜度等已在一个图形中表达清楚时，在其他图形中应当简化或省略
圆角画法	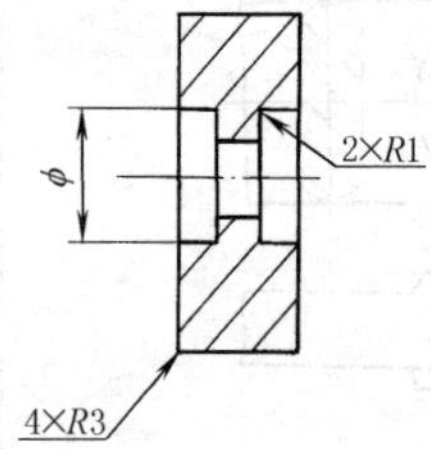 2×*R*1 4×*R*3 ϕ	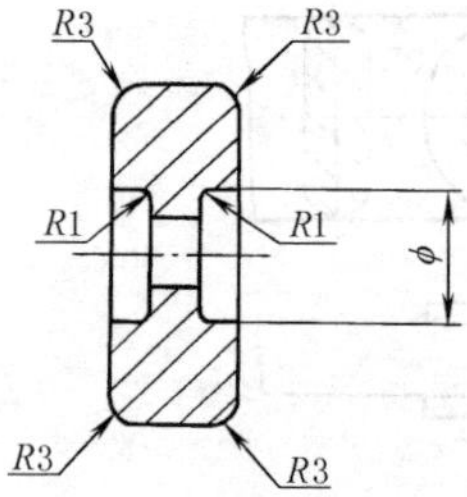 *R*3 *R*3 *R*1 *R*1 ϕ *R*3 *R*3	除确属需要表示的某些结构圆角外，其他圆角在零件图中均可不画，但必须注明尺寸或在技术要求中加以说明
	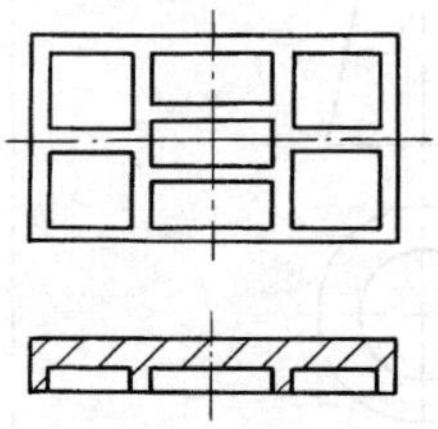 全部铸造圆角 *R*5	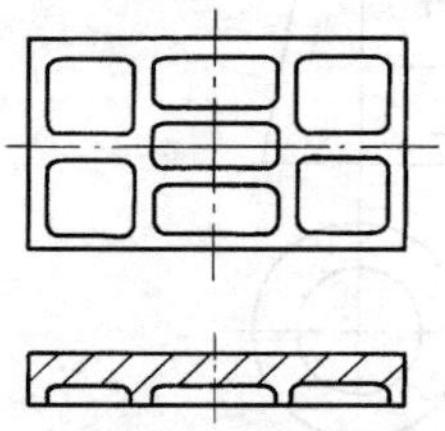 全部铸造圆角 *R*5	
倒角等细节画法	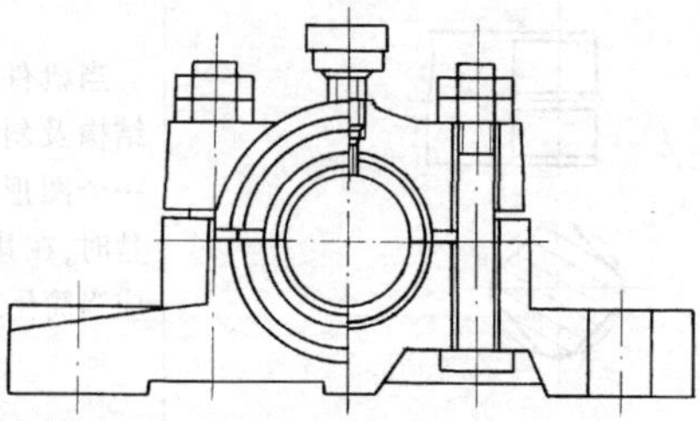	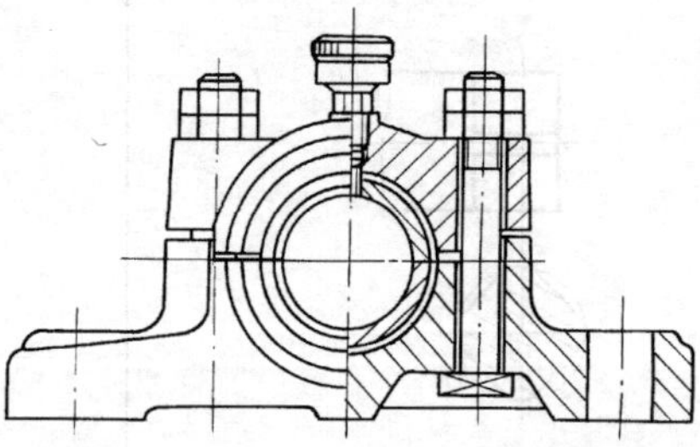	在装配图中，零件的剖面线倒角、肋、滚花或拔模斜度及其他细节等可不画出

续表

类别	简 化 后	简 化 前	说 明
滚花画法	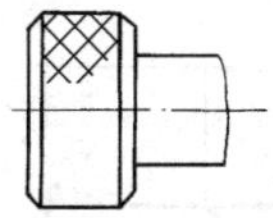	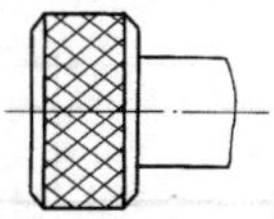	滚花一般采用在轮廓线附近用细实线局部画出的方法表示,也可省略不画
平面画法	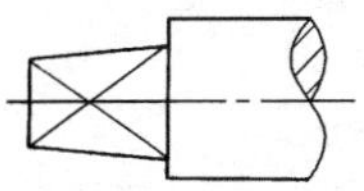	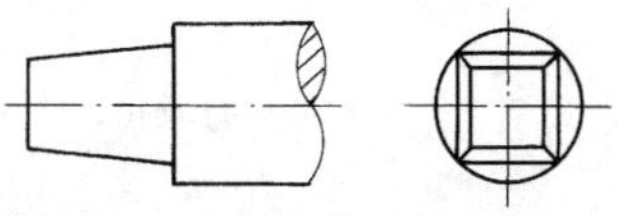	当回转体零件上的平面在图形中不能充分表达时,可用两条相交的细实线表示这些平面
元件符号化画法	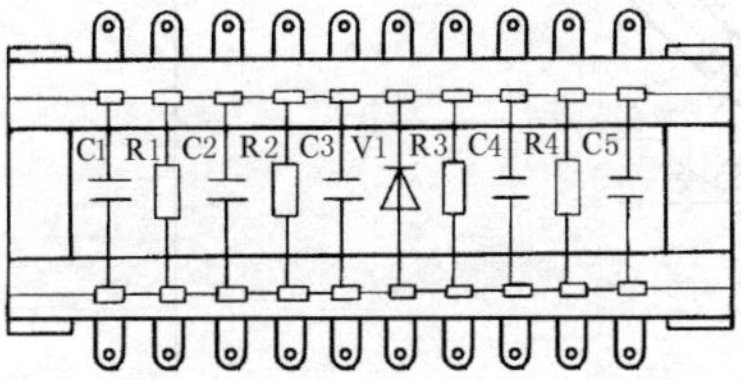 C1 R1 C2 R2 C3 V1 R3 C4 R4 C5	(略)	仅以焊接固定而无其他紧固工序的电子元器件,可用GB/T 4728.4—2005、GB/T 4728.5—2005《电气简图用图形符号》中规定的图形符号绘制
软管接头画法	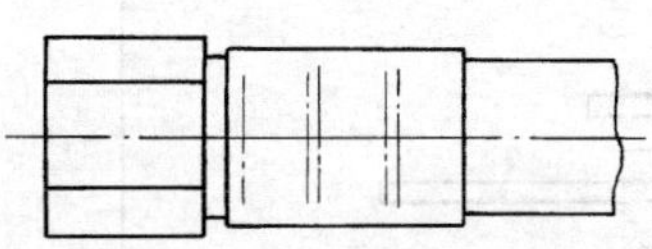	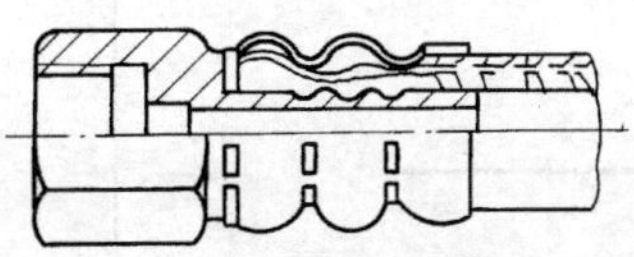	软管接头可参照左图所示的简化表示法绘制
管子画法	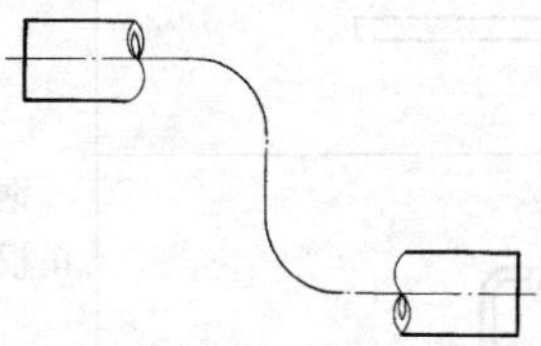 (a) 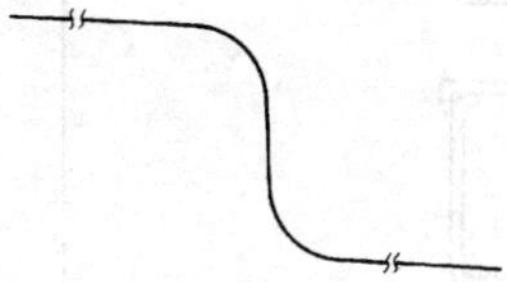 (b)	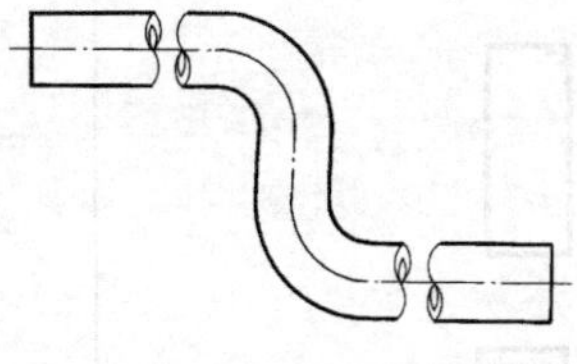	管子可仅在端部画出部分形状,其余用细点画线画出其中心线,如图a所示 若设计允许,可用与管子中心线重合的单根粗实线表示管子,如图b所示

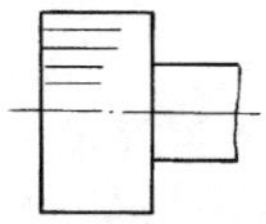

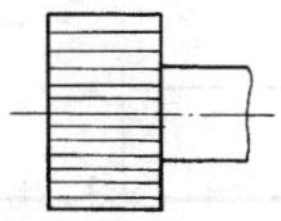

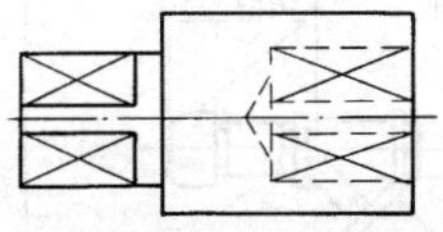

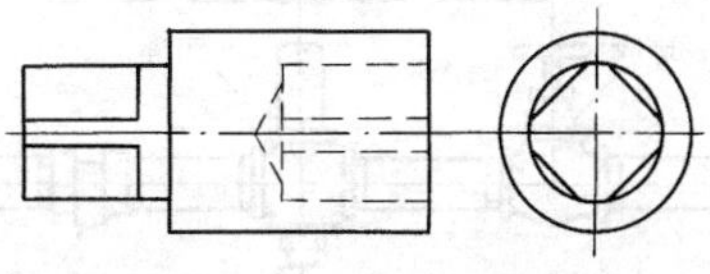

续表

<table>
<tr><th>类别</th><th>简化后</th><th>简化前</th><th>说明</th></tr>
<tr><td>管子画法</td><td colspan="2"> 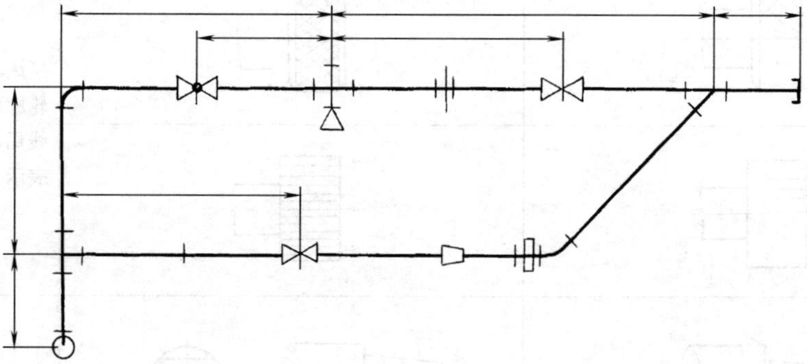(a) 简化后 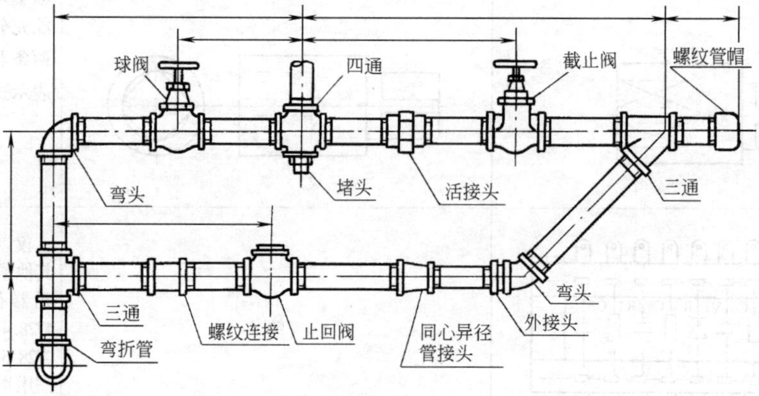

球阀 四通 截止阀 螺纹管帽 弯头 堵头 活接头 三通 三通 螺纹连接 止回阀 同心异径管接头 外接头 弯头 弯折管
(b) 简化前</td><td>图 a 为化工管道的简化实例</td></tr>
<tr><td>钢筋和钢箍画法</td><td>    </td><td> 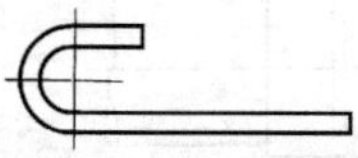 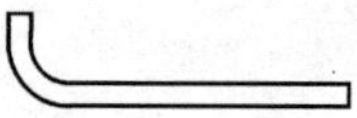 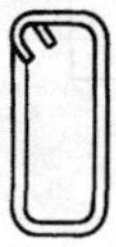 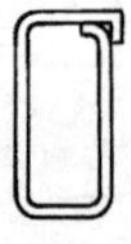</td><td>钢筋和钢箍可用单根粗实线表示</td></tr>
</table>

续表

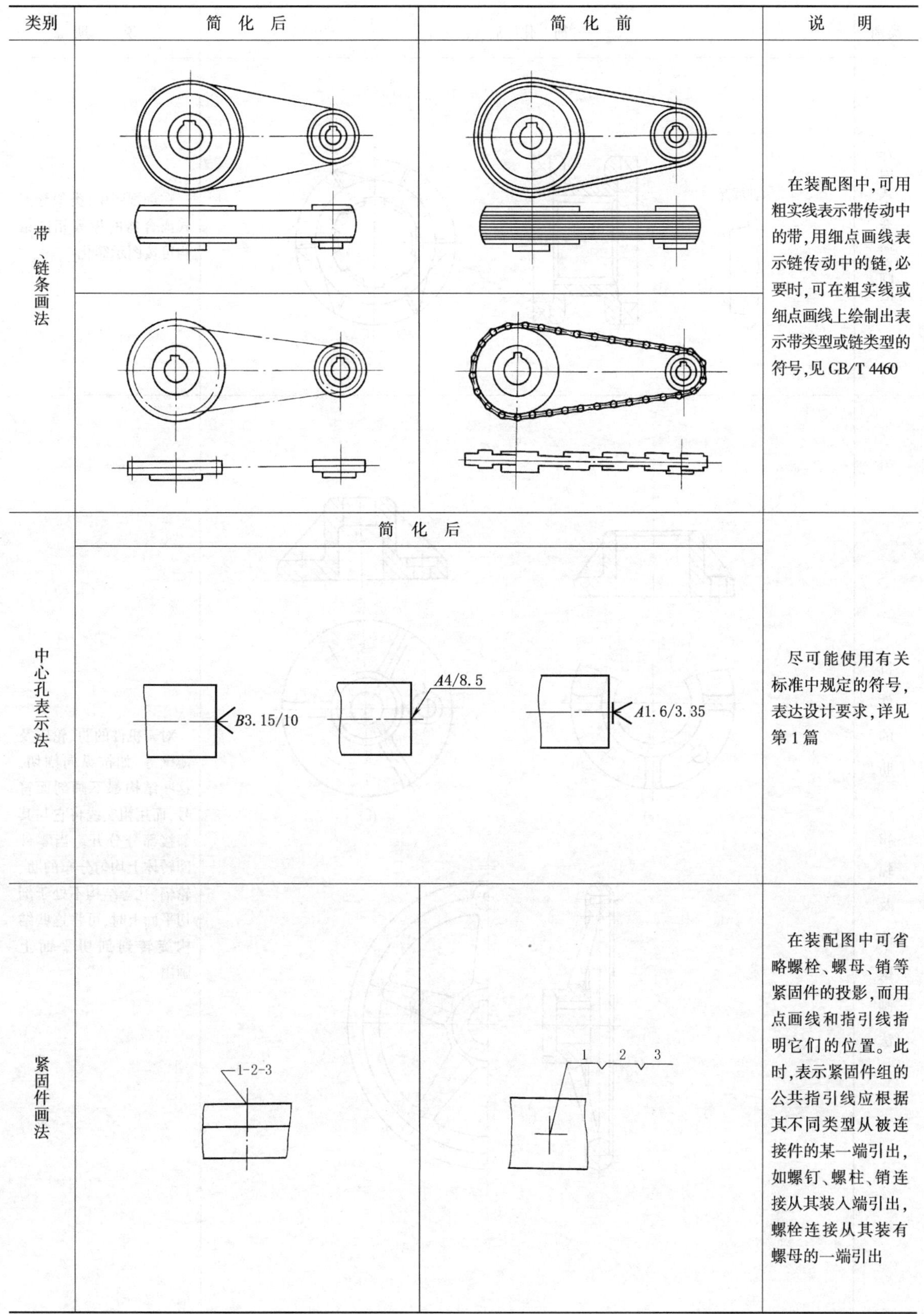

类别	简化后	简化前	说明
带、链条画法			在装配图中,可用粗实线表示带传动中的带,用细点画线表示链传动中的链,必要时,可在粗实线或细点画线上绘制出表示带类型或链类型的符号,见GB/T 4460
中心孔表示法	简化后 B3.15/10　A4/8.5　A1.6/3.35		尽可能使用有关标准中规定的符号,表达设计要求,详见第1篇
紧固件画法	1-2-3	1　2　3	在装配图中可省略螺栓、螺母、销等紧固件的投影,而用点画线和指引线指明它们的位置。此时,表示紧固件组的公共指引线应根据其不同类型从被连接件的某一端引出,如螺钉、螺柱、销连接从其装入端引出,螺栓连接从其装有螺母的一端引出

续表

类别	简 化 后	说 明
牙嵌式离合器齿画法	A 向展开 A	在剖视图中,类似牙嵌式离合器的齿等相同结构可按图示简化
机件的肋、轮辐及薄壁画法	(a) (b) (c)	对于机件的肋、轮辐及薄壁等,如按纵向剖切,这些结构都不画剖面符号,而用粗实线将它与其邻接部分分开。当零件回转体上均匀分布的肋、轮辐、孔等结构不处于剖切平面上时,可将这些结构旋转到剖切平面上画出

续表

<table>
<tr><th>类别</th><th colspan="2">简 化 后</th><th>说 明</th></tr>
<tr><td>轴等实体画法</td><td colspan="2"> 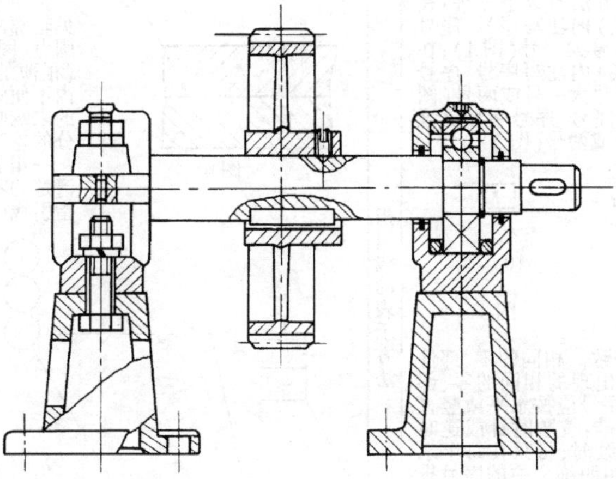</td><td>在装配图中，对于紧固件以及轴、连杆、球、钩子、键、销等实心零件，若按纵向剖切，且剖切平面通过其对称平面或轴线时，则这些零件均按不剖绘制。如需要特别表明零件的构造，如凹槽、键槽、销孔等则可用局部剖视表示</td></tr>
<tr><td></td><td>简化后</td><td>简化前</td><td></td></tr>
<tr><td>有弹簧剖切的画法</td><td></td><td></td><td>在装配图的剖视图中，螺旋弹簧仅需画出其断面，被弹簧挡住的结构一般不画出</td></tr>
<tr><td>网状物和透明件画法</td><td colspan="2">0 1 2 3 4 5 6</td><td>被网状物挡住的部分均按不可见轮廓绘制。由透明材料制成的物体，均按不透明物体绘制。对于供观察用的刻度、字体、指针、液面等可按可见轮廓线绘制</td></tr>
</table>

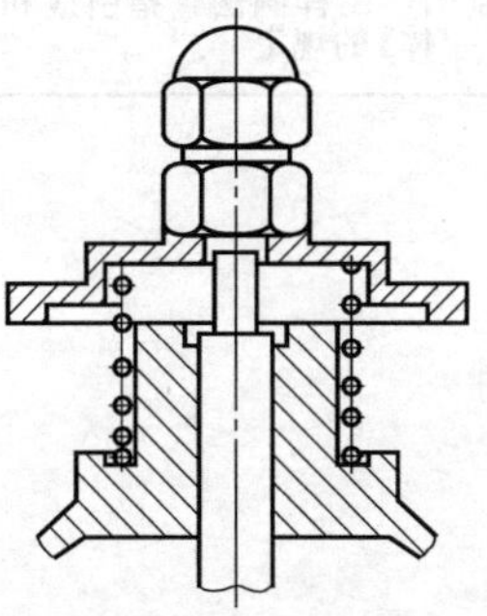

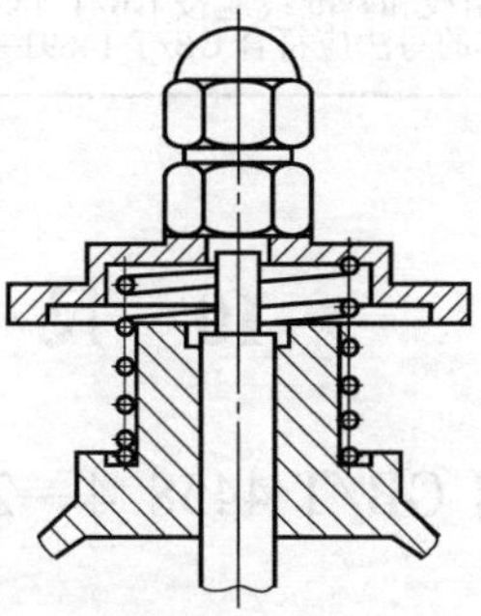

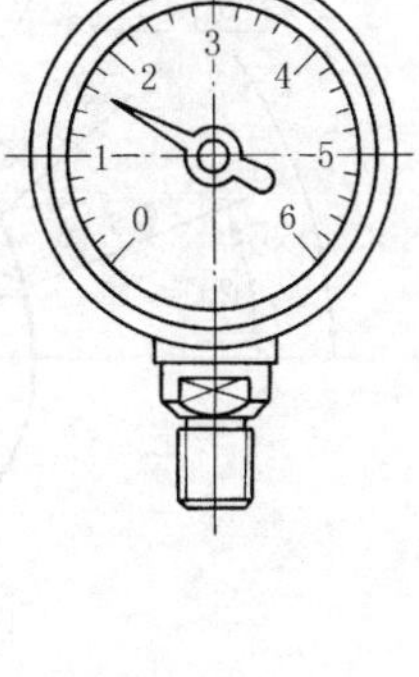

9 装配图中零、部件序号及其编排方法（摘自 GB/T 4458.2—2003）

表 2-1-16

<table>
<tr><td rowspan="1">序号的编排方法</td><td>装配图中编写零、部件序号的表示方法有以下三种：在水平的基准（细实线）上或圆（细实线）内注写序号，序号字号比该装配图中所注尺寸数字的字号大一号（图 1）；在水平的基准（细实线）上或圆（细实线）内注写序号，序号字号比该装配图中所注尺寸数字的字号大一号或两号（图 2）；在指引线的非零件端的附近注写序号，序号字号比该装配图中所注尺寸数字的字号大一号或两号（图 3）
10 ⑩ 图 1　10 ⑩ 图 2　10 图 3
同一装配图中编排序号的形式应一致。相同的零、部件用一个序号，一般只标注一次。多处出现的相同的零、部件，必要时也可重复标注。装配图中序号应按水平或竖直方向排列整齐，可按下列两种方法编排：按顺时针或逆时针方向顺次排列，在整个图上无法连续时，可只在每个水平或竖直方向顺次排列；也可按装配图明细栏中的序号排列，采用此种方法时，应尽量在每个水平或竖直方向顺次排列</td><td>指引线的表示方法</td><td>10 图 4
指引线应自所指部分的可见轮廓内引出，并在末端画一圆点（图 1~图 3），若所指部分（很薄的零件或涂黑的剖面）内不便画圆点时，可在指引线的末端画出箭头，并指向该部分的轮廓（图 4）。
一组紧固件以及装配关系清楚的零件组，可以采用公共指引线（图 5）
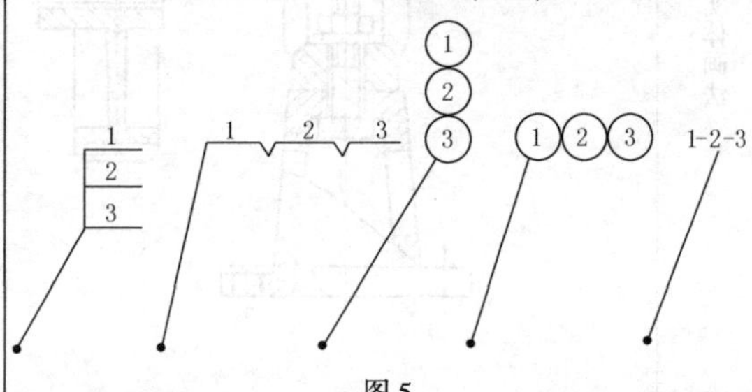

图 5
指引线不能相交。当指引线通过有剖面线的区域时，它不应与剖面线平行。指引线可以画成折线，但只可曲折一次</td></tr>
<tr><td>基本要求</td><td colspan="3">装配图中所有的零、部件均应编号。装配图中一个部件可以只编写一个序号。装配图中零、部件的序号，应与明细栏中的序号一致。装配图中所用的指引线和基准线应按 GB/T 4457.2—2003《技术制图　图样画法　指引线和基准线的基本规定》的规定绘制。装配图中字体的写法应符合 GB/T 14691—1993《技术制图　字体》的规定</td></tr>
</table>

10 尺寸注法

10.1 尺寸注法（摘自 GB/T 4458.4—2003）

表 2-1-17

<table>
<tr><td>尺寸界线</td><td>曲线轮廓　当表示曲线轮廓上各点的坐标时，可将尺寸线或其延长线作为尺寸界线（图 1、图 2）
8.5 9.8 11 12 12.7 13.3 13.7 14 5 5 5 5 5 5 8 7 100
图 1
7×10°=70° 3×20°=60° 30 34 37.5 40 42 41 38 33.5 28 26.5 24.5 20° 10° 30° R15 R24
图 2
图中方框中的尺寸表示理论正确尺寸，测量时由工艺装备的精度或手工调整的精度来保证</td></tr>
</table>

尺寸界线	**光滑过渡处**　尺寸界线一般应与尺寸线垂直,必要时才允许倾斜。在光滑过渡处标注尺寸时,必须用细实线将轮廓线延长,从它们的交点处引出尺寸界线(图3、图4) 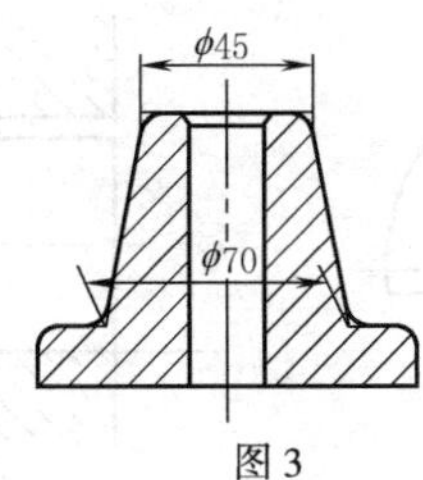 图3 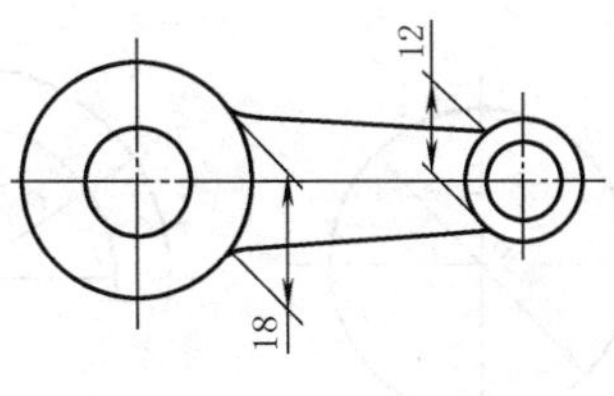 图4
	角度、弦长、弧长　标注角度的尺寸界限应沿径向引出(图5);标注弦长的尺寸界线应平行于该弦的垂直平分线(图6);标注弧长的尺寸界线应平行于该弧所对圆心角的平分线(图7),当弧度较大时,可沿径向引出(图8)。表示弧长的尺寸数字旁加注符号“⌒” 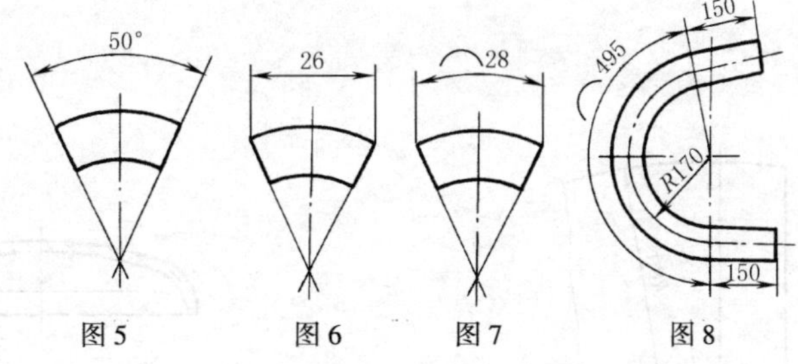 图5　图6　图7　图8
尺寸线	**尺寸线及其终端**　尺寸线用细实线绘制,其终端可以有两种形式,即箭头和斜线。当尺寸线与尺寸界线相互垂直时,同一张图样中只能采用一种尺寸线终端的形式。机械图样中一般采用箭头作为尺寸线的终端。标注线性尺寸时,尺寸线应与所标注的线段平行。尺寸线不能用其他图线代替,一般也不得与其他图线重合或画在其延长线上。尺寸线的终端采用斜线形式时,尺寸线与尺寸界线应相互垂直(图9) 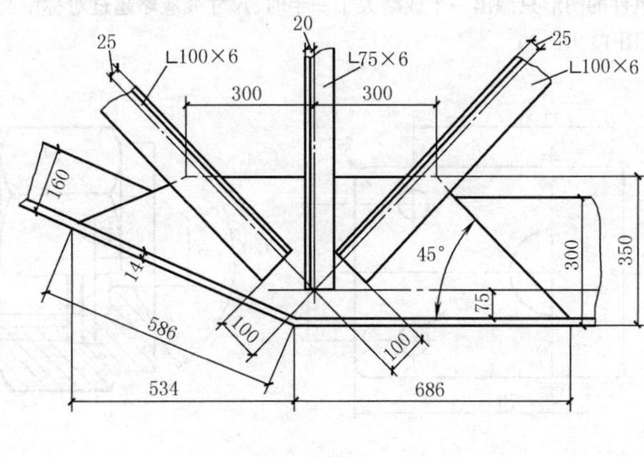 图9

尺寸线

直径与半径　圆的直径和圆弧半径的注法见图 10。当圆弧的半径过大或在图纸范围内无法标出其圆心位置时，可按图 11 的形式标注。若不需要标出其圆心时，可按图 12 的形式标注

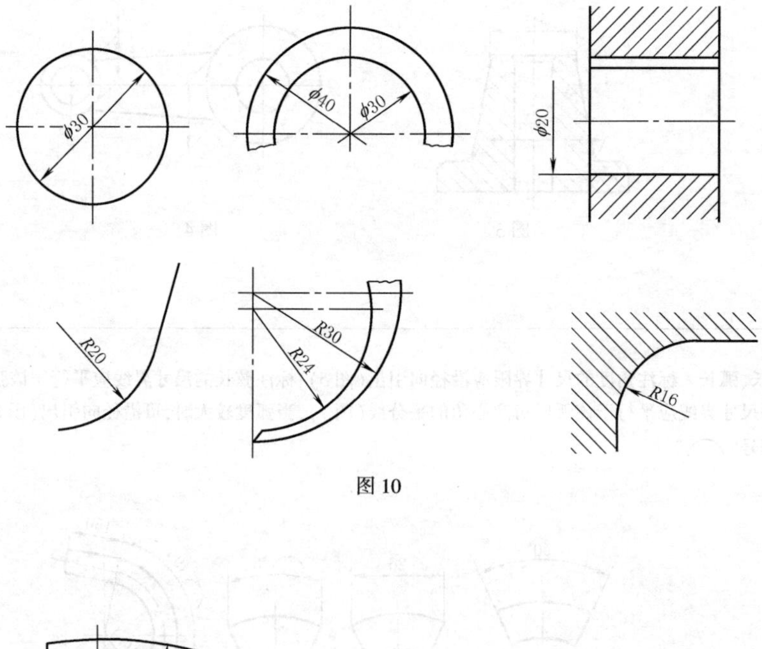

图 10

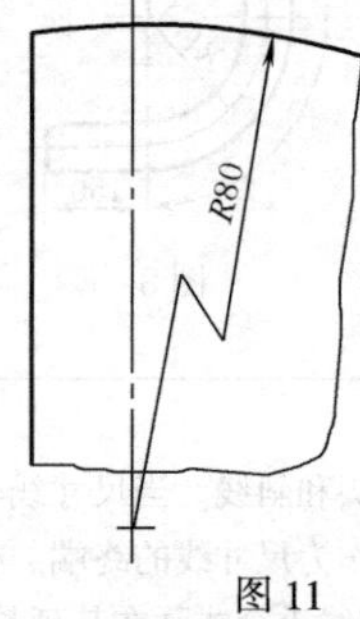

图 11

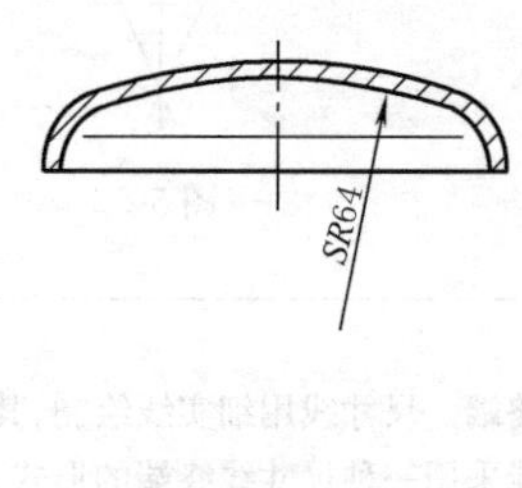

图 12

角度　标注角度时，尺寸线应画成圆弧，其圆心是该角的顶点

对称机件　当对称机件的图形只画出一半或略大于一半时，尺寸线应略超过对称中心线或断裂处的边界，此时仅在尺寸线的一端画出箭头（图 13、图 14）

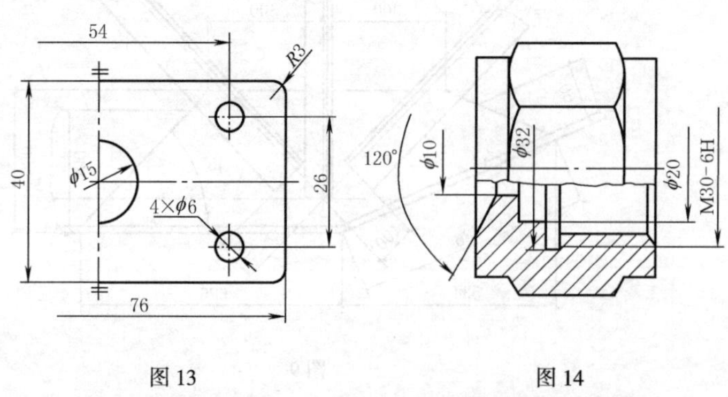

图 13　　图 14

续表

尺寸线	**小尺寸的标注**　在没有足够的位置画箭头或注写数字时,可按图 15 的形式标注,此时,允许用圆点或斜线代替箭头 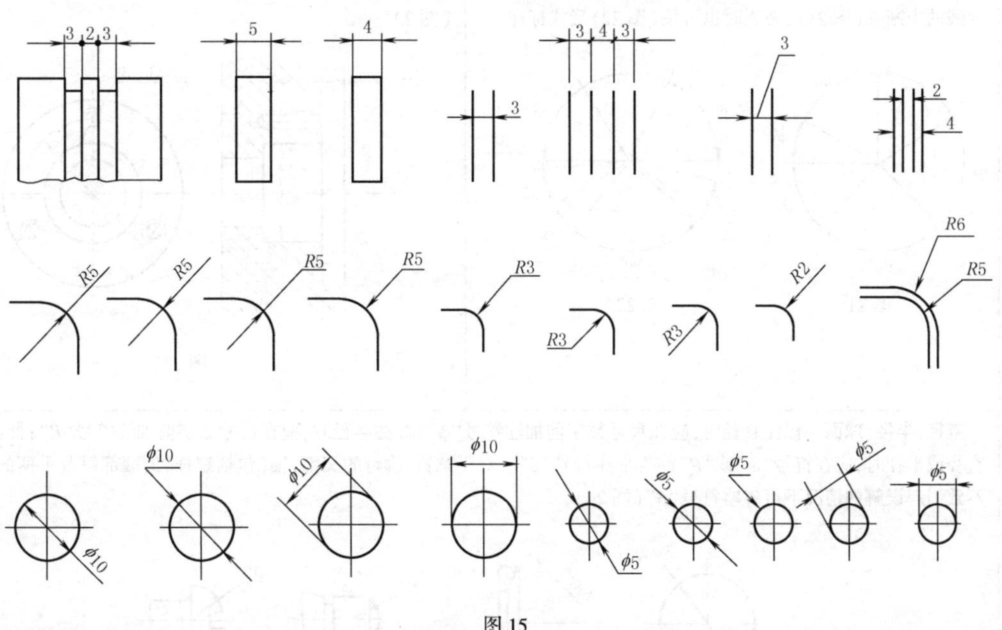 图 15
尺寸数字	**线性尺寸数字**　线性尺寸的数字一般应注写在尺寸线的上方,也允许注写在尺寸线的中断处(图 16)。线性尺寸数字的方向,有以下两种注写方法:一般应采用图 17 所示的方向注写,并尽可能避免在图示 30°范围内标注尺寸,当无法避免时可按图 18 的形式标注;在不致引起误解时,也允许采用如图 19、图 20 所示的方法标注。非水平方向的尺寸,其数字可水平地注写在尺寸线的中断处。在一张图样中,应尽可能采用同一种方法 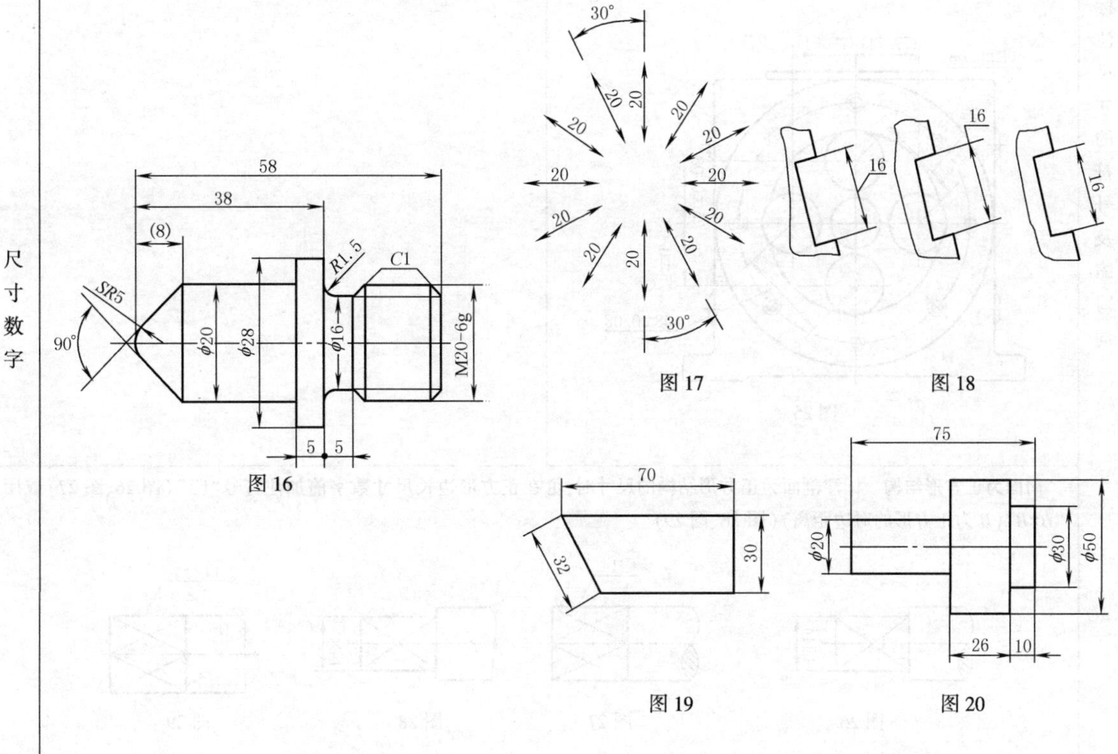 图 16　图 17　图 18　图 19　图 20

尺寸数字

角度数字 角度数字一律写成水平方向，一般注写在尺寸线的中断处（图21），必要时也可按（图22）形式标注

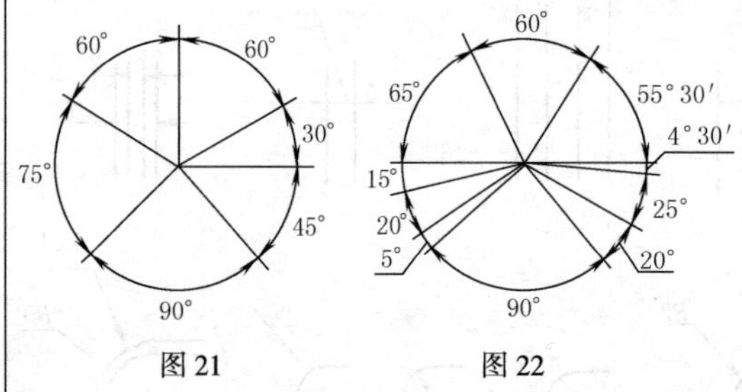

图21　　图22

尺寸数字不可被任何图线所通过，否则应将该图线断开（图23）

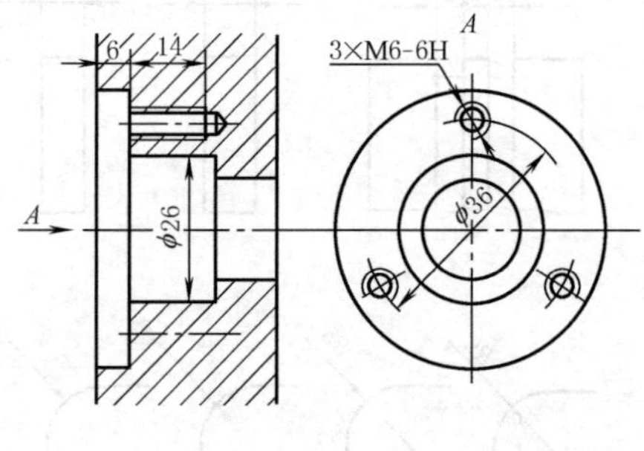

图23

直径、半径、球面 标注直径时，应在尺寸数字前加注符号“ϕ”；标注半径时，应在尺寸数字前加注符号“R”；标注球面的直径或半径时，应在符号“ϕ”或“R”前再加注符号“S”。对于螺钉、铆钉的头部，轴（包括螺杆）的端部以及手柄的端部，在不致引起误解的情况下可省略符号“S”（图24）

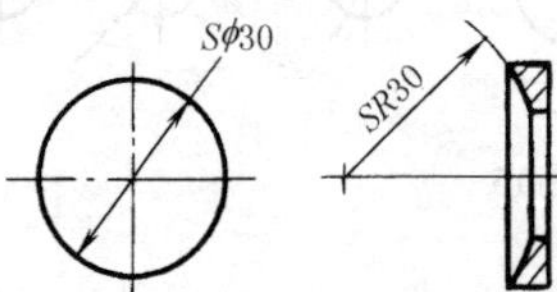

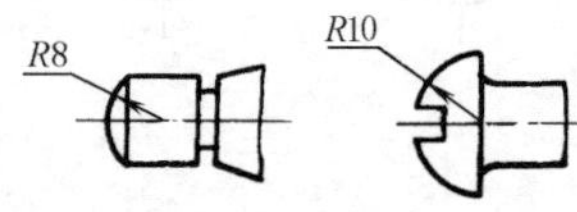

图24

标注尺寸的符号及缩写词

参考尺寸 标注参考尺寸时，应将尺寸数字加上括号（图25）

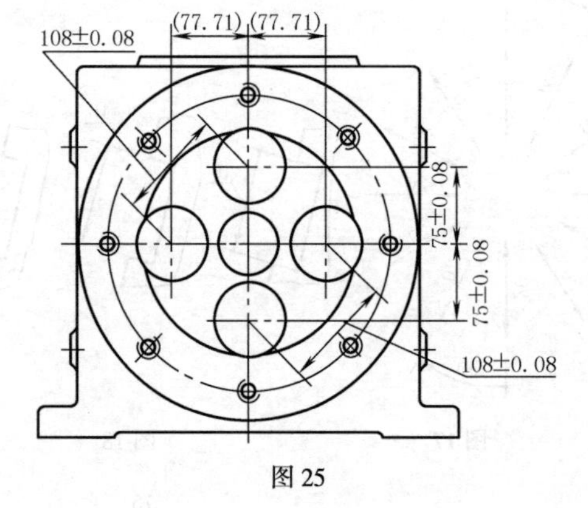

图25

弧长 标注弧长时，应在尺寸数字的左方加注符号“⌒”（图7）

剖面为正方形结构 标注剖面为正方形结构的尺寸时，可在正方形边长尺寸数字前加注符号“□”（图26、图27）或用“B×B”（B为正方形的对边距离）（图28、图29）

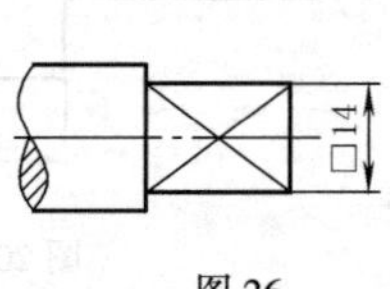

图26

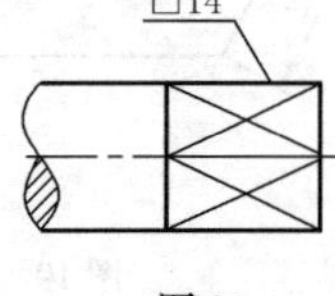

图27

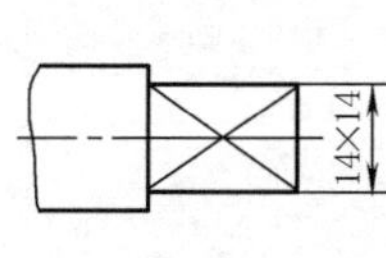

图28

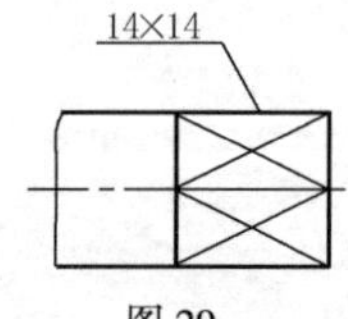

图29

续表

标注尺寸的符号及缩写词

厚度 标注板状零件的厚度时,可在尺寸数字前加注符号“*t*”(图 30)

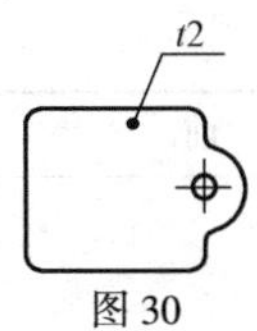

图 30

半径尺寸有特殊要求 当需要指明半径尺寸是由其他尺寸所确定时,应用尺寸线和符号“*R*”标出,但不要注写尺寸数字(图 31)

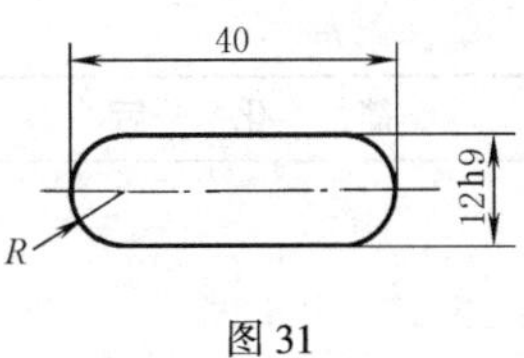

图 31

斜度和锥度 斜度注法如图 32 所示,锥度注法如图 33 所示

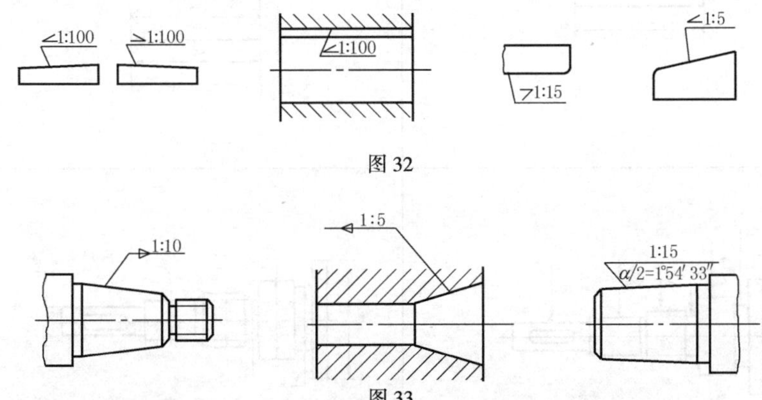

图 32

图 33

倒角 45°的倒角可按图 34 的形式标注,非 45°的倒角应按图 35 的形式标注

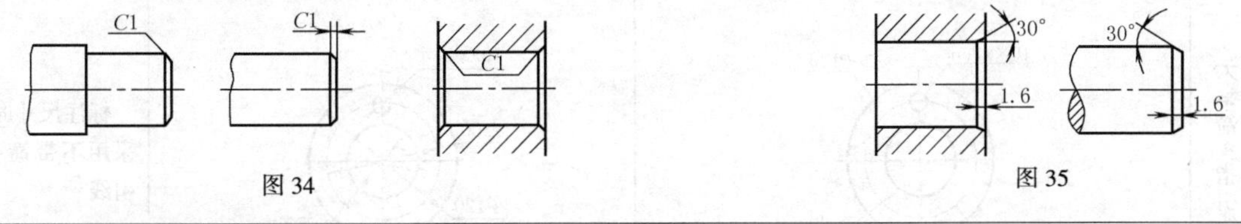

图 34

图 35

尺寸的简化注法按 GB/T 16675.2(表 2-1-18)

标注尺寸的符号及缩写词

序号	含义	现行	曾用	序号	含义	现行	曾用
	符号及缩写词				符号及缩写词		
1	直径	ϕ	(未变)	9	深度	↧	深
2	半径	*R*	(未变)	10	沉孔或锪平	⌴	沉孔、锪平
3	球直径	*S*ϕ	球 ϕ	11	埋头孔	⌵	沉孔
4	球半径	*SR*	球 *R*	12	弧长	⌒	(仅变注法)
5	厚度	*t*	厚,δ	13	斜度	∠	(未变)
6	均布	EQS	均布	14	锥度	◁	(仅变注法)
7	45°倒角	*C*	*l*×45°	15	展开	○→	(新增)
8	正方形	□	(未变)	16	型材截面形状	按 GB/T 4656.1—2000(旧:GB/T 4656—1984)	

GB/T 4458.4—2003 附录规定的上述标注尺寸的符号及缩写词与 GB/T 16675.2—2012 的规定一致,仅增加了“展开”和“型材截面形状”符号。另外,GB/T 16675.2 的规定中有“关联作用”符号和“分割作用”符号,见表 2-1-19

未定义形状边的注法 需要确切地指定边的形状和给出极限尺寸要求时,应按 GB/T 19096—2003 进行标注

10.2 尺寸注法的简化表示法（摘自 GB/T 16675.2—2012）

表 2-1-18　　简化注法（一）

类别	简化后	简化前	说明
单边箭头	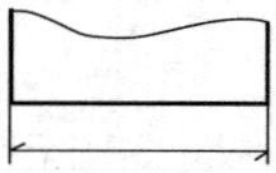	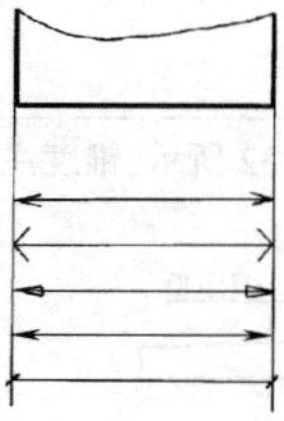	标注尺寸可使用单边箭头。对于机械图样应(同时)执行 GB/T 4458.4
带箭头指引线	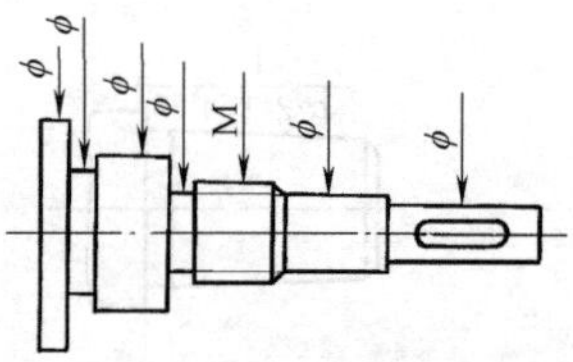 φ φ φ φ M φ φ	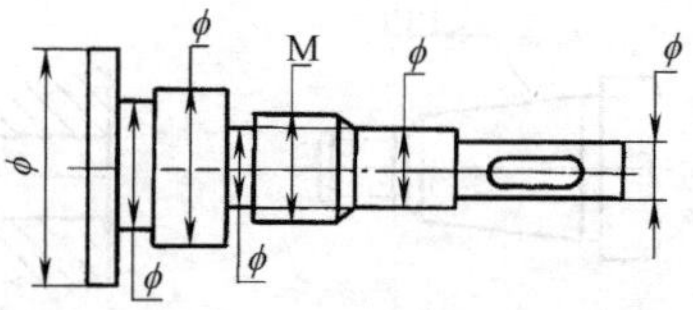 φ M φ φ φ φ φ	标注尺寸时,可采用带箭头的指引线
不带箭头指引线	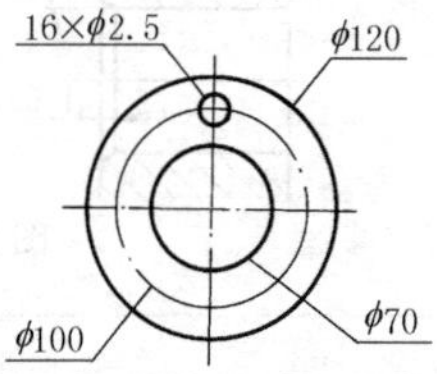 16×φ2.5 φ120 φ100 φ70	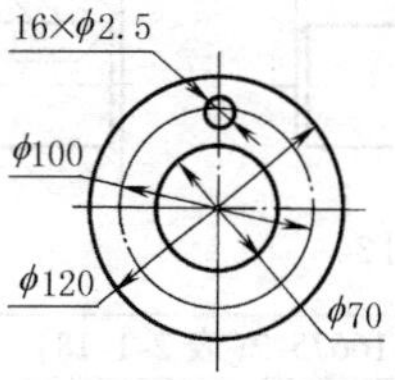 16×φ2.5 φ100 φ120 φ70	标注尺寸时,也可采用不带箭头的指引线
共用尺寸线和箭头（同心圆弧和不同心圆弧）	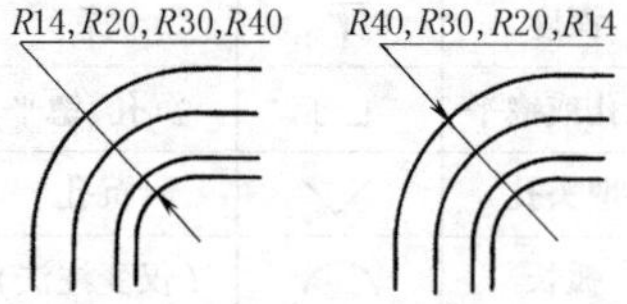 R14,R20,R30,R40　R40,R30,R20,R14	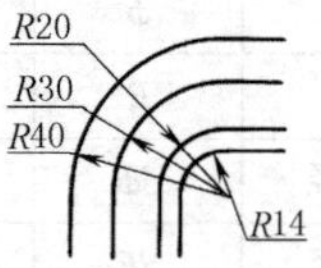 R20 R30 R40 R14	一组同心圆弧或圆心位于一条直线上的多个不同心圆弧的尺寸,可用共用的尺寸线和箭头依次表示
	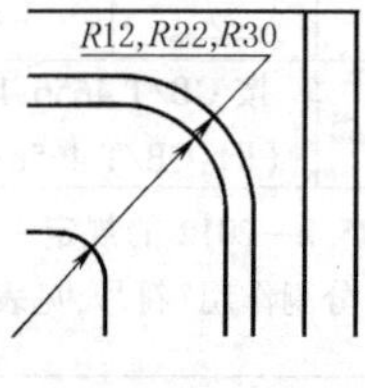 R12,R22,R30	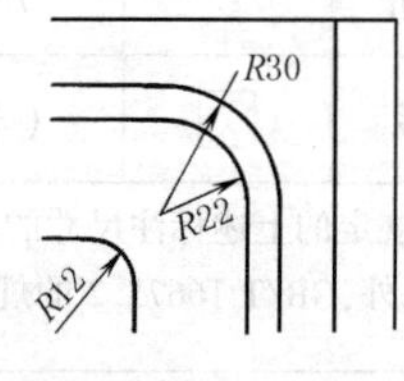 R30 R22 R12	

续表

<table>
<tr><th>类别</th><th>简化后</th><th>简化前</th><th>说明</th></tr>
<tr><td rowspan="2">共用尺寸线和箭头（同心圆和台阶孔）</td><td>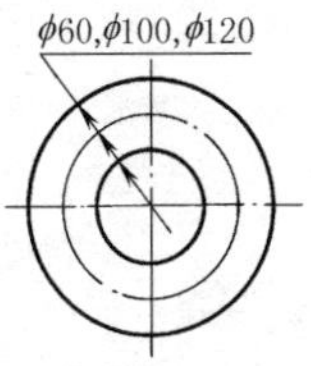ϕ60,ϕ100,ϕ120</td><td>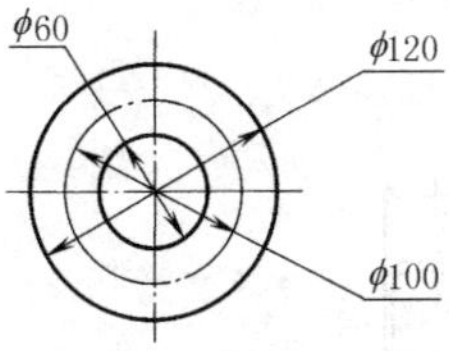ϕ60
ϕ120
ϕ100</td><td rowspan="2">一组同心圆或尺寸较多的台阶孔的尺寸，也可用共用的尺寸线和箭头依次表示</td></tr>
<tr><td>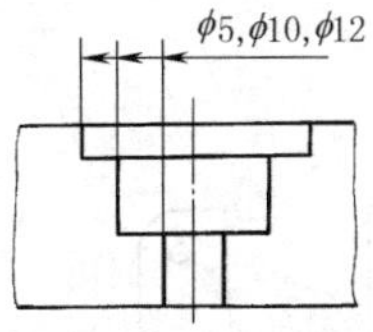ϕ5,ϕ10,ϕ12</td><td>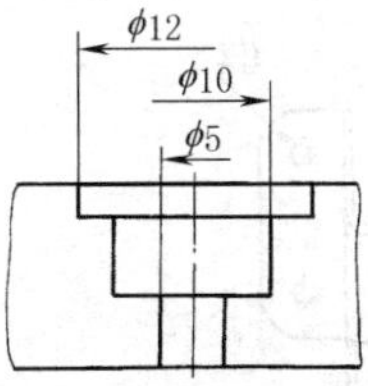ϕ12
ϕ10
ϕ5</td></tr>
<tr><td rowspan="3">梯式尺寸注法（同一基准注法）</td><td>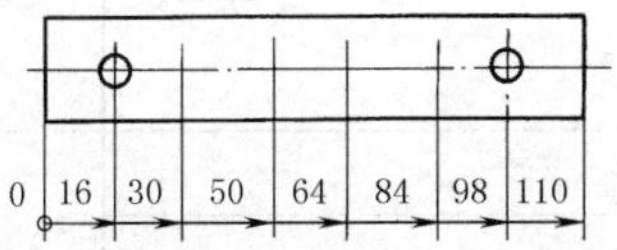0
16
30
50
64
84
98
110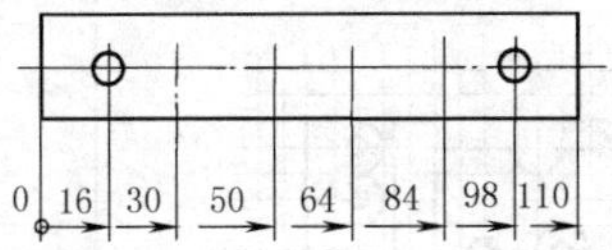0
16
30
50
64
84
98
110</td><td>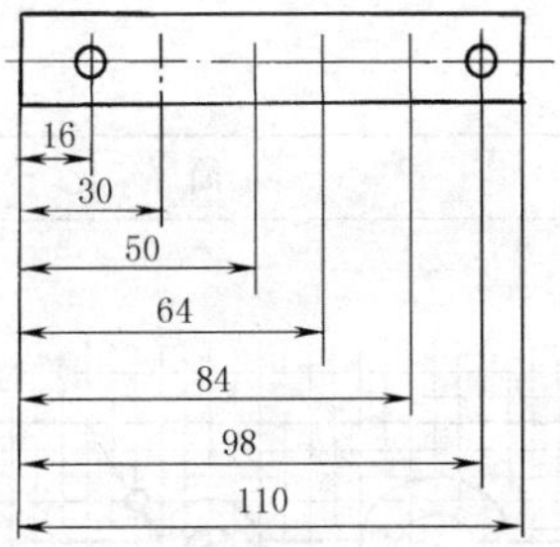16
30
50
64
84
98
110</td><td rowspan="3">从同一基准出发的尺寸可按简化后的形式标注
图上有多个孔，可用编号表示各孔圆心的坐标位置与孔径</td></tr>
<tr><td>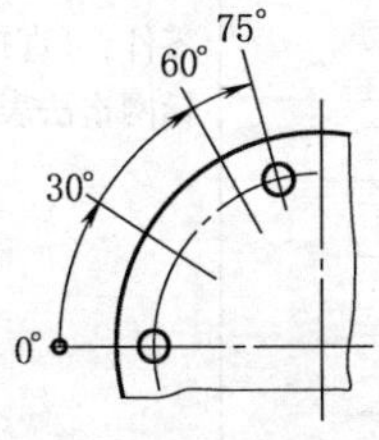75°
60°
30°
0°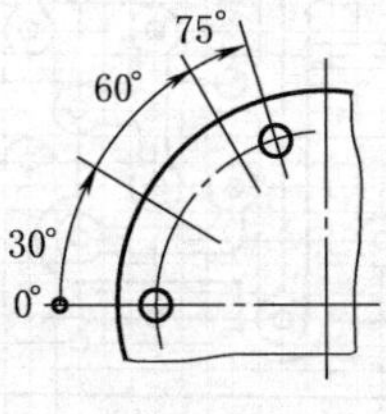75°
60°
30°
0°</td><td>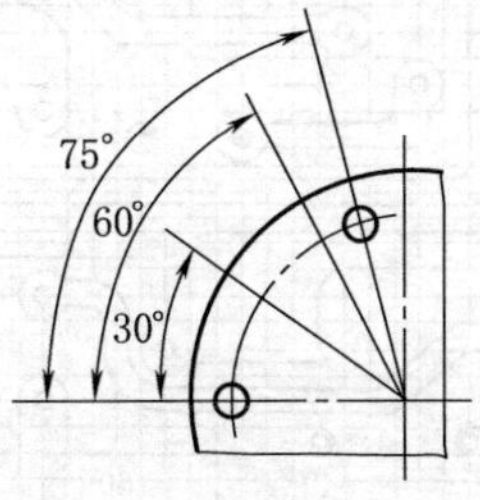75°
60°
30°</td></tr>
<tr><td>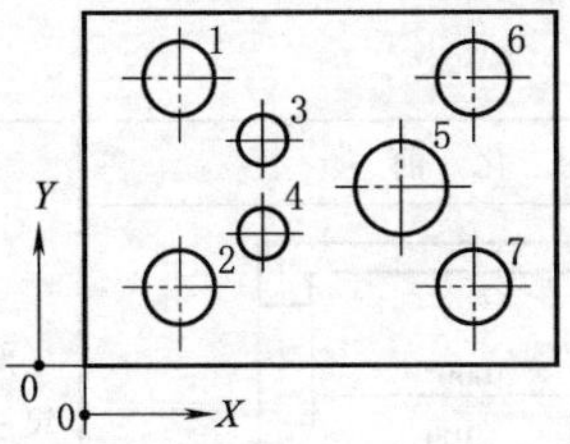1
6
3
5
4
2
7
Y
0
0
X</td><td><table><tr><th>孔的编号</th><th>X</th><th>Y</th><th>ϕ</th></tr><tr><td>1</td><td>25</td><td>80</td><td>18</td></tr><tr><td>2</td><td>25</td><td>20</td><td>18</td></tr><tr><td>3</td><td>50</td><td>65</td><td>12</td></tr><tr><td>4</td><td>50</td><td>35</td><td>12</td></tr><tr><td>5</td><td>85</td><td>50</td><td>26</td></tr><tr><td>6</td><td>105</td><td>80</td><td>18</td></tr><tr><td>7</td><td>105</td><td>20</td><td>18</td></tr></table></td></tr>
<tr><td>链式尺寸注法</td><td>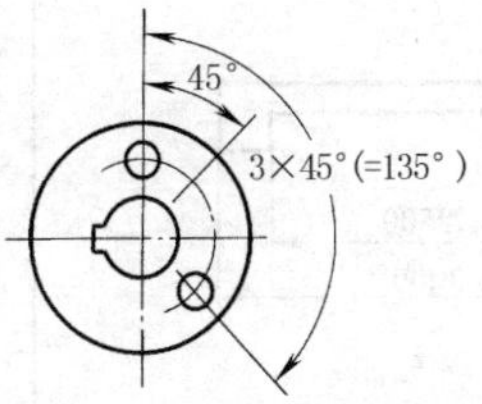45°
3×45°(=135°)</td><td>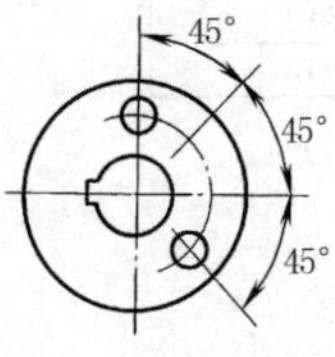45°
45°
45°</td><td>间隔相等的链式尺寸，可采用简化后的形式标注</td></tr>
</table>

续表

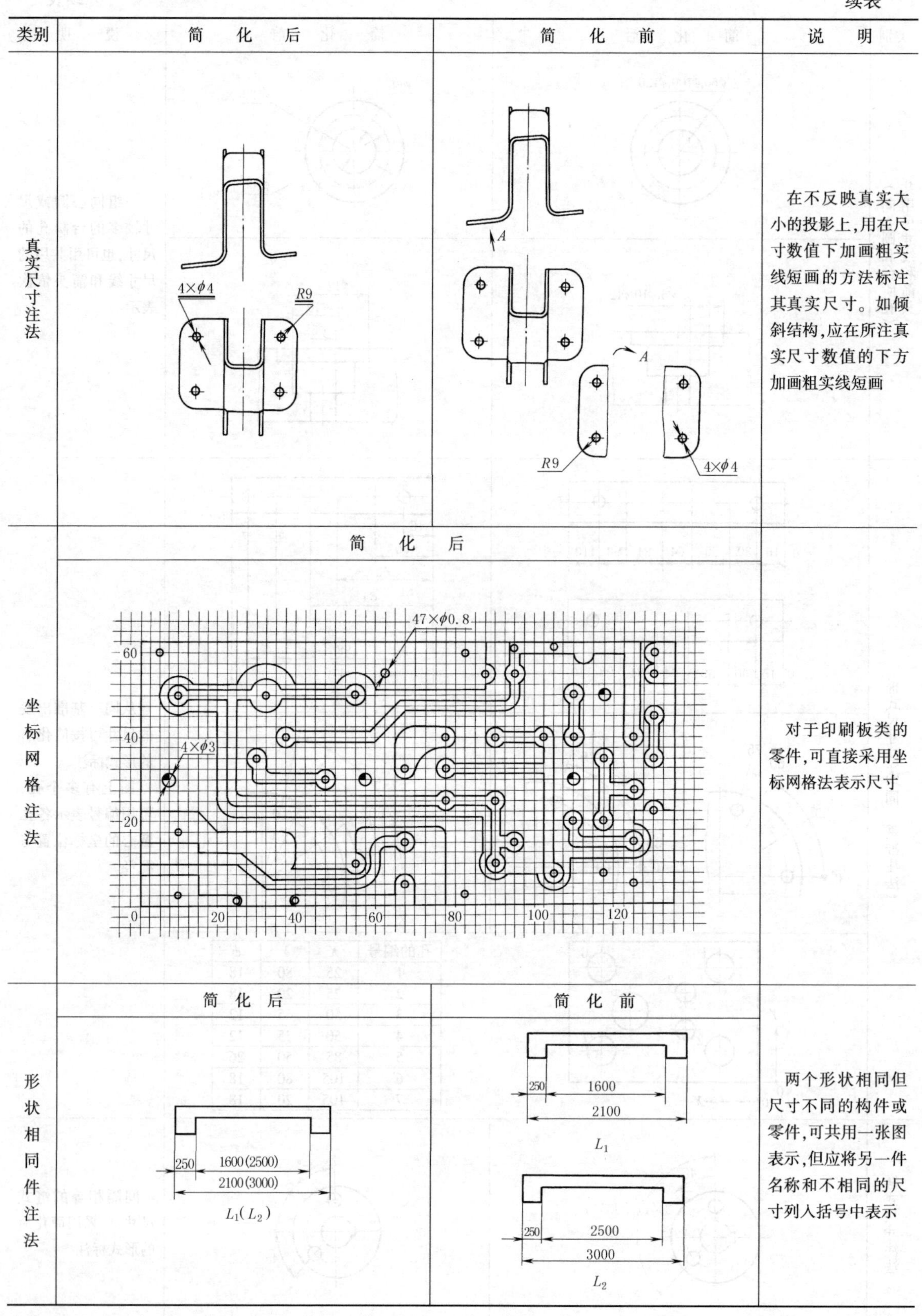

类别	简化后	简化前	说明
真实尺寸注法	4×ϕ4　R9	A　A　R9　4×ϕ4	在不反映真实大小的投影上，用在尺寸数值下加画粗实线短画的方法标注其真实尺寸。如倾斜结构，应在所注真实尺寸数值的下方加画粗实线短画
坐标网格注法	47×ϕ0.8　4×ϕ3　0　20　40　60　0　20　40　60　80　100　120		对于印刷板类的零件，可直接采用坐标网格法表示尺寸
形状相同件注法	250　1600(2500)　2100(3000)　$L_1(L_2)$	250　1600　2100　L_1　250　2500　3000　L_2	两个形状相同但尺寸不同的构件或零件，可共用一张图表示，但应将另一件名称和不相同的尺寸列入括号中表示

续表

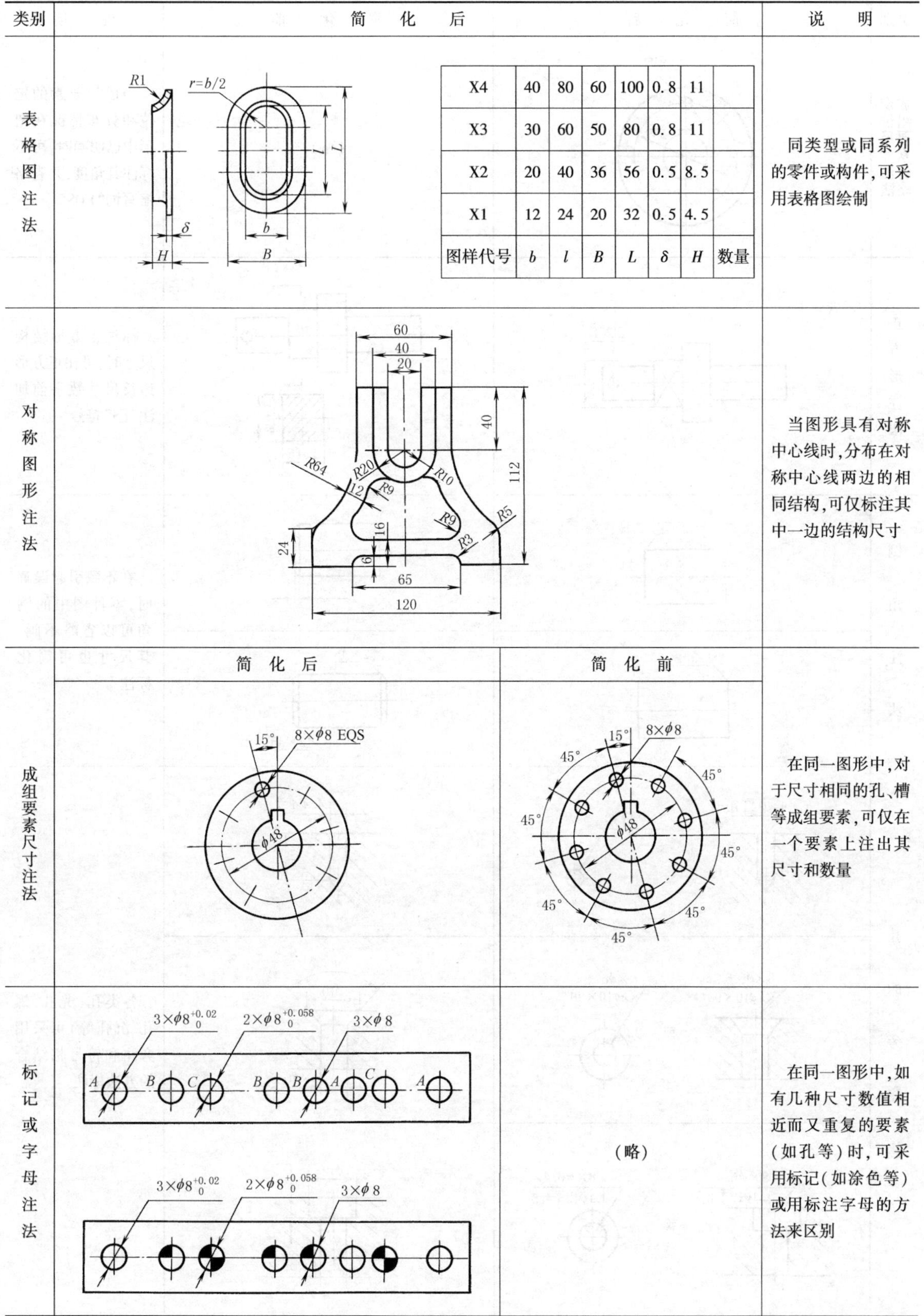

X4	40	80	60	100	0.8	11	
X3	30	60	50	80	0.8	11	
X2	20	40	36	56	0.5	8.5	
X1	12	24	20	32	0.5	4.5	
图样代号	b	l	B	L	δ	H	数量

类别	简化后	简化前	说明
表格图注法			同类型或同系列的零件或构件，可采用表格图绘制
对称图形注法			当图形具有对称中心线时，分布在对称中心线两边的相同结构，可仅标注其中一边的结构尺寸
成组要素尺寸注法			在同一图形中，对于尺寸相同的孔、槽等成组要素，可仅在一个要素上注出其尺寸和数量
标记或字母注法		（略）	在同一图形中，如有几种尺寸数值相近而又重复的要素（如孔等）时，可采用标记（如涂色等）或用标注字母的方法来区别

续表

类别	简化后	简化前	说明
成组要素省略法定位尺寸注	8×φ6 φ48	（略）	当成组要素的定位和分布情况在图形中已明确时，可不标注其角度，并省略缩写词“EQS”
正方形注法	□25f5	25f5 25f5	标注正方形结构尺寸时，可在正方形边长尺寸数字前加注“□”符号
倒角注法	C2	2×45°	在不致引起误解时，零件图中的倒角可以省略不画，其尺寸也可简化标注
	2×C2	2×45° 2×45°	
孔的旁注法	4×φ4▼10 或 4×φ4▼10	4×φ4 10	各类孔（光孔、螺孔、沉孔等）可采用旁注和符号相结合的方法标注
	6×φ6.5 ⌵φ10×90° 或 6×φ6.5 ⌵φ10×90°	90° φ10 6×φ6.5	
	8×φ6.4 ⌴φ12▼4.5 或 8×φ6.4 ⌴φ12▼4.5	φ12 4.5 8×φ6.4	

续表

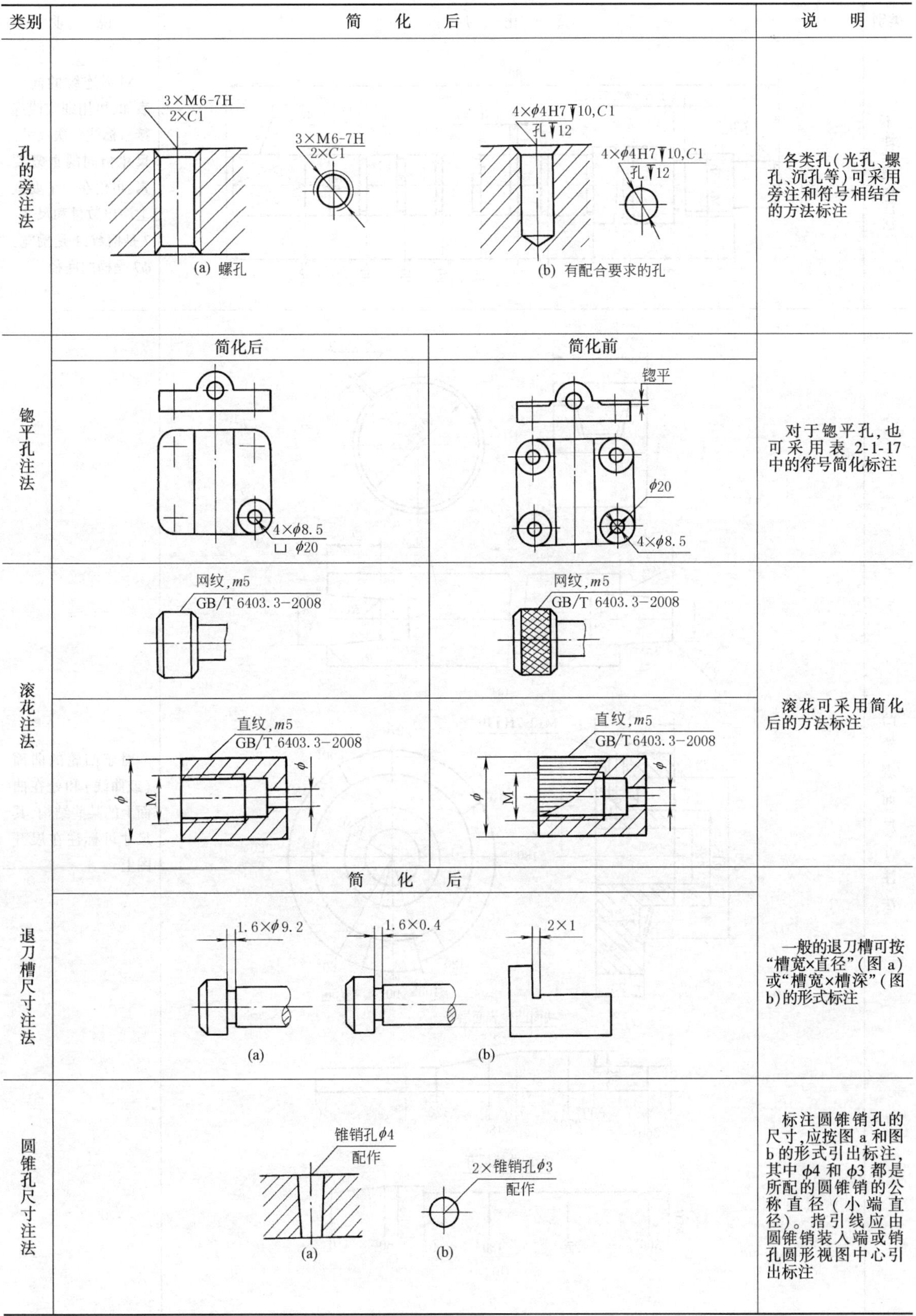

类别	简化后	说明
孔的旁注法	(a) 螺孔　(b) 有配合要求的孔	各类孔(光孔、螺孔、沉孔等)可采用旁注和符号相结合的方法标注
锪平孔注法	简化后　简化前	对于锪平孔，也可采用表 2-1-17 中的符号简化标注
滚花注法		滚花可采用简化后的方法标注
退刀槽尺寸注法	简化后 (a) (b)	一般的退刀槽可按“槽宽×直径”(图 a)或“槽宽×槽深”(图 b)的形式标注
圆锥孔尺寸注法	(a) (b)	标注圆锥销孔的尺寸，应按图 a 和图 b 的形式引出标注，其中 ϕ4 和 ϕ3 都是所配的圆锥销的公称直径（小端直径）。指引线应由圆锥销装入端或销孔圆形视图中心引出标注

续表

类别	简化后	说明
不连续表面注法	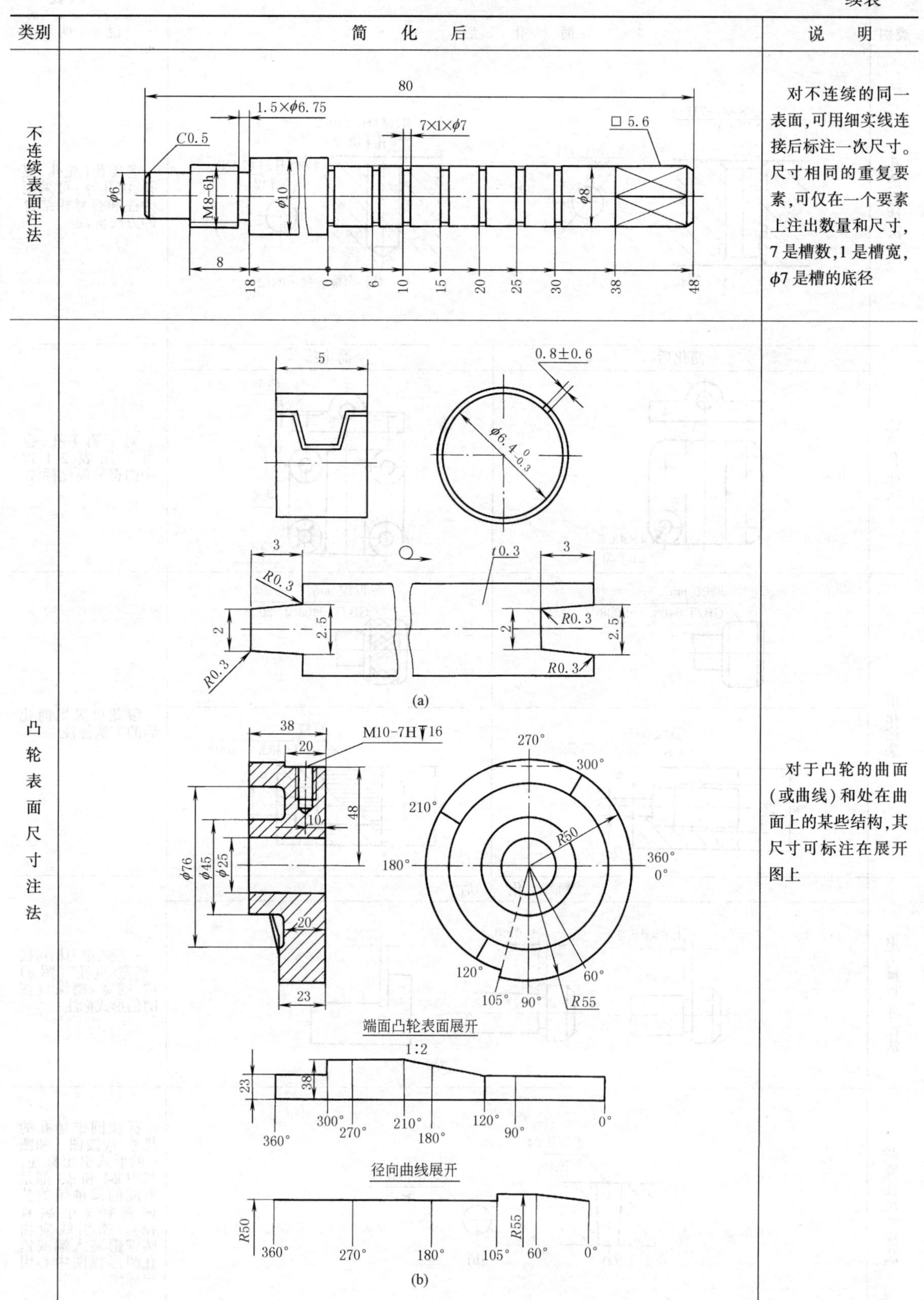	对不连续的同一表面，可用细实线连接后标注一次尺寸。尺寸相同的重复要素，可仅在一个要素上注出数量和尺寸，7是槽数，1是槽宽，ϕ7是槽的底径
凸轮表面尺寸注法		对于凸轮的曲面（或曲线）和处在曲面上的某些结构，其尺寸可标注在展开图上

续表

类别	简化后	说明
镀涂表面尺寸注法	$\phi10^{-0.095}_{-0.135}$镀前 $\phi10^{-0.035}_{-0.085}$镀后	对于镀涂表面的尺寸，按以下规定标注：图样中镀涂零件的尺寸应为镀涂后尺寸，即计入了镀涂层厚度，如为镀涂前尺寸，应在尺寸数字的右边加注“镀（涂）前”字样 对于装饰性、防腐性的自由表面尺寸，可视为镀涂前尺寸，省略“镀（涂）前”字样 对于配合尺寸，只有当镀涂层厚度不影响配合时，方可视为镀涂前的尺寸，并省略“镀（涂）前”字样 必要时可同时标注镀涂前和镀涂后的尺寸，并注写“镀（涂）前”和“镀（涂）后”字样
桁架、钢筋、管子长度尺寸注法	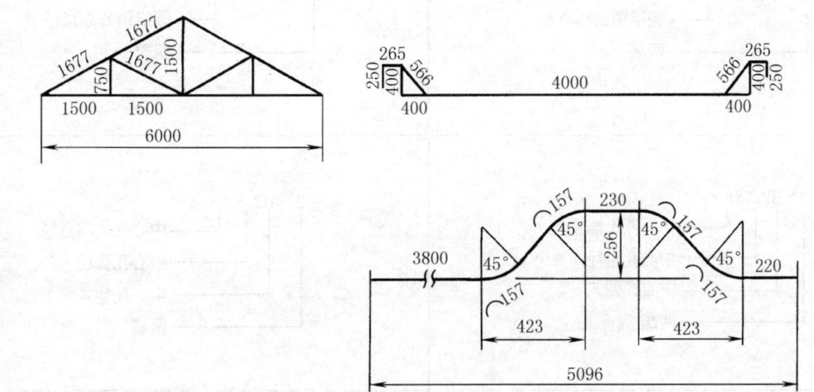	单线图上，桁架、钢筋、管子等的长度尺寸可直接标注在相应的线段上，角度尺寸数字可直接填写在夹角中的相应部位，图形对称时可仅标注一侧的尺寸

表 2-1-19　简化注法（二）——应用举例及曾用表示方法

项目名称	GB/T 16675.2—1996（见注）	GB/T 4458.4—1984（曾用）
倒角	*C*1（角宽；45°倒角符号） 2×*C*1（两端）	1×45°（角度；角宽） 2-1×45°（两端）
退刀槽 砂轮越程槽	2×ϕ8（直径；槽宽） 2×1（槽深；槽宽） 7×1×ϕ7（个数）	2×ϕ8（直径；槽宽） 2×1（槽深；槽宽） 7-1×ϕ7（个数）

续表

项目名称	GB/T 16675.2—1996（见注）	GB/T 4458.4—1984（曾用）
方形结构	□14 边长 正方形符号 14×14 边长 边长	14×14 边长 边长
沉头用沉孔	⌵ϕ12.8×90° 沉孔锥角 沉孔端面直径 沉头沉孔符号	沉孔 ϕ12.8×90° 沉孔锥角 沉孔端面直径
圆柱头用沉孔	⌴ϕ12 ↧4.5 深度 深度符号 直径 圆柱头沉孔符号	沉孔ϕ12 深4.5 深度 直径
锥销孔	2× 锥销孔 ϕ3 圆锥销公称直径 两端	2－ 锥销孔 ϕ3 圆锥销公称直径 两端
中心孔	2×B2.5/8 中心孔大端直径 中心孔直径 中心孔型式 两端	2－B2.5/8 中心孔大端直径 中心孔直径 中心孔型式 两端
成组要素（孔）	8×ϕ4 直径 个数 8×ϕ4 ↧10 / 4组 8×ϕ4 / EQS	8－ϕ4 直径 个数 8-ϕ4 深10 / 4组 8-ϕ4 / 均布
成组要素（长圆孔槽）	7×15×50 长度 宽度 个数	7－15×50 长度 宽度 个数

续表

项目名称	GB/T 16675.2—1996（见注）	GB/T 4458.4—1984（曾用）
矩形花键	⎍6×23H7×26H10×6H11 GB/T 1144—2001 标准编号 公差带代号 键宽 公差带代号 大径 公差带代号 小径 键数 矩形花键符号	6×23H7×26H10×6H11 GB/T 1144—2001 标准编号 公差带代号 键宽 公差带代号 大径 公差带代号 小径 键数
渐开线花键	⎍ EXT 24Z×2.5m×30R×5h GB/T 3478.1—2008 标准代号 公差带代号 30°圆齿根 模数 齿数 外花键代号 渐开线花键符号	EXT 24Z×2.5m×30R×5h GB/T 3478.1—1995 标准代号 公差带代号 30°圆齿根 模数 齿数 外花键代号
链式尺寸	4×20±0.1(=80) 总长 每个间隔长度 间隔数	4×20±0.1(=80) 总长 每个间隔长度 间隔数
球直（半）径	$S\phi30$ 球直径符号 $SR30$ 球半径符号	球$\phi30$ 球直径 球$R30$ 球半径
厚度	$t5$ 厚度符号	$\delta5$ 厚度符号
关联作用和分割作用标注示例	关联作用：表示同一要素间相关的关系 分割作用：表示不相关要素间的关系 ×：8×ϕ30 2×C1.5 ,：渗碳深度 0.7~0.9，56~62HRC t_p70%，C50% ·：Fe/Ep·Cu10Ni15bCr 0.3mc T·深绿 A04-9·Ⅲ·Y :：1∶10 /：ϕ30H7/f6 G1/2 A4/8.5 -：M20×2LH-6H 图线 GB/T 17450—03×0.25	

注：本表是原标准 GB/T 16675.2—1996 的内容，新标准 GB/T 16675.2—2012 无本表内容，编入供参考。

第2篇

11 尺寸公差与配合的标注（摘自 GB/T 4458.5—2003）

11.1 公差配合的一般标准

表 2-1-20

线性尺寸公差的标注	线性尺寸的公差应按图示三种形式之一标注：当采用公差带代号标注线性尺寸的公差时，公差带的代号应注在基本尺寸的右边（图 1）；当采用极限偏差标注线性尺寸的公差时，上偏差应注在基本尺寸的右上方，下偏差应与基本尺寸注在同一底线上，上下偏差的数字字号应比基本尺寸的数字字号小一号（图 2）；当同时标注公差带代号和相应的极限偏差时，则后者应加括号（图 3） 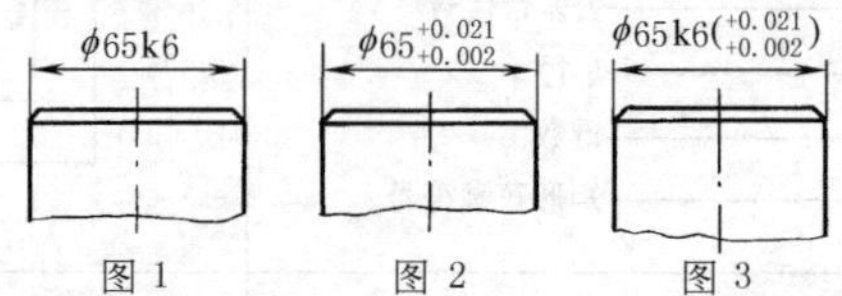 图 1　图 2　图 3
	标注极限偏差时，上、下偏差的小数点必须对齐，小数点后右端的“0”一般不予注出，为使小数点后的位数相同，也可用“0”补齐（图 4，图 5），当上偏差或下偏差为零时，用数字“0”标出，并与下偏差或上偏差的小数点前的个位数对齐（图 6）。当公差带相对于基本尺寸对称地配置，即上、下偏差数字相同时，偏差数字只注写一次，并应在偏差与基本尺寸之间注出符号“±”，且两者数字高度相同（图 7） 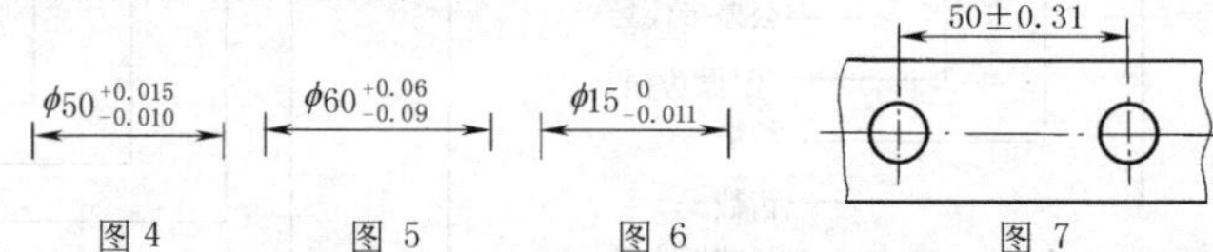 图 4　图 5　图 6　图 7
	当尺寸仅需要限制单方向的极限时，应在该极限尺寸的右边加注符号“max”或“min”（图 8）。同一基本尺寸的表面，若具有不同的公差时，应用细实线分开，分别标注其公差（图 9） 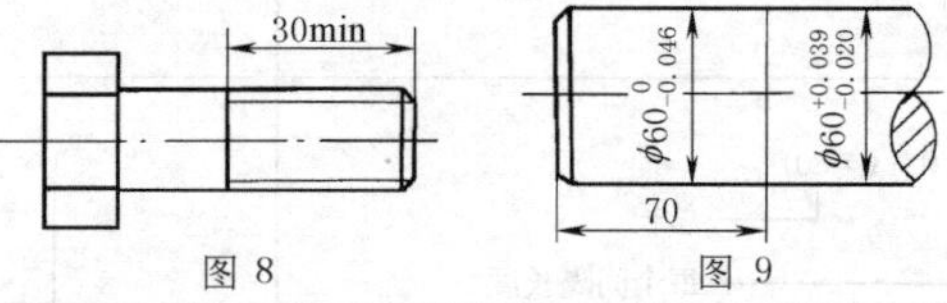 图 8　图 9
	如要素的尺寸公差和形状公差的关系需满足包容要求时，应按 GB/T 1182—2008 的规定在尺寸公差的右边加注符号“Ⓔ”（图 10、图 11） 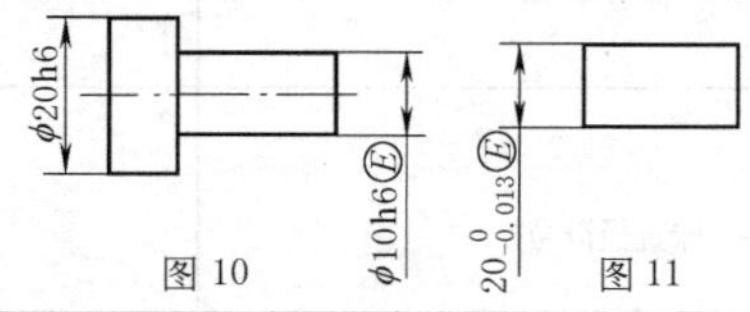 图 10　图 11
角度公差的标注	角度公差的标注如图 12 所示，其基本规则与线性尺寸公差的标注方法相同 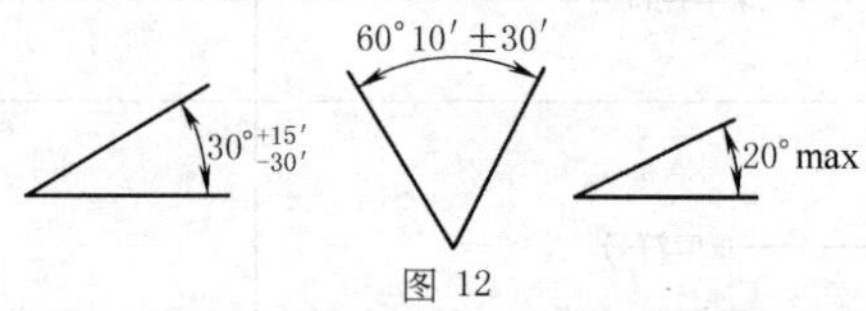 图 12
配合的标注	在装配图中标注线性尺寸的配合代号时，必须在基本尺寸的右边用分数的形式注出，分子为孔的公差带代号，分母为轴的公差带代号（图 13）。必要时也允许按图 14、图 15 的形式标注。标注与标准件配合的零件（轴或孔）的配合要求时，可以仅标注该零件的公差带代号（图 16） 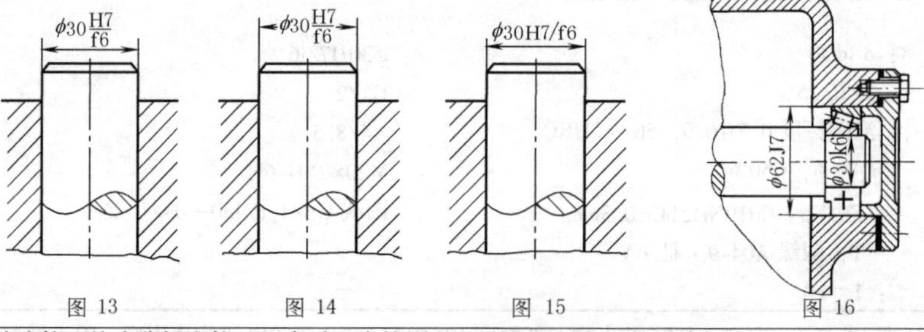 图 13　图 14　图 15　图 16
	当某零件需与外购件（均为非标准件）配合时，应按图 13、图 14 及图 15 的形式标注

11.2 配制配合的标注（GB/T 1801—2009）

公称尺寸大于500mm的零件，除采用互换性生产外，根据其制造特点可采用配制配合，配制配合是以一个零件的实际尺寸为基数，来配制另一个零件的工艺措施，一般用于公差等级较高，单件、小批量生产的配合零件，设计人员应根据生产和使用情况决定。

（1）配制配合的一般要求

1）先按互换性生产选取配合，配制的结果应满足此配合公差；

2）一般选较难加工，且能得到较高测量精度的那个零件（多数为孔）作为先加工工件，给它一个容易达到的公差或按“线性尺寸未注公差”加工；

3）配制件（多数为轴）的公差可按所定的配合公差来选取，所以配制件的公差比采用互换性生产时单个零件的公差要宽，配制件的偏差和极限尺寸以先加工件的实际尺寸为基数确定；

4）配制配合不涉及形位公差、表面结构等，不因配制配合而降低对它们的要求；

5）测量要注意温度、形位误差对测量的影响。

（2）配制配合在图样上的注法

用代号MF表示配制配合，借用基准孔代号H或基准轴代号h表示先加工工件，在装配图和零件图的相应部位均应标出，装配图上还要标明按互换性生产时的配合要求。

1）如在装配图上标注为ϕ3000H6/f6MF（先加工孔）或ϕ3000F6/h6MF（先加工轴）

2）若先加工件为孔，给一个较容易达到的公差，如H8，在零件图上标注为ϕ3000H8MF。

若按“线性尺寸的未注公差”加工，则标注为ϕ3000MF。

3）配制件为轴，根据已确定的配合公差选取合适的公差带例如f7，此时其最大间隙为0.355mm，最小间隙为0.145mm，图上标注为ϕ3000f7MF，或$\phi 3000^{-0.145}_{-0.355}$MF。

（3）配制件极限尺寸的计算

如上例，用尽可能准确的测量方法，测出先加工件（孔）的实际尺寸，如为ϕ3000.195mm，则配制件（轴）的极限尺寸计算如下。

1）配制件轴采用f7（图2-1-11）

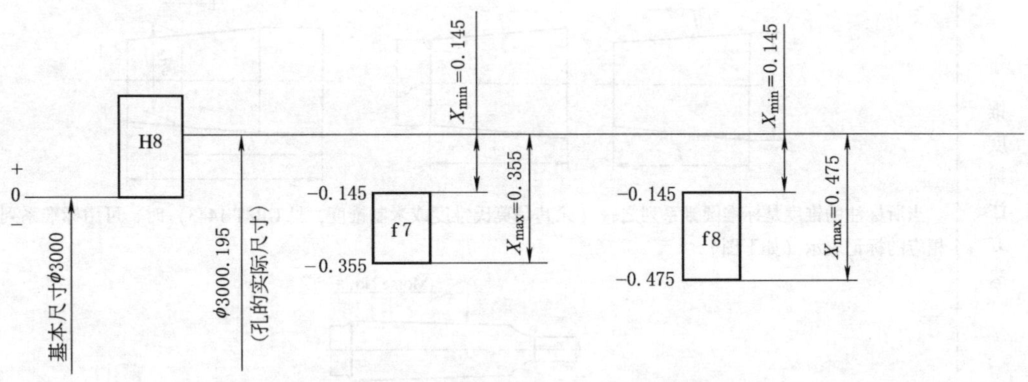

图2-1-11 ϕ3000H6/f6MF的公差带图

最大极限尺寸=3000.195−0.145=3000.050mm

最小极限尺寸=3000.195−0.355=2999.840mm

2）配制件轴采用f8（见图2-1-11），则

最大极限尺寸=3000.195−0.145=3000.050mm

最小极限尺寸=3000.195−0.475=2999.720mm

从以上可知，配制配合可以用较大的制造公差满足较高精度的配合性质要求，但无互换性。

第2篇

12 圆锥的尺寸和公差注法（摘自 GB/T 15754—1995）

表 2-1-21

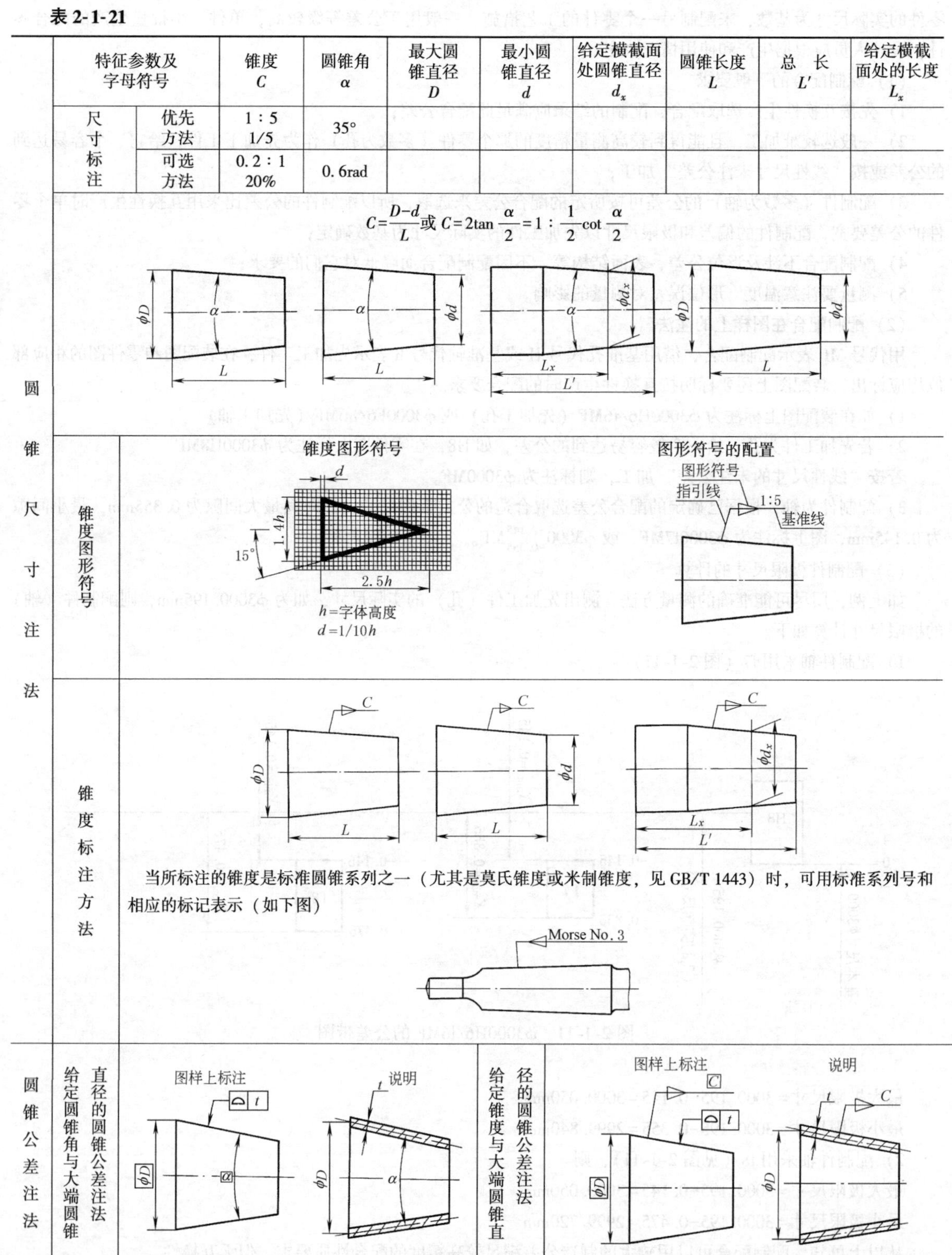

特征参数及字母符号		锥度 C	圆锥角 α	最大圆锥直径 D	最小圆锥直径 d	给定横截面处圆锥直径 d_x	圆锥长度 L	总长 L'	给定横截面处的长度 L_x
尺寸标注	优先方法	1∶5 1/5	35°						
	可选方法	0.2∶1 20%	0.6rad						

圆锥尺寸注法

$$C=\frac{D-d}{L}\text{或}\ C=2\tan\frac{\alpha}{2}=1:\frac{1}{2}\cot\frac{\alpha}{2}$$

锥度图形符号

锥度标注方法

当所标注的锥度是标准圆锥系列之一（尤其是莫氏锥度或米制锥度，见 GB/T 1443）时，可用标准系列号和相应的标记表示（如下图）

圆锥公差注法

给定圆锥角与大端圆锥直径的圆锥公差注法

给定锥度与大端圆锥直径的圆锥公差注法

续表

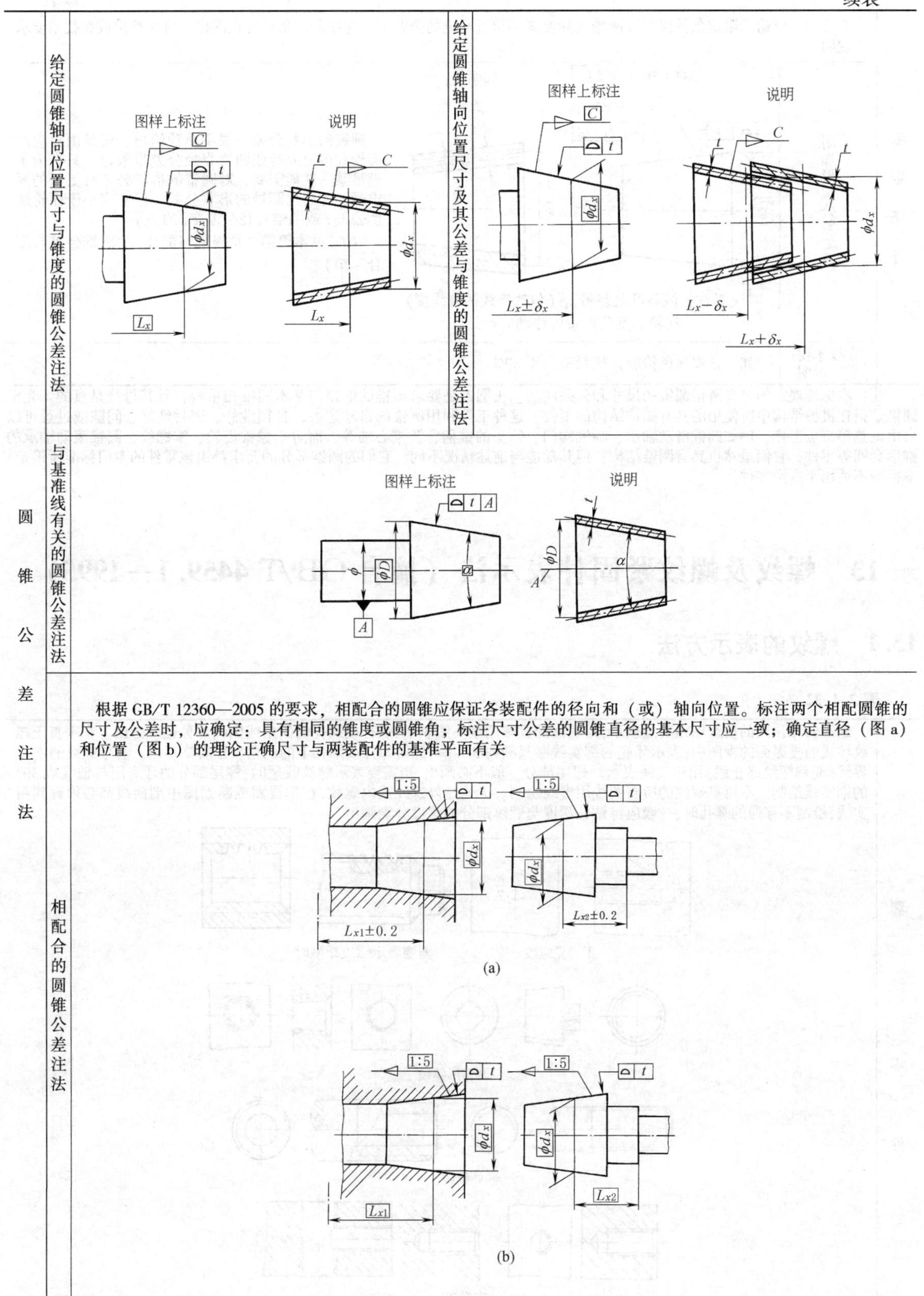

圆锥公差注法		
	给定圆锥轴向位置尺寸与锥度的圆锥公差注法	给定圆锥轴向位置尺寸及其公差与锥度的圆锥公差注法
	与基准线有关的圆锥公差注法	
	相配合的圆锥公差注法	根据 GB/T 12360—2005 的要求，相配合的圆锥应保证各装配件的径向和（或）轴向位置。标注两个相配圆锥的尺寸及公差时，应确定：具有相同的锥度或圆锥角；标注尺寸公差的圆锥直径的基本尺寸应一致；确定直径（图 a）和位置（图 b）的理论正确尺寸与两装配件的基准平面有关 (a) (b)

续表

限定条件	必要时，可给出限定条件以保证圆锥实际要素不超过给定的公差带。这些限定条件可在图样上直接给出或在技术要求中说明	
	附加形位公差要求	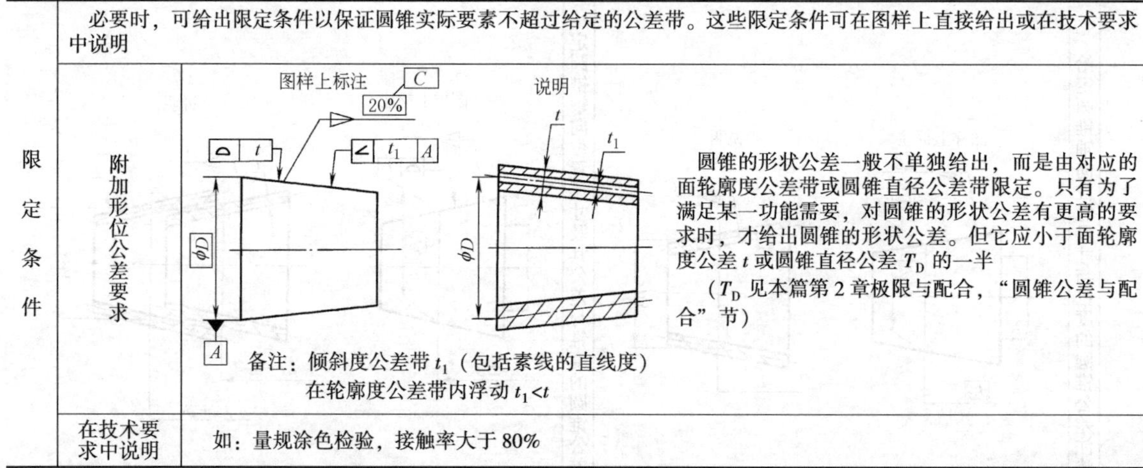 圆锥的形状公差一般不单独给出，而是由对应的面轮廓度公差带或圆锥直径公差带限定。只有为了满足某一功能需要，对圆锥的形状公差有更高的要求时，才给出圆锥的形状公差。但它应小于面轮廓度公差 t 或圆锥直径公差 T_D 的一半 （T_D 见本篇第 2 章极限与配合，“圆锥公差与配合”节）
	在技术要求中说明	如：量规涂色检验，接触率大于 80%

注：本标准规定的是光滑正圆锥的尺寸和公差注法。正圆锥是要求圆锥的锥顶与基本圆锥相重合，且其母线是直的。光滑圆锥是指在机械结构中所使用的具有圆锥结构的工件，这种工件利用圆锥的自动定心、自锁性好、密封性好、间隙或过盈可以自由调整等特点工作，例如圆锥滑动轴承、圆锥阀门、钻头的锥柄、圆锥心轴等。而对于像锥齿轮、锥螺纹、圆锥滚动轴承的锥形套圈等零件，它们虽然也具有圆锥结构，但其功能与前述情况不同，它们的圆锥部分的要求都由该零件的专门标准所确定，本标准不适用于这类零件。

13　螺纹及螺纹紧固件表示法（摘自 GB/T 4459.1—1995）

13.1　螺纹的表示方法

表 2-1-22

螺纹零件	螺纹的牙顶圆的投影用粗实线表示，牙底圆的投影用细实线表示，螺杆或螺孔的倒角或倒圆部分也应画出。在垂直于螺纹轴线的投影面的视图中，表示牙底的细实线圆只画约 3/4 圈，此时螺杆或螺孔上的倒角投影省略不画。有效螺纹的终止界线（简称螺纹终止线）用粗实线表示。螺尾部分一般不必画出，当需要表示螺纹收尾时，螺尾部分的牙底用与轴线成 30° 的细实线绘制。不可见螺纹的所有图线用虚线绘制。无论是外螺纹或内螺纹，在剖视图或断面图中剖面线都必须画到粗实线，绘制不穿通的螺孔时，一般应将钻孔深度与螺纹部分的深度分别画出 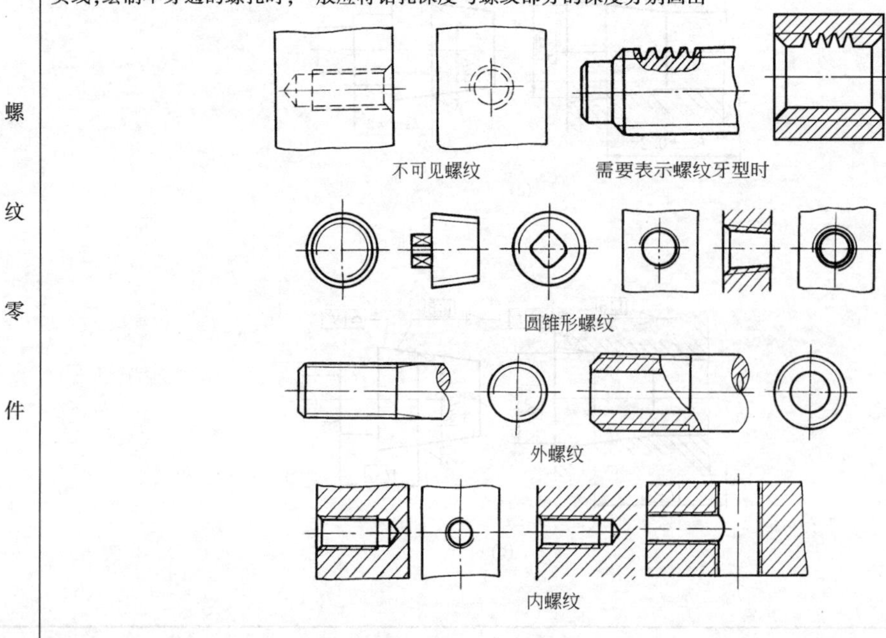 不可见螺纹　需要表示螺纹牙型时 圆锥形螺纹 外螺纹 内螺纹

续表

<table>
<tr><td>螺纹连接</td><td>以剖视图表示内、外螺纹的连接时，其旋合部分应按外螺纹的画法绘制，其余部分仍按各自的画法表示
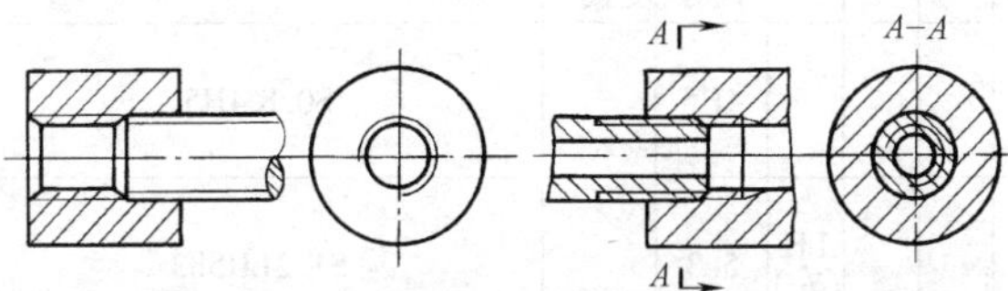
</td></tr>
<tr><td>螺纹紧固件装配</td><td>在装配图中，当剖切平面通过螺杆的轴线时，对于螺柱、螺栓、螺母及垫圈等均按未剖切绘制(图 a)，螺栓、螺钉头部及螺母也可采用简化画法(图 b)。内六角螺钉可按图 c 绘制，螺钉头部的一字槽、十字槽可按(图 d、图 e)绘制。在装配图中，对于不穿通的螺纹孔，可以不画出钻孔深度，仅按有效螺纹部分的深度(不包括螺尾)画出(图 b、图 c、图 d)
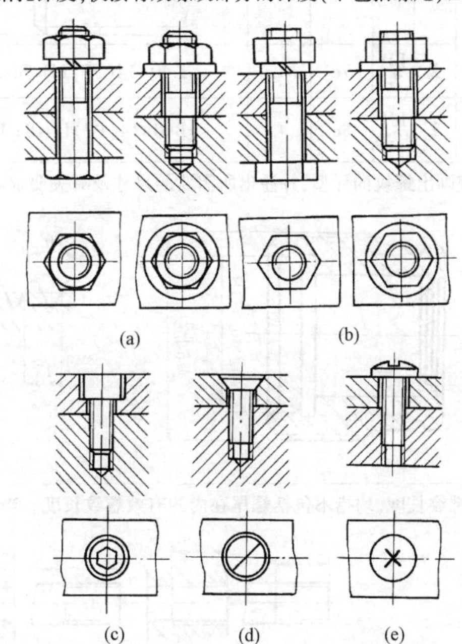
(a) (b)
(c) (d) (e)</td></tr>
</table>

13.2 螺纹的标记方法

表 2-1-23

<table>
<tr><th colspan="2">螺纹类别</th><th>特征代号</th><th>公称直径</th><th>螺距</th><th>导程</th><th>线数</th><th>旋向</th><th>公差带代号</th><th>旋合长度代号</th><th>标记示例</th><th>附注</th></tr>
<tr><td rowspan="2">标准普通螺纹</td><td>粗牙</td><td rowspan="2">M</td><td>10</td><td></td><td></td><td></td><td>右</td><td>6H</td><td>L</td><td>M10-6H-L</td><td rowspan="2">标准 GB/T 197—2003
普通螺纹粗牙不注螺距，中等旋合长度不标 N(以下同)。短、长旋合长度分别用字母 S、L 表示。右旋不标注。多线时注出 Ph(导程)、P(螺矩)(下同)
普通螺纹细牙必须标螺距
螺纹副标记示例：M20×2LH
中等公差精度(如 6H、6g)不注公差带代号</td></tr>
<tr><td>细牙</td><td>16</td><td>1.5</td><td></td><td></td><td>LH(左)</td><td>5g6g</td><td>S</td><td>M16×1.5LH-5g6g-S</td></tr>
</table>

续表

螺纹类别	特征代号	公称直径	螺距	导程	线数	旋向	公差带代号	旋合长度代号	标记示例	附注
小螺纹	S	0.8					4H5		S0.8 4H5	标准 GB/T 15054.4—1994 内螺纹中径公差带为 4H,顶径公差等级为 5 级。外螺纹中径公差带为 5h,顶径公差等级为 3 级。顶径公差带位置仅一种,故只注等级 螺纹副标记示例:S0.9 4H5/5h3
		1.2				LH(左)	5h3		S1.2LH5h3	
梯形螺纹	Tr	32	6			LH(左)	7e		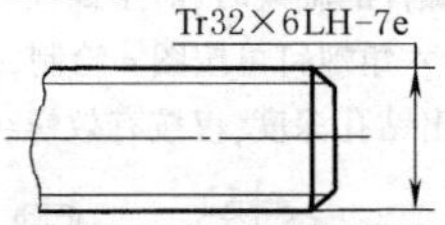 Tr32×6LH-7e	标准 GB/T 5796.4—2005 多线螺纹螺距和导程都可参照此格式标注 螺纹副标记示例:Tr36×6-7H/7e
		40	7	14	2	LH(左)	7e	L	Tr40×14(P7)LH-7e-L	
锯齿形螺纹	B	40	7	14	2	LH(左)	8c	L	B40×14(P7)LH-8c-L	标准 GB/T 13576.1~.4—2008 螺纹副标记示例:B40×7-7A/7c
非标准螺纹	非标准螺纹,应画出螺纹的牙型,并注出所需要的尺寸及有关要求(下图) 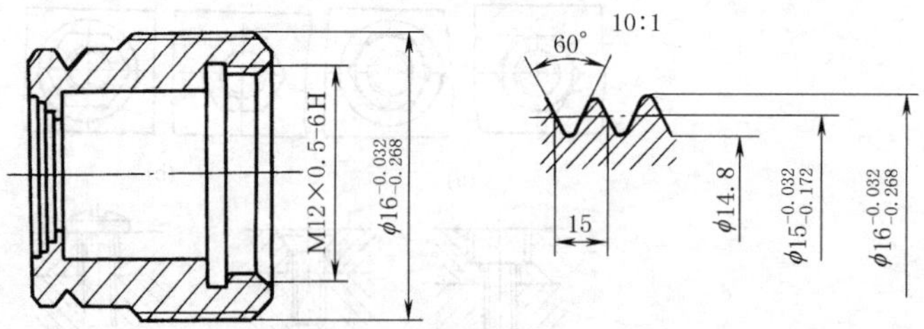 M12×0.5-6H $\phi16^{-0.032}_{-0.268}$ 60° 10:1 15 $\phi14.8$ $\phi15^{-0.032}_{-0.172}$ $\phi16^{-0.032}_{-0.268}$									
螺纹长度	图 a 所标注的螺纹长度,均指不包括螺尾在内的有效螺纹长度。当需要标出螺尾长度时,其标注方法见图 b 或另加说明 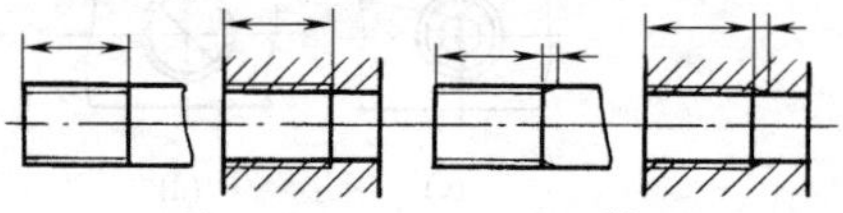 (a) (b)									

螺纹类别		特征代号	尺寸代号	旋向	公差等级	基距代号	标记示例	附注
米制密封螺纹		M_c 圆锥螺纹 M_p 圆柱内螺纹	公称直径 14			S	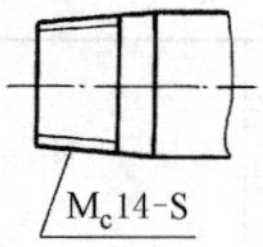 M_c14-S	标准 GB/T 1415—2008 S 为短基距代号,标准基距不注代号(下同) 螺纹副标记示例:M_p10/M_c10 圆柱内螺纹与圆锥外螺纹的配合;M_c10×1 内外螺纹均为锥螺纹;M_c10-S
60°密封管螺纹	圆锥管螺纹(内、外)	NPT	3/4	LH(左)			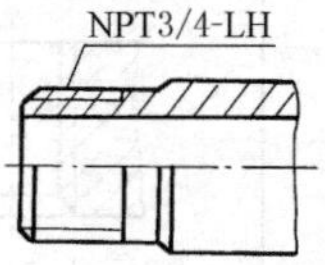 NPT3/4-LH	标准 GB/T 12716—2011 内、外螺纹均仅有一种公差带,故不注公差带代号(下同)
	圆柱内螺纹	NPSC						
55°非螺纹密封管螺纹		G	1½	LH(左)			G1½-LH	标准 GB/T 7307—2001 内螺纹公差等级只有一种,不标记。外螺纹公差等级分 A 级和 B 级两种 标记螺纹副时,仅标注外螺纹的标记代号,如G1½A
			1/2	LH(左)	A		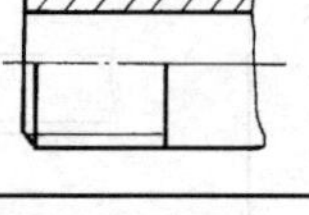 G1/2A-LH	

续表

螺纹类别		特征代号	尺寸代号	旋向	公差等级	基距代号	标记示例	附注
55°螺纹密封的管螺纹	圆锥外螺纹	R（R_1、R_2）	3/4	LH			R3/4-LH	GB/T 7306.1—2000《圆柱内螺纹与圆锥外螺纹》;GB/T 7306.2—2000《圆锥内螺纹与圆锥外螺纹》 内、外螺纹均只有一种公差带,故省略不注 R_1 表示与圆柱内螺纹相配合的圆锥外螺纹;R_2 表示与圆锥内螺纹相配合的圆锥外螺纹。如 $R_1$3 或 $R_2$3 表示螺纹副时,尺寸代号只标注一次,如 $R_p/R_1$3;$R_c/R_2$3
	圆锥内螺纹	R_c	1/2				Rc1/2	
	圆柱内螺纹	R_p	1/2				R_p1/2	
自攻螺钉螺纹		ST	公称直径 3.5				ST3.5	标准 GB/T 5280—2002 使用时,应先制出螺纹底孔(预制孔)
自攻锁紧螺钉用螺纹(粗牙普通螺纹)		M	公称直径 5				M5×20	标准 GB/T 6559—1986 使用时,先制预制孔,标记示例中的 20 为螺杆长度
螺纹副的标注方法	装配图中螺纹副的标记与螺纹的标注方法相同。米制螺纹一般直接标注在大径的尺寸线上或其引出线上,如图 a 所示。管螺纹应采用引出线由配合部分的大径处引出标注,如图 b 所示。米制密封螺纹一般采用引出线由配合部分的大径处引出标注,也可直接标注在从基面处画出的尺寸线上,如图 c 所示。斜线分开的左边表示内螺纹,右边表示外螺纹 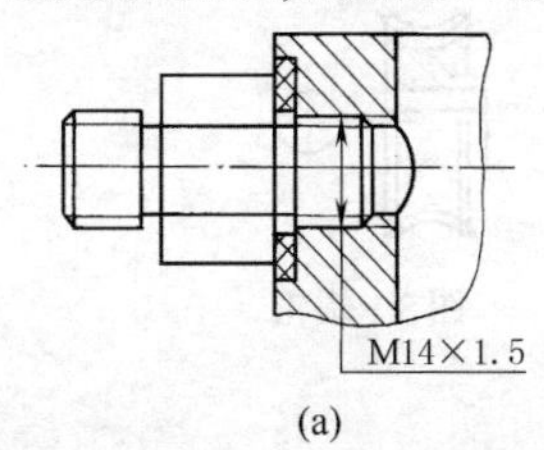 (a) 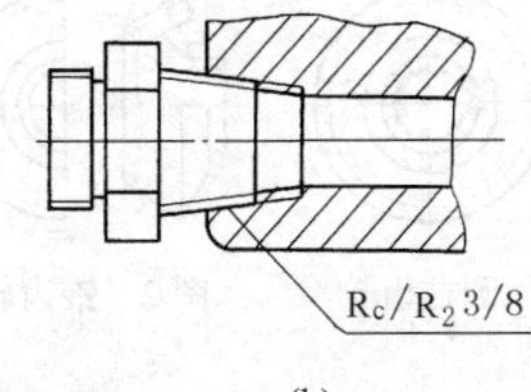 (b) 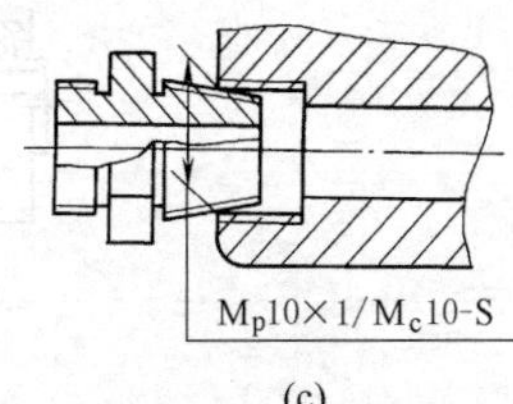 (c)							

注：60°圆锥管螺纹和55°螺纹密封及非螺纹密封管螺纹来源于英制，被采用制定为我国标准螺纹时已米制化。特征代号后的数字是定性地表征螺纹大小的“尺寸代号”，不是定量地将其数值换成毫米，故不得称为“公称直径”。

表 2-1-24　　新旧管螺纹代号对照

螺纹种类	圆锥内螺纹	圆柱内螺纹	圆锥外螺纹	圆柱内、外螺纹(非螺纹密封)	圆锥内、外螺纹
	(螺纹密封)				
GB/T 4459.1—1995 规定的标准号及管螺纹标准代号	GB/T 7306.1～.2—2000(55°牙型角)			GB/T 7307—2001(55°牙型角)	GB/T 12716—2011(60°牙型角)
	R_c	R_p^*	R（R_1、R_2）	G*	NPT
旧标准 GB 4459.1—1984 中的螺纹代号	ZG	G	ZG	G	Z

注：R_p^* 和 G* 是公差不同的两种圆柱内螺纹，不能完全互换。所以 GB 4459.1—1984 中用 G 表示两者，不加区分是不合适的。

第 2 篇

表 2-1-25　　螺纹与花键画法比较

名称	轴线垂直于投影面的视图	中径	牙、齿	终止线	尾部	标记或代号
螺纹	小径用3/4圈的细实线圆绘制	规定不画出	一般不画出	一条粗实线	必要时才画出	一般由三部分组成，见表2-1-22
花键	小径用完整的细实线圆绘制	渐开线花键必须用点画线画出	一般应画出一个齿	两条平行的细实线	规定应画出	见标准 GB/T 1144—2001 和 GB/T 3478.1—2008 有关规定，与螺纹完全不同，见表 2-1-26

14　齿轮、花键表示法（摘自 GB/T 4459.2—2003、GB/T 4459.3—2000）

表 2-1-26

齿轮、齿条、蜗杆、蜗轮及链轮的画法	齿顶圆和齿顶线用粗实线绘制，分度圆和分度线用细点画线绘制，齿根圆和齿根线用细实线绘制，也可省略不画，在剖视图中，齿根线用粗实线绘制。表示齿轮、蜗轮一般用两个视图，或者用一个视图和一个局部视图(图1~图3)。在剖视图中，当剖切平面通过齿轮的轴线时，轮齿一律按不剖处理(图1~图3、图5、图6)。如需表明齿形，可在图形中用粗实线画出一个或两个齿；或用适当比例的局部放大图表示(图4~图6)。当需要表示齿线的特征时，可用三条与齿线方向一致的细实线表示(图4、图5、图7)，直齿则不需表示。如需要注出齿条的长度时，可在画出齿形的图中注出，并在另一视图中用粗实线画出其范围线(图5) 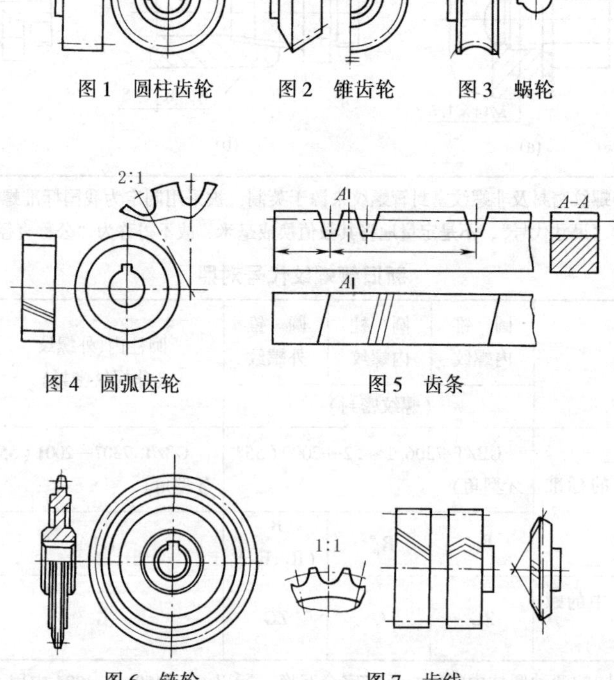 图1　圆柱齿轮　图2　锥齿轮　图3　蜗轮 图4　圆弧齿轮　图5　齿条 图6　链轮　图7　齿线

续表

齿轮、蜗轮、蜗杆啮合画法

在垂直于圆柱齿轮轴线的投影面的视图中，啮合区内的齿顶圆均用粗实线绘制（图8、图12），其省略画法如图9所示。在平行于圆柱齿轮、锥齿轮轴线的投影面的视图中，啮合区的齿顶线不需画出，节线用粗实线绘制，其他处的节线用细点画线绘制（图10、图14）。在啮合的剖视图中，当剖切平面通过两啮合齿轮的轴线时，在啮合区内，将一个齿轮的轮齿用粗实线绘制，另一个齿轮的轮齿被遮挡的部分用细虚线绘制（图8、图11、图16），也可省略不画（图12、图13、图15）。在剖视图中，当剖切平面不通过啮合齿轮的轴线时，齿轮一律按不剖绘制

圆柱齿轮啮合

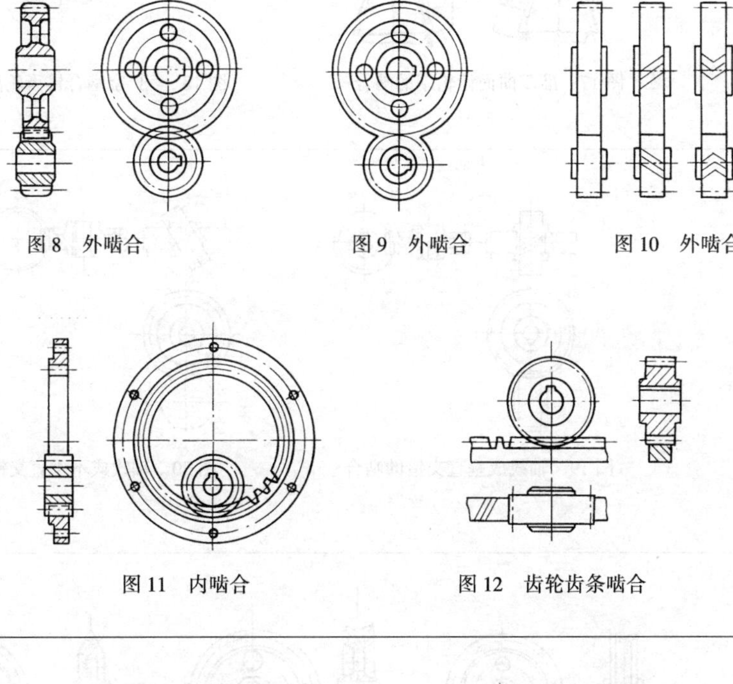

图8 外啮合

图9 外啮合

图10 外啮合

图11 内啮合

图12 齿轮齿条啮合

锥齿轮啮合

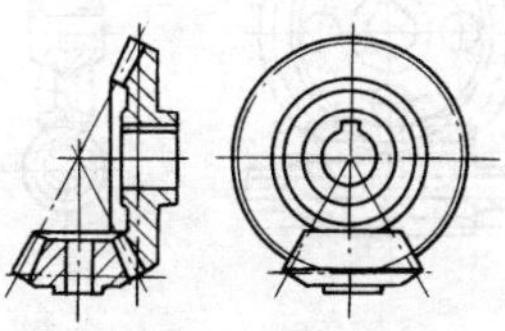

图13 轴线成正交的锥齿轮啮合

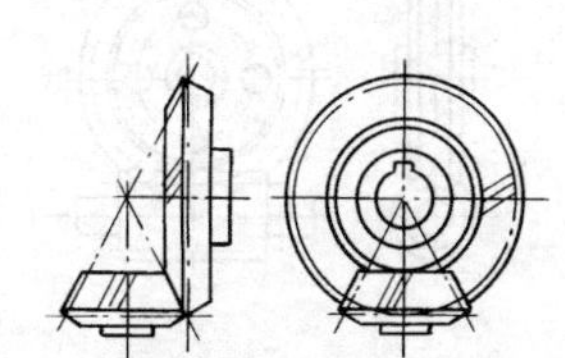

图14 轴线成正交的锥齿轮啮合

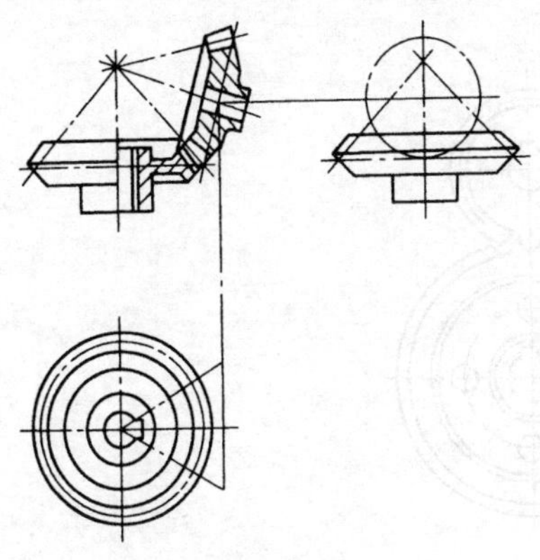

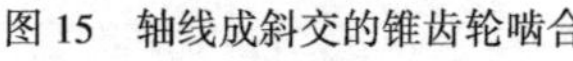

图15 轴线成斜交的锥齿轮啮合

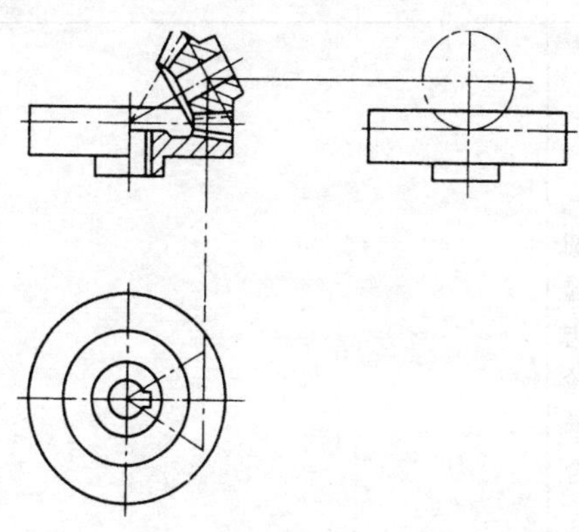

图16 轴线成斜交的平面齿轮与锥齿轮啮合

续表

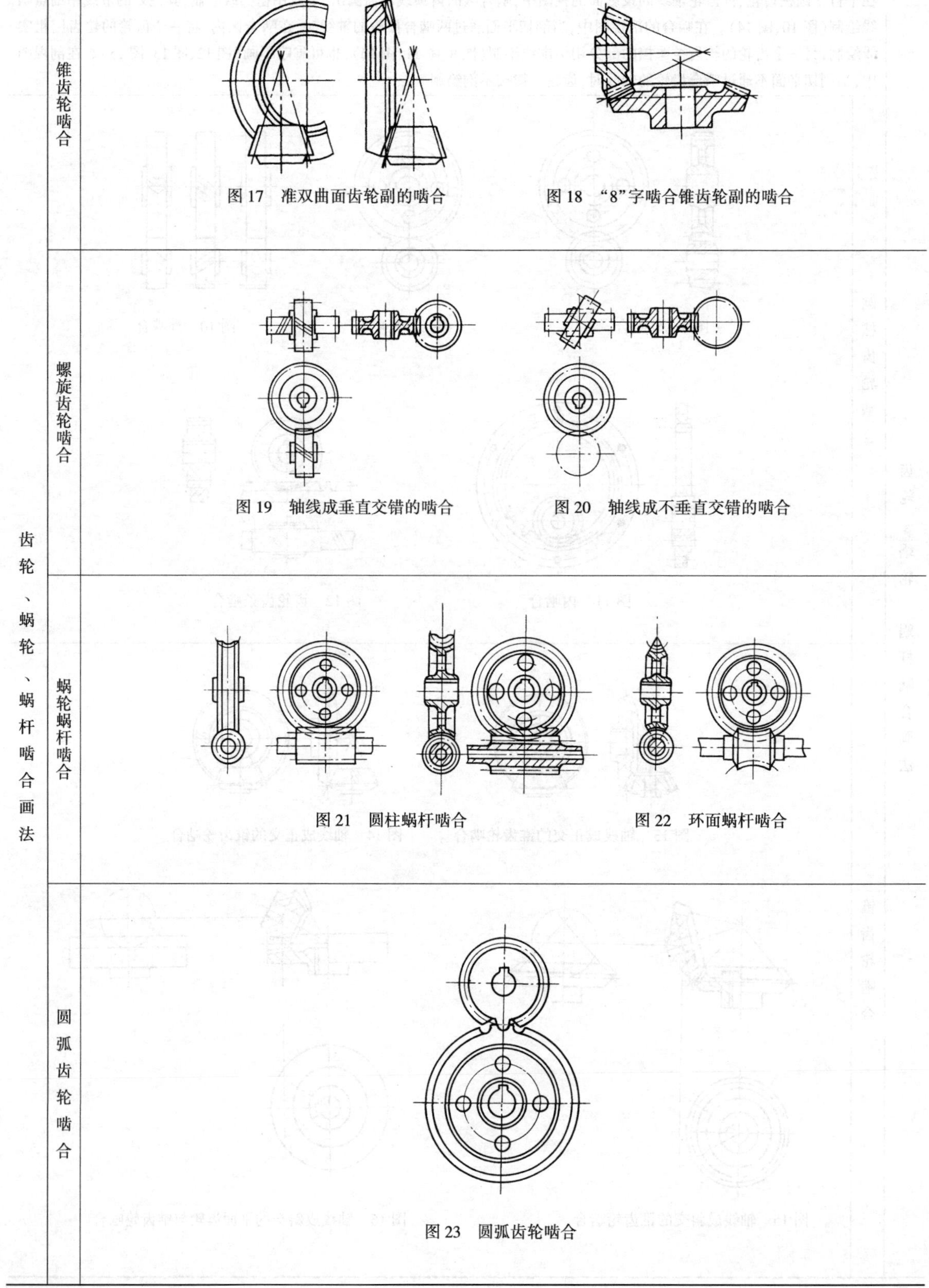

图 17 准双曲面齿轮副的啮合

图 18 “8”字啮合锥齿轮副的啮合

图 19 轴线成垂直交错的啮合

图 20 轴线成不垂直交错的啮合

图 21 圆柱蜗杆啮合

图 22 环面蜗杆啮合

图 23 圆弧齿轮啮合

续表

<table>
<tr><td rowspan="8">花键画法及尺寸标注</td><td rowspan="3">矩形花键</td><td>外花键大径用粗实线、小径用细实线绘制，并在断面图中画出一部分或全部齿形(图24)，外花键工作长度的终止端和尾部长度的末端均用细实线绘制，并与轴线垂直，尾部则画成斜线，其倾斜角度一般与轴线成30°，必要时，可按实际情况画出(图24)</td><td> 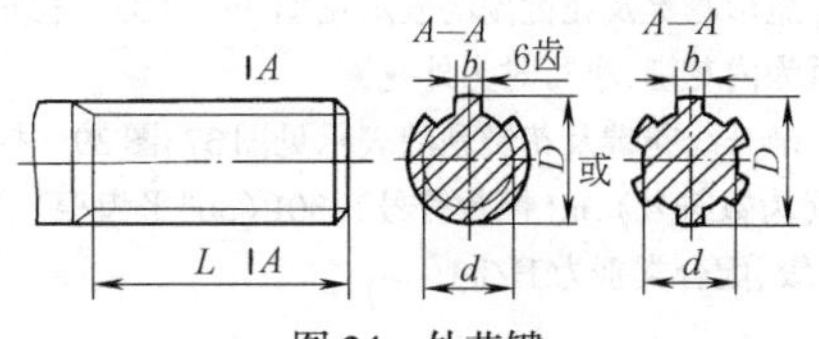图24　外花键</td></tr>
<tr><td>内花键大径及小径均用粗实线绘制，并在局部视图中画出一部分或全部齿形(图25)</td><td> 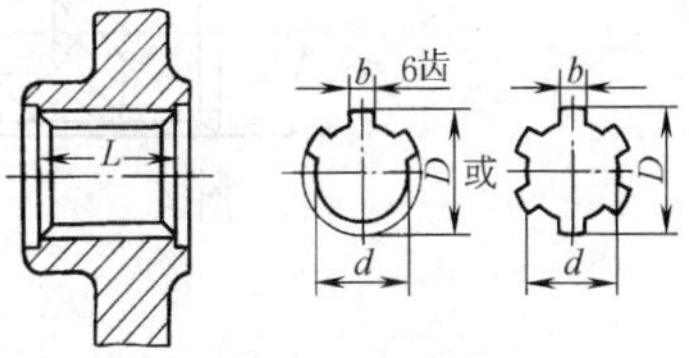图25　内花键</td></tr>
<tr><td>外花键局部剖视的画法见图26，垂直于花键轴线的投影面的视图的画法见图27。大径、小径及键宽采用一般尺寸标注时，其注法见图24、图25。花键长度应采用以下三种形式之一标注：标注工作长度图24、图25、图28；标注工作长度和尾部长度图29；标注工作长度及全长图30</td><td> 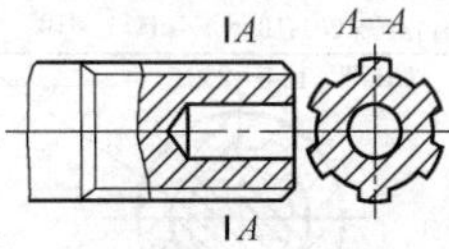图26 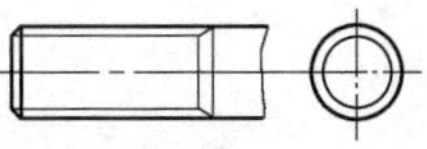　图27 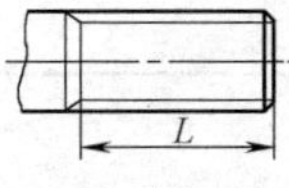
图28 　图29 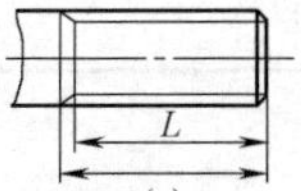　图30</td></tr>
<tr><td>渐开线花键</td><td>除分度圆及分度线用细点画线绘制外，其余部分与矩形花键画法相同(图31)</td><td> 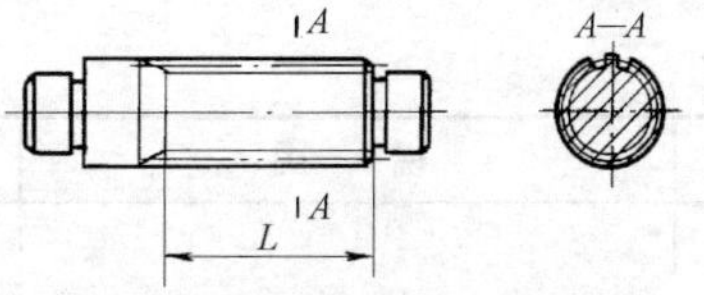图31</td></tr>
<tr><td>花键连接</td><td>花键连接用剖视图或断面图表示时，其连接部分按外花键的绘制，矩形花键的连接画法见图32，渐开线花键的连接画法见图33</td><td> 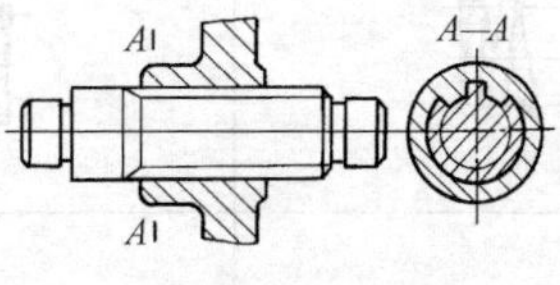图32　矩形花键 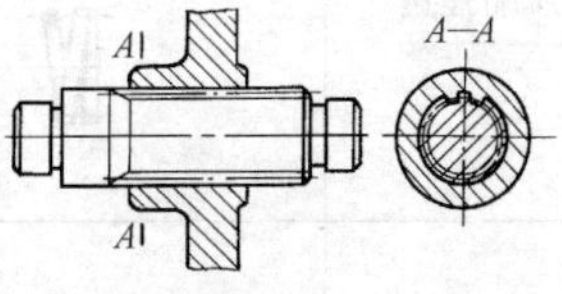　　图33　渐开线花键</td></tr>
<tr><td>花键的标注</td><td colspan="2">花键的类型由图形符号表示，矩形花键(GB/T 1144)的图形符号见图34，渐开线花键(GB/T 3478.1)的图形符号见图35 
图34 　图35
花键的标记应注写在指引线的基准线上，标注方法如图36~图39所示。当所注花键标记不能全部满足要求时，则其必要的数据可在图中列表表示或在其他相关文件中说明</td></tr>
</table>

续表

花键画法及尺寸标注	花键的标注	矩形花键及花键副的表示见图36、图38。标记顺序为：N(键数)×d(小径)×D(大径)×B(键宽)。字母代号为大写时为内花键，小写时为外花键 渐开线花键及花键副的表示见图37、图39。标记中代号(含义)：INT(内花键)、EXT(外花键)、INT/EXT(花键副)、Z(齿数符号)、m(模数符号)、30P(30°平齿根)、30R(30°圆齿根)、45(45°圆齿根)、5H/5h(内、外花键公差等级均为5级、配合类别为H/h)

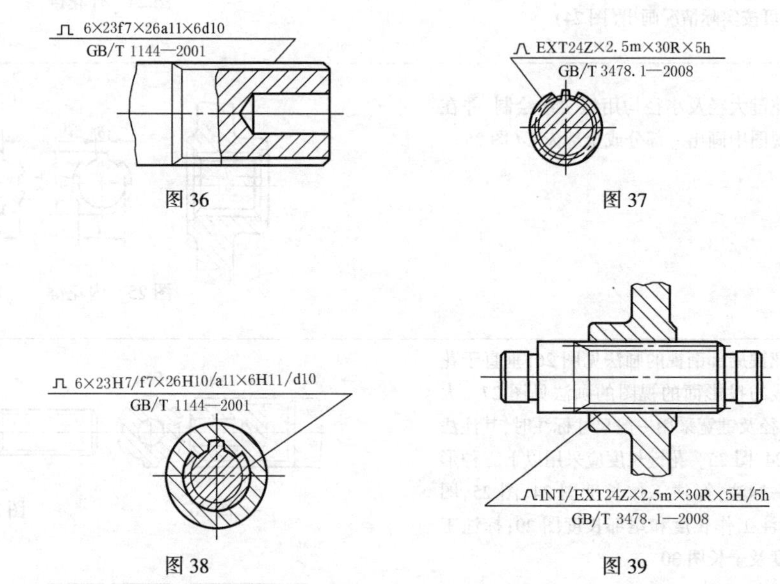

图36 图37 图38 图39

15 弹簧表示法（摘自 GB/T 4459.4—2003）

表 2-1-27

名　称	视　图	剖视图	示意图
圆柱螺旋压缩弹簧			
截锥螺旋压缩弹簧			
圆柱螺旋拉伸弹簧			

续表

名称	视图	剖视图	示意图
圆柱螺旋扭转弹簧			
截锥涡卷弹簧			
碟形弹簧			
平面涡卷弹簧			
说明	螺旋弹簧均可画成右旋，对必须保证的旋向要求应在“技术要求”中注明，必要时也可按支承圈的实际结构绘制。螺旋压缩弹簧，如要求两端并紧且磨平时，无论支承圈数多少和末端贴紧情况如何，均按本表图示形式绘制。有效圈数在四圈以上的螺旋弹簧中间部分可以省略。圆柱螺旋弹簧中间部分省略后，允许适当缩短图形的长度。截锥涡卷弹簧中间部分省略后用细实线相连。片弹簧的视图一般按自由状态下的形式绘制		

装配图中弹簧的画法

被弹簧挡住的结构一般不画出，可见部分应从弹簧的外轮廓线或从弹簧钢丝剖面的中心线画起（图1）。型材直径或厚度在图形上小于或等于2mm的螺旋弹簧、碟形弹簧、片弹簧允许用示意图绘制（图2~图4），当弹簧被剖切时，剖面直径或厚度在图形上小于或等于2mm时也可用涂黑表示（图5）。四束以上的碟形弹簧，中间部分省略后用细实线画出轮廓范围（图3）。被剖切弹簧的直径在图形上小于或等于2mm，如果弹簧内部还有零件，为了便于表达，可按图6的示意图形式绘制。板弹簧允许仅画出外形轮廓（图7、图8），平面涡卷弹簧的装配图画法见图9，弓形板弹簧由多种零件组成，其画法见图10

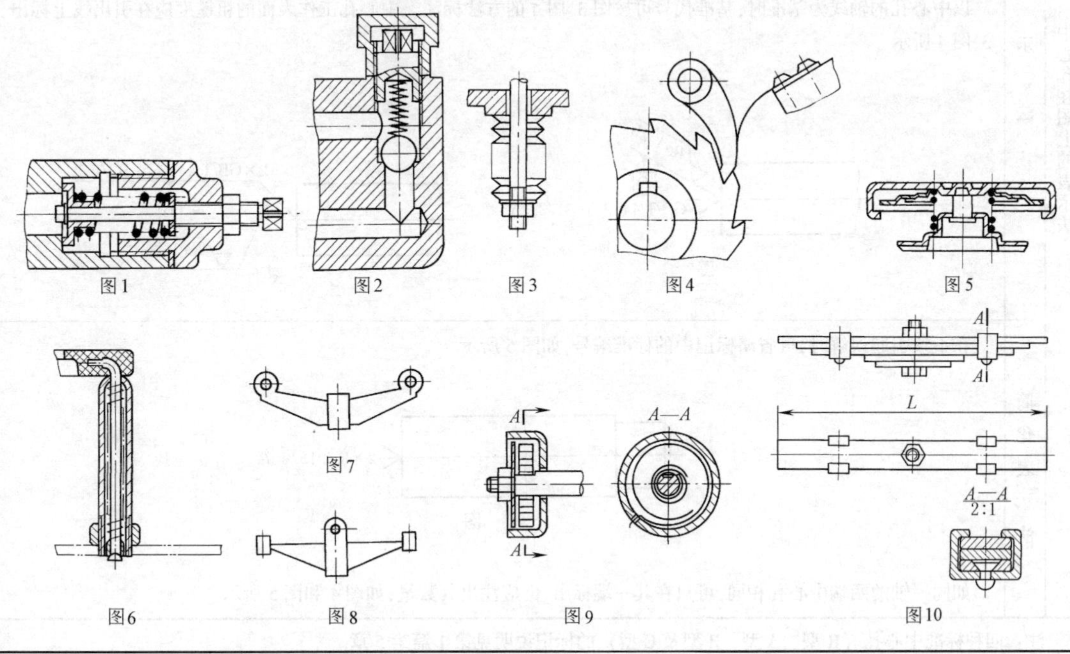

图1 图2 图3 图4 图5

图6 图7 图8 图9 图10

16　中心孔表示法（摘自 GB/T 4459.5—1999）

表 2-1-28

	要　求	符　　号	表示法示例	说　　明
完工零件上是否保留中心孔的规定符号	在完工的零件上要求保留中心孔		GB/T 4459.5-B2.5/8	采用 B 型中心孔 D=2.5mm　D_1=8mm 在完工的零件上要求保留 （D、D_1 在 GB/T 145 中分别为 d、D_2）
	在完工的零件上可以保留中心孔		GB/T 4459.5-A4/8.5	采用 A 型中心孔 D=4mm　D_1=8.5mm 在完工的零件上是否保留都可以 （D、D_1 在 GB/T 145 中分别为 d、D）
	在完工的零件上不允许保留中心孔		GB/T 4459.5-A1.6/3.35	采用 A 型中心孔 D=1.6mm　D_1=3.35mm 在完工的零件上不允许保留 （D、D_1 在 GB/T 145 中分别为 d、D）

中心孔在图上的表示法

规定表示法

对于已经有相应标准规定的中心孔，在图样中可不绘制其详细结构，只需在零件轴端面绘制出对中心孔要求的符号，随后标注出其相应标记。中心孔的规定表示法示例见本表上方的表示法示例

如需指明中心孔标记中的标准编号时，也可按图 1、图 2 的方法标注

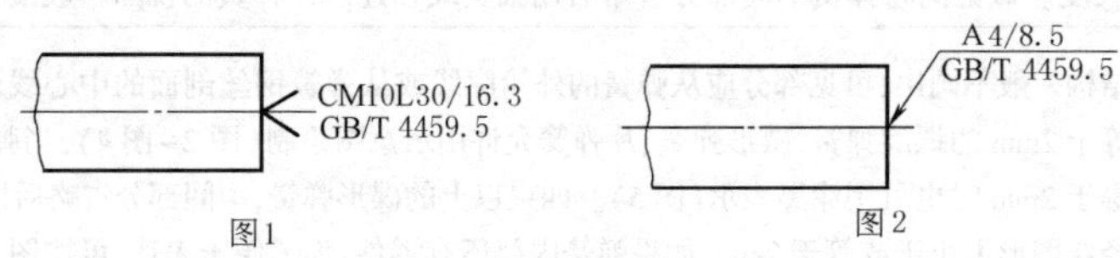

图1　　图2

以中心孔的轴线为基准时，基准代号可按图 3、图 4 的方法标注。中心孔工作表面的粗糙度应在引出线上标出，如图 3、图 4 所示

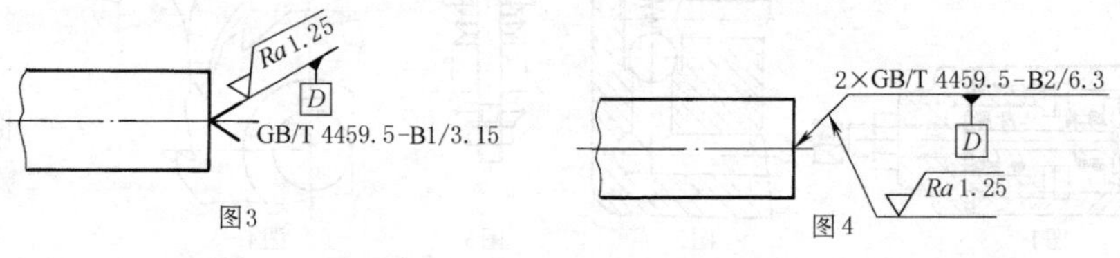

图3　　图4

简化表示法

在不致引起误解时，可省略标记中的标准编号，如图 5 所示

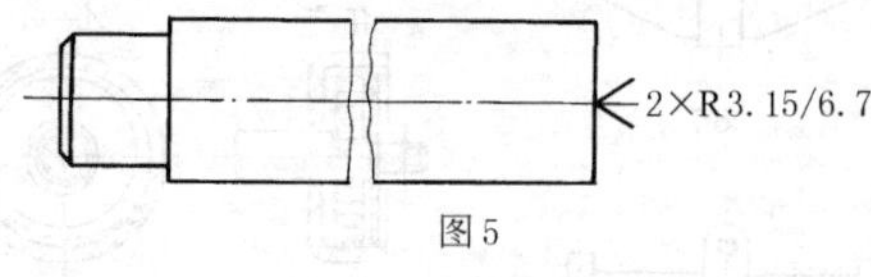

图5

如同一轴的两端中心孔相同，可只在其一端标出，但应注出其数量，如图 4 和图 5 所示

注：四种标准中心孔（R 型、A 型、B 型及 C 型）的标记说明见第 1 篇第 5 章。

17　动密封圈表示法（摘自 GB/T 4459.8~.9—2009）

本标准主要适用于在装配图中不需要确切地表示其形状和结构的旋转轴唇形密封圈、往复运动橡胶密封圈和橡胶防尘圈。按本标准绘制密封圈的各种符号、矩形线框和轮廓线均用粗实线绘制。本标准规定了动密封圈的简化画法和规定画法。简化画法可采用通用画法（GB/T 4459.8）或特征画法（GB/T 4459.9），在同一图样中一般只采用通用画法或特征画法中的一种。在剖视和断面中，采用简化法绘制的密封圈一律不画剖面符号；如需较详细画出密封圈的内部结构时，可采用规定画法采用规定画法绘制密封圈时，仅在金属骨架等嵌入元件上画出剖面符号或涂黑，如图 2-1-12 和图 2-1-13 所示。

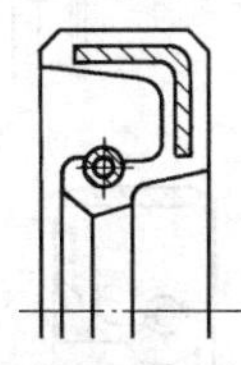

图 2-1-12

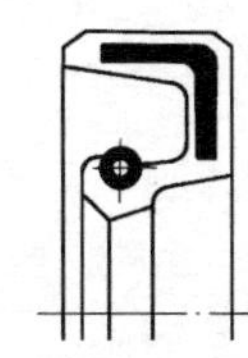

图 2-1-13

表 2-1-29　　**动密封圈的通用的简化画法**（摘自 GB/T 4459.8）

通用简化画法	说　明	通用简化画法	说　明
不需表示密封方向	通用简化画法是在剖视图中,如不需要确切地表示密封圈的外形轮廓和内部结构(包括唇、骨架、弹簧等)时,可采用在矩形线框的中央画出十字交叉的对角线符号的一种表示方法(十字交叉的对角线不应与矩形线框的轮廓线接触)。由于多数已标准化的密封圈的型号已在其装配图的明细栏中注出,所以只需在装配图中明确其具体装配位置就可以了。通用画法简易方便,是本标准推荐的一种方法	需表示外形轮廓	如需要确切地表示密封圈的外形轮廓,则应画出其真实的剖面轮廓,并在其中央画出对角线符号
需要表示密封方向	如需要表示密封方向,则应在对角线符号的一端画出一个箭头,指向密封的一侧,以便给装配提供指示	密封圈应绘在轴的一侧或两侧,图示为在轴两侧	通用画法要求在轴的两侧都绘制出对角线符号

表 2-1-30　　动密封圈的特征简化表示法（摘自 GB/T 4459.9）

	特征简化画法	应　　用	规　定　画　法
常用旋转轴唇形密封圈	特征画法是在剖视图中，如需要比较形象地表示出密封圈的密封结构特征时，可采用在矩形线框的中间画出密封要素符号的一种表示方法 与通用画法相同，特征画法应绘制在轴的两侧		必要时可在产品图样、产品样本、用户手册中采用规定画法绘制密封圈，这种画法可绘制在轴的两侧；也可绘制在轴的一侧，另一侧按通用画法绘制
		主要用于旋转轴唇形密封圈。也可用于往复运动活塞杆唇形密封圈及结构类似的防尘圈 （单唇形单向轴用）	GB/T 9877, B形 GB/T 9877, W形 GB/T 9877, Z形
		主要用于旋转轴唇形密封圈。也可用于往复运动活塞杆唇形密封圈及结构类似的防尘圈 （单唇形单向孔用）	
		主要用于有副唇的旋转轴唇形密封圈。也可用于结构类似的往复运动活塞杆唇形密封圈 （双唇形单向轴用）	GB/T 9877, FB形 GB/T 9877, FW形 GB/T 9877, FZ形

续表

	特征简化画法	应用	规定画法
常用旋转轴唇形密封圈	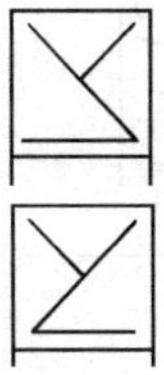	主要用于有副唇的旋转轴唇形密封圈。也可用于结构类似的往复运动活塞杆唇形密封圈 (双唇形单向孔用)	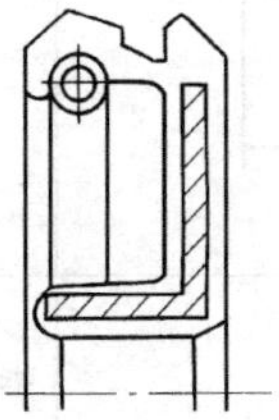
	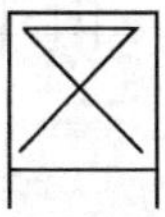	主要用于双向密封旋转轴唇形密封圈。也可用于结构类似的往复运动活塞杆唇形密封圈 (双唇形双向轴用)	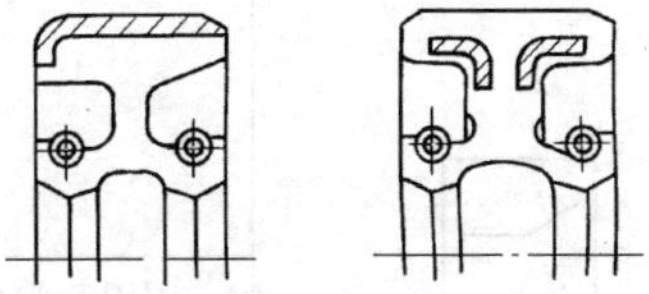
		主要用于双向密封旋转轴唇形密封圈。也可用于结构类似的往复运动活塞杆唇形密封圈 (双唇形双向孔用)	
常用往复运动橡胶密封圈	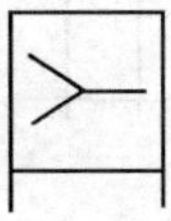	用于Y形、U形及蕾形橡胶密封圈	GB/T 10708.1—2000，Y形 GB/T 10708.1—2000，蕾形 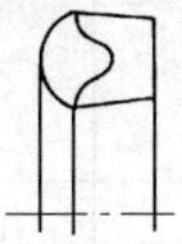
	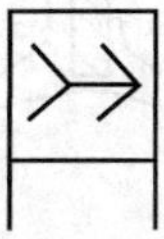	用于V形橡胶密封圈 V形密封圈由一个压环、数个重叠的密封环和一个支承环组成，不能单环使用，其他几种密封圈均可单独使用	GB/T 10708.1—2000，V形 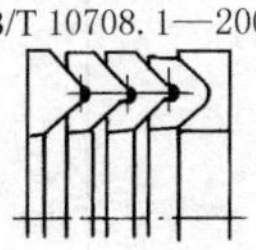

续表

	特征简化画法	应　用	规定画法
常用往复运动橡胶密封圈		用于J形橡胶密封圈	
		用于高低唇 Y 形橡胶密封圈(孔用)和橡胶防尘密封圈	GB/T 10708.1—2000,Y形　JB/T 6375,Y形
		用于起端面密封和防尘功能的 V_D 形橡胶密封圈	JB/T 6994—2007,S形、A形
		用于高低唇 Y 形橡胶密封圈(轴用)和橡胶防尘密封圈	
		用于有双向唇的橡胶防尘密封圈。也可用于结构类似的防尘密封圈 (双唇形双向轴用)	

第2篇

续表

	特征简化画法	应　用	规　定　画　法
常用往复运动橡胶密封圈	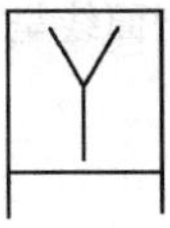	用于有双向唇的橡胶防尘密封圈。也可用于结构类似的防尘密封圈（双唇形双向孔用）	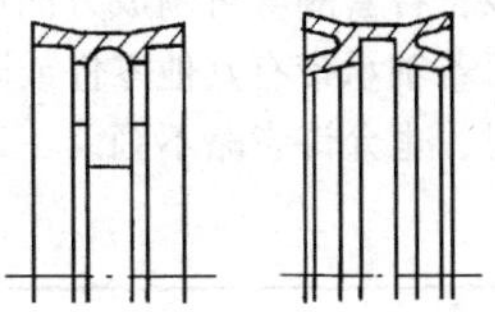
常用迷宫式密封圈	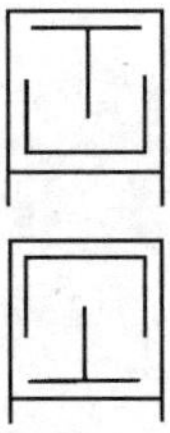	非接触密封的迷宫式密封	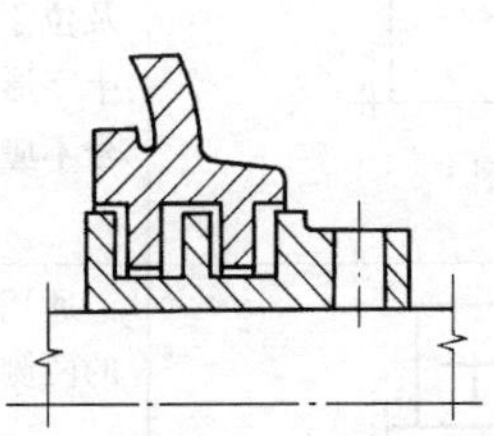
应用实例	旋转轴唇形密封圈 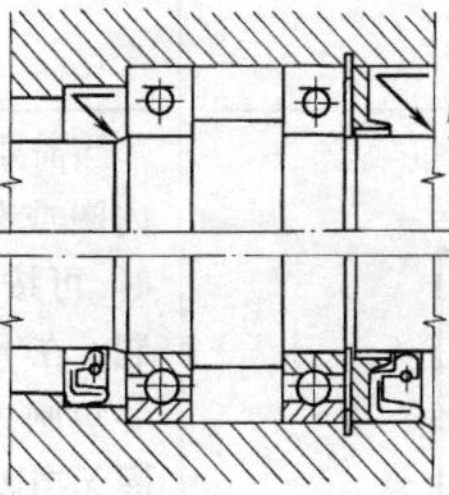 简化画法　压力 规定画法 Y形橡胶密封圈、橡胶防尘圈 简化画法 规定画法 V形橡胶密封圈 简化画法 规定画法 带防尘唇（副唇）的旋转轴唇形密封圈 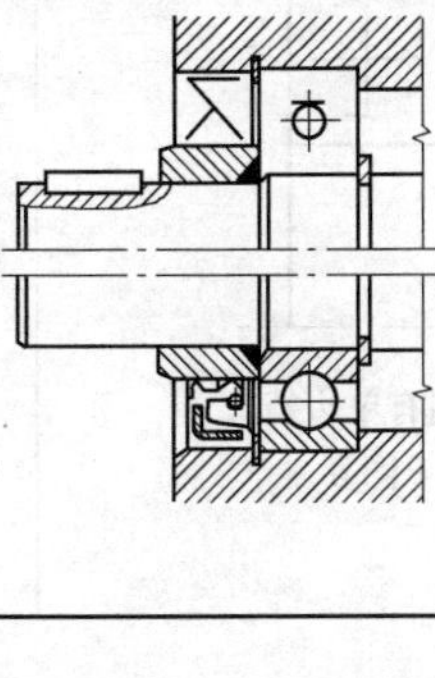 简化画法 规定画法 橡胶防尘圈 简化画法 规定画法 迷宫式密封圈 简化画法 规定画法	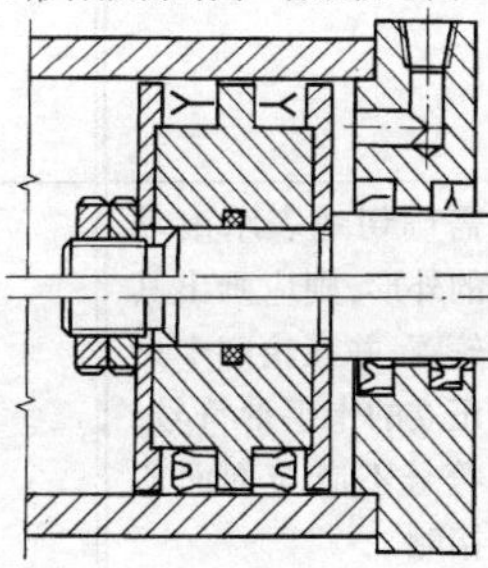 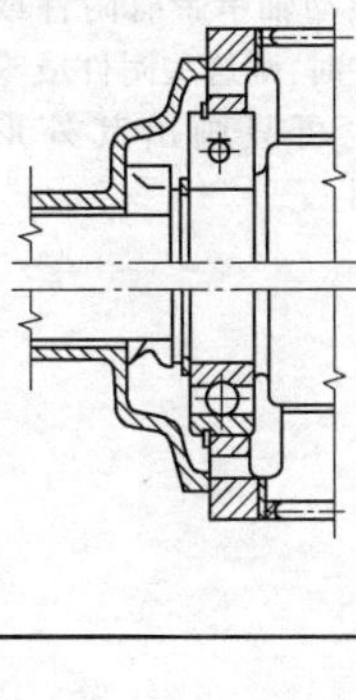	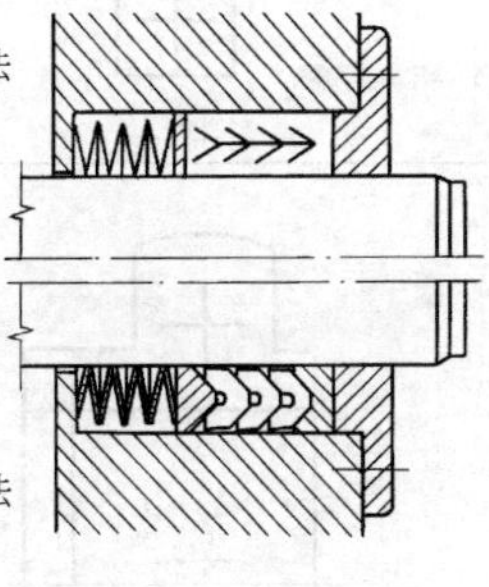 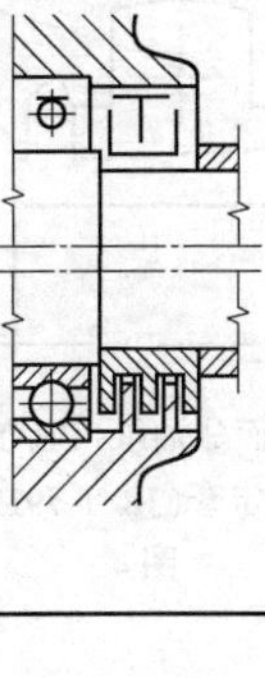

18 滚动轴承表示法（摘自 GB/T 4459.7—1998）

本标准主要适用于在装配图中不需要确切地表示其形状和结构的标准滚动轴承。各种符号、矩形线框和轮廓线均用粗实线。本标准规定了滚动轴承的简化画法和规定画法。简化画法又分为通用简化画法和特征简化画法，在同一图样中一般只采用通用简化画法或特征简化画法中的一种。采用规定画法绘制滚动轴承的剖视图时，其滚动体不画剖面线，各套圈等可画成方向和间隔相同的剖面线（见表 2-1-33 中应用实例），在不致引起误解时，也允许省略不画；若轴承带有其他零件或附件（偏心套、挡圈等）时，其剖面线应与套圈剖面线呈不同方向，在不致引起误解时，也允许省略不画。

表 2-1-31　滚动轴承的通用简化画法

通用简化画法	说　明	通用简化画法	说　明
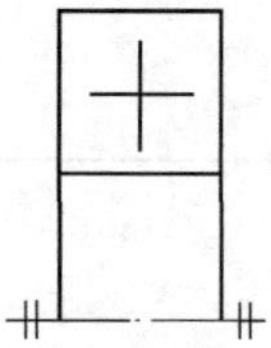 图 1	在剖视图中，当不需要确切地表示滚动轴承的外形轮廓、载荷特性、结构特征时，可用矩形线框及位于线框中央正立的十字形符号表示，十字符号不应与矩形线框接触	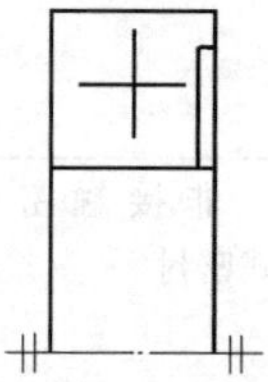 一面带防尘盖 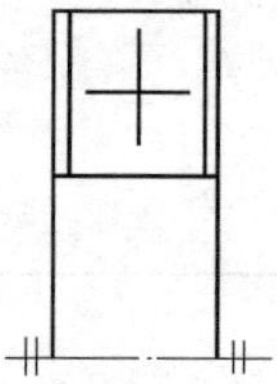 两面带密封圈 图 5	当需要表示滚动轴承的防尘盖和密封圈时，可分别按图示方法绘制
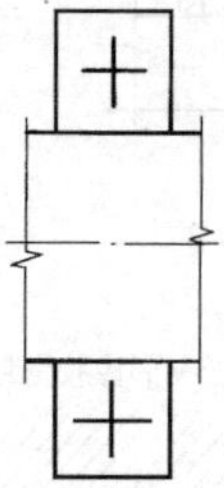 图 2	通用画法应绘制在轴的两侧		
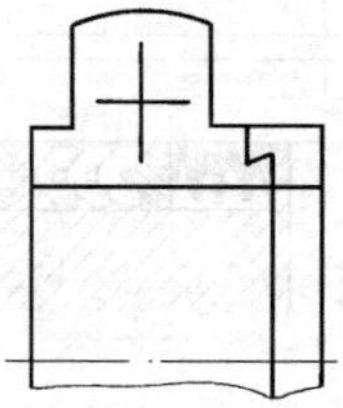 图 3	如需确切地表示滚动轴承的外形，则应画出其剖面轮廓，并在轮廓中央画出正立的十字形符号，十字符号不应与剖面轮廓线接触	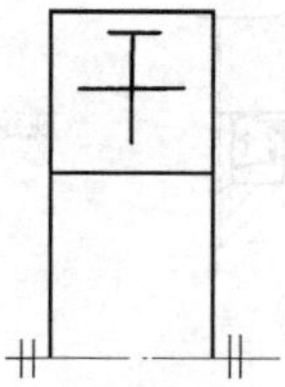 外圈无挡边 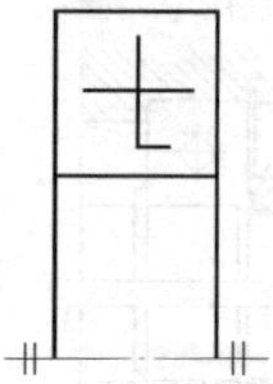 内圈有单边挡边 图 6	当需要表示滚动轴承内圈或外圈有无挡边时，可按图示的方法绘制。在十字符号上附加一短画，表示内圈或外圈无挡边的方向
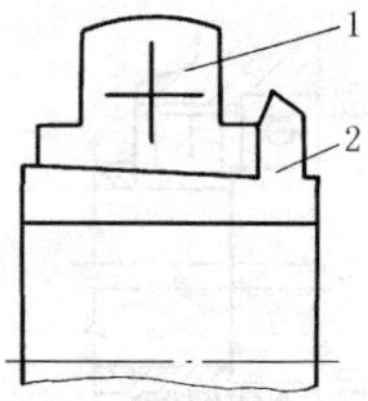 1—外球面球轴承(GB/T 3882) 2—紧定套(JB/T 7919.2) 图 4	滚动轴承带有附件或零件时，则这些附件或零件也可只画出其外形轮廓		

续表

通用简化画法	说　　明
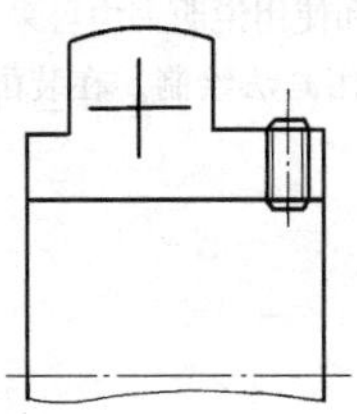 图 7	在装配图中，为了表达滚动轴承的安装方法，可画出滚动轴承的某些零件

表 2-1-32　滚动轴承特征简化画法中要素符号的组合

轴承承载特性		轴承结构特征			
		两个套圈		三个套圈	
		单列	双列	单列	双列
径向承载	不可调心	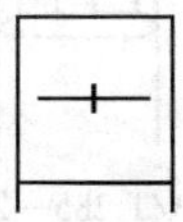	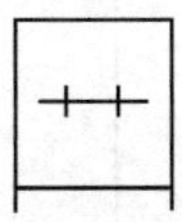	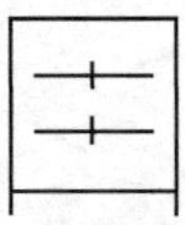	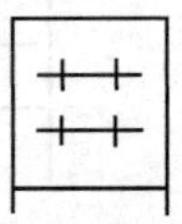
	可调心	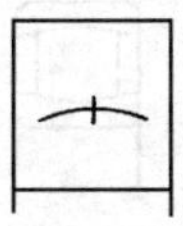	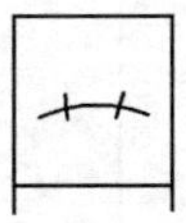	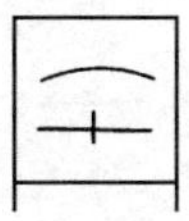	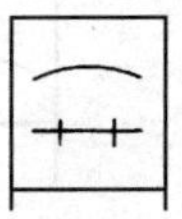
轴向承载	不可调心	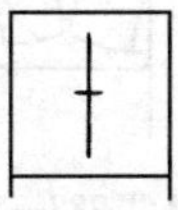	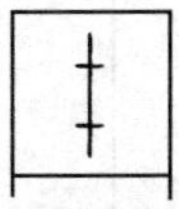	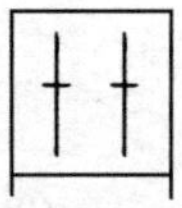	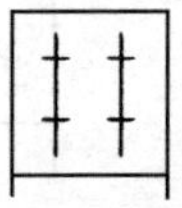
	可调心	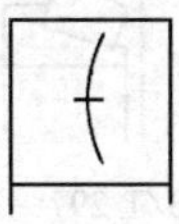	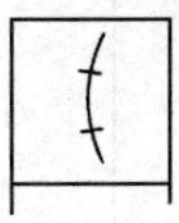	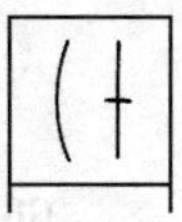	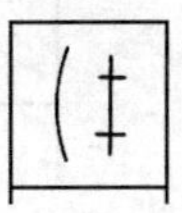
径向和轴向承载	不可调心	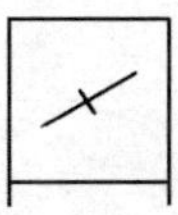		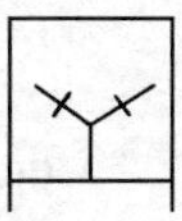	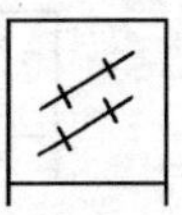
	可调心	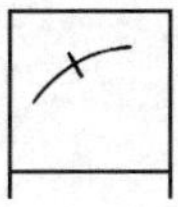	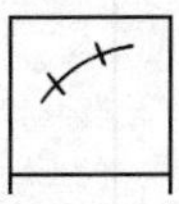	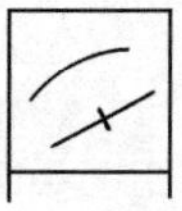	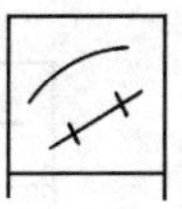

注：表中滚动轴承只画出了其轴线一侧的部分。

表 2-1-33　　滚动轴承的特征简化画法及规定画法

特征简化画法		规定画法	
在剖视图中，如需较形象地表示滚动轴承的结构特征时，可采用表中所示在矩形线框内画出其结构特征要素符号的方法表示 表 2-1-31 中图 4～图 7 的规定也适用于特征简化画法。特征简化画法应绘在轴的两侧		必要时，在滚动轴承的产品图样、产品样本、用户手册和使用说明书中可采用表中的规定画法绘制。规定画法一般绘制在轴的一侧，另一侧按通用画法绘制。在装配图中，滚动轴承的保持架及倒角等可省略	
		球轴承	滚子轴承
球和滚子轴承	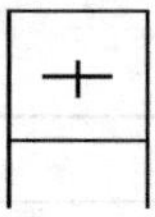	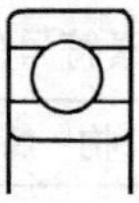 GB/T 276—2013	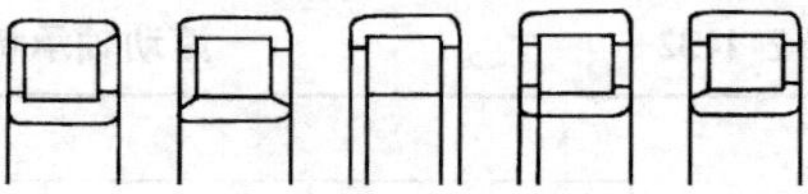 GB/T 283—2007
	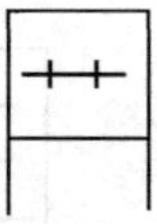	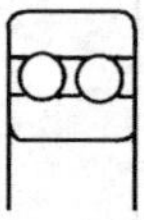	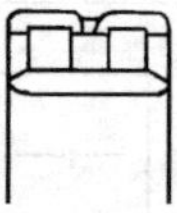 GB/T 285—2013
	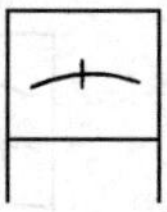		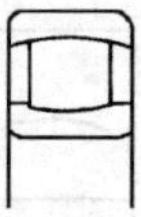
	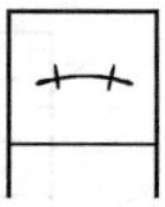	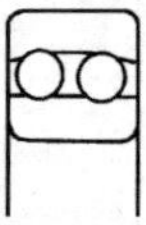 GB/T 281—2013	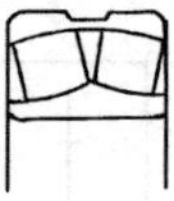 GB/T 288—2013
	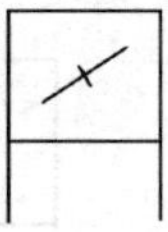	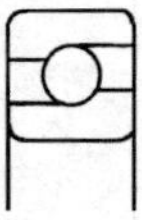 GB/T 292—2007	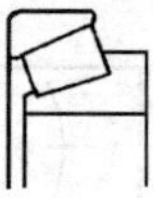 GB/T 297—2015
	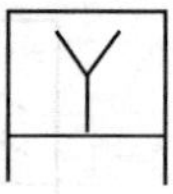	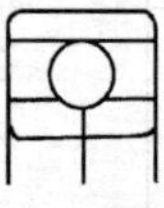 GB/T 294—2015 （三点接触）	
	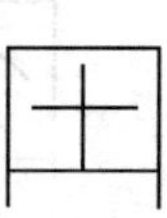	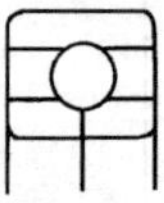 GB/T 294—1994 （四点接触）	

续表

	特征简化画法	规定画法	
		球轴承	滚子轴承
球和滚子轴承	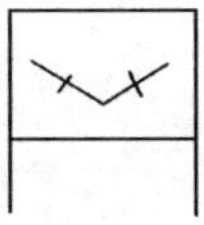	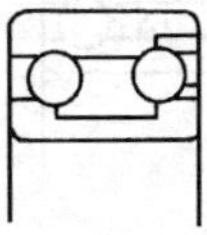 GB/T 296—2015	
	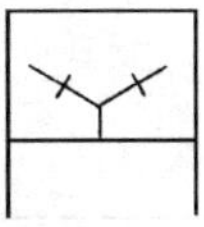	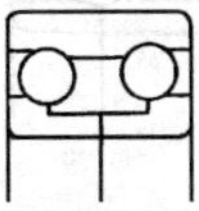	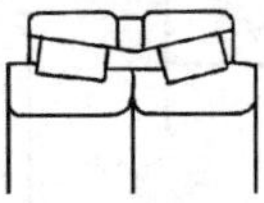 GB/T 299—2008
	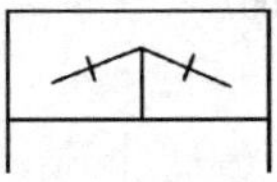		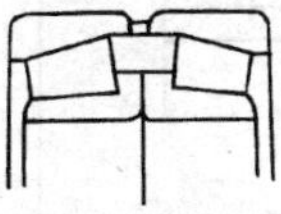
滚针轴承	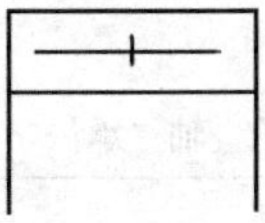	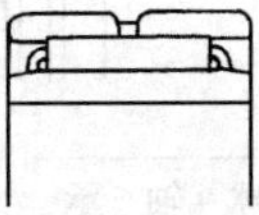 GB/T 5801—2006 JB/T 3588—2007	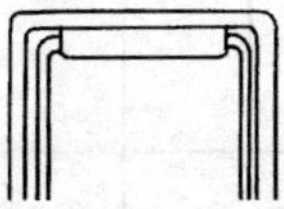 GB/T 290—1998
	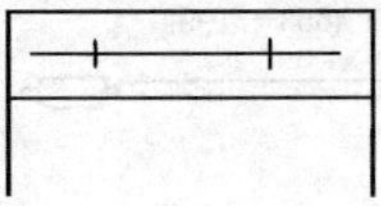	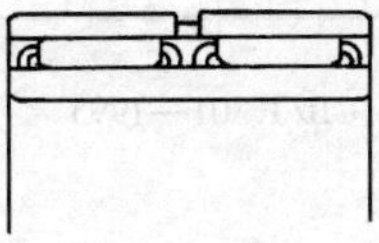 GB/T 5801—2006	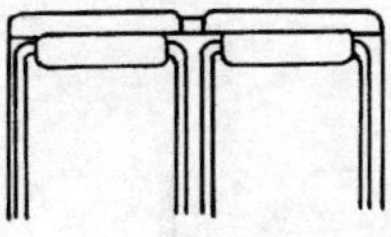 GB/T 5801—2006
	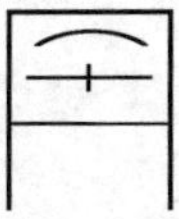	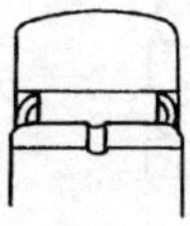 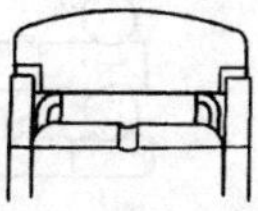 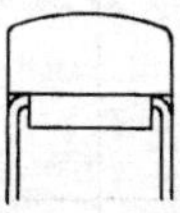 GB/T 6445—2007	

续表

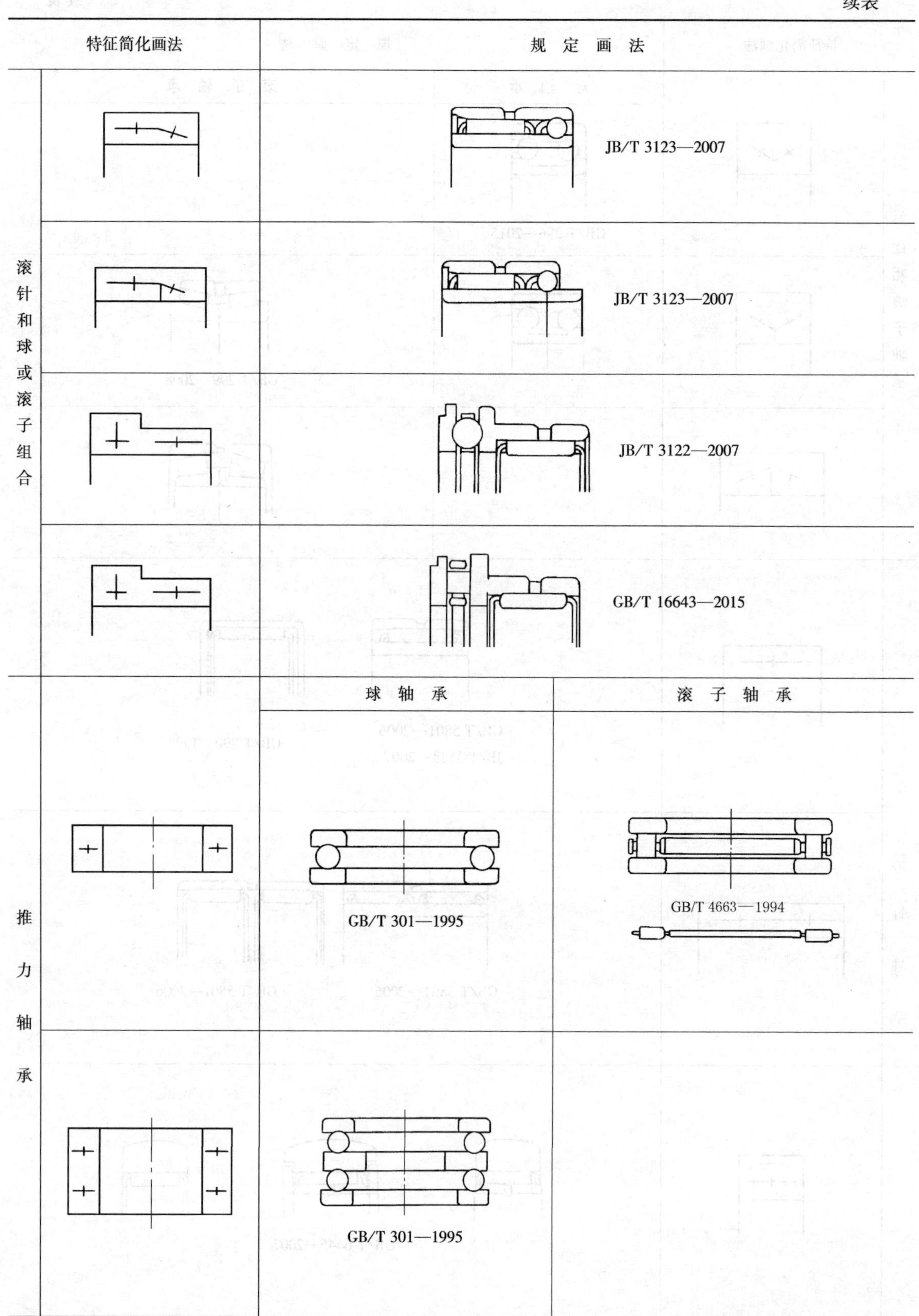

	特征简化画法	规定画法	
滚针和球或滚子组合		JB/T 3123—2007	
		JB/T 3123—2007	
		JB/T 3122—2007	
		GB/T 16643—2015	
推力轴承		球轴承	滚子轴承
		GB/T 301—1995	GB/T 4663—1994
		GB/T 301—1995	

续表

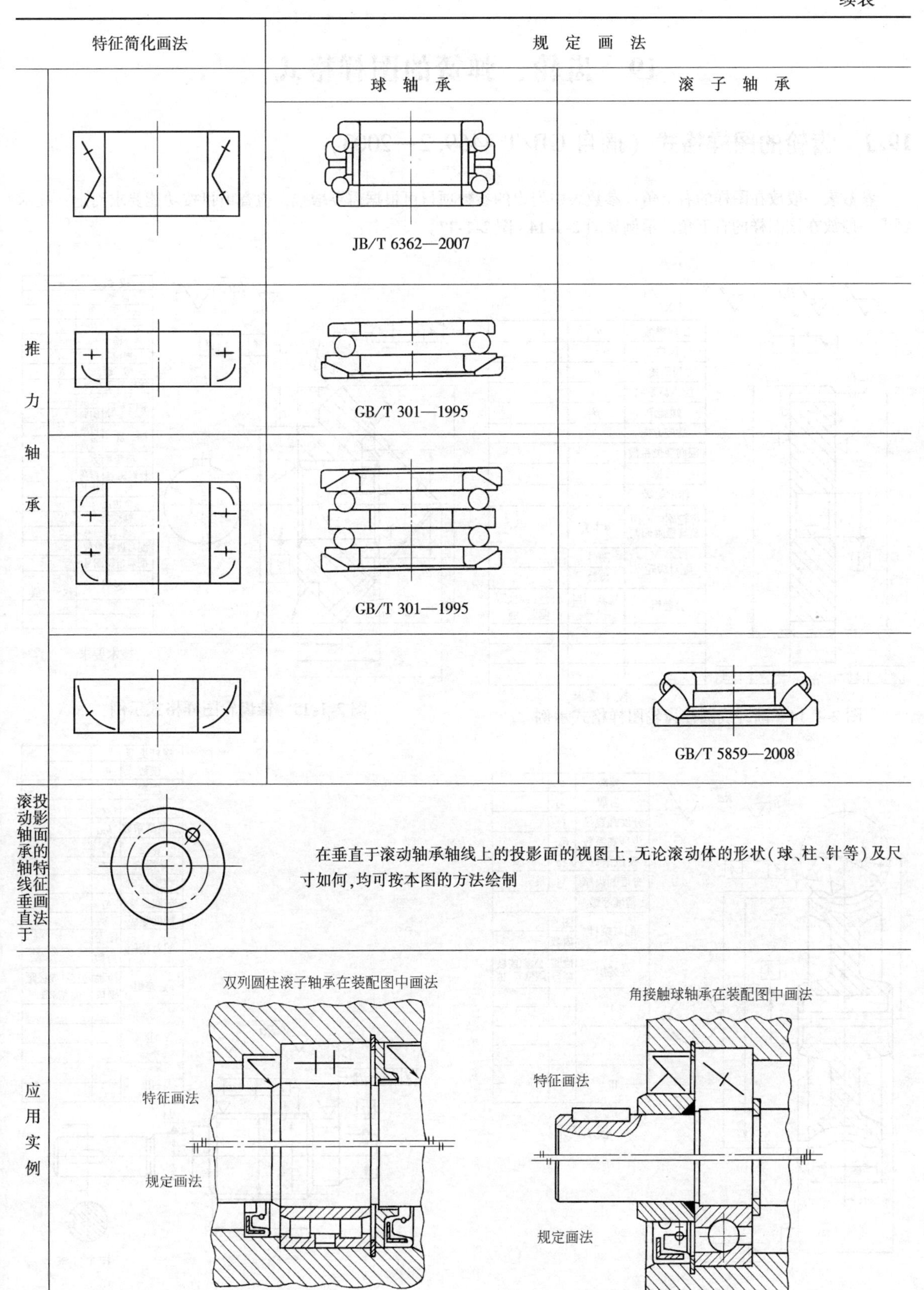

	特征简化画法	规定画法	
		球轴承	滚子轴承
推力轴承		JB/T 6362—2007	
		GB/T 301—1995	
		GB/T 301—1995	
			GB/T 5859—2008
滚动轴承轴线垂直于投影面的特征画法		在垂直于滚动轴承轴线上的投影面的视图上，无论滚动体的形状（球、柱、针等）及尺寸如何，均可按本图的方法绘制	
应用实例	双列圆柱滚子轴承在装配图中画法 特征画法 规定画法		角接触球轴承在装配图中画法 特征画法 规定画法

19　齿轮、弹簧的图样格式

19.1　齿轮的图样格式（摘自 GB/T 4459.2—2003）

参数表一般放在图样的右上角；参数表中列出的参数项目可根据需要增减，检查项目按功能要求而定；技术要求一般放在该图样的右下角。示例见图 2-1-14～图 2-1-17。

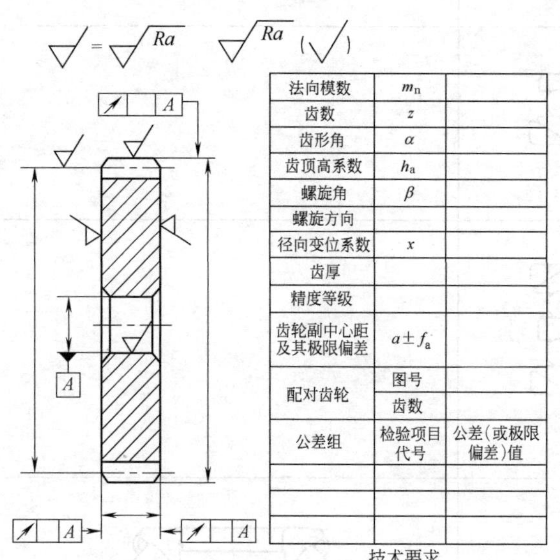

法向模数	m_n	
齿数	z	
齿形角	α	
齿顶高系数	h_a	
螺旋角	β	
螺旋方向		
径向变位系数	x	
齿厚		
精度等级		
齿轮副中心距及其极限偏差	$a\pm f_a$	
配对齿轮	图号	
	齿数	
公差组	检验项目代号	公差(或极限偏差)值

图 2-1-14　渐开线圆柱齿轮图样格式示例

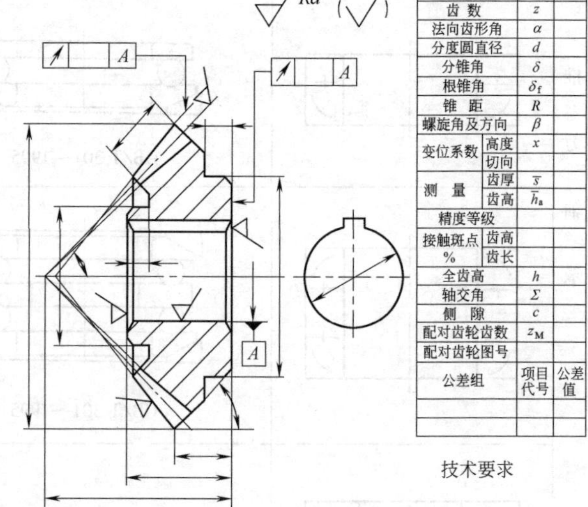

模数		m	
齿数		z	
法向齿形角		α	
分度圆直径		d	
分锥角		δ	
根锥角		δ_f	
锥距		R	
螺旋角及方向		β	
变位系数	高度	x	
	切向		
测量	齿厚	$\bar{s}$	
	齿高	$\bar{h}_a$	
精度等级			
接触斑点 %	齿高		
	齿长		
全齿高		h	
轴交角		Σ	
侧隙		c	
配对齿轮齿数		z_M	
配对齿轮图号			
公差组		项目代号	公差值

图 2-1-15　锥齿轮图样格式示例

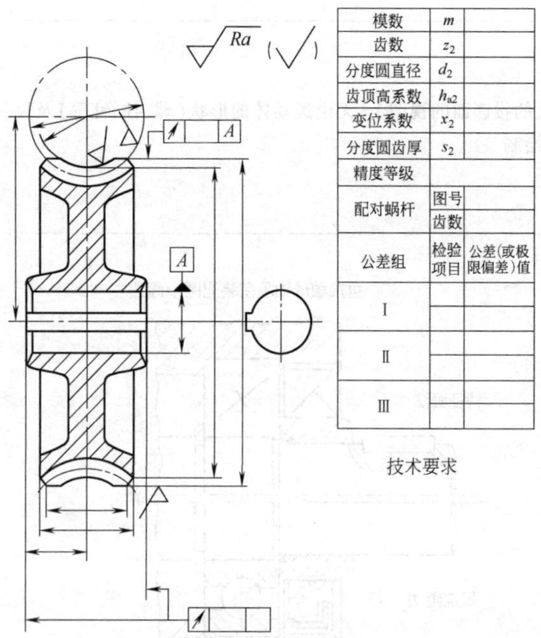

模数	m	
齿数	z_2	
分度圆直径	d_2	
齿顶高系数	h_{a2}	
变位系数	x_2	
分度圆齿厚	s_2	
精度等级		
配对蜗杆	图号	
	齿数	
公差组	检验项目	公差(或极限偏差)值
Ⅰ		
Ⅱ		
Ⅲ		

图 2-1-16　蜗轮图样格式示例

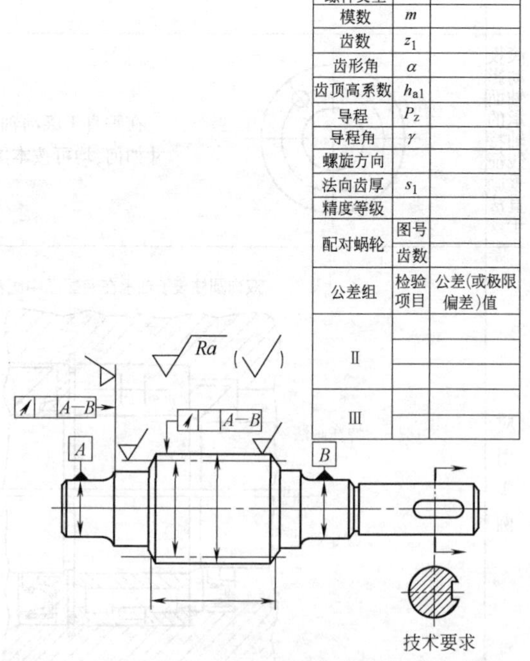

蜗杆类型		
模数	m	
齿数	z_1	
齿形角	α	
齿顶高系数	h_{a1}	
导程	P_z	
导程角	γ	
螺旋方向		
法向齿厚	s_1	
精度等级		
配对蜗轮	图号	
	齿数	
公差组	检验项目	公差(或极限偏差)值
Ⅱ		
Ⅲ		

图 2-1-17　蜗杆图样格式示例

19.2 弹簧的图样格式（摘自 GB/T 4459.4—2003）

弹簧的参数应直接标注在图形上，当直接标注有困难时可在“技术要求”中说明。一般用图解方式表示弹簧特性。圆柱螺旋压缩（拉伸）弹簧的力学性能曲线均画成直线，标注在主视图上方。圆柱螺旋扭转弹簧的力学性能曲线一般画在左视图上方，也允许画在主视图上方，性能曲线画成直线。力学性能曲线（或直线形式）用粗实线绘制。示例见图 2-1-18～图 2-1-21。弹簧的术语及代号见表 2-1-34。

技术要求
1.（旋向）
2. 有效圈数 n=
3. 总圈数 n_1=
4. 工作极限应力 τ_j=
5.（热处理要求）
6.（检验要求）
……

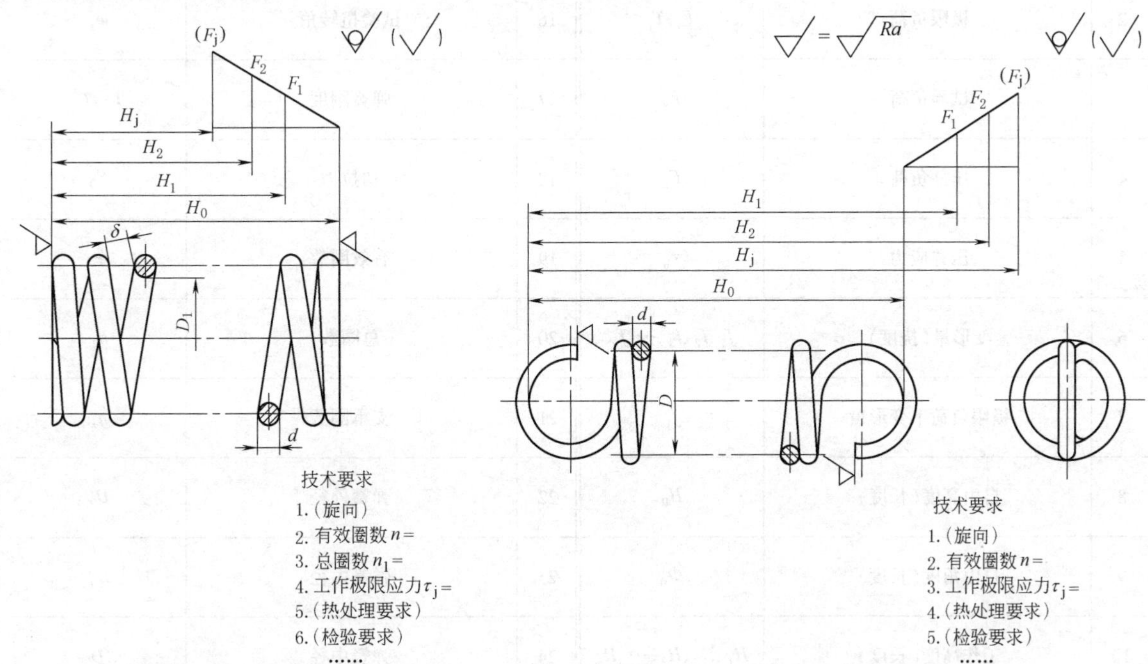

图 2-1-18　圆柱螺旋压缩弹簧的图样格式示例

技术要求
1.（旋向）
2. 有效圈数 n=
3. 工作极限应力 τ_j=
4.（热处理要求）
5.（检验要求）
……

图 2-1-19　圆柱螺旋拉伸弹簧的图样格式示例

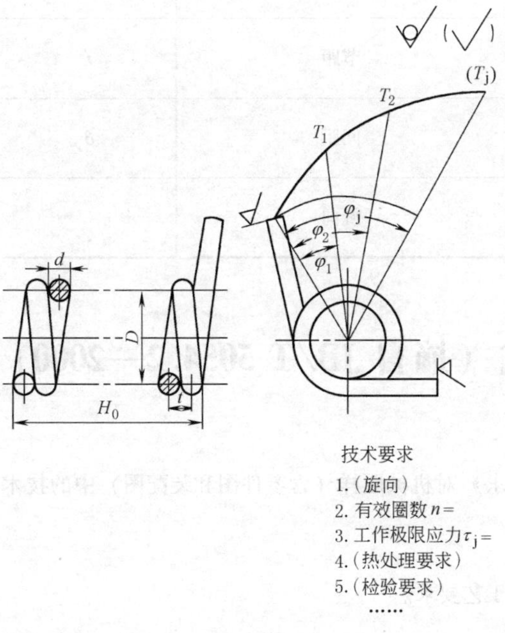

技术要求
1.（旋向）
2. 有效圈数 n=
3. 工作极限应力 τ_j=
4.（热处理要求）
5.（检验要求）
……

图 2-1-20　圆柱螺旋扭转弹簧的图样格式示例（一）

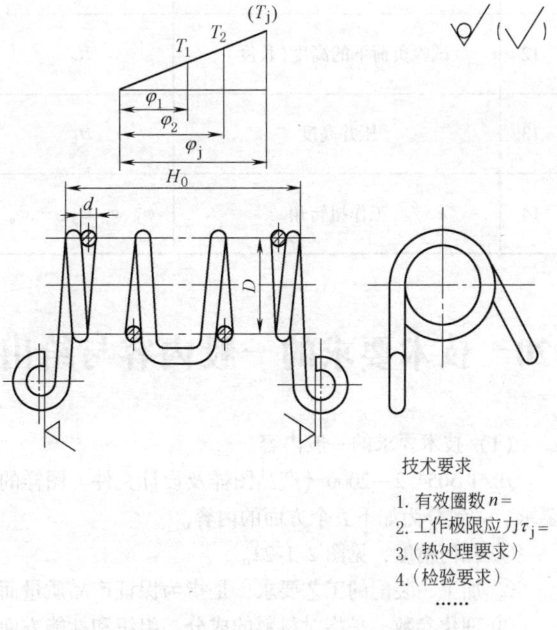

技术要求
1. 有效圈数 n=
2. 工作极限应力 τ_j=
3.（热处理要求）
4.（检验要求）
……

图 2-1-21　圆柱螺旋扭转弹簧的图样格式示例（二）

表 2-1-34　　弹簧的术语及代号

序号	术　语	代　号	序号	术　语	代　号
1	工作负荷	F_1、F_2、F_3、…、F_n T_1、T_2、T_3、…、T_n	15	极限扭转角	φ_j
2	极限负荷	F_j，T_j	16	试验扭转角	φ_s
3	试验负荷	F_s	17	弹簧刚度	F'、T'
4	压并负荷	F_b	18	初拉力	F_0
5	压并应力	τ_b	19	有效圈数	n
6	变形量(挠度)	f_1、f_2、f_3、…、f_n	20	总圈数	n_1
7	极限负荷下变形量	f_j	21	支承圈数	n_z
8	自由高度(长度)	H_0	22	弹簧外径	D_2
9	自由角度(长度)	Φ_0	23	弹簧内径	D_1
10	工作高度(长度)	H_1、H_2、H_3、…、H_n	24	弹簧中径	D
11	极限高度(长度)	H_j	25	线径	d
12	试验负荷下的高度(长度)	H_s	26	节距	t
13	压并高度	H_b	27	间距	δ
14	工作扭转角	φ_1、φ_2、φ_3、…、φ_n	28	旋向	

20　技术要求的一般内容与给出方式（摘自 JB/T 5054.2—2000）

(1) 技术要求的一般内容

JB/T 5054.2—2000《产品图样及设计文件　图样的基本要求》对机械图样（含零件图和装配图）中的技术要求，大致分为如下五个方面的内容。

① 几何精度，见图 2-1-22。

② 加工、装配的工艺要求，是指为保证产品质量而提出的工艺要求。

③ 理化参数，是指对材料的成分、组织和性能方面的要求。

④ 产品性能及检测要求，是指使用及调试方面的要求。

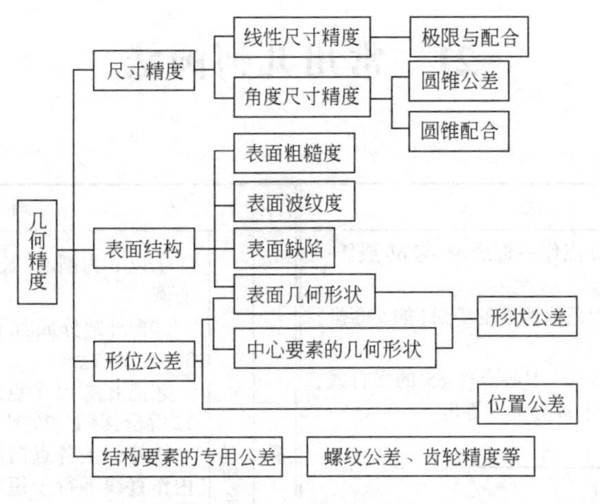

图 2-1-22　几何精度分类

⑤ 其他要求。

标准中较为具体地提出了如下九个方面的一般内容。

① 对材料、毛坯、热处理的要求（如电磁参数、化学成分、湿度、硬度、金相要求等）。

② 视图中难以表达的尺寸公差、形状和表面粗糙度等。

③ 对有关结构要素的统一要求（如圆角、倒角、尺寸等）。

④ 对零、部件表面质量的要求（如涂层、镀层、喷丸等）。

⑤ 对间隙、过盈及个别结构要素的特殊要求。

⑥ 对校准、调整及密封的要求。

⑦ 对产品及零、部件的性能和质量的要求（如噪声、抗振性、自动、制动及安全等）。

⑧ 试验条件和方法。

⑨ 其他说明。

以上是在产品、零件、部件的图样中给出技术要求时，一般应考虑的几个方面，对于每一个图样代号的零件图或装配图，上述九个方面并非都是必备的，应根据表达对象各自的具体情况提出必要的技术要求。

（2）技术要求的给出方式

① 标准化了的几何精度要求一般注写在图形上。对某些要素有特殊要求时，可用指引线引出，并在其基准线上注写简要的说明。

② 在标题栏附近，以“技术要求”为标题，逐条书写文字说明。

③ 以企业标准的形式给定技术要求。有条件统一的技术要求可制定企业的《通用技术条件》等。

④ 也可由企业总工程师签发企业标准以外的其他形式的技术文件，明令贯彻实施某种技术要求。

（3）“技术要求”的书写

这里的“技术要求”是指书写在标题栏附近的，以“技术要求”为标题的条文性文字说明。书写技术要求时应注意以下几点。

① 对“技术要求”的标题及条文的书写位置，JB/T 5054.2 中明确规定：应“尽量置于标题栏上方或左方”。切忌将技术要求书写在远离标题栏处。不要将对于结构要素的统一要求（如“全部倒角 *C*1”）书写在图样右上角。

② 文字说明应以“技术要求”为标题，仅一条时不必编号，但不得省略标题。不得以“注”代替“技术要求”；更不允许将“技术要求”写成“技术条件”。“技术要求”仅是“技术条件”中的一部分。

③ 条文用语应力求简明、规范，在装配图中，当表述涉及零、部件时，可用其序号或代号（图样代号）代替。

④ 对于尺寸公差和形位公差的未注公差的具体要求应在技术要求中予以明确。

⑤ 引用上级标准或企业标准时，应给出完整的标准编号和标准名称。

21 常用几何画法

表 2-1-35

名称		画法
任意等分一直线	已知一直线	①在已知 ab 线上的 a 点作一直线 ac,与 ab 成任一角度(最好为 20°~40°) ②由 a 点起在 ac 线上截取所求的等份(如 5 等份)得 1′、2′、3′、4′、5′各点 ③连接 $b5'$,通过 4′、3′、2′、1′各点作 $b5'$ 的平行线,则在 ab 上所截的各点把 ab 分为 5 等份 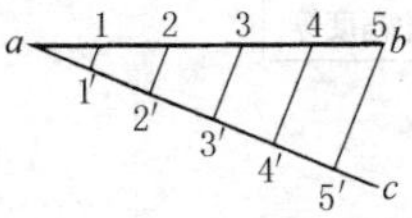
任意正多边形	已知一边	①以已知边 ab 线上 a 点或 b 点为圆心,ab 为半径画一段圆弧同 ab 的垂直二等分线交于点 6 ②把 $b6$ 边分成 6 等份,得 1、2、3、4、5、6 各点。从点 6 起沿垂直线用 $b6$ 线上 1 等份(如 $b1$)的长度向上截取 7、8、9、10、11 各点 ③如要作正六边形,则以点 6 为圆心,$a6$ 为半径画圆;如作正七边形,则以点 7 为圆心,$a7$ 为半径画圆,以此类推 ④用 ab 长等分圆周,连各等分点,即为所求正多边形 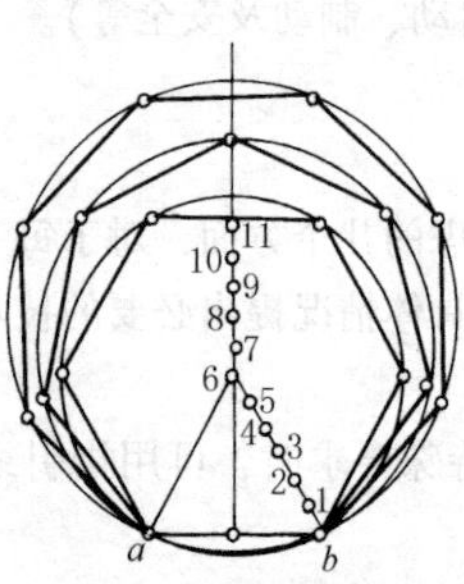
任意正多边形	已知一个圆	①在已知圆内作直径 ab ②把 ab 等分成所求多边形的边数(图中分成 7 等份) ③分别以 a、b 为圆心,ab 长为半径画圆弧交于 e ④连接 $e2$,并延长交圆周于 f(作任意边形都要通过点 2) ⑤用 af 长等分圆周,连各等分点,即为所求圆内接正多边形 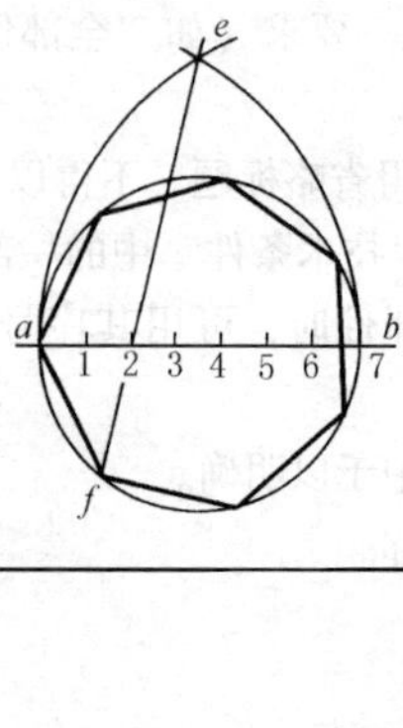

名称		画法
椭圆	已知长、短轴	①以 o 为圆心,长、短轴之半各为半径,画两个同心圆 ②把外圆分成若干等份(如 12 等份),得到 1、2、3、…、12 各点 ③把上述 12 个点分别同圆心相连,使内圆也分成 12 等份,得 1′、2′、3′、…、12′各点 ④外圆上各点向圆内作直线平行于短轴 cd,内圆上各点作直线平行于长轴 ab,并与外圆各点作的直线相交,得 Ⅰ、Ⅱ、…、Ⅷ 各点 ⑤光滑连接 Ⅰ、Ⅱ、b、Ⅲ、Ⅳ、d、Ⅴ、Ⅵ、a、Ⅶ、Ⅷ、c、Ⅰ 各点,即得椭圆 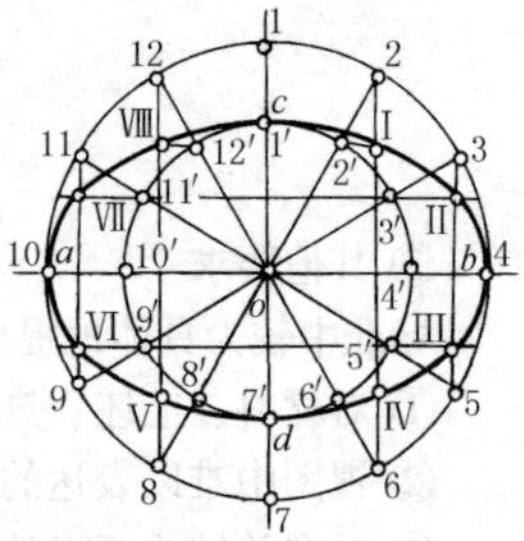
扁圆	已知长轴	①把长轴 ab 分成 4 等份,得 ao、oc、co_1、o_1b ②以 o 和 o_1 为圆心,oo_1 为半径各画两段圆弧,得交点 1、2 ③连接 $o1$、o_11、$o2$、o_12 并延长,同用 o 和 o_1 为圆心,用 ao 为半径所画两个圆相交,得 3、4、5、6 四点 ④以 1、2 为圆心,2-5(或 1-6)为半径画圆弧,同已画好的两圆的一部分圆周相接,即得扁圆 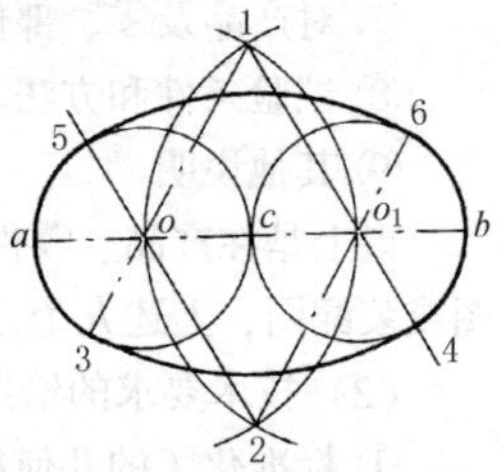
扁圆	已知长、短轴	①连接 ac,以 o 为圆心,oa 为半径画圆弧,与 oc 的延长线相交于 e ②以 c 为圆心,ce 为半径画圆弧与 ac 相交于 f ③画 af 的垂直二等分线与长轴相交于 h,并与 cd 的延长线相交于 g ④利用对称性求出 g'、h' ⑤以 g、g' 为圆心,$gc(=g'd)$ 为半径分别画切点间的圆弧。再以 h、h' 为圆心,$ah(=bh')$ 为半径分别画圆弧,在切点与前两段圆弧相切地连起,即得扁圆 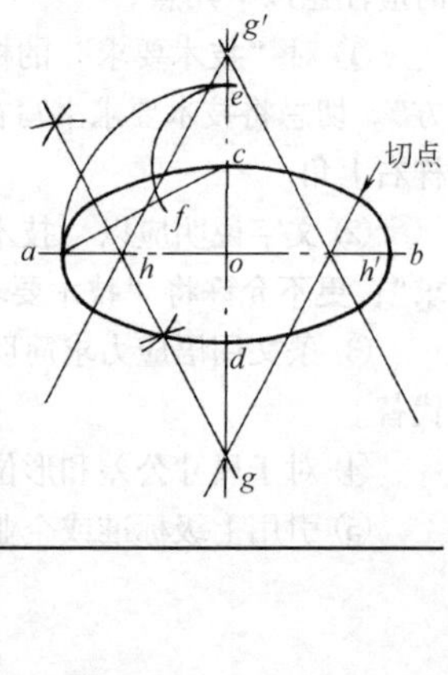

续表

名称		画法
扁圆	已知短轴	①用已知短轴 ab 为直径画圆 ②以 ab 为垂直中心线，画水平方向中心线，同圆周相交于 c、d ③连接 ac、bc、ad、bd 并延长，以 a、b 为圆心，ab 为半径各画圆弧，同四条延长线相交得 1、2、3、4 各点 ④以 c、d 为圆心，$c1$（或 $d3$）为半径画圆弧，同已画好的两圆弧相接，即得扁圆 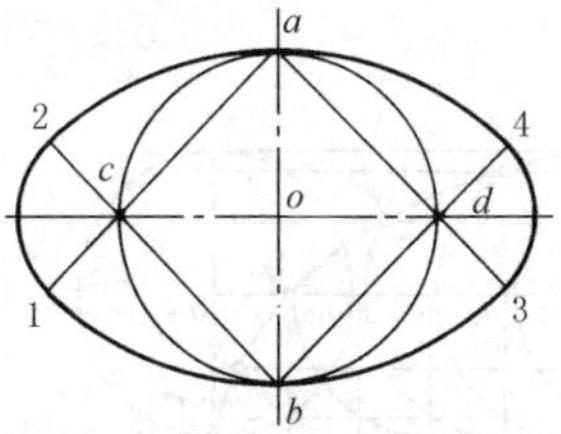
卵圆	已知宽度	①以已知宽度 ac 的中点 o 为圆心，oa 为半径画圆，同垂直中心线相交于 e ②连接 ae、ce 并延长，以 a、c 为圆心，ac 为半径各画一圆弧同延长线相交于 f、g ③以 e 为圆心，ef 为半径画圆弧，即得卵圆 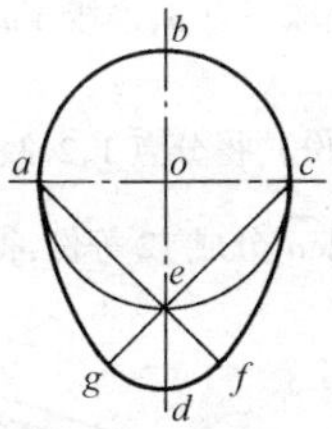
卵圆	已知长度和宽度	①画相互垂直的直线相交于 o ②以 o 为圆心，宽度 ac 为直径画半圆 abc，在点 b 沿垂直线截取卵圆长度 bd 得点 d，在 bd 线上截 do_1 并小于 ac 的一半 ③以 o_1 为圆心，do_1 为半径画圆，并作直径 ef 平行于 ac，连接 ae、cf 并延长，同 o_1 圆相交于 g、h，连接 go_1、ho_1 并延长，同 ac 相交于 o_2、o_3 ④以 o_2、o_3 为圆心，$o_2g=o_3h$ 为半径，从 a 到 g（亦从 c 到 h）画圆弧，即得卵圆 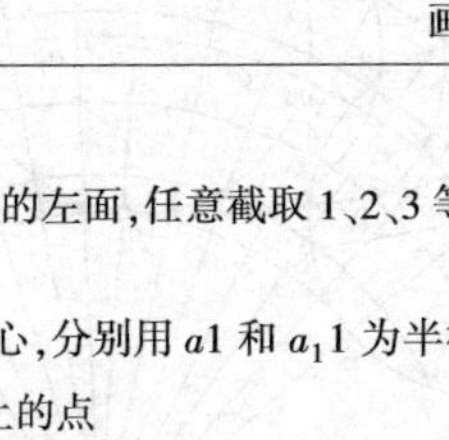
抛物线	已知准线和焦点	①通过焦点 f 作垂直于准线 mn 的轴线，与 mn 相交于 b ②等分 bf 得中点 d，则点 d 就是抛物线的顶点 ③从点 d 沿焦点方向取任一数目的点，如 1、2、3 等，并通过这些点作 mn 的平行线 ④以 f 为圆心，$b1$、$b2$、$b3$ 等为半径画圆弧与上述的平行线相交于Ⅰ、$Ⅰ_1$、Ⅱ、$Ⅱ_1$、Ⅲ、$Ⅲ_1$ 等 ⑤把所得各交点光滑连接即为抛物线 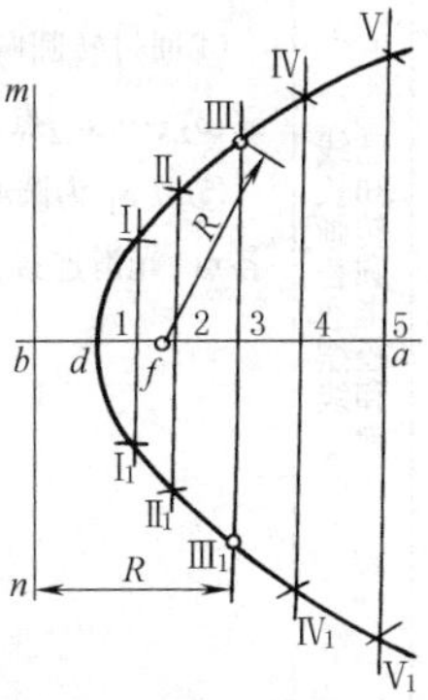
抛物线	已知抛物线宽和高	①把 oa 和 ab 等分成相等数目的各点 ②过 ab 上各点画线，分别与 o 点相连，这些线和 oa 上各相当点所画的同轴线平行的线相交，并用同样方法求出抛物线下部分各交点 ③光滑连接各交点，即得抛物线 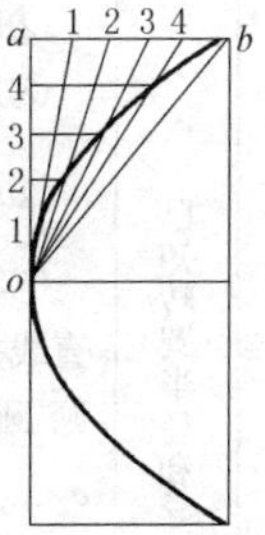
抛物线	已知任意角（钝角或锐角）	①把角两边分为相同数量的等份，按图上依次记入各等分点的数字，如 1、2、3 等 ②用直线连接同号数的点，即点 1 连点 1，点 2 连点 2…… ③从点 c 到点 a 画曲线同所有的直线段相切，所得曲线就是 abc 角两边相切于 a、c 两点的抛物线 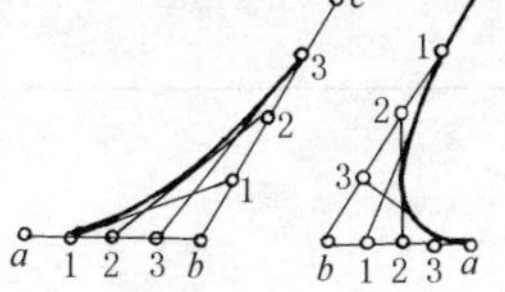
双曲线	已知双曲线顶点间和焦点间距离	①沿着轴线，在焦点 f 的左面，任意截取 1、2、3 等各点。离开焦点愈远，截点间隔应愈大 ②以焦点 f 和 f_1 为圆心，分别用 $a1$ 和 a_11 为半径各作两圆弧，其交点Ⅰ、Ⅰ和 $Ⅰ_1$、$Ⅰ_1$ 就是双曲线上的点 ③用同样方法，求出交点Ⅱ、Ⅱ和 $Ⅱ_1$、$Ⅱ_1$，Ⅲ、Ⅲ和 $Ⅲ_1$、$Ⅲ_1$ 等点 ④光滑连接上述各交点，即为双曲线 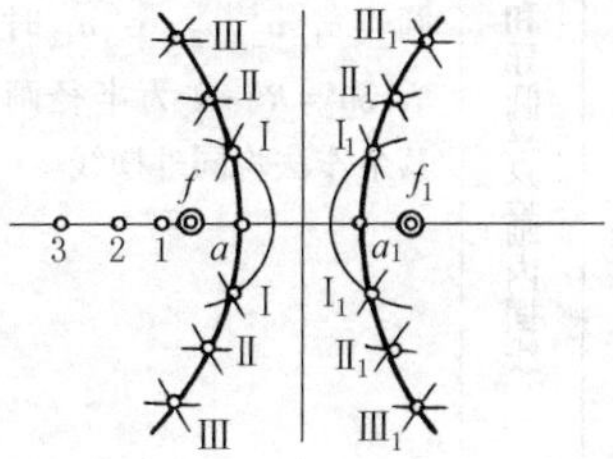

续表

<table>
<tr><th colspan="2">名称</th><th>画法</th></tr>
<tr><td rowspan="3">摆线</td><td>已知转圆半径和导线长画普通摆线</td><td>①以 o 为圆心，R 为半径作转圆，同导线 aa_1 相切于点 a
②从点 a 起分圆周成适当等份（图中为 12 等份）得分点 1、2、3、…、12
③在导线上截取 aa_1 等于圆周长度，把 aa_1 分成 12 等份，得分点 1′、2′、3′、…、12′
④通过转圆圆心 o，作导线的平行线 oo_{12}，并从导线上各分点 1′、2′、3′、…、12′作导线的垂直线，同直线 oo_{12} 交于 o_1、o_2、…、o_{12} 点，在转圆上各分点作导线的平行线
⑤以 o_1 为圆心，R 为半径，画圆弧同经过点 1 所作导线的平行线相交在点Ⅰ，用同样方法，可求得Ⅱ、Ⅲ、Ⅳ、…、Ⅺ各点，光滑连接，即为普通摆线</td></tr>
<tr><td>已知转圆半径和导圆半径画外摆线</td><td>①以 o' 为圆心，R' 为半径画导圆圆弧。并在圆弧上任取一点 a，连接 $o'a$ 并延长，截取 $oa=R$（转圆半径）
②以 o 为圆心，R 为半径画转圆
③从 a 点起把转圆圆周分成适当等份（图中为 12 等份），得分点 1、2、3、…、12
④画 o' 的中心角，使 $\alpha=\frac{R}{R'}\times360°$，得到导圆弧 $\overset{\frown}{aa'}$，把 $\overset{\frown}{aa'}$ 分成 12 等份，得分点 1′、2′、3′、…、12′
⑤将点 o' 同各分点 1′、2′、3′、…、12′相连成直线并延长。以 o' 为圆心，$oo'=R'+R$ 为半径画圆弧，同各延长线相交在点 o_1、o_2、o_3、…、o_{12}
⑥以 o' 为圆心，作通过转圆上各分点的辅助圆弧。以 o_1 为圆心，R 为半径画圆弧，同通过点 1 的辅助圆弧相交在点Ⅰ；以 o_2 为圆心，R 为半径画圆弧同通过点 2 的辅助圆相交在点Ⅱ，用同样方法，求得Ⅲ、Ⅳ、Ⅴ、…、Ⅺ各点，光滑连接，即为外摆线</td></tr>
<tr><td>已知转圆半径和导圆半径画内摆线</td><td>与外摆线相仿，只是取转圆各位置的圆心 o_1、o_2、o_3、…、o_{12} 时，是以 o' 为圆心，$oo'=R'-R$ 为半径画圆弧来求得。其余作法均同外摆线
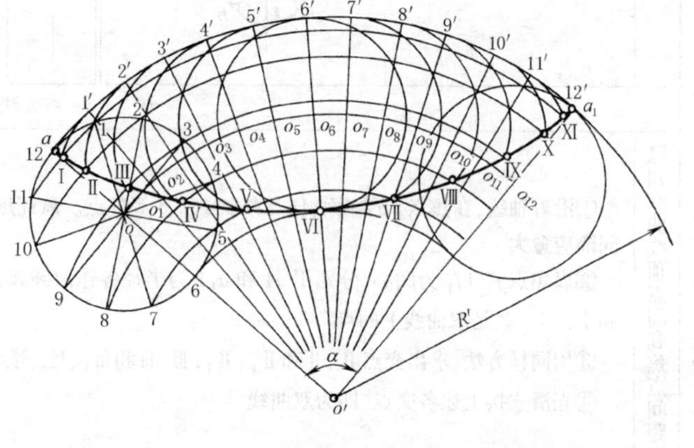</td></tr>
</table>

续表

<table>
<tr><th>名称</th><th colspan="4">画法</th></tr>
<tr><td rowspan="2">渐开线</td><td>已知一个圆</td><td>①在已知圆的圆周上分成适当等份(图中为12等份),并把各分点同圆心 o 相连
②用各分点作切点,画圆的切线
③在切点1的切线上,截取一段等于圆弧1-12(可近似地采用1-12弦长)的长度,得到点Ⅰ;再在切点2的切线上截取等于圆弧2-12(可近似地采用2倍的1-12弦长)得到点Ⅱ
④依上述方法,得到Ⅲ、Ⅳ、…、Ⅻ各点,光滑连接,即为圆的渐开线 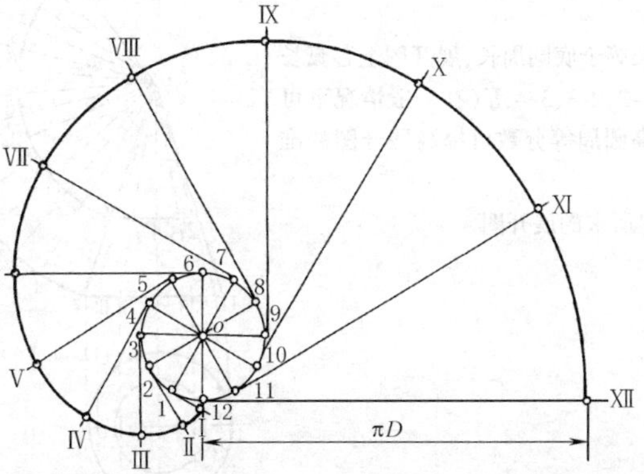</td><td>已知正方形</td><td>①以已知正方形一边的点 b 为圆心,ab 为半径,从 a 点起画1/4圆周得到点1
②以 c 为圆心,$c1$ 为半径,从点1起画1/4圆周得到点2
③顺序用 d、a、b……为圆心,$d2$、$a3$、$b4$……为半径分别画1/4圆周,直到所需的曲线为止 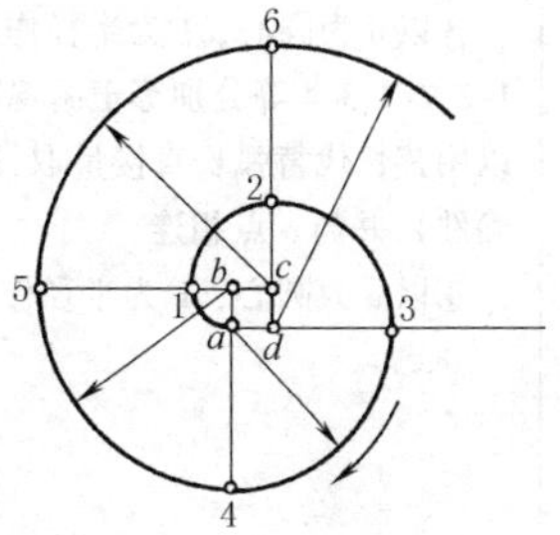</td></tr>
<tr><td></td><td></td><td></td><td></td></tr>
<tr><td>正弦曲线</td><td>已知导圆柱和导程</td><td colspan="3">①按已知导圆柱的尺寸画两个视图——主视图、俯视图
②在主视图上把已知导程 h 等分成适当等份(图中为8等份),把俯视图也分成相同的等份,并在两视图上分别注上等份符号
③从主视图上各分点1、2、3、…、8画水平线,从俯视图上各相当的等分点 a_1、a_2、a_3、…、a_8 画垂直线,其交点 a_1'、a_2'、…、a_8' 就是正弦曲线的各点,光滑连接,即为正弦曲线 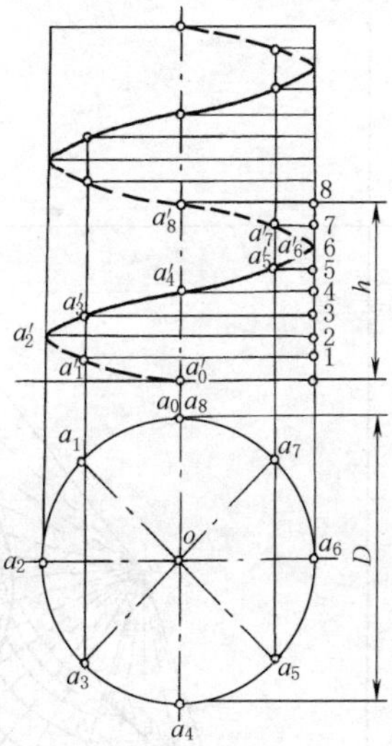</td></tr>
<tr><td>阿基米德螺旋线</td><td>已知一个圆</td><td colspan="3">①把已知圆分成适当等份(图中为8等份)得1、2、…、8各点
②画出各等分点的半径线。把一个半径如 $o8$ 分成同圆周相同的等份数,从圆心开始,注上数字 1_1、2_1、…、7_1
③以 o 为圆心,$o1_1$ 为半径画圆弧,同 $o1$ 交在点Ⅰ;$o2_1$ 为半径画圆弧,同 $o2$ 交在点Ⅱ,用同样方法可求得Ⅲ、Ⅳ、…、Ⅷ各点,光滑连接,即得阿基米德螺旋线 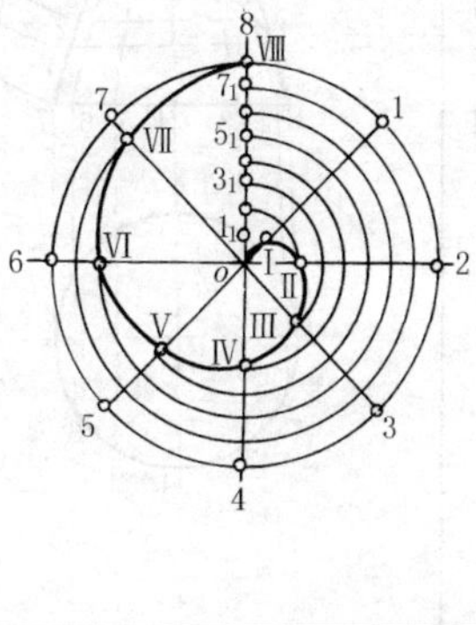</td></tr>
</table>

22 展开图画法

表 2-1-36

名称	画法
大小圆管过渡接头	①用已知尺寸画出主视图和俯视图 ②12 等分俯视图圆周标记 1、2、3、…、7 各点，并投影到主视图底线得相应的 1、2、3、…、7 各点，各点与锥体顶点 *o* 相连 ③以 *o* 为圆心，*o*1 为半径作圆弧 1-1，使弧长等于底圆周长，展开图上各弧长 1-2、2-3、3-4 等分别等于俯视图上的圆弧长 1-2、2-3、3-4 等（在一般情况下可以用弦长代替弧长直接量取，因此适当地提高圆周等分数可提高展开图的准确性），并与 *o* 点相连 ④以 *o* 为圆心，*o*1′为半径作圆弧 1′-1′，即得所求的展开图 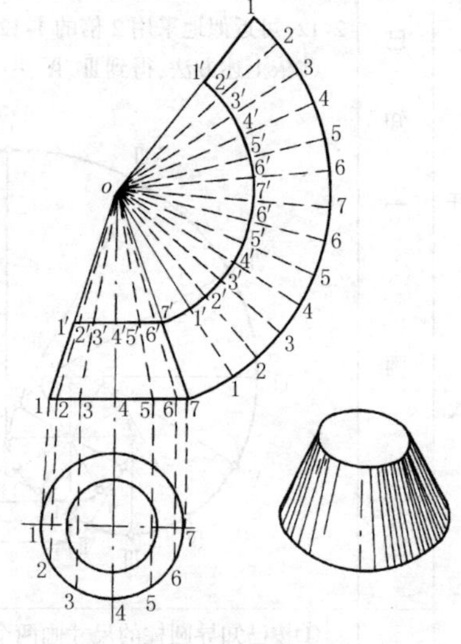
顶部斜截的正圆锥	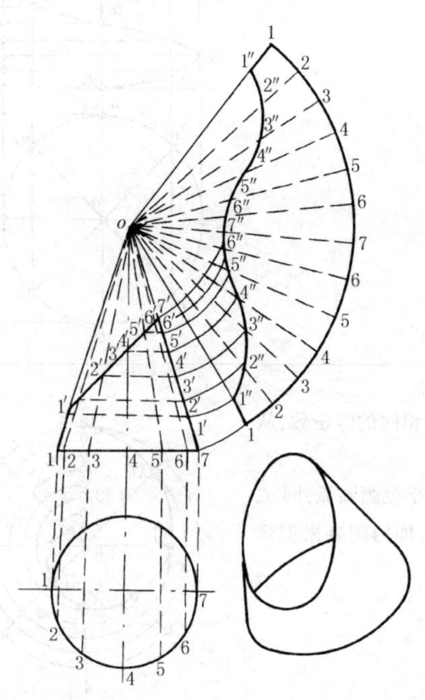 ①用已知尺寸画出主视图和俯视图 ②12 等分俯视图圆周，标记 1、2、3、…、7 各点并投影到主视图底线得相应的 1、2、3、…、7 各点。各点与锥体顶点 *o* 相连，与顶部斜截线相交得 1′、2′、3′、…、7′各点 ③自主视图顶部斜截线上的 1′、2′、3′、…、7′各点作底边平行线与 *o*7 线相交得 1′、2′、3′、…、7′各点 ④以 *o* 为圆心，*o*1 为半径作圆弧 1-1，其弧长等于俯视图圆周长。展开图上各弧长 1-2、2-3、3-4 等分别等于俯视图上的圆弧长 1-2、2-3、3-4 等 ⑤连 *o*-1、*o*-2、*o*-3 等各线，在相应的线段上截取 1″、2″、3″等各点，使 *o*1″=*o*1′、*o*2″=*o*2′、*o*3″=*o*3′、…、*o*7″=*o*7′。光滑连接 1″、2″、3″、…、7″各点，即得所求的展开图

续表

名称	画法
圆筒弯管（虾米弯）	是一段圆环不可展曲面。其近似展开图可用若干节圆柱面的展开图代替。一般每节进出口之间的角度宜大于10° 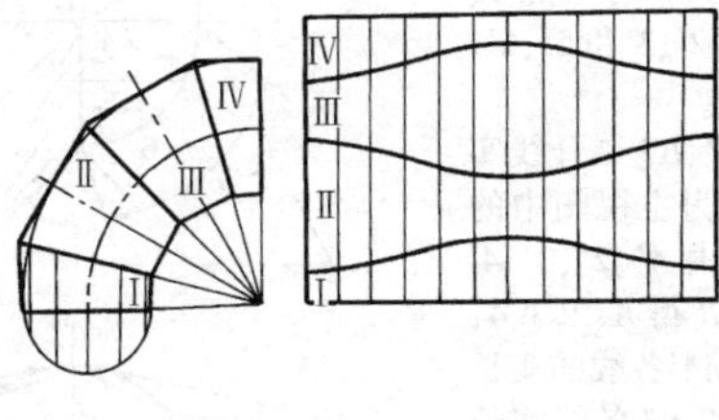
斜口圆筒	①用已知尺寸画出主视图和俯视图 ②12等分俯视图圆周，在主视图上作出从等分点引出的与轴线平行的平行线1-1、2-2、3-3、…、7-7 ③作一直线段使其长度等于圆筒的圆周长，并分成12等份，自等分点作垂线，在各垂线上分别截取1-1、2-2、3-3、…、7-7，使它们的长度与主视图上的1-1、2-2、3-3、…、7-7相等。光滑连接1、2、3、…、7各点，即得所求的展开图 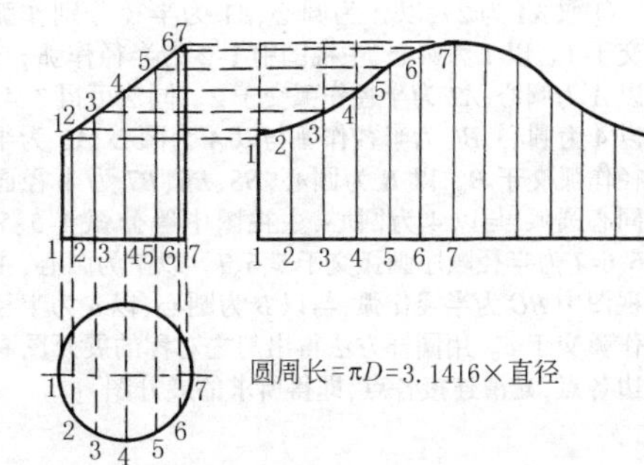
圆顶方底漏斗	①用已知尺寸画出主视图和俯视图 ②12等分俯视图圆周，标记1、2、3、4各点，并分别与A、B、C、D连接 ③求D1、D2等展开线实长：在主视图中上下两边的延长线上作垂线JK，取K-1(4)等于c，K-2(3)等于d，连J-1(4)、J-2(3)即为实长c′、d′ ④取水平线AB等于a，分别以A、B为圆心，以c′为半径作弧交于1。以A为圆心，d′为半径作弧，与以1为圆心，俯视图中1-2为半径作弧交于2。同法得3、4点。以4为圆心，c′为半径作弧与以A为圆心，以a为半径作弧交于D。又以同法得3、2、1各点。以1为圆心，主视图中e为半径作弧，与以D为圆心，a/2为半径作弧交于o。用同样方法得出与之对称的展开图右边各点。光滑连接各点，即得所求的展开图 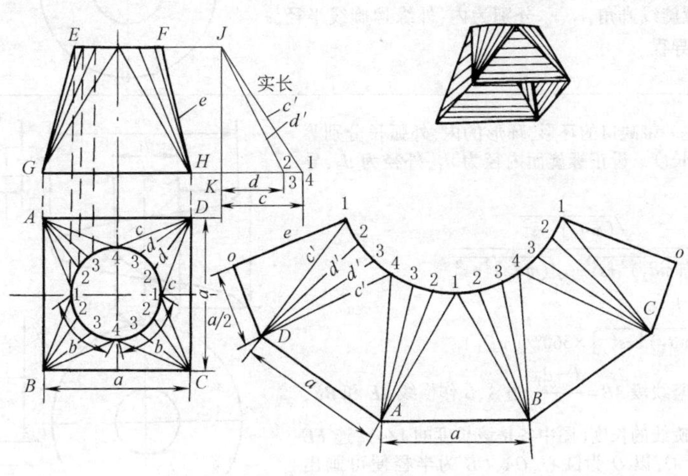

续表

<table>
<tr><th>名称</th><th>画法</th></tr>
<tr><td>圆顶方底人形管</td><td>

①用已知尺寸画出主视图和俯视图

②设 CD 等于 DE。以 D 为圆心，DE 为半径作 3/4 圆得 E-4-4-C 圆弧。三等分$\overset{\frown}{E4}$、$\overset{\frown}{4C}$得等分点 1、2、3、…、7。分别向 DE、CD 作垂线得 2′、3′和 5′、6′。连接 A 与 2′、3′、4′，B 与 4′、5′、6′

③求 A1、A2′、A3′、A4′、B4′、B5′、B6′、B7 展开线实长：画水平线 A′4′，在其上分别取长为主视图中的 A1、A2′、A3′、A4′得各点 1、2′、3′、4′，由 A′、2′、3′、4′点向上作垂线并依次取长为 a、e、d、R 得 A、2、3、4，连接 A 与 1、2、3、4 即得 A1、A2′、A3′、A4′各线的实长 A1、A2、A3、A4，同法求出 B4′、B5′、B6′、B7 各线实长 B4、B5、B6、B7

④取 AA 为 2a，以 A 为圆心，A1 为半径分别作弧交于 1。以 1 为圆心，主视图中 1-2 为半径作弧，与以 A 为圆心，A2 为半径作弧交于 2。同法可得 3、4。以 4 为圆心，B4 为半径作弧与以 A 为圆心，AB 为半径作弧交于 B。以 B 为圆心，B5、B6、B7 为半径画同心圆弧，与以 4 为圆心，主视图中等分弧 4-5、5-6、6-7 为半径顺序画弧交于 5、6、7。以 7 为圆心，主视图中 BC 为半径作弧，与以 B 为圆心，以 a 为半径作弧交于 o。用同样方法得出与之对称的展开图右边各点，光滑连接各点，即得所求的展开图

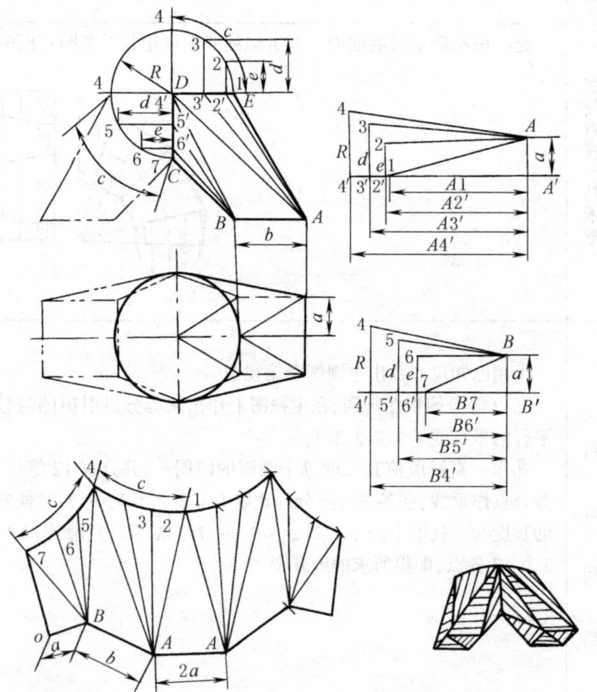

</td></tr>
<tr><td>渐开线螺旋面</td><td>

是以其内缘螺旋线为脊线的切线曲面，用垂直于轴的截平面截它时，截交线为渐开线，故称渐开线螺旋面，是可展曲面。其展开图是半径为 R_1 及 R_2 的同心圆围成的环形平面，有圆心角为 α 的缺口

$$\cos\theta=\frac{2\pi r_1}{\sqrt{(2\pi r_1)^2+s^2}}$$

$$R_1=\frac{r_1}{\cos^2\theta}=r_1+\frac{s^2}{4\pi^2 r_1}$$

$$R_2=\sqrt{\frac{r_2^2-r_1^2}{\cos^2\theta}+R_1^2}$$

$\alpha=2\pi(1-\cos\theta)$，$\alpha=(1-\cos\theta)\times360°$

式中 θ 为内缘螺旋线升角，r_1、r_2 分别为内、外缘螺旋线半径，s 为内、外缘螺旋线导程

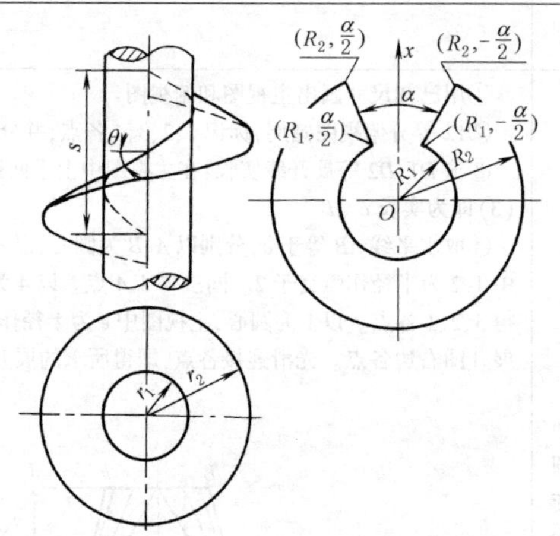

</td></tr>
<tr><td>正螺旋面</td><td>

其近似展开图是一带缺口的环形，环形的内、外弧长分别等于内、外螺旋线的长度。设正螺旋面内径为 d_1，外径为 d_2，导程为 s，则

$$D_1=(d_2-d_1)\frac{\sqrt{(\pi d_1)^2+s^2}}{\sqrt{(\pi d_2)^2+s^2}-\sqrt{(\pi d_1)^2+s^2}}$$

$$D_2=D_1+(d_2-d_1)$$

$$\alpha=\left[\pi D_1-\sqrt{(\pi d_1)^2+s^2}\right]\times360°/(\pi D_1)$$

作图步骤是：作竖线段 $AB=\dfrac{d_2-d_1}{2}$，过 A、B 作横线 AE 和 BF，分别等于内、外螺旋线的长度(图中各是该长度的 1/4)，连 FE 交 BA 的延长线于 O，以 O 为圆心，OA、OB 为半径便可画出此环形

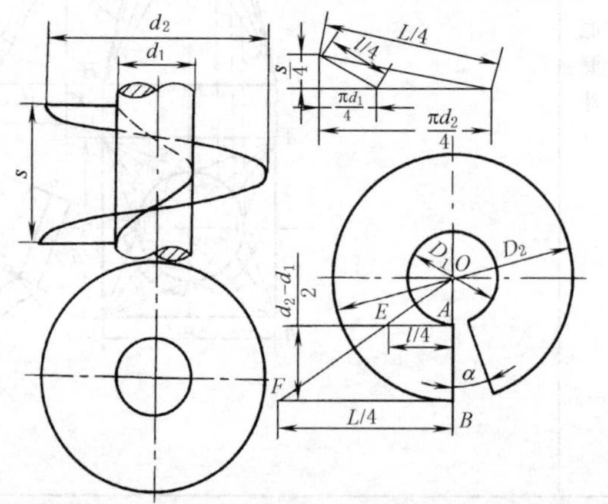

</td></tr>
</table>

第 2 章　极限与配合

1　公差、偏差和配合的基础

1.1　术语、定义及标法（摘自 GB/T 1800.1—2009）

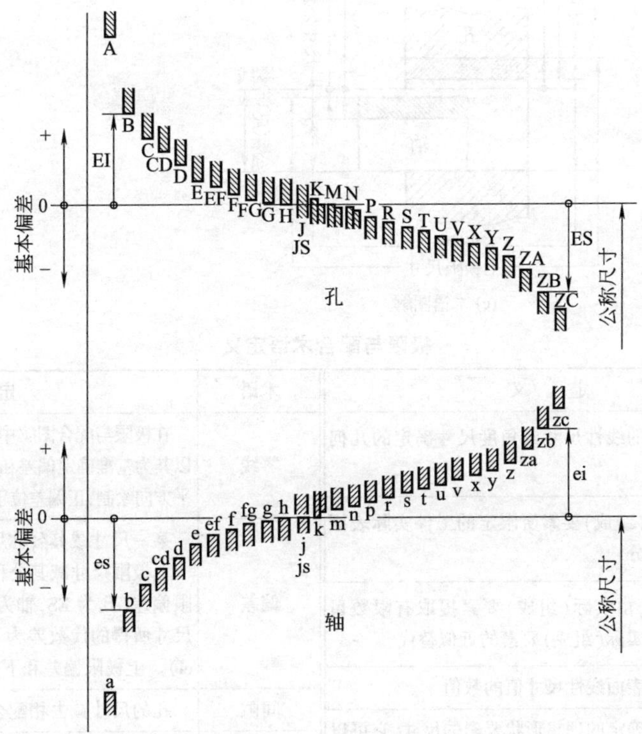

(a) 基本偏差系列示意图

注：J/j，K/k，M/m和N/n的基本偏差详见图b

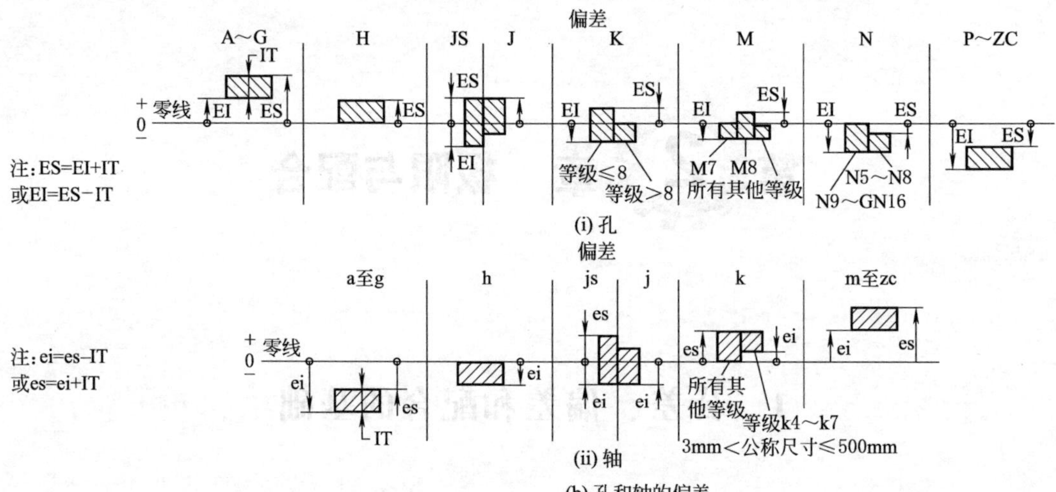

(b) 孔和轴的偏差

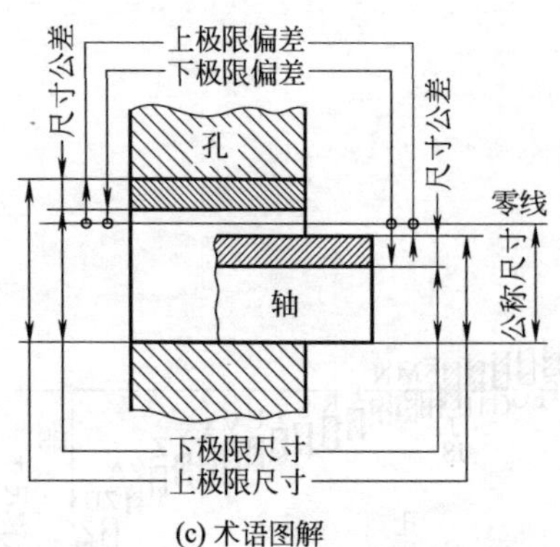

(c) 术语图解

表 2-2-1　　　　极限与配合术语定义

术语	定　义	术语	定　义
尺寸要素	由一定大小的线性尺寸或角度尺寸确定的几何形状	零线	在极限与配合图解中，表示公称尺寸的一条直线，以其为基准确定偏差和公差(图 c)。通常，零线沿水平方向绘制，正偏差位于其上，负偏差位于其下
实际(组成)要素	由接近实际(组成)要素所限定的工件实际表面的组成要素部分	偏差	某一尺寸减其公称尺寸所得的代数差 上极限尺寸减其公称尺寸所得的代数差为上极限偏差(孔为 ES，轴为 es)；下极限尺寸减其公称尺寸所得的代数差为下极限偏差(孔为 EI，轴为 ei)。上极限偏差和下极限偏差统称为极限偏差
提取组成要素	按规定方法，由实际(组成)要素提取有限数目的点所形成的实际(组成)要素的近似替代		
尺寸	以特定单位表面线性尺寸值的数值		
公称尺寸	由图样规范确定的理想形状要素的尺寸，它可以是一个整数或一个小数值。通过它应用上、下极限偏差可算出极限尺寸(图 c)	间隙	孔的尺寸减去相配合的轴的尺寸之差为正
		过盈	孔的尺寸减去相配合的轴的尺寸之差为负
极限尺寸	尺寸要素允许的尺寸的两个极端。尺寸要素允许的最大尺寸称上极限尺寸；尺寸要素允许的最小尺寸称下极限尺寸。提取组成要素的局部尺寸应位于其中，也可达到极限尺寸	基本偏差	在本标准极限与配合制中，确定公差带相对零线位置的那个极限偏差。它可以是上极限偏差或下极限偏差，一般为靠近零线的那个极限偏差 基本偏差代号，对孔用大写字母 A、…、ZC 表示，对轴用小写字母 a、…、zc 表示(图 a 和图 b)，各 28 个。其中，基本偏差 H 代表基准孔，h 代表基准轴
提取组成要素的局部尺寸	一切提取组成要素上两对应点之间距离的统称，简称为提取要素的局部尺寸	尺寸公差(简称公差)	上极限尺寸减去下极限尺寸之差，或上极限偏差减去下极限偏差之差。它是允许尺寸的变动量。尺寸公差是一个没有符号的绝对值

续表

术语	定义
标准公差与标准公差等级	在本标准极限与配合制中，所规定的任一公差称标准公差。同一公差等级（如 IT7）对所有公称尺寸的一组公差被认为具有同等精确程度 标准公差等级代号用符号 IT 和数字表示，如 IT7。当其与代表基本偏差的字母一起组成公差带时，省略 IT 字母，如 h7。标准公差等级分 IT01、IT0、IT1～IT18 共 20 级
公差带	在公差带图解中，由代表上极限偏差和下极限偏差或上极限尺寸和下极限尺寸的两条直线所限定的一个区域。它由公差大小和其相对零线的位置如基本偏差来确定 公差带用基本偏差的字母和公差等级数字表示，如孔公差带 H7；轴公差带 h7
注公差尺寸的表示	注公差的尺寸用公称尺寸后跟所要求的公差带或（和）对应的偏差值表示。如 32H7、80js15、100g6、$100^{-0.012}_{-0.034}$、$100g6\left(^{-0.012}_{-0.034}\right)$
配合及配合公差	公称尺寸相同的并且相互结合的孔和轴公差带之间的关系称为配合 配合分基孔制和基轴制两种制度，各有间隙配合、过渡配合和过盈配合三种类型。配合的种类取决于孔和轴的公差带之间的关系 间隙配合是具有间隙（包括最小间隙等于零）的配合。此时，孔的公差带在轴的公差带之上，基本偏差 a～h（A～H）用于间隙配合 过盈配合是具有过盈（包括最小过盈等于零）的配合。此时，孔的公差带在轴的公差带之下 过渡配合是可能具有间隙或过盈的配合。此时，孔的公差带与轴的公差带相互交叠。 基本偏差 j～zc（J～ZC）用于过渡配合和过盈配合 配合公差是组成配合的孔与轴的公差之和。它是允许间隙或过盈的变动量，配合公差是一个没有符号的绝对值
配合的表示	配合用相同的公称尺寸后跟孔、轴公差带表示。孔、轴公差带写成分数形式，分子为孔公差带，分母为轴公差带，如 52H7/g6 或 $52\ \frac{H7}{g6}$
基孔制配合	基本偏差为一定的孔的公差带，与不同基本偏差的轴的公差带形成各种配合的一种制度称基孔制配合 对本标准极限与配合制，是孔的下极限尺寸与公称尺寸相等、孔的下偏差为零的一种配合制（见下图） 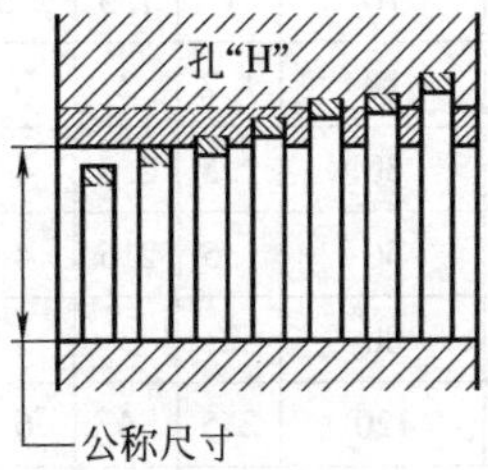 孔"H" 公称尺寸 水平实线代表孔或轴的基本偏差；虚线代表另一极限，表示孔和轴之间可能的不同组合与它们的公差等级有关
基轴制配合	基本偏差为一定的轴的公差带，与不同基本偏差的孔的公差带形成各种配合的一种制度称基轴制配合 对本标准极限与配合制，是轴的上极限尺寸与公称尺寸相等、轴的上偏差为零的一种配合制（见下图） 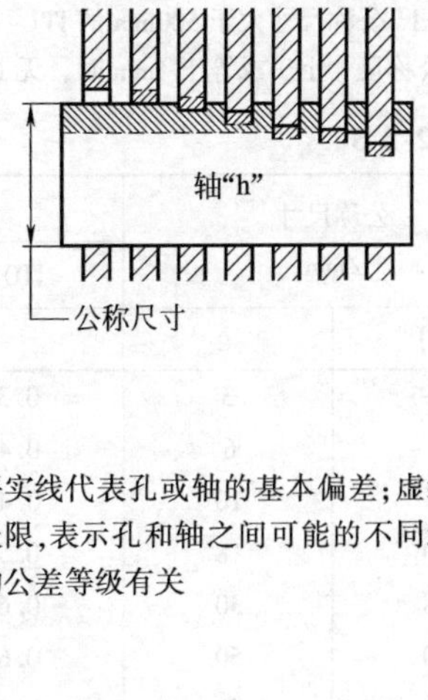 轴"h" 公称尺寸 水平实线代表孔或轴的基本偏差；虚线代表另一极限，表示孔和轴之间可能的不同组合与它们的公差等级有关

1.2 标准公差数值表（摘自 GB/T 1800.1—2009）

表 2-2-2　　公称尺寸至 3150mm 的标准公差数值

公称尺寸/mm		标准公差等级																	
		IT1	IT2	IT3	IT4	IT5	IT6	IT7	IT8	IT9	IT10	IT11	IT12	IT13	IT14	IT15	IT16	IT17	IT18
大于	至	μm											mm						
—	3	0.8	1.2	2	3	4	6	10	14	25	40	60	0.1	0.14	0.25	0.4	0.6	1	1.4
3	6	1	1.5	2.5	4	5	8	12	18	30	48	75	0.12	0.18	0.3	0.48	0.75	1.2	1.8
6	10	1	1.5	2.5	4	6	9	15	22	36	58	90	0.15	0.22	0.36	0.58	0.9	1.5	2.2
10	18	1.2	2	3	5	8	11	18	27	43	70	110	0.18	0.27	0.43	0.7	1.1	1.8	2.7
18	30	1.5	2.5	4	6	9	13	21	33	52	84	130	0.21	0.33	0.52	0.84	1.3	2.1	3.3
30	50	1.5	2.5	4	7	11	16	25	39	62	100	160	0.25	0.39	0.62	1	1.6	2.5	3.9
50	80	2	3	5	8	13	19	30	46	74	120	190	0.3	0.46	0.74	1.2	1.9	3	4.6
80	120	2.5	4	6	10	15	22	35	54	87	140	220	0.35	0.54	0.87	1.4	2.2	3.5	5.4
120	180	3.5	5	8	12	18	25	40	63	100	160	250	0.4	0.63	1	1.6	2.5	4	6.3
180	250	4.5	7	10	14	20	29	46	72	115	185	290	0.46	0.72	1.15	1.85	2.9	4.6	7.2
250	315	6	8	12	16	23	32	52	81	130	210	320	0.52	0.81	1.3	2.1	3.2	5.2	8.1
315	400	7	9	13	18	25	36	57	89	140	230	360	0.57	0.89	1.4	2.3	3.6	5.7	8.9
400	500	8	10	15	20	27	40	63	97	155	250	400	0.63	0.97	1.55	2.5	4	6.3	9.7
500	630	9	11	16	22	32	44	70	110	175	280	440	0.7	1.1	1.75	2.8	4.4	7	11
630	800	10	13	18	25	36	50	80	125	200	320	500	0.8	1.25	2	3.2	5	8	12.5
800	1000	11	15	21	28	40	56	90	140	230	360	560	0.9	1.4	2.3	3.6	5.6	9	14
1000	1250	13	18	24	33	47	66	105	165	260	420	660	1.05	1.65	2.6	4.2	6.6	10.5	16.5
1250	1600	15	21	29	39	55	78	125	195	310	500	780	1.25	1.95	3.1	5	7.8	12.5	19.5
1600	2000	18	25	35	46	65	92	150	230	370	600	920	1.5	2.3	3.7	6	9.2	15	23
2000	2500	22	30	41	55	78	110	175	280	440	700	1100	1.75	2.8	4.4	7	11	17.5	28
2500	3150	26	36	50	68	96	135	210	330	540	860	1350	2.1	3.3	5.4	8.6	13.5	21	33

注：1. 公称尺寸大于 500mm 的 IT1～IT5 的标准公差数值为试行。

2. 公称尺寸小于或等于 1mm 时，无 IT14～IT18。

表 2-2-3　　IT01 和 IT0 的标准公差数值

公称尺寸/mm		标准公差等级		公称尺寸/mm		标准公差等级	
		IT01	IT0			IT01	IT0
大于	至	公差/μm		大于	至	公差/μm	
—	3	0.3	0.5	80	120	1	1.5
3	6	0.4	0.6	120	180	1.2	2
6	10	0.4	0.6	180	250	2	3
10	18	0.5	0.8	250	315	2.5	4
18	30	0.6	1	315	400	3	5
30	50	0.6	1	400	500	4	6
50	80	0.8	1.2				

2 公差与配合的选择

2.1 基准制的选择

选择基准制时，应从结构、工艺和经济性等方面来分析确定。

① 在常用尺寸范围（500mm 以内），一般应优先选用基孔制。这样可以减少刀具、量具的数量，比较经济合理。

② 基轴制通常用于下列情况。

a. 所用配合的公差等级要求不高（一般为 IT8 或更低）或直接用冷拉棒料（一般尺寸不太大）制作轴，又不需加工。

b. 如图 2-2-1 所示的结构，活塞销和活塞销孔要求为过渡配合，而销与连杆小头衬套内孔为间隙配合。如采用基孔制，活塞销应加工成阶梯轴，这会给加工、装配带来困难，而且使强度降低；而采用基轴制，则无此弊，活塞销可加工成光轴，连杆衬套孔做大一些很方便。

c. 在同一基本尺寸的各个部分需要装上不同配合的零件。

③ 与标准件配合时，基准制的选择通常依标准件而定。例如，与滚动轴承配合的轴应按基孔制，与滚动轴承外圈配合的孔应按基轴制。

④ 在某些情况下，为了满足配合的特殊需要，允许采用混合配合。即孔和轴都不是基准件，如 M7/f7，K8/d8 等，配合代号没有 H 或 h。混合配合一般用于同一孔（或轴）与几个轴（或孔）组成的配合，对每种配合性质的要求不同，而孔（或轴）又需按基轴制（或基孔制）的某种配合制造的情况。

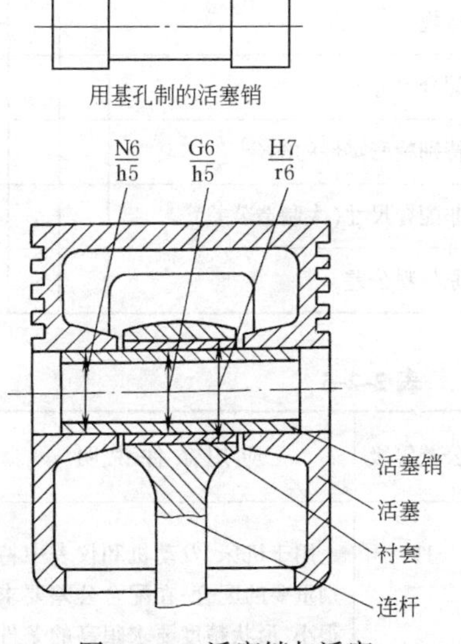

图 2-2-1 活塞销与活塞及连杆的连接

如图 2-2-2 所示的结构，与滚动轴承相配的轴承座孔必须采用基轴制，如孔用 M7；而端盖与轴承座孔的配合，由于要求经常拆卸，配合要松一些，设计选用最小间隙为零的间隙配合，即采用 ϕ80M7/f7 混合配合。若采用 H7/h7，则轴承座孔要加工成微小阶梯，工艺上远不如加工光孔方便、经济。

又如图 2-2-3 所示的与滚动轴承相配合的轴，必须采用基孔制，如轴用 k6；而隔离套的作用只是隔开两个滚动轴承，为使装卸方便，需用间隙配合，且公差等级也可降低，因此采用混合配合 ϕ60F9/k6。

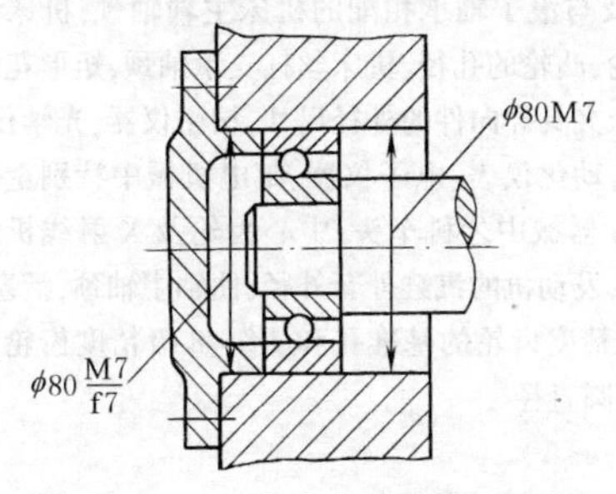

图 2-2-2 一孔与几轴的混合配合

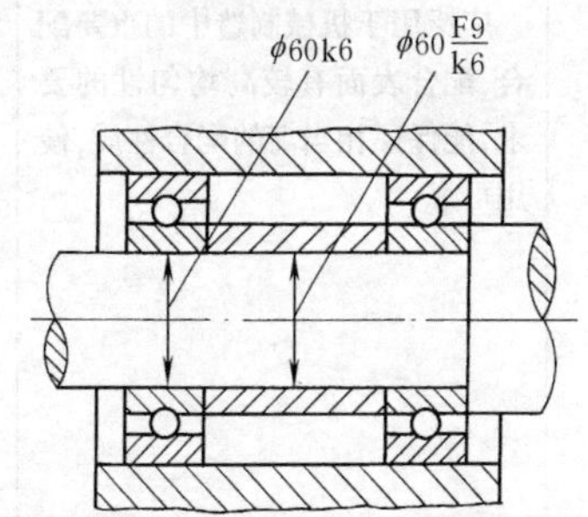

图 2-2-3 一轴与几孔的混合配合

2.2 标准公差等级和公差带的选择

2.2.1 标准公差等级的选择

在满足使用要求的前提下，应尽可能选择较低的公差等级，以降低加工成本。公差等级的使用范围和选择可参考表 2-2-4 及表 2-2-5，公差等级与加工方法的关系可参考表 2-2-6，公差等级与成本的关系可参考表 2-2-7、表 2-2-8。

在选择公差等级时，还应考虑表面粗糙度的要求，可参考表 2-4-18~表 2-4-20。

对于公称尺寸小于或等于 500mm 的配合，当公差等级高于或等于 IT8 时，推荐选择孔的公差等级比轴低一级；对于公差等级低于 IT8 或公称尺寸大于 500mm 的配合，推荐选用同级孔、轴配合。

表 2-2-4　　标准公差等级的使用范围

应用	公差等级（IT）																			
	01	0	1	2	3	4	5	6	7	8	9	10	11	12	13	14	15	16	17	18
块规	—	—	—																	
量规			—	—	—	—	—	—	—											
配合尺寸							—	—	—	—	—	—	—	—	—					
特别精密零件的配合				—	—	—	—													
非配合尺寸(大制造公差)														—	—	—	—	—	—	—
原材料公差										—	—	—	—	—	—	—				

表 2-2-5　　标准公差等级的选择

公差等级	应用条件说明	应用举例
IT5	用于机床、发动机和仪表中特别重要的配合，在配合公差要求很小，形状精度要求很高的条件下，这类公差等级能使配合性质比较稳定，它对加工要求较高，一般机械制造中较少应用	与 5 级滚动轴承相配的机床箱体孔，与 6 级滚动轴承孔相配的机床主轴，精密机械及高速机械的轴径，机床尾架套筒，高精度分度盘轴颈，分度头主轴，精密丝杠基准轴颈，高精度镗套的外径，发动机主轴的外径，活塞销外径与活塞的配合，精密仪器的轴与各种传动件轴承的配合，航空、航海工业仪表中重要的精密孔的配合，5 级精度齿轮的基准孔及 5 级、6 级精度齿轮的基准轴
IT6	广泛用于机械制造中的重要配合，配合表面有较高均匀性的要求，能保证相当高的配合性质，使用可靠	与 6 级滚动轴承相配的外壳孔及与滚子轴承相配的机床主轴颈，机床制造中，装配式齿轮、蜗轮、联轴器、带轮、凸轮的孔径，机床丝杠支承轴颈，矩形花键的定心直径，摇臂钻床的立柱等，机床夹具导向件的外径尺寸，精密仪器、光学仪器、计量仪器的精密轴，无线电工业、自动化仪表、电子仪器、邮电机械中特别重要的轴，以及手表中特别重要的轴，医疗器械中牙科车头、中心齿轮及 X 射线机齿轮箱的精密轴等，缝纫机中重要轴类，发动机的汽缸外套外径，曲轴主轴颈，活塞销，连杆衬套，连杆和轴瓦外径等，6 级精度齿轮的基准孔和 7 级、8 级精度齿轮的基准轴径，以及 1 级、2 级精度齿轮顶圆直径
IT7	应用条件与 IT6 相类似，但精度要求可比 IT6 稍低一些，在一般机械制造业中应用相当普遍	机械制造中装配式青铜蜗轮轮缘孔径，联轴器、带轮、凸轮等的孔径，机床卡盘座孔、摇臂钻床的摇臂孔、车床丝杠轴承孔等，机床夹头导件的内孔，发动机的连杆孔、活塞孔、铰制螺栓定位孔等，纺织机械的重要零件，印染机械中要求较高的零件，手表的离合杆压簧等，自动化仪表中的重要内孔，缝纫机的重要轴内孔零件，邮电机械中重要零件的内孔，7 级、8 级精度齿轮的基准孔和 9 级、10 级精度齿轮的基准轴

续表

公差等级	应用条件说明	应用举例
IT8	在机械制造中属中等精度,在仪器、仪表及钟表制造中,由于基本尺寸较小,所以较高精度范畴配合确定性要求不太高时,应用较多的一个等级,尤其是在农业机械、纺织机械、印染机械、自行车、缝纫机、医疗器械中应用最广	轴承座衬套沿宽度方向的尺寸配合,手表中跨齿轮、棘爪拨针轮等与夹板的配合,无线电仪表工业中的一般配合,电子仪器仪表中较重要的内孔,计算机中变数齿轮孔和轴的配合,医疗器械中牙科车头的钻头套的孔与车针柄部的配合,电机制造业中铁芯与机座的配合,发动机活塞油环槽宽,连杆轴瓦内径,低精度(9~12级精度)齿轮的基准孔和11级、12级精度齿轮的基准轴,6~8级精度齿轮的顶圆
IT9	应用条件与IT8相类似,但精度要求低于IT8	机床制造中轴套外径与孔、操作件与轴、空转带轮与轴、操纵系统的轴与轴承等的配合,纺织机械、印染机械中的一般配合零件,发动机中机油泵体内孔、气门导管内孔、飞轮与飞轮套圈衬套、混合气预热阀轴、汽缸盖孔径、活塞槽环的配合等,光学仪器、自动化仪表中的一般配合,手表中要求较高零件的未注公差尺寸的配合,单键连接中键宽配合尺寸,打字机中的运动件配合等
IT10	应用条件与IT9相类似,但精度要求低于IT9	电子仪器仪表中支架上的配合,打字机中铆合件的配合尺寸,闹钟机构中的中心管与前夹板,轴套与轴,手表中尺寸小于18mm时要求一般的未注公差尺寸及大于18mm要求较高的未注公差尺寸,发动机中油封挡圈孔与曲轴带轮毂
IT11	配合精度要求较粗糙,装配后可能有较大的间隙,特别适用于要求间隙较大且有显著变动而不会引起危险的场合	机床上法兰盘止口与孔、滑块与滑移齿轮、凹槽等,农业机械、机车车厢部件及冲压加工的配合零件,钟表制造中不重要的零件,手表制造用的工具及设备中的未注公差尺寸,纺织机械中较粗糙的活动配合,印染机械中要求较低的配合,医疗器械中手术刀片的配合,磨床制造中的螺纹连接及粗糙的动连接,不作测量基准用的齿轮顶圆直径公差
IT12	配合精度要求很粗糙,装配后有很大的间隙	非配合尺寸及工序间尺寸,发动机分离杆,手表制造中工艺装备的未注公差尺寸,计算机行业切削加工中未注公差尺寸的极限偏差,医疗器械中手术刀柄的配合,机床制造中扳手孔与扳手座的连接
IT13	应用条件与IT12相类似	非配合尺寸及工序间尺寸,计算机、打字机中切削加工零件及圆片孔、两孔中心距的未注公差尺寸
IT14	用于非配合尺寸及不包括在尺寸链中的尺寸	机床、汽车、拖拉机、冶金矿山、石油化工、电机、电器、仪器、仪表、造船、航空、医疗器械、钟表、自行车、造纸、纺织机械等工业中未注公差尺寸的切削加工零件
IT15	用于非配合尺寸及不包括在尺寸链中的尺寸	冲压件、木模铸造零件、重型机床中尺寸大于3150mm的未注公差尺寸
IT16	用于非配合尺寸及不包括在尺寸链中的尺寸	打字机中浇铸件尺寸,无线电制造中箱体外形尺寸,压弯延伸加工用尺寸,纺织机械中木制零件及塑料零件尺寸公差,木模制造和自由锻造时用
IT17	用于非配合尺寸及不包括在尺寸链中的尺寸	塑料成型尺寸公差,医疗器械中的一般外形尺寸公差
IT18	用于非配合尺寸及不包括在尺寸链中的尺寸	冷作、焊接尺寸用公差

表 2-2-6　　各种加工方法所能达到的公差等级

加工方法	公差等级（IT）																	
	01	0	1	2	3	4	5	6	7	8	9	10	11	12	13	14	15	16
研磨																		
珩																		
圆磨																		
平磨																		
金刚石车																		
金刚石镗																		
拉削																		
铰孔																		
车																		
镗																		
铣																		
刨插																		
钻孔																		
滚压、挤压																		
冲压																		
压铸																		
粉末冶金成型																		
粉末冶金烧结																		
砂型铸造、气割																		
锻造																		

表 2-2-7　　不同公差等级加工成本比较

尺寸	加工方法	公差等级（IT）															
		1	2	3	4	5	6	7	8	9	10	11	12	13	14	15	16
外径	普通车削																
	六角车床车削																
	自动车削																
	外圆磨																
	无心磨																

续表

尺寸	加工方法	公差等级(IT)															
		1	2	3	4	5	6	7	8	9	10	11	12	13	14	15	16
内径	普通车削						-·-·-	-·-·-	-·-·-	——	——	——	----	----	----		
	六角车床车削								-·-·-	-·-·-	——	——	----	----	----		
	自动车削								-·-·-	-·-·-	——	——	----	----			
	钻										-·-·-	-·-·-	——	——	----		
	铰							-·-·-	-·-·-	——	——	----	----				
	镗							-·-·-	-·-·-	——	——	----	----				
	精镗				-·-·-	-·-·-	——	——	----	----							
	内圆磨				-·-·-	-·-·-	——	——	----	----							
	研磨		-·-·-	-·-·-	——	——	----	----									
长度	普通车削							-·-·-	-·-·-	-·-·-	——	——	——	----	----	----	
	六角车床车削								-·-·-	-·-·-	——	——	——	----	----		
	自动车削								-·-·-	-·-·-	——	——	——	----	----		
	铣							-·-·-	-·-·-	-·-·-	——	——	——	----	----		

注：虚线、实线、点画线表示成本比例为1∶2.5∶5。

表 2-2-8　切削加工的经济精度

外圆柱面表面加工	加工方法	车削			磨削			研磨	用钢珠或滚柱工具滚压
		粗	半精或一次加工	精	粗	一次加工	精		
	公差等级(IT)	12~14	10~11	6~9	8~9	7	6~7	5	5~9

孔加工	加工方法	钻及扩钻孔		扩孔			铰孔			拉孔
		无钻模	有钻模	粗扩	铸孔或锻孔后一次扩孔	钻扩后精扩	半精	精	细	粗拉铸孔或锻孔
	公差等级(IT)	11~13	11~13	13	11~13	10	8~9	7~8	6~7	8~9

孔加工	加工方法	拉孔	镗孔				磨孔			研(珩)磨	用钢球或挤压杆校正、用钢球或滚柱扩孔器挤孔
		粗拉或钻孔后精拉孔	粗	半精	精	细	粗	精	细		
	公差等级(IT)	7~8	13	11	8~10	6~7	8~9	7	6	6	7~10

圆柱形深孔加工	加工方法	用麻花钻、扁钻、环孔钻钻孔			扩钻	扩孔	深孔钻钻孔或镗孔			镗刀块镗孔	铰孔	磨孔	珩磨	研磨
		刀具转	工件转	刀具工件转			刀具转	工件转	刀具工件转					
	公差等级(IT)	11~13	11		9~11		9~11	8~9		7~9		7		5~7

续表

圆锥形孔加工

加工方法		扩孔 粗	扩孔 精	镗孔 粗	镗孔 精	铰孔 机动	铰孔 手动	磨孔	研磨
公差等级（IT）	锥孔	11	9	9	7	7	高于7	高于7	6
	深锥孔	—		9~11		7~9		7	6~7

花键孔加工

加工方法	插	拉	磨
公差等级（IT）	8~9	7~9	

平面加工

加工方法	刨削和圆柱铣刀及端铣刀铣削 粗	半精或一次加工	精	细	拉削 粗拉铸面及锻压表面	精拉	磨削 一次加工	粗	精	细	研磨	用钢珠或滚柱工具滚压
公差等级(IT)	11~14	11~13	10	6~9	10~11	6~9	7~9	9	7	6	5	7~10

用三面刃铣刀同时加工平行表面

表面长和宽/mm	表面高度/mm ≤50	>50~80	>80~120
	两平行表面距离的尺寸精度/μm		
≤120	50	60	80
>120~300	60	80	100

端面加工

直径尺寸/mm	车削 粗	车削 精	磨削 普通	磨削 精密
	端面至基准的尺寸精度/μm			
≤50	150	70	30	20
>50~120	200	100	40	25
>120~260	250	130	50	30
>260~500	400	200	70	35

成形铣刀加工

表面长度/mm	粗铣 铣刀宽度/mm ≤120	粗铣 >120~180	精铣 ≤120	精铣 >120~180
	加工表面至基准的尺寸精度/μm			
≤100	250	—	100	—
>100~300	350	450	150	200
>300~600	450	500	200	250

公制螺纹加工

加工方法		精度等级	螺纹公差（GB/T 197—2003）
车螺纹	外螺纹	1~2级	4h~6h
	内螺纹	2~3级	5H6H~7H
圆板牙套螺纹		2~3级	6h~8h
丝锥攻螺纹		1~3级	4H5H~7H
带圆梳刀自动张开式板牙		1~2级	4h~6h
带径向或切向梳刀的自动张开式板牙			6h

加工方法		精度等级	螺纹公差（GB/T 197—2003）
梳形车刀车螺纹	外螺纹	1~2级	4h~6h
	内螺纹	2~3级	5H6H~7H
梳形铣刀铣螺纹		2~3级	6h~8h
旋风铣螺纹		2~3级	6h~8h
搓丝板搓螺纹		2级	6h
滚丝模滚螺纹		1~2级	4h~6h
砂轮磨螺纹		1级或更高	4h以上
研磨螺纹		1级	4h

续表

	花键的最大直径/mm	花键轴				花键孔			
		用磨制的滚铣刀		成形磨		拉 削		推 削	
		尺 寸 精 度/μm							
花键加工		花键宽	底圆直径	花键宽	底圆直径	花键宽	底圆直径	花键宽	底圆直径
	18~30	25	50	13	27	13	18	8	12
	>30~50	40	75	15	32	16	26	9	15
	>50~80	50	100	17	42	16	30	12	19
	>80~120	75	125	19	45	19	35	12	23

	加工方法			精度等级 (GB/T 10095.1—2008) (GB/T 11334—2005)	加工方法		精度等级 (GB/T 10095.1—2008) (GB/T 11365—1989)
齿形加工	滚齿	单头滚刀 (m=1~20mm)	滚刀精度等级:AA	6~7级	磨齿	成形砂轮仿形法	5~6级
			A	8级		盘形砂轮范成法	3~6级
			B	9级		双盘形砂轮范成法(马格法)	3~8级
			C	10级		蜗杆砂轮范成法	4~6级
	多头滚刀(m=1~20mm)			8~10级	模数铣刀铣齿		9级以下
	插齿	圆盘形插齿刀 (m=1~20mm)	插齿刀精度等级:AA	6级	铸铁研磨轮研齿		5~6级
			A	7级	直齿圆锥齿轮刨齿		8级
			B	8级	螺旋齿圆锥齿轮刀盘铣齿		8级
	剃齿	圆盘形剃齿刀 (m=1~20mm)	剃齿刀精度等级:A	5级	蜗轮模数滚刀滚蜗轮		8级
			B	6级	热轧	热轧齿轮 (m=2~8mm)	8~9级
			C	7级		轧后冷校准齿形	7~8级
	珩齿			6~7级	冷轧齿轮(m≤1.5mm)		7级

2.2.2 公差带的选择（摘自 GB/T 1801—2009）

根据国家标准的标准公差和基本偏差的数值，可组成大量不同大小与位置的公差带，具有非常广泛选用公差带的可能性。从经济性出发，为避免刀具、量具的品种、规格不必要的繁杂，国家标准对公差带的选择多次加以限制。

① 孔的公差带：公称尺寸至500mm 的孔公差带规定了105 种（图2-2-4），相应极限偏差见表2-2-12~表2-2-26。选择时，应优先选用圆圈中的公差带，其次选用方框中的公差带，最后选用其他公差带。

公称尺寸大于500mm 至3150mm 的孔公差带规定了31 种（图2-2-5），相应的极限偏差见表2-2-13~表2-2-23。

② 轴的公差带：公称尺寸至500mm 的轴公差带规定了116 种（图2-2-6），相应的极限偏差见表2-2-27~表2-2-42。选择时，应优先选用圆圈中的公差带，其次选用方框中的公差带，最后选用其他公差带。

公称尺寸大于500mm 至3150mm 的轴公差带规定了41 种（图2-2-7），相应的极限偏差见表2-2-28~表2-2-39。

H1 JS1
H2 JS2
H3 JS3
H4 JS4 K4 M4
G5 H5 JS5 K5 M5 N5 P5 R5 S5
F6 G6 H6 J6 JS6 K6 M6 N6 P6 R6 S6 T6 U6 V6 X6 Y6 Z6
D7 E7 F7 G7 H7 J7 JS7 K7 M7 N7 P7 R7 S7 T7 U7 V7 X7 Y7 Z7
C8 D8 E8 F8 G8 H8 J8 JS8 K8 M8 N8 P8 R8 S8 T8 U8 V8 X8 Y8 Z8
A9 B9 C9 D9 E9 F9 H9 JS9 N9 P9
A10 B10 C10 D10 E10 H10 JS10
A11 B11 C11 D11 H11 JS11
A12 B12 C12 H12 JS12
H13 JS13

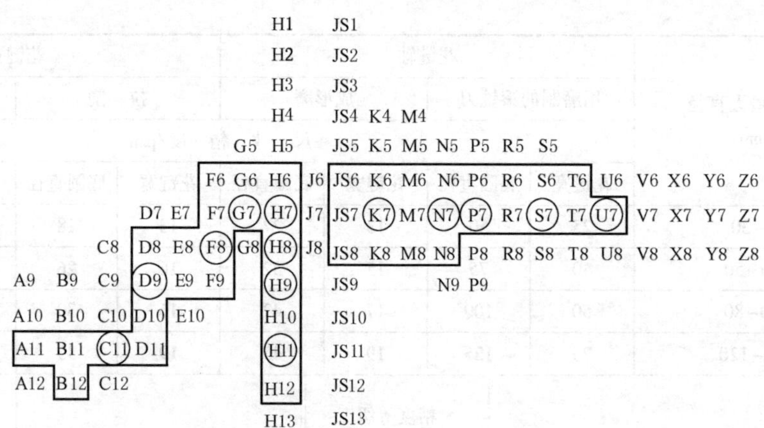

图 2-2-4 公称尺寸至 500mm 的孔的常用、优先公差带

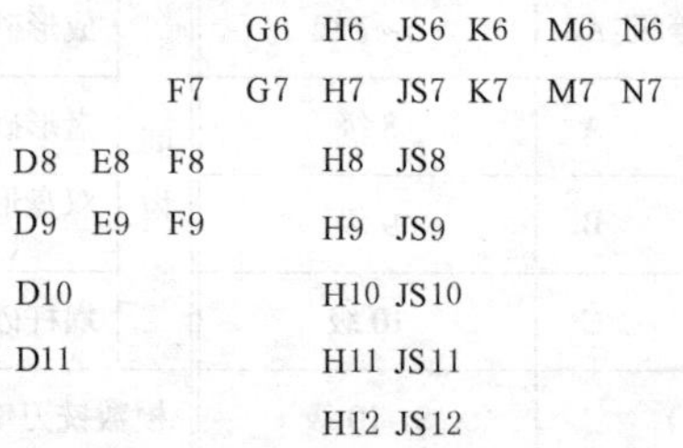

G6 H6 JS6 K6 M6 N6
F7 G7 H7 JS7 K7 M7 N7
D8 E8 F8 H8 JS8
D9 E9 F9 H9 JS9
D10 H10 JS10
D11 H11 JS11
H12 JS12

图 2-2-5 公称尺寸大于 500mm 至 3150mm 的孔的常用公差带

h1 js1
h2 js2
h3 js3
g4 h4 js4 k4 m4 n4 p4 r4 s4
f5 g5 h5 j5 js5 k5 m5 n5 p5 r5 s5 t5 u5 v5 x5
e6 f6 g6 h6 j6 js6 k6 m6 n6 p6 r6 s6 t6 u6 v6 x6 y6 z6
d7 e7 f7 g7 h7 j7 js7 k7 m7 n7 p7 r7 s7 t7 u7 v7 x7 y7 z7
c8 d8 e8 f8 g8 h8 js8 k8 m8 n8 p8 r8 s8 t8 u8 v8 x8 y8 z8
a9 b9 c9 d9 e9 f9 h9 js9
a10 b10 c10 d10 e10 h10 js10
a11 b11 c11 d11 h11 js11
a12 b12 c12 h12 js12
a13 b13 h13 js13

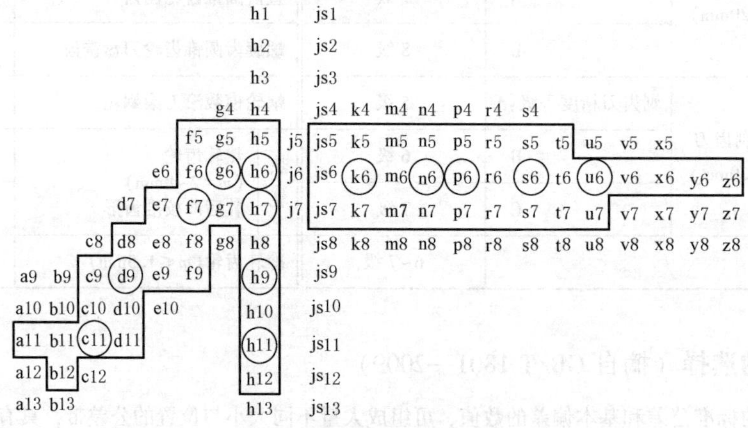

图 2-2-6 公称尺寸至 500mm 轴的常用、优先公差带

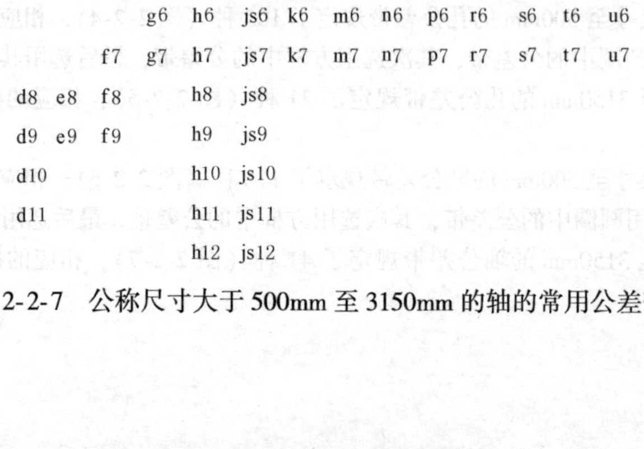

g6 h6 js6 k6 m6 n6 p6 r6 s6 t6 u6
f7 g7 h7 js7 k7 m7 n7 p7 r7 s7 t7 u7
d8 e8 f8 h8 js8
d9 e9 f9 h9 js9
d10 h10 js10
d11 h11 js11
h12 js12

图 2-2-7 公称尺寸大于 500mm 至 3150mm 的轴的常用公差带

2.3 配合的选择

配合的选择要考虑以下几点。

① 配合件的工作情况（可参考表2-2-10）。

a. 相对运动情况：有相对运动的配合件，应选择间隙配合，速度大则间隙大，速度小则间隙小，没有相对运动时，需综合其他因素选择，采用间隙、过盈或过渡配合均可。

b. 载荷情况：一般情况，如单位压力大则间隙小，在静连接中传力大以及有冲击振动时，过盈要大。

c. 定心精度要求：要求定心精度高时，选用过渡配合，定心精度不高时，可选用基本偏差g或h所组成的公差等级高的小间隙配合代替过渡配合，间隙配合和过盈配合不能保证定心精度。

d. 装拆情况：有相对运动、经常装拆时，采用g或h组合的配合，无相对运动装拆频繁时，一般用g、h或j、p组成的配合，不经常装拆时，可用k组成的配合，基本不拆的，用m或n组成的配合，另外，当机器内部空间较小时，为了装配零件方便，虽然零件装上后不需再拆，只要工作情况允许，也要选过盈不大或有间隙的配合。

e. 工作温度：当配合件的工作温度和装配温度相差较大时，必须考虑装配间隙在工作时发生的变化。

② 在高温或低温条件下工作时（-60~800℃），如果配合件材料的线胀系数不同，配合间隙（或过盈）需进行修正计算。可参见本章第4节。

③ 配合件的生产批量：单件小批量生产时，孔往往接近下极限尺寸，轴往往接近上极限尺寸，造成孔轴配合偏紧，因此间隙应适当放大些。

④ 应尽量优先采用优先配合，其次采用常用配合。参见表2-2-43、表2-2-44。

为了满足配合的特殊需要，允许采用任一孔、轴公差带组合的配合。

对于尺寸较大（大于500mm）、公差等级较高的单件或小批量生产的配合件，应尽量采用互换性生产，当用普通方法难以达到精度要求时，可采用配制配合（GB/T 1801—2009）。

⑤ 形状公差、位置公差和表面粗糙度对配合性质的影响。

⑥ 选择过盈配合时，由于过盈量的大小对配合性质的影响比间隙更为敏感，因此，要综合考虑更多因素，如配合件的直径、长度、工件材料的力学特性、表面粗糙度、形位公差、配合后产生的应力和夹紧力，以及所需的装配力和装配方法等。可参考表2-2-9。

表2-2-9　间隙或过盈修正表

工作情况	过盈应增或减	间隙应增或减	工作情况	过盈应增或减	间隙应增或减
材料许用应力小	减	—	旋转速度较高	增	增
经常拆卸	减	—	有轴向运动	—	增
有冲击负荷	增	减	润滑油黏度较大	—	增
工作时孔的温度高于轴的温度	增	减	表面粗糙度较高	增	减
工作时孔的温度低于轴的温度	减	增	装配精度较高	减	减
配合长度较大	减	增	孔的材料线胀系数大于轴的材料	增	减
零件形状误差较大	减	增	孔的材料线胀系数小于轴的材料	减	增
装配时可能歪斜	减	增	单件小批生产	减	增

2.4 配合特性及基本偏差的应用

表2-2-10　轴的各种基本偏差的应用说明

配合	基本偏差	配合特性及应用
间隙配合	a、b	可得到特别大的间隙，应用很少
	c	可得到很大的间隙，一般适用于缓慢、松弛的间隙配合。用于工作条件较差（如农业机械），受力变形，或为了便于装配，而必须保证有较大的间隙时，推荐配合为H11/c11。其较高等级的配合，如H8/c7适用于轴在高温下工作的紧密动配合，如内燃机排气阀和导管

续表

配合	基本偏差	配合特性及应用
间隙配合	d	配合一般用于IT7~11级，适用于松的转动配合，如密封盖、滑轮、空转带轮等与轴的配合。也适用于大直径滑动轴承配合，如透平机、球磨机、轧滚成形和重型弯曲机，及其他重型机械中的一些滑动支承
	e	多用于IT7~9级，通常适用于要求有明显间隙，易于转动的支承配合，如大跨距支承、多支点支承等配合。高等级的e轴适用于大、高速、重载支承，如蜗轮发电机、大电动机的支承及内燃机主要轴承、凸轮轴支承、摇臂支承等配合
	f	多用于IT6~8级的一般转动配合。当温度影响不大时，被广泛用于普通润滑油（或润滑脂）润滑的支承，如齿轮箱、小电动机、泵等的转轴与滑动支承的配合
	g	配合间隙很小，制造成本高，除很轻载荷的精密装置外，不推荐用于转动配合。多用于IT5~7级，最适合不回转的精密滑动配合，也用于插销等定位配合，如精密连杆轴承、活塞及滑阀、连杆销等
	h	多用于IT4~11级。广泛用于无相对转动的零件，作为一般的定位配合。若没有温度、变形影响，也用于精密滑动配合
过渡配合	js	为完全对称偏差（±IT/2），平均为稍有间隙的配合，多用于IT4~7级，要求间隙比h轴小，并允许略有过盈的定位配合，如联轴器，可用手或木锤装配
	k	平均为没有间隙的配合，适用于IT4~7级。推荐用于稍有过盈的定位配合，如为了消除振动用的定位配合，一般用木锤装配
	m	平均为具有不大过盈的过渡配合，适用于IT4~7级，一般可用木锤装配，但在最大过盈时，要求相当的压入力
	n	平均过盈比m轴稍大，很少得到间隙，适用于IT4~7级，用锤或压力机装配，通常推荐用于紧密的组件配合。H6/n5配合时为过盈配合
过盈配合	p	与H6或H7孔配合时为过盈配合，与H8孔配合时则为过渡配合。对非铁类零件，为较轻的压入配合，当需要时易于拆卸。对钢、铸铁或铜、钢组件装配是标准压入配合
	r	对铁类零件为中等打入装配，对非铁类零件，为轻打入装配，当需要时可以拆卸。与H8孔配合，直径在100mm以上时为过盈配合，直径小时为过渡配合
	s	用于钢和铁制零件的永久性和半永久性装配，可产生相当大的结合力。当用弹性材料，如轻合金时，配合性质与铁类零件的p轴相当，如套环压装在轴上、阀座等配合。尺寸较大时，为了避免损伤配合表面，需用热胀或冷缩法装配
	t、u、v、x、y、z	过盈量依次增大，除u外一般不推荐使用

表 2-2-11　常用优先配合特性及选用举例

配合方式 基孔	配合方式 基轴	装配方法	配合特性及使用条件		应用举例	
$\frac{H7}{z6}$		温差法	特重型压入配合	用于承受很大的转矩或变载、冲击、振动载荷处，配合处不加紧固件，材料的许用应力要求很大	中、小型交流电机轴壳上绝缘体和接触环，柴油机传动轴壳体和分电器衬套	H7/u6 图1
$\frac{H7}{y6}$					小轴肩和环	
$\frac{H7}{x6}$					钢和轻合金或塑料等不同材料的配合，如柴油机销轴与壳体、汽缸盖与进气门座等的配合	
$\frac{H7}{v6}$					柴油机销轴与壳体，连杆孔和衬套外径等配合	

续表

配合方式 基孔	配合方式 基轴	装配方法	配合特性及使用条件		应用举例
$\frac{H7}{v6}$		压力机或温差	重型压入配合	用于传递较大转矩，配合处不加紧固件即可得到十分牢固的连接。材料的许用应力要求较大	车轮轮箍与轮芯，联轴器与轴，轧钢设备中的辊子与心轴(图1)，拖拉机活塞销和活塞，船舵尾轴和衬套等的配合
$\frac{H7}{u6}$	$\frac{U7}{h6}$				
$\frac{H8}{u7}$					蜗轮青铜轮缘与钢轮心，安全联轴器销轴与套，螺纹车床蜗杆轴衬和箱体孔等的配合
$\frac{H6}{t5}$	$\frac{T6}{h5}$		中型压入配合	不加紧固件可传递较小的转矩，当材料强度不够时，可用来代替重型压入配合，但需加紧固件	齿轮孔和轴的配合
$\frac{H7}{t6}$ $\frac{H8}{t7}$	$\frac{T7}{h6}$				联轴器与轴，含油轴承和轴承座，农业机械中曲柄盘与销轴等配合
$\frac{H6}{s5}$	$\frac{S6}{h5}$				柴油机连杆衬套和轴瓦，主轴承孔和主轴瓦等的配合
$\frac{H7}{s6}$	$\frac{S7}{h6}$				减速器中轴与蜗轮，空压机连杆头与衬套，辊道辊子和轴，大型减速器低速齿轮与轴的配合
$\frac{H8}{s7}$					青铜轮缘与轮心(图2)，轴衬与轴承座，空气钻外壳盖与套筒，安全联轴器销钉和套，压气机活塞销和汽缸(图3)，拖拉机齿轮泵小齿轮和轴等的配合
$\frac{H7}{r6}$	$\frac{R7}{h6}$		轻型压入配合	用于不拆卸的轻型过盈连接，不依靠配合过盈量传递摩擦载荷，传递转矩时要增加紧固件，以及用于以高的定位精度达到部件的刚性及对中性要求	重载齿轮与轴，车床齿轮箱中齿轮与衬套，蜗轮青铜轮缘与轮心(图4)，轴和联轴器，可换铰套与铰模板等的配合
$\frac{H6}{p5}$ $\frac{H7}{p6}$	$\frac{P6}{h5}$ $\frac{P7}{h6}$				冲击振动的重载荷齿轮和轴，压缩机十字销轴和连杆衬套，柴油机缸体上口和主轴瓦，凸轮孔和凸轮轴等的配合

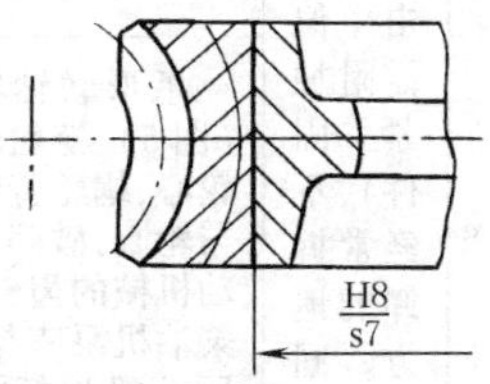

$\frac{H8}{s7}$

图2

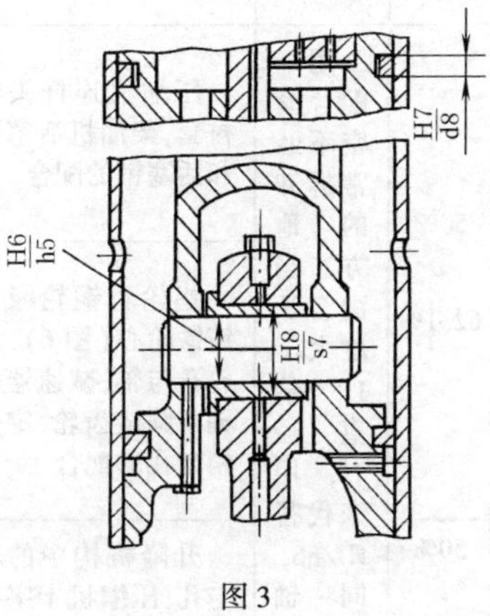

$\frac{H7}{d8}$ $\frac{H6}{h5}$ $\frac{H8}{s7}$

图3

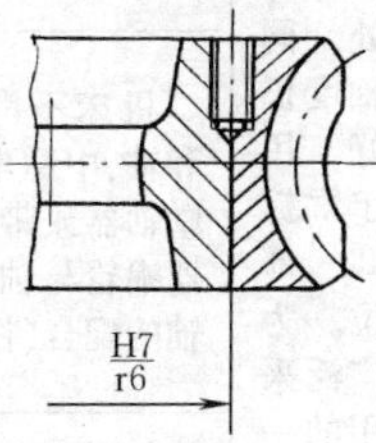

$\frac{H7}{r6}$

图4

续表

配合方式 基孔	基轴	装配方法	配合特性及使用条件		应用举例	
$\frac{H8}{p7}$		压力机压入	过盈概率 66.8%~93.6%	用于可承受很大转矩、振动及冲击(但需附加紧固件),不经常拆卸的地方。同轴度及配合紧密性较好	升降机用蜗轮或带轮的轮缘和轮心,链轮轮缘和轮心,高压循环泵缸和套等的配合	
$\frac{H6}{n5}$	$\frac{N6}{h5}$		80%		可换铰套与铰模板,增压器主轴和衬套等的配合	
$\frac{H7}{n6}$	$\frac{N7}{h6}$		77.7%~82.4%		爪形联轴器与轴(图5),链轮轮缘与轮心,蜗轮青铜轮缘与轮心,破碎机等振动机械的齿轮和轴,柴油机泵座与泵缸,压缩机连杆衬套和曲轴衬套,圆柱销与销孔的配合	$\frac{H7}{n6}$ 图5
$\frac{H8}{n7}$	$\frac{N8}{h7}$		58.3%~67.6%		安全联轴器销钉和套,高压泵缸和缸套,拖拉机活塞销和活塞毂等的配合	
$\frac{H6}{m5}$	$\frac{M6}{h5}$	铜锤打入	50%~62.1%	用于配合紧密不经常拆卸的地方。当配合长度大于1.5倍直径时,用来代替H7/n6,同轴度好	压缩机连杆头与衬套,柴油机活塞孔和活塞销的配合	
$\frac{H7}{m6}$	$\frac{M7}{h6}$				蜗轮青铜轮缘与铸铁轮心(图6),齿轮孔与轴,减速器的轴与圆链齿轮,定位销与孔的配合	$\frac{H7}{m6}$ 图6
$\frac{H8}{m7}$	$\frac{M8}{h7}$		50%~56%		升降机构中的轴与孔,压缩机十字销轴与座的配合	
$\frac{H6}{k5}$	$\frac{K6}{h5}$	手锤打入	46.2%~49.1%	用于受不大的冲击载荷处,同轴度仍好,用于常拆卸部位。为广泛采用的一种过渡配合	精密螺纹车床床头箱体孔和主轴前轴承外圈的配合	
$\frac{H7}{k6}$	$\frac{K7}{h6}$		41.7%~45%		机床不滑动齿轮和轴,中型电机轴与联轴器或带轮,减速器蜗轮与轴,齿轮和轴的配合(图7)	n6—重载,有冲击振动的载荷 m6—中等载荷,具有冲击的变载荷 k6—中等载荷 js6—轻载荷,不太重要的地方 $\frac{H7}{d11}$ $\frac{H7}{n6(k6,m6,js6)}$ 图7
$\frac{H8}{k7}$	$\frac{K8}{h7}$		41.7%~54.2%		压缩机连杆孔与十字头销,循环泵活塞与活塞杆	

续表

配合方式		装配方法	配合特性及使用条件		应用举例
基孔	基轴				
H6/js5	JS6/h5	手锤或木锤装卸	19.2% ~ 21.1%	用于频繁拆卸、同轴度要求不高的地方，是最松的一种过渡配合，大部分都将得到间隙	木工机械中轴与轴承的配合
H7/js6	JS7/h6		18.8% ~ 20%		机床变速箱中齿轮和轴，精密仪表中轴和轴承，增压器衬套间的配合
H8/js7	JS8/h7		17.4% ~ 20.8%		机床变速箱中齿轮和轴，轴端可卸下的带轮和手轮，电机机座与端盖等的配合
H6/h5	H6/h5	加油后用手旋进	配合间隙较小，能较好地对准中心，一般多用于常拆卸或在调整时需移动或转动的连接处，或工作时滑移较慢并要求较好的导向精度的地方，和对同轴度有一定要求，通过紧固件传递转矩的固定连接处		剃齿机主轴与剃刀衬套，车床尾座体与套筒，高精度分度盘轴与孔，光学仪器中变焦距系统的孔轴配合
H7/h6 H8/h7	H7/h6 H8/h7				机床变速箱的滑移齿轮和轴，离合器与轴，滚动轴承座与箱体(图8)，风动工具活塞与缸体，往复运动的精导向的压缩机连杆孔和十字头(图10)，定心的凸缘与孔的配合(图9)，橡胶滚筒密封轴上滚动轴承座与筒体的配合(图11)
H8/h8 H9/h9	H8/h8 H9/h9		间隙定位配合，适用于同轴度要求较低、工作时一般无相对运动的配合及负载不大、无振动、拆卸方便、加键可传递转矩的情况		剖分式滑动轴承壳与轴瓦，电动机座上口与端盖，连杆螺栓与连杆头(图12)，安全销钉与套，一般齿轮与轴，带轮与轴，离合器与轴，操纵件与轴，拨叉与导向轴，滑块与导向轴，减速器油尺与箱体孔，螺旋搅拌器叶轮与轴的配合(图13)

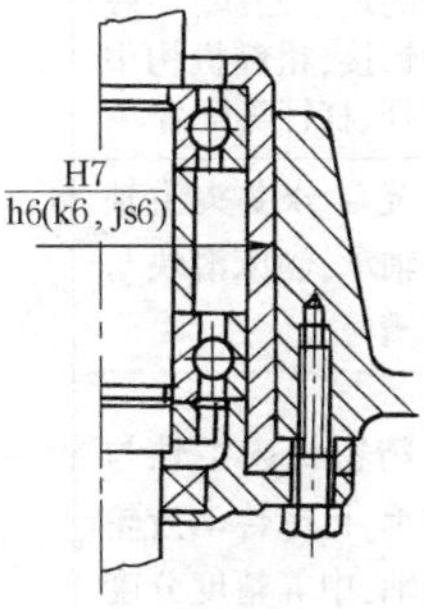

图8

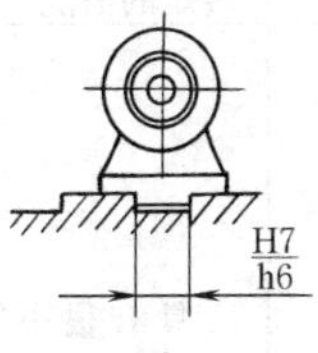

图9

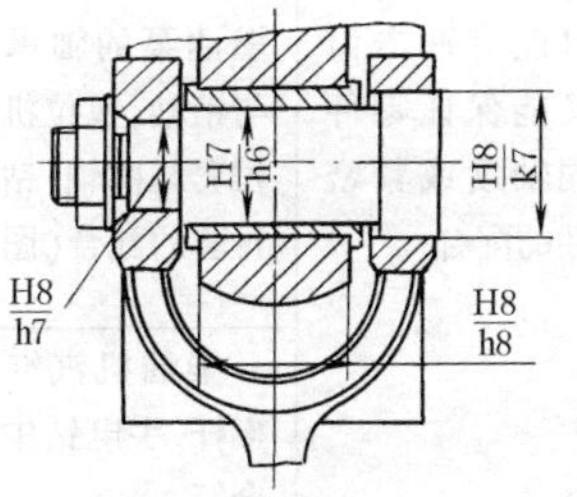

图10

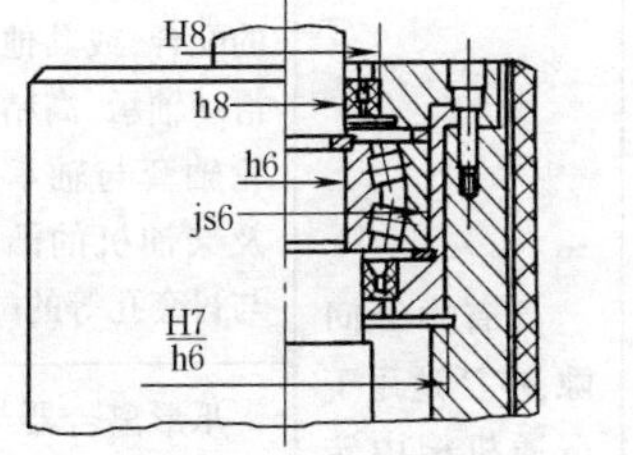

图11

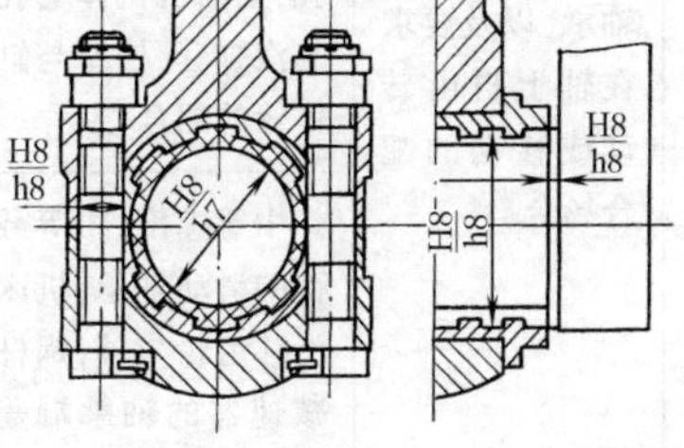

图12

续表

配合方式 基孔	配合方式 基轴	装配方法	配合特性及使用条件	应用举例
$\frac{H10}{h10}$ $\frac{H11}{h11}$	$\frac{H10}{h10}$ $\frac{H11}{h11}$	加油后用手旋进	间隙定位配合，适用于同轴度要求较低、工作时一般无相对运动的配合及负载不大、无振动、拆卸方便、加键可传递转矩的情况	起重机链轮与轴（图 14），对开轴瓦与轴承座两侧的配合（图 15），连接端盖的定心凸缘，一般的铰接，粗糙机构中拉杆、杠杆等配合
$\frac{H6}{g5}$	$\frac{G6}{h5}$	手旋进	具有很小间隙，适用于有一定相对运动、运动速度不高并且精密定位的配合，以及运动可能有冲击但又能保证零件同轴度或紧密性的配合	光学分度头主轴与轴承，刨床滑块与滑槽
$\frac{H7}{g6}$	$\frac{G7}{h6}$			精密机床主轴与轴承，机床传动齿轮与轴，中等精度分度头主轴与轴套，矩形花键定心直径，可换钻套与钻模板，柱塞燃油泵的轴承壳体与销轴，拖拉机连杆衬套与曲轴，钻套与衬套的配合（图 16）
$\frac{H8}{g7}$				柴油机汽缸体与挺杆，手电钻中的配合等
$\frac{H6}{f5}$	$\frac{F6}{h5}$	手推滑进	具有中等间隙，广泛适用于普通机械中转速不大、用普通润滑油或润滑脂润滑的滑动轴承，以及要求在轴上自由转动或移动的配合场合	精密机床中变速箱、进给箱的转动件的配合，或其他重要滑动轴承、高精度齿轮轴套与轴承衬套及柴油机的凸轮轴与衬套孔等的配合
$\frac{H7}{f6}$	$\frac{F7}{h6}$			爪形离合器与轴，机床中一般轴与滑动轴承，机床夹具，钻模、镗模的导套孔，柴油机机体套孔与汽缸套，柱塞与缸体等的配合
$\frac{H8}{f7}$	$\frac{F8}{h7}$			中等速度、中等载荷的滑动轴承，机床滑移齿轮与轴，蜗杆减速器的轴承端盖与孔，离合器活动爪与轴，齿轮轴套与套（图 17）

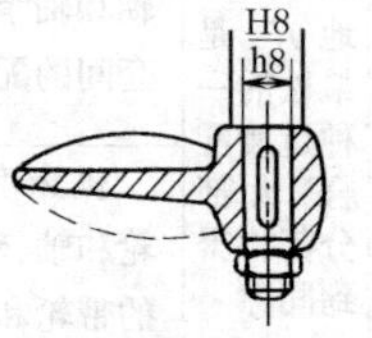

图 13

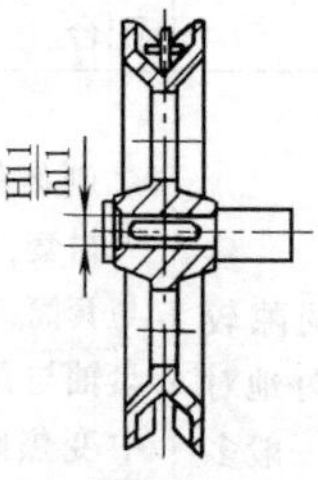

图 14

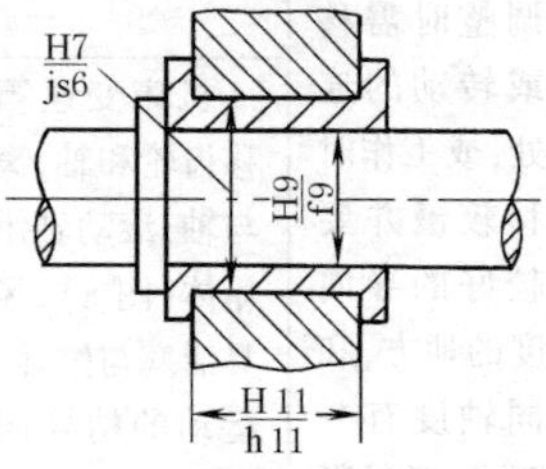

图 15

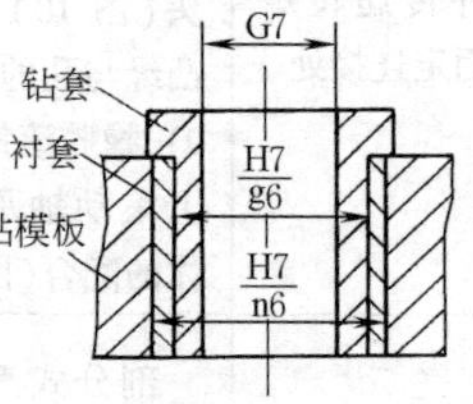

图 16

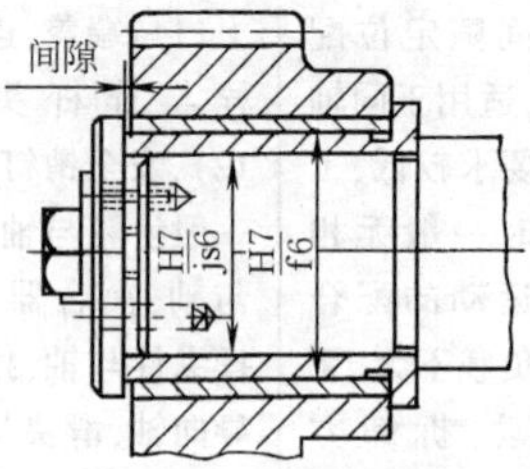

图 17

续表

配合方式		装配方法	配合特性及使用条件	应用举例
基孔	基轴			
$\frac{H8}{f8}$	$\frac{F8}{h8}$	手推滑进	配合间隙较大,能保证良好润滑,允许在工作中发热,故可用于高转速或大跨度或多支点的轴和轴承以及精度低、同轴度要求不高的在轴上转动的零件与轴的配合	滑块与导向槽,控制机构中的一般轴和孔,支承跨距较大或多支承的传动轴和轴承的配合
$\frac{H9}{f9}$	$\frac{F9}{h9}$			安全联轴器轮毂与套,低精度含油轴承与轴,球体滑动轴承与轴承座及轴,链条张紧轮或皮带导轮与轴,柴油机活塞环与环槽宽等的配合
$\frac{H8}{e7}$	$\frac{E8}{h7}$	手轻推进	配合间隙较大,适用于高转速、载荷不大、方向不变的轴与轴承的配合,或虽是中等转速,但轴跨度长或三个以上支点的轴与轴承的配合	汽轮发电机、大电动机的高速轴与滑动轴承,风扇电机的销轴与衬套
$\frac{H8}{e8}$	$\frac{E8}{h8}$			外圆磨床的主轴与轴承,汽轮发电机轴与轴承,柴油机的凸轮轴与轴承,船用链轮轴及中、小型电机轴与轴承,手表中的分轮、时轮轮片与轴套的配合
$\frac{H9}{e9}$	$\frac{E9}{h9}$		用于精度不高且有较松间隙的转动配合	粗糙机构中衬套与轴承圈,含油轴承与座的配合
$\frac{H8}{d8}$	$\frac{D8}{h8}$		配合间隙比较大,用于精度不高、高速及负载不高的配合或高温条件下的转动配合,以及由于装配精度不高而引起偏斜的连接	机车车辆轴承,缝纫机梭摆与梭床,空压机活塞环与环槽宽度的配合
$\frac{H9}{d9}$	$\frac{D9}{h9}$			通用机械中的平键连接,柴油机活塞环与环槽宽,空压机活塞与压杆(图18)、印染机械中汽缸活塞密封环,热工仪表中精度较低的轴与孔,滑动轴承及较松的带轮与轴的配合
$\frac{H11}{c11}$	$\frac{C11}{h11}$		间隙非常大,用于转动很慢、很松的配合;用于大公差与大间隙的外露组件;要求装配方便的很松的配合	起重机吊钩(图19),带榫槽法兰与槽的外径配合(图20),农业机械中粗加工或不加工的轴与轴承等的配合

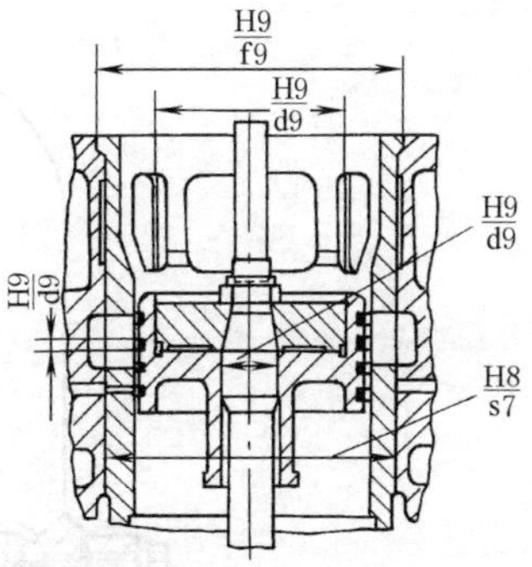

图 18

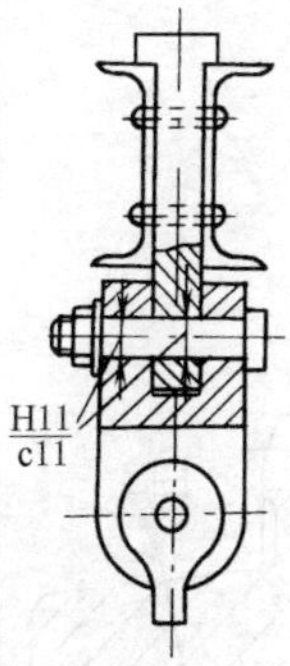

图 19

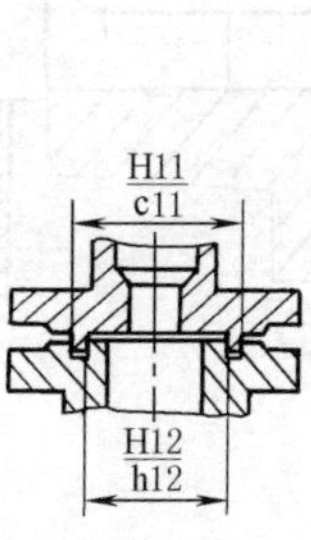

图 20

2.5 应用示例

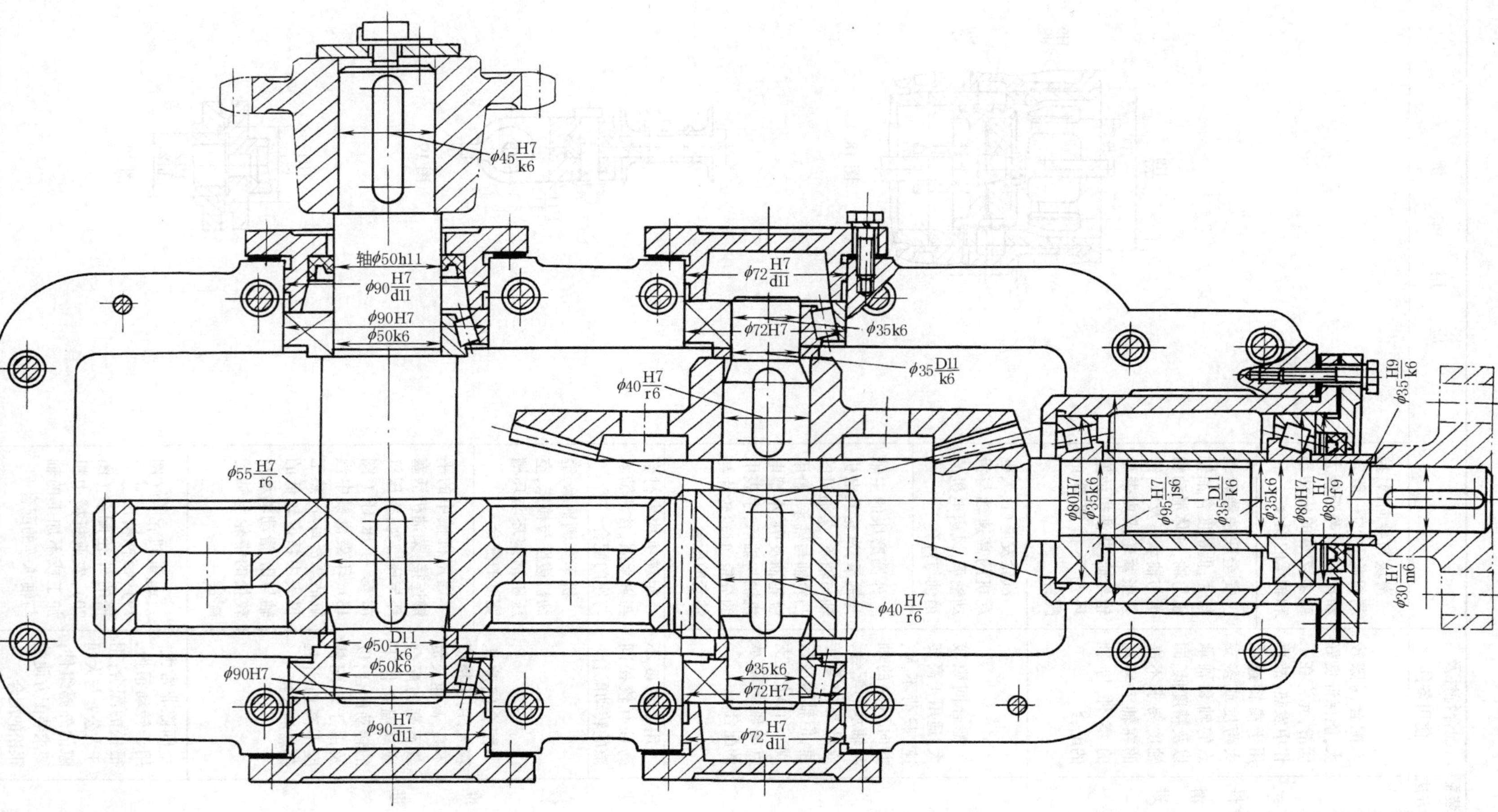

图 2-2-8　公差与配合选择示例

2.6 孔与轴的极限偏差数值(摘自 GB/T 1800.2—2009)

表 2-2-12 **孔 A、B 和 C 的极限偏差** μm

公称尺寸/mm		A					B						C					
大于	至	9	10	11	12	13	8	9	10	11	12	13	8	9	10	11	12	13
—	3	+295	+310	+330	+370	+410	+154	+165	+180	+200	+240	+280	+74	+85	+100	+120	+160	+200
		+270	+270	+270	+270	+270	+140	+140	+140	+140	+140	+140	+60	+60	+60	+60	+60	+60
3	6	+300	+318	+345	+390	+450	+158	+170	+188	+215	+260	+320	+88	+100	+118	+145	+190	+250
		+270	+270	+270	+270	+270	+140	+140	+140	+140	+140	+140	+70	+70	+70	+70	+70	+70
6	10	+316	+338	+370	+430	+500	+172	+186	+208	+240	+300	+370	+102	+116	+138	+170	+230	+300
		+280	+280	+280	+280	+280	+150	+150	+150	+150	+150	+150	+80	+80	+80	+80	+80	+80
10	18	+333	+360	+400	+470	+560	+177	+193	+220	+260	+330	+420	+122	+138	+165	+205	+275	+365
		+290	+290	+290	+290	+290	+150	+150	+150	+150	+150	+150	+95	+95	+95	+95	+95	+95
18	30	+352	+384	+430	+510	+630	+193	+212	+244	+290	+370	+490	+143	+162	+194	+240	+320	+440
		+300	+300	+300	+300	+300	+160	+160	+160	+160	+160	+160	+110	+110	+110	+110	+110	+110
30	40	+372	+410	+470	+560	+700	+209	+232	+270	+330	+420	+560	+159	+182	+220	+280	+370	+510
		+310	+310	+310	+310	+310	+170	+170	+170	+170	+170	+170	+120	+120	+120	+120	+120	+120
40	50	+382	+420	+480	+570	+710	+219	+242	+280	+340	+430	+570	+169	+192	+230	+290	+380	+520
		+320	+320	+320	+320	+320	+180	+180	+180	+180	+180	+180	+130	+130	+130	+130	+130	+130
50	65	+414	+460	+530	+640	+800	+236	+264	+310	+380	+490	+650	+186	+214	+260	+330	+440	+600
		+340	+340	+340	+340	+340	+190	+190	+190	+190	+190	+190	+140	+140	+140	+140	+140	+140
65	80	+434	+480	+550	+660	+820	+246	+274	+320	+390	+500	+660	+196	+224	+270	+340	+450	+610
		+360	+360	+360	+360	+360	+200	+200	+200	+200	+200	+200	+150	+150	+150	+150	+150	+150
80	100	+467	+520	+600	+730	+920	+274	+307	+360	+440	+570	+760	+224	+257	+310	+390	+520	+710
		+380	+380	+380	+380	+380	+220	+220	+220	+220	+220	+220	+170	+170	+170	+170	+170	+170
100	120	+497	+550	+630	+760	+950	+294	+327	+380	+460	+590	+780	+234	+267	+320	+400	+530	+720
		+410	+410	+410	+410	+410	+240	+240	+240	+240	+240	+240	+180	+180	+180	+180	+180	+180
120	140	+560	+620	+710	+860	+1090	+323	+360	+420	+510	+660	+890	+263	+300	+360	+450	+600	+830
		+460	+460	+460	+460	+460	+260	+260	+260	+260	+260	+260	+200	+200	+200	+200	+200	+200
140	160	+620	+680	+770	+920	+1150	+343	+380	+440	+530	+680	+910	+273	+310	+370	+460	+610	+840
		+520	+520	+520	+520	+520	+280	+280	+280	+280	+280	+280	+210	+210	+210	+210	+210	+210
160	180	+680	+740	+830	+980	+1210	+373	+410	+470	+560	+710	+940	+293	+330	+390	+480	+630	+860
		+580	+580	+580	+580	+580	+310	+310	+310	+310	+310	+310	+230	+230	+230	+230	+230	+230
180	200	+775	+845	+950	+1120	+1380	+412	+455	+525	+630	+800	+1060	+312	+355	+425	+530	+700	+960
		+660	+660	+660	+660	+660	+340	+340	+340	+340	+340	+340	+240	+240	+240	+240	+240	+240
200	225	+855	+925	+1030	+1200	+1460	+452	+495	+565	+670	+840	+1100	+332	+375	+445	+550	+720	+980
		+740	+740	+740	+740	+740	+380	+380	+380	+380	+380	+380	+260	+260	+260	+260	+260	+260
225	250	+935	+1005	+1110	+1280	+1540	+492	+535	+605	+710	+880	+1140	+352	+395	+465	+570	+740	+1000
		+820	+820	+820	+820	+820	+420	+420	+420	+420	+420	+420	+280	+280	+280	+280	+280	+280
250	280	+1050	+1130	+1240	+1440	+1730	+561	+610	+690	+800	+1000	+1290	+381	+430	+510	+620	+820	+1110
		+920	+920	+920	+920	+920	+480	+480	+480	+480	+480	+480	+300	+300	+300	+300	+300	+300
280	315	+1180	+1260	+1370	+1570	+1860	+621	+670	+750	+860	+1060	+1350	+411	+460	+540	+650	+850	+1140
		+1050	+1050	+1050	+1050	+1050	+540	+540	+540	+540	+540	+540	+330	+330	+330	+330	+330	+330
315	355	+1340	+1430	+1560	+1770	+2000	+689	+740	+830	+960	+1170	+1490	+449	+500	+590	+720	+930	+1250
		+1200	+1200	+1200	+1200	+1200	+600	+600	+600	+600	+600	+600	+360	+360	+360	+360	+360	+360
355	400	+1490	+1580	+1710	+1920	+2240	+769	+820	+910	+1040	+1250	+1570	+489	+540	+630	+760	+970	+1290
		+1350	+1350	+1350	+1350	+1350	+680	+680	+680	+680	+680	+680	+400	+400	+400	+400	+400	+400
400	450	+1655	+1750	+1900	+2130	+2470	+857	+915	+1010	+1160	+1390	+1730	+537	+595	+690	+840	+1070	+1410
		+1500	+1500	+1500	+1500	+1500	+760	+760	+760	+760	+760	+760	+440	+440	+440	+440	+440	+440
450	500	+1805	+1900	+2050	+2280	+2620	+937	+995	+1090	+1240	+1470	+1810	+577	+635	+730	+880	+1110	+1450
		+1650	+1650	+1650	+1650	+1650	+840	+840	+840	+840	+840	+840	+480	+480	+480	+480	+480	+480

注：公称尺寸小于 1mm 时，各级的 A 和 B 均不采用。

表 2-2-13　孔 CD、D 和 E 的极限偏差　μm

公称尺寸/mm		CD					D								E					
大于	至	6	7	8	9	10	6	7	8	9	10	11	12	13	5	6	7	8	9	10
—	3	+40 +34	+44 +34	+48 +34	+59 +34	+74 +34	+26 +20	+30 +20	+34 +20	+45 +20	+60 +20	+80 +20	+120 +20	+160 +20	+18 +14	+20 +14	+24 +14	+28 +14	+39 +14	+54 +14
3	6	+54 +46	+58 +46	+64 +46	+76 +46	+94 +46	+38 +30	+42 +30	+48 +30	+60 +30	+78 +30	+105 +30	+150 +30	+210 +30	+25 +20	+28 +20	+32 +20	+38 +20	+50 +20	+68 +20
6	10	+65 +56	+71 +56	+78 +56	+92 +56	+114 +56	+49 +40	+55 +40	+62 +40	+76 +40	+98 +40	+130 +40	+190 +40	+260 +40	+31 +25	+34 +25	+40 +25	+47 +25	+61 +25	+83 +25
10	18						+61 +50	+68 +50	+77 +50	+93 +50	+120 +50	+160 +50	+230 +50	+320 +50	+40 +32	+43 +32	+50 +32	+59 +32	+75 +32	+102 +32
18	30						+78 +65	+86 +65	+98 +65	+117 +65	+149 +65	+195 +65	+275 +65	+395 +65	+49 +40	+53 +40	+61 +40	+73 +40	+92 +40	+124 +40
30	50						+96 +80	+105 +80	+119 +80	+142 +80	+180 +80	+240 +80	+330 +80	+470 +80	+61 +50	+66 +50	+75 +50	+89 +50	+112 +50	+150 +50
50	80						+119 +100	+130 +100	+146 +100	+174 +100	+220 +100	+290 +100	+400 +100	+560 +100	+73 +60	+79 +60	+90 +60	+106 +60	+134 +60	+180 +60
80	120						+142 +120	+155 +120	+174 +120	+207 +120	+260 +120	+340 +120	+470 +120	+660 +120	+87 +72	+94 +72	+107 +72	+125 +72	+159 +72	+212 +72
120	180						+170 +145	+185 +145	+208 +145	+245 +145	+305 +145	+395 +145	+545 +145	+775 +145	+103 +85	+110 +85	+125 +85	+148 +85	+185 +85	+245 +85
180	250						+199 +170	+216 +170	+242 +170	+285 +170	+355 +170	+460 +170	+630 +170	+890 +170	+120 +100	+129 +100	+146 +100	+172 +100	+215 +100	+285 +100

续表

公称尺寸/mm		CD					D								E					
大于	至	6	7	8	9	10	6	7	8	9	10	11	12	13	5	6	7	8	9	10
250	315						+222 +190	+242 +190	+271 +190	+320 +190	+400 +190	+510 +190	+710 +190	+1000 +190	+133 +110	+142 +110	+162 +110	+191 +110	+240 +110	+320 +110
315	400						+246 +210	+267 +210	+299 +210	+350 +210	+440 +210	+570 +210	+780 +210	+1100 +210	+150 +125	+161 +125	+182 +125	+214 +125	+265 +125	+355 +125
400	500						+270 +230	+293 +230	+327 +230	+385 +230	+480 +230	+630 +230	+860 +230	+1200 +230	+162 +135	+175 +135	+198 +135	+232 +135	+290 +135	+385 +135
500	630						+304 +260	+330 +260	+370 +260	+435 +260	+540 +260	+700 +260	+960 +260	+1360 +260		+189 +145	+215 +145	+255 +145	+320 +145	+425 +145
630	800						+340 +290	+370 +290	+415 +290	+490 +290	+610 +290	+790 +290	+1090 +290	+1540 +290		+210 +160	+240 +160	+285 +160	+360 +160	+480 +160
800	1000						+376 +320	+410 +320	+460 +320	+550 +320	+680 +320	+880 +320	+1220 +320	+1720 +320		+226 +170	+260 +170	+310 +170	+400 +170	+530 +170
1000	1250						+416 +350	+455 +350	+515 +350	+610 +350	+770 +350	+1010 +350	+1400 +350	+2000 +350		+261 +195	+300 +195	+360 +195	+455 +195	+615 +195
1250	1600						+468 +390	+515 +390	+585 +390	+700 +390	+890 +390	+1170 +390	+1640 +390	+2340 +390		+298 +220	+345 +220	+415 +220	+530 +220	+720 +220
1600	2000						+522 +430	+580 +430	+660 +430	+800 +430	+1030 +430	+1350 +430	+1930 +430	+2730 +430		+332 +240	+390 +240	+470 +240	+610 +240	+840 +240
2000	2500						+590 +480	+655 +480	+760 +480	+920 +480	+1180 +480	+1580 +480	+2230 +480	+3280 +480		+370 +260	+435 +260	+540 +260	+700 +260	+960 +260
2500	3150						+655 +520	+730 +520	+850 +520	+1060 +520	+1380 +520	+1870 +520	+2620 +520	+3820 +520		+425 +290	+500 +290	+620 +290	+830 +290	+1150 +290

注：各级的 CD 主要用于精密机械和钟表制造业。

表 2-2-14　　孔 EF 和 F 的极限偏差　　μm

公称尺寸/mm		EF								F							
大于	至	3	4	5	6	7	8	9	10	3	4	5	6	7	8	9	10
—	3	+12 +10	+13 +10	+14 +10	+16 +10	+20 +10	+24 +10	+35 +10	+50 +10	+8 +6	+9 +6	+10 +6	+12 +6	+16 +6	+20 +6	+31 +6	+46 +6
3	6	+16.5 +14	+18 +14	+19 +14	+22 +14	+26 +14	+32 +14	+44 +14	+62 +14	+12.5 +10	+14 +10	+15 +10	+18 +10	+22 +10	+28 +10	+40 +10	+58 +10
6	10	+20.5 +18	+22 +18	+24 +18	+27 +18	+33 +18	+40 +18	+54 +18	+76 +18	+15.5 +13	+17 +13	+19 +13	+22 +13	+28 +13	+35 +13	+49 +13	+71 +13
10	18									+19 +16	+21 +16	+24 +16	+27 +16	+34 +16	+43 +16	+59 +16	+86 +16
18	30									+24 +20	+26 +20	+29 +20	+33 +20	+41 +20	+53 +20	+72 +20	+104 +20
30	50									+29 +25	+32 +25	+36 +25	+41 +25	+50 +25	+64 +25	+87 +25	+125 +25
50	80											+43 +30	+49 +30	+60 +30	+76 +30	+104 +30	
80	120											+51 +36	+58 +36	+71 +36	+90 +36	+123 +36	
120	180											+61 +43	+68 +43	+83 +43	+106 +43	+143 +43	
180	250											+70 +50	+79 +50	+96 +50	+122 +50	+165 +50	
250	315											+79 +56	+88 +56	+108 +56	+137 +56	+186 +56	
315	400											+87 +62	+98 +62	+119 +62	+151 +62	+202 +62	
400	500											+95 +68	+108 +68	+131 +68	+165 +68	+223 +68	
500	630												+120 +76	+146 +76	+186 +76	+251 +76	
630	800												+130 +80	+160 +80	+205 +80	+280 +80	
800	1000												+142 +86	+176 +86	+226 +86	+316 +86	
1000	1250												+164 +98	+203 +98	+263 +98	+358 +98	
1250	1600												+188 +110	+235 +110	+305 +110	+420 +110	
1600	2000												+212 +120	+270 +120	+350 +120	+490 +120	
2000	2500												+240 +130	+305 +130	+410 +130	+570 +130	
2500	3150												+280 +145	+355 +145	+475 +145	+685 +145	

注：各级的 EF 主要用于精密机械和钟表制造业。

表 2-2-15　　孔 FG 和 G 的极限偏差　　μm

公称尺寸/mm		FG								G							
大于	至	3	4	5	6	7	8	9	10	3	4	5	6	7	8	9	10
—	3	+6 +4	+7 +4	+8 +4	+10 +4	+14 +4	+18 +4	+29 +4	+44 +4	+4 +2	+5 +2	+6 +2	+8 +2	+12 +2	+16 +2	+27 +2	+42 +2
3	6	+8.5 +6	+10 +6	+11 +6	+14 +6	+18 +6	+24 +6	+36 +6	+54 +6	+6.5 +4	+8 +4	+9 +4	+12 +4	+16 +4	+22 +4	+34 +4	+52 +4
6	10	+10.5 +8	+12 +8	+14 +8	+17 +8	+23 +8	+30 +8	+44 +8	+66 +8	+7.5 +5	+9 +5	+11 +5	+14 +5	+20 +5	+27 +5	+41 +5	+63 +5
10	18									+9 +6	+11 +6	+14 +6	+17 +6	+24 +6	+33 +6	+49 +6	+76 +6
18	30									+11 +7	+13 +7	+16 +7	+20 +7	+28 +7	+40 +7	+59 +7	+91 +7
30	50									+13 +9	+16 +9	+20 +9	+25 +9	+34 +9	+48 +9	+71 +9	+109 +9
50	80											+23 +10	+29 +10	+40 +10	+56 +10		
80	120											+27 +12	+34 +12	+47 +12	+66 +12		
120	180											+32 +14	+39 +14	+54 +14	+77 +14		
180	250											+35 +15	+44 +15	+61 +15	+87 +15		
250	315											+40 +17	+49 +17	+69 +17	+98 +17		
315	400											+43 +18	+54 +18	+75 +18	+107 +18		
400	500											+47 +20	+60 +20	+83 +20	+117 +20		
500	630												+66 +22	+92 +22	+132 +22		
630	800												+74 +24	+104 +24	+149 +24		
800	1000												+82 +26	+116 +26	+166 +26		
1000	1250												+94 +28	+133 +28	+193 +28		
1250	1600												+108 +30	+155 +30	+225 +30		
1600	2000												+124 +32	+182 +32	+262 +32		
2000	2500												+144 +34	+209 +34	+314 +34		
2500	3150												+173 +38	+248 +38	+368 +38		

注：各级的 FG 主要用于精密机械和钟表制造业。

表 2-2-16　　孔 H 的极限偏差

公称尺寸/mm		H																	
		1	2	3	4	5	6	7	8	9	10	11	12	13	14	15	16	17	18
大于	至	偏差																	
		μm											mm						
—	3	+0.8 0	+1.2 0	+2 0	+3 0	+4 0	+6 0	+10 0	+14 0	+25 0	+40 0	+60 0	+0.1 0	+0.14 0	+0.25 0	+0.4 0	+0.6 0		
3	6	+1 0	+1.5 0	+2.5 0	+4 0	+5 0	+8 0	+12 0	+18 0	+30 0	+48 0	+75 0	+0.12 0	+0.18 0	+0.3 0	+0.48 0	+0.75 0	+1.2 0	+1.8 0
6	10	+1 0	+1.5 0	+2.5 0	+4 0	+6 0	+9 0	+15 0	+22 0	+36 0	+58 0	+90 0	+0.15 0	+0.22 0	+0.36 0	+0.58 0	+0.9 0	+1.5 0	+2.2 0
10	18	+1.2 0	+2 0	+3 0	+5 0	+8 0	+11 0	+18 0	+27 0	+43 0	+70 0	+110 0	+0.18 0	+0.27 0	+0.43 0	+0.7 0	+1.1 0	+1.8 0	+2.7 0
18	30	+1.5 0	+2.5 0	+4 0	+6 0	+9 0	+13 0	+21 0	+33 0	+52 0	+84 0	+130 0	+0.21 0	+0.33 0	+0.52 0	+0.84 0	+1.3 0	+2.1 0	+3.3 0
30	50	+1.5 0	+2.5 0	+4 0	+7 0	+11 0	+16 0	+25 0	+39 0	+62 0	+100 0	+160 0	+0.25 0	+0.39 0	+0.62 0	+1 0	+1.6 0	+2.5 0	+3.9 0
50	80	+2 0	+3 0	+5 0	+8 0	+13 0	+19 0	+30 0	+46 0	+74 0	+120 0	+190 0	+0.3 0	+0.46 0	+0.74 0	+1.2 0	+1.9 0	+3 0	+4.6 0
80	120	+2.5 0	+4 0	+6 0	+10 0	+15 0	+22 0	+35 0	+54 0	+87 0	+140 0	+220 0	+0.35 0	+0.54 0	+0.87 0	+1.4 0	+2.2 0	+3.5 0	+5.4 0
120	180	+3.5 0	+5 0	+8 0	+12 0	+18 0	+25 0	+40 0	+63 0	+100 0	+160 0	+250 0	+0.4 0	+0.63 0	+1 0	+1.6 0	+2.5 0	+4 0	+6.3 0
180	250	+4.5 0	+7 0	+10 0	+14 0	+20 0	+29 0	+46 0	+72 0	+115 0	+185 0	+290 0	+0.46 0	+0.72 0	+1.15 0	+1.85 0	+2.9 0	+4.6 0	+7.2 0
250	315	+6 0	+8 0	+12 0	+16 0	+23 0	+32 0	+52 0	+81 0	+130 0	+210 0	+320 0	+0.52 0	+0.81 0	+1.3 0	+2.1 0	+3.2 0	+5.2 0	+8.1 0
315	400	+7 0	+9 0	+13 0	+18 0	+25 0	+36 0	+57 0	+89 0	+140 0	+230 0	+360 0	+0.57 0	+0.89 0	+1.4 0	+2.3 0	+3.6 0	+5.7 0	+8.9 0
400	500	+8 0	+10 0	+15 0	+20 0	+27 0	+40 0	+63 0	+97 0	+155 0	+250 0	+400 0	+0.63 0	+0.97 0	+1.55 0	+2.5 0	+4 0	+6.3 0	+9.7 0
500	630	+9 0	+11 0	+16 0	+22 0	+32 0	+44 0	+70 0	+110 0	+175 0	+280 0	+440 0	+0.7 0	+1.1 0	+1.75 0	+2.8 0	+4.4 0	+7 0	+11 0
630	800	+10 0	+13 0	+18 0	+25 0	+36 0	+50 0	+80 0	+125 0	+200 0	+320 0	+500 0	+0.8 0	+1.25 0	+2 0	+3.2 0	+5 0	+8 0	+12.5 0
800	1000	+11 0	+15 0	+21 0	+28 0	+40 0	+56 0	+90 0	+140 0	+230 0	+360 0	+560 0	+0.9 0	+1.4 0	+2.3 0	+3.6 0	+5.6 0	+9 0	+14 0
1000	1250	+13 0	+18 0	+24 0	+33 0	+47 0	+66 0	+105 0	+165 0	+260 0	+420 0	+660 0	+1.05 0	+1.65 0	+2.6 0	+4.2 0	+6.6 0	+10.5 0	+16.5 0
1250	1600	+15 0	+21 0	+29 0	+39 0	+55 0	+78 0	+125 0	+195 0	+310 0	+500 0	+780 0	+1.25 0	+1.95 0	+3.1 0	+5 0	+7.8 0	+12.5 0	+19.5 0
1600	2000	+18 0	+25 0	+35 0	+46 0	+65 0	+92 0	+150 0	+230 0	+370 0	+600 0	+920 0	+1.5 0	+2.3 0	+3.7 0	+6 0	+9.2 0	+15 0	+23 0
2000	2500	+22 0	+30 0	+41 0	+55 0	+78 0	+110 0	+175 0	+280 0	+440 0	+700 0	+1100 0	+1.75 0	+2.8 0	+4.4 0	+7 0	+11 0	+17.5 0	+28 0
2500	3150	+26 0	+36 0	+50 0	+68 0	+96 0	+135 0	+210 0	+330 0	+540 0	+860 0	+1350 0	+2.1 0	+3.3 0	+5.4 0	+8.6 0	+13.5 0	+21 0	+33 0

注：1. IT14 至 IT18 只用于大于 1mm 的公称尺寸。

2. 黑框中的数值，即公称尺寸大于 500mm 至 3150mm，IT1 至 IT5 的偏差值为试用的。

表 2-2-17　　　　**孔 JS 的极限偏差**

公称尺寸/mm		JS																	
		1	2	3	4	5	6	7	8	9	10	11	12	13	14	15	16	17	18
大于	至	偏差																	
		μm											mm						
—	3	±0.4	±0.6	±1	±1.5	±2	±3	±5	±7	±12	±20	±30	±0.05	±0.07	±0.125	±0.2	±0.3		
3	6	±0.5	±0.75	±1.25	±2	±2.5	±4	±6	±9	±15	±24	±37	±0.06	±0.09	±0.15	±0.24	±0.375	±0.6	±0.9
6	10	±0.5	±0.75	±1.25	±2	±3	±4.5	±7	±11	±18	±29	±46	±0.075	±0.11	±0.18	±0.29	±0.45	±0.75	±1.1
10	18	±0.6	±1	±1.5	±2.5	±4	±5.5	±9	±13	±21	±36	±55	±0.09	±0.135	±0.215	±0.35	±0.55	±0.9	±1.35
18	30	±0.75	±1.25	±2	±3	±4.5	±6.5	±10	±16	±26	±42	±65	±0.105	±0.165	±0.26	±0.42	±0.65	±1.05	±1.65
30	50	±0.75	±1.25	±2	±3.5	±5.5	±8	±12	±19	±31	±50	±80	±0.125	±0.195	±0.31	±0.5	±0.8	±1.25	±1.95
50	80	±1	±1.5	±2.5	±4	±6.5	±9.5	±15	±23	±37	±60	±95	±0.15	±0.23	±0.37	±0.6	±0.95	±1.5	±2.3
80	120	±1.25	±2	±3	±5	±7.5	±11	±17	±27	±43	±70	±110	±0.175	±0.27	±0.435	±0.7	±1.1	±1.75	±2.7
120	180	±1.75	±2.5	±4	±6	±9	±12.5	±20	±31	±50	±80	±125	±0.2	±0.315	±0.5	±0.8	±1.25	±2	±3.15
180	250	±2.25	±3.5	±5	±7	±10	±14.5	±23	±36	±57	±92	±145	±0.23	±0.36	±0.575	±0.925	±1.45	±2.3	±3.6
250	315	±3	±4	±6	±8	±11.5	±16	±26	±40	±65	±105	±160	±0.28	±0.405	±0.65	±1.05	±1.6	±2.6	±4.05
315	400	±3.5	±4.5	±6.5	±9	±12.5	±18	±28	±44	±70	±115	±180	±0.285	±0.445	±0.7	±1.15	±1.8	±2.85	±4.45
400	500	±4	±5	±7.5	±10	±13.5	±20	±31	±48	±77	±125	±200	±0.315	±0.485	±0.775	±1.25	±2	±3.15	±4.85
500	630	±4.5	±5.5	±8	±11	±16	±22	±35	±55	±87	±140	±220	±0.35	±0.55	±0.875	±1.4	±2.2	±3.5	±5.5
630	800	±5	±6.5	±9	±12.5	±18	±25	±40	±62	±100	±160	±250	±0.4	±0.625	±1	±1.6	±2.5	±4	±6.25
800	1000	±5.5	±7.5	±10.5	±14	±20	±28	±45	±70	±115	±180	±280	±0.45	±0.7	±1.15	±1.8	±2.8	±4.5	±7
1000	1250	±6.5	±9	±12	±16.5	±23.5	±33	±52	±82	±130	±210	±330	±0.525	±0.825	±1.3	±2.1	±3.3	±5.25	±8.25
1250	1600	±7.5	±10.5	±14.5	±19.5	±27.5	±39	±62	±97	±155	±250	±390	±0.625	±0.975	±1.55	±2.5	±3.9	±6.25	±9.75
1600	2000	±9	±12.5	±17.5	±23	±32.5	±46	±75	±115	±185	±300	±460	±0.75	±1.15	±1.85	±3	±4.6	±7.5	±11.5
2000	2500	±11	±15	±20.5	±27.5	±39	±55	±87	±140	±220	±350	±550	±0.875	±1.4	±2.2	±3.5	±5.5	±8.75	±14
2500	3150	±13	±18	±25	±34	±48	±67.5	±105	±165	±270	±430	±675	±1.05	±1.65	±2.7	±4.3	±6.75	±10.5	±16.5

注：1. 为避免相同值的重复，表列值以“±×”给出，可为 ES=+×、EI=-×，例如，${}^{+0.23}_{-0.23}$mm。

2. IT14 至 IT18 只用于大于 1mm 的基本尺寸。

3. 黑框中的数值，即基本尺寸大于 500~3150mm，IT1~IT5 的偏差值为试用的。

表 2-2-18　　孔 J 和 K 的极限偏差　　μm

公称尺寸/mm		J			K							
大于	至	6	7	8	3	4	5	6	7	8	9	10
—	3	+2 −4	+4 −6	+6 −8	0 −2	0 −3	0 −4	0 −6	0 −10	0 −14	0 −25	0 −40
3	6	+5 −3	±6	+10 −8	0 −2.5	+0.5 −3.5	0 −5	+2 −6	+3 −9	+5 −13		
6	10	+5 −4	+8 −7	+12 −10	0 −2.5	+0.5 −3.5	+1 −5	+2 −7	+5 −10	+6 −16		
10	18	+6 −5	+10 −8	+15 −12	0 −3	+1 −4	+2 −6	+2 −9	+6 −12	+8 −19		
18	30	+8 −5	+12 −9	+20 −13	−0.5 −4.5	0 −6	+1 −8	+2 −11	+6 −15	+10 −23		
30	50	+10 −6	+14 −11	+24 −15	−0.5 −4.5	+1 −6	+2 −9	+3 −13	+7 −18	+12 −27		
50	80	+13 −6	+18 −12	+28 −18			+3 −10	+4 −15	+9 −21	+14 −32		
80	120	+16 −6	+22 −13	+34 −20			+2 −13	+4 −18	+10 −25	+16 −38		
120	180	+18 −7	+26 −14	+41 −22			+3 −15	+4 −21	+12 −28	+20 −43		
180	250	+22 −7	+30 −16	+47 −25			+2 −18	+5 −24	+13 −33	+22 −50		
250	315	+25 −7	+36 −16	+55 −26			+3 −20	+5 −27	+16 −36	+25 −56		
315	400	+29 −7	+39 −18	+60 −29			+3 −22	+7 −29	+17 −40	+28 −61		
400	500	+33 −7	+43 −20	+66 −31			+2 −25	+8 −32	+18 −45	+29 −68		
500	630							0 −44	0 −70	0 −110		
630	800							0 −50	0 −80	0 −125		
800	1000							0 −56	0 −90	0 −140		
1000	1250							0 −66	0 −105	0 −165		
1250	1600							0 −78	0 −125	0 −195		
1600	2000							0 −92	0 −150	0 −230		
2000	2500							0 −110	0 −175	0 −280		
2500	3150							0 −135	0 −210	0 −330		

注：1. J9、J10 等公差带对称于零线，其偏差值可见 JS9、JS10 等。

2. 公称尺寸大于 3mm 时，大于 IT8 的 K 的偏差值不作规定。

3. 公称尺寸大于 3~6mm 的 J7 的偏差值与对应尺寸段的 JS7 等值。

表 2-2-19　　孔 M 和 N 的极限偏差　　μm

公称尺寸/mm		M								N								
大于	至	3	4	5	6	7	8	9	10	3	4	5	6	7	8	9	10	11
—	3	−2 −4	−2 −5	−2 −6	−2 −8	−2 −12	−2 −16	−2 −27	−2 −42	−4 −6	−4 −7	−4 −8	−4 −10	−4 −14	−4 −18	−4 −29	−4 −44	−4 −64
3	6	−3 −5.5	−2.5 −6.5	−3 −8	−1 −9	0 −12	+2 −16	−4 −34	−4 −52	−7 −9.5	−6.5 −10.5	−7 −12	−5 −13	−4 −16	−2 −20	0 −30	0 −48	0 −75
6	10	−5 −7.5	−4.5 −8.5	−4 −10	−3 −12	0 −15	+1 −21	−6 −42	−6 −64	−9 −11.5	−8.5 −12.5	−8 −14	−7 −16	−4 −19	−3 −25	0 −36	0 −58	0 −90
10	18	−6 −9	−5 −10	−4 −12	−4 −15	0 −18	+2 −25	−7 −50	−7 −77	−11 −14	−10 −15	−9 −17	−9 −20	−5 −23	−3 −30	0 −43	0 −70	0 −110
18	30	−6.5 −10.5	−6 −12	−5 −14	−4 −17	0 −21	+4 −29	−8 −60	−8 −92	−13.5 −17.5	−13 −19	−12 −21	−11 −24	−7 −28	−3 −36	0 −52	0 −84	0 −130
30	50	−7.5 −11.5	−6 −13	−5 −16	−4 −20	0 −25	+5 −34	−9 −71	−9 −109	−15.5 −19.5	−14 −21	−13 −24	−12 −28	−8 −33	−3 −42	0 −62	0 −100	0 −160
50	80			−6 −19	−5 −24	0 −30	+5 −41					−15 −28	−14 −33	−9 −39	−4 −50	0 −74	0 −120	0 −190
80	120			−8 −23	−6 −28	0 −35	+6 −48					−18 −33	−16 −38	−10 −45	−4 −58	0 −87	0 −140	0 −220
120	180			−9 −27	−8 −33	0 −40	+8 −55					−21 −39	−20 −45	−12 −52	−4 −67	0 −100	0 −160	0 −250
180	250			−11 −31	−8 −37	0 −46	+9 −63					−25 −45	−22 −51	−14 −60	−5 −77	0 −115	0 −185	0 −290
250	315			−13 −36	−9 −41	0 −52	+9 −72					−27 −50	−25 −57	−14 −66	−5 −86	0 −130	0 −210	0 −320
315	400			−14 −39	−10 −46	0 −57	+11 −78					−30 −55	−26 −62	−16 −73	−5 −94	0 −140	0 −230	0 −360
400	500			−16 −43	−10 −50	0 −63	+11 −86					−33 −60	−27 −67	−17 −80	−6 −103	0 −155	0 −250	0 −400
500	630				−26 −70	−26 −96	−26 −136						−44 −88	−44 −114	−44 −154	−44 −219		
630	800				−30 −80	−30 −110	−30 −155						−50 −100	−50 −130	−50 −175	−50 −250		
800	1000				−34 −90	−34 −124	−34 −174						−56 −112	−56 −146	−56 −196	−56 −286		
1000	1250				−40 −106	−40 −145	−40 −205						−66 −132	−66 −171	−66 −231	−66 −326		
1250	1600				−48 −126	−48 −173	−48 −243						−78 −156	−78 −203	−78 −273	−78 −388		
1600	2000				−58 −150	−58 −208	−58 −288						−92 −184	−92 −242	−92 −322	−92 −462		
2000	2500				−68 −178	−68 −243	−68 −348						−110 −220	−110 −285	−110 −390	−110 −550		
2500	3150				−76 −211	−76 −286	−76 −406						−135 −270	−135 −345	−135 −465	−135 −675		

注：公差带 N9、N10 和 N11 只用于大于 1mm 的公称尺寸。

表 2-2-20　　孔 P 的极限偏差　　μm

公称尺寸/mm		P							
大于	至	3	4	5	6	7	8	9	10
—	3	-6 -8	-6 -9	-6 -10	-6 -12	-6 -16	-6 -20	-6 -31	-6 -46
3	6	-11 -13.5	-10.5 -14.5	-11 -16	-9 -17	-8 -20	-12 -30	-12 -42	-12 -60
6	10	-14 -16.5	-13.5 -17.5	-13 -19	-12 -21	-9 -24	-15 -37	-15 -51	-15 -73
10	18	-17 -20	-16 -21	-15 -23	-15 -26	-11 -29	-18 -45	-18 -61	-18 -88
18	30	-20.5 -24.5	-20 -26	-19 -28	-18 -31	-14 -35	-22 -55	-22 -74	-22 -106
30	50	-24.5 -28.5	-23 -30	-22 -33	-21 -37	-17 -42	-26 -65	-26 -88	-26 -126
50	80			-27 -40	-26 -45	-21 -51	-32 -78	-32 -106	
80	120			-32 -47	-30 -52	-24 -59	-37 -91	-37 -124	
120	180			-37 -55	-36 -61	-28 -68	-43 -106	-43 -143	
180	250			-44 -64	-41 -70	-33 -79	-50 -122	-50 -165	
250	315			-49 -72	-47 -79	-36 -88	-56 -137	-56 -186	
315	400			-55 -80	-51 -87	-41 -98	-62 -151	-62 -202	
400	500			-61 -88	-55 -95	-45 -108	-68 -165	-68 -223	
500	630				-78 -122	-78 -148	-78 -188	-78 -253	
630	800				-88 -138	-88 -168	-88 -213	-88 -288	
800	1000				-100 -156	-100 -190	-100 -240	-100 -330	
1000	1250				-120 -186	-120 -225	-120 -285	-120 -380	
1250	1600				-140 -218	-140 -265	-140 -335	-140 -450	
1600	2000				-170 -262	-170 -320	-170 -400	-170 -540	
2000	2500				-195 -305	-195 -370	-195 -475	-195 -635	
2500	3150				-240 -375	-240 -450	-240 -570	-240 -780	

表 2-2-21　　孔 R 的极限偏差　　μm

公称尺寸/mm		R								公称尺寸/mm		R							
大于	至	3	4	5	6	7	8	9	10	大于	至	3	4	5	6	7	8	9	10
—	3	-10 -12	-10 -13	-10 -14	-10 -16	-10 -20	-10 -24	-10 -35	-10 -50	355	400			-107 -132	-103 -139	-93 -150	-114 -203		
3	6	-14 -16.5	-13.5 -17.5	-14 -19	-12 -20	-11 -23	-15 -33	-15 -45	-15 -63	400	450			-119 -146	-113 -153	-103 -166	-126 -223		
6	10	-18 -20.5	-17.5 -21.5	-17 -23	-16 -25	-13 -28	-19 -41	-19 -55	-19 -77	450	500			-125 -152	-119 -159	-109 -172	-132 -229		
10	18	-22 -25	-21 -26	-20 -28	-20 -31	-16 -34	-23 -50	-23 -66	-23 -93	500	560				-150 -194	-150 -220	-150 -260		
18	30	-26.5 -30.5	-26 -32	-25 -34	-24 -37	-20 -41	-28 -61	-28 -80	-10 -112	560	630				-155 -199	-155 -225	-155 -265		
30	50	-32.5 -36.5	-31 -38	-30 -41	-29 -45	-25 -50	-34 -73	-34 -96	-34 -134	630	710				-175 -225	-175 -255	-175 -300		
50	65			-36 -49	-35 -54	-30 -60	-41 -87			710	800				-185 -235	-185 -265	-185 -310		
65	80			-38 -51	-37 -56	-32 -62	-43 -89			800	900				-210 -266	-210 -300	-210 -350		
80	100			-46 -61	-44 -66	-38 -73	-51 -105			900	1000				-220 -276	-220 -310	-220 -360		
100	120			-49 -64	-47 -69	-41 -76	-54 -108			1000	1120				-250 -316	-250 -355	-250 -415		
120	140			-57 -75	-56 -81	-48 -88	-63 -126			1120	1250				-260 -326	-260 -365	-260 -425		
140	160			-59 -77	-58 -83	-50 -90	-65 -128			1250	1400				-300 -378	-300 -425	-300 -495		
160	180			-62 -80	-61 -86	-53 -93	-68 -131			1400	1600				-330 -408	-330 -455	-330 -525		
180	200			-71 -91	-68 -97	-60 -106	-77 -149			1600	1800				-370 -462	-370 -520	-370 -600		
200	225			-74 -94	-71 -100	-63 -109	-80 -152			1800	2000				-400 -492	-400 -550	-400 -630		
225	250			-78 -98	-75 -104	-67 -113	-84 -156			2000	2240				-440 -550	-440 -615	-440 -720		
250	280			-87 -110	-85 -117	-74 -126	-94 -175			2240	2500				-460 -570	-460 -635	-460 -740		
280	315			-91 -114	-89 -121	-78 -130	-98 -179			2500	2800				-550 -685	-550 -760	-550 -880		
315	355			-101 -126	-97 -133	-87 -144	-108 -197			2800	3150				-580 -715	-580 -790	-580 -910		

表 2-2-22　　孔 S 的极限偏差　　μm

公称尺寸/mm		S								公称尺寸/mm		S							
大于	至	3	4	5	6	7	8	9	10	大于	至	3	4	5	6	7	8	9	10
—	3	−14 −16	−14 −17	−14 −18	−14 −20	−14 −24	−14 −28	−14 −39	−14 −54	355	400			−201 −226	−197 −233	−187 −244	−208 −297	−208 −348	
3	6	−18 −20.5	−17.5 −21.5	−18 −23	−16 −24	−15 −27	−19 −37	−19 −49	−19 −67	400	450			−225 −252	−219 −259	−209 −272	−232 −329	−232 −387	
6	10	−22 −24.5	−21.5 −25.5	−21 −27	−20 −29	−17 −32	−23 −45	−23 −59	−23 −81	450	500			−245 −272	−239 −279	−229 −292	−252 −349	−252 −407	
10	18	−27 −30	−26 −31	−25 −33	−25 −36	−21 −39	−28 −55	−28 −71	−28 −98	500	560				−280 −324	−280 −350	−280 −390		
18	30	−33.5 −37.5	−33 −39	−32 −41	−31 −44	−27 −48	−35 −68	−35 −87	−35 −119	560	630				−310 −354	−310 −380	−310 −420		
30	50	−41.5 −45.5	−40 −47	−39 −50	−38 −54	−34 −59	−43 −82	−43 −105	−43 −143	630	710				−340 −390	−340 −420	−340 −465		
50	65			−48 −61	−47 −66	−42 −72	−53 −99	−53 −127		710	800				−380 −430	−380 −460	−380 −505		
65	80			−54 −67	−53 −72	−48 −78	−59 −105	−59 −133		800	900				−430 −486	−430 −520	−430 −570		
80	100			−66 −81	−64 −86	−58 −93	−71 −125	−71 −158		900	1000				−470 −526	−470 −560	−470 −610		
100	120			−74 −89	−72 −94	−66 −101	−79 −133	−79 −166		1000	1120				−520 −586	−520 −625	−520 −685		
120	140			−86 −104	−85 −110	−77 −117	−92 −155	−92 −192		1120	1250				−580 −646	−580 −685	−580 −745		
140	160			−94 −112	−93 −118	−85 −125	−100 −163	−100 −200		1250	1400				−640 −718	−640 −765	−640 −835		
160	180			−102 −120	−101 −126	−93 −133	−108 −171	−108 −208		1400	1600				−720 −798	−720 −845	−720 −915		
180	200			−116 −136	−113 −142	−105 −151	−122 −194	−122 −237		1600	1800				−820 −912	−820 −970	−820 −1050		
200	225			−124 −144	−121 −150	−113 −159	−130 −202	−130 −245		1800	2000				−920 −1012	−920 −1070	−920 −1150		
225	250			−134 −154	−131 −160	−123 −169	−140 −212	−140 −255		2000	2240				−1000 −1110	−1000 −1175	−1000 −1280		
250	280			−151 −174	−149 −181	−138 −190	−158 −239	−158 −288		2240	2500				−1100 −1210	−1100 −1275	−1100 −1380		
280	315			−163 −186	−161 −193	−150 −202	−170 −251	−170 −300		2500	2800				−1250 −1385	−1250 −1460	−1250 −1580		
315	355			−183 −208	−179 −215	−169 −226	−190 −279	−190 −330		2800	3150				−1400 −1535	−1400 −1610	−1400 −1730		

表 2-2-23　　孔 T 和 U 的极限偏差　　μm

公称尺寸/mm		T				U					
大于	至	5	6	7	8	5	6	7	8	9	10
—	3					-18 -22	-18 -24	-18 -28	-18 -32	-18 -43	-18 -58
3	6					-22 -27	-20 -28	-19 -31	-23 -41	-23 -53	-23 -71
6	10					-26 -32	-25 -34	-22 -37	-28 -50	-28 -64	-28 -86
10	18					-30 -38	-30 -41	-26 -44	-33 -60	-33 -76	-33 -103
18	24					-38 -47	-37 -50	-33 -54	-41 -74	-41 -93	-41 -125
24	30	-38 -47	-37 -50	-33 -54	-41 -74	-45 -54	-44 -57	-40 -61	-48 -81	-48 -100	-48 -132
30	40	-44 -55	-43 -59	-39 -64	-48 -87	-56 -67	-55 -71	-51 -76	-60 -99	-60 -122	-60 -160
40	50	-50 -61	-49 -65	-45 -70	-54 -93	-66 -77	-65 -81	-61 -86	-70 -109	-70 -132	-70 -170
50	65		-60 -79	-55 -85	-66 -112		-81 -100	-76 -106	-87 -133	-87 -161	-87 -207
65	80		-69 -88	-64 -94	-75 -121		-96 -115	-91 -121	-102 -148	-102 -176	-102 -222
80	100		-84 -106	-78 -113	-91 -145		-117 -139	-111 -146	-124 -178	-124 -211	-124 -264
100	120		-97 -119	-91 -126	-104 -158		-137 -159	-131 -166	-144 -198	-144 -231	-144 -284
120	140		-115 -140	-107 -147	-122 -185		-163 -188	-155 -195	-170 -233	-170 -270	-170 -330
140	160		-127 -152	-119 -159	-134 -197		-183 -208	-175 -215	-190 -253	-190 -290	-190 -350
160	180		-139 -164	-131 -171	-146 -209		-203 -228	-195 -235	-210 -273	-210 -310	-210 -370
180	200		-157 -186	-149 -195	-166 -238		-227 -256	-219 -265	-236 -308	-236 -351	-236 -421
200	225		-171 -200	-163 -209	-180 -252		-249 -278	-241 -287	-258 -330	-258 -373	-258 -443
225	250		-187 -216	-179 -225	-196 -268		-275 -304	-267 -313	-284 -356	-284 -399	-284 -469
250	280		-209 -241	-198 -250	-218 -299		-306 -338	-295 -347	-315 -396	-315 -445	-315 -525
280	315		-231 -263	-220 -272	-240 -321		-341 -373	-330 -382	-350 -431	-350 -480	-350 -560

续表

公称尺寸 /mm		T				U					
大于	至	5	6	7	8	5	6	7	8	9	10
315	355		−257 −293	−247 −304	−268 −357		−379 −415	−369 −426	−390 −479	−390 −530	−390 −620
355	400		−283 −319	−273 −330	−294 −383		−424 −460	−414 −471	−435 −524	−435 −575	−435 −665
400	450		−317 −357	−307 −370	−330 −427		−477 −517	−467 −530	−490 −587	−490 −645	−490 −740
450	500		−347 −387	−337 −400	−360 −457		−527 −567	−517 −580	−540 −637	−540 −695	−540 −790
500	560		−400 −444	−400 −470	−400 −510		−600 −644	−600 −670	−600 −710		
560	630		−450 −494	−450 −520	−450 −560		−660 −704	−660 −730	−660 −770		
630	710		−500 −550	−500 −580	−500 −625		−740 −790	−740 −820	−740 −865		
710	800		−560 −610	−560 −640	−560 −685		−840 −890	−840 −920	−840 −965		
800	900		−620 −676	−620 −710	−620 −760		−940 −996	−940 −1030	−940 −1080		
900	1000		−680 −736	−680 −770	−680 −820		−1050 −1106	−1050 −1140	−1050 −1190		
1000	1120		−780 −846	−780 −885	−780 −945		−1150 −1216	−1150 −1255	−1150 −1315		
1120	1250		−840 −906	−840 −945	−840 −1005		−1300 −1366	−1300 −1405	−1300 −1465		
1250	1400		−960 −1038	−960 −1085	−960 −1155		−1450 −1528	−1450 −1575	−1450 −1645		
1400	1600		−1050 −1128	−1050 −1175	−1050 −1245		−1600 −1678	−1600 −1725	−1600 −1795		
1600	1800		−1200 −1292	−1200 −1360	−1200 −1430		−1850 −1942	−1850 −2000	−1850 −2080		
1800	2000		−1350 −1442	−1350 −1500	−1350 −1580		−2000 −2092	−2000 −2150	−2000 −2230		
2000	2240		−1500 −1610	−1500 −1675	−1500 −1780		−2300 −2410	−2300 −2475	−2300 −2580		
2240	2500		−1650 −1760	−1650 −1825	−1650 −1930		−2500 −2610	−2500 −2675	−2500 −2780		
2500	2800		−1900 −2035	−1900 −2110	−1900 −2230		−2900 −3035	−2900 −3110	−2900 −3230		
2800	3150		−2100 −2235	−2100 −2310	−2100 −2430		−3200 −3335	−3200 −3410	−3200 −3530		

注：公称尺寸至 24mm 的 T5 至 T8 的偏差值未列入表内，建议以 U5 至 U8 代替。如一定要 T5 至 T8，则可按 GB/T 1800.1 计算。

表 2-2-24　　孔 V、X 和 Y 的极限偏差　　μm

公称尺寸/mm		V				X						Y				
大于	至	5	6	7	8	5	6	7	8	9	10	6	7	8	9	10
—	3					-20 -24	-20 -26	-20 -30	-20 -34	-20 -45	-20 -60					
3	6					-27 -32	-25 -33	-24 -36	-28 -46	-28 -58	-28 -76					
6	10					-32 -38	-31 -40	-28 -43	-34 -56	-34 -70	-34 -92					
10	14					-37 -45	-37 -48	-33 -51	-40 -67	-40 -83	-40 -110					
14	18	-36 -44	-36 -47	-32 -50	-39 -66	-42 -50	-42 -53	-38 -56	-45 -72	-45 -88	-45 -115					
18	24	-44 -53	-43 -56	-39 -60	-47 -80	-51 -60	-50 -63	-46 -67	-54 -87	-54 -106	-54 -138	-59 -72	-55 -76	-63 -96	-63 -115	-63 -147
24	30	-52 -61	-51 -64	-47 -68	-55 -88	-61 -70	-60 -73	-56 -77	-64 -97	-64 -116	-64 -148	-71 -84	-67 -88	-75 -108	-75 -127	-75 -159
30	40	-64 -75	-63 -79	-59 -84	-68 -107	-76 -87	-75 -91	-71 -96	-80 -119	-80 -142	-80 -180	-89 -105	-85 -110	-94 -133	-94 -156	-94 -194
40	50	-77 -88	-76 -92	-72 -97	-81 -120	-93 -104	-92 -108	-88 -113	-97 -136	-97 -159	-97 -197	-109 -125	-105 -130	-114 -153	-114 -176	-114 -214
50	65		-96 -115	-91 -121	-102 -148		-116 -135	-111 -141	-122 -168	-122 -196		-138 -157	-133 -163	-144 -190		
65	80		-114 -133	-109 -139	-120 -166		-140 -159	-135 -165	-146 -192	-146 -220		-168 -187	-163 -193	-174 -220		
80	100		-139 -161	-133 -168	-146 -200		-171 -193	-165 -200	-178 -232	-178 -265		-207 -229	-201 -236	-214 -268		
100	120		-165 -187	-159 -194	-172 -226		-203 -225	-197 -232	-210 -264	-210 -297		-247 -269	-241 -276	-254 -308		
120	140		-195 -220	-187 -227	-202 -265		-241 -266	-233 -273	-248 -311	-248 -348		-293 -318	-285 -325	-300 -363		
140	160		-221 -246	-213 -253	-228 -291		-273 -298	-265 -305	-280 -343	-280 -380		-333 -358	-325 -365	-340 -403		
160	180		-245 -270	-237 -277	-252 -315		-303 -328	-295 -335	-310 -373	-310 -410		-373 -398	-365 -405	-380 -443		
180	200		-275 -304	-267 -313	-284 -356		-341 -370	-333 -379	-350 -422	-350 -465		-416 -445	-408 -454	-425 -497		
200	225		-301 -330	-293 -339	-310 -382		-376 -405	-368 -414	-385 -457	-385 -500		-461 -490	-453 -499	-470 -542		
225	250		-331 -360	-323 -369	-340 -412		-416 -445	-408 -454	-425 -497	-425 -540		-511 -540	-503 -549	-520 -592		

续表

公称尺寸 /mm		V				X						Y				
大于	至	5	6	7	8	5	6	7	8	9	10	6	7	8	9	10
250	280		−376 −408	−365 −417	−385 −466		−466 −498	−455 −507	−475 −556	−475 −605		−571 −603	−560 −612	−580 −661		
280	315		−416 −448	−405 −457	−425 −506		−516 −548	−505 −557	−525 −606	−525 −655		−641 −673	−630 −682	−650 −731		
315	355		−464 −500	−454 −511	−475 −564		−579 −615	−569 −626	−590 −679	−590 −730		−719 −755	−709 −766	−730 −819		
355	400		−519 −555	−509 −566	−530 −619		−649 −685	−639 −696	−660 −749	−660 −800		−809 −845	−799 −856	−820 −909		
400	450		−582 −622	−572 −635	−595 −692		−727 −767	−717 −780	−740 −837	−740 −895		−907 −947	−897 −960	−920 −1017		
450	500		−647 −687	−637 −700	−660 −757		−807 −847	−797 −860	−820 −917	−820 −975		−987 −1027	−977 −1040	−1000 −1097		

注：1. 公称尺寸至 14mm 的 V5 至 V8 的偏差值未列入表内，建议以 X5 至 X8 代替。如一定要 V5 至 V8，则可按 GB/T 1800.1 计算。

2. 公称尺寸至 18mm 的 Y6 至 Y10 的偏差值未列入表内，建议以 Z6 至 Z10 代替。如一定要 Y6 至 Y10，则可按 GB/T 1800.1 计算。

表 2-2-25　孔 Z 和 ZA 的极限偏差　μm

公称尺寸 /mm		Z						ZA					
大于	至	6	7	8	9	10	11	6	7	8	9	10	11
—	3	−26 −32	−26 −36	−26 −40	−26 −51	−26 −66	−26 −86	−32 −38	−32 −42	−32 −46	−32 −57	−32 −72	−32 −92
3	6	−32 −40	−31 −43	−35 −53	−35 −65	−35 −83	−35 −110	−39 −47	−38 −50	−42 −60	−42 −72	−42 −90	−42 −117
6	10	−39 −48	−36 −51	−42 −64	−42 −78	−42 −100	−42 −132	−49 −58	−46 −61	−52 −74	−52 −88	−52 −110	−52 −142
10	14	−47 −58	−43 −61	−50 −77	−50 −93	−50 −120	−50 −160	−61 −72	−57 −75	−64 −91	−64 −107	−64 −134	−64 −174
14	18	−57 −68	−53 −71	−60 −87	−60 −103	−60 −130	−60 −170	−74 −85	−70 −88	−77 −104	−77 −120	−77 −147	−77 −187
18	24	−69 −82	−65 −86	−73 −106	−73 −125	−73 −157	−73 −203	−94 −107	−90 −111	−98 −131	−98 −150	−98 −182	−98 −228
24	30	−84 −97	−80 −101	−88 −121	−88 −140	−88 −172	−88 −218	−114 −127	−110 −131	−118 −151	−118 −170	−118 −202	−118 −248
30	40	−107 −123	−103 −128	−112 −151	−112 −174	−112 −212	−112 −272	−143 −159	−139 −164	−148 −187	−148 −210	−148 −248	−148 −308
40	50	−131 −147	−127 −152	−136 −175	−136 −198	−136 −236	−136 −296	−175 −191	−171 −196	−180 −219	−180 −242	−180 −280	−180 −340
50	65		−161 −191	−172 −218	−172 −246	−172 −292	−172 −362		−215 −245	−226 −272	−226 −300	−226 −346	−226 −416

续表

公称尺寸/mm		Z						ZA					
大于	至	6	7	8	9	10	11	6	7	8	9	10	11
65	80		−199	−210	−210	−210	−210		−263	−274	−274	−274	−274
			−229	−256	−284	−330	−400		−293	−320	−348	−394	−464
80	100		−245	−258	−258	−258	−258		−322	−335	−335	−335	−335
			−280	−312	−345	−398	−478		−357	−389	−422	−475	−555
100	120		−297	−310	−310	−310	−310		−387	−400	−400	−400	−400
			−332	−364	−397	−450	−530		−422	−454	−487	−540	−620
120	140		−350	−365	−365	−365	−365		−455	−470	−470	−470	−470
			−390	−428	−465	−525	−615		−495	−533	−570	−630	−720
140	160		−400	−415	−415	−415	−415		−520	−535	−535	−535	−535
			−440	−478	−515	−575	−665		−560	−598	−635	−695	−785
160	180		−450	−465	−465	−465	−465		−585	−600	−600	−600	−600
			−490	−528	−565	−625	−715		−625	−663	−700	−760	−850
180	200		−503	−520	−520	−520	−520		−653	−670	−670	−670	−670
			−549	−592	−635	−705	−810		−699	−742	−785	−855	−960
200	225		−558	−575	−575	−575	−575		−723	−740	−740	−740	−740
			−604	−647	−690	−760	−865		−769	−812	−855	−925	−1030
225	250		−623	−640	−640	−640	−640		−803	−820	−820	−820	−820
			−669	−712	−755	−825	−930		−849	−892	−935	−1005	−1110
250	280		−690	−710	−710	−710	−710		−900	−920	−920	−920	−920
			−742	−791	−840	−920	−1030		−952	−1001	−1050	−1130	−1240
280	315		−770	−790	−790	−790	−790		−980	−1000	−1000	−1000	−1000
			−822	−871	−920	−1000	−1110		−1032	−1081	−1130	−1210	−1320
315	355		−879	−900	−900	−900	−900		−1129	−1150	−1150	−1150	−1150
			−936	−989	−1040	−1130	−1260		−1186	−1239	−1290	−1380	−1510
355	400		−979	−1000	−1000	−1000	−1000		−1279	−1300	−1300	−1300	−1300
			−1036	−1089	−1140	−1230	−1360		−1336	−1389	−1440	−1530	−1660
400	450		−1077	−1100	−1100	−1100	−1100		−1427	−1450	−1450	−1450	−1450
			−1140	−1197	−1255	−1350	−1500		−1490	−1547	−1605	−1700	−1850
450	500		−1227	−1250	−1250	−1250	−1250		−1577	−1600	−1600	−1600	−1600
			−1290	−1347	−1405	−1500	−1650		−1640	−1697	−1755	−1850	−2000

表 2-2-26　孔 ZB 和 ZC 的极限偏差　μm

公称尺寸/mm		ZB					ZC				
大于	至	7	8	9	10	11	7	8	9	10	11
—	3	−40	−40	−40	−40	−40	−60	−60	−60	−60	−60
		−50	−54	−65	−80	−100	−70	−74	−85	−100	−120
3	6	−46	−50	−50	−50	−50	−76	−80	−80	−80	−80
		−58	−68	−80	−98	−125	−88	−98	−110	−128	−155
6	10	−61	−67	−67	−67	−67	−91	−97	−97	−97	−97
		−76	−89	−103	−125	−157	−106	−119	−133	−155	−187
10	14	−83	−90	−90	−90	−90	−123	−130	−130	−130	−130
		−101	−117	−133	−160	−200	−141	−157	−173	−200	−240

续表

公称尺寸/mm		ZB					ZC				
大于	至	7	8	9	10	11	7	8	9	10	11
14	18	−101 −119	−108 −135	−108 −151	−108 −178	−108 −218	−143 −161	−150 −177	−150 −193	−150 −220	−150 −260
18	24	−128 −149	−136 −169	−136 −188	−136 −220	−136 −266	−180 −201	−188 −221	−188 −240	−188 −272	−188 −318
24	30	−152 −173	−160 −193	−160 −212	−160 −244	−160 −290	−210 −231	−218 −251	−218 −270	−218 −302	−218 −348
30	40	−191 −216	−200 −239	−200 −262	−200 −300	−200 −360	−265 −290	−274 −313	−274 −336	−274 −374	−274 −434
40	50	−233 −258	−242 −281	−242 −304	−242 −342	−242 −402	−316 −341	−325 −364	−325 −387	−325 −425	−325 −485
50	65	−289 −319	−300 −346	−300 −374	−300 −420	−300 −490	−394 −424	−405 −451	−405 −479	−405 −525	−405 −595
65	80	−349 −379	−360 −406	−360 −434	−360 −480	−360 −550	−469 −499	−480 −526	−480 −554	−480 −600	−480 −670
80	100	−432 −467	−445 −499	−445 −532	−445 −585	−445 −665	−572 −607	−585 −639	−585 −672	−585 −725	−585 −805
100	120	−512 −547	−525 −579	−525 −612	−525 −665	−525 −745	−677 −712	−690 −744	−690 −777	−690 −830	−690 −910
120	140	−605 −645	−620 −683	−620 −720	−620 −780	−620 −870	−785 −825	−800 −863	−800 −900	−800 −960	−800 −1050
140	160	−685 −725	−700 −763	−700 −800	−700 −860	−700 −950	−885 −925	−900 −963	−900 −1000	−900 −1060	−900 −1150
160	180	−765 −805	−780 −843	−780 −880	−780 −940	−780 −1030	−985 −1025	−1000 −1063	−1000 −1100	−1000 −1160	−1000 −1250
180	200	−863 −909	−880 −952	−880 −995	−880 −1065	−880 −1170	−1133 −1179	−1150 −1222	−1150 −1265	−1150 −1335	−1150 −1440
200	225	−943 −989	−960 −1032	−960 −1075	−960 −1145	−960 −1250	−1233 −1279	−1250 −1322	−1250 −1365	−1250 −1435	−1250 −1540
225	250	−1033 −1079	−1050 −1122	−1050 −1165	−1050 −1235	−1050 −1340	−1333 −1379	−1350 −1422	−1350 −1465	−1350 −1535	−1350 −1640
250	280	−1180 −1232	−1200 −1281	−1200 −1330	−1200 −1410	−1200 −1520	−1530 −1582	−1550 −1631	−1550 −1680	−1550 −1760	−1550 −1870
280	315	−1280 −1332	−1300 −1381	−1300 −1430	−1300 −1510	−1300 −1620	−1680 −1732	−1700 −1781	−1700 −1830	−1700 −1910	−1700 −2020
315	355	−1479 −1536	−1500 −1589	−1500 −1640	−1500 −1730	−1500 −1860	−1879 −1936	−1900 −1989	−1900 −2040	−1900 −2130	−1900 −2260
355	400	−1629 −1686	−1650 −1739	−1650 −1790	−1650 −1880	−1650 −2010	−2079 −2136	−2100 −2189	−2100 −2240	−2100 −2330	−2100 −2460
400	450	−1827 −1890	−1850 −1947	−1850 −2005	−1850 −2100	−1850 −2250	−2377 −2440	−2400 −2497	−2400 −2555	−2400 −2650	−2400 −2800
450	500	−2077 −2140	−2100 −2197	−2100 −2255	−2100 −2350	−2100 −2500	−2577 −2640	−2600 −2697	−2600 −2755	−2600 −2850	−2600 −3000

表 2-2-27　　轴 a、b 和 c 的极限偏差　　μm

公称尺寸/mm		a					b						c				
大于	至	9	10	11	12	13	8	9	10	11	12	13	8	9	10	11	12
—	3	-270	-270	-270	-270	-270	-140	-140	-140	-140	-140	-140	-60	-60	-60	-60	-60
		-295	-310	-330	-370	-410	-154	-165	-180	-200	-240	-280	-74	-85	-100	-120	-160
3	6	-270	-270	-270	-270	-270	-140	-140	-140	-140	-140	-140	-70	-70	-70	-70	-70
		-300	-318	-345	-390	-450	-158	-170	-188	-215	-260	-320	-88	-100	-118	-145	-190
6	10	-280	-280	-280	-280	-280	-150	-150	-150	-150	-150	-150	-80	-80	-80	-80	-80
		-316	-338	-370	-430	-500	-172	-186	-208	-240	-300	-370	-102	-116	-138	-170	-230
10	18	-290	-290	-290	-290	-290	-150	-150	-150	-150	-150	-150	-95	-95	-95	-95	-95
		-333	-360	-400	-470	-560	-177	-193	-220	-260	-330	-420	-122	-138	-165	-205	-275
18	30	-300	-300	-300	-300	-300	-160	-160	-160	-160	-160	-160	-110	-110	-110	-110	-110
		-352	-384	-430	-510	-630	-193	-212	-244	-290	-370	-490	-143	-162	-194	-240	-320
30	40	-310	-310	-310	-310	-310	-170	-170	-170	-170	-170	-170	-120	-120	-120	-120	-120
		-372	-410	-470	-560	-700	-209	-232	-270	-330	-420	-560	-159	-182	-220	-280	-370
40	50	-320	-320	-320	-320	-320	-180	-180	-180	-180	-180	-180	-130	-130	-130	-130	-130
		-382	-420	-480	-570	-710	-219	-242	-280	-340	-430	-570	-169	-192	-230	-290	-380
50	65	-340	-340	-340	-340	-340	-190	-190	-190	-190	-190	-190	-140	-140	-140	-140	-140
		-414	-460	-530	-640	-800	-236	-264	-310	-380	-490	-650	-186	-214	-260	-330	-440
65	80	-360	-360	-360	-360	-360	-200	-200	-200	-200	-200	-200	-150	-150	-150	-150	-150
		-434	-480	-550	-660	-820	-246	-274	-320	-390	-500	-660	-196	-224	-270	-340	-450
80	100	-380	-380	-380	-380	-380	-220	-220	-220	-220	-220	-220	-170	-170	-170	-170	-170
		-467	-520	-600	-730	-920	-274	-307	-360	-440	-570	-760	-224	-257	-310	-390	-520
100	120	-410	-410	-410	-410	-410	-240	-240	-240	-240	-240	-240	-180	-180	-180	-180	-180
		-497	-550	-630	-760	-950	-294	-327	-380	-460	-590	-780	-234	-267	-320	-400	-530
120	140	-460	-460	-460	-460	-460	-260	-260	-260	-260	-260	-260	-200	-200	-200	-200	-200
		-560	-620	-710	-860	-1090	-323	-360	-420	-510	-660	-890	-263	-300	-360	-450	-600
140	160	-520	-520	-520	-520	-520	-280	-280	-280	-280	-280	-280	-210	-210	-210	-210	-210
		-620	-680	-770	-920	-1150	-343	-380	-440	-530	-680	-910	-273	-310	-370	-460	-610
160	180	-580	-580	-580	-580	-580	-310	-310	-310	-310	-310	-310	-230	-230	-230	-230	-230
		-680	-740	-830	-980	-1210	-373	-410	-470	-560	-710	-940	-293	-330	-390	-480	-630
180	200	-660	-660	-660	-660	-660	-340	-340	-340	-340	-340	-340	-240	-240	-240	-240	-240
		-775	-845	-950	-1120	-1380	-412	-455	-525	-630	-800	-1060	-312	-355	-425	-530	-700
200	225	-740	-740	-740	-740	-740	-380	-380	-380	-380	-380	-380	-260	-260	-260	-260	-260
		-855	-925	-1030	-1200	-1460	-452	-495	-565	-670	-840	-1100	-332	-375	-445	-550	-720
225	250	-820	-820	-820	-820	-820	-420	-420	-420	-420	-420	-420	-280	-280	-280	-280	-280
		-935	-1005	-1110	-1280	-1540	-492	-535	-605	-710	-880	-1140	-352	-395	-465	-570	-740
250	280	-920	-920	-920	-920	-920	-480	-480	-480	-480	-480	-480	-300	-300	-300	-300	-300
		-1050	-1130	-1240	-1440	-1730	-561	-610	-690	-800	-1000	-1290	-381	-430	-510	-620	-820
280	315	-1050	-1050	-1050	-1050	-1050	-540	-540	-540	-540	-540	-540	-330	-330	-330	-330	-330
		-1180	-1260	-1370	-1570	-1860	-621	-670	-750	-860	-1060	-1350	-411	-460	-540	-650	-850
315	355	-1200	-1200	-1200	-1200	-1200	-600	-600	-600	-600	-600	-600	-360	-360	-360	-360	-360
		-1340	-1430	-1560	-1770	-2090	-689	-740	-830	-960	-1170	-1490	-449	-500	-590	-720	-930
355	400	-1350	-1350	-1350	-1350	-1350	-680	-680	-680	-680	-680	-680	-400	-400	-400	-400	-400
		-1490	-1580	-1710	-1920	-2240	-769	-820	-910	-1040	-1250	-1570	-489	-540	-630	-760	-970
400	450	-1500	-1500	-1500	-1500	-1500	-760	-760	-760	-760	-760	-760	-440	-440	-440	-440	-440
		-1655	-1750	-1900	-2130	-2470	-857	-915	-1010	-1160	-1390	-1730	-537	-595	-690	-840	-1070
450	500	-1650	-1650	-1650	-1650	-1650	-840	-840	-840	-840	-840	-840	-480	-480	-480	-480	-480
		-1805	-1900	-2050	-2280	-2620	-937	-995	-1090	-1240	-1470	-1810	-577	-635	-730	-880	-1110

注：公称尺寸小于 1mm 时，各级的 a 和 b 均不采用。

表 2-2-28　　　　轴 cd 和 d 的极限偏差　　　　μm

公称尺寸/mm		cd						d								
大于	至	5	6	7	8	9	10	5	6	7	8	9	10	11	12	13
—	3	-34 -38	-34 -40	-34 -44	-34 -48	-34 -59	-34 -74	-20 -24	-20 -26	-20 -30	-20 -34	-20 -45	-20 -60	-20 -80	-20 -120	-20 -160
3	6	-46 -51	-46 -54	-46 -58	-46 -64	-46 -76	-46 -94	-30 -35	-30 -38	-30 -42	-30 -48	-30 -60	-30 -78	-30 -105	-30 -150	-30 -210
6	10	-56 -62	-56 -65	-56 -71	-56 -78	-56 -92	-56 -114	-40 -46	-40 -49	-40 -55	-40 -62	-40 -76	-40 -98	-40 -130	-40 -190	-40 -260
10	18							-50 -58	-50 -61	-50 -68	-50 -77	-50 -93	-50 -120	-50 -160	-50 -230	-50 -320
18	30							-65 -74	-65 -78	-65 -86	-65 -98	-65 -117	-65 -149	-65 -195	-65 -275	-65 -395
30	50							-80 -91	-80 -96	-80 -105	-80 -119	-80 -142	-80 -180	-80 -240	-80 -330	-80 -470
50	80							-100 -113	-100 -119	-100 -130	-100 -146	-100 -174	-100 -220	-100 -290	-100 -400	-100 -560
80	120							-120 -135	-120 -142	-120 -155	-120 -174	-120 -207	-120 -260	-120 -340	-120 -470	-120 -660
120	180							-145 -163	-145 -170	-145 -185	-145 -208	-145 -245	-145 -305	-145 -395	-145 -545	-145 -775
180	250							-170 -190	-170 -199	-170 -216	-170 -242	-170 -285	-170 -355	-170 -460	-170 -630	-170 -890
250	315							-190 -213	-190 -222	-190 -242	-190 -271	-190 -320	-190 -400	-190 -510	-190 -710	-190 -1000
315	400							-210 -235	-210 -246	-210 -267	-210 -299	-210 -350	-210 -440	-210 -570	-210 -780	-210 -1100
400	500							-230 -257	-230 -270	-230 -293	-230 -327	-230 -385	-230 -480	-230 -630	-230 -860	-230 -1200
500	630									-260 -330	-260 -370	-260 -435	-260 -540	-260 -700		
630	800									-290 -370	-290 -415	-290 -490	-290 -610	-290 -790		
800	1000									-320 -410	-320 -460	-320 -550	-320 -680	-320 -880		
1000	1250									-350 -455	-350 -515	-350 -610	-350 -770	-350 -1010		
1250	1600									-390 -515	-390 -585	-390 -700	-390 -890	-390 -1170		
1600	2000									-430 -580	-430 -660	-430 -800	-430 -1030	-430 -1350		
2000	2500									-480 -655	-480 -760	-480 -920	-480 -1180	-480 -1580		
2500	3150									-520 -730	-520 -850	-520 -1060	-520 -1380	-520 -1870		

注：各级的 cd 主要用于精密机械和钟表制造业。

表 2-2-29　　轴 e 和 ef 的极限偏差　　μm

公称尺寸/mm		e						ef							
大于	至	5	6	7	8	9	10	3	4	5	6	7	8	9	10
—	3	-14 -18	-14 -20	-14 -24	-14 -28	-14 -39	-14 -54	-10 -12	-10 -13	-10 -14	-10 -16	-10 -20	-10 -24	-10 -35	-10 -50
3	6	-20 -25	-20 -28	-20 -32	-20 -38	-20 -50	-20 -68	-14 -16.5	-14 -18	-14 -19	-14 -22	-14 -26	-14 -32	-14 -44	-14 -62
6	10	-25 -31	-25 -34	-25 -40	-25 -47	-25 -61	-25 -83	-18 -20.5	-18 -22	-18 -24	-18 -27	-18 -33	-18 -40	-18 -54	-18 -76
10	18	-32 -40	-32 -43	-32 -50	-32 -59	-32 -75	-32 -102								
18	30	-40 -49	-40 -53	-40 -61	-40 -73	-40 -92	-40 -124								
30	50	-50 -61	-50 -66	-50 -75	-50 -89	-50 -112	-50 -150								
50	80	-60 -73	-60 -79	-60 -90	-60 -106	-60 -134	-60 -180								
80	120	-72 -87	-72 -94	-72 -107	-72 -126	-72 -159	-72 -212								
120	180	-85 -103	-85 -110	-85 -125	-85 -148	-85 -185	-85 -245								
180	250	-100 -120	-100 -129	-100 -146	-100 -172	-100 -215	-100 -285								
250	315	-110 -133	-110 -142	-110 -162	-110 -191	-110 -240	-110 -320								
315	400	-125 -150	-125 -161	-125 -182	-125 -214	-125 -265	-125 -355								
400	500	-135 -162	-135 -175	-135 -198	-135 -232	-135 -290	-135 -385								
500	630		-145 -189	-145 -215	-145 -255	-145 -320	-145 -425								
630	800		-160 -210	-160 -240	-160 -285	-160 -360	-160 -480								
800	1000		-170 -226	-170 -260	-170 -310	-170 -400	-170 -530								
1000	1250		-195 -261	-195 -300	-195 -360	-195 -455	-195 -615								
1250	1600		-220 -298	-220 -345	-220 -415	-220 -530	-220 -720								
1600	2000		-240 -332	-240 -390	-240 -470	-240 -610	-240 -840								
2000	2500		-260 -370	-260 -435	-260 -540	-260 -700	-260 -960								
2500	3150		-290 -425	-290 -500	-290 -620	-290 -830	-290 -1150								

注：各级的 ef 主要用于精密机械和钟表制造业。

表 2-2-30　　　　　　　　　　轴 f 和 fg 的极限偏差　　　　　　　　　　μm

公称尺寸/mm		f								fg							
大于	至	3	4	5	6	7	8	9	10	3	4	5	6	7	8	9	10
—	3	−6 −8	−6 −9	−6 −10	−6 −12	−6 −16	−6 −20	−6 −31	−6 −46	−4 −6	−4 −7	−4 −8	−4 −10	−4 −14	−4 −18	−4 −29	−4 −44
3	6	−10 −12.5	−10 −14	−10 −15	−10 −18	−10 −22	−10 −28	−10 −40	−10 −58	−6 −8.5	−6 −10	−6 −11	−6 −14	−6 −18	−6 −24	−6 −36	−6 −54
6	10	−13 −15.5	−13 −17	−13 −19	−13 −22	−13 −28	−13 −35	−13 −49	−13 −71	−8 −10.5	−8 −12	−8 −14	−8 −17	−8 −23	−8 −30	−8 −44	−8 −66
10	18	−16 −19	−16 −21	−16 −24	−16 −27	−16 −34	−16 −43	−16 −59	−16 −86								
18	30	−20 −24	−20 −26	−20 −29	−20 −33	−20 −41	−20 −53	−20 −72	−20 −104								
30	50	−25 −29	−25 −32	−25 −36	−25 −41	−25 −50	−25 −64	−25 −87	−25 −125								
50	80		−30 −38	−30 −43	−30 −49	−30 −60	−30 −76	−30 −104									
80	120		−36 −46	−36 −51	−36 −58	−36 −71	−36 −90	−36 −123									
120	180		−43 −55	−43 −61	−43 −68	−43 −83	−43 −106	−43 −143									
180	250		−50 −64	−50 −70	−50 −79	−50 −96	−50 −122	−50 −165									
250	315		−56 −72	−56 −79	−56 −88	−56 −108	−56 −137	−56 −185									
315	400		−62 −80	−62 −87	−62 −98	−62 −119	−62 −151	−62 −202									
400	500		−68 −88	−68 −95	−68 −108	−68 −131	−68 −165	−68 −223									
500	630				−76 −120	−76 −146	−76 −186	−76 −251									
630	800				−80 −130	−80 −160	−80 −205	−80 −280									
800	1000				−86 −142	−86 −176	−86 −226	−86 −316									
1000	1250				−98 −164	−98 −203	−98 −263	−98 −358									
1250	1600				−110 −188	−110 −235	−110 −305	−110 −420									
1600	2000				−120 −212	−120 −270	−120 −350	−120 −490									
2000	2500				−130 −240	−130 −305	−130 −410	−130 −570									
2500	3150				−145 −280	−145 −355	−145 −475	−145 −685									

注：各级的 fg 主要用于精密机械和钟表制造业。

表 2-2-31　　轴 g 的极限偏差　　μm

公称尺寸/mm		g							
大于	至	3	4	5	6	7	8	9	10
—	3	−2 −4	−2 −5	−2 −6	−2 −8	−2 −12	−2 −16	−2 −27	−2 −42
3	6	−4 −6.5	−4 −8	−4 −9	−4 −12	−4 −16	−4 −22	−4 −34	−4 −52
6	10	−5 −7.5	−5 −9	−5 −11	−5 −14	−5 −20	−5 −27	−5 −41	−5 −63
10	18	−6 −9	−6 −11	−6 −14	−6 −17	−6 −24	−6 −33	−6 −49	−6 −76
18	30	−7 −11	−7 −13	−7 −16	−7 −20	−7 −28	−7 −40	−7 −59	−7 −91
30	50	−9 −13	−9 −16	−9 −20	−9 −25	−9 −34	−9 −48	−9 −71	−9 −109
50	80		−10 −18	−10 −23	−10 −29	−10 −40	−10 −56		
80	120		−12 −22	−12 −27	−12 −34	−12 −47	−12 −66		
120	180		−14 −26	−14 −32	−14 −39	−14 −54	−14 −77		
180	250		−15 −29	−15 −35	−15 −44	−15 −61	−15 −87		
250	315		−17 −33	−17 −40	−17 −49	−17 −69	−17 −98		
315	400		−18 −36	−18 −43	−18 −54	−18 −75	−18 −107		
400	500		−20 −40	−20 −47	−20 −60	−20 −83	−20 −117		
500	630				−22 −66	−22 −92	−22 −132		
630	800				−24 −74	−24 −104	−24 −149		
800	1000				−26 −82	−26 −116	−26 −166		
1000	1250				−28 −94	−28 −133	−28 −193		
1250	1600				−30 −108	−30 −155	−30 −225		
1600	2000				−32 −124	−32 −182	−32 −262		
2000	2500				−34 −144	−34 −209	−34 −314		
2500	3150				−38 −173	−38 −248	−38 −368		

表 2-2-32　　轴 h 的极限偏差

公称尺寸/mm		h																	
		1	2	3	4	5	6	7	8	9	10	11	12	13	14	15	16	17	18
大于	至	偏差																	
		μm											mm						
—	3	0 -0.8	0 -1.2	0 -2	0 -3	0 -4	0 -6	0 -10	0 -14	0 -25	0 -40	0 -60	0 -0.1	0 -0.14	0 -0.25	0 -0.4	0 -0.6		
3	6	0 -1	0 -1.5	0 -2.5	0 -4	0 -5	0 -8	0 -12	0 -18	0 -30	0 -48	0 -75	0 -0.12	0 -0.18	0 -0.3	0 -0.48	0 -0.75	0 -1.2	0 -1.8
6	10	0 -1	0 -1.5	0 -2.5	0 -4	0 -6	0 -9	0 -15	0 -22	0 -36	0 -58	0 -90	0 -0.15	0 -0.22	0 -0.36	0 -0.58	0 -0.9	0 -1.5	0 -2.2
10	18	0 -1.2	0 -2	0 -3	0 -5	0 -8	0 -11	0 -18	0 -27	0 -43	0 -70	0 -110	0 -0.18	0 -0.27	0 -0.43	0 -0.7	0 -1.1	0 -1.8	0 -2.7
18	30	0 -1.5	0 -2.5	0 -4	0 -6	0 -9	0 -13	0 -21	0 -33	0 -52	0 -84	0 -130	0 -0.21	0 -0.33	0 -0.52	0 -0.84	0 -1.3	0 -2.1	0 -3.3
30	50	0 -1.5	0 -2.5	0 -4	0 -7	0 -11	0 -16	0 -25	0 -39	0 -62	0 -100	0 -160	0 -0.25	0 -0.39	0 -0.62	0 -1	0 -1.6	0 -2.5	0 -3.9
50	80	0 -2	0 -3	0 -5	0 -8	0 -13	0 -19	0 -30	0 -46	0 -74	0 -120	0 -190	0 -0.3	0 -0.46	0 -0.74	0 -1.2	0 -1.9	0 -3	0 -4.6
80	120	0 -2.5	0 -4	0 -6	0 -10	0 -15	0 -22	0 -35	0 -54	0 -87	0 -140	0 -220	0 -0.35	0 -0.54	0 -0.87	0 -1.4	0 -2.2	0 -3.5	0 -5.4
120	180	0 -3.5	0 -5	0 -8	0 -12	0 -18	0 -25	0 -40	0 -63	0 -100	0 -160	0 -250	0 -0.4	0 -0.63	0 -1	0 -1.6	0 -2.5	0 -4	0 -6.3
180	250	0 -4.5	0 -7	0 -10	0 -14	0 -20	0 -29	0 -46	0 -72	0 -115	0 -185	0 -290	0 -0.46	0 -0.72	0 -1.15	0 -1.85	0 -2.9	0 -4.6	0 -7.2
250	315	0 -6	0 -8	0 -12	0 -16	0 -23	0 -32	0 -52	0 -81	0 -130	0 -210	0 -320	0 -0.52	0 -0.81	0 -1.3	0 -2.1	0 -3.2	0 -5.2	0 -8.1

续表

公称尺寸/mm		h																	
		1	2	3	4	5	6	7	8	9	10	11	12	13	14	15	16	17	18
大于	至	偏差																	
		μm											mm						
315	400	0 -7	0 -9	0 -13	0 -18	0 -25	0 -36	0 -57	0 -89	0 -140	0 -230	0 -360	0 -0.57	0 -0.89	0 -1.4	0 -2.3	0 -3.6	0 -5.7	0 -8.9
400	500	0 -8	0 -10	0 -15	0 -20	0 -27	0 -40	0 -63	0 -97	0 -155	0 -250	0 -400	0 -0.63	0 -0.97	0 -1.55	0 -2.5	0 -4	0 -6.3	0 -9.7
500	630	0 -9	0 -11	0 -16	0 -22	0 -32	0 -44	0 -70	0 -110	0 -175	0 -280	0 -440	0 -0.7	0 -1.1	0 -1.75	0 -2.8	0 -4.4	0 -7	0 -11
630	800	0 -10	0 -13	0 -18	0 -25	0 -36	0 -50	0 -80	0 -125	0 -200	0 -320	0 -500	0 -0.8	0 -1.25	0 -2	0 -3.2	0 -5	0 -8	0 -12.5
800	1000	0 -11	0 -15	0 -21	0 -28	0 -40	0 -56	0 -90	0 -140	0 -230	0 -360	0 -560	0 -0.9	0 -1.4	0 -2.3	0 -3.6	0 -5.6	0 -9	0 -14
1000	1250	0 -13	0 -18	0 -24	0 -33	0 -47	0 -66	0 -105	0 -165	0 -260	0 -420	0 -660	0 -1.05	0 -1.65	0 -2.6	0 -4.2	0 -6.6	0 -10.5	0 -16.5
1250	1600	0 -15	0 -21	0 -29	0 -39	0 -55	0 -78	0 -125	0 -195	0 -310	0 -500	0 -780	0 -1.25	0 -1.95	0 -3.1	0 -5	0 -7.8	0 -12.5	0 -19.5
1600	2000	0 -18	0 -25	0 -35	0 -46	0 -65	0 -92	0 -150	0 -230	0 -370	0 -600	0 -920	0 -1.5	0 -2.3	0 -3.7	0 -6	0 -9.2	0 -15	0 -23
2000	2500	0 -22	0 -30	0 -41	0 -55	0 -78	0 -110	0 -175	0 -280	0 -440	0 -700	0 -1100	0 -1.75	0 -2.8	0 -4.4	0 -7	0 -11	0 -17.5	0 -28
2500	3150	0 -26	0 -36	0 -50	0 -68	0 -96	0 -135	0 -210	0 -330	0 -540	0 -860	0 -1350	0 -2.1	0 -3.3	0 -5.4	0 -8.6	0 -13.5	0 -21	0 -33

注：1. IT14 至 IT18 只用于大于 1mm 的公称尺寸。
2. 黑框中的数值，即公称尺寸大于 500~3150mm，IT1~IT5 的偏差值为试用的。

表 2-2-33　　轴 js 的极限偏差

公称尺寸/mm		js																	
		1	2	3	4	5	6	7	8	9	10	11	12	13	14	15	16	17	18
大于	至	偏差 μm											偏差 mm						
—	3	±0.4	±0.6	±1	±1.5	±2	±3	±5	±7	±12	±20	±30	±0.05	±0.07	±0.125	±0.2	±0.3		
3	6	±0.5	±0.75	±1.25	±2	±2.5	±4	±6	±9	±15	±24	±37	±0.06	±0.09	±0.15	±0.24	±0.375	±0.6	±0.9
6	10	±0.5	±0.75	±1.25	±2	±3	±4.5	±7	±11	±18	±29	±45	±0.075	±0.11	±0.18	±0.29	±0.45	±0.75	±1.1
10	18	±0.6	±1	±1.5	±2.5	±4	±5.5	±9	±13	±21	±35	±55	±0.09	±0.135	±0.215	±0.35	±0.55	±0.9	±1.35
18	30	±0.75	±1.25	±2	±3	±4.5	±6.5	±10	±16	±26	±42	±65	±0.105	±0.165	±0.26	±0.42	±0.65	±1.05	±1.65
30	50	±0.75	±1.25	±2	±3.5	±5.5	±8	±12	±19	±31	±50	±80	±0.125	±0.195	±0.31	±0.5	±0.8	±1.25	±1.95
50	80	±1	±1.5	±2.5	±4	±6.5	±9.5	±15	±23	±37	±60	±95	±0.15	±0.23	±0.37	±0.6	±0.95	±1.5	±2.3
80	120	±1.25	±2	±3	±5	±7.5	±11	±17	±27	±43	±70	±110	±0.175	±0.27	±0.435	±0.7	±1.1	±1.75	±2.7
120	180	±1.75	±2.5	±4	±6	±9	±12.5	±20	±31	±50	±80	±125	±0.2	±0.315	±0.5	±0.8	±1.25	±2	±3.15
180	250	±2.25	±3.5	±5	±7	±10	±14.5	±23	±36	±57	±92	±145	±0.23	±0.36	±0.575	±0.925	±1.45	±2.3	±3.6
250	315	±3	±4	±6	±8	±11.5	±16	±26	±40	±65	±105	±160	±0.26	±0.405	±0.65	±1.05	±1.6	±2.6	±4.05
315	400	±3.5	±4.5	±6.5	±9	±12.5	±18	±28	±44	±70	±115	±180	±0.285	±0.445	±0.7	±1.15	±1.8	±2.85	±4.45
400	500	±4	±5	±7.5	±10	±13.5	±20	±31	±48	±77	±125	±200	±0.315	±0.485	±0.775	±1.25	±2	±3.15	±4.85
500	630	±4.5	±5.5	±8	±11	±16	±22	±35	±55	±87	±140	±220	±0.35	±0.55	±0.875	±1.4	±2.2	±3.5	±5.5
630	800	±5	±6.5	±9	±12.5	±18	±25	±40	±62	±100	±160	±250	±0.4	±0.625	±1	±1.6	±2.5	±4	±6.25
800	1000	±5.5	±7.5	±10.5	±14	±20	±28	±45	±70	±115	±180	±280	±0.45	±0.7	±1.15	±1.8	±2.8	±4.5	±7
1000	1250	±6.5	±9	±12	±16.5	±23.5	±33	±52	±82	±130	±210	±330	±0.525	±0.825	±1.3	±2.1	±3.3	±5.25	±8.25
1250	1600	±7.5	±10.5	±14.5	±19.5	±27.5	±39	±62	±97	±155	±250	±390	±0.625	±0.975	±1.55	±2.5	±3.9	±6.25	±9.75
1600	2000	±9	±12.5	±17.5	±23	±32.5	±46	±75	±115	±185	±300	±460	±0.75	±1.15	±1.85	±3	±4.6	±7.5	±11.5
2000	2500	±11	±15	±20.5	±27.5	±39	±55	±87	±140	±220	±350	±550	±0.875	±1.4	±2.2	±3.5	±5.5	±8.75	±14
2500	3150	±13	±18	±25	±34	±48	±67.5	±105	±165	±270	±430	±675	±1.05	±1.65	±2.7	±4.3	±6.75	±10.5	±16.5

注：1. 为避免相同值的重复，表列值以“±×”给出，可为 es=+×，ei=−×，例如$^{+0.23}_{-0.23}$mm。

2. IT14 至 IT18 只用于大于 1mm 的基本尺寸。

3. 黑框中的数值，即基本尺寸大于 500~3150mm，IT1~IT5 的偏差值为试用的。

表 2-2-34　　　　轴 j 和 k 的极限偏差　　　　μm

公称尺寸/mm		j				k										
大于	至	5	6	7	8	3	4	5	6	7	8	9	10	11	12	13
—	3	±2	+4 −2	+6 −4	+8 −6	+2 0	+3 0	+4 0	+6 0	+10 0	+14 0	+25 0	+40 0	+60 0	+100 0	+140 0
3	6	+3 −2	+6 −2	+8 −4		+2.5 0	+5 +1	+6 +1	+9 +1	+13 +1	+18 0	+30 0	+48 0	+75 0	+120 0	+180 0
6	10	+4 −2	+7 −2	+10 −5		+2.5 0	+5 +1	+7 +1	+10 +1	+16 +1	+22 0	+36 0	+58 0	+90 0	+150 0	+220 0
10	18	+5 −3	+8 −3	+12 −6		+3 0	+6 +1	+9 +1	+12 +1	+19 +1	+27 0	+43 0	+70 0	+110 0	+180 0	+270 0
18	30	+5 −4	+9 −4	+13 −8		+4 0	+8 +2	+11 +2	+15 +2	+23 +2	+33 0	+52 0	+84 0	+130 0	+210 0	+330 0
30	50	+6 −5	+11 −5	+15 −10		+4 0	+9 +2	+13 +2	+18 +2	+27 +2	+39 0	+62 0	+100 0	+160 0	+250 0	+390 0
50	80	+6 −7	+12 −7	+18 −12			+10 +2	+15 +2	+21 +2	+32 +2	+46 0	+74 0	+120 0	+190 0	+300 0	+460 0
80	120	+6 −9	+13 −9	+20 −15			+13 +3	+18 +3	+25 +3	+38 +3	+54 0	+87 0	+140 0	+220 0	+350 0	+540 0
120	180	+7 −11	+14 −11	+22 −18			+15 +3	+21 +3	+28 +3	+43 +3	+63 0	+100 0	+160 0	+250 0	+400 0	+630 0
180	250	+7 −13	+16 −13	+25 −21			+18 +4	+24 +4	+33 +4	+50 +4	+72 0	+115 0	+185 0	+290 0	+460 0	+720 0
250	315	+7 −16	±16	±26			+20 +4	+27 +4	+36 +4	+56 +4	+81 0	+130 0	+210 0	+320 0	+520 0	+810 0
315	400	+7 −18	±18	+29 −28			+22 +4	+29 +4	+40 +4	+61 +4	+89 0	+140 0	+230 0	+360 0	+570 0	+890 0
400	500	+7 −20	±20	+31 −32			+25 +5	+32 +5	+45 +5	+68 +5	+97 0	+155 0	+250 0	+400 0	+630 0	+970 0
500	630								+44 0	+70 0	+110 0	+175 0	+280 0	+440 0	+700 0	+1100 0
630	800								+50 0	+80 0	+125 0	+200 0	+320 0	+500 0	+800 0	+1250 0
800	1000								+56 0	+90 0	+140 0	+230 0	+360 0	+560 0	+900 0	+1400 0
1000	1250								+66 0	+105 0	+165 0	+260 0	+420 0	+660 0	+1050 0	+1650 0
1250	1600								+78 0	+125 0	+195 0	+310 0	+500 0	+780 0	+1250 0	+1950 0
1600	2000								+92 0	+150 0	+230 0	+370 0	+600 0	+920 0	+1500 0	+2300 0
2000	2500								+110 0	+175 0	+280 0	+440 0	+700 0	+1100 0	+1750 0	+2800 0
2500	3150								+135 0	+210 0	+330 0	+540 0	+860 0	+1350 0	+2100 0	+3300 0

注：j5、j6 和 j7 的某些极限值与 js5、js6 和 js7 一样，用“±×”表示。

表 2-2-35　　轴 m 和 n 的极限偏差　　μm

公称尺寸/mm		m							n						
大于	至	3	4	5	6	7	8	9	3	4	5	6	7	8	9
—	3	+4 +2	+5 +2	+6 +2	+8 +2	+12 +2	+16 +2	+27 +2	+6 +4	+7 +4	+8 +4	+10 +4	+14 +4	+18 +4	+29 +4
3	6	+6.5 +4	+8 +4	+9 +4	+12 +4	+16 +4	+22 +4	+34 +4	+10.5 +8	+12 +8	+13 +8	+16 +8	+20 +8	+26 +8	+38 +8
6	10	+8.5 +6	+10 +6	+12 +6	+15 +6	+21 +6	+28 +6	+42 +6	+12.5 +10	+14 +10	+16 +10	+19 +10	+25 +10	+32 +10	+46 +10
10	18	+10 +7	+12 +7	+15 +7	+18 +7	+25 +7	+34 +7	+50 +7	+15 +12	+17 +12	+20 +12	+23 +12	+30 +12	+39 +12	+55 +12
18	30	+12 +8	+14 +8	+17 +8	+21 +8	+29 +8	+41 +8	+60 +8	+19 +15	+21 +15	+24 +15	+28 +15	+36 +15	+48 +15	+67 +15
30	50	+13 +9	+16 +9	+20 +9	+25 +9	+34 +9	+48 +9	+71 +9	+21 +17	+24 +17	+28 +17	+33 +17	+42 +17	+56 +17	+79 +17
50	80		+19 +11	+24 +11	+30 +11	+41 +11				+28 +20	+33 +20	+39 +20	+50 +20		
80	120		+23 +13	+28 +13	+35 +13	+48 +13				+33 +23	+38 +23	+45 +23	+58 +23		
120	180		+27 +15	+33 +15	+40 +15	+55 +15				+39 +27	+45 +27	+52 +27	+67 +27		
180	250		+31 +17	+37 +17	+46 +17	+63 +17				+45 +31	+51 +31	+60 +31	+77 +31		
250	315		+36 +20	+43 +20	+52 +20	+72 +20				+50 +34	+57 +34	+66 +34	+86 +34		
315	400		+39 +21	+46 +21	+57 +21	+78 +21				+55 +37	+62 +37	+73 +37	+94 +37		
400	500		+43 +23	+50 +23	+63 +23	+86 +23				+60 +40	+67 +40	+80 +40	+103 +40		
500	630				+70 +26	+96 +26						+88 +44	+114 +44		
630	800				+80 +30	+110 +30						+100 +50	+130 +50		
800	1000				+90 +34	+124 +34						+112 +56	+146 +56		
1000	1250				+106 +40	+145 +40						+132 +66	+171 +66		
1250	1600				+126 +48	+173 +48						+156 +78	+203 +78		
1600	2000				+150 +58	+208 +58						+184 +92	+242 +92		
2000	2500				+178 +68	+243 +68						+220 +110	+285 +110		
2500	3150				+211 +76	+286 +76						+270 +135	+345 +135		

表 2-2-36　　轴 p 的极限偏差　　μm

公称尺寸/mm		p							
大于	至	3	4	5	6	7	8	9	10
—	3	+8 +6	+9 +6	+10 +6	+12 +6	+16 +6	+20 +6	+31 +6	+46 +6
3	6	+14.5 +12	+16 +12	+17 +12	+20 +12	+24 +12	+30 +12	+42 +12	+60 +12
6	10	+17.5 +15	+19 +15	+21 +15	+24 +15	+30 +15	+37 +15	+51 +15	+73 +15
10	18	+21 +18	+23 +18	+26 +18	+29 +18	+36 +18	+45 +18	+61 +18	+88 +18
18	30	+26 +22	+28 +22	+31 +22	+35 +22	+43 +22	+55 +22	+74 +22	+106 +22
30	50	+30 +26	+33 +26	+37 +26	+42 +26	+51 +26	+65 +26	+88 +26	+126 +26
50	80		+40 +32	+45 +32	+51 +32	+62 +32	+78 +32		
80	120		+47 +37	+52 +37	+59 +37	+72 +37	+91 +37		
120	180		+55 +43	+61 +43	+68 +43	+83 +43	+106 +43		
180	250		+64 +50	+70 +50	+79 +50	+96 +50	+122 +50		
250	315		+72 +56	+79 +56	+88 +56	+108 +56	+137 +56		
315	400		+80 +62	+87 +62	+98 +62	+119 +62	+151 +62		
400	500		+88 +68	+95 +68	+108 +68	+131 +68	+165 +68		
500	630				+122 +78	+148 +78	+188 +78		
630	800				+138 +88	+168 +88	+213 +88		
800	1000				+156 +100	+190 +100	+240 +100		
1000	1250				+186 +120	+225 +120	+285 +120		
1250	1600				+218 +140	+265 +140	+335 +140		
1600	2000				+262 +170	+320 +170	+400 +170		
2000	2500				+305 +195	+370 +195	+475 +195		
2500	3150				+375 +240	+450 +240	+570 +240		

表 2-2-37　　　　轴 r 的极限偏差　　　　μm

公称尺寸/mm		r								公称尺寸/mm		r				
大于	至	3	4	5	6	7	8	9	10	大于	至	4	5	6	7	8
—	3	+12 +10	+13 +10	+14 +10	+16 +10	+20 +10	+24 +10	+35 +10	+50 +10	355	400	+132 +114	+139 +114	+150 +114	+171 +114	+203 +114
3	6	+17.5 +15	+19 +15	+20 +15	+23 +15	+27 +15	+33 +15	+45 +15	+63 +15	400	450	+146 +126	+153 +126	+166 +126	+189 +126	+223 +126
6	10	+21.5 +19	+23 +19	+25 +19	+28 +19	+34 +19	+41 +19	+55 +19	+77 +19	450	500	+152 +132	+159 +132	+172 +132	+195 +132	+229 +132
10	18	+26 +23	+28 +23	+31 +23	+34 +23	+41 +23	+50 +23	+66 +23	+93 +23	500	560			+194 +150	+220 +150	+260 +150
18	30	+32 +28	+34 +28	+37 +28	+41 +28	+49 +28	+61 +28	+80 +28	+112 +28	560	630			+199 +155	+225 +155	+265 +155
30	50	+38 +34	+41 +34	+45 +34	+50 +34	+59 +34	+73 +34	+96 +34	+134 +34	630	710			+225 +175	+255 +175	+300 +175
50	65		+49 +41	+54 +41	+60 +41	+71 +41	+87 +41			710	800			+235 +185	+265 +185	+310 +185
65	80		+51 +43	+56 +43	+62 +43	+72 +43	+89 +43			800	900			+266 +210	+300 +210	+350 +210
80	100		+61 +51	+66 +51	+73 +51	+86 +51	+105 +51			900	1000			+276 +220	+310 +220	+360 +220
100	120		+64 +54	+69 +54	+76 +54	+89 +54	+108 +54			1000	1120			+316 +250	+355 +250	+415 +250
120	140		+75 +63	+81 +63	+88 +63	+103 +63	+126 +63			1120	1250			+326 +260	+365 +260	+425 +260
140	160		+77 +65	+83 +65	+90 +65	+105 +65	+128 +65			1250	1400			+378 +300	+425 +300	+495 +300
160	180		+80 +68	+86 +68	+93 +68	+108 +68	+131 +68			1400	1600			+408 +330	+455 +330	+525 +330
180	200		+91 +77	+97 +77	+106 +77	+123 +77	+149 +77			1600	1800			+462 +370	+520 +370	+600 +370
200	225		+94 +80	+100 +80	+109 +80	+126 +80	+152 +80			1800	2000			+492 +400	+550 +400	+630 +400
225	250		+98 +84	+104 +84	+113 +84	+130 +84	+156 +84			2000	2240			+550 +440	+615 +440	+720 +440
250	280		+110 +94	+117 +94	+126 +94	+146 +94	+175 +94			2240	2500			+570 +460	+635 +460	+740 +460
280	315		+114 +98	+121 +98	+130 +98	+150 +98	+179 +98			2500	2800			+685 +550	+760 +550	+880 +550
315	355		+126 +108	+133 +108	+144 +108	+165 +108	+197 +108			2800	3150			+715 +580	+790 +580	+910 +580

表 2-2-38　　轴 s 的极限偏差　　μm

公称尺寸/mm		s								公称尺寸/mm		s					
大于	至	3	4	5	6	7	8	9	10	大于	至	4	5	6	7	8	9
—	3	+16 +14	+17 +14	+18 +14	+20 +14	+24 +14	+28 +14	+39 +14	+54 +14	355	400	+226 +208	+233 +208	+244 +208	+265 +208	+297 +208	+348 +208
3	6	+21.5 +19	+23 +19	+24 +19	+27 +19	+31 +19	+37 +19	+49 +19	+67 +19	400	450	+252 +232	+259 +232	+272 +232	+295 +232	+329 +232	+387 +232
6	10	+25.5 +23	+27 +23	+29 +23	+32 +23	+38 +23	+45 +23	+59 +23	+81 +23	450	500	+272 +252	+279 +252	+292 +252	+315 +252	+349 +252	+407 +252
10	18	+31 +28	+33 +28	+36 +28	+39 +28	+46 +28	+55 +28	+71 +28	+98 +28	500	560			+324 +280	+350 +280	+390 +280	
18	30	+39 +35	+41 +35	+44 +35	+48 +35	+56 +35	+68 +35	+87 +35	+119 +35	560	630			+354 +310	+380 +310	+420 +310	
30	50	+47 +43	+50 +43	+54 +43	+59 +43	+68 +43	+82 +43	+105 +43	+143 +43	630	710			+390 +340	+420 +340	+465 +340	
50	65		+61 +53	+66 +53	+72 +53	+83 +53	+99 +53	+127 +53		710	800			+430 +380	+460 +380	+505 +380	
65	80		+67 +59	+72 +59	+78 +59	+89 +59	+105 +59	+133 +59		800	900			+486 +430	+520 +430	+570 +430	
80	100		+81 +71	+86 +71	+93 +71	+106 +71	+125 +71	+158 +71		900	1000			+526 +470	+560 +470	+610 +470	
100	120		+89 +79	+94 +79	+101 +79	+114 +79	+133 +79	+166 +79		1000	1120			+586 +520	+625 +520	+685 +520	
120	140		+104 +92	+110 +92	+117 +92	+132 +92	+155 +92	+192 +92		1120	1250			+646 +580	+685 +580	+745 +580	
140	160		+112 +100	+118 +100	+125 +100	+140 +100	+163 +100	+200 +100		1250	1400			+718 +640	+765 +640	+835 +640	
160	180		+120 +108	+126 +108	+133 +108	+148 +108	+171 +108	+208 +108		1400	1600			+798 +720	+845 +720	+915 +720	
180	200		+136 +122	+142 +122	+151 +122	+168 +122	+194 +122	+237 +122		1600	1800			+912 +820	+970 +820	+1050 +820	
200	225		+144 +130	+150 +130	+159 +130	+176 +130	+202 +130	+245 +130		1800	2000			+1012 +920	+1070 +920	+1150 +920	
225	250		+154 +140	+160 +140	+169 +140	+186 +140	+212 +140	+255 +140		2000	2240			+1110 +1000	+1175 +1000	+1280 +1000	
250	280		+174 +158	+181 +158	+190 +158	+210 +158	+239 +158	+288 +158		2240	2500			+1210 +1100	+1275 +1100	+1380 +1100	
280	315		+186 +170	+193 +170	+202 +170	+222 +170	+251 +170	+300 +170		2500	2800			+1385 +1250	+1460 +1250	+1580 +1250	
315	355		+208 +190	+215 +190	+226 +190	+247 +190	+279 +190	+330 +190		2800	3150			+1535 +1400	+1610 +1400	+1730 +1400	

表 2-2-39　　**轴 t 和 u 的极限偏差**　　μm

公称尺寸/mm		t				u				
大于	至	5	6	7	8	5	6	7	8	9
—	3					+22 +18	+24 +18	+28 +18	+32 +18	+43 +18
3	6					+28 +23	+31 +23	+35 +23	+41 +23	+53 +23
6	10					+34 +28	+37 +28	+43 +28	+50 +28	+64 +28
10	18					+41 +33	+44 +33	+51 +33	+60 +33	+76 +33
18	24					+50 +41	+54 +41	+62 +41	+74 +41	+93 +41
24	30	+50 +41	+54 +41	+62 +41	+74 +41	+57 +48	+61 +48	+69 +48	+81 +48	+100 +48
30	40	+59 +48	+64 +48	+73 +48	+87 +48	+71 +60	+76 +60	+85 +60	+99 +60	+122 +60
40	50	+65 +54	+70 +54	+79 +54	+93 +54	+81 +70	+86 +70	+95 +70	+109 +70	+132 +70
50	65	+79 +66	+85 +66	+96 +66	+112 +66	+100 +87	+106 +87	+117 +87	+133 +87	+161 +87
65	80	+88 +75	+94 +75	+105 +75	+121 +75	+115 +102	+121 +102	+132 +102	+148 +102	+176 +102
80	100	+106 +91	+113 +91	+126 +91	+145 +91	+139 +124	+146 +124	+159 +124	+178 +124	+211 +124
100	120	+119 +104	+126 +104	+139 +104	+158 +104	+159 +144	+166 +144	+179 +144	+198 +144	+231 +144
120	140	+140 +122	+147 +122	+162 +122	+185 +122	+188 +170	+195 +170	+210 +170	+233 +170	+270 +170
140	160	+152 +134	+159 +134	+174 +134	+197 +134	+208 +190	+215 +190	+230 +190	+253 +190	+290 +190
160	180	+164 +146	+171 +146	+186 +146	+209 +146	+228 +210	+235 +210	+250 +210	+273 +210	+310 +210
180	200	+186 +166	+195 +166	+212 +166	+238 +166	+256 +236	+265 +236	+282 +236	+308 +236	+351 +236
200	225	+200 +180	+209 +180	+226 +180	+252 +180	+278 +258	+287 +258	+304 +258	+330 +258	+373 +258
225	250	+216 +196	+225 +196	+242 +196	+268 +196	+304 +284	+313 +284	+330 +284	+356 +284	+399 +284
250	280	+241 +218	+250 +218	+270 +218	+299 +218	+338 +315	+347 +315	+367 +315	+396 +315	+445 +315
280	315	+263 +240	+272 +240	+292 +240	+321 +240	+373 +350	+382 +350	+402 +350	+431 +350	+480 +350
315	355	+293 +268	+304 +268	+325 +268	+357 +268	+415 +390	+426 +390	+447 +390	+479 +390	+530 +390
355	400	+319 +294	+330 +294	+351 +294	+383 +294	+460 +435	+471 +435	+492 +435	+524 +435	+575 +435
400	450	+357 +330	+370 +330	+393 +330	+427 +330	+517 +490	+530 +490	+553 +490	+587 +490	+645 +490
450	500	+387 +360	+400 +360	+423 +360	+457 +360	+567 +540	+580 +540	+603 +540	+637 +540	+695 +540

续表

公称尺寸/mm		t				u				
大于	至	5	6	7	8	5	6	7	8	9
500	560		+444 +400	+470 +400			+644 +600	+670 +600	+710 +600	
560	630		+494 +450	+520 +450			+704 +660	+730 +660	+770 +660	
630	710		+550 +500	+580 +500			+790 +740	+820 +740	+865 +740	
710	800		+610 +560	+640 +560			+890 +840	+920 +840	+965 +840	
800	900		+676 +620	+710 +620			+996 +940	+1030 +940	+1080 +940	
900	1000		+736 +680	+770 +680			+1106 +1050	+1140 +1050	+1190 +1050	
1000	1120		+846 +780	+885 +780			+1216 +1150	+1255 +1150	+1315 +1150	
1120	1250		+906 +840	+945 +840			+1366 +1300	+1405 +1300	+1465 +1300	
1250	1400		+1038 +960	+1085 +960			+1528 +1450	+1575 +1450	+1645 +1450	
1400	1600		+1128 +1050	+1175 +1050			+1678 +1600	+1725 +1600	+1795 +1600	
1600	1800		+1292 +1200	+1350 +1200			+1942 +1850	+2000 +1850	+2080 +1850	
1800	2000		+1442 +1350	+1500 +1350			+2092 +2000	+2150 +2000	+2230 +2000	
2000	2240		+1610 +1500	+1675 +1500			+2410 +2300	+2475 +2300	+2580 +2300	
2240	2500		+1760 +1650	+1825 +1650			+2610 +2500	+2675 +2500	+2780 +2500	
2500	2800		+2035 +1900	+2110 +1900			+3035 +2900	+3110 +2900	+3230 +2900	
2800	3150		+2235 +2100	+2310 +2100			+3335 +3200	+3410 +3200	+3530 +3200	

注：公称尺寸至24mm的t5至t8的偏差值未列入表内，建议以u5至u8代替。如一定要t5至t8，则可按GB/T 1800.1计算。

表2-2-40　　轴v、x和y的极限偏差　　μm

公称尺寸/mm		v				x						y				
大于	至	5	6	7	8	5	6	7	8	9	10	6	7	8	9	10
—	3					+24 +20	+26 +20	+30 +20	+34 +20	+45 +20	+60 +20					
3	6					+33 +28	+36 +28	+40 +28	+46 +28	+58 +28	+76 +28					
6	10					+40 +34	+43 +34	+49 +34	+56 +34	+70 +34	+92 +34					
10	14					+48 +40	+51 +40	+58 +40	+67 +40	+83 +40	+110 +40					
14	18	+47 +39	+50 +39	+57 +39	+66 +39	+53 +45	+56 +45	+63 +45	+72 +45	+88 +45	+115 +45					

续表

公称尺寸/mm		v				x						y				
大于	至	5	6	7	8	5	6	7	8	9	10	6	7	8	9	10
18	24	+56 +47	+60 +47	+68 +47	+80 +47	+63 +54	+67 +54	+75 +54	+87 +54	+106 +54	+138 +54	+76 +63	+84 +63	+96 +63	+115 +63	+147 +63
24	30	+64 +55	+68 +55	+76 +55	+88 +55	+73 +64	+77 +64	+85 +64	+97 +64	+116 +64	+148 +64	+88 +75	+96 +75	+108 +75	+127 +75	+159 +75
30	40	+79 +68	+84 +68	+93 +68	+107 +68	+91 +80	+96 +80	+105 +80	+119 +80	+142 +80	+180 +80	+110 +94	+119 +94	+133 +94	+156 +94	+194 +94
40	50	+92 +81	+97 +81	+106 +81	+120 +81	+108 +97	+113 +97	+122 +97	+136 +97	+159 +97	+197 +97	+130 +114	+139 +114	+153 +114	+176 +114	+214 +114
50	65	+115 +102	+121 +102	+132 +102	+148 +102	+135 +122	+141 +122	+152 +122	+168 +122	+196 +122	+242 +122	+163 +144	+174 +144	+190 +144		
65	80	+133 +120	+139 +120	+150 +120	+166 +120	+159 +146	+165 +146	+176 +146	+192 +146	+220 +146	+266 +146	+193 +174	+204 +174	+220 +174		
80	100	+161 +146	+168 +146	+181 +146	+200 +146	+193 +178	+200 +178	+213 +178	+232 +178	+265 +178	+318 +178	+236 +214	+249 +214	+268 +214		
100	120	+187 +172	+194 +172	+207 +172	+226 +172	+225 +210	+232 +210	+245 +210	+264 +210	+297 +210	+350 +210	+276 +254	+289 +254	+308 +254		
120	140	+220 +202	+227 +202	+242 +202	+265 +202	+266 +248	+273 +248	+288 +248	+311 +248	+348 +248	+408 +248	+325 +300	+340 +300	+363 +300		
140	160	+246 +228	+253 +228	+268 +228	+291 +228	+298 +280	+305 +280	+320 +280	+343 +280	+380 +280	+440 +280	+365 +340	+380 +340	+403 +340		
160	180	+270 +252	+277 +252	+292 +252	+315 +252	+328 +310	+335 +310	+350 +310	+373 +310	+410 +310	+470 +310	+405 +380	+420 +380	+443 +380		
180	200	+304 +284	+313 +284	+330 +284	+356 +284	+370 +350	+379 +350	+396 +350	+422 +350	+465 +350	+535 +350	+454 +425	+471 +425	+497 +425		
200	225	+330 +310	+339 +310	+356 +310	+382 +310	+405 +385	+414 +385	+431 +385	+457 +385	+500 +385	+570 +385	+499 +470	+516 +470	+542 +470		
225	250	+360 +340	+369 +340	+386 +340	+412 +340	+445 +425	+454 +425	+471 +425	+497 +425	+540 +425	+610 +425	+549 +520	+566 +520	+592 +520		
250	280	+408 +385	+417 +385	+437 +385	+466 +385	+498 +475	+507 +475	+527 +475	+556 +475	+605 +475	+685 +475	+612 +580	+632 +580	+661 +580		
280	315	+448 +425	+457 +425	+477 +425	+506 +425	+548 +525	+557 +525	+577 +525	+606 +525	+655 +525	+735 +525	+682 +650	+702 +650	+731 +650		
315	355	+500 +475	+511 +475	+532 +475	+564 +475	+615 +590	+626 +590	+647 +590	+679 +590	+730 +590	+820 +590	+766 +730	+787 +730	+819 +730		
355	400	+555 +530	+566 +530	+587 +530	+619 +530	+685 +660	+696 +660	+717 +660	+749 +660	+800 +660	+890 +660	+856 +820	+877 +820	+909 +820		
400	450	+622 +595	+635 +595	+658 +595	+692 +595	+767 +740	+780 +740	+803 +740	+837 +740	+895 +740	+990 +740	+960 +920	+983 +920	+1017 +920		
450	500	+687 +660	+700 +660	+723 +660	+757 +660	+847 +820	+860 +820	+883 +820	+917 +820	+975 +820	+1070 +820	+1040 +1000	+1063 +1000	+1097 +1000		

注：1. 公称尺寸至14mm的v5至v8的偏差值未列入表内，建议以x5至x8代替。如一定要v5至v8，则可按GB/T 1800.1计算。

2. 公称尺寸至18mm的y6至y10的偏差值未列入表内，建议以z6至z10代替。如一定要y6至y10，则可按GB/T 1800.1计算。

第2篇

表 2-2-41　轴 z 和 za 的极限偏差　μm

公称尺寸/mm		z						za					
大于	至	6	7	8	9	10	11	6	7	8	9	10	11
—	3	+32	+36	+40	+51	+66	+86	+38	+42	+46	+57	+72	+92
		+26	+26	+26	+26	+26	+26	+32	+32	+32	+32	+32	+32
3	6	+43	+47	+53	+65	+83	+110	+50	+54	+60	+72	+90	+117
		+35	+35	+35	+35	+35	+35	+42	+42	+42	+42	+42	+42
6	10	+51	+57	+64	+78	+100	+132	+61	+67	+74	+88	+110	+142
		+42	+42	+42	+42	+42	+42	+52	+52	+52	+52	+52	+52
10	14	+61	+68	+77	+93	+120	+160	+75	+82	+91	+107	+134	+174
		+50	+50	+50	+50	+50	+50	+64	+64	+64	+64	+64	+64
14	18	+71	+78	+87	+103	+130	+170	+88	+95	+104	+120	+147	+187
		+60	+60	+60	+60	+60	+60	+77	+77	+77	+77	+77	+77
18	24	+86	+94	+106	+125	+157	+203	+111	+119	+131	+150	+182	+228
		+73	+73	+73	+73	+73	+73	+98	+98	+98	+98	+98	+98
24	30	+101	+109	+121	+140	+172	+218	+131	+139	+151	+170	+202	+248
		+88	+88	+88	+88	+88	+88	+118	+118	+118	+118	+118	+118
30	40	+128	+137	+151	+174	+212	+272	+164	+173	+187	+210	+248	+308
		+112	+112	+112	+112	+112	+112	+148	+148	+148	+148	+148	+148
40	50	+152	+161	+175	+198	+236	+296	+196	+205	+219	+242	+280	+340
		+136	+136	+136	+136	+136	+136	+180	+180	+180	+180	+180	+180
50	65	+191	+202	+218	+246	+292	+362	+245	+256	+272	+300	+346	+416
		+172	+172	+172	+172	+172	+172	+226	+226	+226	+226	+226	+226
65	80	+229	+240	+256	+284	+330	+400	+293	+304	+320	+348	+394	+464
		+210	+210	+210	+210	+210	+210	+274	+274	+274	+274	+274	+274
80	100	+280	+293	+312	+345	+398	+478	+357	+370	+389	+422	+475	+555
		+258	+258	+258	+258	+258	+258	+335	+335	+335	+335	+335	+335
100	120	+332	+345	+364	+397	+450	+530	+422	+435	+454	+487	+540	+620
		+310	+310	+310	+310	+310	+310	+400	+400	+400	+400	+400	+400
120	140	+390	+405	+428	+465	+525	+615	+495	+510	+533	+570	+630	+720
		+365	+365	+365	+365	+365	+365	+470	+470	+470	+470	+470	+470
140	160	+440	+455	+478	+515	+575	+665	+560	+575	+598	+635	+695	+785
		+415	+415	+415	+415	+415	+415	+535	+535	+535	+535	+535	+535
160	180	+490	+505	+528	+565	+625	+715	+625	+640	+663	+700	+760	+850
		+465	+465	+465	+465	+465	+465	+600	+600	+600	+600	+600	+600
180	200	+549	+566	+592	+635	+705	+810	+699	+716	+742	+785	+855	+960
		+520	+520	+520	+520	+520	+520	+670	+670	+670	+670	+670	+670
200	225	+604	+621	+647	+690	+760	+865	+769	+786	+812	+855	+925	+1030
		+575	+575	+575	+575	+575	+575	+740	+740	+740	+740	+740	+740
225	250	+669	+686	+712	+755	+825	+930	+849	+866	+892	+935	+1005	+1110
		+640	+640	+640	+640	+640	+640	+820	+820	+820	+820	+820	+820
250	280	+742	+762	+791	+840	+920	+1030	+952	+972	+1001	+1050	+1130	+1240
		+710	+710	+710	+710	+710	+710	+920	+920	+920	+920	+920	+920
280	315	+822	+842	+871	+920	+1000	+1110	+1032	+1052	+1081	+1130	+1210	+1320
		+790	+790	+790	+790	+790	+790	+1000	+1000	+1000	+1000	+1000	+1000
315	355	+936	+957	+989	+1040	+1130	+1260	+1186	+1207	+1239	+1290	+1380	+1510
		+900	+900	+900	+900	+900	+900	+1150	+1150	+1150	+1150	+1150	+1150
355	400	+1036	+1057	+1089	+1140	+1230	+1360	+1336	+1357	+1389	+1440	+1530	+1660
		+1000	+1000	+1000	+1000	+1000	+1000	+1300	+1300	+1300	+1300	+1300	+1300
400	450	+1140	+1163	+1197	+1255	+1350	+1500	+1490	+1513	+1547	+1605	+1700	+1850
		+1100	+1100	+1100	+1100	+1100	+1100	+1450	+1450	+1450	+1450	+1450	+1450
450	500	+1290	+1313	+1347	+1405	+1500	+1650	+1640	+1663	+1697	+1755	+1850	+2000
		+1250	+1250	+1250	+1250	+1250	+1250	+1600	+1600	+1600	+1600	+1600	+1600

表 2-2-42　　　　　　　　　　　**轴 zb 和 zc 的极限偏差**　　　　　　　　　　　μm

公称尺寸/mm		zb					zc				
大于	至	7	8	9	10	11	7	8	9	10	11
—	3	+50 +40	+54 +40	+65 +40	+80 +40	+100 +40	+70 +60	+74 +60	+85 +60	+100 +60	+120 +60
3	6	+62 +50	+68 +50	+80 +50	+98 +50	+125 +50	+92 +80	+98 +80	+110 +80	+128 +80	+155 +80
6	10	+82 +67	+89 +67	+103 +67	+125 +67	+157 +67	+112 +97	+119 +97	+133 +97	+155 +97	+187 +97
10	14	+108 +90	+117 +90	+133 +90	+160 +90	+200 +90	+148 +130	+157 +130	+173 +130	+200 +130	+240 +130
14	18	+126 +108	+135 +108	+151 +108	+178 +108	+218 +108	+168 +150	+177 +150	+193 +150	+220 +150	+260 +150
18	24	+157 +136	+169 +136	+188 +136	+220 +136	+266 +136	+209 +188	+221 +188	+240 +188	+272 +188	+318 +188
24	30	+181 +160	+193 +160	+212 +160	+244 +160	+290 +160	+239 +218	+251 +218	+270 +218	+302 +218	+348 +218
30	40	+225 +200	+239 +200	+262 +200	+300 +200	+360 +200	+299 +274	+313 +274	+336 +274	+374 +274	+434 +274
40	50	+267 +242	+281 +242	+304 +242	+342 +242	+402 +242	+350 +325	+364 +325	+387 +325	+425 +325	+485 +325
50	65	+330 +300	+346 +300	+374 +300	+420 +300	+490 +300	+435 +405	+451 +405	+479 +405	+525 +405	+595 +405
65	80	+390 +360	+406 +360	+434 +360	+480 +360	+550 +360	+510 +480	+526 +480	+554 +480	+600 +480	+670 +480
80	100	+480 +445	+499 +445	+532 +445	+585 +445	+665 +445	+620 +585	+639 +585	+672 +585	+725 +585	+805 +585
100	120	+560 +525	+579 +525	+612 +525	+665 +525	+745 +525	+725 +690	+744 +690	+777 +690	+830 +690	+910 +690
120	140	+660 +620	+683 +620	+720 +620	+780 +620	+870 +620	+840 +800	+863 +800	+900 +800	+960 +800	+1050 +800
140	160	+740 +700	+763 +700	+800 +700	+860 +700	+950 +700	+940 +900	+963 +900	+1000 +900	+1060 +900	+1150 +900
160	180	+820 +780	+843 +780	+880 +780	+940 +780	+1030 +780	+1040 +1000	+1063 +1000	+1100 +1000	+1160 +1000	+1250 +1000
180	200	+926 +880	+952 +880	+995 +880	+1065 +880	+1170 +880	+1196 +1150	+1222 +1150	+1265 +1150	+1335 +1150	+1440 +1150
200	225	+1006 +960	+1032 +960	+1075 +960	+1145 +960	+1250 +960	+1296 +1250	+1322 +1250	+1365 +1250	+1435 +1250	+1540 +1250
225	250	+1096 +1050	+1122 +1050	+1165 +1050	+1235 +1050	+1340 +1050	+1396 +1350	+1422 +1350	+1465 +1350	+1535 +1350	+1640 +1350
250	280	+1252 +1200	+1281 +1200	+1330 +1200	+1410 +1200	+1520 +1200	+1602 +1550	+1631 +1550	+1680 +1550	+1760 +1550	+1870 +1550
280	315	+1352 +1300	+1381 +1300	+1430 +1300	+1510 +1300	+1620 +1300	+1752 +1700	+1781 +1700	+1830 +1700	+1910 +1700	+2020 +1700
315	355	+1557 +1500	+1589 +1500	+1640 +1500	+1730 +1500	+1860 +1500	+1957 +1900	+1989 +1900	+2040 +1900	+2130 +1900	+2260 +1900
355	400	+1707 +1650	+1739 +1650	+1790 +1650	+1880 +1650	+2010 +1650	+2157 +2100	+2189 +2100	+2240 +2100	+2330 +2100	+2460 +2100
400	450	+1913 +1850	+1947 +1850	+2005 +1850	+2100 +1850	+2250 +1850	+2463 +2400	+2497 +2400	+2555 +2400	+2650 +2400	+2800 +2400
450	500	+2163 +2100	+2197 +2100	+2255 +2100	+2350 +2100	+2500 +2100	+2663 +2600	+2697 +2600	+2755 +2600	+2850 +2600	+3000 +2600

表 2-2-43　　公称尺寸至 500mm 的基孔制优先、常用配合（GB/T 1801—2009）

基准孔	轴																				
	a	b	c	d	e	f	g	h	js	k	m	n	p	r	s	t	u	v	x	y	z
	间隙配合								过渡配合			过盈配合									
H6						H6/f5	H6/g5	H6/h5	H6/js5	H6/k5	H6/m5	H6/n5	H6/p5	H6/r5	H6/s5	H6/t5					
H7						H7/f6	◤H7/g6	◤H7/h6	H7/js6	◤H7/k6	H7/m6	◤H7/n6	◤H7/p6	H7/r6	◤H7/s6	H7/t6	◤H7/u6	H7/v6	H7/x6	H7/y6	H7/z6
H8					H8/e7	◤H8/f7	H8/g7	◤H8/h7	H8/js7	H8/k7	H8/m7	H8/n7	H8/p7	H8/r7	H8/s7	H8/t7	H8/u7				
				H8/d8	H8/e8	H8/f8		H8/h8													
H9			H9/c9	◤H9/d9	H9/e9	H9/f9		◤H9/h9													
H10			H10/c10	H10/d10				H10/h10													
H11	H11/a11	H11/b11	◤H11/c11	H11/d11				◤H11/h11													
H12		H12/b12						H12/h12													

注：1. $\frac{H6}{n5}$、$\frac{H7}{p6}$在公称尺寸小于或等于 3mm 和$\frac{H8}{r7}$在公称尺寸小于或等于 100mm 时，为过渡配合。

2. 标注◤的配合为优先配合。

表 2-2-44　　公称尺寸至 500mm 的基轴制优先、常用配合（GB/T 1801—2009）

基准轴	孔																				
	A	B	C	D	E	F	G	H	JS	K	M	N	P	R	S	T	U	V	X	Y	Z
	间隙配合								过渡配合			过盈配合									
h5						F6/h5	G6/h5	H6/h5	JS6/h5	K6/h5	M6/h5	N6/h5	P6/h5	R6/h5	S6/h5	T6/h5					
h6						F7/h6	◤G7/h6	◤H7/h6	JS7/h6	◤K7/h6	M7/h6	◤N7/h6	◤P7/h6	R7/h6	◤S7/h6	T7/h6	◤U7/h6				
h7					E8/h7	◤F8/h7		◤H8/h7	JS8/h7	K8/h7	M8/h7	N8/h7									
h8				D8/h8	E8/h8	F8/h8		H8/h8													
h9				◤D9/h9	E9/h9	F9/h9		◤H9/h9													
h10				D10/h10				H10/h10													
h11	A11/h11	B11/h11	◤C11/h11	D11/h11				◤H11/h11													
h12		B12/h12						H12/h12													

注：标注◤的配合为优先配合。

第 2 篇

表 2-2-45　公称尺寸至 500mm 的优先、常用配合极限间隙或极限过盈（GB/T 1801—2009）　μm

基孔制		H6/f5	H6/g5	H6/h5	H7/f6	◤H7/g6	◤H7/h6	H8/e7	◤H8/f7	H8/g7	◤H8/h7	H8/d8	H8/e8	H8/f8	H8/h8	H9/c9	◤H9/d9
基轴制		F6/h5	G6/h5	H6/h5	F7/h6	◤G7/h6	◤H7/h6	E8/h7	◤F8/h7		◤H8/h7	D8/h8	E8/h8	F8/h8	H8/h8		◤D9/h9
公称尺寸/mm		间隙配合															
大于	至																
—	3	+16 +6	+12 +2	+10 0	+22 +6	+18 +2	+16 0	+38 +14	+30 +6	+26 +2	+24 0	+48 +20	+42 +14	+34 +6	+28 0	+110 +60	+70 +20
3	6	+23 +10	+17 +4	+13 0	+30 +10	+24 +4	+20 0	+50 +20	+40 +10	+34 +4	+30 0	+66 +30	+56 +20	+46 +10	+36 0	+130 +70	+90 +30
6	10	+28 +13	+20 +5	+15 0	+37 +13	+29 +5	+24 0	+62 +25	+50 +13	+42 +5	+37 0	+84 +40	+69 +25	+57 +13	+44 0	+152 +80	+112 +40
10	14	+35 +16	+25 +6	+19 0	+45 +16	+35 +6	+29 0	+77 +32	+61 +16	+51 +6	+45 0	+104 +50	+86 +32	+70 +16	+54 0	+181 +95	+136 +50
14	18																
18	24	+42 +20	+29 +7	+22 0	+54 +20	+41 +7	+34 0	+94 +40	+74 +20	+61 +7	+54 0	+131 +65	+106 +40	+86 +20	+66 0	+214 +110	+169 +65
24	30																
30	40	+52 +25	+36 +9	+27 0	+66 +25	+50 +9	+41 0	+114 +50	+89 +25	+73 +9	+64 0	+158 +80	+128 +50	+103 +25	+78 0	+244 +120	+204 +80
40	50															+254 +130	
50	65	+62 +30	+42 +10	+32 0	+79 +30	+59 +10	+49 0	+136 +60	+106 +30	+86 +10	+76 0	+192 +100	+152 +60	+122 +30	+92 0	+288 +140	+248 +100
65	80															+298 +150	
80	100	+73 +36	+49 +12	+37 0	+93 +36	+69 +12	+57 0	+161 +72	+125 +36	+101 +12	+89 0	+228 +120	+180 +72	+144 +36	+108 0	+344 +170	+294 +120
100	120															+354 +180	
120	140	+86 +43	+57 +14	+43 0	+108 +43	+79 +14	+65 0	+188 +85	+146 +43	+117 +14	+103 0	+271 +145	+211 +85	+169 +43	+126 0	+400 +200	+345 +145
140	160															+410 +210	
160	180															+430 +230	
180	200	+99 +50	+64 +15	+49 0	+125 +50	+90 +15	+75 0	+218 +100	+168 +50	+133 +15	+118 0	+314 +170	+244 +100	+194 +50	+144 0	+470 +240	+400 +170
200	225															+490 +260	
225	250															+510 +280	
250	280	+111 +56	+72 +17	+55 0	+140 +56	+101 +17	+84 0	+243 +110	+189 +56	+150 +17	+133 0	+352 +190	+272 +110	+218 +56	+162 0	+560 +300	+450 +190
280	315															+590 +330	
315	355	+123 +62	+79 +18	+61 0	+155 +62	+111 +18	+93 0	+271 +125	+208 +62	+164 +18	+146 0	+388 +210	+303 +125	+240 +62	+178 0	+640 +360	+490 +210
355	400															+680 +400	
400	450	+135 +68	+87 +20	+67 0	+171 +68	+123 +20	+103 0	+295 +135	+228 +68	+180 +20	+160 0	+424 +230	+329 +135	+262 +68	+194 0	+750 +440	+540 +230
450	500															+790 +480	

备注：1. 表中"+"值为间隙量，"-"值为过盈量，下同

2. 标注◤的配合为优先配合，下同

第 2 篇

续表

基孔制		H9/e9	H9/f9	◤H9/h9	H10/c10	H10/d10	H10/h10	H11/a11	H11/b11	◤H11/c11	H11/d11	◤H11/h11	H12/b12	H12/h12	H6/js5	
基轴制		E9/h9	F9/h9	◤H9/h9		D10/h10	H10/h10	A11/h11	B11/h11	◤C11/h11	D11/h11	◤H11/h11	B12/h12	H12/h12		JS6/h5
公称尺寸/mm		间隙配合													过渡配合	
大于	至															
—	3	+64 +14	+56 +6	+50 0	+140 +60	+100 +20	+80 0	+390 +270	+260 +140	+180 +60	+140 +20	+120 0	+340 +140	+200 0	+8 −2	+7 −3
3	6	+80 +20	+70 +10	+60 0	+166 +70	+126 +30	+96 0	+420 +270	+290 +140	+220 +70	+180 +30	+150 0	+380 +140	+240 0	+10.5 −2.5	+9 −4
6	10	+97 +25	+85 +13	+72 0	+196 +80	+156 +40	+116 0	+460 +280	+330 +150	+260 +80	+220 +40	+180 0	+450 +150	+300 0	+12 −3	+10.5 −4.5
10 14	14 18	+118 +32	+102 +16	+86 0	+235 +95	+190 +50	+140 0	+510 +290	+370 +150	+315 +95	+270 +50	+220 0	+510 +150	+360 0	+15 −4	+13.5 −5.5
18 24	24 30	+144 +40	+124 +20	+104 0	+278 +110	+233 +65	+168 0	+560 +300	+420 +160	+370 +110	+325 +65	+260 0	+580 +160	+420 0	+17.5 −4.5	+15.5 −6.5
30	40	+174 +50	+149 +25	+124 0	+320 +120	+280 +80	+200 0	+630 +310	+490 +170	+440 +120	+400 +80	+320 0	+670 +170	+500 0	+21.5 −5.5	+19 −8
40	50				+330 +130			+640 +320	+500 +180	+450 +130			+680 +180			
50	65	+208 +60	+178 +30	+148 0	+380 +140	+340 +100	+240 0	+720 +340	+570 +190	+520 +140	+480 +100	+380 0	+790 +190	+600 0	+25.5 −6.5	+22.5 −9.5
65	80				+390 +150			+740 +360	+580 +200	+530 +150			+800 +200			
80	100	+246 +72	+210 +36	+174 0	+450 +170	+400 +120	+280 0	+820 +380	+660 +220	+610 +170	+560 +120	+440 0	+920 +220	+700 0	+29.5 −7.5	+26 −11
100	120				+460 +180			+850 +410	+680 +240	+620 +180			+940 +240			
120	140				+520 +200			+960 +460	+760 +260	+700 +200			+1060 +260			
140	160	+285 +85	+243 +43	+200 0	+530 +210	+465 +145	+320 0	+1020 +520	+780 +280	+710 +210	+645 +145	+500 0	+1080 +280	+800 0	+34 −9	+30.5 −12.5
160	180				+550 +230			+1080 +580	+810 +310	+730 +230			+1110 +310			
180	200				+610 +240			+1240 +660	+920 +340	+820 +240			+1260 +340			
200	225	+330 +100	+280 +50	+230 0	+630 +260	+540 +170	+370 0	+1320 +740	+960 +380	+840 +260	+750 +170	+580 0	+1300 +380	+920 0	+39 −10	+34.5 −14.5
225	250				+650 +280			+1400 +820	+1000 +420	+860 +280			+1340 +420			
250	280	+370 +110	+316 +56	+260 0	+720 +300	+610 +190	+420 0	+1560 +920	+1120 +480	+940 +300	+830 +190	+640 0	+1520 +480	+1040 0	+43.5 −11.5	+39 −16
280	315				+750 +330			+1690 +1050	+1180 +540	+970 +330			+1580 +540			
315	355	+405 +125	+342 +62	+280 0	+820 +360	+670 +210	+460 0	+1920 +1200	+1320 +600	+1080 +360	+930 +210	+720 0	+1740 +600	+1140 0	+48.5 −12.5	+43 −18
355	400				+860 +400			+2070 +1350	+1400 +680	+1120 +400			+1820 +680			
400	450	+445 +135	+378 +68	+310 0	+940 +440	+730 +230	+500 0	+2300 +1500	+1560 +760	+1240 +440	+1030 +230	+800 0	+2020 +760	+1260 0	+53.5 −13.5	+47 −20
450	500				+980 +480			+2450 +1650	+1640 +840	+1280 +480			+2100 +840			

第2篇

续表

基孔制		H6/k5		H6/m5		H7/js6		▲H7/k6		H7/m6		▲H7/n6		H8/js7		H8/k7	
基轴制			K6/h5		M6/h5		JS7/h6		▲K7/h6		M7/h6		▲N7/h6		JS8/h7		K8/h7
公称尺寸/mm		过渡配合															
大于	至																
—	3	+6 −4	+4 −6	+4 −6	+2 −8	+13 −3	+11 −5	+10 −6	+6 −10	±8	+4 −12	+6 −10	+2 −14	+19 −5	+17 −7	+14 −10	+10 −14
3	6	+7 −6		+4 −9		+16 −4	+14 −6	+11 −9		+8 −12		+4 −16		+24 −6	+21 −9	+17 −13	
6	10	+8 −7		+3 −12		+19.5 −4.5	+16 −7	+14 −10		+9 −15		+5 −19		+29 −7	+26 −11	+21 −16	
10	14	+10 −9		+4 −15		+23.5 −5.5	+20 −9	+17 −12		+11 −18		+6 −23		+36 −9	+31 −13	+26 −19	
14	18																
18	24	±11		+5 −17		+27.5 −6.5	+23 −10	+19 −15		+13 −21		+6 −28		+43 −10	+37 −16	+31 −23	
24	30																
30	40	+14 −13		+7 −20		+33 −8	+28 −12	+23 −18		+16 −25		+8 −33		+51 −12	+44 −19	+37 −27	
40	50																
50	65	+17 −15		+8 −24		+39.5 −9.5	+34 −15	+28 −21		+19 −30		+10 −39		+61 −15	+53 −23	+44 −32	
65	80																
80	100	+19 −18		+9 −28		+46 −11	+39 −17	+32 −25		+22 −35		+12 −45		+71 −17	+62 −27	+51 −38	
100	120																
120	140	+22 −21		+10 −33		+52.5 −12.5	+45 −20	+37 −28		+25 −40		+13 −52		+83 −20	+71 −31	+60 −43	
140	160																
160	180																
180	200	+25 −24		+12 −37		+60.5 −14.5	+52 −23	+42 −33		+29 −46		+15 −60		+95 −23	+82 −36	+68 −50	
200	225																
225	250																
250	280	+28 −27		+12 −43	+14 −41	+68 −16	+58 −26	+48 −36		+32 −52		+18 −66		+107 −26	+92 −40	+77 −56	
280	315																
315	355	+32 −29		+15 −46		+75 −18	+64 −28	+53 −40		+36 −57		+20 −73		+117 −28	+101 −44	+85 −61	
355	400																
400	450	+35 −32		+17 −50		+83 −20	+71 −31	+58 −45		+40 −63		+23 −80		+128 −31	+111 −48	+92 −68	
450	500																

续表

基孔制		$\frac{H8}{m7}$		$\frac{H8}{n7}$		$\frac{H8}{p7}$	$\frac{H6}{n5}$		$\frac{H6}{p5}$		$\frac{H6}{r5}$		$\frac{H6}{s5}$		$\frac{H6}{t5}$	$\frac{H7}{p6}$	
基轴制			$\frac{M8}{h7}$		$\frac{N8}{h7}$			$\frac{N6}{h5}$		$\frac{P6}{h5}$		$\frac{R6}{h5}$		$\frac{S6}{h5}$	$\frac{T6}{h5}$		$\frac{P7}{h6}$
公称尺寸/mm 大于	至	过渡配合					过盈配合										
—	3	+12 −12	+8 −16	+10 −14	+6 −18	+8 −16	+2 −8	0 −10	0 −10	−2 −12	−4 −14	−6 −16	−8 −18	−10 −20	—	+4 −12	0 −16
3	6	+14 −16		+10 −20		+6 −24	0 −13		−4 −17		−7 −20		−11 −24		—	0 −20	
6	10	+16 −21		+12 −25		+7 −30	−1 −16		−6 −21		−10 −25		−14 −29		—	0 −24	
10	14	+20 −25		+15 −30		+9 −36	−1 −20		−7 −26		−12 −31		−17 −36		—	0 −29	
14	18																
18	24	+25 −29		+18 −36		+11 −43	−2 −24		−9 −31		−15 −37		−22 −44		—	−1 −35	
24	30														−28 −50		
30	40	+30 −34		+22 −42		+13 −51	−1 −28		−10 −37		−18 −45		−27 −54		−32 −59	−1 −42	
40	50														−38 −65		
50	65	+35 −41		+26 −50		+14 −62	−1 −33		−13 −45		−22 −54		−34 −66		−47 −79	−2 −51	
65	80										−24 −56		−40 −72		−56 −88		
80	100	+41 −48		+31 −58		+17 −72	−1 −38		−15 −52		−29 −66		−49 −86		−69 −106	−2 −59	
100	120										−32 −69		−57 −94		−82 −119		
120	140	+48 −55		+36 −67		+20 −83	−2 −45		−18 −61		−38 −81		−67 −110		−97 −140	−3 −68	
140	160										−40 −83		−75 −118		−109 −152		
160	180										−43 −86		−83 −126		−121 −164		
180	200	+55 −63		+41 −77		+22 −96	−2 −51		−21 −70		−48 −97		−93 −142		−137 −186	−4 −79	
200	225										−51 −100		−101 −150		−151 −200		
225	250										−55 −104		−111 −160		−167 −216		
250	280	+61 −72		+47 −86		+25 −108	−2 −57		−24 −79		−62 −117		−126 −181		−186 −241	−4 −88	
280	315										−66 −121		−138 −193		−208 −263		
315	355	+68 −78		+52 −94		+27 −119	−1 −62		−26 −87		−72 −133		−154 −215		−232 −293	−5 −98	
355	400										−78 −139		−172 −233		−258 −319		
400	450	+74 −86		+57 −103		+29 −131	0 −67		−28 −95		−86 −153		−192 −259		−290 −357	−5 −108	
450	500										−92 −159		−212 −279		−320 −387		

备注：$\frac{H6}{n5}$、$\frac{H7}{p6}$在公称尺寸小于或等于 3mm 时，为过渡配合

续表

基孔制		$\frac{H7}{r6}$		$\frac{H7}{s6}$		$\frac{H7}{t6}$	$\frac{H7}{u6}$		$\frac{H7}{v6}$	$\frac{H7}{x6}$	$\frac{H7}{y6}$	$\frac{H7}{z6}$	$\frac{H8}{r7}$	$\frac{H8}{s7}$	$\frac{H8}{t7}$	$\frac{H8}{u7}$
基轴制			$\frac{R7}{h6}$		$\frac{S7}{h6}$	$\frac{T7}{h6}$		$\frac{U7}{h6}$								
公称尺寸/mm		过盈配合														
大于	至															
—	3	0 -16	-4 -20	-4 -20	-8 -24	—	-8 -24	-12 -28	—	-10 -26	—	-16 -32	+4 -20	0 -24	—	-4 -28
3	6	-3 -23		-7 -27		—	-11 -31		—	-16 -36	—	-23 -43	+3 -27	-1 -31	—	-5 -35
6	10	-4 -28		-8 -32		—	-13 -37		—	-19 -43	—	-27 -51	+3 -34	-1 -38	—	-6 -43
10	14	-5 -34		-10 -39		—	-15 -44		—	-22 -51	—	-32 -61	+4 -41	-1 -46	—	-6 -51
14	18								-21 -50	-27 -56	—	-42 -71				
18	24	-7 -41		-14 -48		—	-20 -54		-26 -60	-33 -67	-42 -76	-52 -86	+5 -49	-2 -56	—	-8 -62
24	30					-20 -54	-27 -61		-34 -68	-43 -77	-54 -88	-67 -101			-8 -62	-15 -69
30	40	-9 -50		-18 -59		-23 -64	-35 -76		-43 -84	-55 -96	-69 -110	-87 -128	+5 -59	-4 -68	-9 -73	-21 -85
40	50					-29 -70	-45 -86		-56 -97	-72 -113	-89 -130	-111 -152			-15 -79	-31 -95
50	65	-11 -60		-23 -72		-36 -85	-57 -106		-72 -121	-92 -141	-114 -163	-142 -191	+5 -71	-7 -83	-20 -96	-41 -117
65	80	-13 -62		-29 -78		-45 -94	-72 -121		-90 -139	-116 -165	-144 -193	-180 -229	+3 -73	-13 -89	-29 -105	-56 -132
80	100	-16 -73		-36 -93		-56 -113	-89 -146		-111 -168	-143 -200	-179 -236	-223 -280	+3 -86	-17 -106	-37 -126	-70 -159
100	120	-19 -76		-44 -101		-69 -126	-109 -166		-137 -194	-175 -232	-219 -276	-275 -332	0 -89	-25 -114	-50 -139	-90 -179
120	140	-23 -88		-52 -117		-82 -147	-130 -195		-162 -227	-208 -273	-260 -325	-325 -390	0 -103	-29 -132	-59 -162	-107 -210
140	160	-25 -90		-60 -125		-94 -159	-150 -215		-188 -253	-240 -305	-300 -365	-375 -440	-2 -105	-37 -140	-71 -174	-127 -230
160	180	-28 -93		-68 -133		-106 -171	-170 -235		-212 -277	-270 -335	-340 -405	-425 -490	-5 -108	-45 -148	-83 -186	-147 -250
180	200	-31 -106		-76 -151		-120 -195	-190 -265		-238 -313	-304 -379	-379 -454	-474 -549	-5 -123	-50 -168	-94 -212	-164 -282
200	225	-34 -109		-84 -159		-134 -209	-212 -287		-264 -339	-339 -414	-424 -499	-529 -604	-8 -126	-58 -176	-108 -226	-186 -304
225	250	-38 -113		-94 -169		-150 -225	-238 -313		-294 -369	-379 -454	-474 -549	-594 -669	-12 -130	-68 -186	-124 -242	-212 -330
250	280	-42 -126		-106 -190		-166 -250	-263 -347		-333 -417	-423 -507	-528 -612	-658 -742	-13 -146	-77 -210	-137 -270	-234 -367
280	315	-46 -130		-118 -202		-188 -272	-298 -382		-373 -457	-473 -557	-598 -682	-738 -822	-17 -150	-89 -222	-159 -292	-269 -402
315	355	-51 -144		-133 -226		-211 -304	-333 -426		-418 -511	-533 -626	-673 -766	-843 -936	-19 -165	-101 -247	-179 -325	-301 -447
355	400	-57 -150		-151 -244		-237 -330	-378 -471		-473 -566	-603 -696	-763 -856	-943 -1036	-25 -171	-119 -265	-205 -351	-346 -492
400	450	-63 -166		-169 -272		-267 -370	-427 -530		-532 -635	-677 -780	-857 -960	-1037 -1140	-29 -189	-135 -295	-233 -393	-393 -553
450	500	-69 -172		-189 -292		-297 -400	-477 -580		-597 -700	-757 -860	-937 -1040	-1187 -1290	-35 -195	-155 -315	-263 -423	-443 -603

备注：$\frac{H8}{r7}$在公称尺寸小于或等于100mm时，为过渡配合

3 一般公差 未注公差的线性和角度尺寸的公差（摘自 GB/T 1804—2000）

3.1 线性和角度尺寸的一般公差的概念

① 一般公差是指在车间通常加工条件下可保证的公差。采用一般公差的尺寸，在该尺寸后不需注出其极限偏差数值。标准中规定了未注出公差的线性和角度尺寸的一般公差的公差等级和极限偏差数值，适用于金属切削加工的尺寸，也适用于一般的冲压加工的尺寸。非金属材料和其他工艺方法加工的尺寸可参照采用。

该标准仅适用于下列未注公差的尺寸：线性尺寸，如外尺寸、内尺寸、阶梯尺寸、直径、半径、距离、倒圆半径和倒角高度；角度尺寸，包括通常不注出角度值的角度尺寸，如直角（90°），GB/T 1184 提到的或等多边形的角度除外；机加工组装件的线性和角度尺寸。

该标准不适用于下列尺寸：其他一般公差标准涉及的线性和角度尺寸；括号内的参考尺寸；矩形框格内的理论正确尺寸。

选取图样上未注公差尺寸的一般公差的公差等级时，应考虑通常的车间精度并由相应的技术文件或标准进行具体规定。

对任一单一尺寸，如功能上要求比一般公差更小的公差或允许更大的公差并更为经济时，其相应的极限偏差要在相关的基本尺寸后注出。

在图样或有关技术文件中采用本标准规定的线性和角度尺寸的一般公差时，应按本章 3.3 的规定进行标注。

由不同类型的工艺（如切削和铸造）分别加工形成的两表面之间的未注公差的尺寸应按规定的两个一般公差数值中的较大值控制。

以角度单位规定的一般公差仅控制表面的线或素线的总方向，不控制它们的形状误差。从实际表面得到的线的总方向是理想几何形状的接触线方向。接触线和实际线之间的最大距离是最小可能值（见 GB/T 4249）。

② 构成零件的所有要素总是具有一定的尺寸和几何形状。由于尺寸误差和几何特征（形状、方向、位置）误差的存在，为保证零件的使用功能就必须对它们加以限制，超出将会损害其功能。因此，零件在图样上表达的所有要素都有一定的公差要求。

对功能上无特殊要求的要素可给出一般公差。一般公差可应用于线性尺寸、角度尺寸、形状和位置等几何要素。

采用一般公差的要素在图样上可不单独注出其公差，而是在图样上、技术要求或技术文件（如企业标准）中进行总的说明。

③ 线性和角度尺寸的一般公差是在车间普通工艺条件下，机床设备可保证的公差。在正常维护和操作情况下，它代表车间通常的加工精度。

一般公差的公差等级的公差数值符合通常的车间精度。按零件使用要求选取相应的公差等级。

线性尺寸的一般公差主要用于低精度的非配合尺寸。

采用一般公差的尺寸在正常车间精度保证的条件下，一般可不检验。

④ 对某确定的公差值，加大公差通常在制造上并不会经济。例如，适宜“通常中等精度”水平的车间加工 35mm 直径的某要素，规定±1mm 的极限偏差值通常在制造上对车间不会带来更大的利益，而选用±0.3mm 的一般公差的极限偏差值（中等级）就足够了。

当功能上允许的公差等于或大于一般公差时，应采用一般公差。只有当要素的功能允许比一般公差大的公差，而该公差在制造上比一般公差更为经济时（如装配时所钻的盲孔深度），其相应的极限偏差数值要在尺寸后注出。

由于功能上的需要，某要素要求采用比“一般公差”小的公差值，则应在尺寸后注出其相应的极限偏差数值。

⑤ 零件功能允许的公差常常是大于一般公差，所以当工件任一要素超出（偶然地超出）一般公差时零件的功能通常不会被损害。只有当零件的功能受到损害时，超出一般公差的工件才能被拒收。

3.2 一般公差的公差等级和极限偏差数值

(1) 线性尺寸

表 2-2-46 给出了线性尺寸的极限偏差数值；表 2-2-47 给出了倒圆半径和倒角高度尺寸的极限偏差数值。

表 2-2-46　　线性尺寸的极限偏差数值　　mm

公差等级	公称尺寸分段							
	0.5~3	>3~6	>6~30	>30~120	>120~400	>400~1000	>1000~2000	>2000~4000
精密 f	±0.05	±0.05	±0.1	±0.15	±0.2	±0.3	±0.5	—
中等 m	±0.1	±0.1	±0.2	±0.3	±0.5	±0.8	±1.2	±2
粗糙 c	±0.2	±0.3	±0.5	±0.8	±1.2	±2	±3	±4
最粗 v	—	±0.5	±1	±1.5	±2.5	±4	±6	±8

表 2-2-47　　倒圆半径和倒角高度尺寸的极限偏差数值　　mm

公差等级	公称尺寸分段				公差等级	公称尺寸分段			
	0.5~3	>3~6	>6~30	>30		0.5~3	>3~6	>6~30	>30
精密 f 中等 m	±0.2	±0.5	±1	±2	粗糙 c 最粗 v	±0.4	±1	±2	±4

注：倒圆半径和倒角高度的含义参见 GB/T 6403.4。

（2）角度尺寸

表 2-2-48 给出了角度尺寸的极限偏差数值，其值按角度短边长度确度，对圆锥角按圆锥素线长度确定。

表 2-2-48　　角度尺寸的极限偏差数值

公差等级	长度分段/mm				
	~10	>10~50	>50~120	>120~400	>400
精密 f 中等 m	±1°	±30′	±20′	±10′	±5′
粗糙 c	±1°30′	±1°	±30′	±15′	±10′
最粗 v	±3°	±2°	±1°	±30′	±20′

3.3　一般公差的标注

若采用标准规定的一般公差，应在图样标题栏附近或技术要求、技术文件（如企业标准）中注出本标准号及公差等级代号。例如选取中等级时，标注为

GB/T 1804—m

4　在高温或低温工作条件下装配间隙的计算

工作图上标注的尺寸偏差与配合是以温度 20℃ 为基准的。但是，某些机械如化工机械、飞机、发动机等可以在 800℃至-60℃的高温或低温条件下工作，如果结合件材料的线胀系数不同，配合间隙（或过盈）需进行修正计算，以选择比较正确的配合类别。计算公式如下：

$$x_{zmax}=x_{Gmax}+d[\alpha_z(t_z-t)\mp\alpha_k(t_k-t)] \quad (2\text{-}2\text{-}1)$$

$$x_{zmin}=x_{Gmin}+d[\alpha_z(t_z-t)\mp\alpha_k(t_k-t)] \quad (2\text{-}2\text{-}2)$$

式中　x_{zmax}，x_{zmin}——最大与最小的装配间隙，mm；

t_k，t_z——孔和轴的工作温度，℃；

x_{Gmax}，x_{Gmin}——最大与最小的工作间隙，mm；

t——装配时环境的温度，℃；

d——配合的公称直径，mm；

α_k，α_z——孔和轴材料的线胀系数，$℃^{-1}$。

式（2-2-1）及式（2-2-2）中，负号用在当温度提高，孔的尺寸扩大的情况下；正号用在当温度提高，孔的尺寸缩小的情况下（如重量大的零件上不大的孔局部加热时，以及放置在加热壳体上的小而薄的套筒的孔，均由于温度提高使孔的尺寸缩小）。

例　铝制的活塞与钢的气缸壁在工作时的间隙范围，$x_{Gmax}=0.3$mm；$x_{Gmin}=0.1$mm，活塞与气缸配合的公称直径 $d=150$mm，工作温度 $t_k=110$℃；$t_z=180$℃，$\alpha_k=12\times10^{-6}℃^{-1}$，$\alpha_z=24\times10^{-6}℃^{-1}$，装配温度 $t=20$℃。试确定装配间隙。

由式(2-2-1) 及式 (2-2-2)，其最大与最小的装配间隙为

$$x_{zmax}=0.3+150\times[24\times10^{-6}\times(180-20)-12\times10^{-6}\times(110-20)]=0.714(\text{mm})$$

$$x_{zmin}=0.1+150\times[24\times10^{-6}\times(180-20)-12\times10^{-6}\times(110-20)]=0.514(\text{mm})$$

5 圆锥公差与配合

5.1 圆锥公差（摘自 GB/T 11334—2005）

5.1.1 适用范围

本标准适用于锥度 C 从 1∶3 至 1∶500、长度 L 从 6~630mm 的光滑圆锥。标准中的圆锥角公差也适用于棱体的角度与斜度。

5.1.2 术语、定义及图例

表 2-2-49

术语	定义	图例
公称圆锥	设计给定的理想形状的圆锥，见图 1 公称圆锥可用两种形式确定： ① 一个公称圆锥直径（最大圆锥直径 D、最小圆锥直径 d、给定截面圆锥直径 d_x）、公称圆锥长度 L、公称圆锥角 α 或公称锥度 C ② 两个公称圆锥直径和公称圆锥长度 L	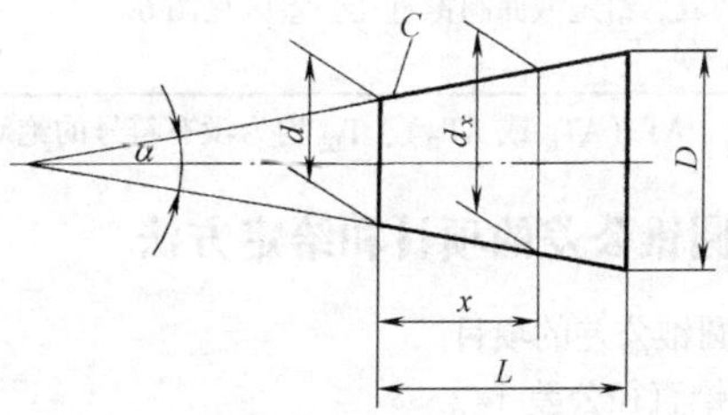 图 1
实际圆锥	实际存在并与周围介质分离的圆锥	
实际圆锥直径 d_a	实际圆锥上的任一直径，见图 2	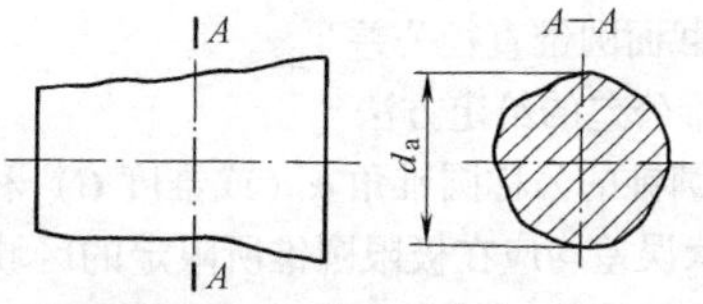 图 2
实际圆锥角	在实际圆锥的任一轴向截面内，包容圆锥素线且距离为最小的两对平行直线之间的夹角，见图 3	
极限圆锥	与公称圆锥共轴且圆锥角相等，直径分别为上极限直径和下极限直径的两个圆锥。在垂直于圆锥轴线的任一截面上，这两个圆锥的直径差都相等，见图 4	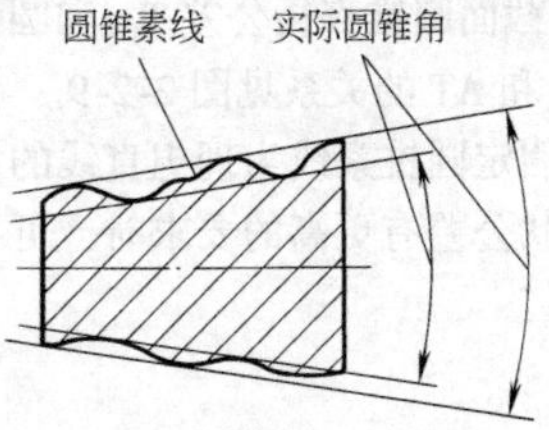 图 3
极限圆锥直径	极限圆锥上的任一直径，如图 4 中的 D_{max}、D_{min}、d_{max}、d_{min}	
极限圆锥角	允许的上极限或下极限圆锥角，见图 5	
圆锥直径公差 T_D	圆锥直径的允许变动量，见图 4	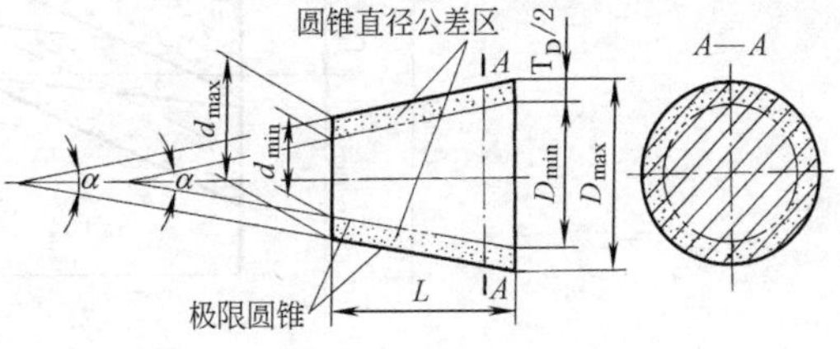
圆锥直径公差区	两个极限圆锥所限定的区域。在轴向截面内的圆锥直径公差区见图 4	图 4

续表

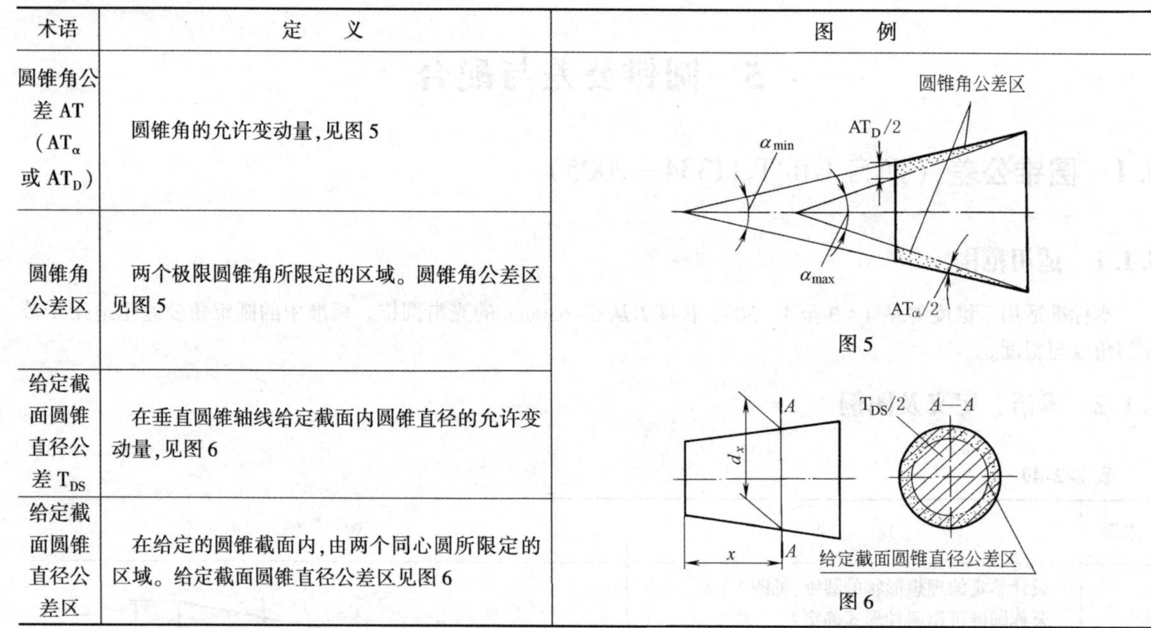

术语	定义	图例
圆锥角公差 AT（AT_α 或 AT_D）	圆锥角的允许变动量，见图 5	图 5
圆锥角公差区	两个极限圆锥角所限定的区域。圆锥角公差区见图 5	
给定截面圆锥直径公差 T_{DS}	在垂直圆锥轴线给定截面内圆锥直径的允许变动量，见图 6	图 6
给定截面圆锥直径公差区	在给定的圆锥截面内，由两个同心圆所限定的区域。给定截面圆锥直径公差区见图 6	

注：T_D、AT（AT_α 或 AT_D）、T_{DS}均为没有符号的绝对值。

5.1.3 圆锥公差的项目和给定方法

（1）圆锥公差的项目

① 圆锥直径公差 T_D。

② 圆锥角公差 AT，用角度值 AT_α 或线性值 AT_D 给定。

③ 圆锥的形状公差 T_F，包括素线直线度公差和截面圆度公差。

④ 给定截面圆锥直径公差 T_{DS}。

（2）圆锥公差的给定方法

① 给出圆锥的公称圆锥角 α（或锥度 C）和圆锥直径公差 T_D。由 T_D 确定两个极限圆锥。此时，圆锥角误差和圆锥的形状误差均应在极限圆锥所限定的区域内。

当对圆锥角公差、圆锥的形状公差有更高的要求时，可再给出圆锥角公差 AT、圆锥的形状公差 T_F。此时，AT 和 T_F 仅占 T_D 的一部分。

② 给出给定截面圆锥直径公差 T_{DS}和圆锥角公差 AT。此时，给定截面圆锥直径和圆锥角应分别满足这两项公差的要求。T_{DS}和 AT 的关系见图 2-2-9。

该方法是在假定圆锥素线为理想直线的情况下给出的。

当对圆锥形状公差有更高的要求时，可再给出圆锥的形状公差 T_F。

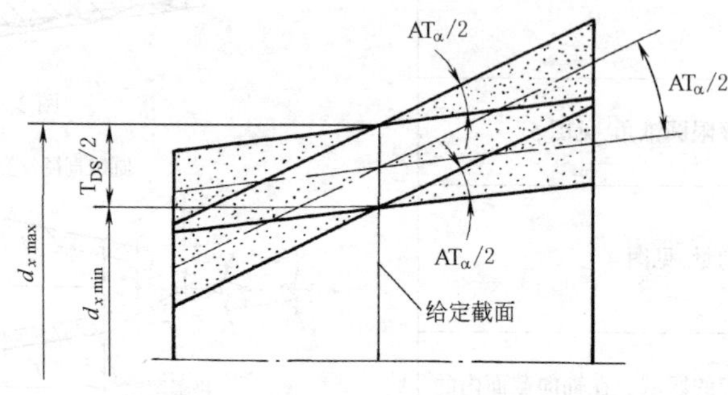

图 2-2-9 T_{DS}和 AT 的关系

5.1.4 圆锥公差的数值

(1) 圆锥直径公差 T_D

以公称圆锥直径（一般取最大圆锥直径 D）为公称尺寸，按 GB/T 1800.1—2009 规定的标准公差选取。

(2) 给定截面圆锥直径公差 T_{DS}

以给定截面圆锥直径 d_x 为公称尺寸，按 GB/T 1800.1—2009 规定的标准公差选取。

(3) 圆锥角公差 AT

① 圆锥角公差 AT 共分 12 个公差等级，用 AT1、AT2、…、AT12 表示。圆锥角公差的数值见表 2-2-50。

表 2-2-50 中数值用于棱体的角度时，以该角短边长度作为 L 选取公差值。

如需要更高或更低等级的圆锥角公差时，按公比 1.6 向两端延伸得到。更高等级用 AT0、AT01 等表示，更低等级用 AT13、AT14 等表示。

② 圆锥角公差可用两种形式表示。

a. AT_α ——以角度单位微弧度或以度、分、秒表示；

b. AT_D ——以长度单位微米表示。

AT_α 和 AT_D 的关系为

$$AT_D = AT_\alpha L \times 10^{-3}$$

式中，AT_D 的单位为 μm；AT_α 的单位为 μrad；L 的单位为 mm。

AT_D 值应按上式计算，表 2-2-50 中仅给出与圆锥长度 L 的尺寸段相对应的 AT_D 范围值。AT_D 计算结果的尾数按GB/T 8170 的规定进行修约，其有效位数应与表 2-2-50 中所列该 L 尺寸段的最大范围值的位数相同。

例 L 为 50mm，选用 AT7，查表 2-2-50 得 AT_α 为 315μrad 或 1′05″，则

$$AT_D = AT_\alpha L \times 10^{-3} = 315 \times 50 \times 10^{-3} = 15.75(\mu m)$$

取 $AT_D = 15.8\mu m$。

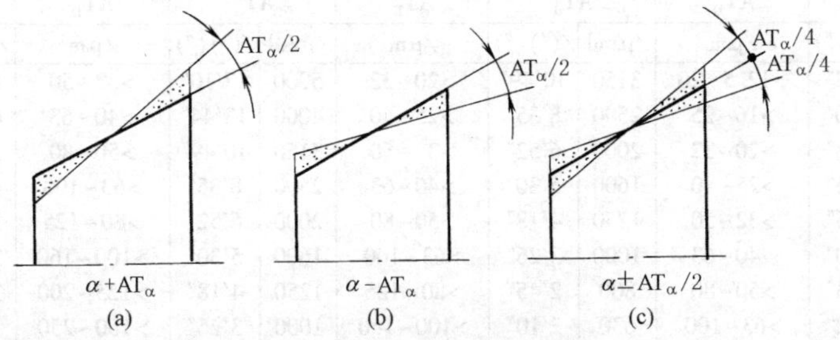

图 2-2-10 圆锥角的极限偏差

(4) 圆锥角的极限偏差

圆锥角的极限偏差可按单向或双向（对称或不对称）取值（图 2-2-10）。

(5) 圆锥的形状公差

圆锥的形状公差推荐按 GB/T 1184 中附录 B“图样上注出公差值的规定”选取。

圆锥直径公差所能限制的最大圆锥角误差见表 2-2-51，表中给出了圆锥长度 L 为 100mm，圆锥直径公差 T_D 所能限制的最大圆锥角误差 $\Delta\alpha_{max}$。

表 2-2-50　圆锥角公差

公称圆锥长度 L/mm		圆锥角公差等级											
		AT1			AT2			AT3			AT4		
		AT_α		AT_D	AT_α		AT_D	AT_α		AT_D	AT_α		AT_D
大于	至	/μrad	/(″)	/μm	/μrad	/(″)	/μm	/μrad	/(″)	/μm	/μrad	/(″)	/μm
自 6	10	50	10	>0.3~0.5	80	16	>0.5~0.8	125	26	>0.8~1.3	200	41	>1.3~2.0
10	16	40	8	>0.4~0.6	63	13	>0.6~1.0	100	21	>1.0~1.6	160	33	>1.6~2.5
16	25	31.5	6	>0.5~0.8	50	10	>0.8~1.3	80	16	>1.3~2.0	125	26	>2.0~3.2
25	40	25	5	>0.6~1.0	40	8	>1.0~1.6	63	13	>1.6~2.5	100	21	>2.5~4.0

续表

公称圆锥长度 L/mm		圆锥角公差等级											
		AT1			AT2			AT3			AT4		
		AT_α		AT_D	AT_α		AT_D	AT_α		AT_D	AT_α		AT_D
大于	至	/μrad	/(″)	/μm	/μrad	/(″)	/μm	/μrad	/(″)	/μm	/μrad	/(″)	/μm
40	63	20	4	>0.8~1.3	31.5	6	>1.3~2.0	50	10	>2.0~3.2	80	16	>3.2~5.0
63	100	16	3	>1.0~1.6	25	5	>1.6~2.5	40	8	>2.5~4.0	63	13	>4.0~6.3
100	160	12.5	2.5	>1.3~2.0	20	4	>2.0~3.2	31.5	6	>3.2~5.0	50	10	>5.0~8.0
160	250	10	2	>1.6~2.5	16	3	>2.5~4.0	25	5	>4.0~6.3	40	8	>6.3~10.0
250	400	8	1.5	>2.0~3.2	12.5	2.5	>3.2~5.0	20	4	>5.0~8.0	31.5	6	>8.0~12.5
400	630	6.3	1	>2.5~4.0	10	2	>4.0~6.3	16	3	>6.3~10.0	25	5	>10.0~16.0

公称圆锥长度 L/mm		圆锥角公差等级											
		AT5			AT6			AT7			AT8		
		AT_α		AT_D	AT_α		AT_D	AT_α		AT_D	AT_α		AT_D
大于	至	/μrad	/(′)(″)	/μm	/μrad	/(′)(″)	/μm	/μrad	/(′)(″)	/μm	/μrad	/(′)(″)	/μm
自6	10	315	1′05″	>2.0~3.2	500	1′43″	>3.2~5.0	800	2′45″	>5.0~8.0	1250	4′18″	>8.0~12.5
10	16	250	52″	>2.5~4.0	400	1′22″	>4.0~6.3	630	2′10″	>6.3~10.0	1000	3′26″	>10.0~16.0
16	25	200	41″	>3.2~5.0	315	1′05″	>5.0~8.0	500	1′43″	>8.0~12.5	800	2′45″	>12.5~20.0
25	40	160	33″	>4.0~6.3	250	52″	>6.3~10.0	400	1′22″	>10.0~16.0	630	2′10″	>16.0~25.0
40	63	125	26″	>5.0~8.0	200	41″	>8.0~12.5	315	1′05″	>12.5~20.0	500	1′43″	>20.0~32.0
63	100	100	21″	>6.3~10.0	160	33″	>10.0~16.0	250	52″	>16.0~25.0	400	1′22″	>25.0~40.0
100	160	80	16″	>8.0~12.5	125	26″	>12.5~20.0	200	41″	>20.0~32.0	315	1′05″	>32.0~50.0
160	250	63	13″	>10.0~16.0	100	21″	>16.0~25.0	160	33″	>25.0~40.0	250	52″	>40.0~63.0
250	400	50	10″	>12.5~20.0	80	16″	>20.0~32.0	125	26″	>32.0~50.0	200	41″	>50.0~80.0
400	630	40	8″	>16.0~25.0	63	13″	>25.0~40.0	100	21″	>40.0~63.0	160	33″	>63.0~100.0

公称圆锥长度 L/mm		圆锥角公差等级											
		AT9			AT10			AT11			AT12		
		AT_α		AT_D	AT_α		AT_D	AT_α		AT_D	AT_α		AT_D
大于	至	/μrad	/(′)(″)	/μm	/μrad	/(′)(″)	/μm	/μrad	/(′)(″)	/μm	/μrad	/(′)(″)	/μm
自6	10	2000	6′52″	>12.5~20	3150	10′49″	>20~32	5000	17′10″	>32~50	8000	27′28″	>50~80
10	16	1600	5′30″	>16~25	2500	8′35″	>25~40	4000	13′44″	>40~63	6300	21′38″	>63~100
16	25	1250	4′18″	>20~32	2000	6′52″	>32~50	3150	10′49″	>50~80	5000	17′10″	>80~125
25	40	1000	3′26″	>25~40	1600	5′30″	>40~63	2500	8′35″	>63~100	4000	13′44″	>100~160
40	63	800	2′45″	>32~50	1250	4′18″	>50~80	2000	6′52″	>80~125	3150	10′49″	>125~200
63	100	630	2′10″	>40~63	1000	3′26″	>63~100	1600	5′30″	>100~160	2500	8′35″	>160~250
100	160	500	1′43″	>50~80	800	2′45″	>80~125	1250	4′18″	>125~200	2000	6′52″	>200~320
160	250	400	1′22″	>63~100	630	2′10″	>100~160	1000	3′26″	>160~250	1600	5′30″	>250~400
250	400	315	1′05″	>80~125	500	1′43″	>125~200	800	2′45″	>200~320	1250	4′18″	>320~500
400	630	250	52″	>100~160	400	1′22″	>160~250	630	2′10″	>250~400	1000	3′26″	>400~630

注：1μrad 等于半径为 1m，弧长为 1μm 所对应的圆心角，5μrad≈1″（秒），300μrad≈1′（分）。

表 2-2-51　圆锥长度 L 为 100mm，圆锥直径公差 T_D 所能限制的最大圆锥角误差 $\Delta\alpha_{max}$

圆锥直径公差等级	圆锥直径/mm												
	3	>3~6	>6~10	>10~18	>18~30	>30~50	>50~80	>80~120	>120~180	>180~250	>250~315	>315~400	>400~500
	$\Delta\alpha_{max}$/μrad												
IT01	3	4	4	5	6	6	8	10	12	20	25	30	40
IT0	5	6	6	8	10	10	12	15	20	30	40	50	60
IT1	8	10	10	12	15	15	20	25	35	45	60	70	80
IT2	12	15	15	20	25	25	30	40	50	70	80	90	100
IT3	20	25	25	30	40	40	50	60	80	100	120	130	150
IT4	30	40	40	50	60	70	80	100	120	140	160	180	200
IT5	40	50	60	80	90	110	130	150	180	200	230	250	270
IT6	60	80	90	110	130	160	190	220	250	290	320	360	400
IT7	100	120	150	180	210	250	300	350	400	460	520	570	630

续表

圆锥直径公差等级	圆锥直径/mm												
	3	>3~6	>6~10	>10~18	>18~30	>30~50	>50~80	>80~120	>120~180	>180~250	>250~315	>315~400	>400~500
	$\Delta\alpha_{max}$/μrad												
IT8	140	180	220	270	330	390	460	540	630	720	810	890	970
IT9	250	300	360	430	520	620	740	870	1000	1150	1300	1400	1550
IT10	400	480	580	700	840	1000	1200	1400	1600	1850	2100	2300	2500
IT11	600	750	900	1000	1300	1600	1900	2200	2500	2900	3200	3600	4000
IT12	1000	1200	1500	1800	2100	2500	3000	3500	4000	4600	5200	5700	6300
IT13	1400	1800	2200	2700	3300	3900	4600	5400	6300	7200	8100	8900	9700
IT14	2500	3000	3600	4300	5200	6200	7400	8700	10000	11500	13000	14000	15500
IT15	4000	4800	5800	7000	8400	10000	12000	14000	16000	18500	21000	23000	25000
IT16	6000	7500	9000	11000	13000	16000	19000	22000	25000	29000	32000	36000	40000
IT17	10000	12000	15000	18000	21000	25000	30000	35000	40000	46000	52000	57000	63000
IT18	14000	18000	22000	27000	33000	39000	46000	54000	63000	72000	81000	89000	97000

注：圆锥长度不等于100mm时，需将表中的数值乘以100/L，L的单位为mm。

5.2 圆锥配合（摘自GB/T 12360—2005）

5.2.1 适用范围

本标准适用于锥度C从1∶3至1∶500，长度L从6~630mm，直径至500mm光滑圆锥的配合。其公差的给定方法，按5.1.3中（2）①的规定。

5.2.2 术语及定义

表2-2-52

术语	定义
圆锥配合	圆锥配合有结构型圆锥配合和位移型圆锥配合两种
结构型圆锥配合	由圆锥结构确定装配位置,内、外圆锥公差区之间的相互关系 结构型圆锥配合可以是间隙配合、过渡配合或过盈配合。图1为由轴肩接触得到间隙配合的结构型圆锥配合示例,图2为由结构尺寸a得到过盈配合的结构型圆锥配合示例 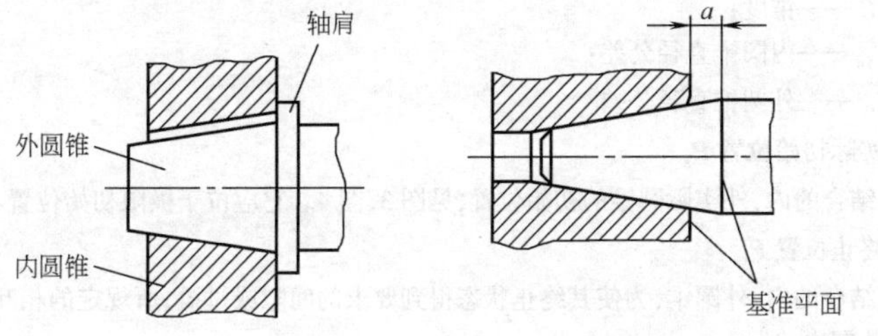 轴肩 外圆锥 内圆锥 a 基准平面 图1 图2

续表

术　语	定　　义
圆锥直径配合量 T_{Df}	圆锥配合在配合直径上允许的间隙或过盈的变动量 ① 圆锥直径配合量是一个没有符号的绝对值 ② 对于结构型圆锥配合，圆锥直径间隙配合量是最大间隙（X_{max}）与最小间隙（X_{min}）之差；圆锥直径过盈配合量是最小过盈（Y_{min}）与最大过盈（Y_{max}）之差；圆锥直径过渡配合量是最大间隙（X_{max}）与最大过盈（Y_{max}）之差。圆锥直径配合量也等于内圆锥直径公差（T_{Di}）与外圆锥直径公差（T_{Dc}）之和 圆锥直径间隙配合量　$T_{Df}=X_{max}-X_{min}$ 圆锥直径过盈配合量　$T_{Df}=Y_{min}-Y_{max}$ 圆锥直径过渡配合量　$T_{Df}=X_{max}-Y_{max}$ 圆锥直径配合量　$T_{Df}=T_{Di}+T_{De}$ ③ 对于位移型圆锥配合，圆锥直径间隙配合量是最大间隙（X_{max}）与最小间隙（X_{min}）之差，圆锥直径过盈配合量是最小过盈（Y_{min}）与最大过盈（Y_{max}）之差；也等于轴向位移公差（T_E）与锥度（C）之积 圆锥直径间隙配合量　$T_{Df}=X_{max}-X_{min}=T_E C$ 圆锥直径过盈配合量　$T_{Df}=Y_{min}-Y_{max}=T_E C$
位移型圆锥配合	内、外圆锥在装配时作一定相对轴向位移（E_a）确定的相互关系 位移型圆锥配合可以是间隙配合或过盈配合。图 3 为给定轴向位移 E_a 得到间隙配合的位移型圆锥配合示例，图 4 为给定装配力 F_s 得到过盈配合的位移型圆锥配合示例 （1）初始位置 P 在不施加力的情况下，相互结合的内、外圆锥表面接触时的轴向位置 （2）极限初始位置 P_1、P_2 初始位置允许的界限 极限初始位置 P_1 为内圆锥的下极限圆锥和外圆锥的上极限圆锥接触时的位置，见图 5 极限初始位置 P_2 为内圆锥的上极限圆锥和外圆锥的下极限圆锥接触时的位置，见图 5 图 3　　图 4　　图 5 （3）初始位置公差 T_p 初始位置允许的变动量，等于极限初始位置 P_1 和 P_2 之间的距离，见图 5 $$T_p=\frac{1}{C}(T_{Di}+T_{De})$$ 式中　C——锥度； T_{Di}——内圆锥直径公差； T_{De}——外圆锥直径公差 （4）实际初始位置 P_a 相互结合的内、外实际圆锥的初始位置，见图 3、图 4。它应位于极限初始位置 P_1 和 P_2 之间 （5）终止位置 P_f 相互结合的内、外圆锥，为使其终止状态得到要求的间隙或过盈，所规定的相互轴向位置，见图 3、图 4 （6）装配力 F_s 相互结合的内、外圆锥，为在终止位置（P_f）得到要求的过盈所施加的轴向力，见图 4

续表

<table>
<tr><th>术 语</th><th>定 义</th></tr>
<tr><td>位移型圆锥配合</td><td>(7)轴向位移 E_a
相互结合的内、外圆锥,从实际初始位置(P_a)到终止位置(P_f)移动的距离,见图 3
(8)最小轴向位移 E_{amin}
在相互结合的内、外圆锥的终止位置上,得到最小间隙或最小过盈的轴向位移
(9)最大轴向位移 E_{amax}
在相互结合的内、外圆锥的终止位置上,得到最大间隙或最大过盈的轴向位移
图 6 为在终止位置上得到最大、最小过盈的示例
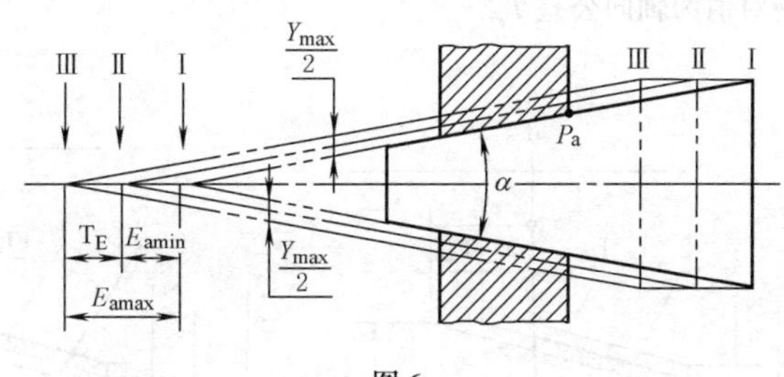

图 6
Ⅰ—实际初始位置;Ⅱ—最小过盈位置;Ⅲ—最大过盈位置

(10)轴向位移公差 T_E
轴向位移允许的变动量,等于最大轴向位移(E_{amax})与最小轴向位移(E_{amin})之差,见图 6
$T_E = E_{amax} - E_{amin}$</td></tr>
</table>

5.2.3 圆锥配合的一般规定

① 结构型圆锥配合推荐优先采用基孔制。内、外圆锥直径公差区代号及配合按 GB/T 1801 选取。如 GB/T 1801 给出的常用配合仍不能满足需要，可按 GB/T 1800.1 规定的基本偏差和标准公差组成所需配合。

② 位移型圆锥配合的内、外圆锥直径公差区代号的基本偏差推荐选用 H、h 和 JS、js。其轴向位移的极限值按 GB/T 1801 规定的极限间隙或极限过盈来计算。

③ 位移型圆锥配合的轴向位移极限值 E_{amin}、E_{amax} 和轴向位移公差 T_E 按下列公式计算。

a. 对于间隙配合：

$$E_{amin} = \frac{1}{C}|X_{min}|$$

$$E_{amax} = \frac{1}{C}|X_{max}|$$

$$T_E = E_{amax} - E_{amin} = \frac{1}{C}|X_{max} - X_{min}|$$

式中 C——锥度；

X_{max}——配合的最大间隙量；

X_{min}——配合的最小间隙量。

b. 对于过盈配合：

$$E_{amin} = \frac{1}{C}|Y_{min}|$$

$$E_{amax} = \frac{1}{C}|Y_{max}|$$

$$T_E = E_{amax} - E_{amin}$$
$$= \frac{1}{C}|Y_{max} - Y_{min}|$$

式中 C——锥度；

Y_{max}——配合的最大过盈量；

Y_{min}——配合的最小过盈量。

5.2.4 内、外圆锥轴向极限偏差的计算

圆锥轴向极限偏差是圆锥的某一极限圆锥与其公称圆锥轴向位置的偏离，如图 2-2-11 所示。规定下极限圆锥与公称圆锥的偏离为轴向上偏差 es_z、ES_z；上极限圆锥与公称圆锥的偏离为轴向下偏差 ei_z、EI_z。轴向上偏差与轴向下偏差代数差的绝对值为轴向公差 T_z。

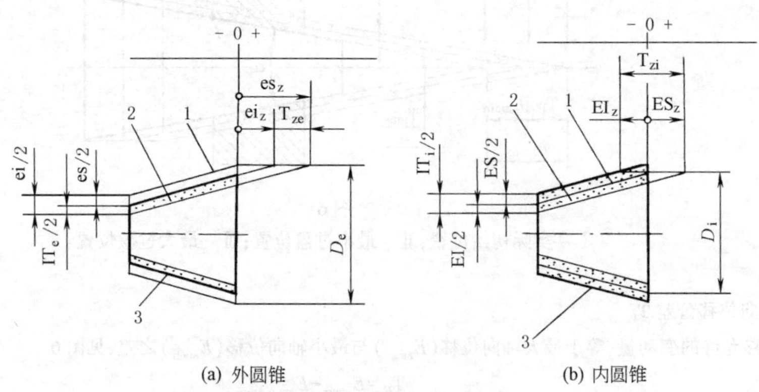

图 2-2-11 圆锥轴向极限偏差

1—公称圆锥；2—下极限圆锥；3—上极限圆锥

(1) 计算公式

① 轴向上偏差：

外圆锥 $$es_z = -\frac{1}{C}ei$$

内圆锥 $$ES_z = -\frac{1}{C}EI$$

② 轴向下偏差：

外圆锥 $$ei_z = -\frac{1}{C}es$$

内圆锥 $$EI_z = -\frac{1}{C}ES$$

③ 轴向基本偏差：

外圆锥 $$e_z = -\frac{1}{C}\times \text{直径基本偏差}$$

内圆锥 $$E_z = -\frac{1}{C}\times \text{直径基本偏差}$$

④ 轴向公差：

外圆锥 $$T_{ze} = \frac{1}{C}IT_e$$

内圆锥 $$T_{zi} = \frac{1}{C}IT_i$$

(2) 计算用表

锥度 C 等于 1∶10 时，按 GB/T 1800.1 规定的基本偏差计算所得的外圆锥的轴向基本偏差（e_z）列于表 2-2-53。此时，按 GB/T 1800.1 规定的标准公差计算所得的轴向公差 T_z 的数值列于表 2-2-54。

当锥度 C 不等于 1∶10 时，圆锥的轴向基本偏差和轴向公差按表 2-2-53、表 2-2-54 给出的数值，乘以表 2-2-55、表 2-2-56 的换算系数进行计算。

表 2-2-53　　锥度 C=1∶10 时，外圆锥的轴向基本偏差 e_z 数值　　mm

基本偏差		a	b	c	cd	d	e	ef	f	fg	g	h	js	j		
公称尺寸		公差等级														
大于	至	所有等级												5、6	7	8
—	3	+2.7	+1.4	+0.6	+0.34	+0.2	+0.14	+0.1	+0.06	+0.04	+0.02	0	$e_z=\pm\frac{T_{ze}}{2}$	+0.02	+0.04	+0.06
3	6	+2.7	+1.4	+0.7	+0.46	+0.3	+0.2	+0.14	+0.1	+0.06	+0.04	0		+0.02	+0.04	—
6	10	+2.8	+1.5	+0.8	+0.56	+0.4	+0.25	+0.18	+0.13	+0.08	+0.05	0		+0.02	+0.05	—
10	14	+2.9	+1.5	+0.95	—	+0.5	+0.32	—	+0.16	—	+0.06	0		+0.03	+0.06	—
14	18															
18	24	+3	+1.6	+1.1	—	+0.65	+0.4	—	+0.2	—	+0.07	0		+0.04	+0.08	—
24	30															
30	40	+3.1	+1.7	+1.2	—	+0.8	+0.5	—	+0.25	—	+0.09	0		+0.05	+0.1	—
40	50	+3.2	+1.8	+1.3												
50	65	+3.4	+1.9	+1.4	—	+1	+0.6	—	+0.3	—	+0.1	0		+0.07	+0.12	—
65	80	+3.6	+2	+1.5												
80	100	+3.8	+2.2	+1.7	—	+1.2	+0.72	—	+0.36	—	+0.12	0		+0.09	+0.15	—
100	120	+4.1	+2.4	+1.8												
120	140	+4.6	+2.6	+2	—	+1.45	+0.85	—	+0.43	—	+0.14	0		+0.11	+0.18	—
140	160	+5.2	+2.8	+2.1												
160	180	+5.8	+3.1	+2.3												
180	200	+6.6	+3.4	+2.4	—	+1.7	+1	—	+0.5	—	+0.15	0		+0.13	+0.21	—
200	225	+7.4	+3.8	+2.6												
225	250	+8.2	+4.2	+2.8												
250	280	+9.2	+4.8	+3	—	+1.9	+1.1	—	+0.56	—	+0.17	0		+0.16	+0.26	—
280	315	+10.5	+5.4	+3.3												
315	355	+12	+6	+3.6	—	+2.1	+1.25	—	+0.62	—	+0.18	0		+0.18	+0.28	—
355	400	+13.5	+6.8	+4												
400	450	+15	+7.6	+4.4	—	+2.3	+1.35	—	+0.68	—	+0.2	0		+0.2	+0.32	
450	500	+16.5	+8.4	+4.8												

第2篇

续表

基本偏差		k		m	n	p	r	s	t	u	v	x	y	z	za	zb	zc
公称尺寸		公差等级															
大于	至	<4 >7	4~7	所有等级													
—	3	0	0	-0.02	-0.04	-0.06	-0.1	-0.14	—	-0.18	—	-0.20	—	-0.26	-0.32	-0.4	-0.6
3	6	0	-0.01	-0.04	-0.08	-0.12	-0.15	-0.19	—	-0.23	—	-0.28	—	-0.35	-0.42	-0.5	-0.8
6	10	0	-0.01	-0.06	-0.1	-0.15	-0.19	-0.23	—	-0.28	—	-0.34	—	-0.42	-0.52	-0.67	-0.97
10	14	0	-0.01	-0.07	-0.12	-0.18	-0.23	-0.28	—	-0.33	—	-0.4	—	-0.5	-0.64	-0.9	-1.3
14	18									-0.33	-0.39	-0.45	—	-0.6	-0.77	-1.08	-1.5
18	24	0	-0.02	-0.08	-0.15	-0.22	-0.28	-0.35	—	-0.41	-0.47	-0.54	-0.63	-0.73	-0.98	-1.36	-1.88
24	30								-0.41	-0.48	-0.55	-0.64	-0.75	-0.88	-1.18	-1.6	-2.18
30	40	0	-0.02	-0.09	-0.17	-0.26	-0.34	-0.43	-0.48	-0.6	-0.68	-0.8	-0.94	-1.12	-1.48	-2	-2.74
40	50								-0.54	-0.7	-0.81	-0.97	-1.14	-1.36	-1.80	-2.42	-3.25
50	65	0	-0.02	-0.11	-0.2	-0.32	-0.41	-0.53	-0.66	-0.87	-1.02	-1.22	-1.44	-1.72	-2.25	-3	-4.05
65	80						-0.43	-0.59	-0.75	-1.02	-1.2	-1.46	-1.74	-2.1	-2.74	-3.6	-4.8
80	100	0	-0.03	-0.13	-0.23	-0.37	-0.51	-0.71	-0.91	-1.24	-1.46	-1.78	-2.14	-2.58	-3.35	-4.45	-5.85
100	120						-0.54	-0.79	-1.04	-1.44	-1.72	-2.10	-2.54	-3.1	-4	-5.25	-6.9
120	140						-0.63	-0.92	-1.22	-1.7	-2.02	-2.48	-3	-3.65	-4.7	-6.2	-8
140	160	0	-0.03	-0.15	-0.27	-0.43	-0.65	-1	-1.34	-1.9	-2.28	-2.8	-3.4	-4.15	-5.35	-7	-9
160	180						-0.68	-1.08	-1.46	-2.1	-2.52	-3.1	-3.8	-4.65	-6	-7.8	-10
180	200						-0.77	-1.22	-1.66	-2.36	-2.84	-3.5	-4.25	-5.2	-6.7	-8.8	-11.5
200	225	0	-0.04	-0.17	-0.31	-0.5	-0.80	-1.3	-1.8	-2.58	-3.1	-3.85	-4.7	-5.75	-7.4	-9.6	-12.5
225	250						-0.84	-1.4	-1.96	-2.84	-3.4	-4.25	-5.2	-6.4	-8.2	-10.5	-13.5
250	280	0	-0.04	-0.2	-0.34	-0.56	-0.94	-1.58	-2.18	-3.15	-3.85	-4.75	-5.8	-7.1	-9.2	-12	-15.5
280	315						-0.98	-1.7	-2.4	-3.5	-4.25	-5.25	-6.5	-7.9	-10	-13	-17
315	355	0	-0.04	-0.21	-0.37	-0.62	-1.08	-1.9	-2.68	-3.9	-4.75	-5.9	-7.3	-9	-11.5	-15	-19
355	400						-1.14	-2.08	-2.94	-4.35	-5.3	-6.6	-8.2	-10	-13	-16.5	-21
400	450	0	-0.05	-0.23	-0.4	-0.68	-1.26	-2.32	-3.3	-4.9	-5.95	-7.4	-9.2	-11	-14.5	-18.5	-24
450	500						-1.32	-2.52	-3.6	-5.4	-6.6	-8.2	-10	-12.5	-16	-21	-26

注："+"表示相对于基本圆锥，外圆锥有轴向间隙；"-"表示相对于基本圆锥，外圆锥有轴向过盈。

表 2-2-54　　锥度 $C=1:10$ 时，轴向公差 T_z 数值　　mm

公称尺寸		公差等级									
大于	至	IT3	IT4	IT5	IT6	IT7	IT8	IT9	IT10	IT11	IT12
—	3	0.02	0.03	0.04	0.06	0.1	0.14	0.25	0.4	0.6	1
3	6	0.025	0.04	0.05	0.08	0.12	0.18	0.3	0.48	0.75	1.2
6	10	0.025	0.04	0.06	0.09	0.15	0.22	0.36	0.58	0.9	1.5
10	18	0.03	0.04	0.08	0.11	0.18	0.27	0.43	0.7	1.1	1.8

续表

公称尺寸		公差等级									
大于	至	IT3	IT4	IT5	IT6	IT7	IT8	IT9	IT10	IT11	IT12
18	30	0.04	0.05	0.09	0.13	0.21	0.33	0.52	0.84	1.3	2.1
30	50	0.04	0.07	0.11	0.16	0.25	0.39	0.62	1	1.6	2.5
50	80	0.05	0.08	0.13	0.19	0.3	0.46	0.74	1.2	1.9	3
80	120	0.06	0.1	0.15	0.22	0.35	0.54	0.87	1.4	2.2	3.5
120	180	0.08	0.12	0.18	0.25	0.4	0.63	1	1.6	2.5	4
180	250	0.1	0.14	0.2	0.29	0.46	0.72	1.15	1.85	2.9	4.6
250	315	0.12	0.16	0.23	0.32	0.52	0.81	1.3	2.1	3.2	5.2
315	400	0.13	0.18	0.25	0.36	0.57	0.89	1.4	2.3	3.6	5.7
400	500	0.15	0.2	0.27	0.4	0.63	0.97	1.55	2.5	4	6.3

表 2-2-55　一般用途圆锥的换算系数

基本值		换算系数	基本值		换算系数
系列 1	系列 2		系列 1	系列 2	
1∶3		0.3		1∶15	1.5
	1∶4	0.4	1∶20		2
1∶5		0.5	1∶30		3
	1∶6	0.6		1∶40	4
	1∶7	0.7	1∶50		5
	1∶8	0.8	1∶100		10
1∶10		1	1∶200		20
	1∶12	1.2	1∶500		50

表 2-2-56　特殊用途圆锥的换算系数

基本值	换算系数	基本值	换算系数
18°33′	0.3	1∶18.779	1.8
11°54′	0.48	1∶19.002	1.9
8°40′	0.66	1∶19.180	1.92
7°40′	0.75	1∶19.212	1.92
7∶24	0.84	1∶19.254	1.92
1∶9	0.9	1∶19.264	1.92
1∶12.262	1.2	1∶19.922	1.99
1∶12.972	1.3	1∶20.020	2
1∶15.748	1.57	1∶20.047	2
1∶16.666	1.67	1∶20.288	2

注：圆锥的尺寸和公差的注法见本篇第 1 章。

(3) 基孔制的轴向极限偏差

按表 2-2-53~表 2-2-56 中的数值由下列公式计算。

① 对内圆锥：

基本偏差为 H 时

$$ES_z = 0$$

$$EI_z = -T_{zi}$$

② 对外圆锥：

基本偏差为 a 到 g 时

$$es_z = e_z + T_{ze}$$

$$ei_z = e_z$$

基本偏差为 h 时

$$es_z = +T_{ze}$$

$$ei_z = 0$$

基本偏差为 js 时

$$es_z = +\frac{T_{ze}}{2}$$

$$ei_z = -\frac{T_{ze}}{2}$$

基本偏差为 j 到 zc 时

$$es_z = e_z$$

$$ei_z = e_z - T_{ze}$$

第3章 几何公差

1 术语与定义（摘自 GB/T 1182—2008、GB/T 4249—2009、GB/T 16671—2009、GB/T 18780.1—2002、GB/T 17851—2010）

表 2-3-1

术语	定义
要素类	
要素(几何要素)	点、线、面
组成要素	面或面上的线
导出要素	由一个或几个组成要素得到的中心点、中心线或中心面
尺寸要素	由一定大小的线性尺寸或角度尺寸确定的几何形状
公称组成要素	由技术制图或其他方法确定的理论正确组成要素
公称导出要素	由一个或几个公称组成要素导出的中心点、轴线或中心平面
工件实际表面	实际存在并将整个工件与周围介质分隔的一组要素
实际(组成)要素	由接近实际(组成)要素所限定的工件实际表面的组成要素部分
提取组成要素	按规定方法,由实际(组成)要素提取有限数目的点所形成的实际(组成)要素的近似替代
提取导出要素	由一个或几何提取组成要素得到的中心点、中心线或中心面
拟合组成要素	按规定的方法由提取组成要素形成的并具有理想形状的组成要素
拟合导出要素	由一个或几个拟合组成要素导出的中心点、轴线或中心平面
方位要素	能确定要素方向和/或位置的点、直线、平面或螺旋线类要素
基准	用来定义公差带的位置和/或方向或用来定义实体状态的位置和/或方向的一个(组)方位要素
基准体系	由两个或三个单独的基准构成的组合用来确定被测要素几何位置关系
基准要素	零件上用来建立基准并实际起基准作用的实际(组成)要素(如一条边、一个表面或一个孔)
基准目标	零件上与加工或检验设备相接触的点、线或局部区域,用来体现满足功能要求的基准
几何公差类(代替过去的形状公差和位置公差)	
形状公差	单一实际要素的形状对其理想要素所允许的变动量,如直线度、平面度、圆度、圆柱度、轮廓度等
位置公差	关联实际实测要素对具有确定方向或位置的理想要素的允许变动量。包括定向公差、定位公差和跳动公差,如方(定)向公差、定位公差、跳动公差
方向公差	关联实际被测要素对具有确定方向的理想被测要素的允许变动量,如平行度、垂直度、倾斜度
定位公差	关联实际被测要素对具有确定位置的理想被测要素的允许变动量,如同轴度(同心度)、对称度、位置度
跳动公差	关联实际被测要素绕基准轴线作无轴向运行时回转一周或连续回转时沿给定方向所允许的最大示值跳动量。包括圆跳动和全跳动,圆跳动又分径向圆跳动、轴向圆跳动和斜向圆跳动,如圆跳动、全跳动
几何公差带	限制实际形状要素或实际位置要素的变动区域。公差带是一个给定的区域,是误差的最大允许值,它由大小、形状、方向和位置四个因素来决定
延伸公差带	根据零件的功能要求,位置度和对称度公差带需延伸到被测要素的长度界限之外时,该公差带称延伸公差带

续表

术语	定义
理论正确尺寸	当给出一个或一组要素的位置、方向或轮廓度公差时，分别用来确定其理论正确位置、方向或轮廓的尺寸称为理论正确尺寸(TED)(理论正确尺寸用于位置度公差标注，位置度公差标注主要由理论正确尺寸、公差框格和基准部分组成) TED 也用于确定基准体系中各基准之间的方向、位置关系 TED 没有公差，并标注在一个方框中(见图 a 和图 b 示例) 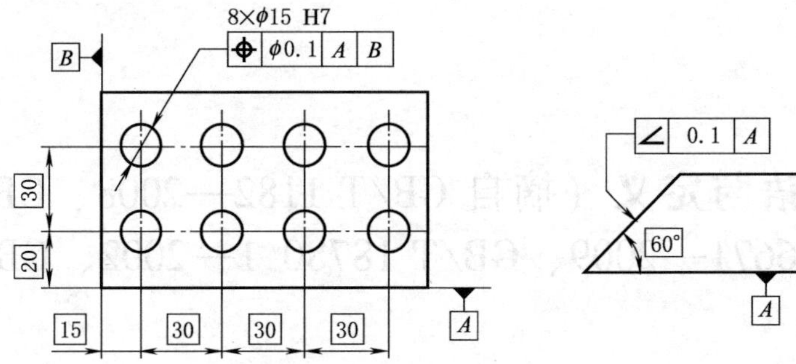 (a)　(b)
公差原则类	
独立原则	图样上给定的每个一个尺寸和几何(形状、方向或位置)要求均是独立的，应分别满足要求。如果对尺寸和形状、尺寸与位置之间的相互关系有特定要求应在图样上规定。独立原则是尺寸公差和几何公差相互关系遵循的基本原则
相关要求	图样上给定的几何公差和尺寸公差相互有关的公差要求。包括包容要求、最大实体要求(MMR)、最小实体要求及可逆要求(LMR)
局部实际尺寸(简称实际尺寸)	在实际要素的任意正截面上，两对应点之间测得的直线距离。
边界	由设计给定的具有理想形状的极限包容面称为边界。边界的尺寸为理想包容面的直径或宽度。
包容要求	包容要求表示提取组成要素不得超越其最大实体边界(MMB)的一种尺寸要素要求。其局部尺寸不得超出最小实体尺寸采用包容要求的尺寸要素应在其尺寸极限偏差或公差带代号之后加注符号Ⓔ。包容要求适用于圆柱表面或两平行对应面。
最大实体要求(MMR)	尺寸要素的非理想要素不违反其最大实体实效状态(MMVC)的一种尺寸要素要求，也即尺寸要素的非理想要素不得超越其最大实体实效边界(MMVB)的一种尺寸要素要求，用符号Ⓜ表示。应用于注有公差的要素时，Ⓜ标注在导出要素的几何公差值之后；应用于基准要素时，Ⓜ标注在基准字母之后
最小实体要求(LMR)	尺寸要素的非理想要素不违反其最小实体实效状态(LMVC)的一种尺寸要素要求，也即尺寸要素的非理想要素不得超越其最大实体实效边界(LMVB)的一种尺寸要素要求，用符号Ⓛ表示。应用于注有公差的要素时，Ⓛ标注在导出要素的几何公差值之后；应用于基准要素时，Ⓛ标注在基准字母之后
可逆要求(RPR)	最大实体要求(MMR)或最小实体要求(LMR)的附加要求，表示尺寸公差可以在实际几何误差小于几何公差之间的差值范围内增大。图样上用符号Ⓡ表示，标注在Ⓜ之后或Ⓛ之后
几何要素定义之间的相互关系	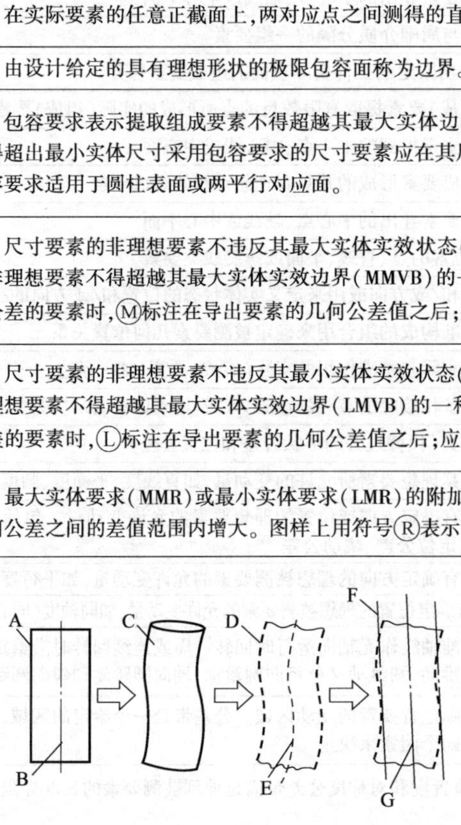 图例字符： A—公称组成要素； B—公称导出要素； C—实际要素； D—提取组成要素； E—提取导出要素； F—拟合组合要素； G—拟合导出要素

续表

术语	定义
体外作用尺寸	在被测要素的给定长度上，与实际内表面体外相接的最大理想面或与实际外表面体外相接的最小理想面的直径或宽度（图 c、图 d） 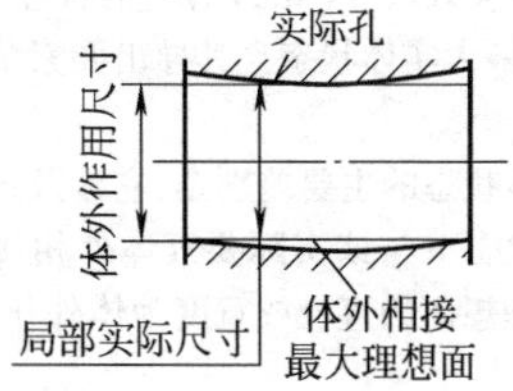 (c) 内表面 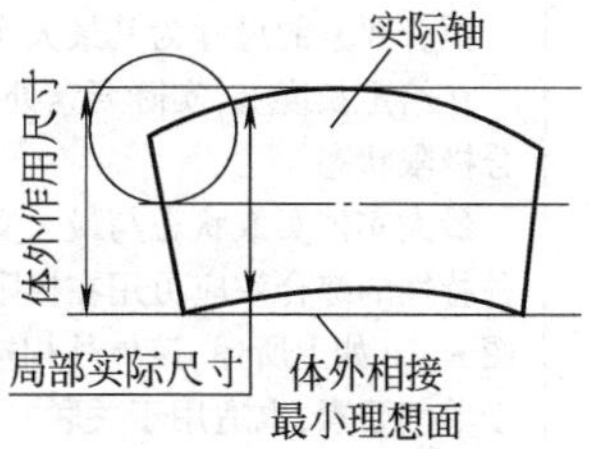　　(d) 外表面 对于关联要素，该理想面的轴线或中心平面必须与基准保持图样给定的几何关系（图 e、图 f） 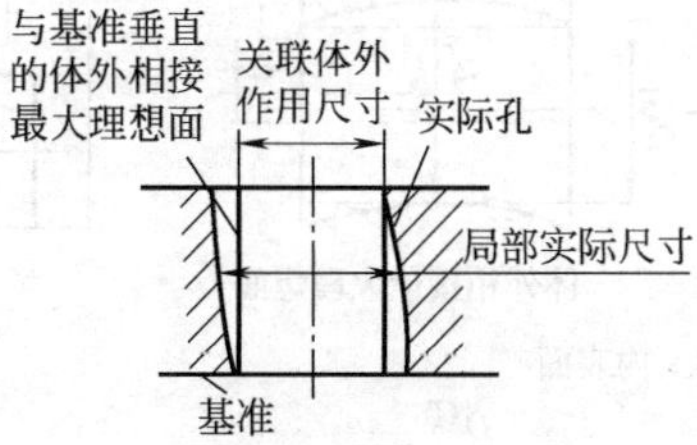 (e) 内表面 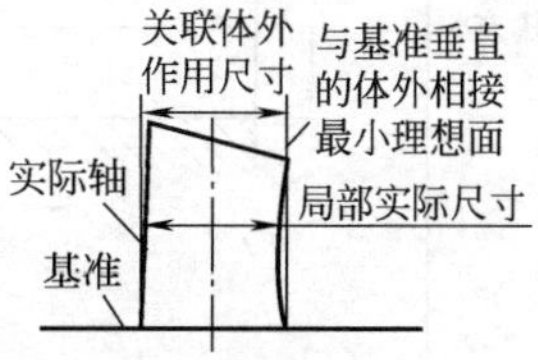　　(f) 外表面
体内作用尺寸	在被测要素的给定长度上，与实际内表面体内相接的最小理想面或与实际外表面体内相接的最大理想面的直径或宽度（图 g、图 h） 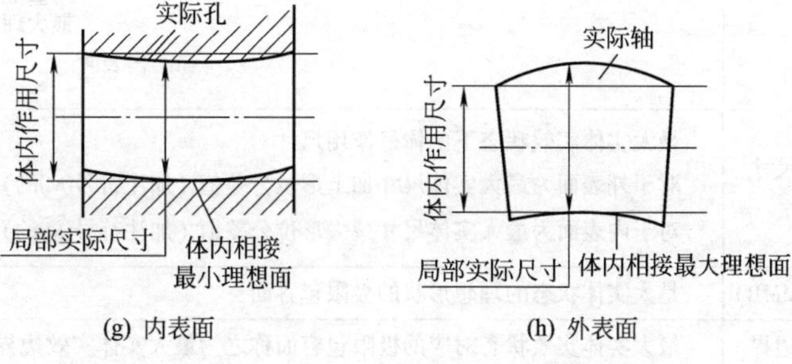 (g) 内表面　　(h) 外表面 对于关联要素，该理想面的轴线或中心平面必须与基准保持图样给定的几何关系（图 i，图 j） 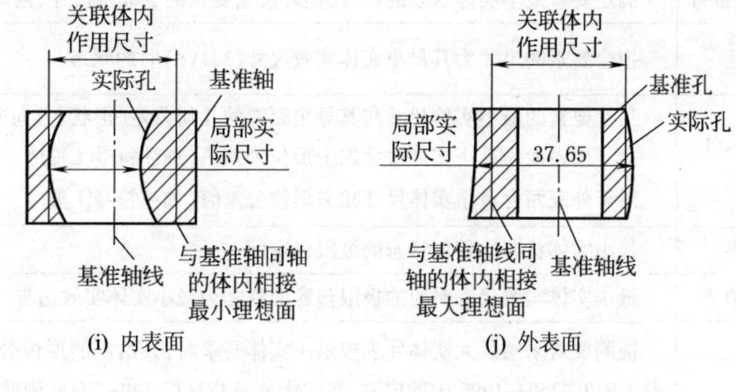 (i) 内表面　　(j) 外表面

续表

术语	定义
最大实体状态(MMC)	假定理想要素的局部尺寸处处位于极限尺寸之内并具有实体最大时的状态
最大实体尺寸(MMS)	确定要素最大实体状态的尺寸。即外尺寸要素的上极限尺寸,内尺寸要素的下极限尺寸
最大实体实效状态(MMVC)	拟合要素的尺寸为其最大实体实效尺寸(MMVS)时的状态 在给定长度上,实际要素处于最大实体状态且其导出要素的形状或位置误差等于给出公差值时的综合极限状态 最大实体实效状态与最大实体状态的主要差别是,它涉及尺寸和形状(或位置)两种几何特性。这两种特性的综合效应可用在极限状态下与该实际要素体外相接的最大或最小理想面来表示(图 k、图 l、图 m)。如上所述,该体外相接理想面的直径或宽度为体外作用尺寸。另外,最大实体实效状态既适用于单一要素,也适用于关联要素 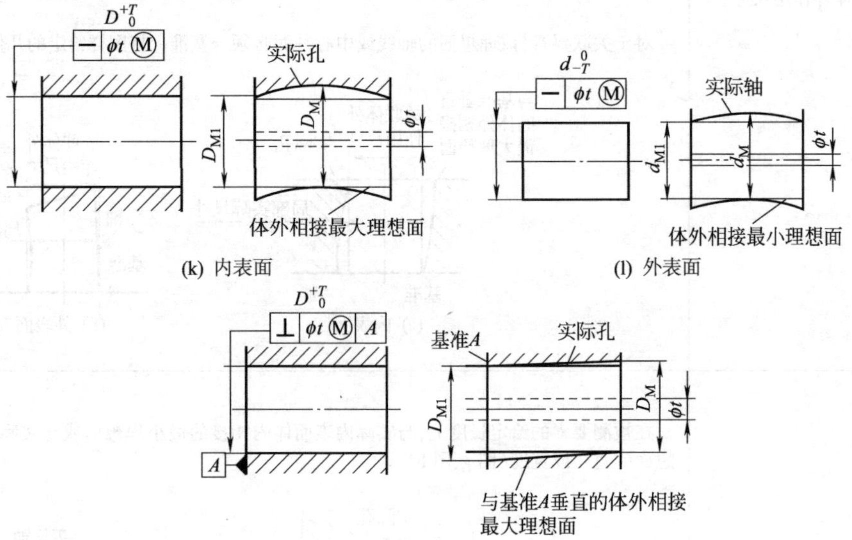 D^{+T}_{0} — ϕt Ⓜ 实际孔 D_{M1} D_M ϕt 体外相接最大理想面 (k) 内表面 d^{0}_{-T} — ϕt Ⓜ 实际轴 d_{M1} d_M ϕt 体外相接最小理想面 (l) 外表面 D^{+T}_{0} ⊥ ϕt Ⓜ A 基准A 实际孔 D_{M1} D_M ϕt A 与基准A垂直的体外相接最大理想面 (m) 内表面
最大实体实效尺寸(MMVS)	最大实体实效状态下的体外作用尺寸 对于外表面为最大实体尺寸加上形位公差值(加注符号Ⓜ的) 对于内表面为最大实体尺寸减去形位公差值(加注符号Ⓜ的)
最大实体边界(MMB)	是大实体状态的理想形状的极限包容面
最大实体实效边界	最大实体实效状态对应的极限包容面称之为最大实体实效边界
最小实体状态(LMC)	假定提取组成要素的局部尺寸处处位于极限尺寸之内且使具有实体最小时的状态
最小实体尺寸(LMS)	确定要素最小实体状态的尺寸,即外尺寸要素的下极限尺寸,内尺寸要素的上极限尺寸
最小实体实效状态(LMVC)	拟合要素的尺寸为其最小实体实效尺寸(LMVS)时的状态
最小实体实效尺寸(LMVS)	尺寸要素的最小实体尺寸与其导出要素的几何公差(形状、方向或位置)共同作用产生的尺寸 对于内表面为最小实体尺寸加上形位公差值(加注符号Ⓛ的) 对于外表面为最小实体尺寸减去形位公差值(加注符号Ⓛ的)
最小实体边界	最小实体状态的理想状态的极限包容面
最小实体实效边界	最小实体实效状态对应的极限包容面称之为最小实体实效边界
零形位公差	被测要素采用最大实体要求或最小实体要求时,其给出的形位公差值为零,用0Ⓛ或0Ⓜ表示(本条是GB/T 4249—1996中的内容,在此作参考GB/T 4249—2009中此条已删)

第 2 篇

续表

术语	定义
几何公差	不论注有公差要素的提取要素的局部尺寸如何,提取要素均应位于给定的几何公差带之内,并且其几何误差允许达到最大值 示例:图 n 为一注有直径公差,素线直线度公差和圆度公差的外圆柱尺寸要素。此标注说明其提取圆柱面的局部尺寸应在上极限尺寸与下极限尺寸之间,其形状误差应在给定的相应形状公差之内。不论提取圆柱面的局部尺寸如何,其形状误差(素线直线度误差和圆度误差包括横截面奇数棱圆误差)均允许达到给定的最大值(见图 o,图 p) (n) (o) (p)
包容要求	包容要求适用于圆柱表面或两平行对应面 包容要求表示提取组成要素不得超越其最大实体边界(MMB),其局部尺寸不得超出最小实体尺寸(LMS) 采用包容要求的尺寸要素应在其尺寸极限偏差或公差带代号之后加注符号Ⓔ(见 GB/T 1182—2008),示例如图 q 所示 (q) 标注说明:提取圆柱面应在其最大实体边界(MMB)之内,该边界的尺寸为最大实体尺寸(MMS) ϕ150mm。其局部尺寸不得小于 149.96mm(见图 r~图 u) 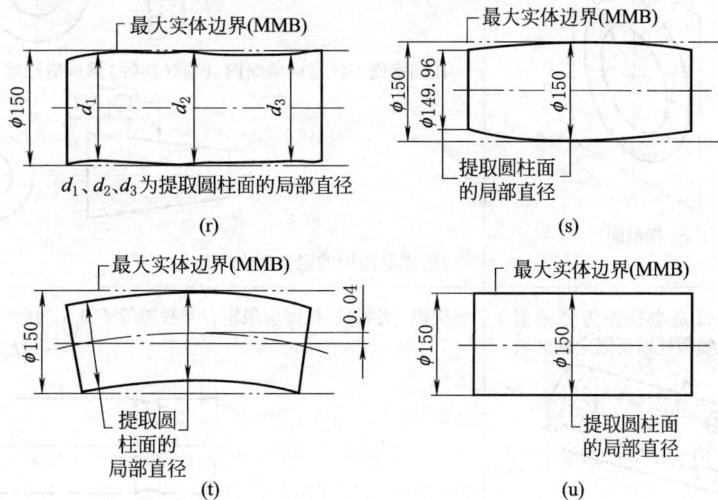 (r) (s) (t) (u)

2 几何公差带的定义、标注和解释（摘自 GB/T 1182—2008）

表 2-3-2

	公差带定义	标注和解释	公差带定义	标注和解释
直线度公差	在给定平面内和给定方向上，间距等于公差值 t 的两平行直线所限定的区域 a为任一距离	在任一平行于图示投影面的平面内，上平面的提取线应限定在间距等于 0.1 的两平行直线之间 — 0.1	由于在公差值前加注 ϕ，公差带为直径 ϕt 的圆柱面所限定的区域 ϕt	外圆柱面的提取中心线应限定在直径等于 $\phi0.08$ 的圆柱面内 — $\phi0.08$
直线度公差	公差带为间距等于公差值 t 的两平行平面所限定的区域	提取的棱边应限定在间距等于 0.1 的两平行平面之间 — 0.1		

	公差带定义	标注和解释
平面度公差	公差带为间距等于公差值 t 的两平行平面之间的区域	提取表面应限定在间距等于 0.08 的两平行平面之间 ▱ 0.08
圆度公差	公差带在给定横截面内、半径差等于公差值 t 的两同心圆所限定的区域 a为任一横截面	在圆柱面和圆锥面的任意横截面内，提取（实际）圆周应限定在半径差为公差值 0.03 的两同心圆之间 ○ 0.03 在圆锥面的任意横截面内，提取（实际）圆周应限定在半径差 0.1 的两同心圆之间 ○ 0.1 注：提取圆周的定义尚未标准化
圆柱度公差	公差带是半径差为公差值 t 的两同轴圆柱面所限定的区域	提取（实际）圆柱面应限定在半径差等于 0.1 的两同轴圆柱面之间 ⌭ 0.1

续表

	公差带定义	标注和解释
无基准的线轮廓度公差	公差带为直径等于公差值 t、圆心位于具有理论正确几何形状上的一系列圆的两包络线所限定的区域 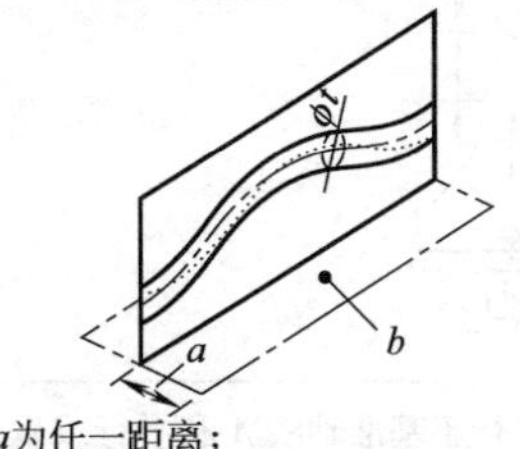 a为任一距离； b为垂直于右边视图所在平面	在任一平行于图示投影面的截面内，提取(实际)轮廓线应限定在直径等于 0.04、圆心位于被测要素理论正确几何形状上的一系列圆的两包络线之间 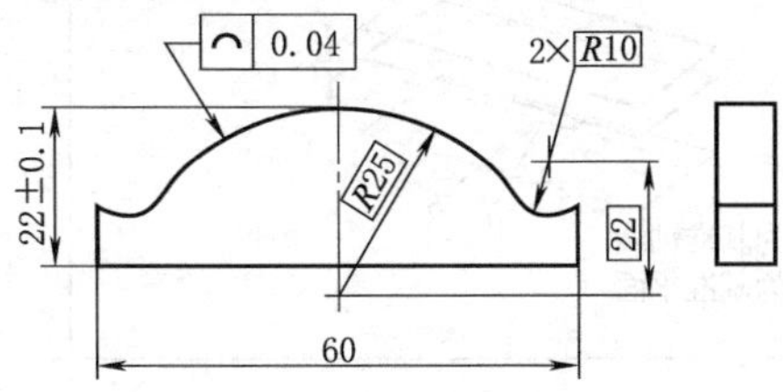
相对于基准体系的线轮廓度公差	公差带为直径等于公差值 t、圆心位于由基准平面 A 和基准平面 B 确定的被测要素理论正确几何形状上的一系列圆的两包络线所限定的区域 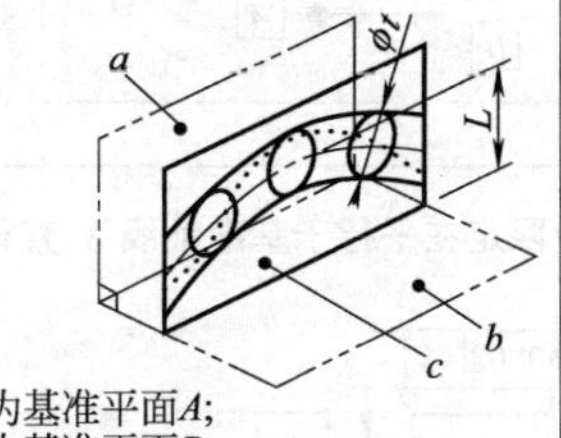 a为基准平面A; b为基准平面B; c为平行于基准A的平面	在任一平行于图示投影平面的截面内，提取(实际)轮廓线应限定在直径等于 0.04 圆心位于由基准平面 A 和基准平面 B 确定的被测要素理论正确几何形状上的一系列圆的两等距包络线之间 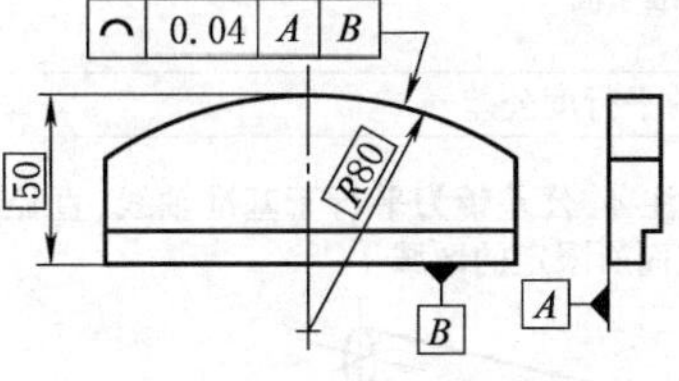
无基准的面轮廓度公差	公差带为直径等于公差值 t、球心位于被测要素理论正确几何形状上的一系列圆球的两包络面所限定的区域 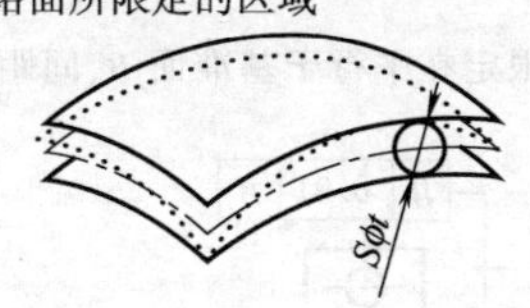 	提取(实际)轮廓面应限定在直径等于 0.02、球心位于被测要素理论正确几何形状上的一系列圆球的两等距包络面之间 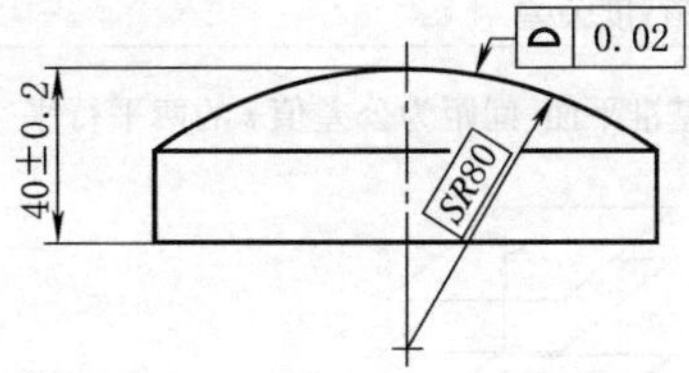
相对于基准的面轮廓度公差	公差带为直径等于公差值 t、球心位于由基准平面 A 确定的被测要素理论正确几何形状上的一系列圆球的两包络面所限定的区域 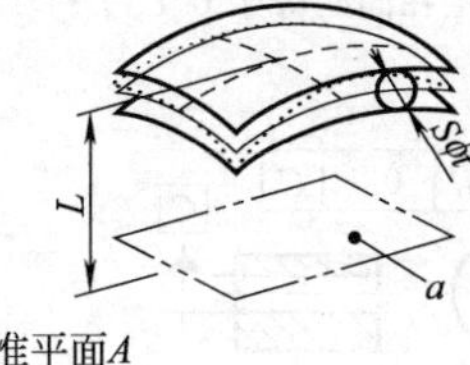 a为基准平面A	提取(实际)轮廓面应限定在直径等于 0.1、球心位于由基准平面 A 确定的被测要素理论正确几何形状上的一系列圆球的两等距包络面之间 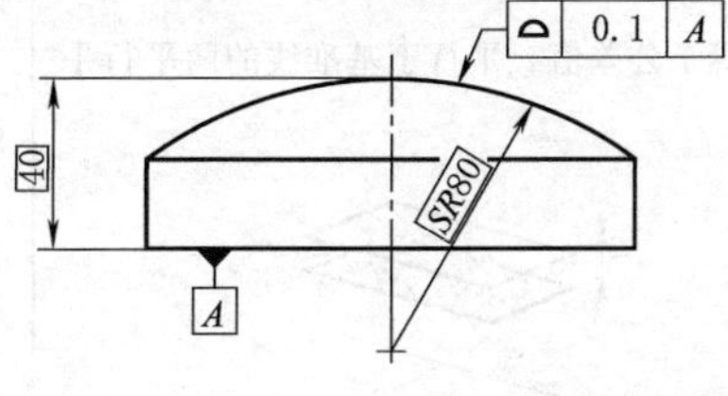

续表

<table>
<tr><th></th><th>公差带定义</th><th>标注和解释</th></tr>
<tr><td rowspan="9">平行度公差</td><td colspan="2">(1)线对基准体系的平行度公差</td></tr>
<tr><td>公差带为距离等于公差值 t 且平行于两基准的两平行平面所限定的区域
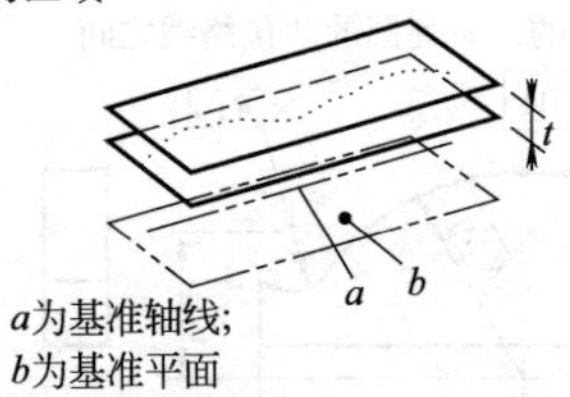

a为基准轴线；
b为基准平面</td><td>提取(实际)中心线应限定在间距离等于 0.1、平行于基准轴线 A 和基准平面 B 的两平行平面之间
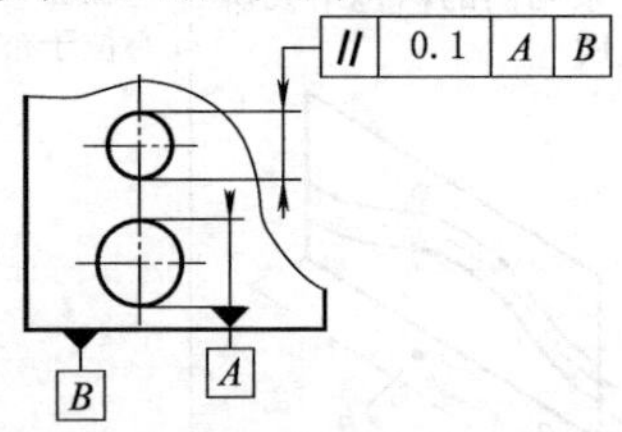
</td></tr>
<tr><td>公差带为间距等于公差值 t、平行于基准线 A 且垂直于基准平面 B 的两平行平面所限定的区域
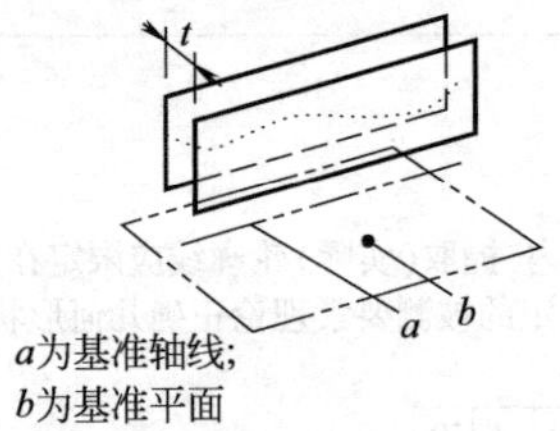

a为基准轴线；
b为基准平面</td><td>提取中心线应限定在平行于基准轴线 A 和平行或垂直于基准平面 B、间距分别等于公差值 0.2 和 0.1，且互相垂直的两组平行平面之间
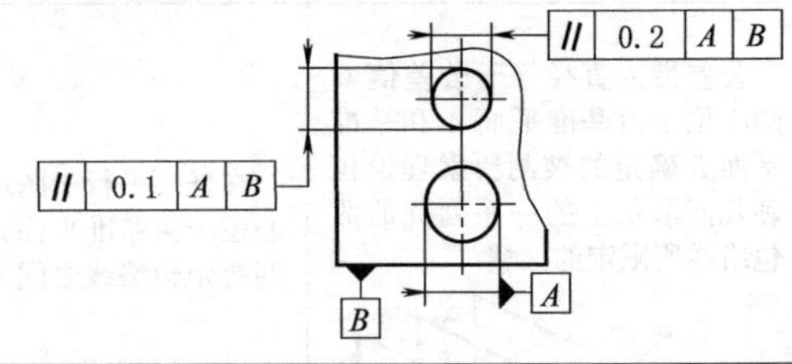
</td></tr>
<tr><td colspan="2">(2)线对基准线的平行度公差</td></tr>
<tr><td>若在公差值前加注 ϕ，公差带为平行于基准轴线、直径为公差值 ϕt 的圆柱面所限定的区域
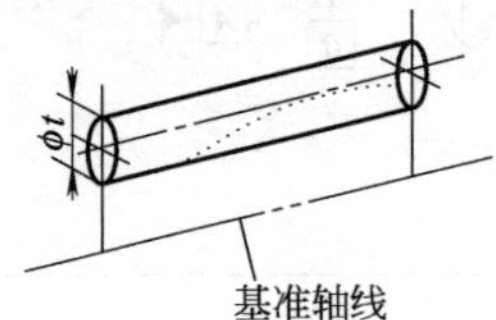

基准轴线</td><td>提取(实际)中心线应限定在平行于基准轴线 A、直径为公差值 ϕ0.03 的圆柱面内
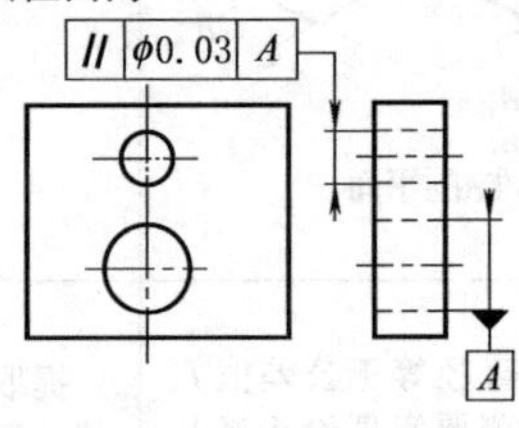
</td></tr>
<tr><td colspan="2">(3)线对基准面平行度公差</td></tr>
<tr><td>公差带为平行于基准平面、间距为公差值 t 的两平行平面所限定的区域
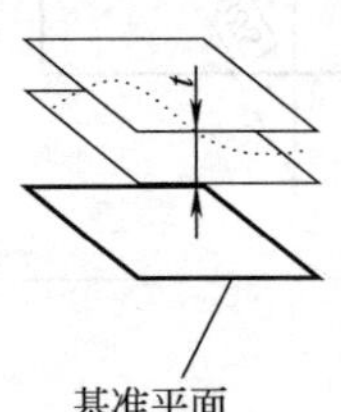

基准平面</td><td>提取(实际)中心线应限定在平行于基准面 B、间距等于 0.01 的两平行平面之间
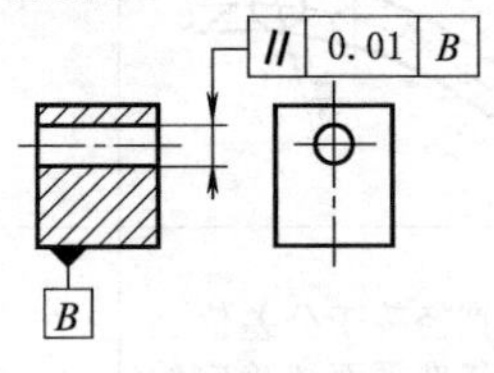
</td></tr>
<tr><td colspan="2">(4)面对基准线的平行度公差</td></tr>
<tr><td>公差带为间距等于公差值 t、平行于基准线的两平行平面之间的区域
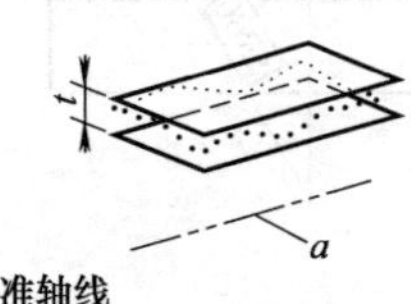

a为基准轴线</td><td>提取(实际)表面应限定在间距等于 0.1、平行于基准线 C 的两平行平面之间
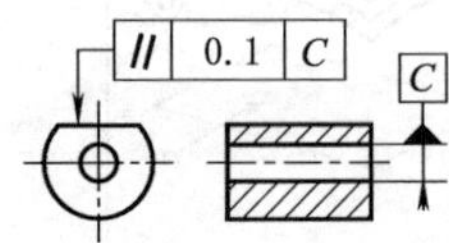
</td></tr>
</table>

第 2 篇

续表

	公差带定义	标注和解释
平行度公差	(4)面对基准面的平行度公差	
	公差带为间距等于公差值 t、平行于基准平面的两平行平面所限定的区域 a为基准平面	提取(实际)表面应限定在间距等于 0.01、平行于基准面 D 的两平行平面之间 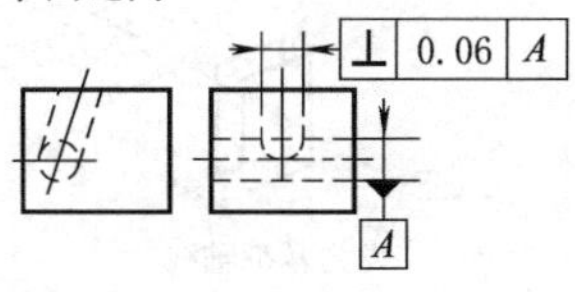
垂直度公差	(1)线对基准线的垂直度公差	
	公差带为间距等于公差值 t、垂直于基准线的两平行平面所限定的区域 a为基准线	提取(实际)中心线应限定在间距等于 0.06、垂直于基准轴线 A 的两平行平面之间 ⊥ 0.06 A
	(2)线对基准面的垂直度公差	
	如公差值前加注 ϕ。则公带是直径为公差值 ϕt 且轴线垂直于基准平面的圆柱面所限定的区域 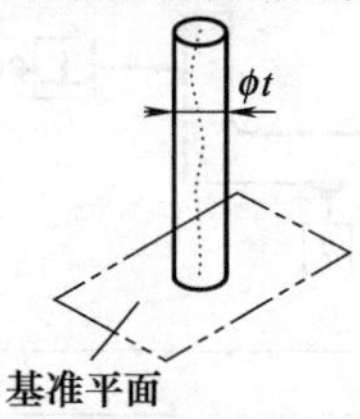 基准平面	圆柱面的提取(实际)中心线应限定在直径等于 $\phi 0.01$、垂直于基准平面 A 的圆柱面内 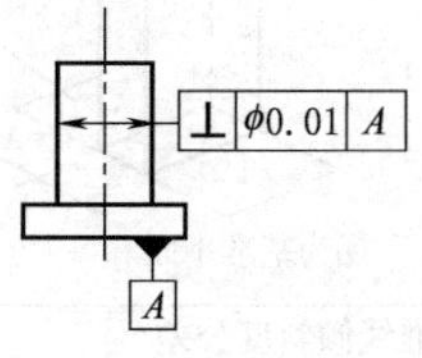
	(3)线对基准体系的垂直度公差	
	公差带为间距等于公差值 t 的两平行平面之间的区域，该两平行平面垂直于基准平面 A，且平行于基准平面 B 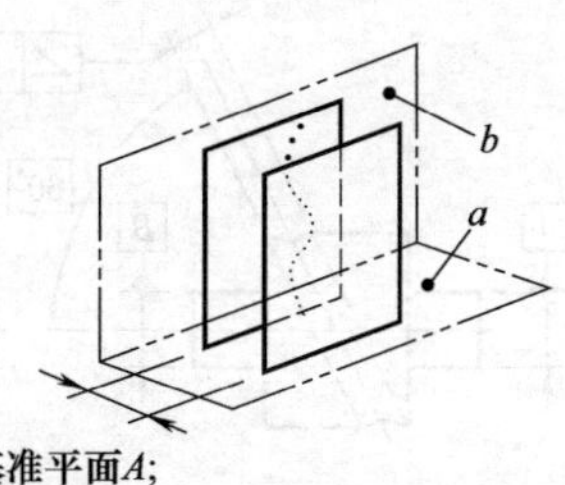 a为基准平面A; b为基准平面B	圆柱面提取(实际)中心线应限定在间距等于 0.1 两平行平面内。该两平行平面垂直于基准平面 A，且平行于基准平面 B 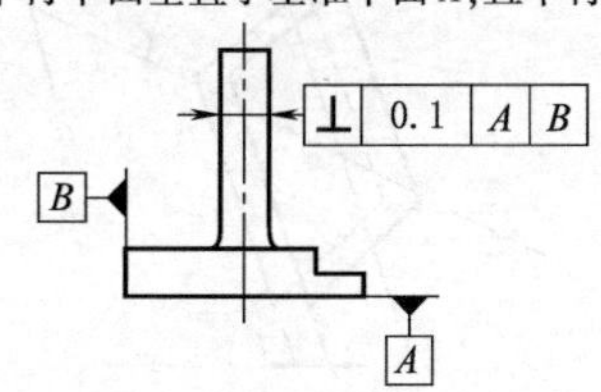
	公差带为间距分别等于公差值 t_1 和 t_2，且互相垂直的两组平行平面所限定的区域。该两平行平面都垂直于基准平面 A，其中一组平行平面垂直于基准平面 B，另一组平行平面平行于基准平面 B 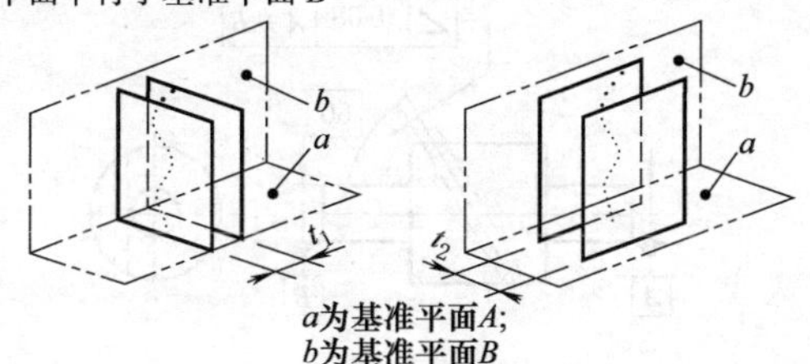 a为基准平面A; b为基准平面B	圆柱面的提取(实际)中心线应限定在间距分别等于 0.1 和 0.2，且相互垂直的两组平行平面内。该两组平行平面垂直于基准平面 A，且垂直或平行于基准平面 B 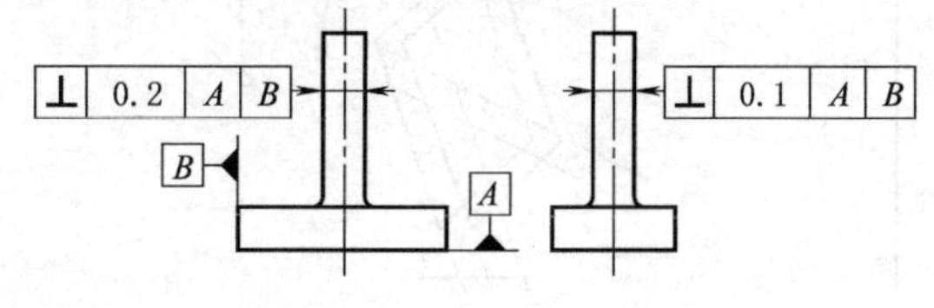

续表

	公差带定义	标注和解释
垂直度公差	(4)线对基准面的垂直度公差	
	若公差值前加注符号 ϕ,公差带为直径等于公差值 ϕt、轴线垂直于基准平面的圆柱面所限定的区域 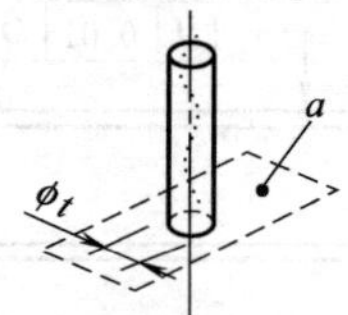 *a*为基准平面	圆柱面的提取(实际)中心线应限定在直径等于 ϕ0.01、垂直于基准平面 *A* 的圆柱面内 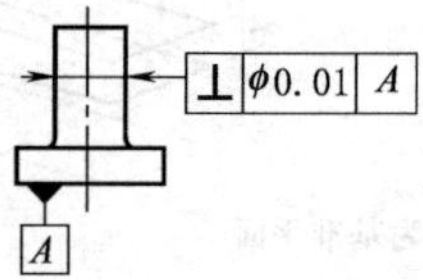
	(5)面对基准线的垂直度公差	
	公差带为间距等于公差值 *t* 且垂直于基准轴线的两平行平面所限定的区域 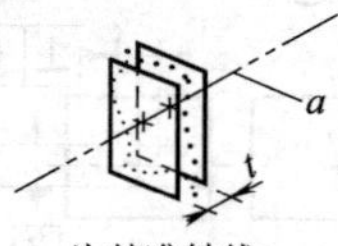 *a*为基准轴线	提取(实际)表面应限定于间距等于 0.08 的两平行平面之间。该两平行平面垂直于基准轴线 *A* 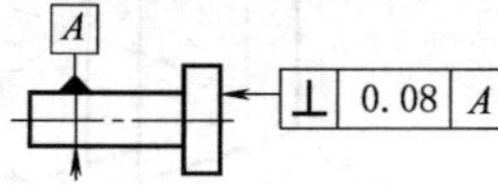
	(6)面对基准平面的垂直度公差	
	公差带为间距等于公差值 *t*、垂直于基准平面的两平行平面所限定的区域 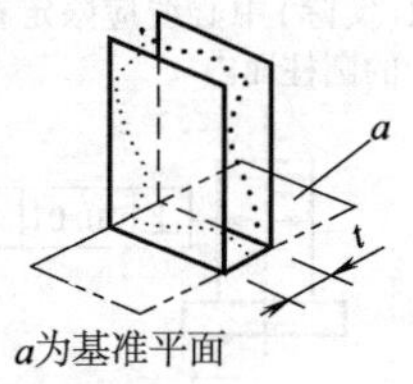 *a*为基准平面	提取(实际)表面应限定在间距等于 0.08、垂直于基准平面 *A* 的两平行平面之间 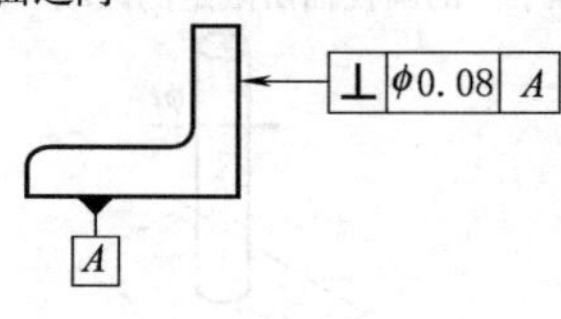
倾斜度公差	(1)线对基准线倾斜度公差	
	(a)被测线和基准线在同一平面上 公差带为间距等于公差值 *t* 的两平行平面所限定的区域。该两平行平面按给定角度倾斜于基准轴线 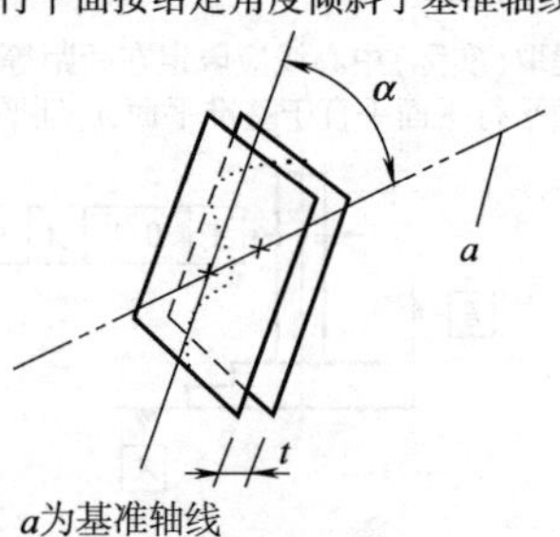 *a*为基准轴线	提取(实际)中心线应限定在间距为 0.08 的两平行平面之间。该两平行平面按理论正确角度 60°倾斜于公共基准轴线 *A*—*B*
	(b)被测线与基准线在不同平面内 公差带为间距等于公差值 *t* 的两平行平面所限定的区域。该两平行平面按给定角度倾斜于基准轴线 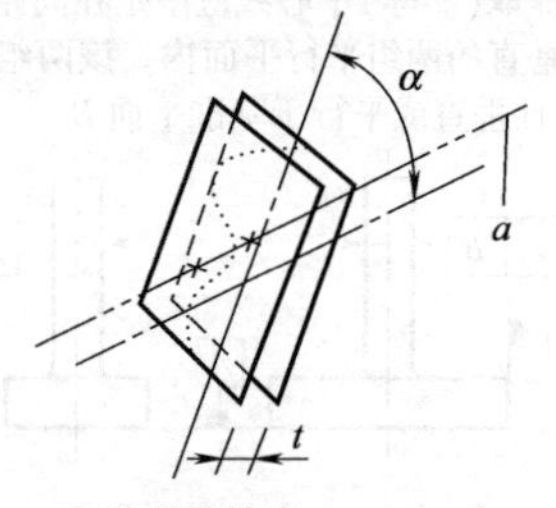 *a*为基准轴线	提取(实际)中心线应限定在间距等于 0.08 的两平行平面之间。该两平行平面按理论正确角度 60°倾斜于公共基准轴线 *A*—*B* 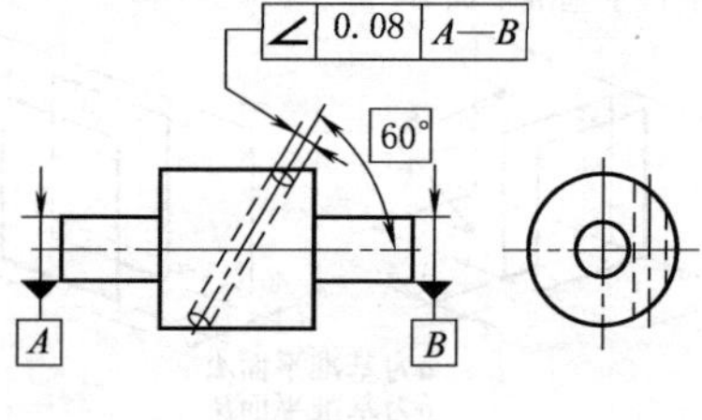

续表

<table>
<tr><th></th><th>公差带定义</th><th>标注和解释</th></tr>
<tr><td rowspan="7">倾斜度公差</td><td colspan="2">(2)线对基准面的倾斜度公差</td></tr>
<tr><td>公差带为间距等于公差值 t 的两平行平面所限定的区域。该两平行平面按给定角度倾斜于基准平面
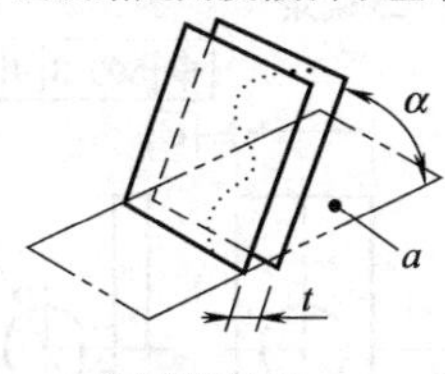

a为基准平面</td><td>提取(实际)中心线应限定在间距等于 0.08 的两平行平面之间。该两平行平面按理论正确角度 60°倾斜于基准轴平面 A
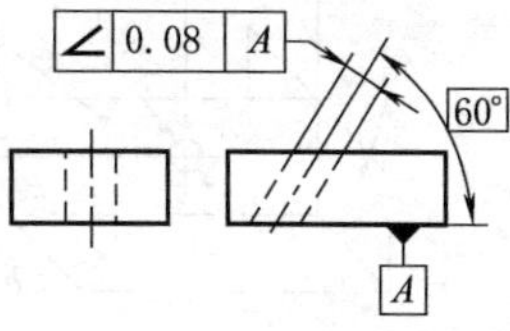
</td></tr>
<tr><td>如在公差值前加注 ϕ,公差带为直径等于公差值 ϕt 的圆柱面所限定的区域。该圆柱面的轴线按给定角度倾斜于基准平面 A 且平行于基准平面 B
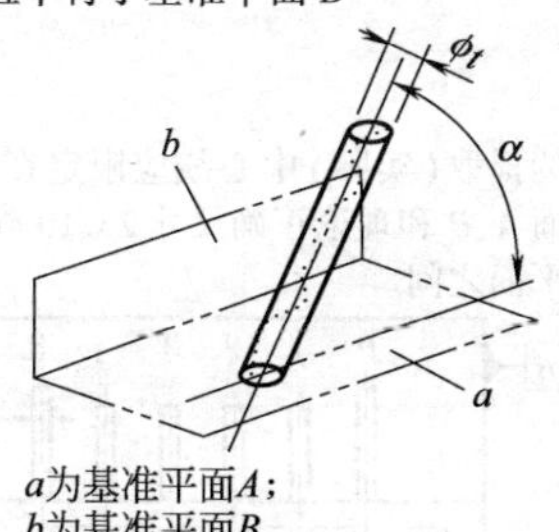

a为基准平面A;
b为基准平面B</td><td>提取(实际)中心线应限定在直径等于 ϕ0.1 的圆柱面内。该圆柱面的中心线按理论正确角度 60°倾斜于基准平面 A 且平行于基准平面 B
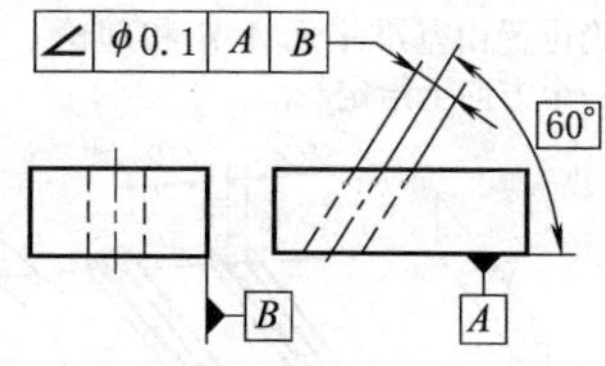
</td></tr>
<tr><td colspan="2">(3)面对基准线的倾斜度公差</td></tr>
<tr><td>公差带为间距等于公差值 t 的两平行平面所限定的区域。该两平行平面按给定角度倾斜于基准直线
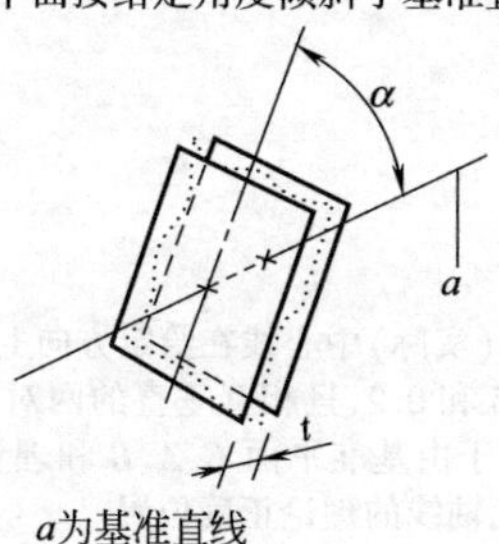

a为基准直线</td><td>提取(实际)表面应限定在间距等于 0.1 的两平行平面之间。该两平行平面按理论正确角度 75°倾斜于基准轴线 A
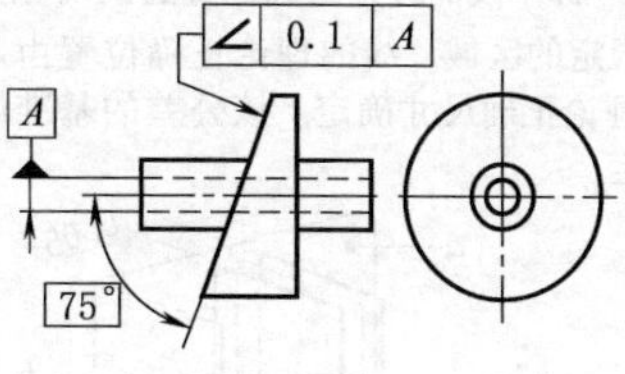
</td></tr>
<tr><td colspan="2">(4)面对基准面倾斜度公差</td></tr>
<tr><td>公差带为间距等于公差值 t 的两平行平面所限定的区域。该两平行平面按给定角度倾斜于基准平面
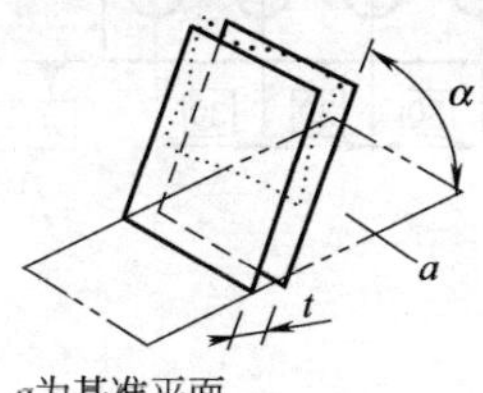

a为基准平面</td><td>提取(实际)表面应限定在间距等于 0.08 的两平行平面之间。该两平行平面按理论正确角度 40°倾斜于基准平面 A
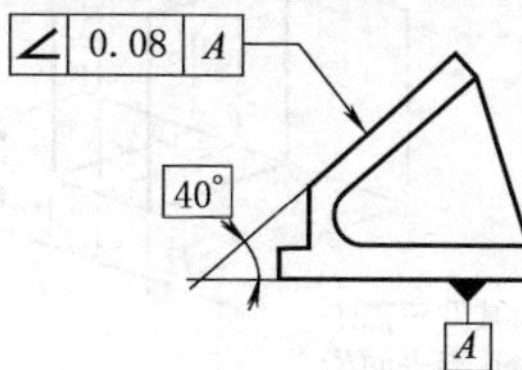
</td></tr>
</table>

续表

<table>
<tr><th></th><th>公差带定义</th><th>标注和解释</th></tr>
<tr><td rowspan="6">位置度公差</td><td colspan="2">(1)点的位置度公差</td></tr>
<tr><td>公差值前加注 $S\phi$，公差带为直径等于公差值 $S\phi t$ 的圆球面所限定的区域。该圆球面中心的理论正确位置由基准 A、B、C 和理论正确尺寸确定
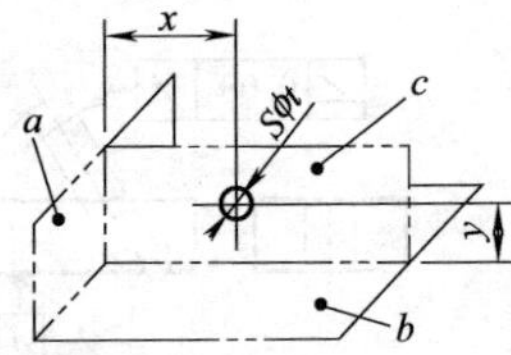
a为基准平面A；
b为基准平面B；
c为基准平面C</td><td>提取(实际)球心应限定在直径等于 $S\phi0.3$ 的圆球面内。该圆球面的中心由基准平面 A、基准平面 B、基准中心平面 C 和理论正确尺寸 30、25 确定
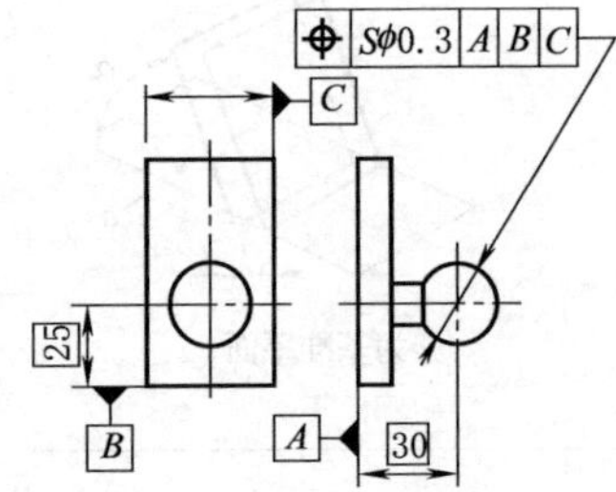</td></tr>
<tr><td colspan="2">(2)线的位置度公差</td></tr>
<tr><td>给定一个方向的公差时，公差带为间距等于公差值 t、对称于线的理论正确位置的两平行平面所限定的区域。线的理论正确位置由基准平面 A、B 和理论正确尺寸确定。公差只在一个方向上给定
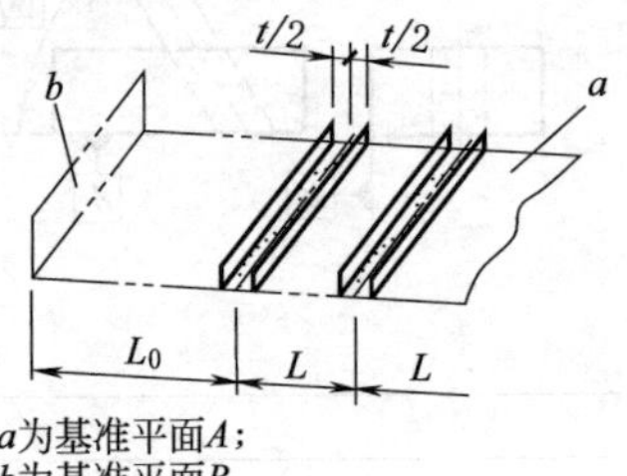
a为基准平面A；
b为基准平面B</td><td>每根刻线的提取(实际)中心线应限定在间距等于 0.1、对称于基准平面 A、B 和理论正确尺寸 25、10 确定的理论正确位置的两平行平面之间
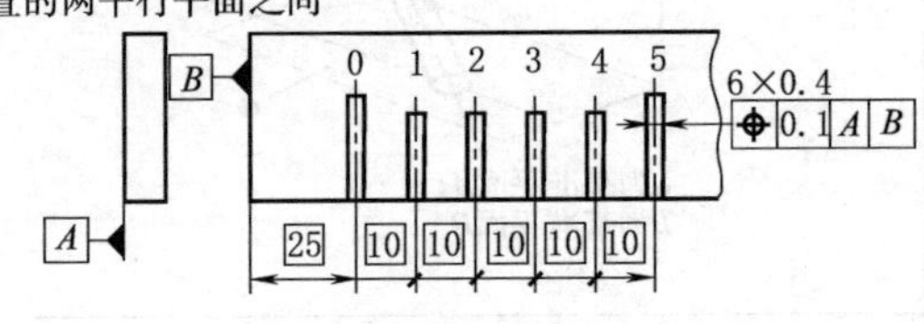</td></tr>
<tr><td>给定两个方向的公差时，公差带为间距分别等于公差值 t_1 和 t_2、对称于线的理论正确位置的两对相互垂直的平行平面所限定的区域。线的理论正确位置由基准平面 C、A 和 B 及理论正确尺寸确定。该公差的基准体系的两个方向上给定
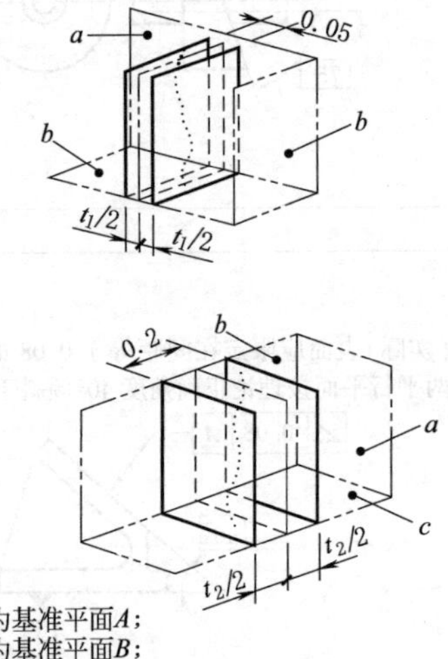
a为基准平面A；
b为基准平面B；
c为基准平面C</td><td>各孔测得的(实际)中心线在给定方向上应各自限定在间距分别等于 0.05 和 0.2，且相互垂直的两对平行平面内。每对平行平面对称于由基准平面 C、A、B 和理论正确尺寸 20、15、30 确定的各孔轴线的理论正确位置
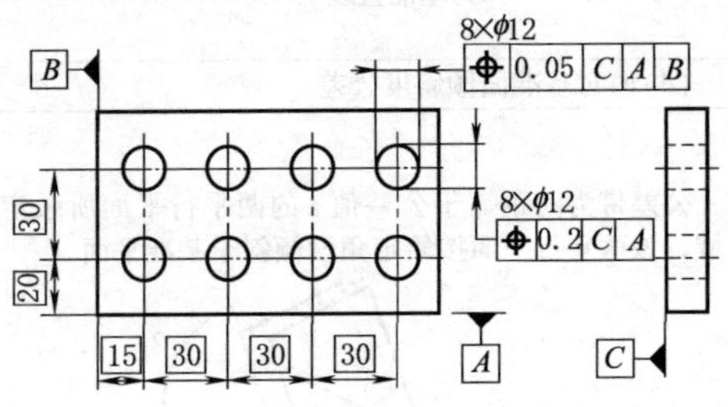</td></tr>
</table>

续表

<table>
<tr><th></th><th>公差带定义</th><th>标注和解释</th></tr>
<tr><td rowspan="3">位置度公差</td><td>如在公差值前加注 ϕ，公差带为直径等于公差值 ϕt 的圆柱面所限定的区域。该圆柱面的轴线的位置由基准平面 C、A、B 和理论正确尺寸确定
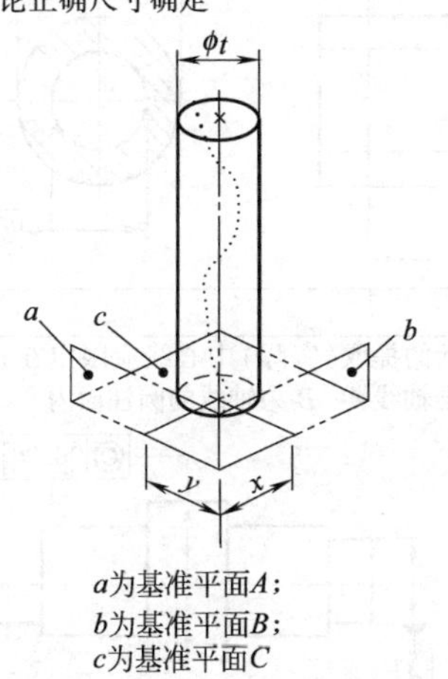

a为基准平面A；
b为基准平面B；
c为基准平面C</td><td>提取(实际)中心线应限定在直径等于 $\phi 0.08$ 的圆柱面内，该圆柱面的轴线位置应处于由基准平面 C、A、B 和理论正确尺寸 100、68 确定的理论正确位置上
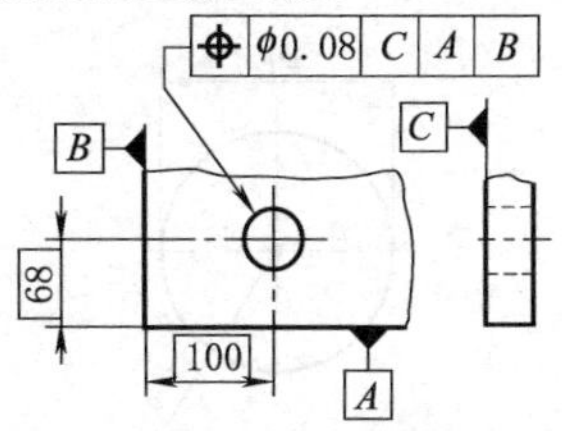

各提取(实际)中心线应各自限定在直径等于 $\phi 0.1$ 的圆柱面内。该圆柱面的轴线位置应处于由基准平面 C、A、B 和理论正确尺寸 20、15、30 确定的各孔轴线的理论正确位置上
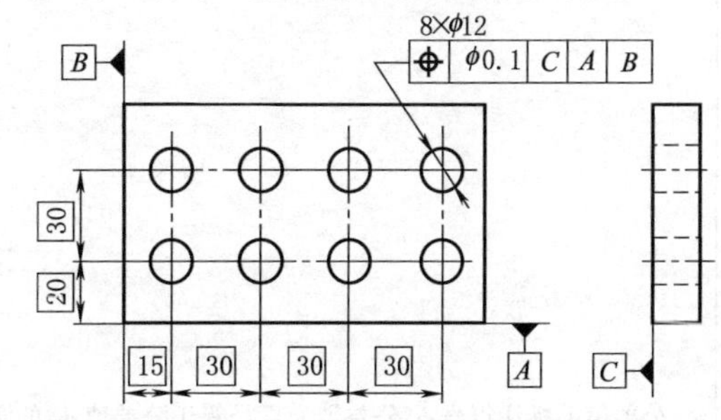
</td></tr>
<tr><td colspan="2">(3) 轮廓平面或中心平面的位置度公差</td></tr>
<tr><td>公差带为间距等于公差值 t，且对称于被测面的理论正确位置的两平行平面所限定的区域。面的理论正确位置由基准平面、基准轴线和理论正确尺寸确定
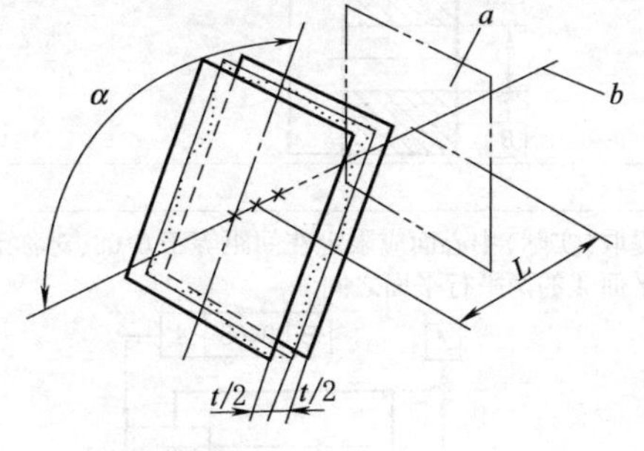

a为基准平面；
b为基准轴线</td><td>提取(实际)表面应限定在间距等于 0.05、且对称于被测面的理论正确位置的两平行平面之间。该两平行平面对称于由基准平面 A、基准轴线 B 和理论正确尺寸 15、105°确定的被测面的理论正确位置
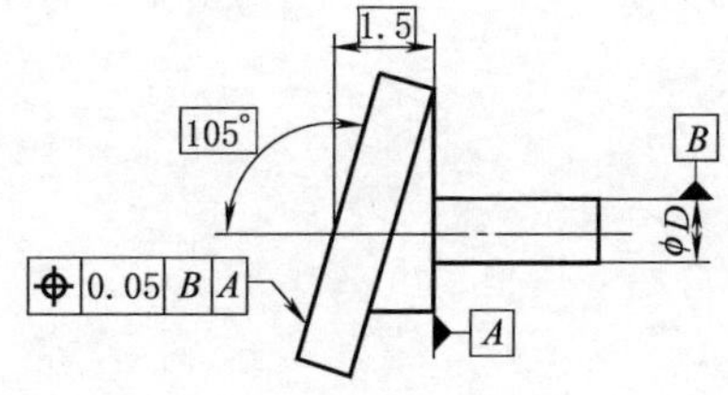

提取(实际)中心面应限定在间距等于 0.05 的两平行平面之间。该两平行平面对称于由基准轴线 A、和理论正确角度 45°确定的各被测面的理论正确位置
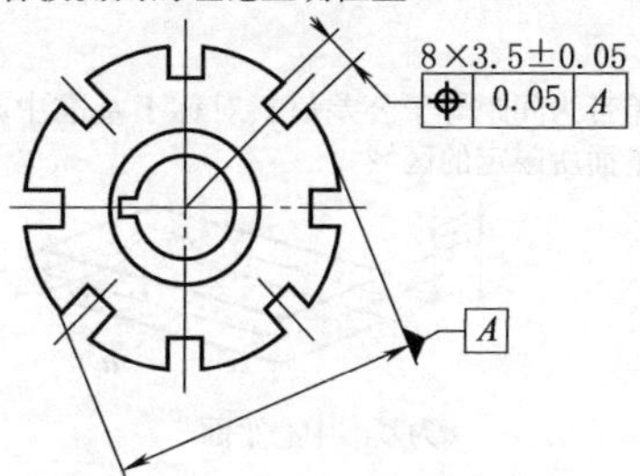

注：有关 8 个缺口之间理论正确角度的默认规定见 GB/T 13319</td></tr>
</table>

续表

	公差带定义	标注和解释
同心度和同轴度公差	(1)点的同心度公差	
	公差值前标注符号 ϕ，公差带为直径等于公差值 ϕt 的圆周所限定的区域。该圆周的圆心与基准点重合 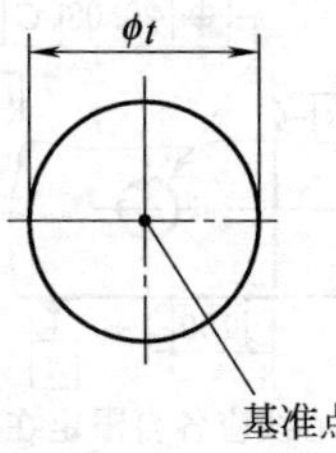	在任意横截面内，内圆的提取(实际)中心应限定在直径等于 ϕ0.1，以基准点 A 为圆心的圆周内 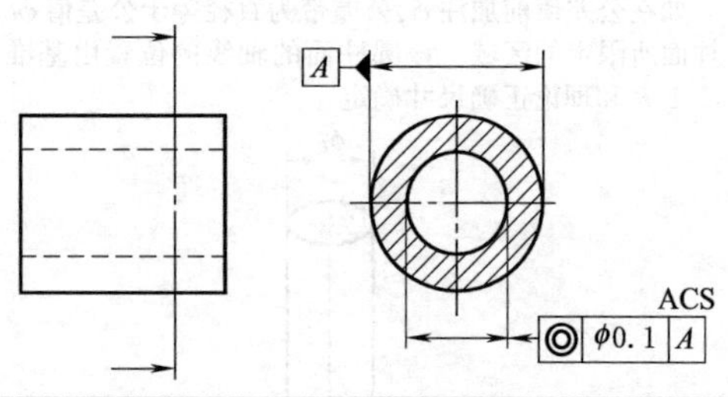
	(2)轴线的同轴度公差	
	公差值前标注符号 ϕ，公差带为直径等于公差值 ϕt 的圆柱面所限定的区域。该圆柱面的轴线与基准轴线重合 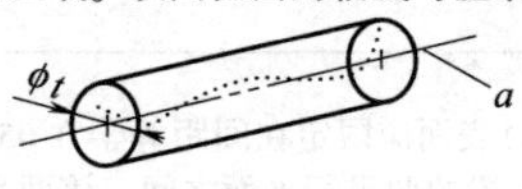 a为基准轴线	大圆柱面的提取(实际)中心线应限定在直径等于 ϕ0.08、以公共基准轴线 A—B 为轴线的圆柱面内 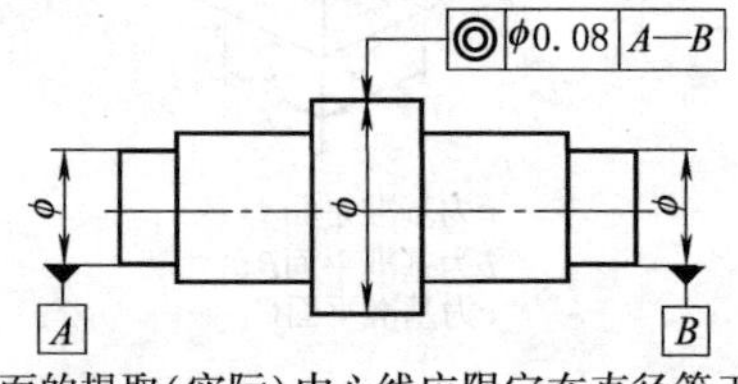 大圆柱面的提取(实际)中心线应限定在直径等于 ϕ0.1、以基准轴线 A 为轴线的圆柱面内 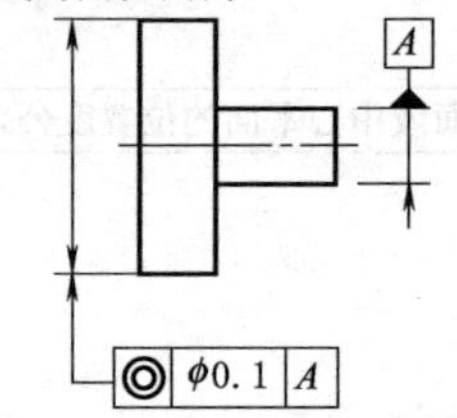 大圆柱面的提取(实际)中心线应限定在直径等于 ϕ0.1、以垂直于基准平面 A 的基准轴线 B 为轴线的圆柱面内 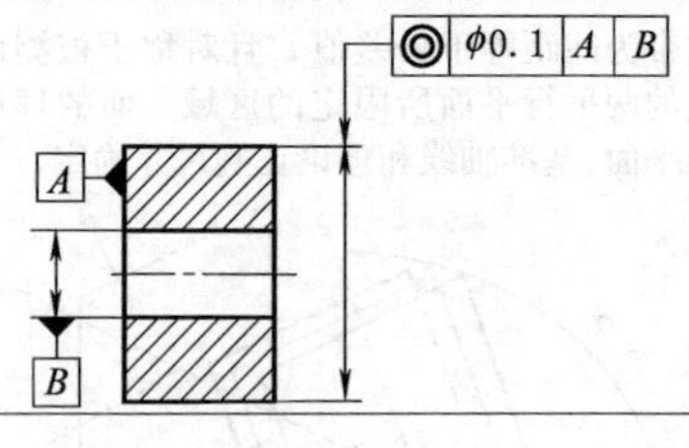
对称度公差	中心平面的对称度公差	
	公差带为间距等于公差值 t、对称于基准中心平面的两平行平面所限定的区域 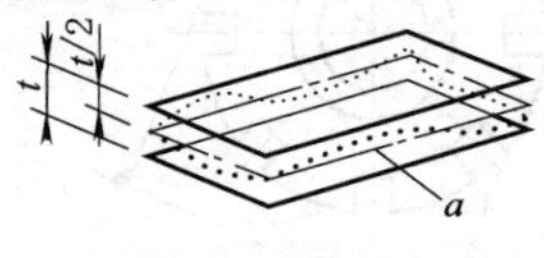 a为基准中心平面	提取(实际)中心面应限定在间距等于 0.08、对称于基准中心平面 A 的两平行平面之间 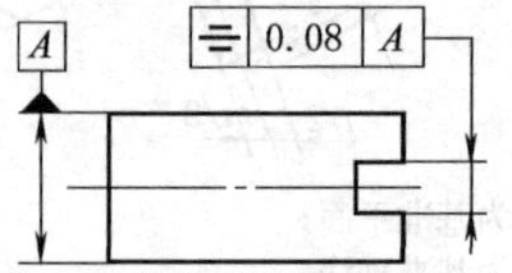 提取(实际)中心面应限定在间距等于 0.08、对称于公共基准中心平面 A—B 的两平行平面之间 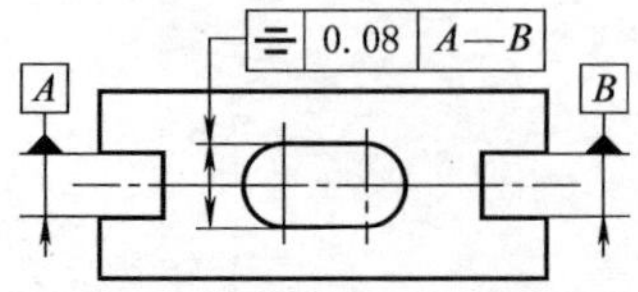

续表

<table>
<tr><th></th><th>公差带定义</th><th>标注和解释</th></tr>
<tr><td rowspan="6">圆跳动公差</td><td colspan="2">(1)径向圆跳动公差</td></tr>
<tr><td>公差带为在任一垂直于基准轴线的横截面内,半径差等于公差值 t、圆心在基准轴线上的两同心圆所限定的区域
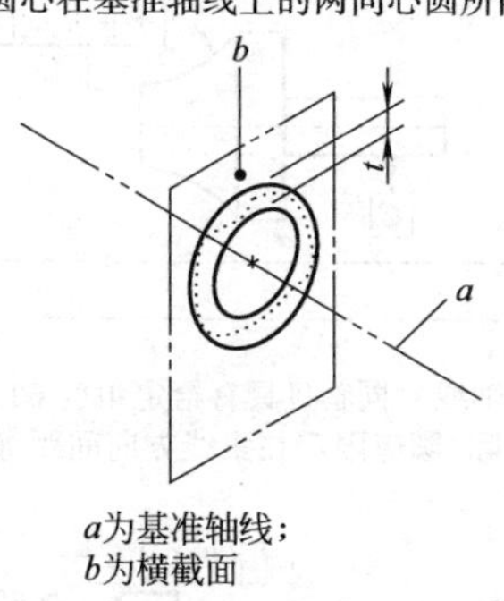

a为基准轴线;
b为横截面</td><td>在任一垂直于基准 A 的横截面内,提取(实际)圆应限定在半径等于 0.1、圆心在基准轴线 A 上的两同心圆之间
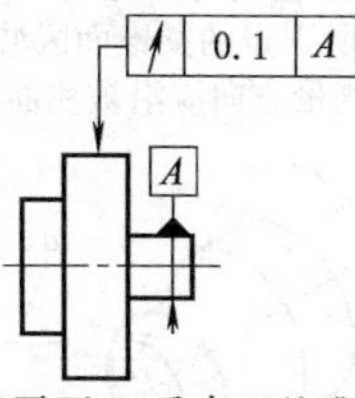

在任一平行于基准平面 B、垂直于基准轴线 A 的横截面上,提取(实际)圆应限定在半径差等于 0.1、圆心在基准轴线 A 上的两同心圆之间
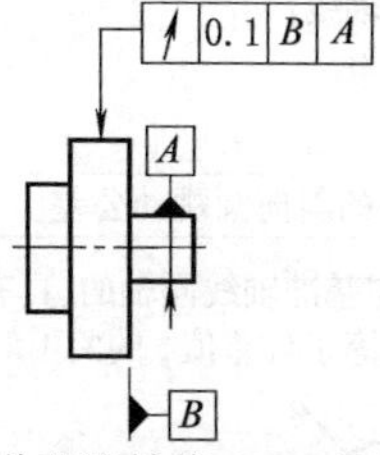

在任一垂直于公共基准轴线 A—B 的横截面内,提取(实际)圆应限定在半径差等于 0.1、圆心在基准轴线 A—B 上的两同心圆之间
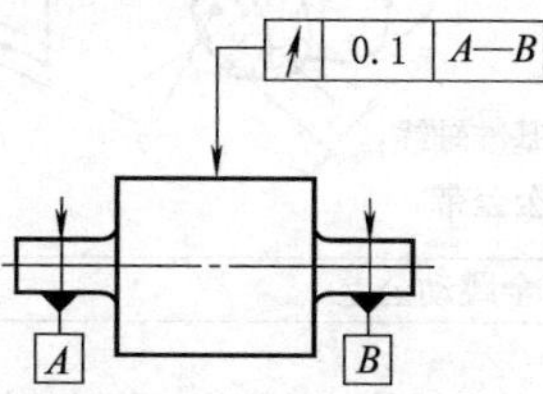
</td></tr>
<tr><td>圆跳动通常适用于整个要素,但亦可规定只适用于局部要素的某一指定部分</td><td>在任一垂直于基准轴线 A 的横截面内,提取(实际)圆弧应限定在半径差等于 0.2、圆心在基准轴线 A 上的两同心圆弧之间
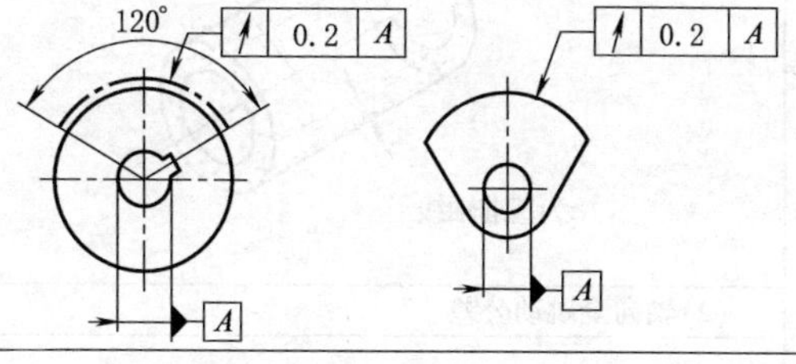
</td></tr>
<tr><td colspan="2">(2)轴向圆跳动公差</td></tr>
<tr><td>公差带为与基准轴线同轴的任一半径的圆柱截面上,间距等于公差值 t 的两圆所限定的圆柱面区域
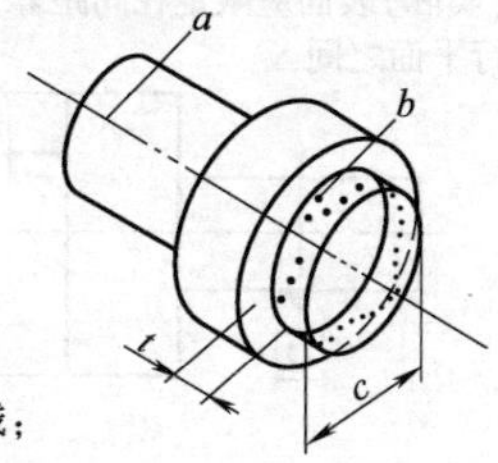

a为基准轴线;
b为公差带;
c为任意直径</td><td>在与基准轴线 D 同轴的任一圆柱形截面上,提取(实际)圆应限定在轴向距离等于 0.1 的两个等圆之间
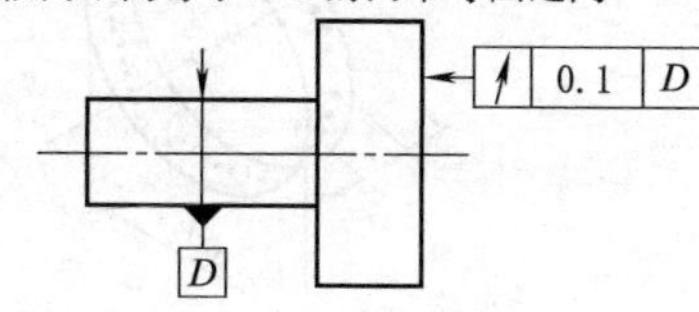
</td></tr>
</table>

续表

<table>
<tr><th></th><th>公差带定义</th><th>标注和解释</th></tr>
<tr><td rowspan="4">圆跳动公差</td><td colspan="2">(3)斜向圆跳动公差</td></tr>
<tr><td>公差带为与基准轴线同轴的某一圆锥截面上，间距等于公差值 t 的两圆所限定的圆锥面区域
除另有规定，测量方向应沿被测面的法向
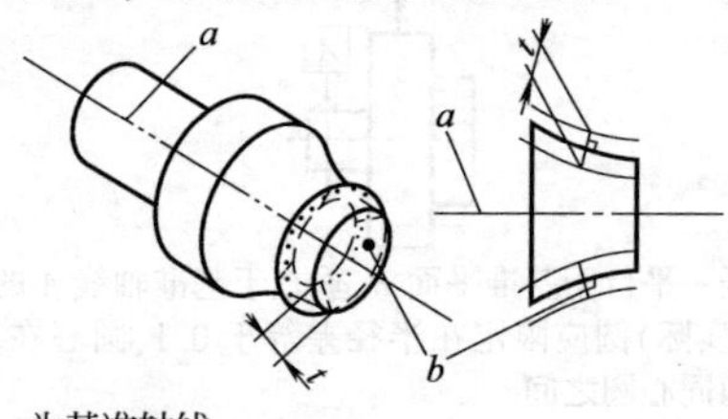
a为基准轴线；
b为公差带</td><td>在与基准轴线 C 同轴的任一圆锥截面上，提取(实际)线应限定在素线方向间距等于0.1的两不等圆之间
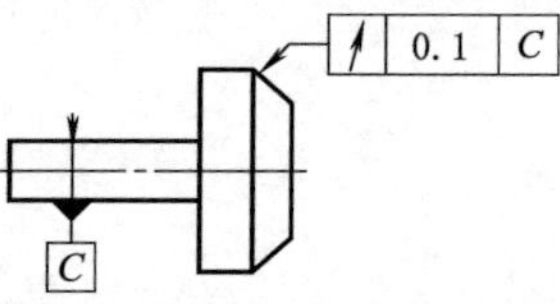
在标注公差的素线不是直线时，圆锥截面的锥角要随所测圆的实际位置而改变
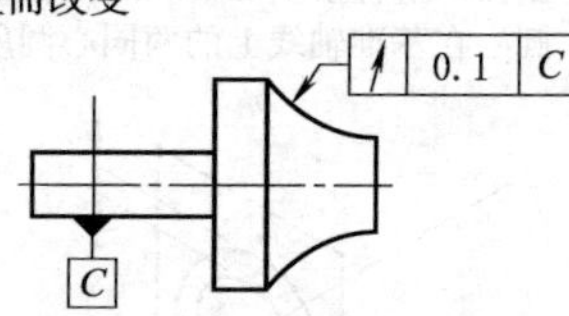</td></tr>
<tr><td colspan="2">(4)给定方向的斜向圆跳动公差</td></tr>
<tr><td>公差带为在与基准轴线同轴的、具有给定锥角的任一圆锥截面上，间距等于公差值 t 的两不等圆所限定的区域
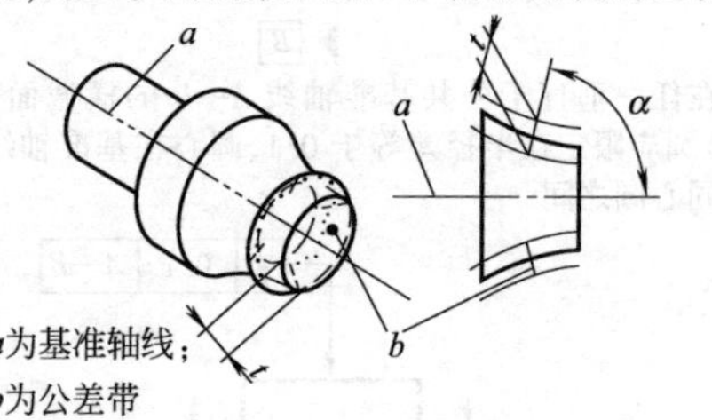
a为基准轴线；
b为公差带</td><td>在与基准轴线 C 同轴且具有给定角度60°的任一圆锥截面上，提取(实际)圆应限定在素线方向间距等于0.1的两不等圆之间
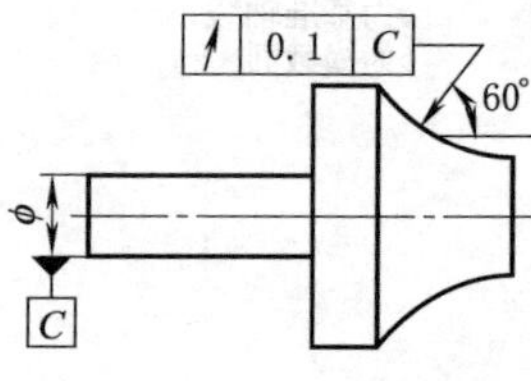</td></tr>
<tr><td rowspan="4">全跳动公差</td><td colspan="2">(1)径向全跳动公差</td></tr>
<tr><td>公差带为半径差等于公差值 t，与基准轴线同轴的两圆柱面所限定的区域
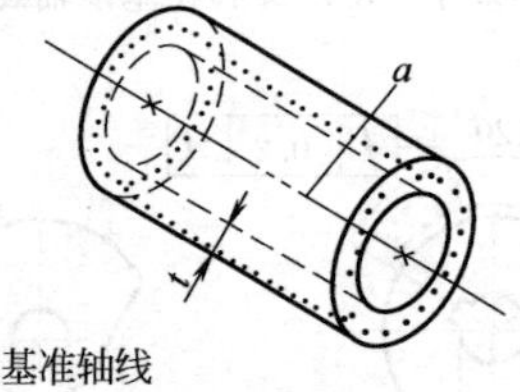
a为基准轴线</td><td>提取(实际)表面应限定在半径差等于0.1，与公共轴线 $A—B$ 同轴的两圆柱面之间
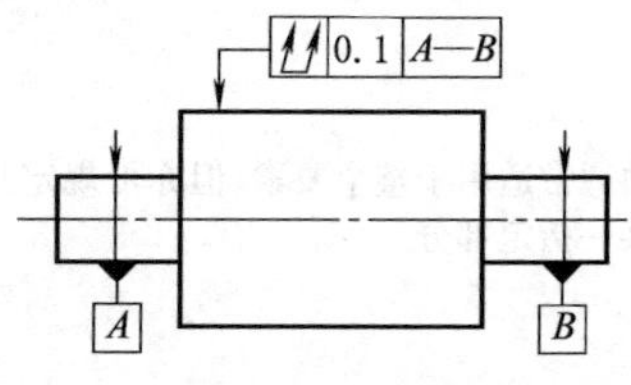</td></tr>
<tr><td colspan="2">(2)轴向全跳动公差</td></tr>
<tr><td>公差带为间距等于公差值 t，垂直于基准轴线的两平行平面所限定的区域
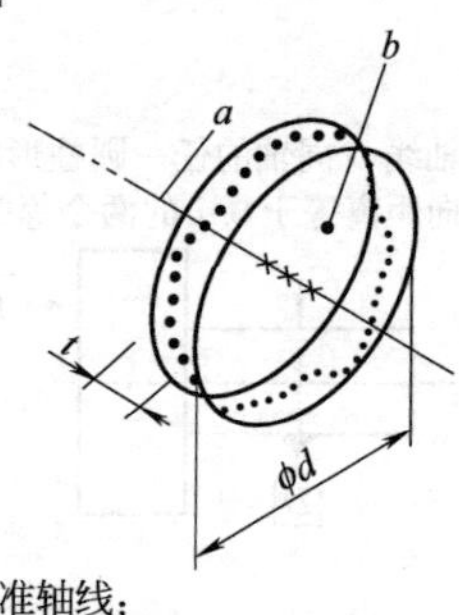
a为基准轴线；
b为提取表面</td><td>提取(实际)表面应限定在间距等于0.1、垂直于基准轴线 D 的两平行平面之间
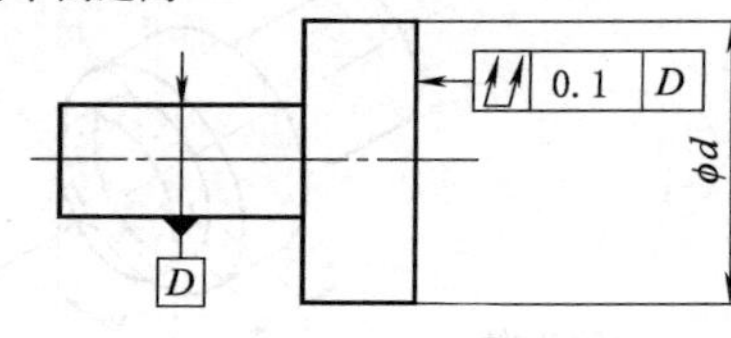</td></tr>
</table>

第2篇

3 几何公差的符号及其标注（摘自GB/T 1182—2008）

表 2-3-3

形位公差的特征项目及符号

公差项目			特征项目	符号	有无基准
形状公差			直线度	—	无
			平面度	▱	
			圆度	○	
			圆柱度	⌭	
形状公差或位置公差			线轮廓度	⌒	有或无
			面轮廓度	⌓	
位置公差	方(定)向公差		平行度	//	有
			垂直度	⊥	
			倾斜度	∠	
	定位公差		位置度	⌖	有或无
			同轴度(用于轴线) 同心度(用于中心点)	◎	有
			对称度	⌯	
	跳动公差	圆跳动	径向	↗	
			轴向		
			斜向		
		全跳动	径向	⌰	
			轴向		

被测要素、基准要素的标注要求及其他附加符号

项目	符号
被测要素的标注	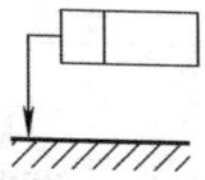 其余见表 2-3-4
基准要素的标注	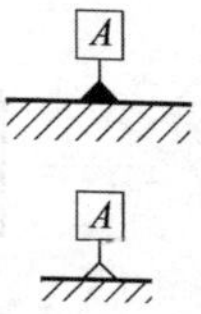
基准目标的标注	φ2 / A1
理论正确尺寸	50

项目	符号
包容要求	Ⓔ
最大实体要求	Ⓜ
最小实体要求	Ⓛ
可逆要求	Ⓡ
延伸公差带	Ⓟ
自由状态(非刚性零件)	Ⓕ
全周(轮廓)	
公共公差带	CZ
小径	LD
大径	MD
中径、节径	PD
线素	LE
不凸起	NC
任意横截面	ACS

表 2-3-4

被测要素的标注

被测要素		标注方法	标注示例
其箭头应指向公差带的宽度方向或直径被测要素由带箭头的指引线与公差框格的一端(左端或右端)相连	被测要素为组成要素时	箭头应指在被测表面的轮廓线上,也可指在轮廓线的延长线上,但必须与尺寸线错开	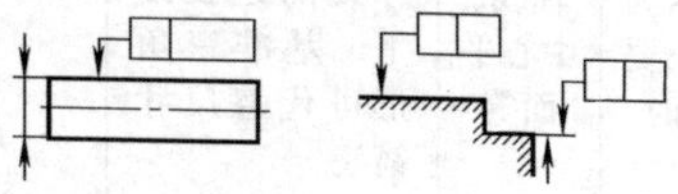
		箭头也可指向引出线的水平线,引出线引自被测面	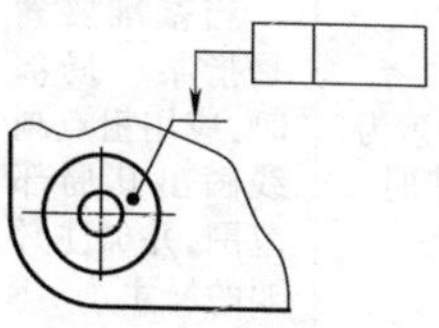

续表

被测要素			标注方法	标注示例
其箭头应指向公差带的宽度方向或直径被测要素由带箭头的指引线与公差框格的一端(左端或右端)相连	被测要素是导出要素时	如中心点、圆心、轴线、中心线、中心平面	指引线箭头应与尺寸对齐,即与尺寸线的延长线重合,指引线的箭头也可代替尺寸线的一个箭头	
		被测要素为圆锥体的轴线	指引线箭头应与圆锥体的大端或小端尺寸线对齐,必要时,箭头也可与圆锥体上任一部位的空白尺寸线对齐	
	被测要素为局部要素时		是某一局部时,应用粗点画线画出其局部范围,并注上这一范围必要的尺寸	0.1　0.1

注：当要指明被测要素的形式（如是线而不是面）时，应在公差框格附近注明。当被测要素是线素时，可能需要规定被测线素所在截面的方向。如下图解释及标注（线对基准体系的平行度公差，摘自 GB/T 1182）：提取（实际）线应限定在间距等于 0.02 的两平行直线之间。该两平行直线平行于基准平面 A、且处于平行于基准平面 B 的平面内。

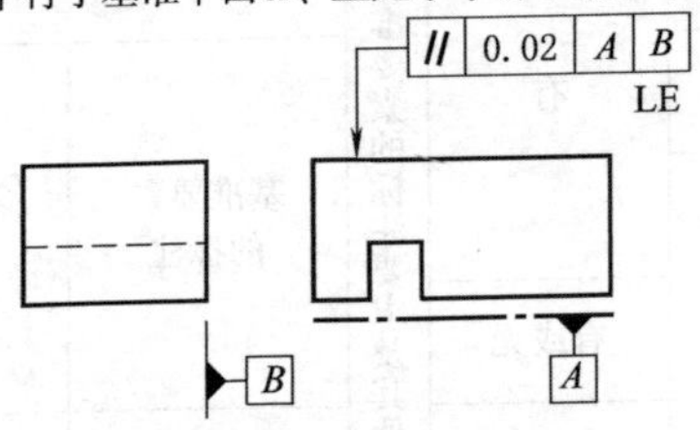

表 2-3-5　基准要素的标注方法

基准要素		标注方法	标注示例	基准要素	标注方法	标注示例
相对于被测要素的基准(如一条边、一个表面或一个孔),由基准字母表示。带方框的大写字母用细实线与一个涂黑或空白的三角形相连,表示基准的字母也应注在公差框格内						
1. 基准要素为组成要素时	为线、表面等时	基准三角形放置在要素的轮廓线或其延长线上,但应与尺寸线错开	A　B	4. 公共基准的标注	当要求两个要素一起作为公共基准时,应在这两个要素上分别标注基准符号,并在框格中一个基准栏内注上用短横线相连的两个字母	A—B　A　B
	受到图形限制时	基准三角形也可放置在该轮廓面引出线的水平线上	A			
2. 基准要素为导出要素时	中心线、轴线、中心平面等	基准三角形应放置在该尺寸线的延长线上。基准三角形可代替尺寸箭头	A　A	5. 三基面体系的标注	以三个基准平面建立三基面体系时,表示基准的大写字母按基准的优先顺序自左至右填写在各框格内	第三基准平面C　测量方向　第二基准平面B　第一基准平面A　A B C　第三基准　第二基准　第一基准
3. 基准要素为局部要素时		当基准要素是指某一局部时,应用粗点画线画出其局部范围,并加注必要的尺寸	A			

续表

基准要素	标注方法	标注示例	基准要素	标注方法	标注示例
相对于被测要素的基准(如一条边、一个表面或一个孔)，由基准字母表示。带方框的大写字母用细实线与一个涂黑或空白的三角形相连，表示基准的字母也应注在公差框格内					
6. 采用基准代号标注时，在公差框格中填写相应的字母： (1)单基准要素，用大写字母表示 (2)由两个要素组成的公共基准，用由短横线隔开的两个大写字母表示 (3)由两个或三个要素组成的基准体系，如多基准组合，表示基准的大写字母按基准的优先次序从左至右分别置于各格中		A A—B A B C	7. 当需要在基准要素上指定某些点、线或局部表面来体现各基准平面时，应标注基准目标，可按下列标方法注： (1)基准目标为点时，用一个“×”表示 (2)基准目标为线时，用两个“×”并用细实线相连来表示，如果线是封闭的则“×”可省略 (3)基准目标为一个区域时，该区域用双点画线绘出，并画上与水平成45°细实线的图形来表示		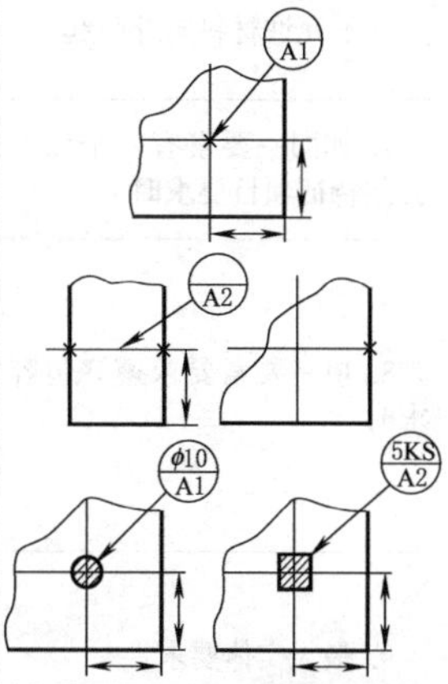 A1 A2 φ10/A1 5KS/A2
			8. 基准目标代号在图样中的标注如右图		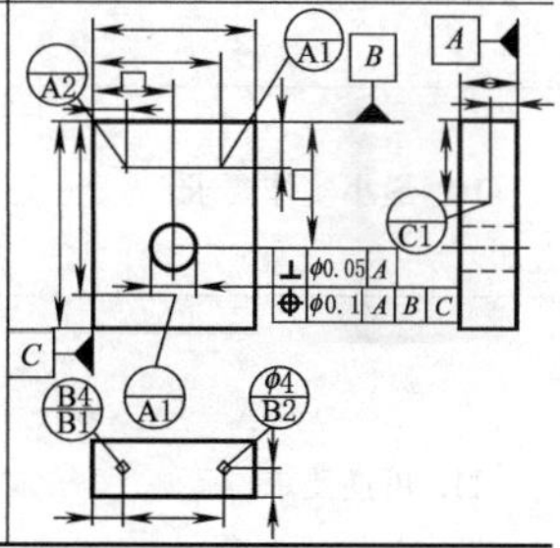 A2 A1 B A C1 C A1 B4/B1 φ4/B2 ⊥ φ0.05 A ⌖ φ0.1 A B C

表 2-3-6　公差框格、公差数值和有关符号的标注

要求	标注方法	标注示例
1. 公差要求在矩形框格的方框中给出，该方框由两格或多格组成。框格中的内容从左到右按以下次序填写： (1)几何特征的符号 (2)公差值，以线性尺寸单位表示的量值，如公差带是圆形或圆柱形的则在公差值前加注 ϕ，如果公差带是圆球形的则加注“$S\phi$” (3)基准，用一个字母表示单个基准或多个字母表示公共基准或基准体系 — 0.1 (a)　// 0.1 A (b)　⌖ φ0.1 A B C (c)　⌖ Sφ0.1 A B C (d)		
2. 被测范围仅为被测要素的某一部分	用粗点画线表示其范围，并加注尺寸	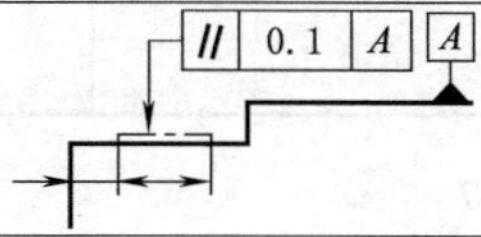 // 0.1 A　A
3. 给出被测要素任一长度(或范围)的公差值	任一长度上的公差值要用分数表示	— 0.02/100　▱ 0.004/500
4. 同时给出全长和任一长度的公差值时	全长上的公差值框格并置于任一长度的公差值框格上面	— 0.05 / 0.02/200　▱ 0.05 / 0.01/100
5. 被测范围不但包括被测要素的整个表面或全长，而且延长到被测要素之外	应采用延伸公差带标注 延伸公差带的延伸部分用细双点画线绘制，应标注其相应的尺寸，并在延伸部分的尺寸数值前，及在框格中公差数值后加注符号“Ⓟ”	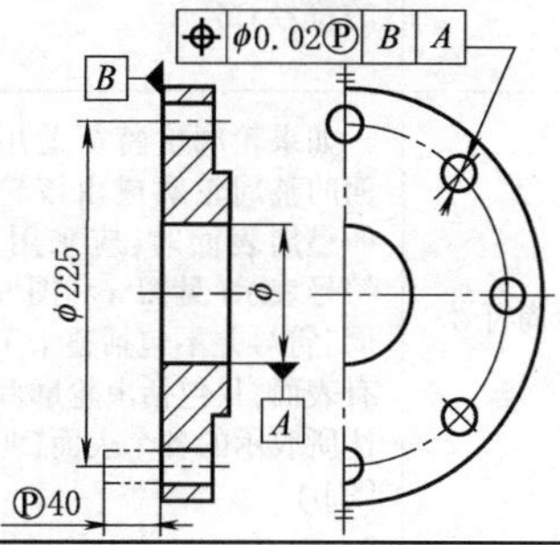 8×φ25H7 ⌖ φ0.02Ⓟ B A B　φ225　φ　A　Ⓟ40

续表

要求	标注方法	标注示例
6. 对几何公差有附加要求时，应在相应的公差数值后面加注有关的符号，若被测要素有误差：		
如不允许材料向外凸起	加注 NC	▱ 0.1 NC
7. 如同一要素有一个以上的公差特征项目要求时	可将一个框格放在另一个框格下面	— 0.01 // 0.06 B
8. 单一要素要求遵守包容要求时	该尺寸公差后面加注“Ⓔ”	ϕ20h6 ϕ10h6 Ⓔ
9. 最大实体要求	用符号Ⓜ表示，此符号置于给出的公差值或基准字母的后面，或同时置于两者后面	⌖ ϕ0.04 Ⓜ A　⌖ ϕ0.04 AⓂ ⌖ ϕ0.04Ⓜ AⓂ
10. 最小实体要求	用符号Ⓛ表示，此符号置于给出的公差值或基准字母的后面，或同时置于两者后面	⌖ ϕ0.5Ⓛ A B C ⌖ ϕ2.5Ⓛ AⓁ
11. 可逆要求	将可逆要求符号Ⓡ置于被测要素形位公差框格中形位公差值之后的符号Ⓜ或Ⓛ的后面。公差框格内加注双重符号ⓂⓇ表示可逆要求用于最大实体要求，加注双重符号ⓁⓇ表示可逆要求用于最小实体	⊥ ϕ0.2 Ⓜ Ⓡ A ⌖ ϕ0.2 Ⓛ Ⓡ A
12. 自由状态条件	对于非刚性零件的自由状态条件用符号Ⓕ表示，此符号置于给定公差值后面	○ 0.03 Ⓕ　▱ 0.025 / 0.03 Ⓕ
13. 理论正确尺寸	理论正确尺寸应围以框格，零件实际尺寸仅由在公差框格中位置度、轮廓度或倾斜度公差来限定	⌖ ϕt A B　∠ t C　B　A　C　α

表 2-3-7　　框格标注的特殊规定

项目	标注方法	标注示例
1. 公共公差带	若干个分离要素给出单一公差带时，可按右图在公差框格内公差值的后面加注公共公差带的符号 CZ	▱ 0.1CZ
2. 全周符号	如果轮廓度特征适用于横截面的整周轮廓或由该轮廓所示的整周表面时，应采用“全周”符号表示(见图 a 和图 b)。“全周”符号并不包括整个工件的所有表面，只包括由轮廓和公差标注所示表示的各个表面(见图 a 和图 b)	(a)　(b)

续表

项目	标注方法	标注示例
3. 螺纹、齿轮、花键的标注	一般情况下,螺纹轴线作为被测要素或基准要素均为中径圆柱的轴线,不需另加说明。如需采用螺纹大径轴线则用“MD”表示,采用小径轴线用“LD”表示,如图a、图b 由齿轮和花键轴线作为被测要素或基准要素时,需说明所指的要素,如节径轴线用“PD”表示,大径(对外齿轮是顶圆直径,对内齿轮是根圆直径)轴线用“MD”表示,小径(对外齿轮是根圆直径,对内齿轮是顶圆直径)轴线用“LD”表示,如图c~图e	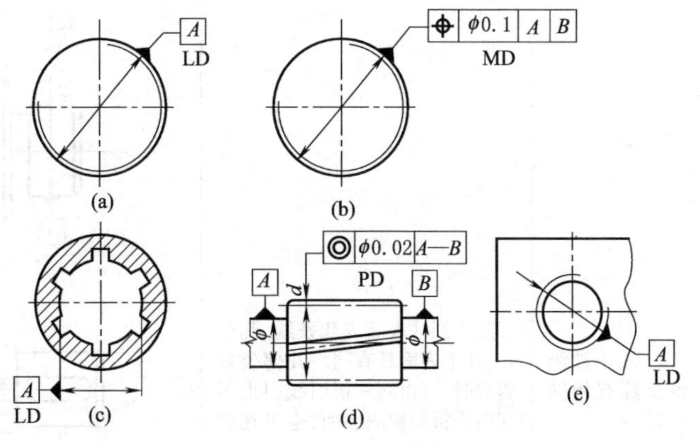 A LD (a)；φ0.1 A B MD (b)；A LD (c)；φ0.02 A—B PD A B d (d)；A LD (e)
4. 说明性内容的标注	除框格和基准符号外,还需对几何公差要求进行说明时,可在框格上方或下方标注说明性内容 (1)被测要素的数量,如4个φ10H8孔、两处、6个槽、3组孔等均满足框格规定的公差带要求时,应标在公差框格上方 (2)一些其他说明内容,如对检测的要求,对公差带控制范围的要求等均应写在公差框格下方	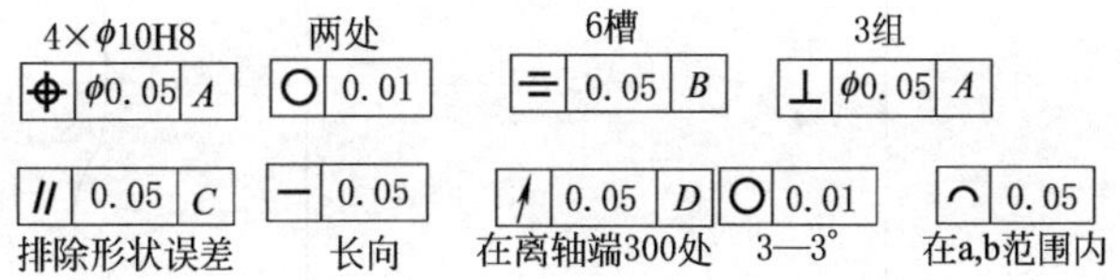 4×φ10H8 φ0.05 A；两处 0.01；6槽 0.05 B；3组 φ0.05 A；0.05 C 排除形状误差；0.05 长向；0.05 D 在离轴端300处；0.01 3—3°；0.05 在a,b范围内

表 2-3-8　简化标注法

项目	标注方法	标注示例
1. 同一被测要素,不同的项目要求	由于是同一被测要素,可用同一根指引线与框格相连。此时要注意不能将组成要素与导出要素的公差要求用同一指引线表示	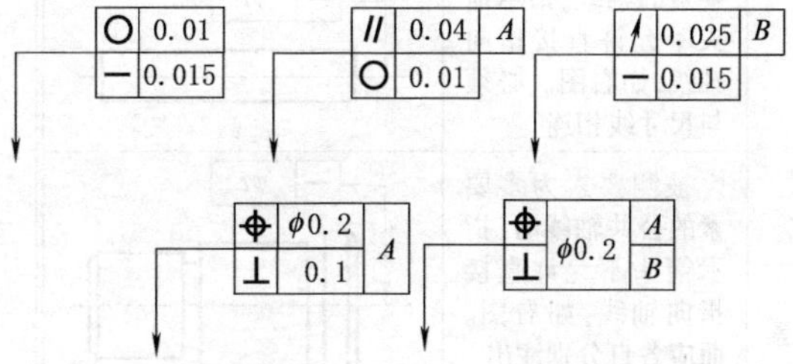 0.01 / 0.015；0.04 A / 0.01；0.025 B / 0.015；φ0.2 / 0.1 A；φ0.2 A / B
2. 同一项目,不同要求	虽是同一个公差项目,但以基准要求不同或对公差值有不同要求时,可共用同一个公差特征符号和同一根指引线	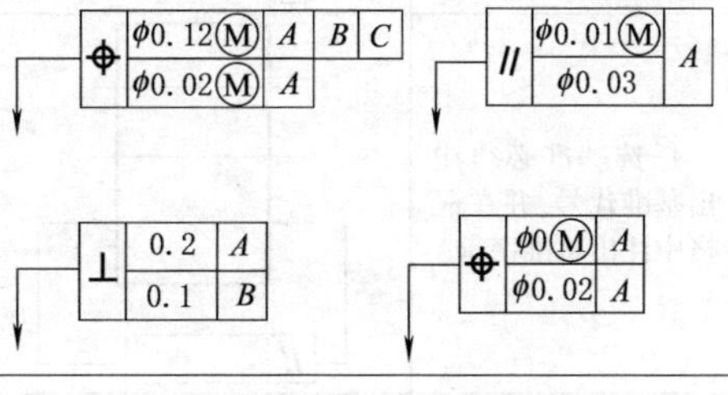 φ0.12Ⓜ A B C / φ0.02Ⓜ A；φ0.01Ⓜ / φ0.03 A；0.2 A / 0.1 B；φ0Ⓜ A / φ0.02 A
3. 中心孔做基准时	由于中心孔一般不画详图,而在按制图标准的规定采用符号表示法并加注规格符号。此时,可将中心孔符号线的一边延长,基准符号的短横线沿符号线配制	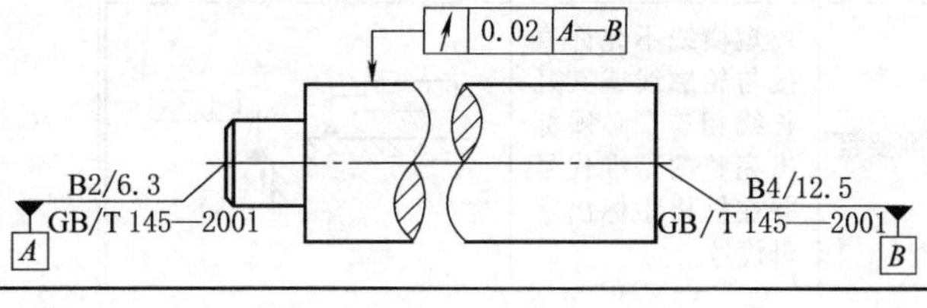 0.02 A—B；B2/6.3 GB/T 145—2001 A；B4/12.5 GB/T 145—2001 B

续表

项目	标注方法	标注示例
4. 几个被测要素具有相同要求	几个圆柱表面或几条线、几个孔、几个表面具有同一几何公差要求时，可由同一指引线引出不同箭头指向被测表面，也可在框格上方写明	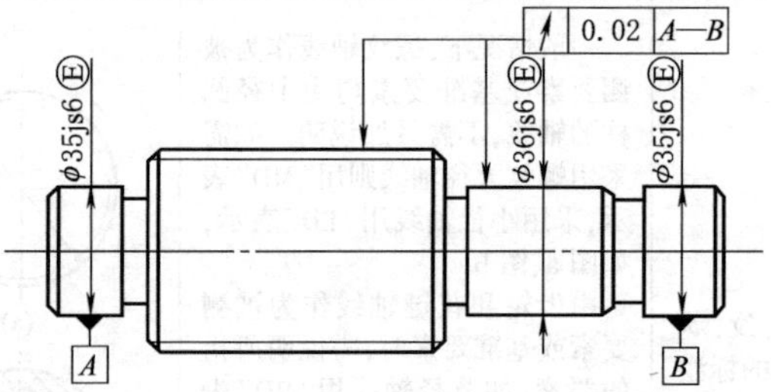 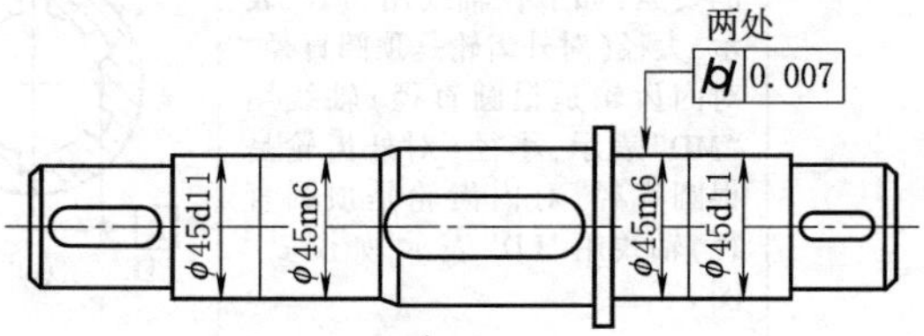 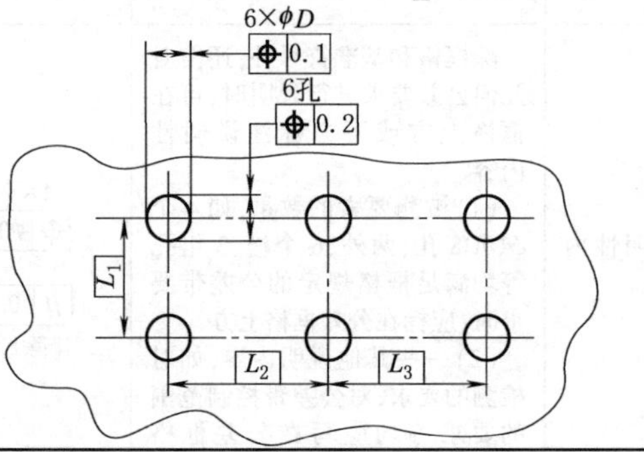

表 2-3-9　不允许采用的一些标注方法

要素特征	被取消内容	图例	要素特征	被取消内容	图例
被测要素	被测要素为单一要素的轴线，指示箭头不允许直接指向轴线，如右图。必须与尺寸线相连	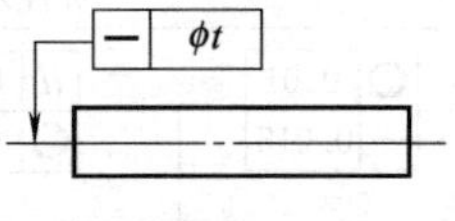	基准要素	短横线不允许直接与尺寸线相连，必须标出完整的基准代号并在框格中标出字母代号	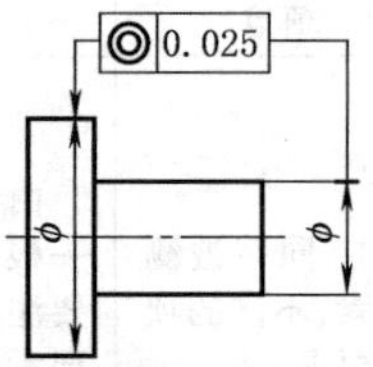
被测要素	被测要素为多要素的公共轴线时，指示箭头不允许直接指向轴线，如右图。而应各自分别注出	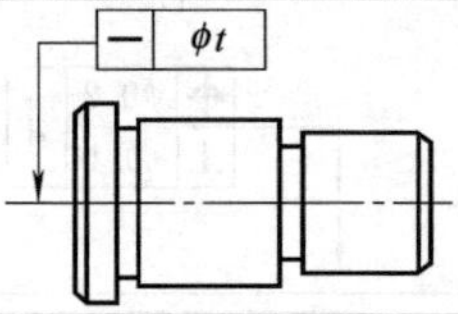	基准要素	当基准要素为多个要素的公共轴线、公共中心平面时，短横线不允许直接与公共轴线相连，必须分别标注，并在框格内标出字母代号	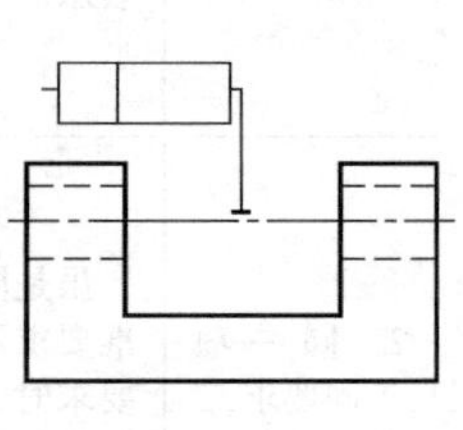
被测要素	任选基准必须注出基准代号，并在框格中注出基准字母	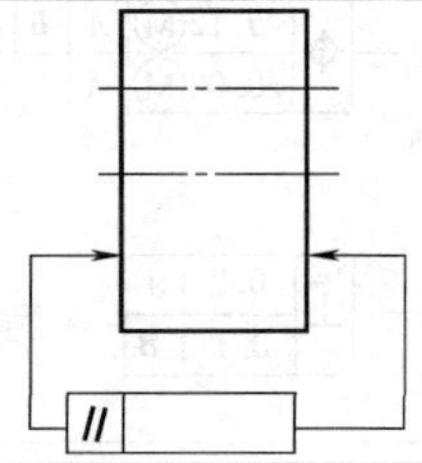	基准要素	当中心孔为基准时，短横线不允许直接与中心孔的角度尺寸线相连，必须标出完整的基准代号并在框格中标出字母代号	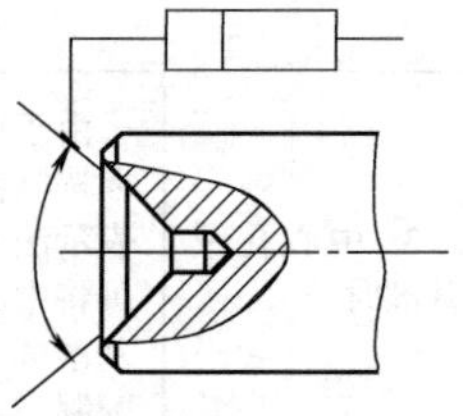
基准要素	短横线不允许直接与轮廓线或其延长线相连。必须标出完整的基准代号并在框格中标出字母代号	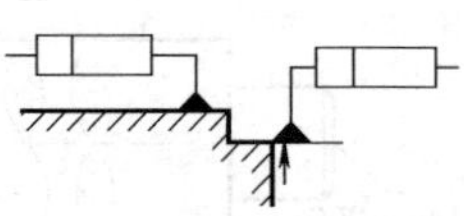	基准要素		

4 几何公差的选择

（1）根据零件的功能要求综合考虑加工经济性、零件的结构刚性和测试条件

① 在满足零件功能要求的情况下，尽量选用较低的公差等级。几何公差等级的应用可参考表 2-3-10。

② 结构特点和工艺性。对于刚性差的零件（如细长件、薄壁件等）和距离远的孔、轴等，由于加工和测量时都较难保证形位精度，故在满足零件功能要求下，几何公差可适当降低 1~2 级精度使用。例如，孔相对于轴，细长比较大的轴或孔；距离较大的轴或孔，宽度较大（一般大于 1/2 长度）的零件表面；线对线和线对面相对于面对面的平行度，线对线和线对面相对于面对面的垂直度。

③ 考虑相应的加工方法。几种主要加工方法达到的几何公差等级，可参考表 2-3-11~表 2-3-14。

表 2-3-10　几何公差等级应用举例

公差等级	直线度和平面度	圆度和圆柱度	面对面平行度	线对面、线对线平行度	垂直度	同轴度、对称度、圆跳动、全跳动
1	精密量具、测量仪器以及精度要求极高的精密机械零件，如0级样板、平尺、工具显微镜等精密测量仪器的导轨面，喷油嘴针阀体端面，油泵柱塞套端面等	高精度机床主轴、滚动轴承的滚珠和滚柱等	高精度机床、高精度测量仪器及量具等主要基准和工作面		高精度机床、高精度测量仪器及量具等主要基准和工作面	用于同轴度或旋转精度要求很高的零件，一般要按尺寸公差IT5或高于IT5制造的零件。1、2级用于精密测量仪器的主轴和顶尖，柴油机喷油针阀等；3、4级用于机床主轴轴颈，砂轮轴轴颈，汽轮机主轴，高精度滚动轴承内、外圈等
2		高压油泵柱塞及套，纺锭轴承，高速柴油机进、排气门，精密机床主轴轴颈，针阀圆柱面，喷油泵柱塞及柱塞套	精密机床，精密测量仪器、量具以及夹具的基准面和工作面	精密机床上重要箱体主轴孔对基准面及对其他孔的要求	精密机床导轨，普通机床重要导轨机床主轴轴向定位面，精密机床主轴肩端面，滚动轴承座圈端面	
3	用于0级及1级宽平尺工作面，1级样板平尺的工作面，测量仪器圆弧导轨，测量仪器的测杆等	工具显微镜套管外圆，高精度外圆磨床主轴，磨床砂轮主轴套筒，喷油嘴针阀体，高精度微型轴承内外圈	精密机床精密测量仪器、量具以及夹具的基准面和工作面	精密机床上重要箱体主轴孔对基准面及对其他孔的要求	精密机床导轨，普通机床重要导轨，机床主轴轴向定位面，精密机床主轴肩端面，滚动轴承座圈端面	
4	量具、测量仪器和高精度机床导轨，如测量仪器的V形导轨，高精度平面磨床的V形导轨和滚动导轨，轴承磨床床身导轨等	较精密机床主轴精密机床主轴箱孔，高压阀门活塞、活塞销、阀体孔，高压油泵柱塞，较高精度滚动轴承配合轴，铣削动力头箱体孔等	普通车床，测量仪器、量具的基准面和工作面，高精度轴承座圈、端盖、挡圈的端面	机床主轴孔对基准面的要求，重要轴承孔对基准面的要求，床头箱体重要孔间要求，齿轮泵的端面等	普通机床导轨，精密机床重要零件，机床重要支承面，普通机床主轴偏摆，测量仪器、刀具、量具，液压传动轴瓦端面	
5	平面磨床纵导轨、垂直导轨、立柱导轨和平面磨床的工作台，液压龙门刨床导轨面，六角车床床身导轨面，柴油机进排气门导杆等	一般机床主轴，较精密机床主轴箱孔，柴油机、汽油机活塞及活塞销孔，高压空气压缩机十字头销、活塞				应用范围较广的公差等级，用于精度要求比较高，一般按尺寸公差IT7或IT8制造的零件。5级常用在机床轴颈，汽轮机主轴，柱塞油泵转子，高精度滚动轴承外圈，一般精度滚动轴承内圈，6、7级用在内

续表

公差等级	直线度和平面度	圆度和圆柱度	面对面平行度	线对面、线对线平行度	垂直度	同轴度、对称度、圆跳动、全跳动
6	普通车床及龙门刨床床身导轨面,滚齿机立柱导轨,床身导轨及工作台,自动车床床身导轨,平面磨床垂直导轨,卧式镗床、铣床工作台及机床主轴箱导轨,柴油机进、排气门导杆,柴油机机体上部结合面等	一般机床主轴及箱体孔,中等压力下液压装置工作面(包括泵、压缩机的活塞和气缸),汽车发动机凸轮轴,纺机锭子,通用减速器轴颈,高速船用发动机曲轴,拖拉机曲轴轴颈	一般机床零件的工作面和基准面,一般刀具、量具、夹具	机床一般轴承孔对基准面要求,床头箱一般孔间要求,主轴花键对定心直径要求,刀具、量具、模具	普通精度机床主要基准面和工作面,回转工作台端面,一般导轨,主轴箱体孔、刀架、砂轮架及工作台回转中心,一般轴肩对其轴线	燃机曲轴,凸轮轴轴颈,水泵轴,齿轮轴,汽车后桥输出轴,电机转子,0级精度滚动轴承内圈,印刷机传墨辊等
7	机床床头箱体,滚齿机床身导轨,镗床工作台,摇臂钻底座工作台,柴油机气门导杆,液压泵盖,压力机导轨及滑块	大功率低速柴油机曲轴、活塞、活塞销、连杆、气缸,高速柴油机箱体孔,千斤顶或压力油缸活塞,液压传动系统的分配机构,机车传动轴,水泵及一般减速器轴颈				
8	车床溜板箱件,机床主轴和传动箱体,自动车床底座,气缸盘结合面,气缸座,内燃机连杆分离面,减速机壳体结合面	低速发动机减速器大功率曲柄轴轴颈,压气机连杆,拖拉机气缸体、活塞,炼胶机冷铸轴辊,印刷机传墨辊,内燃机曲轴,柴油机机体孔,凸轮轴,拖拉机小型船用柴油机气缸套	一般机床零件的工作面和基准面,一般刀具、量具、夹具	机床一般轴承孔对基准面要求,床头箱一般孔间要求,主轴花键对定心直径要求,刀具、量具、模具	普通精度机床主要基准面和工作面,回转工作台端面,一般导轨主轴箱体孔刀架、砂轮架及工作台回转中心,一般轴肩对其轴线	用于一般精度要求通常按尺寸公差1T9~IT11制造的零件。8级用于拖拉机发动机分配轴轴颈,9级用于齿轮轴的配合面,水泵叶轮,离心泵泵体,棉花精梳机前、后滚子,10级用于摩托车活塞,印染机导布辊,内燃机活塞环槽底径对活塞中心,气缸套外圈对内孔等
9	机床溜板箱,主钻工作台,螺纹磨床的挂轮架,柴油机气缸体连杆的分离面,缸盖的结合面,阀片,锻压机气缸体,柴油机缸孔环面以及辅助机构及手动机械的支承面	空压机缸体,通用机械杠杆与拉杆用套筒销子,拖拉机活塞环、套筒孔	低精度零件,重型机械滚动轴承端盖	柴油机和煤气发动机的曲轴孔、轴颈等	花键轴轴肩端面,带式输送机法兰盘等对端面、轴线,手动卷扬机及传动装置中轴承端面,减速器壳体平面等	
10	自动车床床身底面,车床挂轮架,柴油机气缸体,汽车变速箱的壳体与汽车发动机缸盖结合面,阀片以及液压管件和法兰的连接面等	印染机导布辊,绞车、吊车、起重机滑动轴承轴颈等				

续表

公差等级	直线度和平面度	圆度和圆柱度	面对面平行度	线对面、线对线平行度	垂直度	同轴度、对称度、圆跳动、全跳动
11、12	用于易变形的薄片零件，如离合器的摩擦片，支架等要求不高的结合面等		零件的非工作面，卷扬机、输送机用以装减速器壳体的平面		农业机械齿轮端面等	用于无特殊要求，一般按尺寸公差 IT12 制造的零件

注：1. 在满足零件的功能要求前提下，考虑到加工的经济性，对于线对线和线对面的平行度和垂直度公差等级应选用低于面对面的平行度和垂直度公差等级。

2. 使用本表选择面对面平行度和垂直度时，宽度应不大于 1/2 长度，若大于 1/2，则降低一级公差等级选用。

表 2-3-11　　几种主要加工方法达到的平面度和直线度公差等级

加工方法			公差等级											
			1	2	3	4	5	6	7	8	9	10	11	12
车	普车 立车 自动	粗											●	●
		细									●	●		
		精					●	●	●	●				
铣	万能铣	粗											●	●
		细										●	●	
		精						●	●	●	●			
刨	龙门刨 牛头刨	粗											●	●
		细									●	●		
		精							●	●	●			
磨	无心磨 外圆磨 平磨	粗									●	●	●	
		细							●	●	●			
		精		●	●	●	●	●	●					
研磨	机动 手工	粗				●	●							
		细			●									
		精	●	●										
刮研	刮 研 手工	粗						●	●					
		细				●	●							
		精	●	●	●									

表 2-3-12　　几种主要加工方法达到的圆度和圆柱度公差等级

表面	加工方法			公差等级											
				1	2	3	4	5	6	7	8	9	10	11	12
轴	精密车削					●	●	●							
	普通车削							●	●	●	●	●	●		
	普通立车		粗						●	●	●	●	●		
			细					●	●	●					
	自动、半自动车		粗								●	●			
			细							●	●				
			精						●	●					
	外圆磨		粗					●	●	●					
			细			●	●	●							
			精	●	●	●									
	无心磨		粗						●	●					
			细		●	●	●	●							
	研磨				●	●	●	●							
	精磨			●	●										
孔	钻									●	●	●	●	●	●
	镗	普通镗	粗							●	●	●	●		
			细					●	●	●	●				
			精				●	●							
		金刚镗	细			●	●								
			精	●	●	●									

第 2 篇

续表

表面	加工方法		公差等级											
			1	2	3	4	5	6	7	8	9	10	11	12
孔	铰孔						●	●	●					
	扩孔						●	●	●					
	内圆磨	细				●	●							
		精			●	●								
	研磨	细				●	●	●						
		精	●	●	●	●								
	珩磨							●	●	●				

表 2-3-13　　几种主要加工方法达到的平行度、垂直度公差等级

加工方法		公差等级											
		1	2	3	4	5	6	7	8	9	10	11	12
面对面													
研磨		●	●	●	●								
刮		●	●	●	●	●	●						
磨	粗					●	●	●	●				
	细				●	●	●						
	精		●	●	●								
铣							●	●	●	●	●	●	
刨								●	●	●	●	●	
拉								●	●	●			
插								●	●				
轴线对轴线(或平面)													
磨	粗							●	●				
	细				●	●	●	●					
镗	粗								●	●	●		
	细							●	●				
	精						●	●					
金刚石镗					●	●	●						
车	粗										●	●	
	细							●	●	●	●		
铣							●	●	●	●	●		
钻										●	●	●	●

表 2-3-14　　几种主要加工方法达到的同轴度、圆柱度公差等级

加工方法		公差等级											
		1	2	3	4	5	6	7	8	9	10	11	12
车、镗	孔				●	●	●	●	●	●			
	轴			●	●	●	●	●	●				
铰						●	●	●					
磨	孔		●	●	●	●	●	●					
	轴	●	●	●	●	●	●						
珩磨			●	●	●								
研磨		●	●	●									

(2) 综合考虑形状、位置和尺寸三种公差的相互关系

① 合理考虑各项几何公差之间的关系。

在同一要素上给出的形状公差值应小于位置公差值。例如，两个平行的表面，其平面度公差值应小于平行度公差值。

圆柱形零件的形状公差（轴线的直线度除外）一般情况下应小于其尺寸公差值。

平行度公差值应小于其相应的距离公差值。

② 根据零件的功能要求选用合适的公差原则。可参考表 2-3-15、表 2-3-16。

对于尺寸公差与形位公差需要分别满足要求，两者不发生联系的要素，采用独立原则。

对于尺寸公差与形位公差发生联系，用理想边界综合控制的要素，采用相关要求，并根据所需用的理想边界的不同，采用包容要求或最大实体要求。

当被测要素用最大实体边界（即最大实体状态下的理想边界）控制时，采用包容要求。

当被测要素用最大实体实效边界（最大实体实效状态下的综合极限边界）控制时，采用最大实体要求。

独立原则有较好的装配使用质量，工艺性较差；最大实体要求有良好的工艺经济性，但使零件精度、装配质量有所降低。因此要结合零件的使用性能和要求，以及制造工艺、装配、检验的可能性与经济性等进行具体分析和选用。

表 2-3-15　　公差原则的主要应用范围

公差原则	主　要　应　用　范　围
独立原则	主要满足功能要求，应用很广，如有密封性、运动平稳性、运动精度、磨损寿命、接触强度、外形轮廓大小要求等场合，有时甚至用于有配合性质要求的场合。常用的有： 1.没有配合要求的要素尺寸如零件外形尺寸、管道尺寸，以及工艺结构尺寸如退刀槽尺寸、肩距、螺纹收尾、倒圆、倒角尺寸等，还有未注尺寸公差的要素尺寸 2.有单项特殊功能的要素。其单项功能由几何公差保证，不需要或不可能由尺寸公差控制，如印染机的滚筒，为保证印染时接触均匀，印染图案清晰，滚筒表面必须圆整，而滚筒尺寸大小，影响不大，可由调整机构补偿，因此采用独立原则，分别给定极限尺寸和较严的圆柱度公差即可，如用尺寸公差来控制圆柱度误差是不经济的 3.非全长配合的要素尺寸。有些要素尽管有配合要求，但与其相配的要素仅在局部长度上配合，故可不必将全长控制在最大实体边界之内 4.对配合性质要求不严的尺寸。有些零件装配时，对配合性质要求不严，尽管由于形状或位置误差的存在，配合性质将有所改变，但仍能满足使用功能要求
包容要求	1.单一要素。主要满足配合性能，如与滚动轴承相配的轴颈等，或必须遵守最大实体状态边界，如轴、孔的作用尺寸不允许超过最大实体尺寸，要素的任意局部实际尺寸不允许超过最小实体尺寸 2.关联要素。主要用于满足装配互换性。零件处于最大实体状态时，几何公差为零。零值公差主要应用于： ① 保证可装配性，有一定配合间隙的关联要素的零件 ② 几何公差要求较严，尺寸公差相对地要求差些的关联要素的零件 ③ 轴线或对称中心面有几何公差要求的零件，即零件的配合要素必须是包容件和被包容件 ④ 扩大尺寸公差，即由几何公差补偿给尺寸公差，以解决实际上应该合格，而经检测被判定为不合格的零件的验收问题
最大实体要求	主要应用于保证装配互换性，如控制螺钉孔、螺栓孔等中心距的位置度公差等 1.保证可装配性，包括大多数无严格要求的静止配合部位，使用后不致破坏配合性能 2.用于配合要素有装配关系的类似包容件或被包容件，如孔、槽等面和轴、凸台等面 3.公差带方向一致的公差项目 形状公差只有直线度公差 位置公差有： ① 定向公差（垂直度、平行度、倾斜度等）的线/线、线/面、面/线，即线Ⓜ/线Ⓜ、线Ⓜ/面、面/线Ⓜ ② 定位公差（同轴度、对称度、位置度等）的轴线或对称中心平面和中心线 ③ 跳动公差的基准轴线（测量不便） ④ 尺寸公差不能控制几何公差的场合，如销轴轴线直线度
最小实体要求	主要应用于控制最小壁厚，以保证零件具有允许的刚度和强度。提高对中度 必须用于中心要素。被测要素和基准要素均可采用最小实体要求。常见于位置度、同轴度等位置公差 同Ⓔ，可扩大零件合格率
可逆要求	应用于最大实体要求，但允许其实际尺寸超出最大实体尺寸。必须用于中心要素。形状公差只有直线度公差。位置公差有平行度、垂直度、倾斜度、同轴度、对称度、位置度 应用于最小实体要求，但允许实际尺寸超出最小实体尺寸。必须用于中心要素。只有同轴度和位置度等位置公差

表 2-3-16　　几何公差与尺寸公差的关系及公差原则应用示例

公差原则	应用示例	公差原则	应用示例
独立原则	销轴，未注尺寸公差和几何公差	独立原则	影响装配和工作时的过盈或间隙的均匀性，因而影响密封、压合紧度的部位
	极限尺寸不控制轴线直线度误差和由棱圆形成的圆度误差 实际要素的局部实际尺寸由给定的极限尺寸控制，形状误差由未注形状公差控制，两者分别满足要求		影响零件运动精度的部位
	未注尺寸公差，注有形状公差。最大极限尺寸与最小极限尺寸之间任何实际尺寸的圆度公差都是 0.005		
	极限尺寸不控制轴线直线度误差和由棱圆形成的圆度误差 实际要素的局部实际尺寸由给定的极限尺寸控制，形状误差由圆度公差控制，两者分别满足要求		影响摩擦寿命的部位，如滑块两工作表面的平行度

续表

公差原则	应用示例
独立原则	影响旋转平衡、强度、重量、外观等部位，如高速飞轮安装内孔 *A* 和外表面的同轴度
独立原则	所有量规、夹具、定位元件、引导元件的工作表面之间的相互位置公差等
包容要求	由最大极限尺寸形成的最大实体边界（$\phi30$）控制了轴的尺寸大小和形状误差 形状误差受极限尺寸控制，最大可达尺寸公差（0.021），不必考虑未注形状公差的控制
包容要求	由最大极限尺寸形成的最大实体边界（$\phi30$）控制了轴的尺寸大小和形状误差 形状误差除受极限尺寸控制外，还必须满足圆度公差的进一步要求
包容要求	用于关联要素，采用零值公差
最大实体要求（单一要素）	极限尺寸不控制形状误差，仅控制局部实际尺寸；形状误差由极限尺寸与给定的形状公差形成的实效边界（$\phi30^{\ 0}_{-0.01}$）控制 实际轴的形状误差在实效边界内可以得到极限尺寸的补偿，此时，不必考虑未注形状公差
最大实体要求（单一要素）	极限尺寸不控制形状误差，仅控制局部实际尺寸，形状误差由极限尺寸与给定的形状公差形成的实效边界（$\phi30.01$）控制。形状误差除受实际边界的限制，并能得到极限尺寸的补偿外，还必须满足对轴线直线度公差的进一步要求。即：轴线直线度误差允许得到补偿，超过给定值 $\phi0.01$，但最大不得超过 $\phi0.02$ 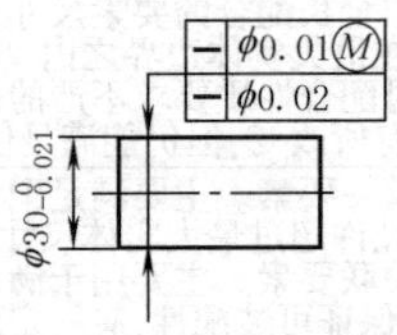
最大实体要求（关联要素）	螺栓杆部（或通孔）及类似部位的直线度 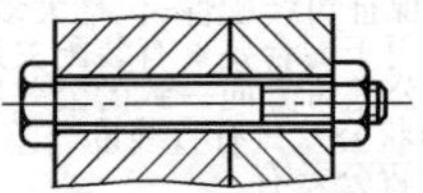
最大实体要求（关联要素）	螺钉杆部和头部间（螺钉通孔及沉头孔间）及类似部位的同轴度 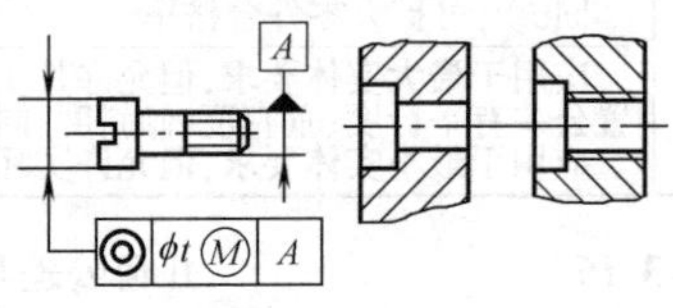
最大实体要求（关联要素）	不影响安装使用的连接件的位置公差，如衬套和垫圈零件内、外圈间的同轴度以及带舌锁紧垫圈的对称度 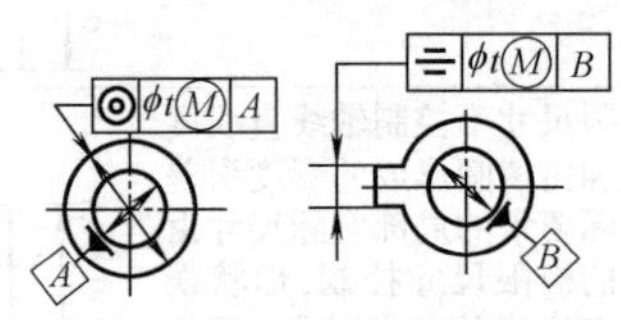
最大实体要求（关联要素）	圆周分布的与直角坐标分布的连接安装孔 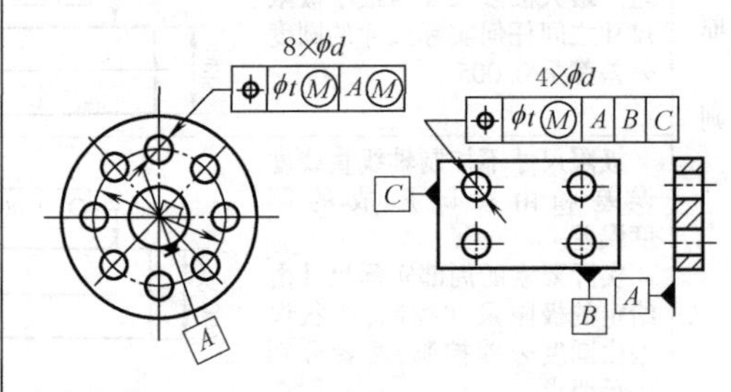

续表

公差原则	应用示例
最小实体要求	（见下文）

最小实体要求

1.轴线位置度公差采用最小实体要求

图 a 表示孔 $\phi8^{+0.25}_{0}$ 的轴线对 A 基准的位置度公差采用最小实体要求。当被测要素处于最小实体状态时，其轴线对 A 基准的位置度公差为 $\phi0.4$，如图 b 所示。图 c 给出了表达上述关系的动态公差图

该孔应满足下列要求：

(1)实际尺寸在 $\phi8\sim\phi8.25$ 之间

(2)实际轮廓不超出关联最小实体实效边界，即其关联体内作用尺寸不大于最小实体实效尺寸 $D_{LV}=D_L+t=\phi8.25+\phi0.4=\phi8.65$

当该孔处于最大实体要求时，其轴线对 A 基准的位置误差允许达到最大值，即等于图样给出的位置度公差（$\phi0.4$）与孔的尺寸公差（0.25）之和 $\phi0.65$

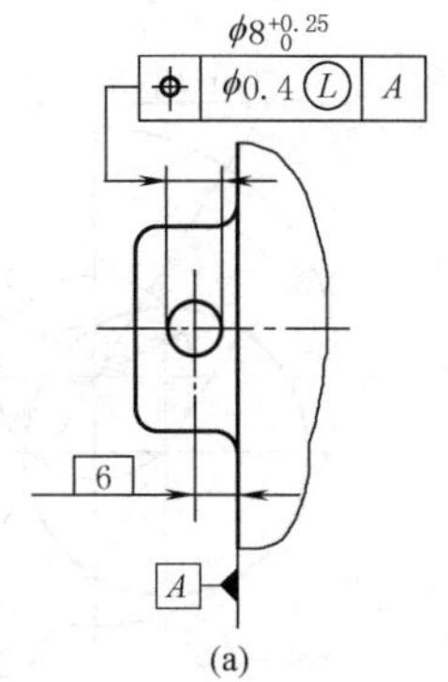

(a)

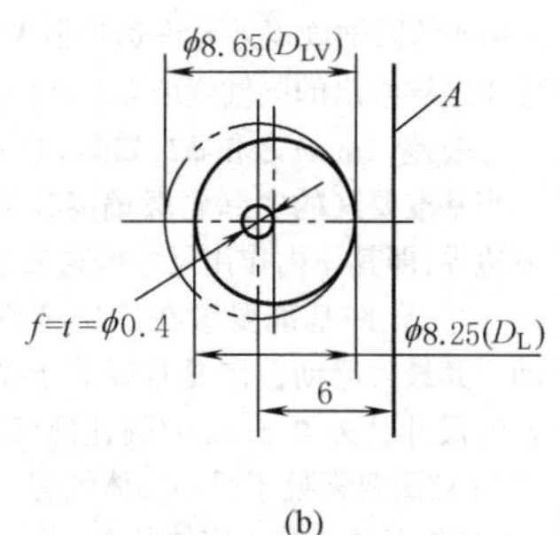

(b)

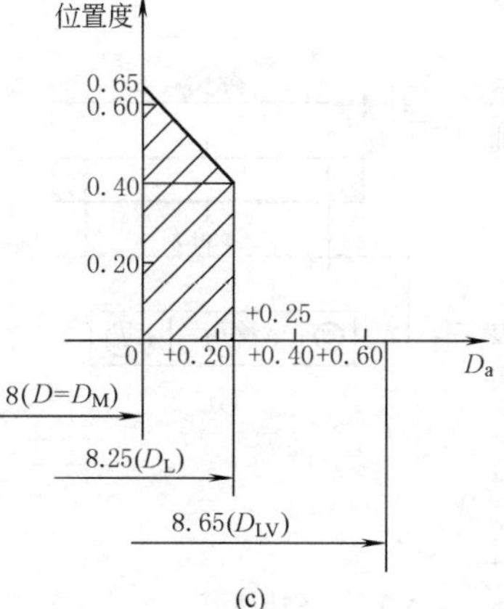

(c)

2.轴线位置度公差采用最小实体要求的零形位公差

图 d 表示孔 $\phi8^{+0.65}_{0}$ 的轴线对 A 基准的位置度公差采用最小实体要求的零形位公差

该孔应满足下列要求：

(1)实际尺寸不小于 $\phi8$

(2)实际轮廓不超出最小实体边界，即其关联体内作用尺寸不大于最小实体尺寸 $D_L=\phi8.65$

当该孔处于最小实体状态时，其轴线对 A 基准的位置度误差应为零，如图 e 所示。当该孔处于最大实体状态时，其轴线对 A 基准的位置度误差允许达到最大值，即孔的尺寸公差 $\phi0.65$。图 f 给出了表达上述关系的动态公差图

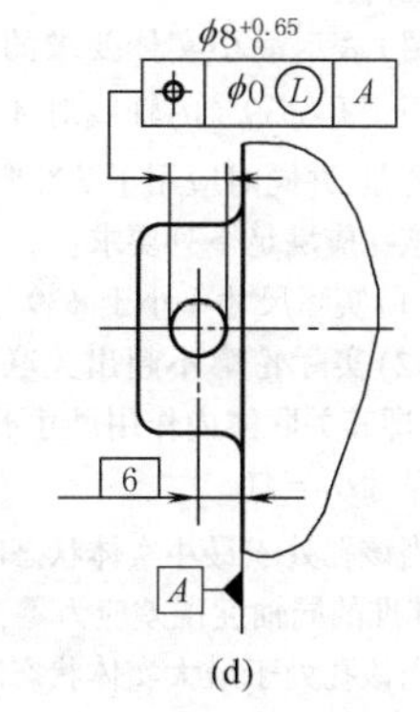

(d)

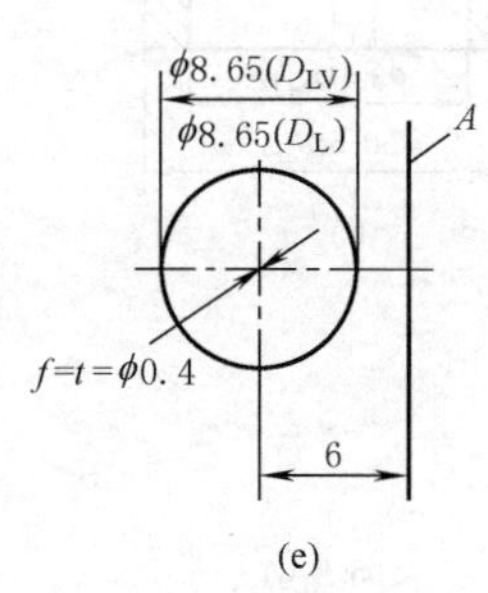

(e)

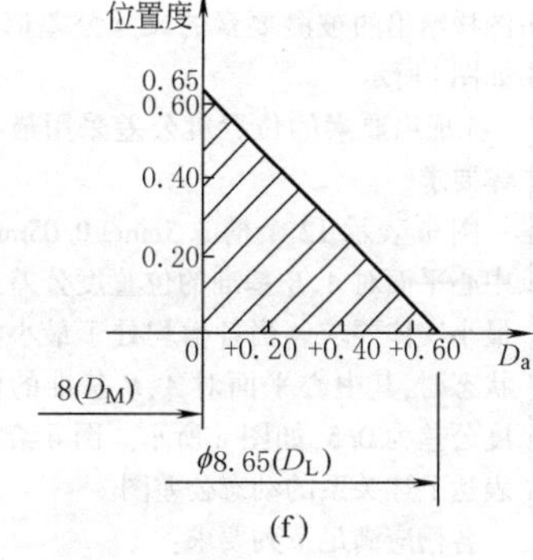

(f)

3.同轴度公差采用最小实体要求

图 g 中最小实体要求应用于孔 $\phi39^{+1}_{0}$ 轴线对 A 基准的同轴度公差并同时应用于基准要素。当被测要素处于最小实体状态时，其轴线对 A 基准的同轴度公差为 $\phi1$，如图 h 所示

该孔应满足下列要求：

(1)实际尺寸在 $\phi39\sim\phi40$ 之间

(2)实际轮廓不超出关联最小实体实效边界，即其关联体内作用尺寸不大于关联最小实体实效

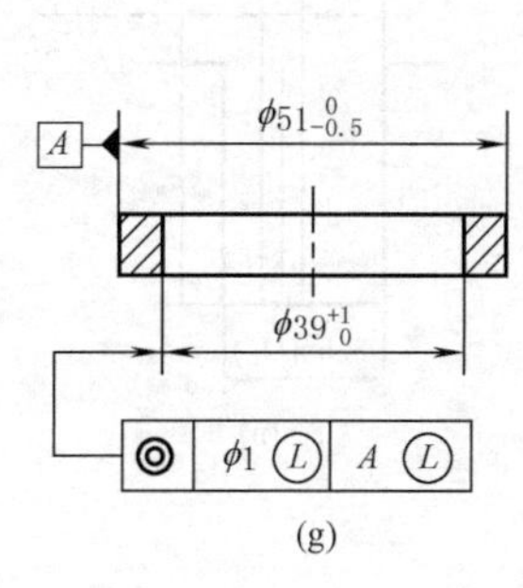

(g)

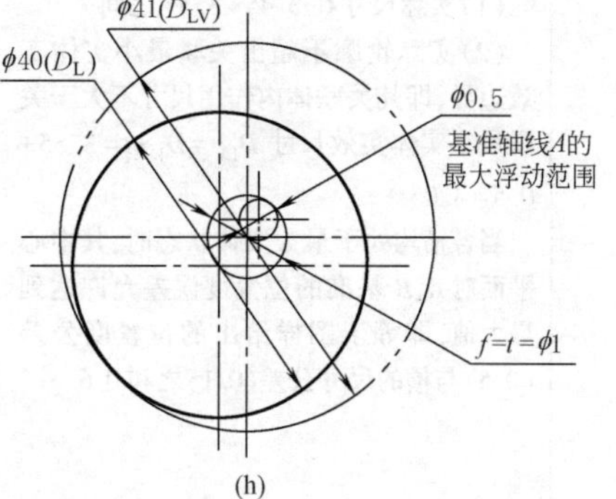

(h)

续表

<table>
<tr><th>公差原则</th><th>应用示例</th></tr>
<tr><td>最小实体要求</td><td>

尺寸 $D_{LV}=D_L+t=\phi40+\phi1=\phi41$

当该孔处于最大实体状态时，基轴线对 A 基准的同轴度误差允许达到最大值，即等于图样给出的同轴度公差（$\phi1$）与孔的尺寸公差（1mm）之和 $\phi2$，如图 i 所示

当基准要素的实际轮廓偏离其最小实体边界，即其体内作用尺寸偏离最小实体尺寸时，允许基准要素在一定范围内浮动。其最大浮动范围是直径等于基准要素的尺寸公差 0.5mm 的圆柱形区域，如图 h（被测要素处于最小实体状态）和图 i（被测要素处于最大实体状态）所示

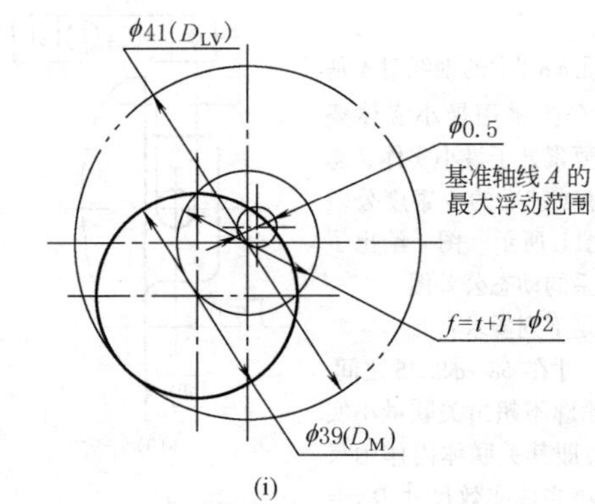

(i)

4.同轴度公差采用最小实体要求的零形位公差

图 j 表示最小实体要求的零形位公差应用于孔 $\phi39^{+2}_{0}$ 的轴线对 A 基准的同轴度公差，并同时应用于基准要素

该孔应满足下列要求：

（1）实际尺寸不小于 $\phi39$

（2）实际轮廓不超出关联最小实体边界，即其关联体内作用尺寸不大于最小实体尺寸 $D_L=41$

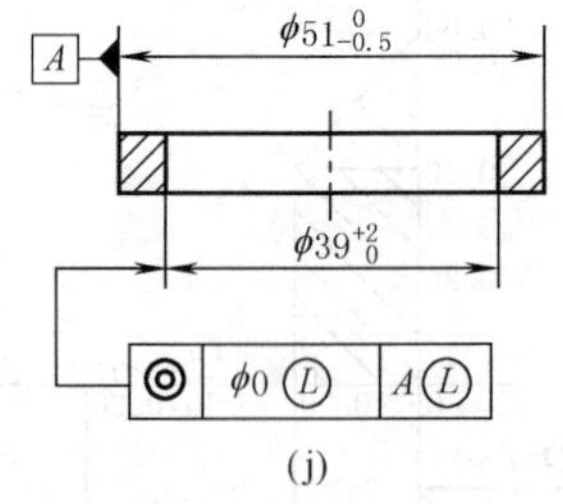

(j)

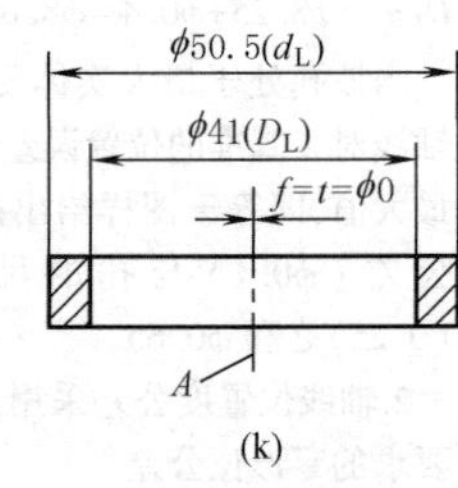

(k)

当该孔处于最小实体状态时，其轴线对 A 基准的同轴度误差应为零，如图 k 所示

当该孔处于最大实体状态时，其轴线对 A 基准的同轴度误差允许达到最大值，即图样给出的被测要素的尺寸公差值 $\phi2$，如图 l 所示

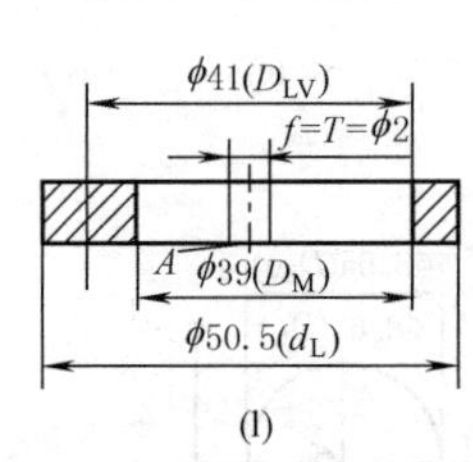

(l)

5.成组要素的位置度公差采用最小实体要求

图 m 表示 12 个槽 3.5mm±0.05mm 的中心平面对 A、B 基准的位置度公差采用最小实体要求。当各槽均处于最小实体状态时，其中心平面对 A、B 基准的位置度公差为 0.5，如图 n 所示。图 o 给出了表达上述关系的动态公差图

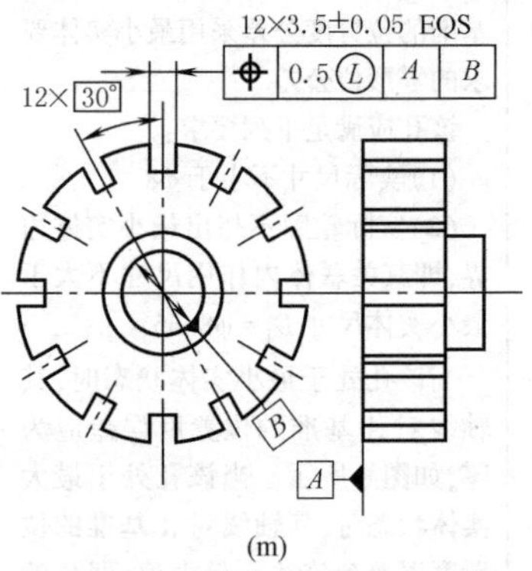

(m)

各槽应满足下列要求：

（1）实际尺寸在 3.45~3.55 之间

（2）实际轮廓不超出关联最小实体实效边界，即其关联体内作用尺寸不大于关联最小实体实效尺寸 $D_{LV}=D_L+t=3.55+0.5=4.05$

当各槽均处于最大实体状态时，其中心平面对 A、B 基准的位置度误差允许达到最大值，即等于图样给出的位置度公差（0.5）与槽的尺寸公差（0.1）之和 0.6

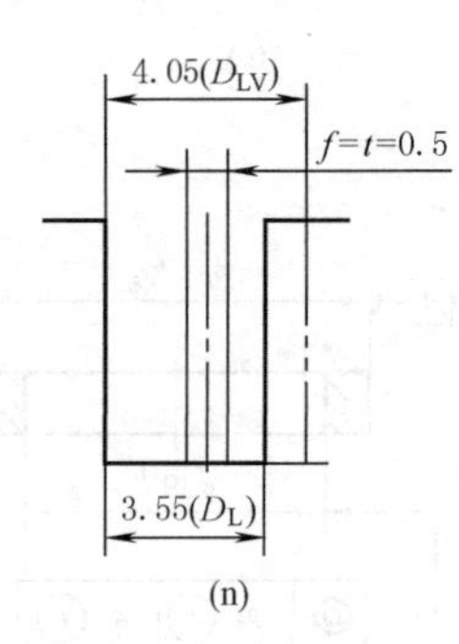

(n)

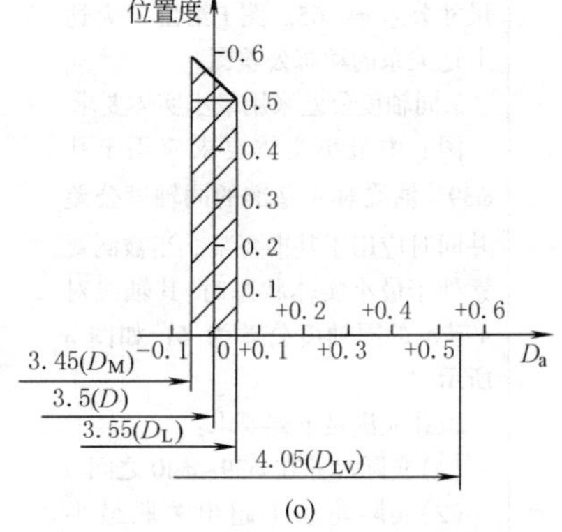

(o)

</td></tr>
</table>

公差原则	应 用 示 例
可逆要求	1.可逆要求用于最大实体要求 图 a 中的被测要素(轴)不得超出其最大实体实效边界,即其关联体外作用尺寸不超出最大实体实效尺寸 $\phi20.2$。所有局部实际尺寸应在 $\phi19.9$~$\phi20.2$ 之间,轴线的垂直度公差可根据其局部实际尺寸在 0~0.3 之间变化。例如,如果所有局部实际尺寸都是 $\phi20(d_M)$,则轴线的垂直度误差可为 $\phi0.2$(图 b);如果所有局部实际尺寸都是 $\phi19.9(d_L)$,则轴线的垂直度误差可为 $\phi0.3$(图 c);如果轴线的垂直度误差为零,则局部实际尺寸可为 $\phi20.2$(图 d)。图 e 给出了表达上述关系的动态公差图 2.可逆要求用于最小实体要求 图 f 中的被测要素(孔)不得超出其最小实体实效边界,即其关联体内作用尺寸不超出最小实体实效尺寸 $\phi8.65(=\phi8+0.25+\phi0.4)$。所有局部实际尺寸应在 $\phi8$~$\phi8.65$ 之间,其轴线的位置度误差可根据其局部实际尺寸在 0~0.65 之间变化。例如,如果所有局部实际尺寸均为 $\phi8.25(D_L)$,则其轴线的位置度误差可为 $\phi0.4$(图 g);如果所有局部实际尺寸均为 $\phi8(D_M)$,则轴线的位置度误差可为 $\phi0.65$(图 h);如果轴线的位置度误差为零,则局部实际尺寸可为 $\phi8.65(D_{LV})$(图 i)。图 j 给出了表达上述关系的动态公差图 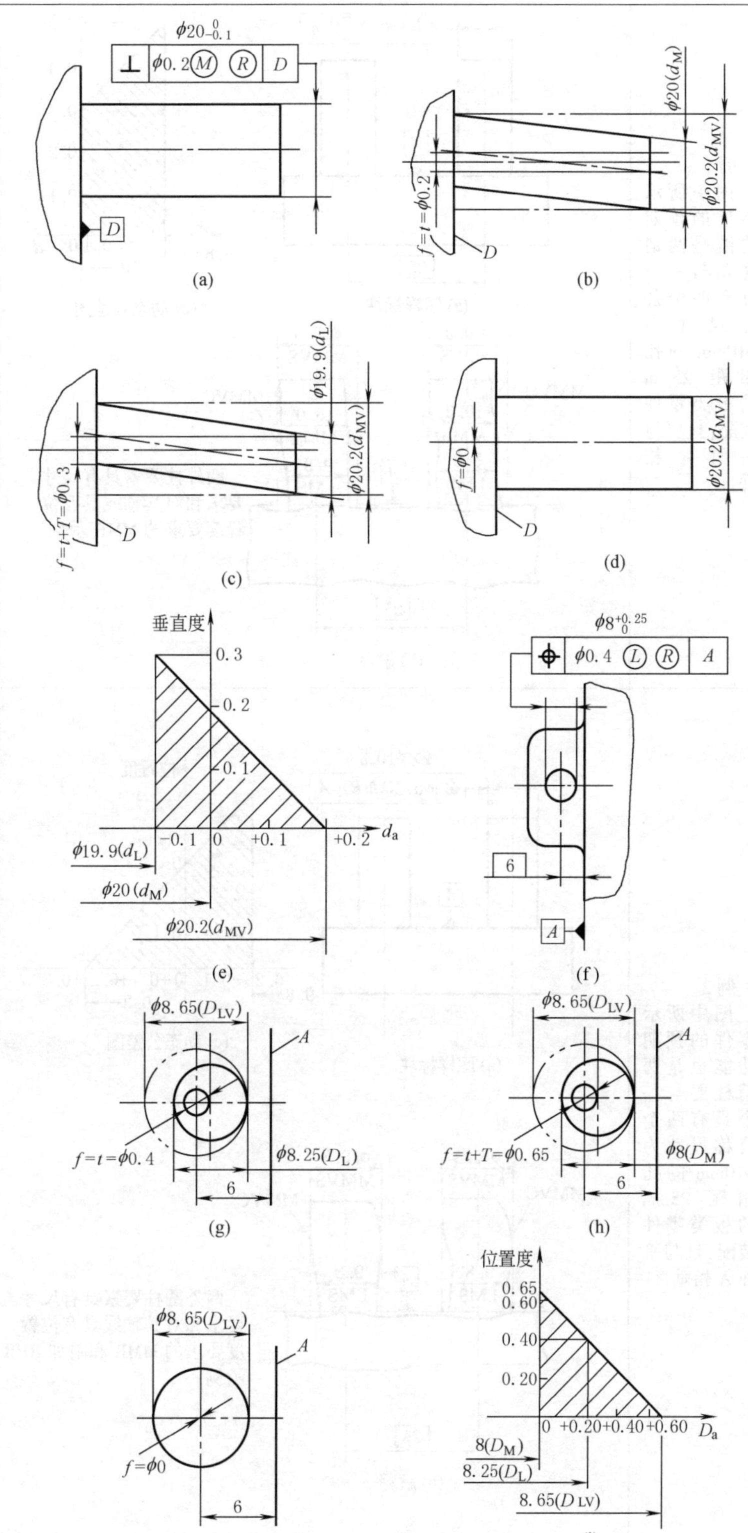

表 2-3-17　带Ⓜ、Ⓛ和Ⓡ的公差标注示例（摘自 GB/T 16671—2009）

举　例	图　例	对图例的解释
例 1 图中所示零件的预期功能是两销柱要与一个具有两个公称尺寸为 ϕ10mm 的孔相距 25mm 的板类零件装配，且要与平面 A 相垂直	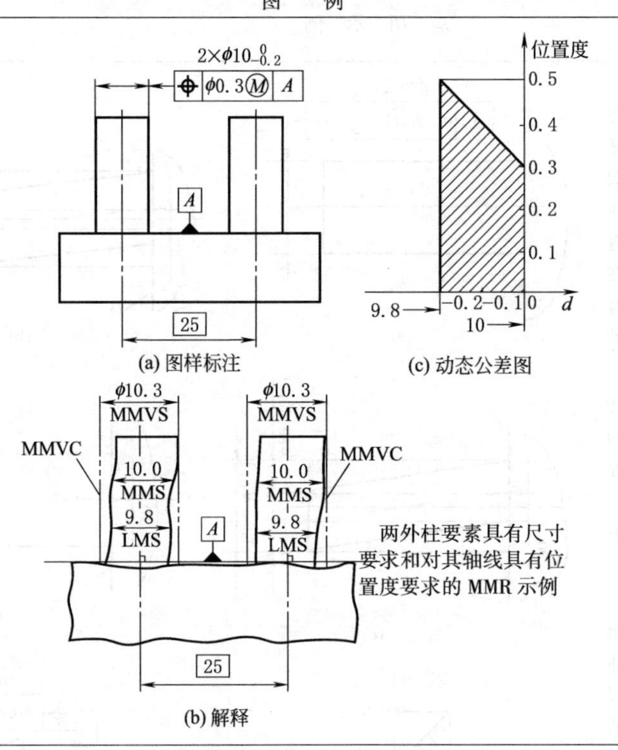 (a) 图样标注　(c) 动态公差图 两外柱要素具有尺寸要求和对其轴线具有位置度要求的 MMR 示例 (b) 解释	对本图例解释如下： a）两销柱的提取要素不得违反其最大实体实效状态（MMVC），其直径为 MMVS＝10.3mm b）两销柱的提取要素各处的局部直径均应大于 LMS＝9.8mm 且均应小于 MMS＝10.0mm c）两个 MMVC 的位置处于其轴线彼此相距为理论正确尺寸 25mm，且与基准 A 保持理论正确垂直 补充解释：图 a 中两销柱的轴线位置度公差（ϕ0.3mm）是这两销柱均为其最大实体状态（MMC）时给定的；若这两销柱均为其最小实体状态（LMC）时，其轴线位置度误差允许达到的最大值可为图 a 中给定的轴线位置度公差（ϕ0.3mm）与销柱的尺寸公差（0.2mm）之和 ϕ0.5mm；当两销柱各自处于最大实体状态（MMC）与最小实体状态（LMC）之间，其轴线位置度公差在 ϕ0.3～ϕ0.5mm 之间变化。图 c 给出了表述上述关系的动态公差图
例 2 图中所示零件的预期功能也是两销柱要与一个具有两个公称尺寸为 ϕ10mm 的孔相距 25mm 的板类零件装配，且与平面 A 相垂直	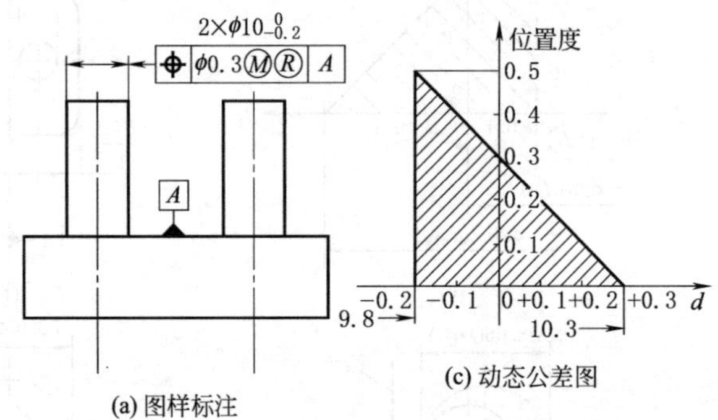 (a) 图样标注　(c) 动态公差图 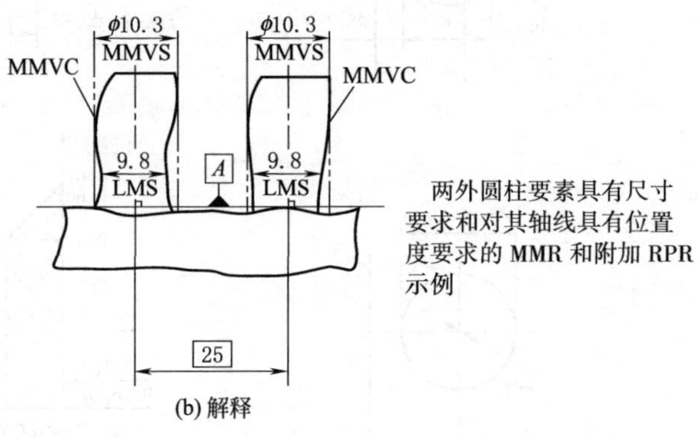 两外圆柱要素具有尺寸要求和对其轴线具有位置度要求的 MMR 和附加 RPR 示例 (b) 解释	对本图例解释如下： a）两销柱的提取要素不得违反其最大实体实效状态（MMVC），其直径为 MMVS＝10.3mm b）两销柱的提取要素各处的局部直径均应大于 LMS＝9.8mm；RPR 允许其局部直径从 MMS（＝10.0mm）增加至 MMVS（＝10.3mm） c）两个 MMVC 的位置处于其轴线彼此相距为理论正确尺寸 25mm，且与基准 A 保持理论正确垂直 补充解释：图 a 中两销柱的轴线位置度公差（ϕ0.3mm）是这两销柱均为其最大实体状态（MMC）时给定的；若这两销柱均为其最小实体状态（LMC）时，其轴线位置度误差允许达到的最大值可为图 a 中给定的轴线位置度公差（ϕ0.3mm）与销柱的尺寸公差（0.2mm）之和 ϕ0.5mm；当两销柱各自处于最大实体状态（MMC）与最小实体状态（LMC）之间，其轴线位置度公差在 ϕ0.3～ϕ0.5mm 之间变化。由于本例还附加了可逆要求（RPR），因此如果两销柱的轴线位置度误差小于给定的公差（ϕ0.3mm）时，两销柱的尺寸公差允许大于 0.2mm，即其提取要素各处的局部直径均可大于它们的最大实体尺寸（MMS＝10mm）；如果两销柱的轴线位置度误差为零，则两销柱的尺寸公差允许增大至 10.3mm。图 c 给出了表述上述关系的动态公差图

续表

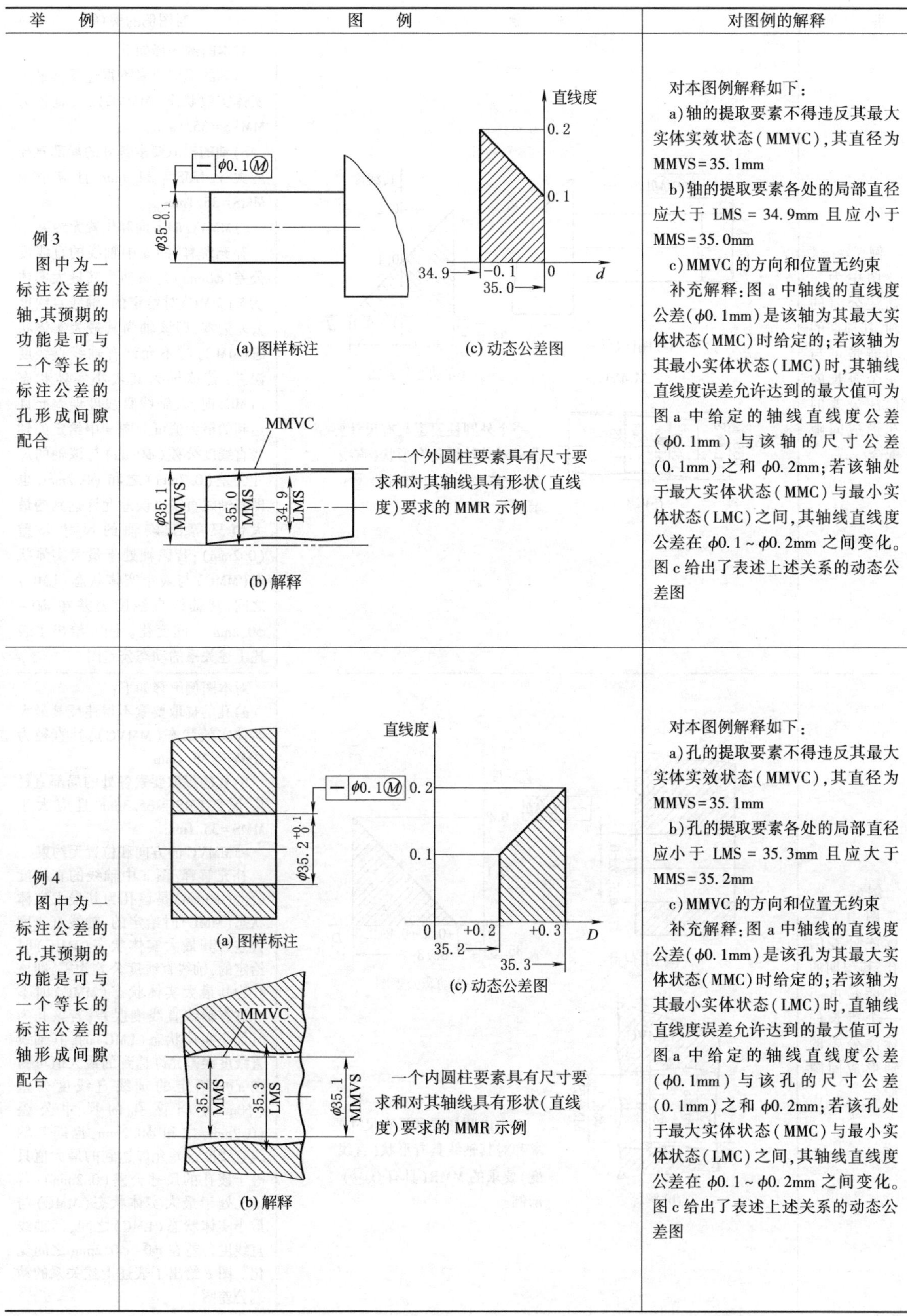

举　例	图　例	对图例的解释
例 3 图中为一标注公差的轴，其预期的功能是可与一个等长的标注公差的孔形成间隙配合	(a) 图样标注 (c) 动态公差图 (b) 解释 一个外圆柱要素具有尺寸要求和对其轴线具有形状(直线度)要求的 MMR 示例	对本图例解释如下： a)轴的提取要素不得违反其最大实体实效状态(MMVC)，其直径为 MMVS=35.1mm b)轴的提取要素各处的局部直径应大于 LMS=34.9mm 且应小于 MMS=35.0mm c)MMVC 的方向和位置无约束 补充解释：图 a 中轴线的直线度公差(ϕ0.1mm)是该轴为其最大实体状态(MMC)时给定的；若该轴为其最小实体状态(LMC)时，其轴线直线度误差允许达到的最大值可为图 a 中给定的轴线直线度公差(ϕ0.1mm)与该轴的尺寸公差(0.1mm)之和 ϕ0.2mm；若该轴处于最大实体状态(MMC)与最小实体状态(LMC)之间，其轴线直线度公差在 ϕ0.1～ϕ0.2mm 之间变化。图 c 给出了表述上述关系的动态公差图
例 4 图中为一标注公差的孔，其预期的功能是可与一个等长的标注公差的轴形成间隙配合	(a) 图样标注 (c) 动态公差图 (b) 解释 一个内圆柱要素具有尺寸要求和对其轴线具有形状(直线度)要求的 MMR 示例	对本图例解释如下： a)孔的提取要素不得违反其最大实体实效状态(MMVC)，其直径为 MMVS=35.1mm b)孔的提取要素各处的局部直径应小于 LMS=35.3mm 且应大于 MMS=35.2mm c)MMVC 的方向和位置无约束 补充解释：图 a 中轴线的直线度公差(ϕ0.1mm)是该孔为其最大实体状态(MMC)时给定的；若该轴为其最小实体状态(LMC)时，直轴线直线度误差允许达到的最大值可为图 a 中给定的轴线直线度公差(ϕ0.1mm)与该孔的尺寸公差(0.1mm)之和 ϕ0.2mm；若该孔处于最大实体状态(MMC)与最小实体状态(LMC)之间，其轴线直线度公差在 ϕ0.1～ϕ0.2mm 之间变化。图 c 给出了表述上述关系的动态公差图

续表

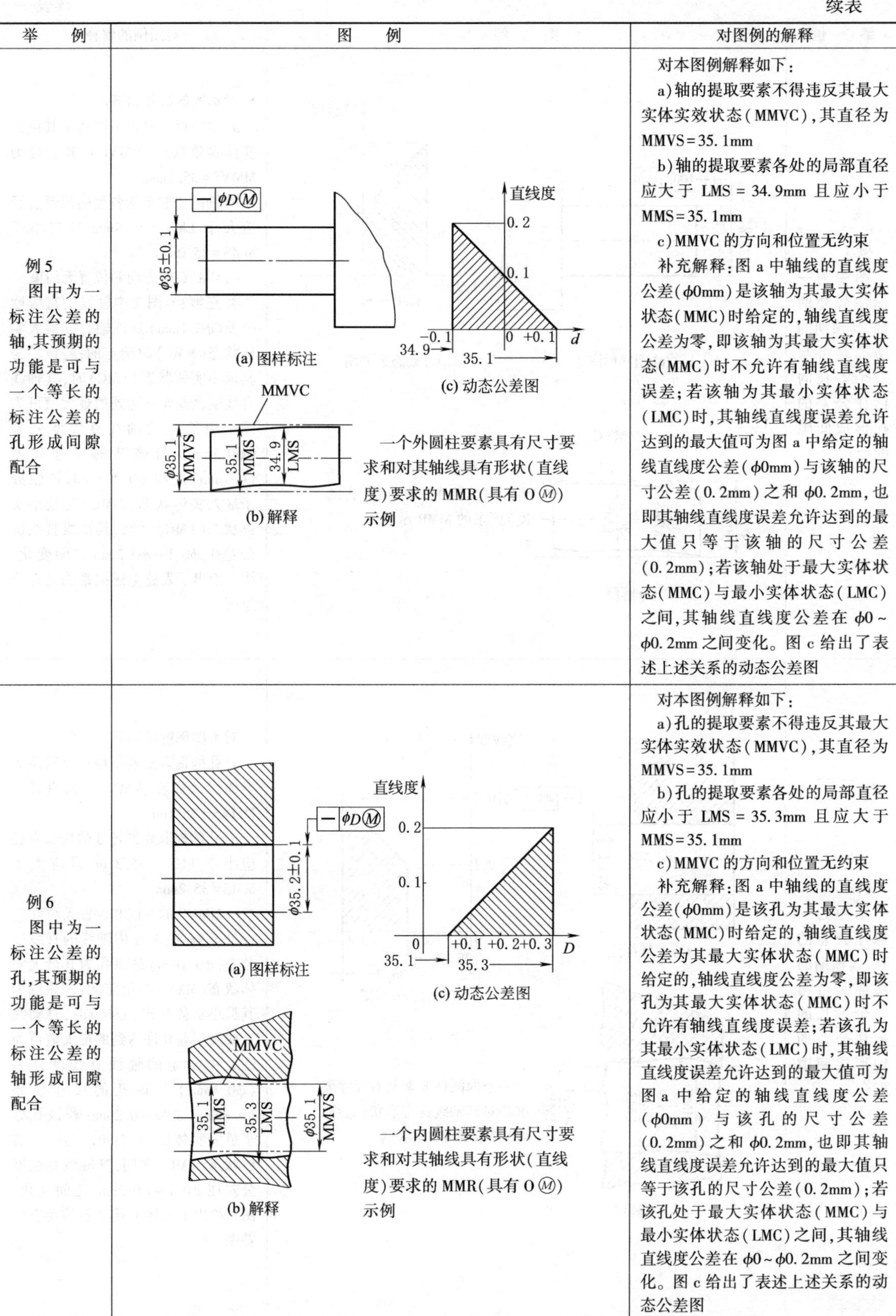

举　例	图　例	对图例的解释
例5 图中为一标注公差的轴，其预期的功能是可与一个等长的标注公差的孔形成间隙配合	(a) 图样标注 (c) 动态公差图 (b) 解释 一个外圆柱要素具有尺寸要求和对其轴线具有形状（直线度）要求的MMR（具有0Ⓜ）示例	对本图例解释如下： a) 轴的提取要素不得违反其最大实体实效状态（MMVC），其直径为MMVS＝35.1mm b) 轴的提取要素各处的局部直径应大于LMS＝34.9mm且应小于MMS＝35.1mm c) MMVC的方向和位置无约束 补充解释：图a中轴线的直线度公差（ϕ0mm）是该轴为其最大实体状态（MMC）时给定的，轴线直线度公差为零，即该轴为其最大实体状态（MMC）时不允许有轴线直线度误差；若该轴为其最小实体状态（LMC）时，其轴线直线度误差允许达到的最大值可为图a中给定的轴线直线度公差（ϕ0mm）与该轴的尺寸公差（0.2mm）之和ϕ0.2mm，也即其轴线直线度误差允许达到的最大值只等于该轴的尺寸公差（0.2mm）；若该轴处于最大实体状态（MMC）与最小实体状态（LMC）之间，其轴线直线度公差在ϕ0～ϕ0.2mm之间变化。图c给出了表述上述关系的动态公差图
例6 图中为一标注公差的孔，其预期的功能是可与一个等长的标注公差的轴形成间隙配合	(a) 图样标注 (c) 动态公差图 (b) 解释 一个内圆柱要素具有尺寸要求和对其轴线具有形状（直线度）要求的MMR（具有0Ⓜ）示例	对本图例解释如下： a) 孔的提取要素不得违反其最大实体实效状态（MMVC），其直径为MMVS＝35.1mm b) 孔的提取要素各处的局部直径应小于LMS＝35.3mm且应大于MMS＝35.1mm c) MMVC的方向和位置无约束 补充解释：图a中轴线的直线度公差（ϕ0mm）是该孔为其最大实体状态（MMC）时给定的，轴线直线度公差为其最大实体状态（MMC）时给定的，轴线直线度公差为零，即该孔为其最大实体状态（MMC）时不允许有轴线直线度误差；若该孔为其最小实体状态（LMC）时，其轴线直线度误差允许达到的最大值可为图a中给定的轴线直线度公差（ϕ0mm）与该孔的尺寸公差（0.2mm）之和ϕ0.2mm，也即其轴线直线度误差允许达到的最大值只等于该孔的尺寸公差（0.2mm）；若该孔处于最大实体状态（MMC）与最小实体状态（LMC）之间，其轴线直线度公差在ϕ0～ϕ0.2mm之间变化。图c给出了表述上述关系的动态公差图

续表

举　例	图　例	对图例的解释
例 7 图中所示零件的预期功能是与例 8 中图 a 所示零件相装配，且要求轴装入孔内时两基准平面应同时相接触	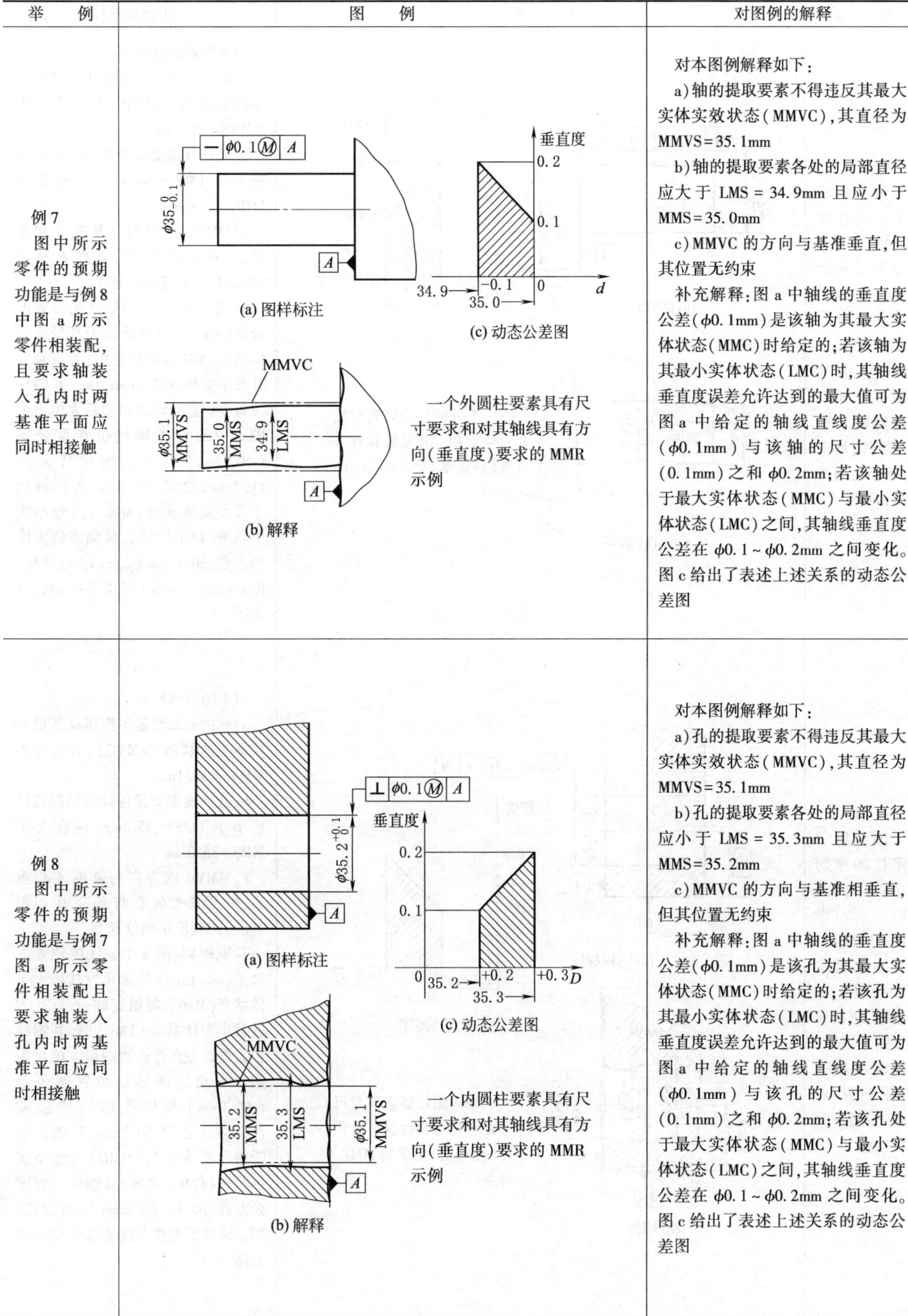 (a) 图样标注 (c) 动态公差图 (b) 解释 一个外圆柱要素具有尺寸要求和对其轴线具有方向(垂直度)要求的 MMR 示例	对本图例解释如下： a)轴的提取要素不得违反其最大实体实效状态(MMVC)，其直径为 MMVS=35.1mm b)轴的提取要素各处的局部直径应大于 LMS = 34.9mm 且应小于 MMS=35.0mm c)MMVC 的方向与基准垂直，但其位置无约束 补充解释：图 a 中轴线的垂直度公差(φ0.1mm)是该轴为其最大实体状态(MMC)时给定的；若该轴为其最小实体状态(LMC)时，其轴线垂直度误差允许达到的最大值可为图 a 中给定的轴线直线度公差(φ0.1mm)与该轴的尺寸公差(0.1mm)之和 φ0.2mm；若该轴处于最大实体状态(MMC)与最小实体状态(LMC)之间，其轴线垂直度公差在 φ0.1～φ0.2mm 之间变化。图 c 给出了表述上述关系的动态公差图
例 8 图中所示零件的预期功能是与例 7 图 a 所示零件相装配且要求轴装入孔内时两基准平面应同时相接触	 (a) 图样标注 (c) 动态公差图 (b) 解释 一个内圆柱要素具有尺寸要求和对其轴线具有方向(垂直度)要求的 MMR 示例	对本图例解释如下： a)孔的提取要素不得违反其最大实体实效状态(MMVC)，其直径为 MMVS=35.1mm b)孔的提取要素各处的局部直径应小于 LMS = 35.3mm 且应大于 MMS=35.2mm c)MMVC 的方向与基准相垂直，但其位置无约束 补充解释：图 a 中轴线的垂直度公差(φ0.1mm)是该孔为其最大实体状态(MMC)时给定的；若该孔为其最小实体状态(LMC)时，其轴线垂直度误差允许达到的最大值可为图 a 中给定的轴线直线度公差(φ0.1mm)与该孔的尺寸公差(0.1mm)之和 φ0.2mm；若该孔处于最大实体状态(MMC)与最小实体状态(LMC)之间，其轴线垂直度公差在 φ0.1～φ0.2mm 之间变化。图 c 给出了表述上述关系的动态公差图

续表

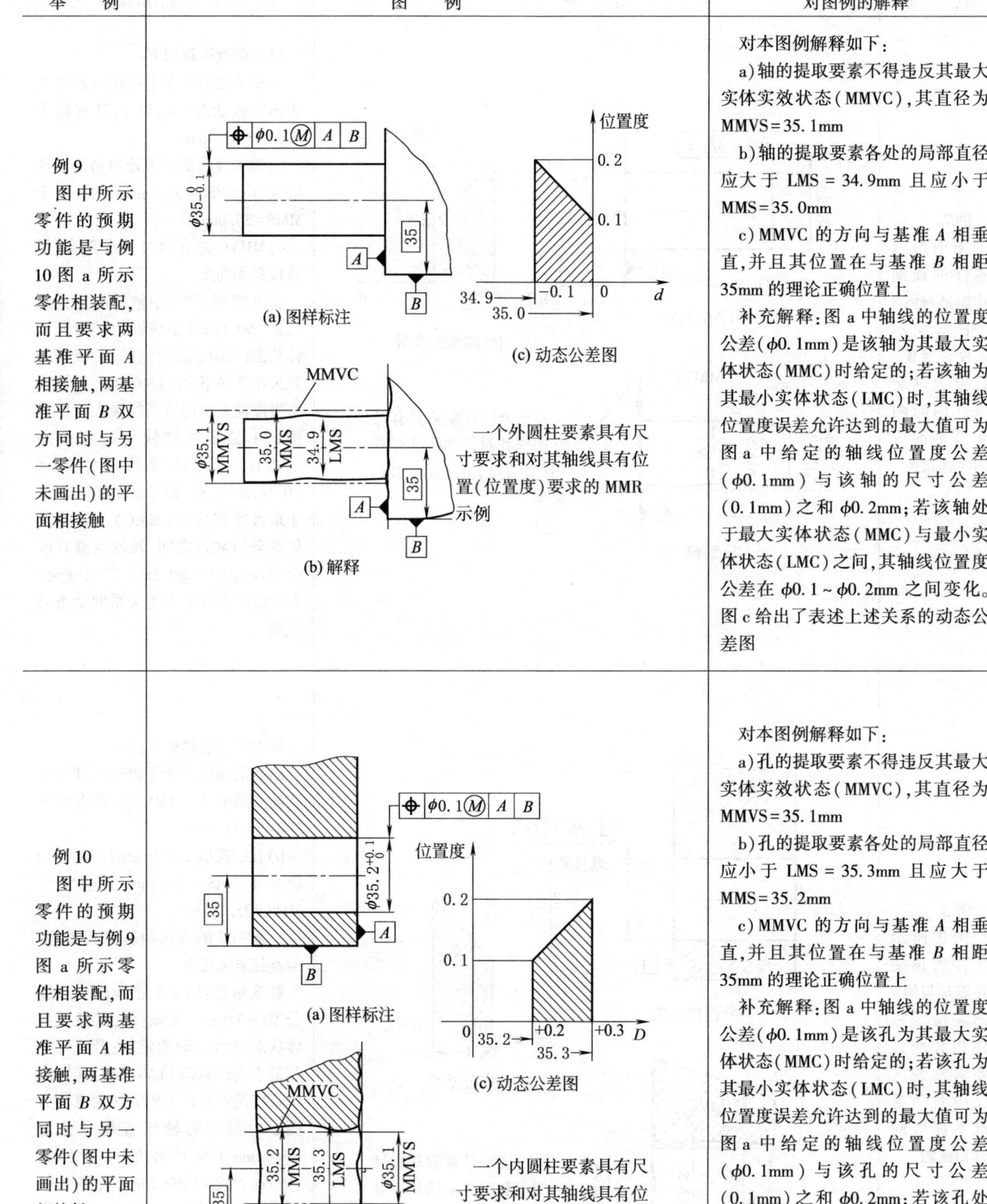

举　　例	图　　例	对图例的解释
例 9 图中所示零件的预期功能是与例10图a所示零件相装配，而且要求两基准平面 A 相接触，两基准平面 B 双方同时与另一零件（图中未画出）的平面相接触	(a) 图样标注 (b) 解释 (c) 动态公差图 一个外圆柱要素具有尺寸要求和对其轴线具有位置（位置度）要求的MMR示例	对本图例解释如下： a）轴的提取要素不得违反其最大实体实效状态（MMVC），其直径为MMVS＝35.1mm b）轴的提取要素各处的局部直径应大于LMS＝34.9mm且应小于MMS＝35.0mm c）MMVC的方向与基准 A 相垂直，并且其位置在与基准 B 相距35mm的理论正确位置上 补充解释：图a中轴线的位置度公差（ϕ0.1mm）是该轴为其最大实体状态（MMC）时给定的；若该轴为其最小实体状态（LMC）时，其轴线位置度误差允许达到的最大值可为图a中给定的轴线位置度公差（ϕ0.1mm）与该轴的尺寸公差（0.1mm）之和 ϕ0.2mm；若该轴处于最大实体状态（MMC）与最小实体状态（LMC）之间，其轴线位置度公差在 ϕ0.1～ϕ0.2mm之间变化。图c给出了表述上述关系的动态公差图
例 10 图中所示零件的预期功能是与例9图a所示零件相装配，而且要求两基准平面 A 相接触，两基准平面 B 双方同时与另一零件（图中未画出）的平面相接触	(a) 图样标注 (b) 解释 (c) 动态公差图 一个内圆柱要素具有尺寸要求和对其轴线具有位置（位置度）要求的MMR示例	对本图例解释如下： a）孔的提取要素不得违反其最大实体实效状态（MMVC），其直径为MMVS＝35.1mm b）孔的提取要素各处的局部直径应小于LMS＝35.3mm且应大于MMS＝35.2mm c）MMVC的方向与基准 A 相垂直，并且其位置在与基准 B 相距35mm的理论正确位置上 补充解释：图a中轴线的位置度公差（ϕ0.1mm）是该孔为其最大实体状态（MMC）时给定的；若该孔为其最小实体状态（LMC）时，其轴线位置度误差允许达到的最大值可为图a中给定的轴线位置度公差（ϕ0.1mm）与该孔的尺寸公差（0.1mm）之和 ϕ0.2mm；若该孔处于最大实体状态（MMC）与最小实体状态（LMC）之间，其轴线位置度公差在 ϕ0.1～ϕ0.2mm之间变化。图c给出了表述上述关系的动态公差图

续表

举　例	图　例	对图例的解释
例 11 图例仅说明最小实体要求的一些原则,本图样标注不全,不能控制最小壁厚。在其他要素上缺少最小实体要求,因此不能表示这一功能本例可以用位置度、同轴度或同心度标注,其意义均相同	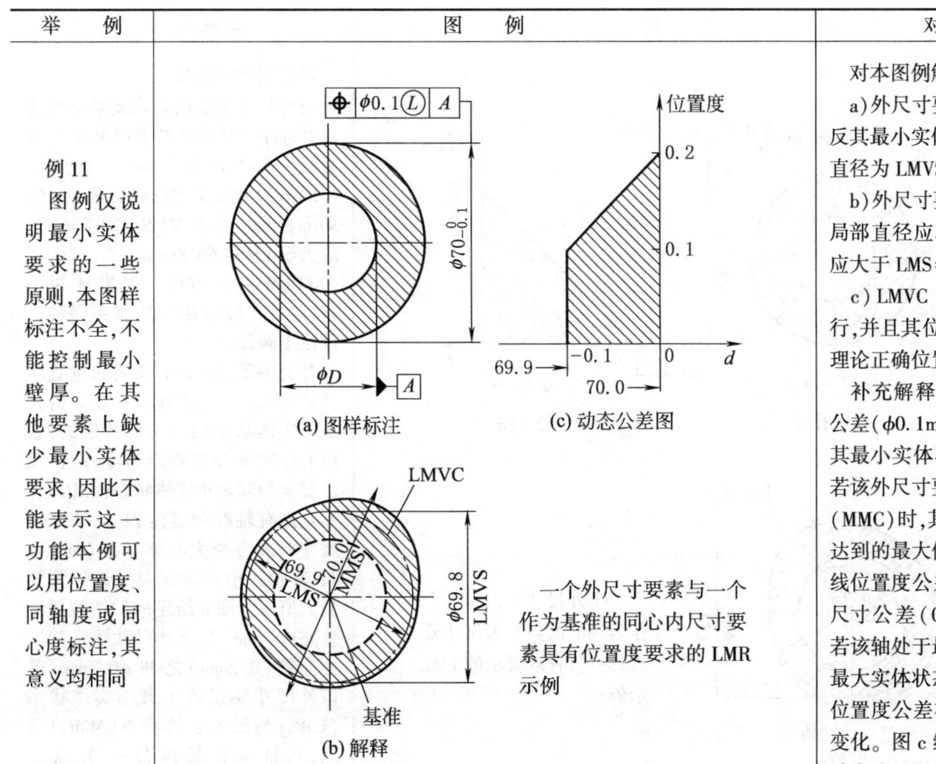 (a) 图样标注 (c) 动态公差图 (b) 解释 一个外尺寸要素与一个作为基准的同心内尺寸要素具有位置度要求的 LMR 示例	对本图例解释如下: a)外尺寸要素的提取要素不得违反其最小实体实效状态(LMVC),其直径为 LMVS=69.8mm b)外尺寸要素的提取要素各处的局部直径应小于 MMS=70.0mm 且应大于 LMS=69.9mm c)LMVC 的方向与基准 *A* 相平行,并且其位置在与基准 *A* 同轴的理论正确位置上 补充解释:图 a 中轴线的位置度公差(ϕ0.1mm)是该外尺寸要素为其最小实体状态(LMC)时给定的;若该外尺寸要素为其最大实体状态(MMC)时,其轴线位置度误差允许达到的最大值可为图 a 中给定的轴线位置度公差(ϕ0.1mm)与该轴的尺寸公差(0.1mm)之和 ϕ0.2mm;若该轴处于最小实体状态(LMC)与最大实体状态(MMC)之间,其轴线位置度公差在 ϕ0.1~ϕ0.2mm 之间变化。图 c 给出了表述上述关系的动态公差图
例 12 图例仅说明最小实体要求的一些原则。本图样标注不全,不能控制最小壁厚。在其他要素上缺少最小实体要求,因此不能表示这一功能,本图可以用位置度、同轴度或同心度标注,其意义均相同	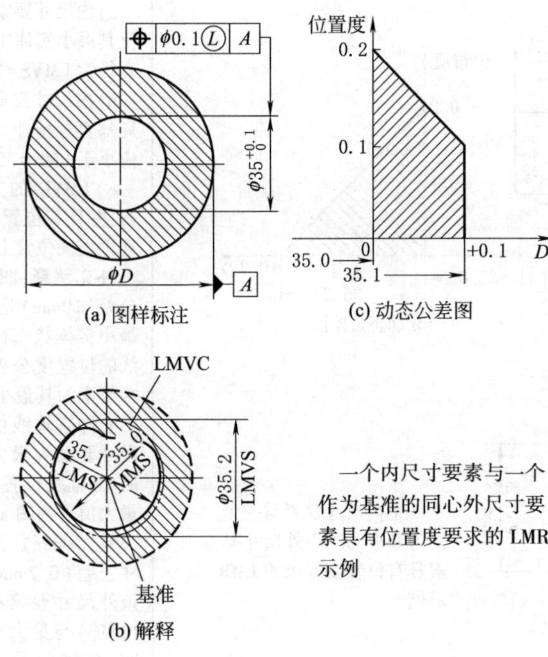 (a) 图样标注 (c) 动态公差图 (b) 解释 一个内尺寸要素与一个作为基准的同心外尺寸要素具有位置度要求的 LMR 示例	对本图例解释如下: a)内尺寸要素的提取要素不得违反其最小实体实效状态(LMVC),其直径为 LMVS=35.2mm b)内尺寸要素的提取要素各处的局部直径应大于 MMS=35.0mm 且应小于 LMS=35.1mm c)LMVC 的方向与基准 *A* 相平行,并且其位置在与基准 *A* 同轴的理论正确位置上 补充解释:图 a 中轴线的位置度公差(ϕ0.1mm)是该内尺寸要素为其最小实体状态(LMC)时给定的;若该内尺寸要素为其最大实体状态(MMC)时,其轴线位置度误差允许达到的最大值可为图 a 中给定的轴线位置度公差(ϕ0.1mm)与该内尺寸要素的尺寸公差(0.1mm)之和 ϕ0.2mm;若该内尺寸要素处于最小实体状态(LMC)与最大实体状态(MMC)之间,其轴线位置度公差在 ϕ0.1~ϕ0.2mm 之间变化。图 c 给出了表述上述关系的动态公差图

第 2 篇

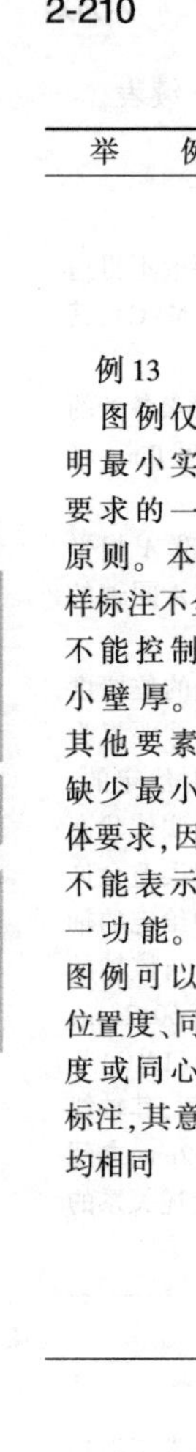

续表

举　例	图　例	对图例的解释
例 13 图例仅说明最小实体要求的一些原则。本图样标注不全,不能控制最小壁厚。在其他要素上缺少最小实体要求,因此不能表示这一功能。本图例可以用位置度、同轴度或同心度标注,其意义均相同	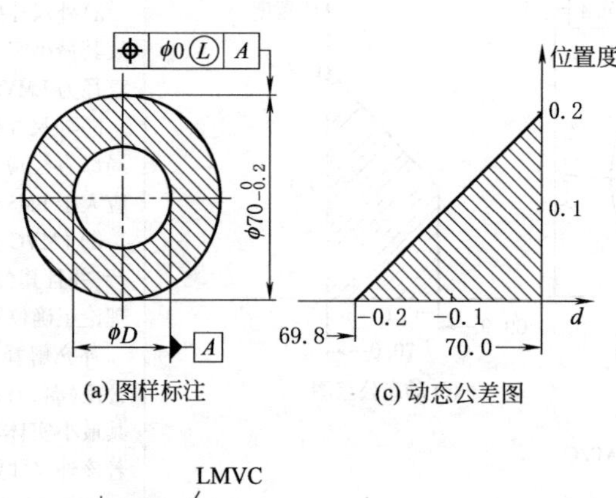 (a) 图样标注　(c) 动态公差图 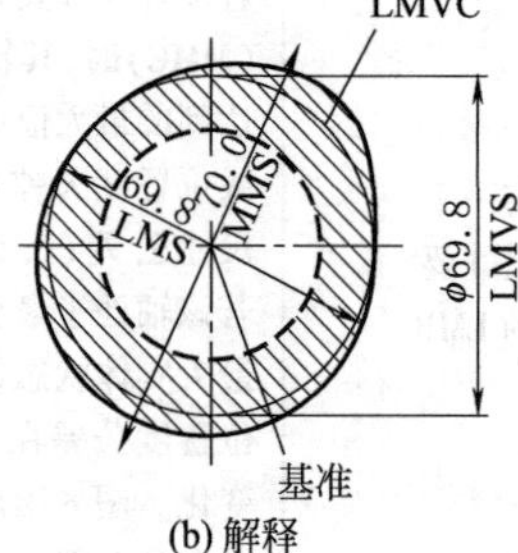 (b) 解释 一个外尺寸要素与一个作为基准的同心内尺寸要素具有位置度要求的 LMR 示例	对本图例解释如下: a)外尺寸要素的提取要素不得违反其最小实体实效状态(LMVC),其直径为 LMVS=69.8mm b)外尺寸要素的提取要素各处的局部直径应小于 MMS=70.0mm 且应大于 LMS=69.8mm c) LMVC 的方向与基准 *A* 相平行,并且其位置在与基准 *A* 同轴的理论正确位置上 补充解释:图 a 中轴线的位置度公差(ϕ0mm)是该外尺寸要素为其最小实体状态(LMC)时给定的,轴线的位置度公差规定为零,即该尺寸要素为其最小实体状态(LMC)时不允许有轴线位置度误差;若该外尺寸要素为最大实体状态(MMC)时,其轴线位置度误差允许达到的最大值可为图 a 给定的轴线位置度公差(ϕ0mm)与该外尺寸要素的尺寸公差(0.2mm)之和 ϕ0.2mm;若该外尺寸要素处于最小实体状态(LMC)与最大实体状态(MMC)之间,其轴线位置度公差在 ϕ0~ϕ0.2mm 之间变化。图 c 给出了表述上述关系的动态公差图
例 14 图例仅说明最小实体要求的一些原则。本图样标注不全,不能控制最小壁厚。在其他要素上缺少最小实体要求,因此不能表示这一功能,本图例可以用位置度、同轴度或同心度标注,其意义均相同	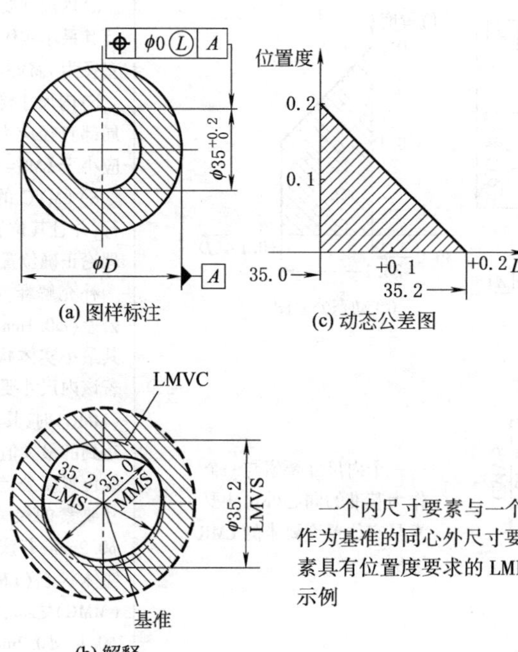 (a) 图样标注　(c) 动态公差图 (b) 解释 一个内尺寸要素与一个作为基准的同心外尺寸要素具有位置度要求的 LMR 示例	对本图例解释如下: a)内尺寸要素的提取要求不得违反其最小实体实效状态(LMVC),其直径为 LMVS=35.2mm b)内尺寸要素的提取要素各处的局部直径应小于 MMS=35.0mm 且应小于 LMS=35.2mm c) LMVC 的方向与基准 *A* 相平行,并且其位置在与基准 *A* 同轴的理论正确位置上 补充解释:图 a 中轴线的位置度公差(ϕ0mm)是该内尺寸要素为其最小实体状态(LMC)时给定的,轴线的位置度公差规定为零,即该尺寸要素为其最小实体状态(LMC)时不允许有轴线位置度误差;若该内尺寸要素为最大实体状态(MMC)时,其轴线位置度误差允许达到的最大值可为图 a 给定的轴线位置度公差(ϕ0mm)与该内尺寸要素的尺寸公差(0.2mm)之和 ϕ0.2mm;若该外尺寸要素处于最小实体状态(LMC)与最大实体状态(MMC)之间,其轴线位置度公差在 ϕ0~ϕ0.2mm 之间变化。图 c 给出了表述上述关系的动态公差图

续表

举　　例	图　　例	对图例的解释
例 15 图例仅说明最小实体要求的一些原则。本图样标注不全，不能控制最小壁厚。在其他要素上缺少最小实体要求，因此不能表示这一功能。本图例可以用位置度、同轴度或同心度标注，意义相同	(a) 图样标注 (c) 动态公差图 (b) 解释 一个外尺寸要素与一个作为基准的同心内尺寸要素具有位置度要求的 LMR 和附加 RPR 示例	对本图例解释如下： a)外尺寸要素的提取要素不得违反其最小实体实效状态(LMVC)，其直径为 LMVS=69.8mm b)外尺寸要素的提取要素各处的局部直径应小于 MMS=70.0mm，RPR 允许其局部直径从 LMS(=69.9mm)减小至 LMVS(=69.8mm) c)LMVC 的方向与基准 A 相平行，并且其位置在与基准 A 同轴的理论正确位置上 补充解释：图 a 中轴线的位置度公差(ϕ0.1mm)是该外尺寸要素为其最小实体状态(LMC)时给定的；若该外尺寸要素为其最大实体状态(MMC)时，其轴线位置度误差允许达到的最大值可为图 a 中给定的轴线位置度公差(ϕ0.1mm)与该外尺寸要素尺寸公差(0.1mm)之和ϕ0.2mm；若该外尺寸要素处于最小实体状态(LMC)与最大实体状态(MMC)之间，其轴线位置度公差在ϕ0.1～ϕ0.2mm 之间变化。由于本例还附加了可逆要求(RPR)，因此如果其轴线位置度误差小于给定的公差(ϕ0.1mm)时，该外尺寸要素的尺寸公差允许大于 0.1mm，即其提取要素各处的局部直径均可小于它的最小实体尺寸(LMS=69.9mm)；如果其轴线位置度误差为零，则其局部直径允许减小至 69.8mm。图 c 给出了表述上述关系的动态公差图
例 16 图例仅说明最小实体要求的一些原则。本图样标注不全，不能控制最小壁厚。在其他要素上缺少最小实体要求，因此不能表示这一功能。本图例可以用位置度、同轴度或同心度标注，其意义相同	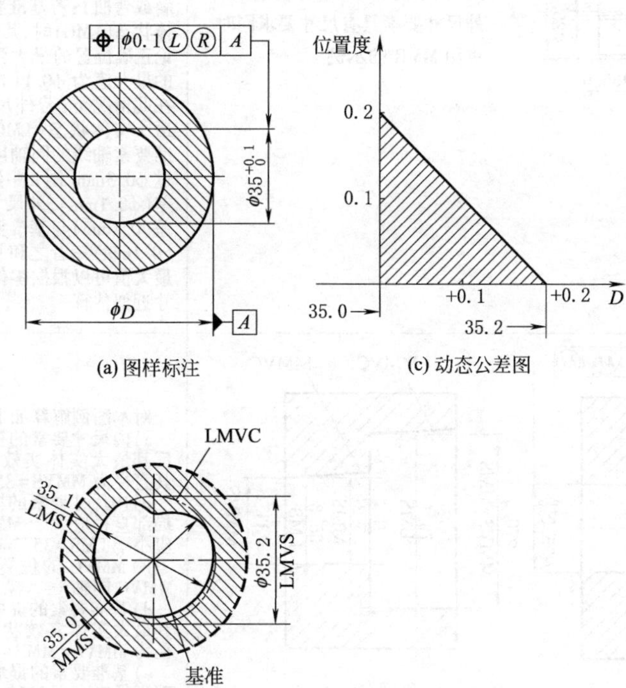 (a) 图样标注 (c) 动态公差图 (b) 解释	对本图例解释如下： a)内尺寸要素的提取要素不得违反其最小实体实效状态(LMVC)，其直径为 LMVS=35.2mm b)内尺寸要素的提取要素各处的局部直径应小于 MMS=35.0mm，RPR 允许其局部直径从 LMS(=35.1mm)增大至 LMVS(=35.2mm) c)LMVC 的方向与基准 A 相平行，并且其位置在与基准 A 同轴的理论正确位置上 补充解释：图 a 中轴线的位置度公差(ϕ0.1mm)是该内尺寸要素为其最小实体状态(LMC)时给定的；若该内尺寸要素为其最大实体状态(MMC)时，其轴线位置度误差允许达到的最大值可为图 a 中给定的轴线位置度公差(ϕ0.1mm)与该内尺寸要素尺寸公差(0.1mm)之和ϕ0.2mm；若该外尺寸要素处于最小实体状态(LMC)与最大实体状态(MMC)之间，其轴线位置度公差在ϕ0.1～ϕ0.2mm 之间变化。由于本例还附加了可逆要求(RPR)，因此如果其轴线位置度误差小于给定的公差(ϕ0.1mm)时，该内尺寸要素的尺寸公差允许大于 0.1mm，即其提取要素各处的局部直径均可大于它的最小实体尺寸(LMS=35.1mm)；如果其轴线位置度误差为零，则其局部直径允许增大至 35.2mm。图 c 给出了表述上述关系的动态公差图

续表

举　例	图　例	对图例的解释
例 17 图例所示零件的预期功能是与例 18 图 a 所示零件相装配	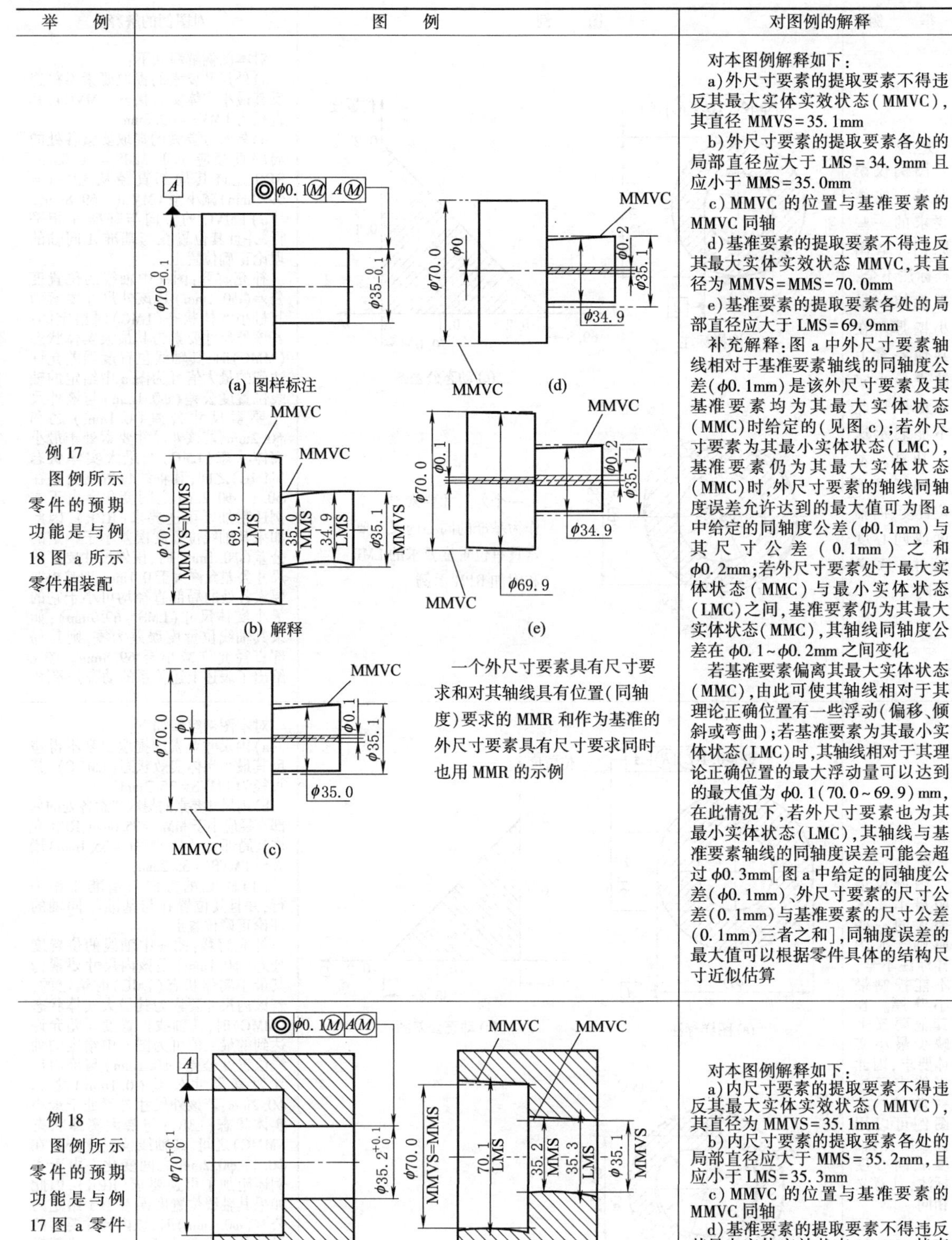 (a) 图样标注　(b) 解释　(c)　(d)　(e) 一个外尺寸要素具有尺寸要求和对其轴线具有位置(同轴度)要求的 MMR 和作为基准的外尺寸要素具有尺寸要求同时也用 MMR 的示例	对本图例解释如下： a)外尺寸要素的提取要素不得违反其最大实体实效状态(MMVC)，其直径 MMVS=35.1mm b)外尺寸要素的提取要素各处的局部直径应大于 LMS=34.9mm 且应小于 MMS=35.0mm c)MMVC 的位置与基准要素的 MMVC 同轴 d)基准要素的提取要素不得违反其最大实体实效状态 MMVC，其直径为 MMVS=MMS=70.0mm e)基准要素的提取要素各处的局部直径应大于 LMS=69.9mm 补充解释：图 a 中外尺寸要素轴线相对于基准要素轴线的同轴度公差(ϕ0.1mm)是该外尺寸要素及其基准要素均为其最大实体状态(MMC)时给定的(见图 c)；若外尺寸要素为其最小实体状态(LMC)，基准要素仍为其最大实体状态(MMC)时，外尺寸要素的轴线同轴度误差允许达到的最大值可为图 a 中给定的同轴度公差(ϕ0.1mm)与其尺寸公差(0.1mm)之和 ϕ0.2mm；若外尺寸要素处于最大实体状态(MMC)与最小实体状态(LMC)之间，基准要素仍为其最大实体状态(MMC)，其轴线同轴度公差在 ϕ0.1~ϕ0.2mm 之间变化 若基准要素偏离其最大实体状态(MMC)，由此可使其轴线相对于其理论正确位置有一些浮动(偏移、倾斜或弯曲)；若基准要素为其最小实体状态(LMC)时，其轴线相对于其理论正确位置的最大浮动量可以达到的最大值为 ϕ0.1(70.0~69.9)mm，在此情况下，若外尺寸要素也为其最小实体状态(LMC)，其轴线与基准要素轴线的同轴度误差可能会超过 ϕ0.3mm[图 a 中给定的同轴度公差(ϕ0.1mm)、外尺寸要素的尺寸公差(0.1mm)与基准要素的尺寸公差(0.1mm)三者之和]，同轴度误差的最大值可以根据零件具体的结构尺寸近似估算
例 18 图例所示零件的预期功能是与例 17 图 a 零件相装配	 (a) 图样标注　(b) 解释 一个内尺寸要素具有尺寸要求和对其轴线具有位置(同轴度)要求的 MMR 和作为基准的尺寸要素具有尺寸要求同时也用 MMR 的示例	对本图例解释如下： a)内尺寸要素的提取要素不得违反其最大实体实效状态(MMVC)，其直径为 MMVS=35.1mm b)内尺寸要素的提取要素各处的局部直径应大于 MMS=35.2mm，且应小于 LMS=35.3mm c)MMVC 的位置与基准要素的 MMVC 同轴 d)基准要素的提取要素不得违反其最大实体实效状态 MMVC，其直径为 MMVS=MMS=70.0mm e)基准要素的提取要素各处的局部直径应小于 LMS=70.1mm

续表

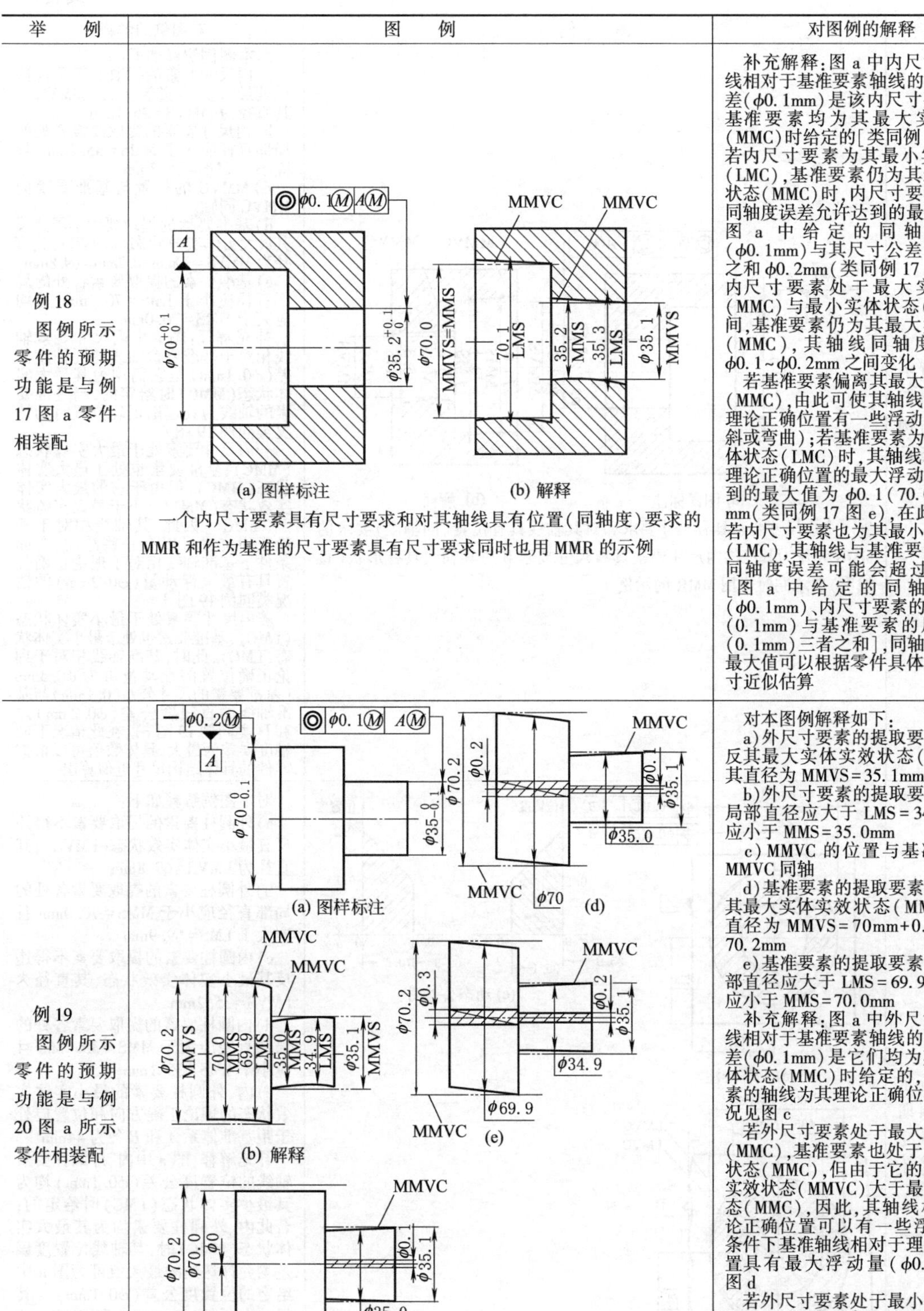

举　例	图　例	对图例的解释
例18 图例所示零件的预期功能是与例17图a零件相装配	(a) 图样标注　(b) 解释 一个内尺寸要素具有尺寸要求和对其轴线具有位置(同轴度)要求的MMR和作为基准的尺寸要素具有尺寸要求同时也用MMR的示例	补充解释：图a中内尺寸要素轴线相对于基准要素轴线的同轴度公差(ϕ0.1mm)是该内尺寸要素及其基准要素均为其最大实体状态(MMC)时给定的[类同例17图c]；若内尺寸要素为其最小实体状态(LMC)，基准要素仍为其最大实体状态(MMC)时，内尺寸要素的轴线同轴度误差允许达到的最大值可为图a中给定的同轴度公差(ϕ0.1mm)与其尺寸公差(0.1mm)之和ϕ0.2mm(类同例17图d)；若内尺寸要素处于最大实体状态(MMC)与最小实体状态(LMC)之间，基准要素仍为其最大实体状态(MMC)，其轴线同轴度公差在ϕ0.1~ϕ0.2mm之间变化 若基准要素偏离其最大实体状态(MMC)，由此可使其轴线相对于其理论正确位置有一些浮动(偏移、倾斜或弯曲)；若基准要素为其最小实体状态(LMC)时，其轴线相对于其理论正确位置的最大浮动量可以达到的最大值为ϕ0.1(70.0~69.9)mm(类同例17图e)，在此情况下，若内尺寸要素也为其最小实体状态(LMC)，其轴线与基准要素轴线的同轴度误差可能会超过ϕ0.3mm[图a中给定的同轴度公差(ϕ0.1mm)、内尺寸要素的尺寸公差(0.1mm)与基准要素的尺寸公差(0.1mm)三者之和]，同轴度误差的最大值可以根据零件具体的结构尺寸近似估算
例19 图例所示零件的预期功能是与例20图a所示零件相装配	(a) 图样标注　(d)　(b) 解释　(e)　(c) 一个外尺寸要素具有尺寸要求和对其轴线具有位置(同轴度)要求的MMR和作为基准的外尺寸要素具有尺寸要求和对其轴线具有形状(直线度)要求同时也用MMR的示例	对本图例解释如下： a)外尺寸要素的提取要素不得违反其最大实体实效状态(MMVC)，其直径为MMVS=35.1mm b)外尺寸要素的提取要素各处的局部直径应大于LMS=34.9mm且应小于MMS=35.0mm c)MMVC的位置与基准要素的MMVC同轴 d)基准要素的提取要素不得违反其最大实体实效状态(MMVC)，其直径为MMVS=70mm+0.2mm=70.2mm e)基准要素的提取要素各处的局部直径应大于LMS=69.9mm，且均应小于MMS=70.0mm 补充解释：图a中外尺寸要素轴线相对于基准要素轴线的同轴度公差(ϕ0.1mm)是它们均为其最大实体状态(MMC)时给定的，当基准要素的轴线为其理论正确位置时的情况见图c 若外尺寸要素处于最大实体状态(MMC)，基准要素也处于最大实体状态(MMC)，但由于它的最大实体实效状态(MMVC)大于最大实体状态(MMC)，因此，其轴线相对于理论正确位置可以有一些浮动，在此条件下基准轴线相对于理论正确位置具有最大浮动量(ϕ0.2mm)见图d 若外尺寸要素处于最小实体状态(LMC)，基准要素也处于最小实体状态(LMC)，此时，基准轴线相对于理论正确位置的浮动量可为ϕ0.3mm[基准要素的尺寸公差(0.1mm)与基准轴线的直线度公差ϕ0.2mm之和]见图e，在此情况下同轴度误差为最大，具体数值可以根据零件的具体结构尺寸近似算出

续表

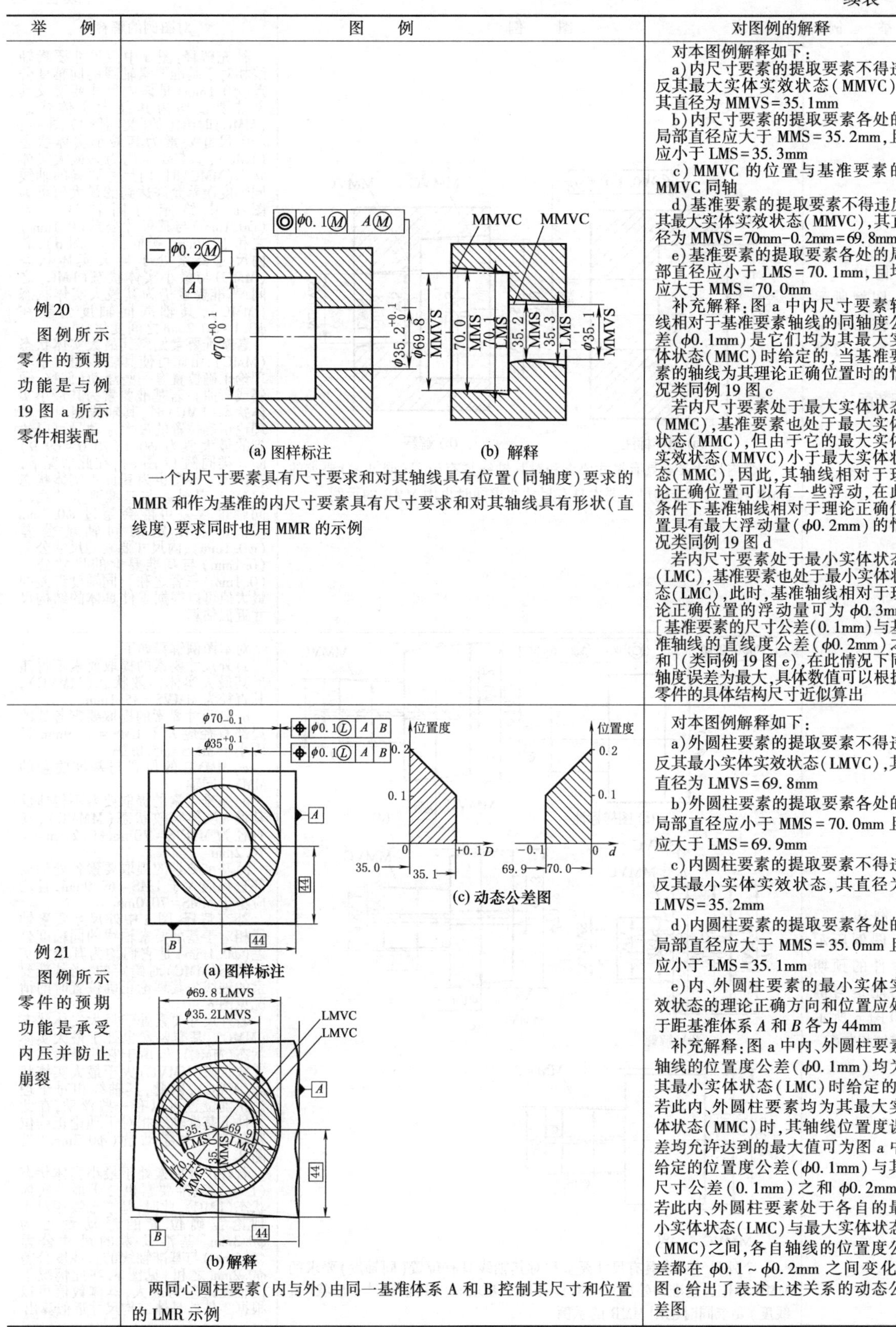

举　　例	图　　例	对图例的解释
例 20 图例所示零件的预期功能是与例 19 图 a 所示零件相装配	(a) 图样标注　(b) 解释 一个内尺寸要素具有尺寸要求和对其轴线具有位置(同轴度)要求的 MMR 和作为基准的内尺寸要素具有尺寸要求和对其轴线具有形状(直线度)要求同时也用 MMR 的示例	对本图例解释如下: a)内尺寸要素的提取要素不得违反其最大实体实效状态(MMVC),其直径为 MMVS=35.1mm b)内尺寸要素的提取要素各处的局部直径应大于 MMS=35.2mm,且应小于 LMS=35.3mm c)MMVC 的位置与基准要素的 MMVC 同轴 d)基准要素的提取要素不得违反其最大实体实效状态(MMVC),其直径为 MMVS=70mm−0.2mm=69.8mm e)基准要素的提取要素各处的局部直径应小于 LMS=70.1mm,且均应大于 MMS=70.0mm 补充解释:图 a 中内尺寸要素轴线相对于基准要素轴线的同轴度公差(φ0.1mm)是它们均为其最大实体状态(MMC)时给定的,当基准要素的轴线为其理论正确位置时的情况类同例 19 图 c 若内尺寸要素处于最大实体状态(MMC),基准要素也处于最大实体状态(MMC),但由于它的最大实体实效状态(MMVC)小于最大实体状态(MMC),因此,其轴线相对于理论正确位置可以有一些浮动,在此条件下基准轴线相对于理论正确位置具有最大浮动量(φ0.2mm)的情况类同例 19 图 d 若内尺寸要素处于最小实体状态(LMC),基准要素也处于最小实体状态(LMC),此时,基准轴线相对于理论正确位置的浮动量可为 φ0.3mm[基准要素的尺寸公差(0.1mm)与基准轴线的直线度公差(φ0.2mm)之和](类同例 19 图 e),在此情况下同轴度误差为最大,具体数值可以根据零件的具体结构尺寸近似算出
例 21 图例所示零件的预期功能是承受内压并防止崩裂	(a) 图样标注　(c) 动态公差图　(b) 解释 两同心圆柱要素(内与外)由同一基准体系 A 和 B 控制其尺寸和位置的 LMR 示例	对本图例解释如下: a)外圆柱要素的提取要素不得违反其最小实体实效状态(LMVC),其直径为 LMVS=69.8mm b)外圆柱要素的提取要素各处的局部直径应小于 MMS=70.0mm 且应大于 LMS=69.9mm c)内圆柱要素的提取要素不得违反其最小实体实效状态,其直径为 LMVS=35.2mm d)内圆柱要素的提取要素各处的局部直径应大于 MMS=35.0mm 且应小于 LMS=35.1mm e)内、外圆柱要素的最小实体实效状态的理论正确方向和位置应处于距基准体系 *A* 和 *B* 各为 44mm 补充解释:图 a 中内、外圆柱要素轴线的位置度公差(φ0.1mm)均为其最小实体状态(LMC)时给定的;若此内、外圆柱要素均为其最大实体状态(MMC)时,其轴线位置度误差均允许达到的最大值可为图 a 中给定的位置度公差(φ0.1mm)与其尺寸公差(0.1mm)之和 φ0.2mm;若此内、外圆柱要素处于各自的最小实体状态(LMC)与最大实体状态(MMC)之间,各自轴线的位置度公差都在 φ0.1~φ0.2mm 之间变化。图 c 给出了表述上述关系的动态公差图

续表

<table>
<tr><th>举　例</th><th>图　例</th><th>对图例的解释</th></tr>
<tr><td>例 22
图例所示零件的预期功能是承受内压并防止崩裂</td><td> 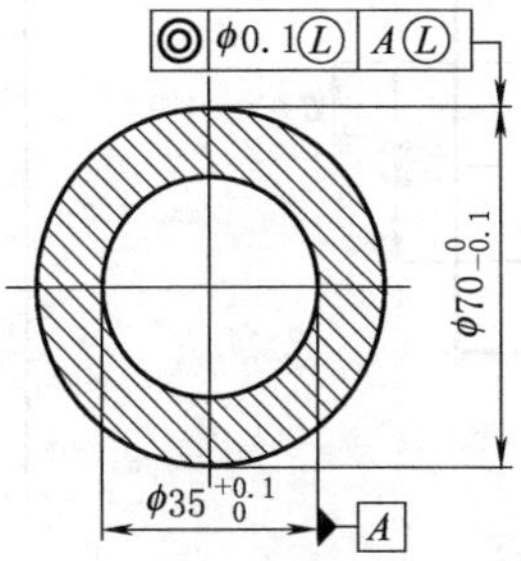(a) 图样标注 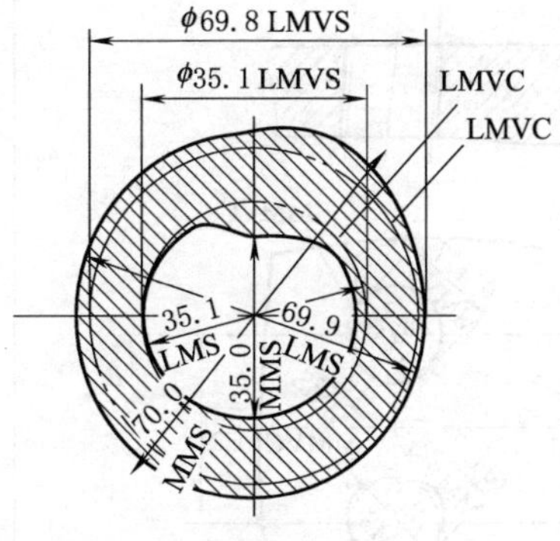
(b) 解释 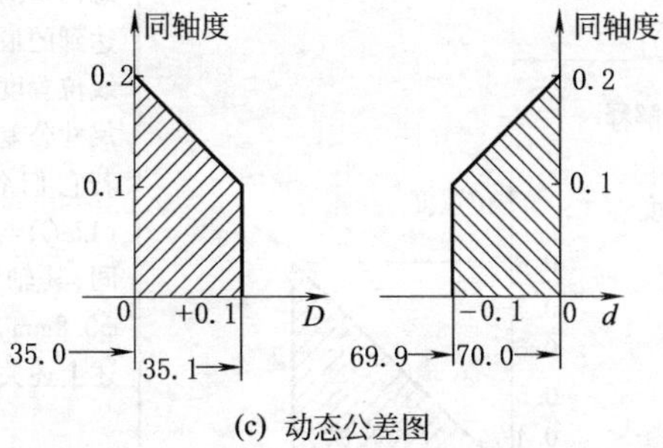
(c) 动态公差图
一个外圆柱要素由尺寸和相对于由尺寸和 LMR 控制的内圆柱要素作为基准的位置(同轴度)控制的 LMR 示例</td><td>对本图例解释如下：
a)外圆柱要素的提取要素不得违反其最小实体实效状态(LMVC)，其直径为 LMVS = 69.8mm
b)外圆柱要素的提取要素各处的局部直径应小于 MMS = 70.0mm 且应大于 LMS = 69.9mm
c)内圆柱要素(基准要素)的提取要素不得违反其最小实体实效状态(LMVC)，其直径为 LMVS = LMS = 35.1mm
d)内圆柱要素(基准要素)的提取要素各处的局部直径应大于 MMS = 35.0mm 且应小于 LMS = 35.1mm
e)外圆柱要素的最小实体实效状态(LMVC)位于内圆柱要素(基准要素)轴线的理论正确位置
补充解释：图 a 外圆柱要素轴线相对于内圆柱要素(基准要素)的同轴度公差(ϕ0.1mm)是它们均为其最小实体状态(LMC)时给定的；若外圆柱要素为最大实体状态(MMC)，内圆柱要素(基准要素)仍为其最小实体状态(LMC)，外圆柱要素的轴线同轴度误差允许达到的最大值可为图 a 中给定的同轴度公差(ϕ0.1mm)与其尺寸公差(0.1mm)之和 ϕ0.2mm；若外圆柱要素处于最小实体状态(LMC)与最大实体状态(MMC)之间，内圆柱要素(基准要素)仍为其最小实体状态(LMC)，其轴线的同轴度公差在 ϕ0.1 ~ ϕ0.2mm 之间变化。若内圆柱要素(基准要素)偏离其最小实体状态(LMC)，由此可使其轴线相对于理论正确位置有一些浮动；若内圆柱要素(基准要素)为其最大实体状态(MMC)时，其轴线相对于理论正确位置的最大浮动量可以达到的最大值为 ϕ0.1mm(35.1 ~ 35.0)mm(见图 c)，在此情况下，若外圆柱要素也为其最大实体状态(MMC)，其轴线与内圆柱要素(基准要素)轴线的同轴度误差可能会超过 ϕ0.3mm[图 a 中的同轴度公差(ϕ0.1mm)与外圆柱要素的尺寸公差(0.1mm)、内圆柱要素(基准要素)的尺寸公差(0.1mm)三者之和]，同轴度误差的最大值可以根据零件的具体结构尺寸近似算出</td></tr>
</table>

续表

<table>
<tr><th>举　例</th><th>图　例</th><th>对图例的解释</th></tr>
<tr>
<td>例 23
图例所示零件的预期功能是可与类似零件形成间隙配合，但两个零件的平面相接触并非功能要求</td>
<td>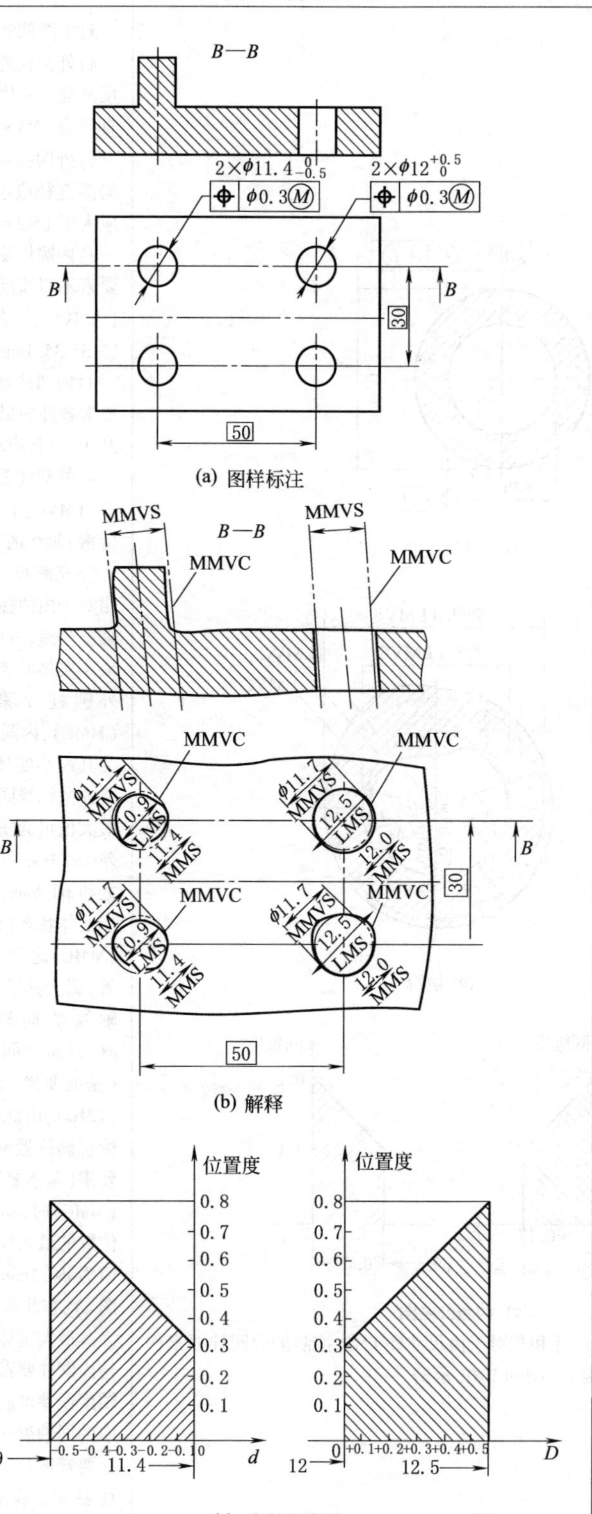

(a) 图样标注
(b) 解释
(c) 动态公差图
两个销柱和两个孔彼此之间的位置由理论正确尺寸和位置度公差确定，没有应用基准的 MMR 示例</td>
<td>对本图例解释如下：
a）两销柱的提取要素不得违反其最大实体实效状态（MMVC），其直径为 MMVS＝11.7mm
b）两销柱的提取要素各处的局部直径均应大于 LMS＝10.9mm 且均应小于 MMS＝11.4mm
c）两孔的提取要素不得违反其最大实体实效状态（MMVC），其直径为 MMVS＝11.7mm
d）两孔的提取要素各处的局部直径均应小于 LMS＝12.5mm 且均应大于 MMS＝12.0mm
e）四个 MMVC 处于彼此相距理论正确尺寸为（30×50）mm 的位置，且彼此理论正确相互平行，对零件的其他部分没有方向或位置要求
补充解释：图 a 两销柱和两个孔的轴线位置度公差（φ0.3mm）是它们均为其最大实体状态（MMC）时给定的；若它们均为其最小实体状态（LMC），其轴线位置度误差允许达到的最大值可为图 a 中给定的轴线位置度公差（φ0.3mm）与它们的尺寸公差（0.5mm）之和。φ0.8mm；若它们各自处于最小实体状态（LMC）与最大实体状态（MMC）之间，其轴线位置度公差在 φ0.5～φ0.8mm 之间变化。图 c 给出了表述上述关系的动态公差图</td>
</tr>
</table>

续表

举　例	图　例	对图例的解释
例 24 图例所示零件的预期功能是可与类似零件形成间隙配合，并要求两个零件的平面在配合时完全相接触	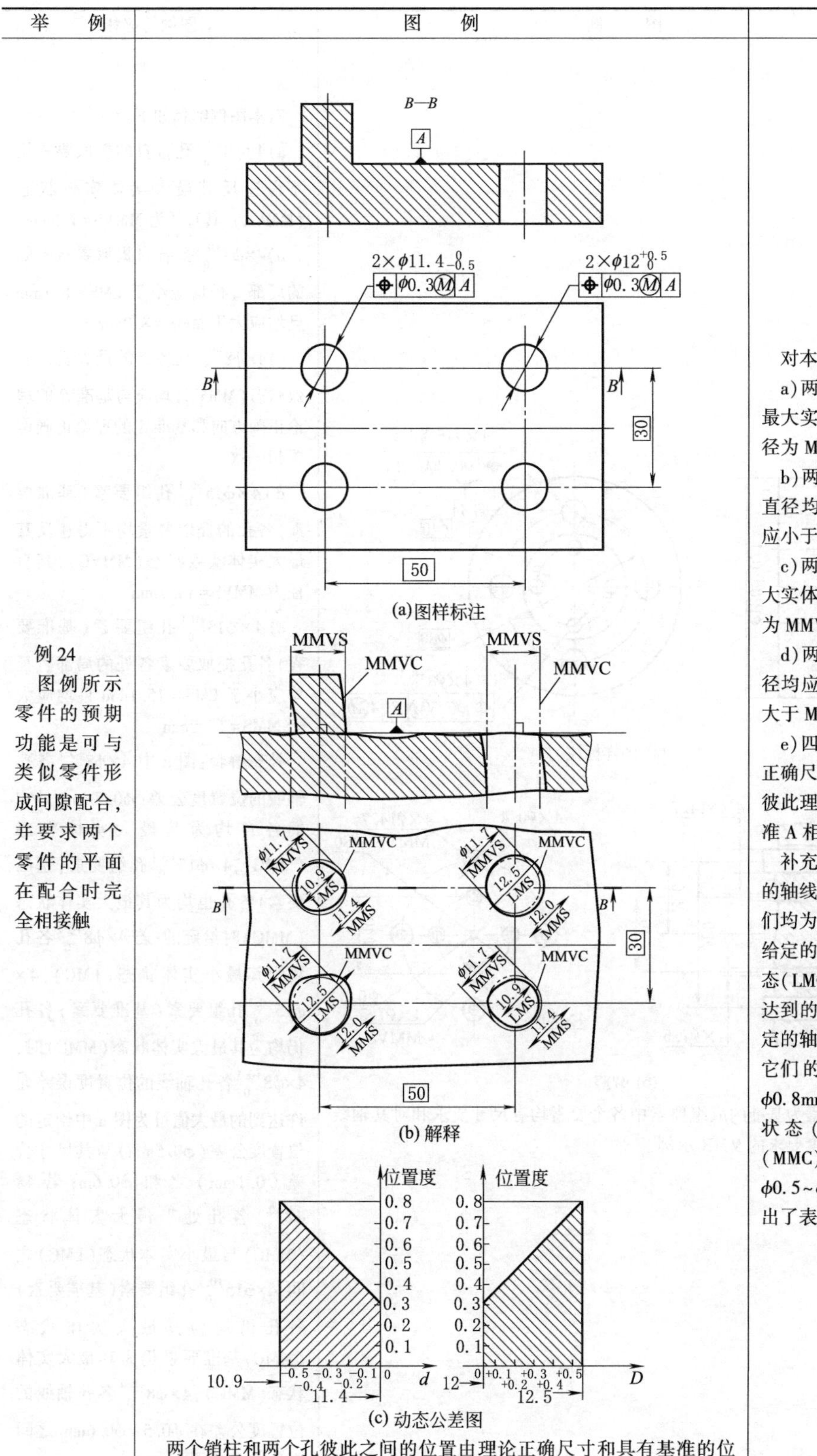 (a)图样标注 (b)解释 (c)动态公差图 两个销柱和两个孔彼此之间的位置由理论正确尺寸和具有基准的位置度公差确定的 MMR 示例	对本图例解释如下： a)两销柱的提取要素不得违反其最大实体实效状态(MMVC)，其直径为 MMVS=11.7mm b)两销柱的提取要素各处的局部直径均应大于 LMS=10.9mm 且均应小于 MMS=11.4mm c)两孔的提取要素不得违反其最大实体实效状态(MMVC)，其直径为 MMVS=11.7mm d)两孔的提取要素各处的局部直径均应小于 LMS=12.5mm 且均应大于 MMS=12.0mm e)四个 MMVC 处于彼此相距理论正确尺寸为 30mm×50mm 的位置，彼此理论正确相互平行，且要与基准 A 相垂直 补充解释：图 a)两销柱和两个孔的轴线位置度公差(ϕ0.3mm)是它们均为其最大实体状态(MMC)时给定的；若它们均为其最小实体状态(LMC)，其轴线位置度误差允许达到的最大值可为例 23 图 a 中给定的轴线位置度公差(ϕ0.3mm)与它们的尺寸公差(0.5mm)之和。ϕ0.8mm；若它们各自处于最小实体状态(LMC)与最大实体状态(MMC)之间，其轴线位置度公差在 ϕ0.5～ϕ0.8mm 之间变化。图 c)给出了表述上述关系的动态公差图

续表

举　例	图　例	对图例的解释
例 25 图例所示零件的功能要求是可与类似零件形成间隙配合，且要使该零件的左端面 B 与类似零件的相应端面完全相接触	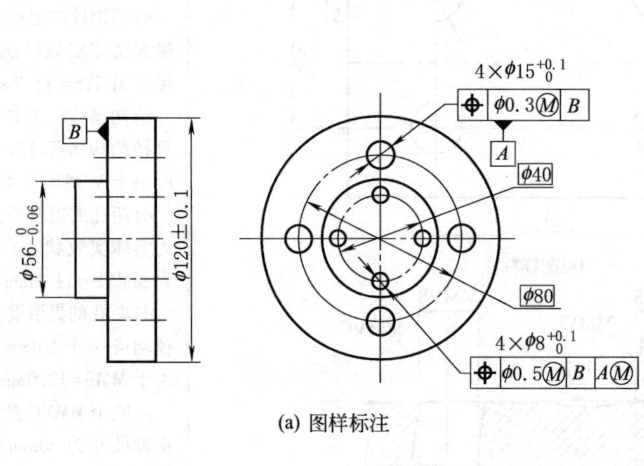 (a) 图样标注 (b) 解释 以一组要素为基准的成组要素中各个要素均有尺寸要求和对其轴线又均有位置度要求的 MMR 示例	对本图例解释如下： a) $4\times\phi8^{+0.1}_{0}$孔各自的提取要素均不得违反其最大实体实效状态(MMVC)，其直径为 MMVS=7.5mm b) $4\times\phi8^{+0.1}_{0}$孔各自提取要素各处的局部直径均应小于 LMS=8.1mm 且均应大于 MMS=8.0mm c) $4\times\phi8^{+0.1}_{0}$孔各自的最大实体实效状态(MMVC)均应与基准 B 的理论正确方向和基准 A 的理论正确位置相一致 d) $4\times\phi15^{+0.1}_{0}$孔组要素(基准要素)各孔的提取要素均不得违反其最大实体实效状态(MMVC)，其直径为 MMVS=14.7mm e) $4\times\phi15^{+0.1}_{0}$孔组要素(基准要素)各孔提取要素各处的局部直径均应小于 LMS=15.1mm 且均应大于 MMS=15.0mm 补充解释：图 a 中 $4\times\phi8^{+0.1}_{0}$各孔轴线的位置度公差($\phi0.5$mm)是它们各自均为其最大实体状态(MMC)，$4\times\phi15^{+0.1}_{0}$孔组要素(基准要素)各孔也均为其最大实体状态(MMC)时给定的；若 $4\times\phi8^{+0.1}_{0}$各孔均为其最小实体状态(LMC)，$4\times\phi15^{+0.1}_{0}$孔组要素(基准要素)各孔仍均为其最大实体状态(MMC)时，$4\times\phi8^{+0.1}_{0}$各孔轴线的位置度误差允许达到的最大值可为图 a 中给定的位置度公差($\phi0.5$mm)与其尺寸公差(0.1mm)之和 $\phi0.6$m；若 $4\times\phi8^{+0.1}_{0}$各孔处于最大实体状态(MMC)与最小实体状态(LMC)之间，$4\times\phi15^{+0.1}_{0}$孔组要素(基准要素)各孔仍均为其最大实体状态(MMC)基准要素仍为其最大实体状态(MMC)，$4\times\phi8^{+0.1}_{0}$各孔轴线的位置度公差在 $\phi0.5\sim\phi0.6$mm 之间变化

续表

举例	图例	对图例的解释
例 25 图例所示零件的功能要求是可与类似零件形成间隙配合，且要使该零件的左端面 B 与类似零件的相应端面完全相接触	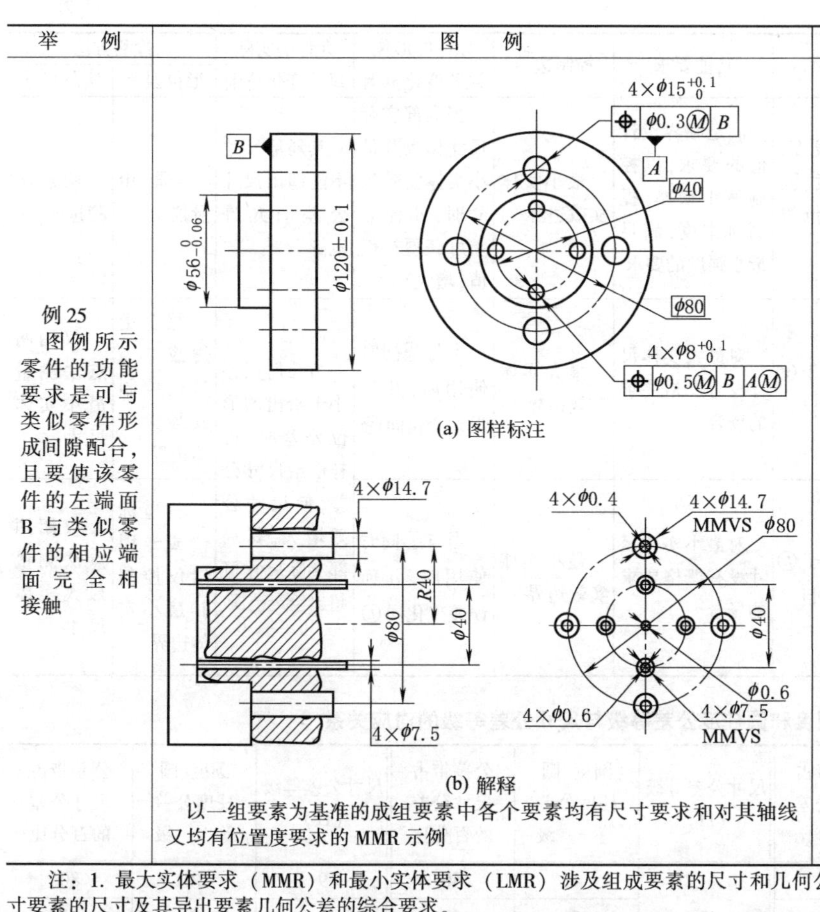 (a) 图样标注 (b) 解释 以一组要素为基准的成组要素中各个要素均有尺寸要求和对其轴线又均有位置度要求的 MMR 示例	若 $4\times\phi15^{+0.1}_{0}$ 孔组要素（基准要素）各孔偏离其最大实体状态（MMC），由此可使其轴线相对于其理论正确位置有所浮动，当 $4\times\phi15^{+0.1}_{0}$ 孔组要素（基准要素）各孔均为其最小实体状态（LMC）时，其轴线相对于其理论正确位置的浮动量为最大，若 $4\times\phi8^{+0.1}_{0}$ 各孔也均为其最小实体状态（LMC），此时 $4\times\phi8^{+0.1}_{0}$ 各孔轴线的位置度误差为最大，但由于 $4\times\phi15^{+0.1}_{0}$ 孔组要素（基准要素）各孔轴线相对于其理论正确位置的浮动方向不一，会使 $4\times\phi8^{+0.1}_{0}$ 各孔轴线的位置度误差一般也不会一致 图 b 为表述下述情况的示意图：$4\times\phi15^{+0.1}_{0}$ 孔组要素（基准要素）各孔处于各自最大实体状态（MMC）、$4\times\phi0.6$ 为各自轴线的最大浮动量；$4\times\phi15^{+0.1}_{0}$ 孔组要素（基准要素）各孔处于各自最大实体状态（MMC）、$4\times\phi0.4$ 为各孔轴线的最大浮动量；$\phi6$ 为 $4\times\phi15^{+0.1}_{0}$ 孔组要素（基准要素）拟合要素的轴线（确定 $4\times\phi8^{+0.1}_{0}$ 孔组要素位置的）的最大浮动量

注：1. 最大实体要求（MMR）和最小实体要求（LMR）涉及组成要素的尺寸和几何公差的相互关系，这些要求只用于尺寸要素的尺寸及其导出要素几何公差的综合要求。

2. 可逆要求（RPR）是最大实体要求或最小实体要求的附加要求。可逆要求仅用于注有公差的要素。在最大实体要求或最小实体要求附加可逆要求后，改变了尺寸要素的尺寸公差，用可逆要求可以充分利用最大实体实效状态和最小实体实效状态的尺寸，在制造可能性的基础上，可逆要求允许尺寸和几何公差之间相互补偿。

表 2-3-18　　独立原则与相关要求综合归纳

公差原则	符号	应用要素	应用项目	功能要求	控制边界	允许的形位误差变化范围	允许的实际尺寸变化范围	检测方法	
								形位误差	实际尺寸
独立原则	无	组成要素及导出要求	各种几何公差项目	各种功能要求但互相不能关联	无边界，形位误差和实际尺寸各自满足要求	按图样中注出或未注几何公差的要求	按图样中注出或未注出形位公差的要求	通用量仪	两点法测量
包容要求	Ⓔ	单一尺寸要素（圆、圆柱面、两平行平面）	形状公差（线、面轮廓度除外）	配合要求	最大实体边界	各种形状误差不能超出其控制边界	体外作用尺寸不能超出其控制边界，而局部实际尺寸不能超出其最小实体尺寸	通端极限量规及专用量仪	通端极限量规测量最大实体尺寸，两点法测量最小实体尺寸
最大实体要求	Ⓜ	导出要素（轴线及中心平面）	直线度、倾斜度、平行度、垂直度、同轴度、对称度、位置度	满足装配要求但无严格的配合要求时采用，如螺栓孔轴线的位置度、两轴线的平行度等	最大实体实效边界	当局部实际尺寸偏离其最大实体尺寸时，形位公差可获得补偿值（增大）	其局部实际尺寸不能超出尺寸公差的允许范围	综合量规（功能量规及专用量仪）	两点法测量

续表

公差原则	符号		应用要素	应用项目	功能要求	控制边界	允许的形位误差变化范围	允许的实际尺寸变化范围	检测方法	
									形位误差	实际尺寸
最小实体要求	Ⓛ		导出要素（轴线及中心平面）	直线度、垂直度、同轴度、位置度等	满足临界设计值的要求，以控制最小壁厚，提高对中度，满足最小强度的要求	最小实体实效边界	当局部实际尺寸偏离其最小实体实效尺寸时，几何公差可获得补偿值（增大）	其局部尺寸不能超出尺寸公差的允许范围	通用量仪	两点法测量
可逆要求	Ⓡ	ⓂⓇ	导出要素（轴线及中心平面）	适用于Ⓜ的各项目	对最大实体尺寸没有严格要求的场合	最大实体实效边界	当与Ⓜ同时使用时，几何误差变化同Ⓜ	当几何误差小于给出的形位公差时，可补偿给尺寸公差，使尺寸公差增大，其局部实际尺寸可超出给定范围	综合量规或专用量仪控制其最大实体边界	仅用两点法测量最小实体尺寸
		ⓁⓇ		适用于Ⓛ的各项目	对最小实体尺寸没有严格要求的场合	最小实体实效边界	当与Ⓛ同时使用时，几何误差变化同Ⓛ		三坐标仪或专用量仪控制其最小实体边界	仅用两点法测量最大实体尺寸

表 2-3-19　圆度和圆柱度公差等级与尺寸公差等级的对应关系

尺寸公差等级（IT）	圆度、圆柱度公差等级	公差带占尺寸公差的百分比	尺寸公差等级（IT）	圆度、圆柱度公差等级	公差带占尺寸公差的百分比	尺寸公差等级（IT）	圆度、圆柱度公差等级	公差带占尺寸公差的百分比
01	0	66	5	4	40	9	10	80
0	0	40		5	60	10	7	15
	1	80		6	95		8	20
1	0	25	6	3	16		9	30
	1	50		4	26		10	50
	2	75		5	40		11	70
2	0	16		6	66	11	8	13
	1	33		7	95		9	20
	2	50	7	4	16		10	33
	3	85		5	24		11	46
3	0	10		6	40		12	83
	1	20		7	60	12	9	12
	2	30		8	80		10	20
	3	50	8	5	17		11	28
	4	80		6	28		12	50
4	1	13		7	43	13	10	14
	2	20		8	57		11	20
	3	33		9	85		12	35
	4	53	9	6	16	14	11	11
	5	80		7	24		12	20
5	2	15		8	32	15	12	12
	3	25		9	48			

续表

与表面粗糙度对应关系													
主参数	圆度和圆柱度公差等级(7、8、9为常用等级,7级为基本级)												
	0	1	2	3	4	5	6	7	8	9	10	11	12
尺寸/mm	*Ra*/μm(不大于)												
≤3	0.00625	0.0125	0.0125	0.025	0.05	0.1	0.2	0.2	0.4	0.8	1.6	3.2	3.2
>3~18	0.00625	0.0125	0.025	0.05	0.1	0.2	0.4	0.4	0.8	1.6	3.2	6.3	12.5
>18~120	0.0125	0.025	0.05	0.1	0.2	0.2	0.4	0.8	1.6	3.2	6.3	12.5	12.5
>120~500	0.025	0.05	0.1	0.2	0.4	0.8	0.8	1.6	3.2	6.3	12.5	12.5	12.5

表 2-3-20　平行度、垂直度和倾斜度公差等级与尺寸公差等级的对应关系

平行度(线对线、面对面)公差等级	3	4	5	6	7	8	9	10	11	12
尺寸公差等级(IT)					3, 4	5, 6	7, 8, 9	10, 11, 12	12, 13, 14	14, 15, 16
垂直度和倾斜度公差等级	3	4	5	6	7	8	9	10	11	12
尺寸公差等级(IT)	5	6	7, 8	8, 9	10	11, 12	12, 13	14	15	

注：6、7、8、9级为常用的几何公差等级，6级为基本级。

表 2-3-21　同轴度、对称度、圆跳动和全跳动公差等级与尺寸公差等级的对应关系

同轴度、对称度、径向圆跳动、径向全跳动公差等级	1	2	3	4	5	6	7	8	9	10	11	12
尺寸公差等级(IT)	2	3	4	5	6	7,8	8,9	10	11,12	12,13	14	15
端面圆跳动、斜向圆跳动、端面全跳动公差等级	1	2	3	4	5	6	7	8	9	10	11	12
尺寸公差等级(IT)	1	2	3	4	5	6	7,8	8,9	10	11,12	12,13	14

注：6、7、8、9级为常用的几何公差等级，7级为基本级。

(3) 单一表面的几何公差与表面粗糙度的要求

单一表面的几何公差与表面粗糙度的要求也要协调。中等尺寸可参考表2-3-19。

(4) 几何公差综合选用实例

图2-3-1所示为摇臂钻床主轴套零件图。试根据零件的功能和装配要求，确定几何公差等级和公差数值，并按规定标注在零件图上。

① 两端ϕ68J6孔的几何公差选择。

两端ϕ68J6孔用于安装轴承，支承主轴运转，所以孔自身尺寸公差要求较高，并应有几何公差要求。

a. 为保证ϕ68J6孔的轴线与ϕ80h5轴线同轴，应给出同轴度公差要求。考虑到测量方便，可以给出径向圆跳动公差要求，圆跳动公差合格了，同轴度也必定合格。

b. 为保证装入两端ϕ68J6孔的轴承不被损坏，ϕ68J6孔表面必须有一定的圆度和圆柱度，所以给出圆柱度公差要求。

c. 几何公差项目确定后，根据孔尺寸公差等级较高对相应的几何公差要求也高的原则，根据加工方法选择几何公差。如采用普通镗床加工，查表2-3-14加工方法所能达到的圆跳动公差等级，选定径向圆跳动公差等级5级为宜，查表2-3-24取其公差值为0.01mm。查表2-3-12加工方法所能达到的圆柱度公差等级，选定圆柱度公差等级6级，查表2-3-23取其公差值为0.005mm。

② ϕ80h5轴表面的几何公差选择。

为保证ϕ80h5外圆柱面与套筒内圆柱面配合间隙均匀，对ϕ80h5轴表面提出了圆柱度要求。

可采用形状公差等级与尺寸公差等级或与表面粗糙度等级的对应关系（表2-3-19）来确定几何公差等级。但从ϕ80h5与ϕ68J6的配合关系来看，ϕ80h5为间隙配合，而ϕ68J6为过渡配合，所以对ϕ80h5的形状公差要求相对可以降低一些，选定为7级圆柱度公差等级，查表2-3-23取公差值为0.008mm。

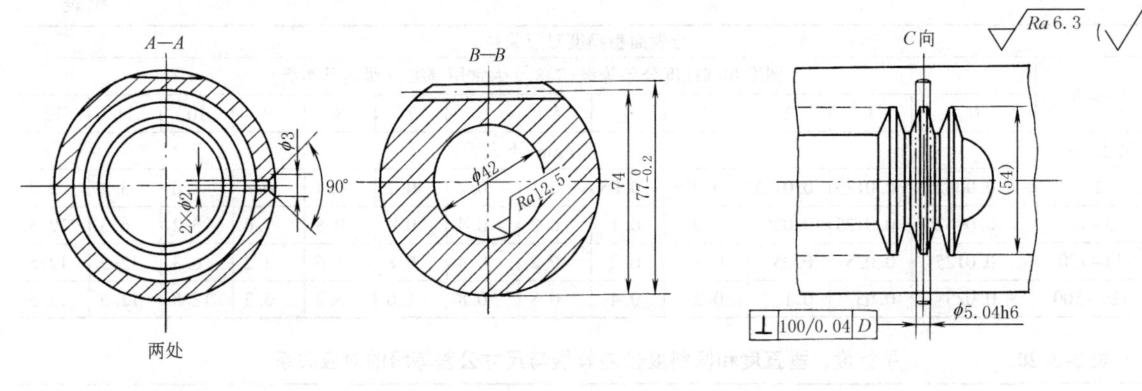

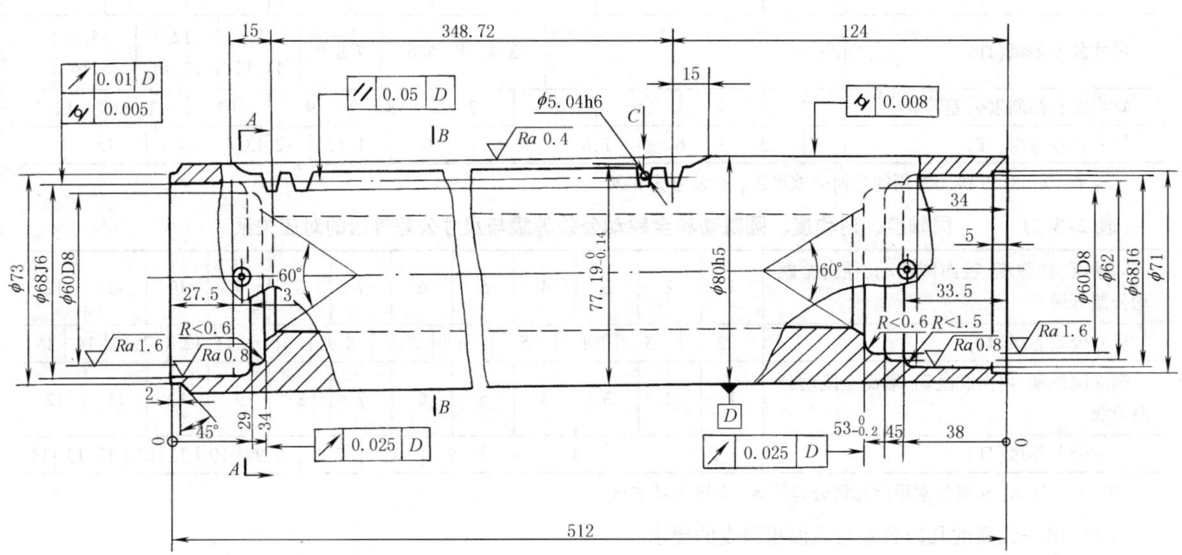

图 2-3-1　摇臂钻床主轴套

③ 两端 ϕ60D8 孔的端面形位公差选择。

两孔是装推力轴承的，为保证孔端面与推力轴承相接触，应避免端面产生轴向跳动，所以应有端面圆跳动的几何公差要求。

对端面圆跳动公差等级的选择，可根据几何公差等级与尺寸公差等级的对应关系来确定，查表 2-3-21 端面圆跳动一栏尺寸公差等级，对应的较高的几何公差等级是 7 级，查表 2-3-24 取公差值为 0.025mm。

④ 齿间对称中心面几何公差的选择。

为保证主轴作上下垂直滑动，要求齿条必须垂直于 ϕ80h5 的轴线，所以要由垂直度公差来保证。

对垂直度公差等级的选择，可根据齿条的检验棒尺寸公差等级 6 级（IT6），齿间相当于孔相对轴，可降低 1~2级等级选择的原则，齿间可选 8 级（IT8）尺寸公差等级，查表 2-3-20，8 级尺寸公差等级对应的垂直度公差等级为 6 级。按齿条长 54mm 的尺寸分段，查表 2-3-25 取公差值为 0.02mm。在图纸上标注时，应标在检验棒上，若检验棒的长度为 100mm，公差值也应为 2 倍，即 0.04mm。

⑤ 各齿条分度线几何公差的选择。

为保证主轴套作上下滑动时与套筒配合间隙均匀，必须要求各齿条分度线构成的分度面与 ϕ80h5 的轴线平行，所以要由给出的平行度公差来保证。

对平行度位置公差等级的选择，因同一齿条均以 ϕ80h5 的轴线为基准，所以，平行度可选取与垂直度为同一形位公差等级 6 级，查表 2-3-25，取公差值为 0.05mm。

5 几何公差的公差值或数系表及应用举例

直线度、平面度公差值（摘自 GB/T 1184—1996）

表 2-3-22 μm

公差等级	主参数 L/mm																应用举例
	≤10	>10~16	>16~25	>25~40	>40~63	>63~100	>100~160	>160~250	>250~400	>400~630	>630~1000	>1000~1600	>1600~2500	>2500~4000	>4000~6300	>6300~10000	
1	0.2	0.25	0.3	0.4	0.5	0.6	0.8	1	1.2	1.5	2	2.5	3	4	5	6	用于精密量具、测量仪器以及精度要求极高的精密机械零件。如0级样板、平尺、0级宽平尺、工具显微镜等精密测量仪器的导轨面，喷油嘴针阀体端面，油泵柱塞套端面等
	Ra	0.025			0.05			0.1				0.2					
2	0.4	0.5	0.6	0.8	1	1.2	1.5	2	2.5	3	4	5	6	8	10	12	
	Ra	0.05		0.1				0.2				0.4					
3	0.8	1	1.2	1.5	2	2.5	3	4	5	6	8	10	12	15	20	25	用于0级及1级宽平尺工作面，1级样板平尺的工作面，测量仪器圆弧导轨，测量仪器的测杆等
	Ra	0.1		0.1				0.4				0.8					
4	1.2	1.5	2	2.5	3	4	5	6	8	10	12	15	20	25	30	40	用于量具、测量仪器和高精度机床导轨，如1级宽平尺，0级平板，测量仪器的V形导轨，高精度平面磨床的V形导轨和滚动导轨，轴承磨床及平面磨床床身等
	Ra	0.1		0.2				0.4				1.6					
5	2	2.5	3	4	5	6	8	10	12	15	20	25	30	40	50	60	用于1级平板，2级宽平尺，平面磨床的纵导轨，垂直导轨，立柱导轨和平面磨床的工作台，液压龙门刨床导轨，六角车床床身导轨，柴油机进、排气门导杆等
	Ra	0.2		0.2				0.8				1.6					
6	3	4	5	6	8	10	12	15	20	25	30	40	50	60	80	100	用于普通车床床身导轨，龙门刨床导轨，滚齿机立柱导轨、床身导轨及工作台，自动车床床身导轨，平面磨床垂直导轨，卧式镗床、铣床工作台以及机床主轴箱导轨，柴油机进、排气门导杆，柴油机机体上部结合面等
	Ra	0.2		0.4				1.6				3.2					

续表

公差等级	主参数 L/mm																应用举例
	≤10	>10~16	>16~25	>25~40	>40~63	>63~100	>100~160	>160~250	>250~400	>400~630	>630~1000	>1000~1600	>1600~2500	>2500~4000	>4000~6300	>6300~10000	
7	5	6	8	10	12	15	20	25	30	40	50	60	80	100	120	150	用于2级平板，0.02mm游标卡尺尺身，机床床头箱体，滚齿机床身导轨，镗床工作台，摇臂钻底座工作台，柴油机气门导杆，液压泵盖，压力机导轨及滑块
	Ra	0.4		0.8				1.6				6.3					
8	8	10	12	15	20	25	30	40	50	60	80	100	120	150	200	250	用于2级平板，车床溜板箱体，机床主轴箱体，机床传动箱体，自动车床底座，汽缸盖结合面，汽缸座，内燃机连杆分离面，减速器壳体的结合面
	Ra	0.8		0.8				3.2				6.3					
9	12	15	20	25	30	40	50	60	80	100	120	150	200	250	300	400	用于3级平板，机床溜板箱，立钻工作台，螺纹磨床的挂轮架，金相显微镜的载物台，柴油机汽缸体，连杆的分离面，缸盖的结合面，阀片，空气压缩机的缸体，柴油机缸孔环面以及液压管件和法兰的连接面等
	Ra	1.6		1.6				3.2				12.5					
10	20	25	30	40	50	60	80	100	120	150	200	250	300	400	500	600	用于3级平板、自动车床床身底面，车床挂轮架，柴油机汽缸体，摩托车的曲轴箱体，汽车变速箱的壳体，汽车发动机缸盖结合面，阀片以及辅助机构及手动机械的支承面
	Ra	1.6		3.2				6.3				12.5					
11	30	40	50	60	80	100	120	150	200	250	300	400	500	600	800	1000	用于易变形的薄片、薄壳零件，如离合器的摩擦片、汽车发动机缸盖的结合面、手动机械支架、机床法兰等
	Ra	3.2		6.3				12.5				12.5					
12	60	80	100	120	150	200	250	300	400	500	600	800	1000	1200	1500	2000	
	Ra	6.3		12.5				12.5				12.5					
主参数 L 图例																	

注：表中所列的表面粗糙度值和应用举例，仅供参考。

圆度、圆柱度公差值（摘自 GB/T 1184—1996）

表 2-3-23　　μm

公差等级	主参数 $d(D)$/mm													应用举例(参考)
	≤3	>3~6	>6~10	>10~18	>18~30	>30~50	>50~80	>80~120	>120~180	>180~250	>250~315	>315~400	>400~500	
0	0.1	0.1	0.12	0.15	0.2	0.25	0.3	0.4	0.6	0.8	1.0	1.2	1.5	高精度量仪主轴，高精度机床主轴，滚动轴承滚珠和滚柱等
1	0.2	0.2	0.25	0.25	0.3	0.4	0.5	0.6	1	1.2	1.6	2	2.5	
2	0.3	0.4	0.4	0.5	0.6	0.6	0.8	1	1.2	2	2.5	3	4	精密量仪主轴，外套、阀套，高压油泵柱塞及套，纺锭轴承，高速柴油机进、排气门，精密机床主轴轴颈，针阀圆柱表面，喷油泵柱塞及柱塞套
3	0.5	0.6	0.6	0.8	1	1	1.2	1.5	2	3	4	5	6	小工具显微镜套管外圆，高精度外圆磨床主轴，磨床砂轮主轴套筒，喷油嘴针阀体，高精度微型轴承内、外圈
4	0.8	1	1	1.2	1.5	1.5	2	2.5	3.5	4.5	6	7	8	较精密机床主轴，精密机床主轴箱孔，高压阀门活塞、活塞销、阀体孔，小工具显微镜顶针，高压油泵柱塞，较高精度滚动轴承的配合轴，铣削动力头箱体孔等
5	1.2	1.5	1.5	2	2.5	2.5	3	4	5	7	8	9	10	一般量仪主轴、测杆外圆，陀螺仪轴颈，一般机床主轴，较精密机床主轴箱孔，柴油机汽油机活塞、活塞销孔，铣削动力头轴承箱座孔，高压空气压缩机十字头销、活塞等

续表

公差等级	主参数 d(D)/mm													应用举例(参考)
	≤3	>3~6	>6~10	>10~18	>18~30	>30~50	>50~80	>80~120	>120~180	>180~250	>250~315	>315~400	>400~500	
6	2	2.5	2.5	3	4	4	5	6	8	10	12	13	15	仪表端盖外圆,一般机床主轴及箱孔,中等压力下液压装置工作面(包括泵、压缩机的活塞和汽缸),汽车发动机凸轮轴,纺机锭子,通用减速器轴颈,高速船用发动机曲轴,拖拉机曲轴,主轴颈,风动绞车曲轴
7	3	4	4	5	6	7	8	10	12	14	16	18	20	大功率低速柴油机曲轴、活塞、活塞销、连杆、汽缸,高速柴油机箱体孔,千斤顶或压力油缸活塞,液压传动系统的分配机构,机车传动轴,水泵及一般减速器轴颈
8	4	5	6	8	9	11	13	15	18	20	23	25	27	低速发动机、减速器、大功率曲柄轴轴颈,压气机连杆盖、体,拖拉机汽缸体、活塞,炼胶机冷铸轴辊,印刷机传墨辊,内燃机曲轴,柴油机机体孔,凸轮轴,拖拉机、小型船用柴油机汽缸套
9	6	8	9	11	13	16	19	22	25	29	32	36	40	空气压缩机缸体、通用机械杠杆与拉杆用套筒销子、拖拉机活塞环套筒孔,氧压机机座
10	10	12	15	18	21	25	30	35	40	46	52	57	63	
11	14	18	22	27	33	39	46	54	63	72	81	89	97	印染机导布辊,绞车、吊车、起重机滑动轴承轴颈等
12	25	30	36	43	52	62	74	87	100	115	130	140	155	
主参数 $d(D)$ 图例														

同轴度、对称度、圆跳动和全跳动公差值(摘自 GB/T 1184—1996)

表 2-3-24 μm

公差等级	主参数 $d(D)$、B、L/mm																	应用举例(参考)
	≤1	>1~3	>3~6	>6~10	>10~18	>18~30	>30~50	>50~120	>120~250	>250~500	>500~800	>800~1250	>1250~2000	>2000~3150	>3150~5000	>5000~8000	>8000~10000	
1	0.4	0.4	0.5	0.6	0.8	1	1.2	1.5	2	2.5	3	4	5	6	8	10	12	用于同轴度或旋转精度要求很高的零件,一般需要按尺寸公差等级 IT6 或高于 IT6 制造的零件。1、2 级用于精密测量仪器的主轴和顶尖,柴油机喷油嘴针阀等。3、4 级用于机床主轴轴颈、砂轮轴轴颈,汽轮机主轴,测量仪器的小齿轮轴,高精度滚动轴承内、外圈等
2	0.6	0.6	0.8	1	1.2	1.5	2	2.5	3	4	5	6	8	10	12	15	20	
3	1	1	1.2	1.5	2	2.5	3	4	5	6	8	10	12	15	20	25	30	
4	1.5	1.5	2	2.5	3	4	5	6	8	10	12	15	20	25	30	40	50	
5	2.5	2.5	3	4	5	6	8	10	12	15	20	25	30	40	50	60	80	应用范围较广的精度等级,用于精度要求比较高,一般按尺寸公差等级 IT7 或 IT8 制造的零件。5 级常用在机床轴颈,测量仪器的测量杆,汽轮机主轴,柱塞油泵转子,高精度滚动轴承外圈,一般精度滚动轴承内圈。6、7 级用在内燃机曲轴,凸轮轴轴颈,水泵轴,齿轮轴,汽车后桥输出轴,电机转子,0 级精度滚动轴承内圈,印刷机传墨辊等
6	4	4	5	6	8	10	12	15	20	25	30	40	50	60	80	100	120	
7	6	6	8	10	12	15	20	25	30	40	50	60	80	100	120	150	200	
8	10	10	12	15	20	25	30	40	50	60	80	100	120	150	200	250	300	用于一般精度要求,通常按尺寸公差等级 IT9~IT11 制造的零件。8 级用于拖拉机发动机分配轴轴颈,9 级精度用于齿轮与轴的配合面,水泵叶轮,离心泵泵体,棉花精梳机前后滚子。10 级用于摩托车活塞,印染机导布辊,内燃机活塞环槽底径对活塞中心,汽缸套外圆对内孔工作面等
9	15	20	25	30	40	50	60	80	100	120	150	200	250	300	400	500	600	
10	25	40	50	60	80	100	120	150	200	250	300	400	500	600	800	1000	1200	

续表

公差等级	主参数 $d(D)$、B、L/mm																	应用举例(参考)
	≤1	>1~3	>3~6	>6~10	>10~18	>18~30	>30~50	>50~120	>120~250	>250~500	>500~800	>800~1250	>1250~2000	>2000~3150	>3150~5000	>5000~8000	>8000~10000	
11	40	60	80	100	120	150	200	250	300	400	500	600	800	1000	1200	1500	2000	用于无特殊要求，一般按尺寸公差等级 IT12 制造的零件
12	60	120	150	200	250	300	400	500	600	800	1000	1200	1500	2000	2500	3000	4000	
主参数 $d(D)$、B、L 图例	当被测要素为圆锥面时，取 $d=\frac{d_1+d_2}{2}$																	

平行度、垂直度、倾斜度公差值(摘自GB/T 1184—1996)

表 2-3-25

μm

公差等级	主参数 L、d(D)/mm																应用举例(参考)	
	≤10	>10~16	>16~25	>25~40	>40~63	>63~100	>100~160	>160~250	>250~400	>400~630	>630~1000	>1000~1600	>1600~2500	>2500~4000	>4000~6300	>6300~10000	平行度	垂直度和倾斜度
1	0.4	0.5	0.6	0.8	1	1.2	1.5	2	2.5	3	4	5	6	8	10	12	高精度机床、测量仪器以及量具等主要基准面和工作面	
2	0.8	1	1.2	1.5	2	2.5	3	4	5	6	8	10	12	15	20	25	精密机床、测量仪器、量具以及模具的基准面和工作面,精密机床上重要箱体主轴孔对基准面的要求	精密机床导轨,普通机床主要导轨,机床主轴轴向定位面,精密机床主轴轴肩端面,滚动轴承座圈端面,齿轮测量仪的心轴,光学分度头心轴,涡轮轴端面,精密刀具,量具的工作面和基准面
3	1.5	2	2.5	3	4	5	6	8	10	12	15	20	25	30	40	50		
4	3	4	5	6	8	10	12	15	20	25	30	40	50	60	80	100	普通机床、测量仪器、量具及模具的基准面和工作面,高精度轴承座圈、端盖、挡圈的端面,机床主轴孔对基准面的要求,重要轴承孔对基准面的要求,床头箱体重要孔间要求,一般减速器壳体孔,齿轮泵的轴孔端面等	普通机床导轨,精密机床重要零件,机床重要支承面,普通机床主轴偏摆,发动机轴和离合器凸缘,汽缸的支承端面,装4、5级轴承的箱体的凸肩,测量仪器,液压传动轴瓦端面,蜗轮盘端面,刀、量具工作面和基准面等
5	5	6	8	10	12	15	20	25	30	40	50	60	80	100	120	150		
6	8	10	12	15	20	25	30	40	50	60	80	100	120	150	200	250	一般机床零件的工作面或基准面,压力机和锻锤的工作面,中等精度钻模的工作面,一般刀具、量具、模具,机床一般轴承孔对基准面的要求,床头箱一般孔间要求,汽缸轴线,变速器箱孔,主轴花键对定心直径,重型机械轴承盖的端面,卷扬机、手动传动装置中的传动轴	低精度机床主要基准面和工作面,回转工作台端面,一般导轨,主轴箱体孔,刀架、砂轮架及工作台回转中心,机床轴肩,汽缸配合面对其轴线,活塞销孔对活塞中心线以及装6、0级轴承壳体孔的轴线等,压缩机汽缸配合面对汽缸镜面轴线的要求等
7	12	15	20	25	30	40	50	60	80	100	120	150	200	250	300	400		
8	20	25	30	40	50	60	80	100	120	150	200	250	300	400	500	600		

续表

公差等级	主参数 L、$d(D)$/mm																应用举例(参考)	
	≤10	>10~16	>16~25	>25~40	>40~63	>63~100	>100~160	>160~250	>250~400	>400~630	>630~1000	>1000~1600	>1600~2500	>2500~4000	>4000~6300	>6300~10000	平行度	垂直度和倾斜度
9	30	40	50	60	80	100	120	150	200	250	300	400	500	600	800	1000	低精度零件,重型机械滚动轴承端盖,柴油机和煤气发动机的曲轴孔、轴颈等	花键轴轴肩端面,皮带运输机法兰盘等端面对轴心线,手动卷扬机及传动装置中轴承端面,减速器壳体平面等
10	50	60	80	100	120	150	200	250	300	400	500	600	800	1000	1200	1500		
11	80	100	120	150	200	250	300	400	500	600	800	1000	1200	1500	2000	2500	零件的非工作面,卷扬机、运输机上用以装减速器壳体的平面	农业机械齿轮端面等
12	120	150	200	250	300	400	500	600	800	1000	1200	1500	2000	2500	3000	4000		

主参数 L、$d(D)$图例

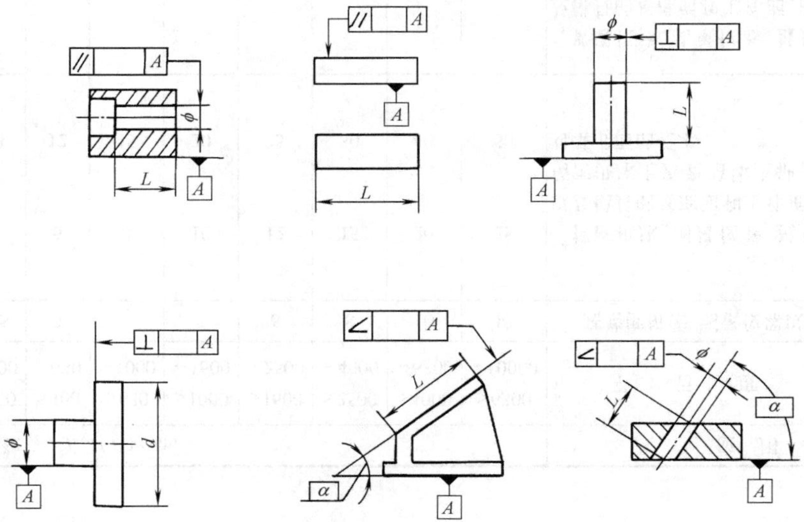

表 2-3-26 **位置度数系**(摘自 GB/T 1184—1996) μm

1	1.2	1.5	2	2.5	3	4	5	6	8
1×10^{n}	1.2×10^{n}	1.5×10^{n}	2×10^{n}	2.5×10^{n}	3×10^{n}	4×10^{n}	5×10^{n}	6×10^{n}	8×10^{n}

注：n 为正整数。位置度应按本表规定的数系标注。

形位公差未注公差值（摘自 GB/T 1184—1996）

① 直线度、平面度的未注公差值见表 2-3-27。选择公差值时，对于直线度应按其相应线的长度选择；对于平面度应按其表面的较长一侧或圆表面的直径选择。

表 2-3-27 **直线度和平面度的未注公差值** mm

公差等级	基本长度范围					
	≤10	>10~30	>30~100	>100~300	>300~1000	>1000~3000
H	0.02	0.05	0.1	0.2	0.3	0.4
K	0.05	0.1	0.2	0.4	0.6	0.8
L	0.1	0.2	0.4	0.8	1.2	1.6

② 圆度的未注公差值等于标准的直径公差值，但不能大于表 2-3-30 中的径向圆跳动值。

③ 圆柱度的未注公差值不作规定。

a. 圆柱度误差由三个部分组成：圆度、直线度和相对素线的平行度误差，而其中每一项误差均由它们的注出公差或未注公差控制。

b. 如因功能要求，圆柱度应小于圆度、直线度和平行度的未注公差的综合结果，应在被测要素上按 GB/T 1182的规定注出圆柱度公差值。

c. 采用包容要求。

④ 平行度的未注公差值等于给出的尺寸公差值，或是直线度和平面度未注公差值中的相应公差值取较大者。应取两要素中的较长者作为基准，若两要素的长度相等则可选任一要素为基准。

⑤ 垂直度的未注公差值见表 2-3-28。取形成直角的两边中较长的一边作为基准，较短的一边作为被测要素；若两边的长度相等则可取其中的任意一边作为基准。

表 2-3-28 **垂直度未注公差值** mm

公差等级	基本长度范围			
	≤100	>100~300	>300~1000	>1000~3000
H	0.2	0.3	0.4	0.5
K	0.4	0.6	0.8	1
L	0.6	1	1.5	2

⑥ 对称度的未注公差值见表 2-3-29。应取两要素中较长者作为基准，较短者作为被测要素；若两要素长度相等则可选任一要素为基准。对称度的未注公差值用于至少两个要素中的一个是中心平面，或两个要素的轴线相互垂直。

表 2-3-29 **对称度未注公差值** mm

<table>
<tr><th rowspan="2">公差等级</th><th colspan="4">基本长度范围</th></tr>
<tr><th>≤100</th><th>>100~300</th><th>>300~1000</th><th>>1000~3000</th></tr>
<tr><td>H</td><td colspan="4">0.5</td></tr>
<tr><td>K</td><td colspan="2">0.6</td><td>0.8</td><td>1</td></tr>
<tr><td>L</td><td>0.6</td><td>1</td><td>1.5</td><td>2</td></tr>
</table>

⑦ 同轴度的未注公差值未作规定。在极限状况下，同轴度的未注公差值可以和表 2-3-30 中规定的径向圆跳动的未注公差值相等。应选两要素中的较长者为基准，若两要素长度相等则可任选一要素为基准。

⑧ 圆跳动（径向、端面和斜向）的未注公差值见表 2-3-30。对于圆跳动的未注公差值，应以设计或工艺给定的支承面作为基准，否则应取两要素中较长的一个作为基准；若两要素的长度相等则可任选一要素为基准。

表 2-3-30　圆跳动的未注公差值　mm

公差等级	圆跳动公差值
H	0.1
K	0.2
L	0.5

线轮廓度、面轮廓度、倾斜度、位置度和全跳动均应由各要素的注出或未注形位公差、线性尺寸公差或角度公差控制。

若采用本标准规定的未注公差值，应在标题栏附近或在技术要求、技术文件（如企业标准）中注出标准号及公差等级代号“GB/T 1184-X”。

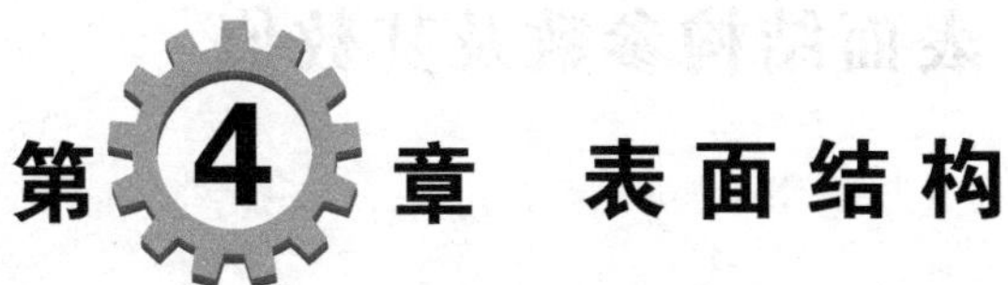

第4章 表面结构

1 概　　述

1.1 表面结构的概念

表面结构是表面粗糙度、表面波纹度、表面缺陷、表面几何形状的总称。

表面结构的各种特性都是零件表面的几何形状误差，是在金属切削加工过程中，由于工艺等因素的不同，致使零件加工表面的几何形状误差有所不同。

表面粗糙度、表面波纹度、表面几何形状这三种特性绝非孤立存在，大多数表面是由粗糙度、波纹度及形状误差综合影响产生的结果。由于粗糙度、波纹度及形状误差的功能影响各不相同，分别测出它们是必要的（图2-4-1）。

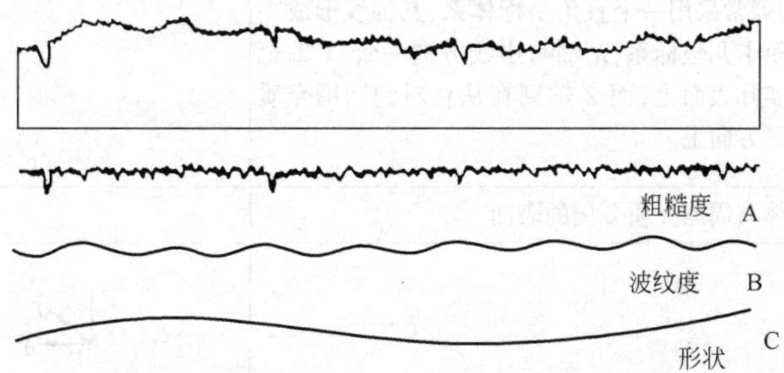

图2-4-1　代表粗糙度、波纹度和形状误差的综合影响的表面轮廓

1.2 表面结构标准体系

目前我国表面结构标准体系如图2-4-2所示。

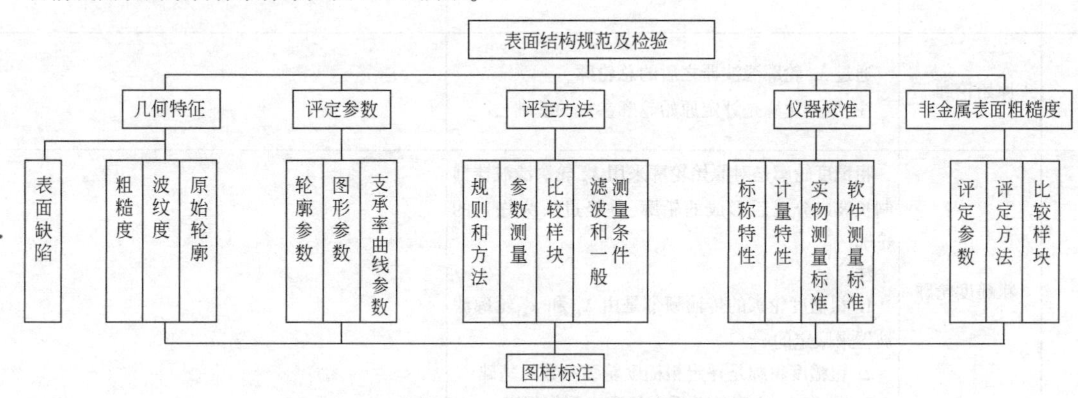

图2-4-2　表面结构标准体系

2 表面结构参数及其数值

2.1 表面结构参数

新的表面结构标准体系建立后，在图样中要求标准的参数从原来单一粗糙度参数扩大到下面三组（共65个）参数。

① 轮廓参数，包括粗糙度参数 R、波纹度参数 W、原始轮廓参数 P。

② 图形参数，包括粗糙度图形、波纹度图形。

③ 支承率曲线参数。

图形参数与支承率曲线参数尚无可供选用的参数数值，本章不编入相关内容。同样轮廓参数中的波纹度参数、原始轮廓参数的表示方法等也没有编入。

2.1.1 评定表面结构的轮廓参数（摘自 GB/T 3505—2009）

（1）一般术语及定义

表 2-4-1

序 号	术 语	定义或解释	图 示
1	坐标系	定义表面结构参数的坐标体系 注：通常采用一个直角坐标体系，其轴线形成一右旋笛卡儿坐标系，X 轴与中线方向一致，Y 轴也处于实际表面上，而 Z 轴则在从材料到周围介质的外延方向上	
2	实际表面	物体与周围介质分离的表面	
3	表面轮廓	平面与实际表面相交所得的轮廓（见右图） 注：实际上，通常采用一条名义上与实际表面平行和在一个适当方向的法线来选择一个平面	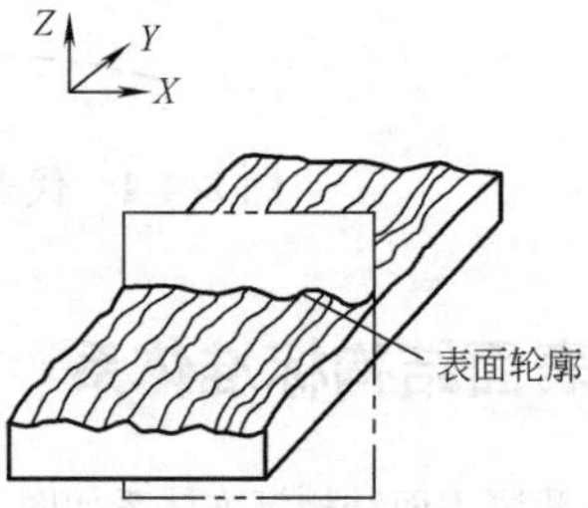 Z Y X 表面轮廓
4	原始轮廓	通过 λ_s 轮廓滤波器之后的总轮廓 注：原始轮廓是评定原始轮廓参数的基础	
5	粗糙度轮廓	粗糙度轮廓是对原始轮廓采用 λ_c 轮廓滤波器抑制长波成分以后形成的轮廓，是经过人为修正的轮廓 注： 1. 粗糙度轮廓的传输频带是由 λ_c 和 λ_s 轮廓滤波器来限定的 2. 粗糙度轮廓是评定粗糙度轮廓参数的基础 3. λ_c 和 λ_s 之间的关系在标准中不作规定	

续表

序号	术语	定义或解释	图示
6	波纹度轮廓	波纹度轮廓是对原始轮廓连续应用 λ_f 和 λ_c 两个滤波器以后形成的轮廓。采用 λ_f 轮廓滤波器抑制长波成分,而采用 λ_c 轮廓滤波器抑制短波成分。这是经过人为修正的轮廓 注: 1. 在运用 λ_f 轮廓滤波器分离波纹度轮廓以前,应首选通过最小二乘法的最佳拟合从总轮廓中提取标称的形状,并将形状成分从总轮廓中去除。对于圆的标称形式,建议在最小二乘的优化计算中考虑实际半径的影响,而不要采用固定的标称值。这个分离波纹度轮廓的过程定义了理想的波纹度操作算子 2. 波纹度轮廓的传输频带是由 λ_f 和 λ_c 轮廓滤波器来限定的 3. 波纹度轮廓是评定波纹度轮廓参数的基础	
7	中线	具有几何轮廓形状并划分轮廓的基准线	
8	粗糙度轮廓中线	用 λ_c 轮廓滤波器所抑制的长波轮廓成分对应的中线	
9	波纹度轮廓中线	用 λ_f 轮廓滤波器所抑制的长波轮廓成分对应的中线	
10	原始轮廓中线	在原始轮廓上按照标称形状用最小二乘法拟合确定的中线	
11	取样长度	在 X 轴方向判别被评定轮廓的不规则特征的长度 注:评定粗糙度和波纹度轮廓的取样长度 l_r 和 l_w 在数值上分别与 λ_c 和 λ_f 轮廓滤波器的截止波长相等。原始轮廓的取样长度 l_p 则与评定长度相等	
12	评定长度 l_n	用于判别被评定轮廓的 X 轴方向上的长度 注:评定长度包含一个或和几个取样长度	
13	轮廓滤波器	把轮廓分成长波和短波成分的滤波器,如 λ_s 滤波器、λ_c 滤波器和 λ_f 滤波器 注:在测量粗糙度、波纹度和原始轮廓的仪器中使用的三种滤波器(见右图),其传输特性相同但截止波长不同	
14	λ_s 滤波器	确定存在于表面上的粗糙度与比它更短的波的成分之间相交界限的滤波器(见右图)	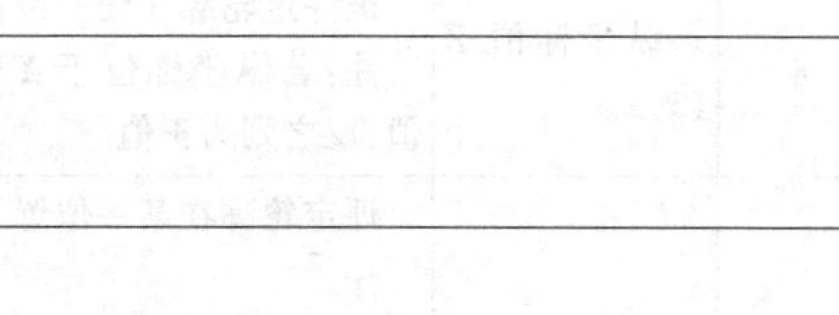 传输系数/% 100 50 粗糙度轮廓 波纹度轮廓 λ_s λ_c λ_f 波长
15	λ_c 滤波器	确定粗糙度与波纹度成分之间相交界限的滤波器(见右图)	
16	λ_f 滤波器	确定存在于表面上的波纹度与比它更长的波的成分之间相交界限的滤波器(见右图)	

(2) 几何参数术语及定义

表 2-4-2

序号	术语	定义或解释	图示
1	*P* 参数	在原始轮廓上计算所得的参数	
2	*R* 参数	在粗糙度轮廓上计算所得的参数	
3	*W* 参数	在波纹度轮廓上计算所得的参数	
4	轮廓峰	被评定轮廓上连接轮廓和 *X* 轴两相邻交点向外(从材料到周围介质)的轮廓部分	
5	轮廓谷	被评定轮廓上连接轮廓和 *X* 轴两相邻交点向内(从周围介质到材料)的轮廓部分	
6	高度和/或间距分辨力	应计入被评定轮廓的轮廓峰和轮廓谷的最小高度和最小间距 注:轮廓峰和轮廓谷的最小高度通常用 *Pz*、*Rz*、*Wz* 取任一幅度参数的百分率来表示,最小间距则以取样长度的百分率表示	
7	轮廓单元	轮廓峰和轮廓谷的组合(见右图) 注:在取样长度始端或末端的评定轮廓的向外部分和向内部分视为一个轮廓峰或一个轮廓谷。当在若干个连续的取样长度上确定若干个轮廓单元时,在每一个取样长度的始端或末端评定的峰和谷仅在每个取样长度的始端计入一次	
8	纵坐标值 $Z(x)$	被评定轮廓在任一位置上距 *X* 轴的高度 注:若纵坐标位于 *X* 轴下方,该高度被视为负值,反之则为正值	
9	局部斜率 $\frac{dZ}{dX}$	评定轮廓在某一位置 X_i 的斜度(见右图) 注: 1. 局部斜率和参数 $P\Delta q$、$R\Delta q$、$W\Delta q$ 的数值主要视纵坐标间距 ΔX 而定 2. 计算局部斜率的公式之一 $\frac{dZ_i}{dX}=\frac{1}{60\Delta X}(Z_{i+3}-9Z_{i+2}+45Z_{i+1}-45Z_{i-1}+9Z_{i-2}-Z_{i-3})$ 式中,Z_i 为第 i 个轮廓点的高度,ΔX 为相邻两轮廓点之间的水平间距	
10	轮廓峰高 *Zp*	轮廓峰最高点距 *X* 轴的距离(见右图)	
11	轮廓谷深 *Zv*	轮廓谷最低点距 *X* 轴的距离(见右图)	
12	轮廓单元的高度 *Zt*	一个轮廓单元的轮廓峰高和轮廓谷深之和(见右图)	
13	轮廓单元的宽度 *Xs*	*X* 轴与一个轮廓单元相交线段的长度(见右图)	
14	在水平截面高度 *c* 上,轮廓的实体材料长度 $Ml(c)$	在一个给定水平截面高度 *c* 上用一条平行于 *X* 轴的线与轮廓单元相截所获得的各段截线长度之和(见右图)	$Ml(c)=Ml_1+Ml_2$

(3) 表面轮廓参数术语及定义

表 2-4-3

序号	术语	定义或解释	图示
1	幅度参数(峰和谷)	以峰和谷值定义的最大轮廓峰高、最大轮廓谷深、轮廓的最大高度、轮廓单元的平均高度及轮廓总高度等参数	
2	最大轮廓峰高 Pp、Rp、Wp	在一个取样长度内，最大的轮廓峰高 Zp(见右图)	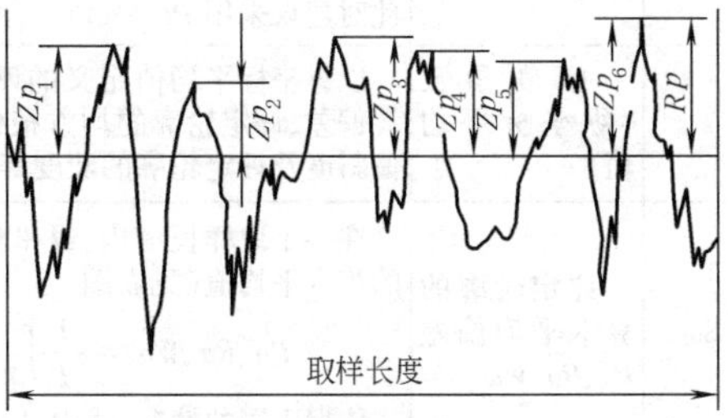 取样长度 (以一个粗糙度轮廓为例)
3	最大轮廓谷深 Pv、Rv、Wv	在一个取样长度内，最大的轮廓谷深 Zv(见右图)	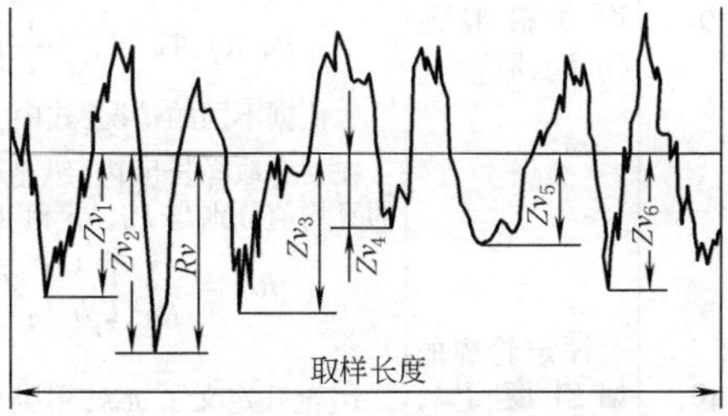 取样长度 (以一个粗糙度轮廓为例)
4	轮廓的最大高度 Pz、Rz、Wz	在一个取样长度内，最大轮廓峰高与最大轮廓谷深之和(见右图) 注：在 GB/T 3505—1983 中，Rz 符号曾用于表示"不平度的十点高度"。在使用中的一些表面粗糙度测量仪器大多测量的是本标准的旧版本规定的 Rz 参数。因此，当使用现行的技术文件和图样时必须注意这一点，因为用不同类型的仪器按不同的定义计算所得的结果，其差别并不都是非常微小而可忽略	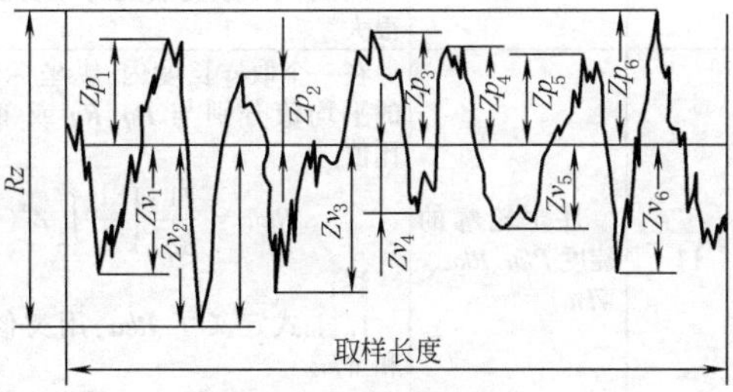 取样长度 (以一个粗糙度轮廓为例)
5	轮廓单元的平均线高度 Pc、Rc、Wc	在一个取样长度内，轮廓单元高度 Zt 的平均值(见右图) $$Pc、Rc、Wc=\frac{1}{m}\sum_{i=1}^{m}Zt_i$$ 注：在计算参数 Pc、Rc、Wc 时，需要判断轮廓单元的高度和间距。若无特殊规定，缺省的高度分辨力应分别按 Pz、Rz、Wz 的 10%选取。缺省的间距分辨力应按取样长度的 1%选取。上述两个条件都应满足	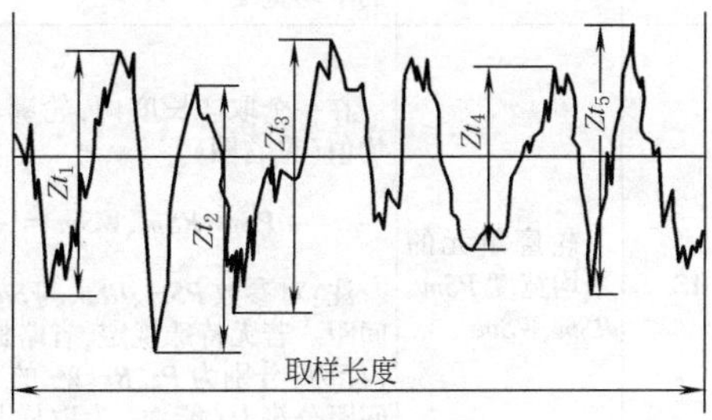 取样长度 (以一个粗糙度轮廓为例)

续表

序号	术语	定义或解释	图示
6	轮廓的总高度 Pt、Rt、Wt	在评定长度内，最大轮廓峰高和最大轮廓谷深之和 注： 1. 由于 Pt、Rt、Wt 是在评定长度上而不是取样长度上定义的，以下关系对任何轮廓都成立： $Pt \geqslant Pz, Rt \geqslant Rz, Wt \geqslant Wz$ 2. 在未规定的情况下，Pz 和 Pt 是相等的，此时建议采用 Pt	
7	幅度参数（纵坐标平均值）	以纵坐标平均值定义的评定轮廓的算术平均偏差、评定轮廓的均方根偏差、评定轮廓的偏斜度及评定轮廓的陡度等参数	
8	评定轮廓的算术平均偏差 Pa、Ra、Wa	在一个取样长度内，纵坐标值 $Z(x)$ 绝对值的算术平均值（见右图） $Pa、Ra、Wa=\frac{1}{l}\int_0^l \mid Z(x)\mid \mathrm{d}x$ 依据不同的情况，式中，$l=lp$、lr 或 lw	Z Ra O X l
9	评定轮廓的均方根偏差 Pq、Rq、Wq	在一个取样长度内，纵坐标值 $Z(x)$ 的均方根值 $Pq、Rq、Wq=\sqrt{\frac{1}{l}\int_0^l Z^2(x)\mathrm{d}x}$ 依据不同的情况，式中，$l=lp$、lr 或 lw	
10	评定轮廓的偏斜度 Psk、Rsk、Wsk	在一个取样长度内，纵坐标值 $Z(x)$ 三次方的平均值分别与 Pq、Rq 和 Wq 的三次方比值 $Rsk=\frac{1}{Rq^3}\left[\frac{1}{lr}\int_0^{lr} Z^3(x)\mathrm{d}x\right]$ 注： 1. 上式定义了 Rsk，用类似的方式定义 Psk 和 Wsk 2. Psk、Rsk 和 Wsk 是纵坐标值概率密度函数不对称性的测定 3. 这些参数受独立的峰或独立的谷的影响很大	
11	评定轮廓的陡度 Pku、Rku、Wku	在一个取样长度内，纵坐标值 $Z(x)$ 四次方的平均值分别与 Pq、Rq 或 Wq 的四次方的比值 $Rku=\frac{1}{Rq^4}\left[\frac{1}{lr}\int_0^{lr} Z^4(x)\mathrm{d}x\right]$ 注： 1. 上式定义了 Rku，用类似方式定义 Pku 和 Wku 2. Pku、Rku 和 Wku 是纵坐标值概率密度函数锐度的测定	
12	间距参数	以轮廓单元宽度值定义的参数，如轮廓单元的平均宽度	
13	轮廓单元的平均宽度 PSm、RSm、WSm	在一个取样长度内，轮廓单元宽度 Xs 的平均值（见右图） $PSm、RSm、WSm=\frac{1}{m}\sum_{i=1}^{m} Xs_i$ 注：对参数 PSm、RSm、WSm 需要辨别高度和间距。若无特殊规定，省略标注的高度分辨力（能力）分别为 Pz、Rz、Wz 的 10%，省略标注的间距分辨力（能力）为取样长度的 1%。上述两个条件都应满足	Xs_1 Xs_2 Xs_3 Xs_4 Xs_5 Xs_6 取样长度 （以一个粗糙度轮廓为例）

续表

序　号	术　语	定义或解释	图　示
14	评定轮廓的均方根斜率 $P\Delta q$、$R\Delta q$、$W\Delta q$	在一个取样长度内，纵坐标斜率$\dfrac{dZ}{dX}$的均方根值	
15	曲线和相关参数	所有曲线和相关参数均在评定长度上而不是在取样长度上定义，因为这样可提供更稳定的曲线和相关参数	
16	轮廓的支承长度率 $Pmr(c)$、$Rmr(c)$、$Wmr(c)$	在给定的水平截面高度 c 上，轮廓的实体材料长度 $Ml(c)$ 与评定长度的比率 $$Pmr(c)、Rmr(c)、Wmr(c)=\frac{Ml(c)}{ln}$$	
17	轮廓的支承长度率曲线	表示轮廓支承率随水平截面高度 c 而变化的关系曲线（见右图） 注：该曲线为在一个评定长度内的各坐标值 $Z(x)$ 采样累积的分布概率函数	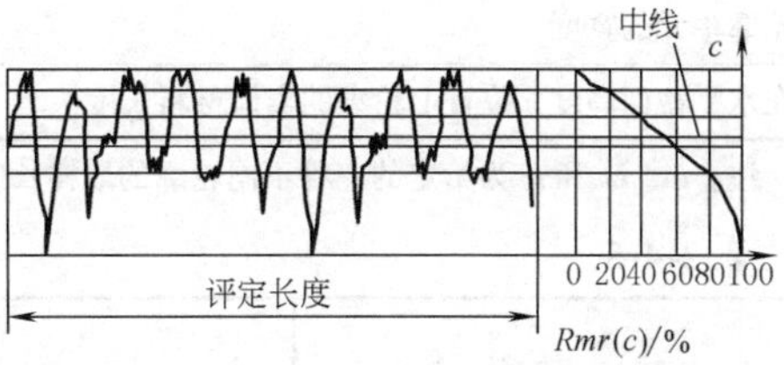
18	轮廓水平截面高度差 $P\delta c$、$R\delta c$、$W\delta c$	给定支承比率的两个水平截面之间的垂直距离 $$R\delta c=C(Rmr1)-C(Rmr2)$$ $$Rmr1<Rmr2$$ 注：以上公式定义了 $R\delta c$，用类似方法可定义 $P\delta c$ 和 $W\delta c$	
19	相对支承长度率 Pmr、Rmr、Wmr	在一个轮廓水平截面 $R\delta c$ 确定的，与起始零位 C_0 相关的支承长度率（见右图） $$Pmr、Rmr、Wmr=Pmr,Rmr,Wmr(C_1)$$ 其中 $$C_1=C_0-R\delta c（或 P\delta c 或 W\delta c）$$ $$C_0=C(Pmr0,Rmr0,Wmr0)$$	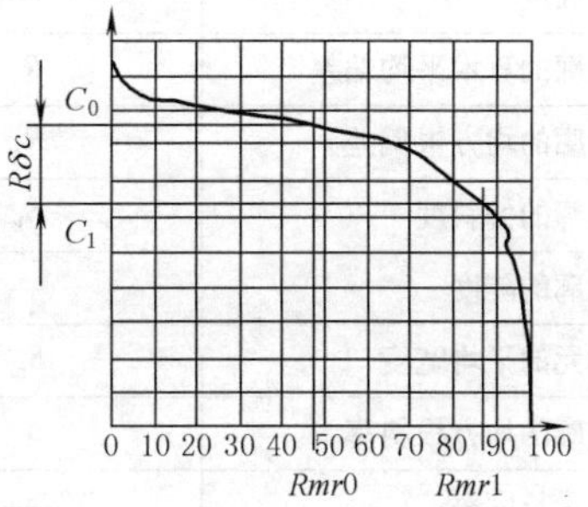
20	轮廓幅度分布曲线	在评定长度内，纵坐标值 $Z(x)$ 采样的概率密度函数（见右图） 注：有关轮廓幅度分布曲线的各参数见本表中序号 7~11 的相应内容	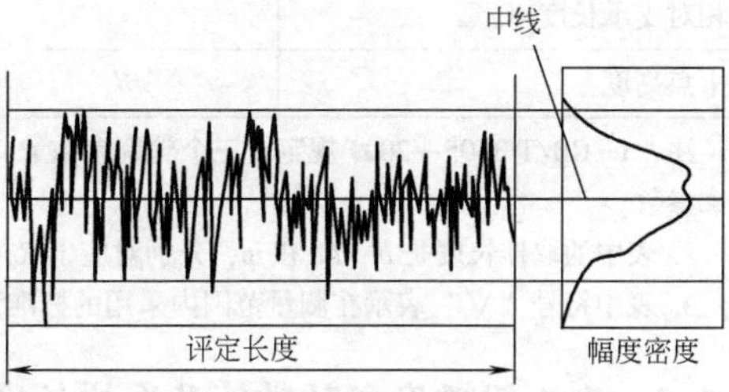

注：GB/T 3505—1983 中的 Rz 和 GB/T 3505—2009 中的 Rz 含义不同，因而测量仪器和测量结果会有区别。目前仍按 GB/T 1031—2009 中规定的数值标注 Rz 的参数数值。

2.1.2 基本术语和表面结构参数的新旧标准对照

表 2-4-4 基本术语的对照

基本术语	GB/T 3505—1983	GB/T 3505—2009
取样长度	l	lp、lw、lr
评定长度	l_n	ln
纵坐标值	y	$Z(x)$
局部斜率	—	$\frac{dZ}{dX}$
轮廓峰高	y_p	Zp
轮廓谷深	y_v	Zv
轮廓单元的高度	—	Zt
轮廓单元的宽度	—	Xs
在水平截面高度 c 位置上轮廓的实体材料长度	η_p	$Ml(c)$

注：lp、lw 和 lr 为给定的三种不同轮廓的取样长度，分别对应于 P、W 和 R 参数。

表 2-4-5 表面结构参数对照

参数	GB/T 3505—1983	GB/T 3505—2009	在测量范围内	
			评定长度 ln	取样长度
最大轮廓峰高	R_p	Rp		√
最大轮廓谷深	R_m	Rv		√
轮廓的最大高度	R_y	Rz		√
轮廓单元的平均高度	R_c	Rc		√
轮廓总高度	—	Rt	√	
评定轮廓的算术平均偏差	R_a	Ra		√
评定轮廓的均方根偏差	R_q	Rq		√
评定轮廓的偏斜度	S_k	Rsk		√
评定轮廓的陡度	—	Rku		√
轮廓单元的平均宽度	S_m	RSm		√
评定轮廓的均方根斜率	Δ_q	$R\Delta q$		√
轮廓支承长度率	—	$Rmr(c)$	√	
轮廓水平截面高度差	—	$R\delta c$	√	
相对支承长度率	t_p	Rmr	√	
十点高度	R_z	—		

注：1. GB/T 3505—2009 规定了三个轮廓参数 P（原始轮廓）、R（粗糙度轮廓）、W（波纹度轮廓），表中只列出了粗糙度轮廓参数。

2. 表中的取样长度是 lr、lw 和 lp，分别对应于 R、W 和 P 参数。$lP=ln$。

3. 表中符号"√"表示在测量范围内采用的标准评定长度和取样长度。

2.1.3 表面粗糙度参数数值及取样长度 *lr* 与评定长度 *ln* 数值（摘自 GB/T 1031—2009）

GB/T 1031—2009《表面粗糙度参数及其数值》标准中参数定义的依据是 GB/T 3505—2009。

当表 2-4-6 中的 Ra、Rz、Rsm 系列值不能满足要求时，可选用标准附录中补充系列值，见表 2-4-7。

表 2-4-6　表面粗糙度参数数值及取样长度 *l* 与评定长度 *ln* 数值（摘自 GB/T 1031—1995）

<table>
<tr><td rowspan="2">幅度（高度）参数</td><td>Ra/μm</td><td colspan="3">0.012
0.025
0.05
0.1</td><td colspan="3">0.2
0.4
0.8
1.6</td><td colspan="3">3.2
6.3
12.5
25</td><td colspan="2">50
100</td></tr>
<tr><td>Rz/μm</td><td colspan="2">0.025
0.05
0.1
0.2</td><td colspan="2">0.4
0.8
1.6
3.2</td><td colspan="2">6.3
12.5
25
50</td><td colspan="2">100
200
400
800</td><td colspan="3">1600</td></tr>
<tr><td rowspan="2">附加评定参数</td><td>Rsm/mm</td><td colspan="4">0.006
0.0125
0.025
0.05</td><td colspan="4">0.1
0.2
0.4
0.8</td><td colspan="3">1.6
3.2
6.3
12.5</td></tr>
<tr><td>Rmr(C)/%</td><td>10</td><td>15</td><td>20</td><td>25</td><td>30</td><td>40</td><td>50</td><td>60</td><td>70</td><td>80</td><td>90</td></tr>
<tr><td rowspan="4">取样长度与评定长度</td><td>Ra/μm</td><td colspan="2">≥0.008~0.02</td><td colspan="2">>0.02~0.1</td><td colspan="2">>0.1~2.0</td><td colspan="2">>2.0~10.0</td><td colspan="3">>10.0~80.0</td></tr>
<tr><td>Rz/μm</td><td colspan="2">≥0.025~0.1</td><td colspan="2">>0.1~0.5</td><td colspan="2">>0.5~10.0</td><td colspan="2">>10.0~50.0</td><td colspan="3">>50.0~320</td></tr>
<tr><td>lr/mm</td><td colspan="2">0.08</td><td colspan="2">0.25</td><td colspan="2">0.8</td><td colspan="2">2.5</td><td colspan="3">8.0</td></tr>
<tr><td>ln=5l/mm</td><td colspan="2">0.4</td><td colspan="2">1.25</td><td colspan="2">4.0</td><td colspan="2">12.5</td><td colspan="3">40.0</td></tr>
</table>

注：1. 在规定表面粗糙度要求时，应给出表面粗糙度参数值和测定时的取样长度值两项基本要求，必要时也可规定表面加工纹理、加工方法或加工顺序和不同区域的粗糙度等附加要求。

2. 表面粗糙度的标注方法应符合 GB/T 131 的规定；缺省评定长度值应符合 GB/T 10610 的规定。

3. 为保证制品表面质量，可按功能需要规定表面粗糙度参数值。否则，可不规定其参数值，也不需要检查。

4. 表面粗糙度各参数的数值应在垂直于基准面的各截面上获得。对给定的表面，如截面方向与高度参数（*Ra*，*Rz*）最大值的方向一致时，则可不规定测量截面的方向，否则应在图样上标出。

5. 对表面粗糙度的要求不适用于表面缺陷。在评定过程中，不应把表面缺陷（如沟槽、气孔、划痕等）包含进去。必要时，应单独规定对表面缺陷的要求。

6. 一般情况下，在测量 *Ra* 和 *Rz* 时，推荐按本表选用对应的取样长度，此时取样长度值的标注在图样上或技术文件中可省略。当有特殊要求时，应给出相应的取样长度值，并在图样上或技术文件中注出。

7. 由于 *Ra* 既能反映加工表面的微观几何形状特征又能反映凸峰高度，且测量时便于数值处理，因此在幅度参数（峰和谷）常用的参数值范围内（*Ra* 为 0.025~6.3μm，*Rz* 为 0.1~25μm）推荐优先选用 *Ra*。

8. 根据表面功能的需要，在两项高度参数（*Ra*、*Rz*）不能满足要求的情况下，可选用附加评定参数。*Rsm* 一般不单独使用，*Rmr*（*c*）可单独使用。例如，必须控制零件表面加工痕迹的疏密度时，应增加附加评定参数 *Rsm*，当零件要求具有良好的耐磨性能时，则应增加选用 *Rmr*（*c*）参数。

9. 根据表面功能和生产的经济合理性，当选用表中 *Ra*、*Rz*、*Rsm* 系列值不能满足要求时，可选取补充系列值，见 GB/T 1031 附录 A。*Ra*、*Rz*、*Rsm* 的补充系列值见表 2-4-7。

10. 选用轮廓的支承长度率 *Rmr*（*c*）参数时，应同时给出轮廓截面高度 *c* 值。它可用微米或 *Rz* 的百分数表示。*Rz* 的百分数系列如下：5%、10%、15%、20%、25%、30%、40%、50%、60%、70%、80%、90%。如"*Rmr*（*c*）70%，*c*50%"，表示轮廓截面高度 *c* 在轮廓最大高度 *Rz* 的 50%的位置上，轮廓支承长度率的最小允许值为 70%。

11. 轮廓峰（谷）的最小高度规定为轮廓最大高度 *Rz* 的 10%。对评定 *Ra*、*Rz* 参数也适用。

12. 当两个零件的配合表面给出相同的 *c* 时，若 *Rmr*(*c*) 值小，则表明零件配合的实际接触面积小，表面磨损较快；反之，*Rmr*(*c*) 值越大，则配合表面实际接触面积越大，表面的耐磨性就越好。

13. 为了限定和减弱表面波纹度对表面粗糙度测得结果的影响，评定表面粗糙度时应选择一段基准线长度作为取样长度 *lr*。对于微观不平度间距较大的端铣、滚铣及其他大进给走刀量的加工表面，应按标准中本表规定的取样长度系列选取较大的取样长度值。

14. 由于加工表面不均匀，在评定表面粗糙度时，其评定长度应根据不同的加工方法和相应的取样长度来确定。一般情况下，当测量 *Ra* 和 *Rz* 时，推荐按本表选取相应的评定长度。如被测表面均匀性较好，测量时可选用小于 5×*lr* 的评定长度值；均匀性较差的表面可选用大于 5×*lr* 的评定长度值。

表 2-4-7　　　　　　　评定表面粗糙度参数的补充系列值

参数				
Ra/μm	0.008	0.125	2.0	32
	0.010	0.160	2.5	40
	0.016	0.25	4.0	63
	0.020	0.32	5.0	80
	0.032	0.50	8.0	
	0.040	0.63	10.0	
	0.063	1.00	16.0	
	0.080	1.25	20	
Rz/μm	0.032	0.50	8.0	125
	0.040	0.63	10.0	160
	0.063	1.00	16.0	250
	0.080	1.25	20	320
	0.125	2.0	32	500
	0.160	2.5	40	630
	0.25	4.0	63	1000
	0.32	5.0	80	1250

参数		
Rsm/mm	0.002	2.0
	0.003	2.5
	0.004	4.0
	0.005	5.0
	0.008	8.0
	0.010	10.0
	0.016	
	0.020	
	0.032	
	0.040	
	0.063	
	0.080	
	0.125	
	0.160	
	0.25	
	0.32	
	0.5	
	0.63	
	1.00	
	1.25	

第2篇

2.2　轮廓法评定表面结构的规则和方法（摘自 GB/T 10610—2009）

在评定表面结构参数时，必须遵守下面的规则。

① GB/T 3505—2009、GB/T 18618—2009、GB/T 18778.2—2003、GB/T 18778.3—2006 中定义的各种表面结构参数测得值和公差极限值相比较的规则。

② 应用 GB/T 6062—2009 规定的触针式仪器测量由 GB/T 3505—2009 定义的粗糙度轮廓参数时选用截止波长 λ_c 的缺省规则。

2.2.1　参数测定

（1）在取样长度上定义的参数

① 参数测定：仅由一个取样长度测得的数据计算出参数值的一次测定。

② 平均参数测定：把所有按单个取样长度算出的参数值，取算术平均求得一个平均参数的测定。

当取 5 个取样长度（缺省值）测定粗糙度轮廓参数时，不需要在参数符号后面做标记。

如果是在不等于 5 个取样长度上测得的参数值，则必须在参数符号后面附注取样长度的个数，如 Rz_1、Rz_3。

（2）在评定长度上定义的参数

对于在评定长度上定义的参数 *Pt*、*Rt* 和 *Wt*，参数值的测定是由在评定长度（取 GB/T 1031 规定的评定长度缺省值）上的测量数据计算得到的。

（3）曲线及有关参数

对于曲线及有关参数的测定，首先以评定长度为基础求解这条曲线，再利用这条曲线上测得的数据计算出某一参数数值。

（4）缺省评定长度

如果在图样上或技术产品文件中没有其他标注，缺省评定长度遵循以下规定：

R 参数：按 2.2.4 中给定的评定长度；

P 参数：评定长度等于被测特征的长度；

图形参数：评定长度的规定见 GB/T 18618—2009 中第 5 章；

GB/T 18778.2—2003、GB/T 18778.3—2006 中定义的参数，评定长度的规定见 GB/T 18778.1—2002 中第 7 章。

2.2.2　测得值与公差极限值相比较的规则

（1）被检区域的特征

被检验工件各个部位的表面结构，可能呈现均匀一致状况，也可能差别很大。这点通过目测表面就能看出。在表面结构看来均匀的情况下，应采用整体表面上测得的参数值和图样上或产品技术文件中的规定值相比较。

如果个别区域的表面结构有明显差异，应将每个应用区域上测定的参数值分别和图样上或产品技术文件中给定的技术要求相比较。

当参数的规定值为上限值时，应在几个测量区域中选择可能会出现最大参数值的区域测量。

（2） 16%规则

当参数的规定值为上限值（见 GB/T 131—2006）时，如果所选参数在同一评定长度上的全部实测值中，大于图样或技术产品文件中规定值的个数不超过实测值总数的 16%，则该表面合格。

当参数的规定值为下限值时，如果所选参数在同一评定长度上的全部实测值中，小于图样或技术产品文件中规定值的个数不超过实测值总数的 16%，则该表面合格。

指明参数的上、下限值时，所用参数符号没有“max”标记。

（3） 最大规则

检验时，若参数的规定值为最大值（见 GB/T 131—2006 中 3. 4），则在被检表面的全部区域内测得的参数值一个也不应超过图样或技术产品文件中的规定值。若规定参数的最大值，应在参数符号后面增加一个“max”的标记，例如 Rz_1max。

（4） 测量不确定度

为了验证是否符合技术要求，将测得参数值和规定公差极限进行比较时，应根据 GB/T 18779. 1—2002 中的规定，把测量不确定度考虑进去。在将测量结果与上限值或下限值进行比较时，估算测量不确定度不必考虑表面的不均匀性，因为这在允许 16%超差中已计及。

2. 2. 3 参数评定

（1） 概述

表面结构参数不能用来描述表面缺陷。因此在检验表面结构时，不应把表面缺陷，例如划痕、气孔等考虑进去。

为了判定工件表面是否符合技术要求，必须采用表面结构参数的一组测量值，其中的每组数值是在一个评定长度上测定的。

对被检表面是否符合技术要求判定的可靠性，以及由同一表面获得的表面结构参数平均值的精度取决于获得表面参数的评定长度内取样长度的个数，而且也取决于评定长度的个数，即在表面的测量次数。

（2） 粗糙度轮廓参数

对于 GB/T 3505—2009 定义的粗糙度系列参数，如果评定长度不等于 5 个取样长度，则其上、下限值应重新计算，将其与评定长度等于 5 个取样长度时的极限值联系起来，图 2-4-3 中所示每个 σ 等于 σ_5。

σ_n 和 σ_5 的关系由下式给出：

$$\sigma_5=\sigma_n\sqrt{n/5}$$

式中 n 为所用取样长度的个数（小于 5）。

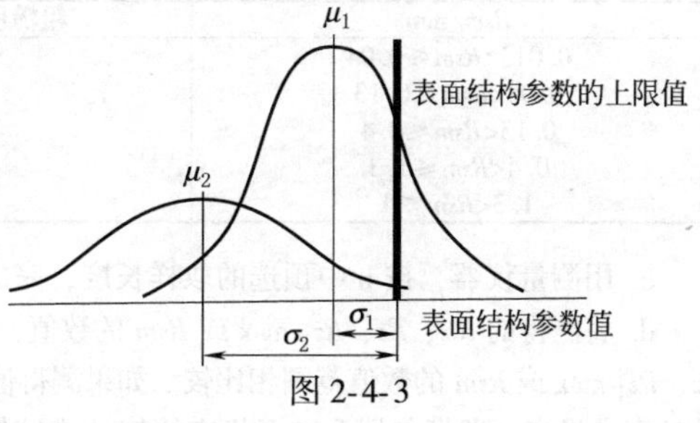

图 2-4-3

测量的次数越多、评定长度越长，则判定被检表面是否符合要求的可靠性越高，测量参数平均值的不确定度也越小。

然而，测量次数的增加将导致测量时间和成本的增加。因此，检验方法必须考虑一个兼顾可靠性和成本的折中方案（参见 GB/T 10610—2009 附录 A）。

2. 2. 4 用触针式仪器检验的规则和方法

（1） 粗糙度轮廓参数测量中确定截止波长的基本原则

当工业产品文件或图样的技术文件中已规定取样长度时，截止波长 λ_c 应与规定的取样长度值相同。

若在图样或产品文件中没有出现粗糙度的技术规范或给出的粗糙度规范中没有规定取样长度，可由（2）给出的方法选定截止波长。

（2） 粗糙度轮廓参数的测量

没有指定测量方向时，工件的安放应使其测量截面方向与得到粗糙度幅度参数（*Ra*、*Rz*）最大值的测量方向相一致，该方向垂直于被测表面的加工纹理。对无方向性的表面，测量截面的方向可以是任意的。

应在被测表面可能产生极值的部位进行测量，这可通过目测来估计。应在表面这一部位均匀分布的位置上分别测量，以获得各个独立的测量结果。

为了确定粗糙度轮廓参数的测得值，应首先观察表面并判断粗糙度轮廓是周期性的还是非周期性的。若没有其他规定，应以这一判断为基础，按下面①或②中规定的程序执行。如果采用特殊的测量程序，必须在技术文件和测量记录中加以说明。

① 非周期性粗糙度轮廓的测量程序

对于具有非周期粗糙度轮廓的表面应按下列步骤进行测量：

a. 根据需要，可以采用目测、粗糙度比较样块比较、全轮廓轨迹的图解分析等方法来估计被测的粗糙度轮廓参数 *Ra*、*Rz*、Rz_1max 或 *Rsm* 的数值。

b. 利用 a. 中估计的 *Ra*、*Rz*、Rz_1 max 或 *Rsm* 的数值，按表 2-4-8、表 2-4-9 或表 2-4-10 预选取样长度。

表 2-4-8　测量非周期性轮廓（如磨削轮廓）的 *Ra*、*Rq*、*Rsk*、*Rku*、*RΔq* 值及曲线和相关参数的粗糙度取样长度

Ra/μm	粗糙度取样长度 *lr*/mm	粗糙度评定长度 *ln*/mm
(0.006)<*Ra*≤0.02	0.08	0.4
0.02<*Ra*≤0.1	0.25	1.25
0.1<*Ra*≤2	0.8	4
2<*Ra*≤10	2.5	12.5
10<*Ra*≤80	8	40

表 2-4-9　测量非周期性轮廓（如磨削轮廓）的 *Rz*、*Rv*、*Rp*、*Rc*、*Rt* 值的粗糙度取样长度

*Rz*①、Rz_1 max②/μm	粗糙度取样长度 *lr*/mm	粗糙度评定长度 *ln*/mm
(0.025)<*Rz*、Rz_1 max≤0.1	0.08	0.4
0.1<*Rz*、Rz_1 max≤0.5	0.25	1.25
0.5<*Rz*、Rz_1 max≤10	0.8	4
10<*Rz*、Rz_1 max≤50	2.5	12.5
50<*Rz*、Rz_1 max≤200	8	40

① *Rz* 是在测量 *Rz*、*Rv*、*Rp*、*Rc* 和 *Rt* 时使用。

② Rz_1 max 仅在测量 Rz_1 max、Rv_1 max、Rp_1 max 和 Rc_1 max 时使用。

表 2-4-10　测量周期性轮廓的 *R* 参数及周期性和非周期性轮廓的 *Rsm* 值的粗糙度取样长度

Rsm/mm	粗糙度取样长度 *lr*/mm	粗糙度评定长度 *ln*/mm
0.013<*Rsm*≤0.04	0.08	0.4
0.04<*Rsm*≤0.13	0.25	1.25
0.13<*Rsm*≤0.4	0.8	4
0.4<*Rsm*≤1.3	2.5	12.5
1.3<*Rsm*≤4	8	40

c. 用测量仪器，按 b 中预选的取样长度，完成 *Ra*、*Rz*、Rz_1 max 或 *Rsm* 的一次预测量。

d. 将测得的 *Ra*、*Rz*、Rz_1 max 或 *Rsm* 的数值，与表 2-4-8、表 2-4-9 或表 2-4-10 中预选取样长度所对应的 *Ra*、*Rz*、Rz_1 max 或 *Rsm* 的数值范围相比较。如果测得值超出了预选取样长度对应的数值范围，则应按测得值对应的取样长度来设定，即把仪器调整至相应的较高或较低的取样长度。然后应用这一调整后的取样长度测得一组参数值，并再次与表 2-4-8、表 2-4-9 或表 2-4-10 中数值比较。此时，测得值应达到由表 2-4-8、表 2-4-9 或表 2-4-10 建议的测得值和取样长度的组合。

e. 如果以前在 d 步骤评定时没有采用过更短的取样长度，则把取样长度调至更短些获得一组 *Ra*、*Rz*、Rz_1 max 或 *Rsm* 的数值，检查所得的 *Ra*、*Rz*、Rz_1 max 或 *Rsm* 的数值和取样长度的组合是否也满足表 2-4-8、表 2-4-9 或表 2-4-10 的规定。

f. 只要 d 步骤中最后的设定与表 2-4-8、表 2-4-9 或表 2-4-10 相符合，则设定的取样长度和 *Ra*、*Rz*、Rz_1 max 或 *Rsm* 的数值二者是正确的。如果 e 步骤也产生一个满足表 2-4-8、表 2-4-9 或表 2-4-10 规定的组合，则这个较短的取样长度设定值和相对应的 *Ra*、*Rz*、Rz_1 max 或 *Rsm* 的数值是最佳的。

g. 用上述步骤中预选出的截止波长（取样长度）完成一次所需参数的测量。

② 周期性粗糙度轮廓的测量程序。

对于具有周期性粗糙度轮廓的表面应采用下述步骤进行测量：

a. 用图解法估计被测粗糙度表面的参数 *Rsm* 的数值。

b. 按估计的 *Rsm* 的数值，由表 2-4-10 确定推荐的取样长度作为截止波长值。

c. 必要时，如在有争议的情况下，利用由 b 选定的截止波长值测量 *Rsm* 值。

d. 如果按照 c 步骤得到的 *Rsm* 值由表 2-4-10 查出的取样长度比 b 确定的取样长度较小或较大，则应采用这较小或较大的取样长度值作为截止波长值。

e. 用上述步骤中确定的截止波长（取样长度）完成一次所需参数的测量。

3 产品几何技术规范（GPS） 技术产品文件中表面结构的表示法（摘自 GB/T 131—2006）

3.1 标注表面结构的方法

表 2-4-11

<table>
<tr><th colspan="2"></th><th colspan="2">符号</th><th>意义及说明</th></tr>
<tr><td rowspan="5">1. 标注表面结构的图形符号</td><td>基本图形符号</td><td colspan="2"></td><td>表示对表面结构有要求的图形符号。当不加注粗糙度参数值或有关说明(如表面处理、局部热处理状况等)时,仅适用于简化代号标注,没有补充说明时不能单独使用</td></tr>
<tr><td rowspan="2">扩展图形符号</td><td colspan="2"></td><td>要求去除材料的图形符号。在基本图形符号上加一短横,表示指定表面是用去除材料的方法获得,如通过机械加工获得的表面</td></tr>
<tr><td colspan="2"></td><td>不允许去除材料的图形符号。在基本图形符号上加一个圆圈,表示指定表面是用不去除材料方法获得</td></tr>
<tr><td>完整图形符号</td><td colspan="2">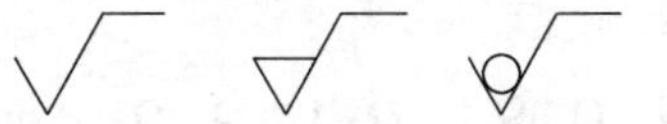
允许任何工艺　去除材料　不去除材料</td><td>当要求标注表面结构特征的补充信息时,应在基本图形符号和扩展图形符号的长边上加一横线</td></tr>
<tr><td>工件轮廓各表面的图形符号</td><td>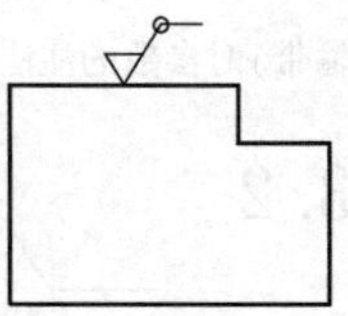</td><td>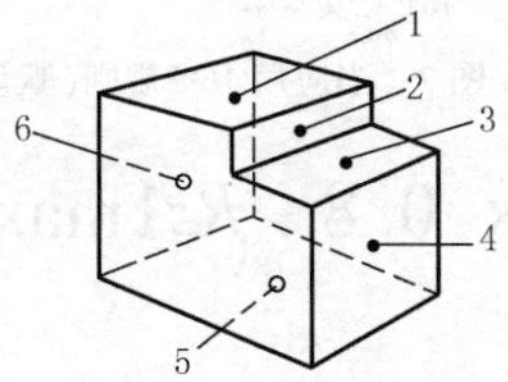</td><td>当在图样某个视图上构成封闭轮廓的各表面有相同的表面结构要求时,应在完整图形符号上加一圆圈,标注在图样中工件的封闭轮廓线上。如果标注会引起歧义时,各表面应分别标注
注:图示的表面结构符号是指对图形中封闭轮廓的六个面的共同要求(不包括前后面)</td></tr>
<tr><td>2. 表面结构完整图形符号的组成</td><td colspan="4">为了明确表面结构要求,除了标注表面结构参数和数值外,必要时应标注补充要求,补充要求包括传输带、取样长度、加工工艺、表面纹理及方向、加工余量等。即在完整图形符号中,对表面结构的单一要求和补充要求,注写在图 1 所示位置。为了保证表面的功能特征,应对表面结构参数规定不同要求。图 1 中 a~e 位置注写以下内容:
a——注写表面结构的单一要求,标注表面结构参数代号、极限值和传输带(传输带是两个定义的滤波器之间的波长范围,见 GB/T 6062 和 GB/T 18777);对于图形法是在两个定义极限值之间的波长范围,见 GB/T 186187 或取样长度。为了避免误解,在参数代号和极限值间应插入空格。传输带或取样长度后应有一斜线“/”,之后是表面结构参数代号,最后是数值
示例 1:0.0025—0.8/Rz6.3(传输带标注)　示例 2:-0.8/Rz6.3(取样长度标注)
a,b——注写两个或多个表面结构要求,在位置 a 注写第一个表面结构要求,在位置 b 注写第二个表面结构要求。如果要注写第三个或更多个表面结构要求,图形符号应在垂直方向扩大,以空出足够的空间。扩大图形符号时,a 和 b 的位置随之上移
c——注写加工方法、表面处理、涂层或其他加工工艺要求,如车、磨、镀等
d——注写表面纹理和方向,如“=”、“X”及“M”
e——注写加工余量,以毫米为单位给出数值
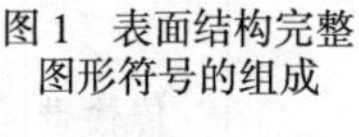
图 1　表面结构完整图形符号的组成</td></tr>
</table>

<table>
<tr><td>3. 文本中用文字表达图形符号</td><td colspan="2">在报告和合同的文本中用文字表达完整图形符号时,应用字母分别表示:APA 表示允许任何工艺;MRR 表示去除材料;NMR 表示不去除材料。完整图形符号见本表第 1 项
示例:MRR Ra 0.8;Rz1 3.2</td></tr>
<tr><td rowspan="6">4. 表面结构参数的标注</td><td colspan="2">给出表面结构要求时,应标注其参数代号和相应数值,并包括要求解释的以下四项重要信息:三种轮廓(R、W、P)中的一种;轮廓特征;满足评定长度要求的取样长度的个数;要求的极限值</td></tr>
<tr><td rowspan="2">参数代号的标注</td><td>根据 GB/T 3505 定义的轮廓参数标注三个(R、W、P)主要表面结构参数时,应使用完整符号。由于波纹度 W 和原始轮廓 P 的轮廓参数目前缺乏数值,所以此二者参数代号未编入。同样,图形参数和支承率曲线参数也缺乏数值未编入
<table>
<tr><td rowspan="2">项目</td><td colspan="9">高度参数</td><td rowspan="2">间距参数</td><td rowspan="2">混合参数</td><td colspan="3" rowspan="2">曲线和相关参数</td></tr>
<tr><td colspan="5">峰谷值</td><td colspan="4">平均值</td></tr>
<tr><td>R 轮廓参数(粗糙度参数)</td><td>Rp</td><td>Rv</td><td>Rz</td><td>Rc</td><td>Rt</td><td>Ra</td><td>Rq</td><td>Rsk</td><td>Rku</td><td>RSm</td><td>RΔq</td><td>Rmr(c)</td><td>Rδc</td><td>Rmr</td></tr>
</table></td></tr>
<tr><td>如果标注参数代号后无“max”,这表明引用了给定极限的默认定义或默认解释(即 GB/T 10610—2009 定义的 16%规则,见本章 2.2.2 的内容),否则应用最大规则(即 GB/T 10610—2009 定义的最大规则,见本章 2.2.2 的内容)解释其给定的极限</td></tr>
<tr><td>评定长度(ln)的标注</td><td>若所注参数代号后无“max”,这表明采用的是有关标准中默认的评定长度。R 轮廓粗糙度参数默认评定长度在 GB/T 10610—2009 中定义,默认评定长度 ln,由 5 个取样长度 lr 构成,即 $ln=5\times lr$。若不存在默认的评定长度时,参数代号中应标注取样长度个数,如 Rp3、Rv3、Rz3、Rc3、Rt3、Ra3、RSm3 等(要求评定长度为 3 个取样长度)。其他如 W 轮廓、P 轮廓、图形参数、支承率曲线参数的评定长度的注法未编入</td></tr>
<tr><td>极限值判断规则的标注</td><td>表面结构要求中给定极限值的判断规则有两种(见 GB/T 10610—2009):
① 16%规则:是所有表面结构要求标注的默认规则,见图 2
② 最大规则:此规则用于表面结构要求时,则参数代号中应加上“max”,见图 3

MRR Ra 0.8; Rz1 3.2
(a) 在文本中
Ra 0.8
Rz1 3.2
(b) 在图样上
图 2 当应用 16%规则(默认传输带)时参数的注法

MRR Ramax 0.8; Rz1max 3.2
(a) 在文本中
Ramax 0.8
Rz1max 3.2
(b) 在图样上
图 3 当应用最大规则(默认传输带)时参数的注法

16%规则和最大规则均适用于 GB/T 3505 中定义的轮廓参数。图形参数和支承率曲线的参数标注未编入</td></tr>
<tr><td>传输带和取样长度的标注</td><td>① 当参数代号中没有标注传输带时(图 2、图 3),表面结构要求采用默认的传输带(默认传输带定义见 GB/T 131—2006 附录 G),而传输带是评定时的波长范围,传输带的波长范围在两个定义的滤波器(见 GB/T 6062)之间。传输带被一个截止短波的滤波器(短波滤波器)和另一个截止长波的滤波器(长波滤波器)所限制。长波滤波器的截止波长值也就是取样长度。其数值见表 2-4-6
如果表面结构参数没有定义默认传输带、默认的短波滤波器或默认的取样长度(长波滤波器),则表面结构标注应该指定传输带,即短波滤波器或长波滤波器,以保证表面结构明确的要求。传输带应标注在参数代号的前面,并用斜线“/”隔开,见图 4。传输带标注包括滤波器截止波长(mm),短波滤波器在前,长波滤波器在后,并用连字号“-”隔开,见图 4</td></tr>
</table>

续表

<table>
<tr>
<td rowspan="2">4. 表面结构参数的标注</td>
<td>传输带和取样长度的标注</td>
<td>MRR 0.0025-0.8/Rz 3.2　　　0.0025-0.8/Rz 3.2
(a) 在文本中 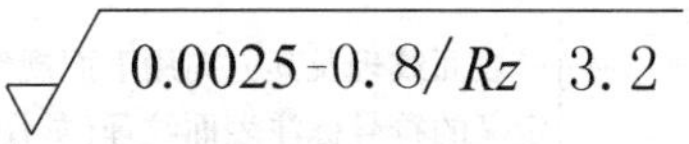　　　(b) 在图样上
图 4　与表面结构要求相关的传输带的注法
在某些情况下，在传输带中只标注两个滤波器中的一个。如果存在第二个滤波器，使用默认的截止波长值。如果只标注一个滤波器，应保留连字号“-”来区分是短波滤波器还是长波滤波器
示例 1：0.008-（短波滤波器标注）　　示例 2：-0.25（长波滤波器标注）
② R 轮廓参数参见 GB/T 3505
如果标注传输带，可能只需要标注长波滤波器 λ_c（如“-0.8”）。短波滤波器 λ_s 值由 GB/T 6062—2009 的 4.4 表 1 中给定，即轮廓滤波器截止波长的标准值系列为 0.08mm、0.25mm、0.8mm、2.5mm、8mm
如果要求控制用于粗糙度参数的传输带内的短波滤波器和长波滤波器，二者应与参数代号一起标注
示例 3：0.008-0.8
轮廓参数中的 W、P 及图形参数、支承率曲线参数的传输带和取样长度的标注未编入</td>
</tr>
<tr>
<td>单向极限或双向极限的标注</td>
<td>表面结构参数的单向极限：当只标注参数代号、参数值和传输带时，它们应默认为参数的上限值（16%规则或最大化规则的极限值）；当参数代号、参数值和传输带作为参数的单向下限值（16%规则或最大化规则的极限值）标注时，参数代号前应加 L
示例：L Ra 0.32
表面参数的双向极限：在完整符号中表示双向极限时应标注极限代号，上限值在上方用 U 表示，下极限在下方用 L 表示，上、下极限值为 16%规则或最大化规则的极限值（图 5）。如果同一参数具有双向极限要求，在不引起歧义的情况下，可以不加 U、L
上、下极限值可以用不同的参数代号和传输带表达
MRR U Rz 0.8；L Ra 0.2　　　U Rz 0.8 / L Ra 0.2
(a) 在文本中 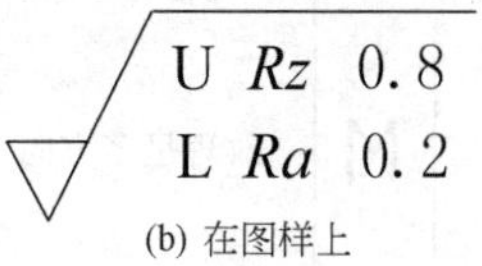　　　(b) 在图样上
图 5　双向极限的注法</td>
</tr>
<tr>
<td>5. 加工方法或相关信息的标注</td>
<td colspan="2">轮廓曲线的特征对实际表面的表面结构参数值影响很大。标注的参数代号、参数值和传输带只作为表面结构要求，有时不一定能够完全准确地表示表面功能。加工工艺在很大程度上决定了轮廓曲线的特征，因此，一般应注明加工工艺。加工工艺用文字按图 6 和图 7 所示方式在完整符号中注明。图 7 表示的是镀覆的示例，使用了 GB/T 13911《金属镀覆和化学处理表示方法》中规定的符号
MRR 车 Rz 3.2　　　车 / Rz 3.2
(a) 在文本中 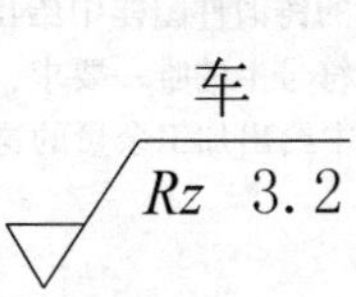　　　(b) 在图样上
图 6　加工工艺和表面粗糙度要求的注法
NMR Fe/Ep·Ni15pCr0.3r；Rz 0.8　　　Fe/Ep·Ni15pCr0.3r / Rz 0.8
(a) 在文本中 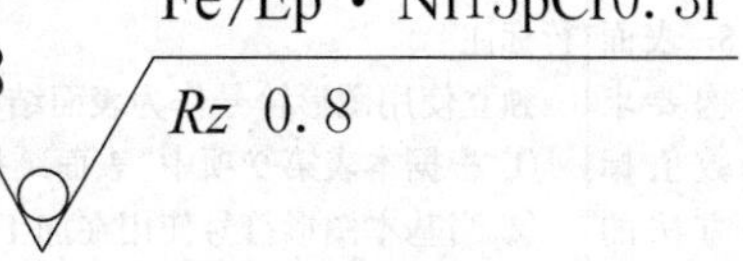　　　(b) 在图样上
图 7　镀覆和表面粗糙度要求的注法</td>
</tr>
</table>

续表

项目	符号	解释和示例		符号	解释和示例	
	表面纹理及其方向用下面规定的符号按图8标注在完整符号中。采用定义的符号标注表面纹理(如图8中的垂直符号)不适用于文本标注 注:纹理方向是指表面纹理的主要方向,通常由加工工艺决定 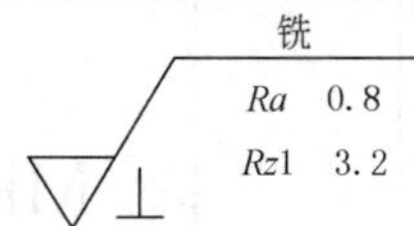 图8 垂直于视图所在投影面的表面纹理方向的注法					
	符号	解释和示例		符号	解释和示例	
6. 表面纹理的标注	=	纹理平行于视图所在的投影面	纹理方向	C	纹理呈近似同心圆且圆心与表面中心相关	
	⊥	纹理垂直于视图所在的投影面	纹理方向	R	纹理呈近似放射状且与表面圆心相关	
	X	纹理呈两斜向交叉且与视图所在的投影面相交	纹理方向	P	纹理呈微粒、凸起,无方向	
	M	纹理呈多方向		注:如果表面纹理不能清楚地用这些符号表示,必要时,可以在图样上加注说明		
7. 加工余量的标注	在同一图样中,有多个加工工序的表面可标注加工余量,例如,在表示完工零件形状的铸锻件图样中给出加工余量(图9)。加工余量可以是加注在完整符号上的唯一要求,也可以同表面结构要求一起标注(如图9)。图9中给出加工余量的这种方式不适用于文本 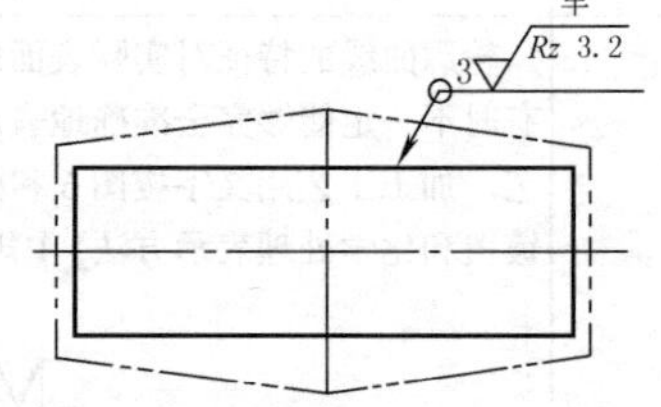 图9 在表示完工零件的图样中给出加工余量的注法 (示例为所有表面均有3mm加工余量)					
8. 表面结构要求及数值标注方法的总结	技术图样上标注的表面结构要求,由本表第1项中至少一个符号和相关的要求按本表第2项至第7项中的规定进行标注 独立使用图形符号作为表面结构要求,只有在下列两情况下才有意义: ① 根据本表第9项中“表面结构要求的简化注法”进行简化标注时 ② 当基本图形符号使用在加工工艺的图样中时,即无论是通过不去除材料的方法还是通过其他方法获得的特定表面,判断其合格与否,其状态由最后一道加工工序确定,并根据GB/T 18779.1—2002判定一个特定的表面是否符合表面结构要求。此外,应考虑本标准的解释规则和相关的标准规定					

续表

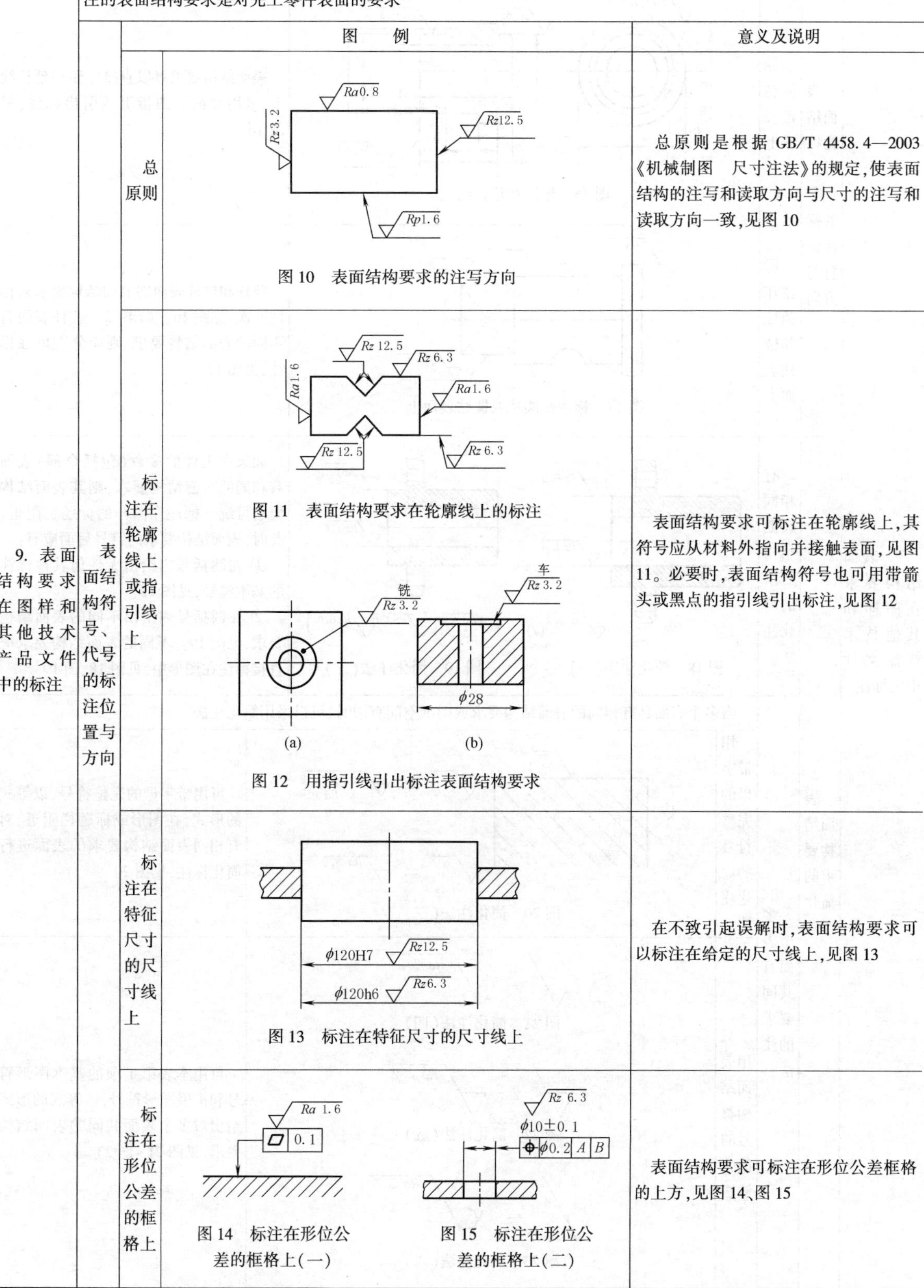

			图　例	意义及说明
9. 表面结构要求在图样和其他技术产品文件中的标注	表面结构要求对每一表面一般只标注一次，并尽可能注在相应的尺寸及其公差的同一视图上。除非另有说明，所标注的表面结构要求是对完工零件表面的要求			
	表面结构符号、代号的标注位置与方向	总原则	图 10　表面结构要求的注写方向	总原则是根据 GB/T 4458.4—2003《机械制图　尺寸注法》的规定，使表面结构的注写和读取方向与尺寸的注写和读取方向一致，见图 10
		标注在轮廓线上或指引线上	图 11　表面结构要求在轮廓线上的标注 图 12　用指引线引出标注表面结构要求	表面结构要求可标注在轮廓线上，其符号应从材料外指向并接触表面，见图 11。必要时，表面结构符号也可用带箭头或黑点的指引线引出标注，见图 12
		标注在特征尺寸的尺寸线上	图 13　标注在特征尺寸的尺寸线上	在不致引起误解时，表面结构要求可以标注在给定的尺寸线上，见图 13
		标注在形位公差的框格上	图 14　标注在形位公差的框格上(一) 图 15　标注在形位公差的框格上(二)	表面结构要求可标注在形位公差框格的上方，见图 14、图 15

续表

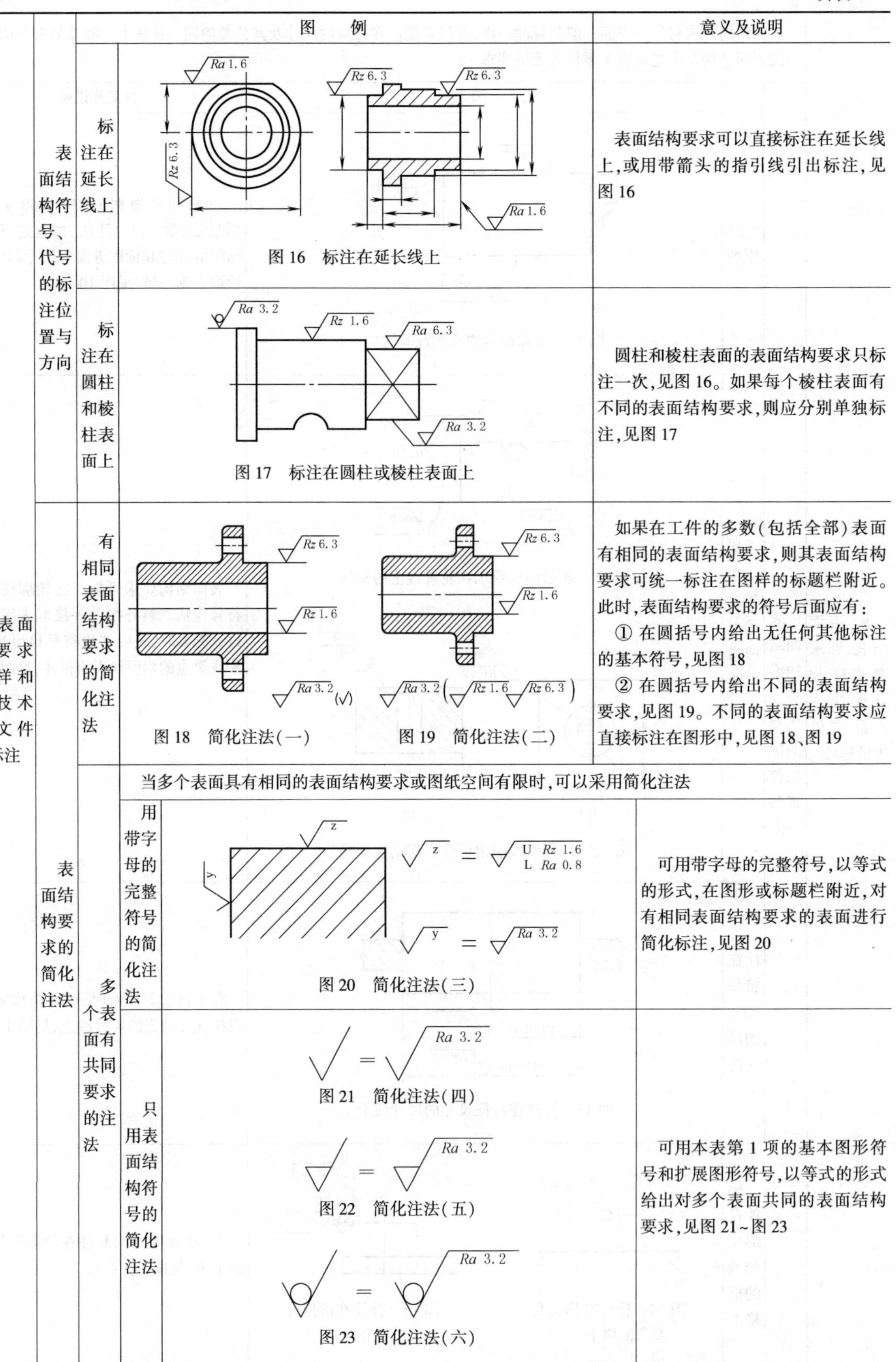

				图例	意义及说明
	表面结构符号、代号的标注位置与方向	标注在延长线上		图16　标注在延长线上	表面结构要求可以直接标注在延长线上，或用带箭头的指引线引出标注，见图16
		标注在圆柱和棱柱表面上		图17　标注在圆柱或棱柱表面上	圆柱和棱柱表面的表面结构要求只标注一次，见图16。如果每个棱柱表面有不同的表面结构要求，则应分别单独标注，见图17
9. 表面结构要求在图样和其他技术产品文件中的标注	表面结构要求的简化注法	有相同表面结构要求的简化注法		图18　简化注法(一) 图19　简化注法(二)	如果在工件的多数(包括全部)表面有相同的表面结构要求，则其表面结构要求可统一标注在图样的标题栏附近。此时，表面结构要求的符号后面应有： ① 在圆括号内给出无任何其他标注的基本符号，见图18 ② 在圆括号内给出不同的表面结构要求，见图19。不同的表面结构要求应直接标注在图形中，见图18、图19
		多个表面有共同要求的注法	当多个表面具有相同的表面结构要求或图纸空间有限时，可以采用简化注法		
			用带字母的完整符号的简化注法	图20　简化注法(三)	可用带字母的完整符号，以等式的形式，在图形或标题栏附近，对有相同表面结构要求的表面进行简化标注，见图20
			只用表面结构符号的简化注法	图21　简化注法(四) 图22　简化注法(五) 图23　简化注法(六)	可用本表第1项的基本图形符号和扩展图形符号，以等式的形式给出对多个表面共同的表面结构要求，见图21～图23

续表

		图　　例	意义及说明
9. 表面结构要求在图样和其他技术产品文件中的标注	两种或多种工艺获得的同一表面的注法	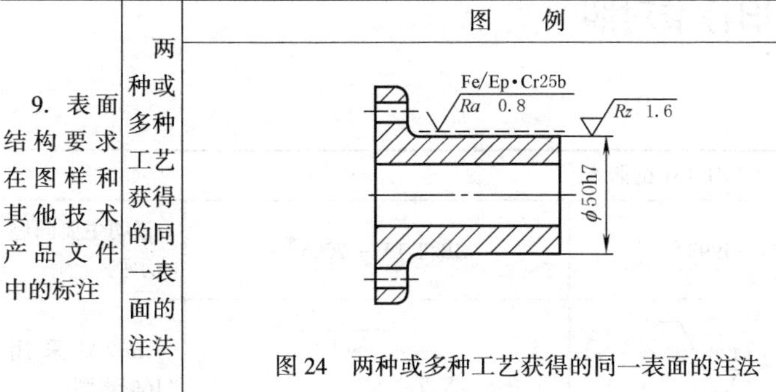 图 24　两种或多种工艺获得的同一表面的注法	由几种不同的工艺方法获得的同一表面，当需要明确每种工艺方法的表面结构要求时，可按图 24 进行标注（表面处理的有关代号见第 1 篇第 7 章表面处理）
10. 控制表面功能的最少标注（标准附录 D）		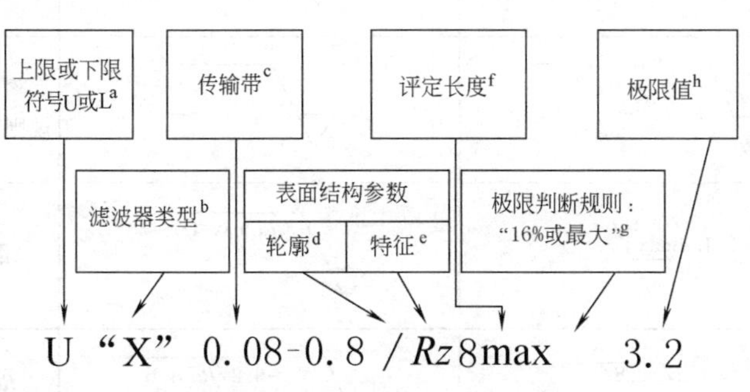 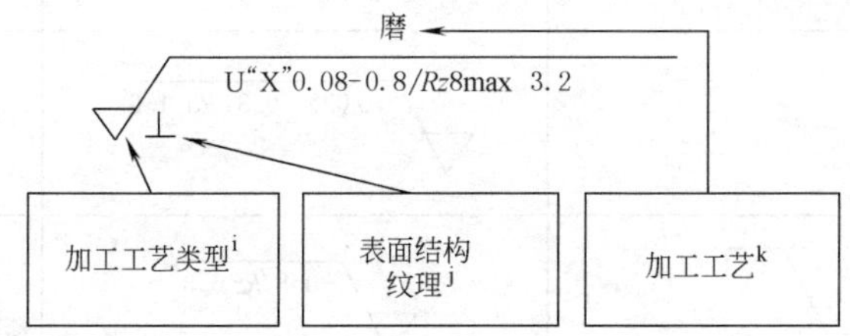 图 25　控制表面功能的最少标注 a　上限或下限符号 U 或 L，详见本表第 4 项“单项极限或双向极限的标注” b　滤波器类型“X”。标准滤波器是高斯滤波器（GB/T 18777）。以前的标准滤波器是 2RC 滤波器。将来也可能对其他的滤波器进行标准化。在转换期间，在图样上标注滤波器类型对某些公司比较方便。滤波器类型可以标注为“高斯滤波器”或“2RC”。滤波器名称并没有标准化，但这里所建议的标注名称是明确的，无争议的 c　传输带标注为短波或长波滤波器，详见本表第 4 项“传输带和取样长度的标注” d　轮廓（*R*、*W* 或 *P*），详见本表第 4 项“参数代号的标注” e　特征/参数，详见本表第 4 项 f　评定长度包含若干取样长度，详见本表第 4 项“评定长度（*ln*）的标注” g　极限判断规则（“16%规则”或“最大化规则”），详见本表第 4 项“极限值判断规则的标注” h　以微米为单位的极限值 i　加工工艺类型，详见本表第 1 项“标注表面结构的图形符号” j　表面结构纹理，详见本表第 6 项“表面纹理的标注” k　加工工艺，详见本表第 5 项“加工方法或相关信息的标注”	表面结构要求通过几个不同的控制元素建立，它们可以是图样中标注的一部分或在其他文件中给出的文本标注，这些元素见图 25 经验证明，所有这些元素对于表面结构要求和表面功能之间形成明确关系是必要的。只有在很少的情况下，当不会导致歧义时，其中的一些元素才可以省略。而多数元素对于设置仪器的测量条件（图 25 中 b、c、d、e、f）是必要的，其余元素对于明确评价测量结果并与所要求的极限进行比较也是必要的 为了简化表面结构要求的标注，定义了一系列的默认值，例如，极限值判断规则、传输带和评定长度（如标注 *Ra*1.6 和 *Rz*6.3），如果默认定义不存在，全部的信息都应该标注在图样的表面结构要求中 当表面结构参数存在默认定义时，标注有如下的两种可能性： ① 使用全部默认定义（标准中给出），在图样中虽能简化注法，但它不能保证按照标准的默认定义作出的选择适合于具体的表面功能控制任务 ② 在图样中标注所有可能的要求和细节，是根据表面结构要求和表面功能之间已知的客观关系确定。此情况通常应用于对工件功能重要的表面，即表面结构对功能是关键的

3.2 表面结构要求图形标注的新旧标准对照

表 2-4-12

GB/T 131 的版本			
GB/T 131—1983①	GB/T 131—1993②	GB/T 131—2006③	说明主要问题的示例
1.6	1.6　1.6	Ra 1.6	Ra 只采用“16%规则”
Ry3.2	Ry3.2　Ry3.2	Rz 3.2	除了 Ra“16%规则”的参数
—④	1.6max	Ramax 1.6	“最大规则”
1.6　0.8	1.6　0.8	-0.8/Ra 1.6	Ra 加取样长度
—④	—④	0.025 -0.8/Ra 1.6	传输带
Ry3.2　0.8	Ry3.2　0.8	-0.8/Rz 6.3	除 Ra 外其他参数及取样长度
1.6 Ry6.3	1.6 Ry6.3	Ra 1.6 Rz 6.3	Ra 及其他参数
—④	Ry3.2	Rz3 6.3	评定长度中的取样长度个数如果不是 5
—④	—④	L Ra 1.6	下限值
3.2 1.6	3.2 1.6	U Ra 3.2 L Ra 1.6	上、下限值

① 既没有定义默认值也没有其他的细节，尤其是无默认评定长度、无默认取样长度、无“16%规则”或“最大规则”。

② 在 GB/T 3505—2000 和 GB/T 10610—1998 中定义的默认值和规则仅用于参数 Ra，Ry 和 Rz（十点高度）。此外，GB/T 131—1993 中存在参数代号书写不一致问题，标准正文要求参数代号第二个字母标注为下标，但在所有的图表中，第二个字母都是小写，而当时所有的其他表面结构标准都使用下标。

③ 新的 Rz 为原 Ry 的定义，原 Ry 的符号不再使用。

④ 表示没有该项。

3.3 表面结构代号的含义及表面结构要求的标注示例

表 2-4-13 表面结构代号的含义示例

代号	含义
Rz 0.4	表示不允许去除材料，单向上限值，默认传输带，R 轮廓，粗糙度的最大高度 0.4μm，评定长度为 5 个取样长度（默认），“16%规则”（默认）
Rzmax 0.2	表示去除材料，单向上限值，默认传输带，R 轮廓，粗糙度最大高度的最大值 0.2μm，评定长度为 5 个取样长度（默认），“最大规则”
0.008-0.8/Ra 3.2	表示去除材料，单向上限值，传输带 0.008～0.8mm，R 轮廓，算术平均偏差 3.2μm，评定长度为 5 个取样长度（默认），“16 规则”（默认）
-0.8/Ra3 3.2	表示去除材料，单向上限值，传输带——根据 GB/T 6062，取样长度 0.8μm（λ_s 默认 0.0025mm），R 轮廓，算术平均偏差 3.2μm，评定长度包含 3 个取样长度，“16%规则”（默认）
U Ramax 3.2 L Ra 0.8	表示不允许去除材料，双向极限值，两极限值均使用默认传输带，R 轮廓，上限值——算术平均偏差 3.2μm，评定长度为 5 个取样长度（默认），“最大规则”，下限值——算术平均偏差 0.8μm，评定长度为 5 个取样长度（默认），“16%规则”（默认）

表 2-4-14 表面结构要求的标注示例

要求	示例
表面粗糙度： 双向极限值；上限值为 Ra=50μm，下限值为 Ra=6.3μm；均为“16%规则”（默认）；两个传输带均为 0.008～4mm；默认的评定长度 5×4mm=20mm；表面纹理呈近似同心圆且圆心与表面中心相关；加工方法为铣削；不会引起争议时，不必加 U 和 L	铣 0.008-4/Ra 50 C 0.008-4/Ra 6.3
除一个表面以外，所有表面的粗糙度： 单向上限值；Rz=6.3μm；“16%规则”（默认）；默认传输带；默认评定长度（$5\times\lambda_c$）；表面纹理没有要求；去除材料的工艺 不同要求的表面的表面粗糙度 单向上限值；Ra=0.8μm；“16%规则”（默认）；默认传输带；默认评定长度（$5\times\lambda_c$）；表面纹理没有要求；去除材料的工艺	Ra0.8 Rz6.3 (√)
表面粗糙度： 两个单向上限值 ① Ra=1.6μm 时：“16%规则”（默认）（GB/T 10610）；默认传输带（GB/T 10610 和 GB/T 6062）；默认评定长度（$5\times\lambda_c$）（GB/T 10610） ② Rzmax=6.3μm 时：最大规则；传输带-2.5μm（GB/T 6062）；评定长度默认 5×2.5mm；表面纹理垂直于视图的投影面；加工方法为磨削	磨 Ra1.6 ⊥ -2.5/Rzmax 6.3

续表

要　　求	示　例
表面粗糙度： 单向上限值；Rz = 0.8μm；“16%规则”（默认）（GB/T 10610）；默认传输带（GB/T 10610 和 GB/T 6062）；默认评定长度（$5\times\lambda_c$）（GB/T 10610）；表面纹理没有要求；表面处理为铜件，镀镍/铬；表面要求对封闭轮廓的所有表面有效	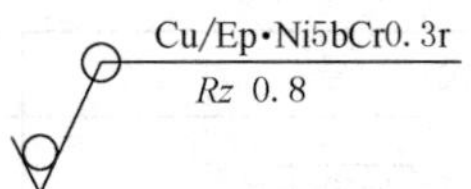
表面粗糙度： 单向上限值和一个双向极限值； ① 单向 Ra = 1.6μm 时，“16%规则”（默认）（GB/T 10610）；传输带 -0.8mm（λ_s 根据 GB/T 6062 确定）；评定长度 5×0.8 = 4mm（GB/T 10610） ② 双向 Rz 时，上限值 Rz = 12.5μm，下限值 Rz = 3.2μm；“16%规则”（默认）；上、下极限传输带均为 -2.5mm（λ_s 根据 GB/T 6062 确定）；上、下极限评定长度均为 5×2.5 = 12.5mm（GB/T 10610），即使不会引起争议，也可以标注 U 和 L 符号；表面处理为钢件，镀镍/铬	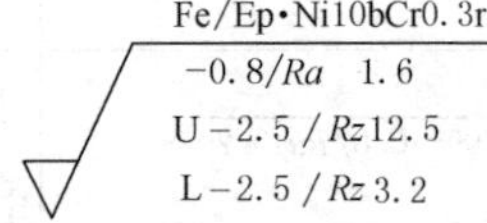
表面结构和尺寸可以标注在同一尺寸线上 键槽侧壁的表面粗糙度： 一个单向上限值；Ra = 3.2μm；“16%规则”（默认）（GB/T 10610）；默认评定长度（$5\times\lambda_c$）（GB/T 6062）；默认传输带（GB/T 10610 和 GB/T 6062）；表面纹理没有要求；去除材料的工艺 倒角的表面粗糙度： 一个单向上限值；Ra = 6.3μm；“16%规则”（默认）（GB/T 10610）；默认评定长度（$5\times\lambda_c$）（GB/T 6062）；默认传输带（GB/T 10610 和 GB/T 6062）；表面纹理没有要求；去除材料的工艺	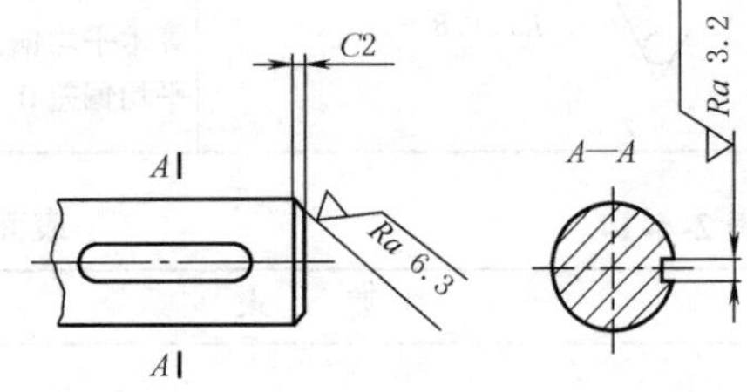
表面结构和尺寸可以一起标注在延长线上或分别标注在轮廓线和尺寸界线上 示例中的三个表面粗糙度要求： 单向上限值；分别是 Ra = 1.6μm；Ra = 6.3μm，Rz = 12.5μm；“16%规则”（默认）（GB/T 10610）；默认评定长度（$5\times\lambda_c$）（GB/T 6062）；默认传输带（GB/T 10610 和 GB/T 6062）；表面纹理没有要求；去除材料的工艺	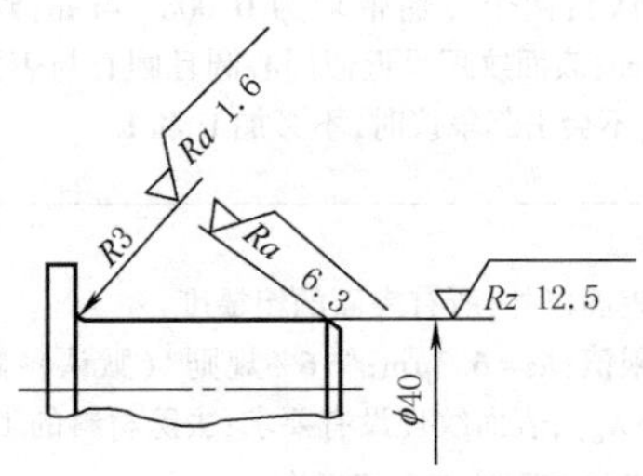
表面结构、尺寸和表面处理的标注：该示例是三个连续的加工工序 第一道工序：单向上限值；Rz = 1.6μm；“16%规则”（默认）（GB/T 10610）；默认评定长度（$5\times\lambda_c$）（GB/T 6062）；默认传输带（GB/T 10610 和 GB/T 6062）；表面纹理没有要求；去除材料的工艺 第二道工序：镀铬，无其他表面结构要求 第三道工序：一个单向上限值，仅对长为 50mm 的圆柱表面有效；Rz = 6.3μm；“16%规则”（默认）（GB/T 10610）；默认评定长度（$5\times\lambda_c$）（GB/T 6062）；默认传输带（GB/T 10610 和 GB/T 6062）；表面纹理没有要求；磨削加工工艺	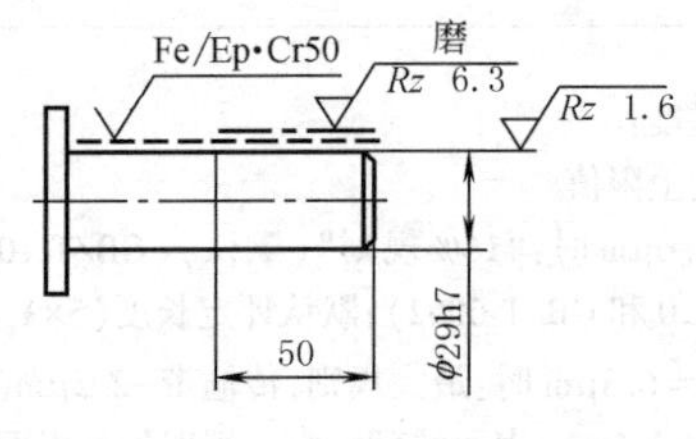

4 表面结构参数的选择

4.1 表面粗糙度对零件功能的影响

(1) 对配合性质的影响

配合性质要求稳定的结合面、动配合配合间隙小的表面、要求连接牢固可靠承受载荷大的静配合表面 *Ra* 值要低。尺寸要求愈精确、公差值愈小的表面粗糙度数值要求愈低。同一公差等级的小尺寸比大尺寸（特别是 1~3 级公差等级）或同一公差等级的轴比孔的 *Ra* 值要低。配合性质相同，零件尺寸愈小的表面，它的 *Ra* 值愈低。同一零件上工作表面的粗糙度值比非工作表面的低。

(2) 对摩擦面的影响

摩擦表面比非摩擦表面、滚动摩擦表面比滑动摩擦表面、运动速度高的表面比运动速度低的表面、单位压力大的摩擦面比单位压力小的摩擦面的 *Ra* 值要低。

(3) 对抗疲劳强度的影响

受循环载荷的表面及易引起应力集中的部分如圆角、沟槽处的 *Ra* 值要低。粗糙度对零件疲劳强度的影响程度随其材料不同而异，对铸铁件的影响不甚明显，对于钢件则强度愈高影响愈大。

(4) 对接触刚度的影响

两粗糙表面接触时，在外力作用下，易产生接触变形，因此，降低 *Ra* 值可提高结合件的接触刚度。

(5) 对冲击强度的影响

钢件表面的冲击强度随表面粗糙度 *Ra* 值的降低而提高，在低温状态下，尤为明显。

(6) 对耐腐蚀性的影响

表面粗糙则零件表面上的腐蚀性气体或液体易于积聚，而且向零件表面层渗透，加剧腐蚀，因此，在有腐蚀性气体或液体条件下工作的零件表面的 *Ra* 值要低。

(7) 对结合处密封性的影响

表面愈粗糙，泄漏愈厉害。对有相对滑动的动力密封表面，由于相对运动，其微观不平度一般为 4~5μm，用以储存润滑油较为有利，如表面太光滑，不仅不利于储存润滑油，反而会引起摩擦磨损。此外，密封性的好坏也和加工纹理方向有关。

(8) 对振动和噪声的影响

机械设备的运动副表面粗糙不平，运转中会产生振动及噪声，以高速运转的滚动轴承、齿轮及发动机曲轴、凸轮轴等零部件，这类现象更为明显，因此，运动副表面粗糙度 *Ra* 值愈低，则运动件愈平稳无声。

(9) 对表面电流的影响

当高频电流在导体表面流通时，电流聚集在导体表面 1μm 深的薄层中，由于表面粗糙度的影响，表面电阻的实际值要超过理论值。

(10) 对金属表面涂镀质量的影响

工件镀锌、铬、铜后，其表面微观不平度的深度比镀前增加一倍，而镀镍后，则会比镀前减小一半。又因粗糙的表面能吸收喷涂金属层冷却时产生的拉伸应力，故不易产生裂纹，在喷涂金属前需使其表面有一定的粗糙度。

(11) 对测量精度的影响

由于工件表面有微观不平度，测量时，测量杆实际接触在峰顶上，虽然测量力不大，但接触面积小，单位面积上的力却不小，于是引起一定的接触变形。由于表面微观不平度有一定的峰谷起伏，如测量时，测量头和被测表面间要作相对滑动，这使测量杆也随被测表面的峰谷起伏而上下波动，影响到示值也有波动。

在用光波干涉法测量量块时，由于光射到表面上再反射回来的过程中，对各种不同材料的表面有不同的微量透入深度，致使反射出的光波和入射光波之间产生一个相移。在石英、玻璃等绝缘体表面上，透入深度实际为零，而在钢等导体表面上就不一样。对很好抛光过的钢的表面，透入深度约为 0.018μm。所以当钢制量块粘合在石英平晶上作干涉测量时，对所测量的结果要加一个+0.018μm 的修正量。表面粗糙度对光透入材料的深度有影响。量块表面的 *Ra* 值一般为 0.007~0.012μm，这使光的透入深度也发生变化。在同一套量块中相差可达 0.06μm。

（12）对流体流动阻力的影响

流体在管道中流动时，受到阻力。当管道内发生紊流时，摩擦阻力就大。管壁的粗糙度 $\varepsilon=Rz/r$（r 为管孔半径）的数值可作为是否发生紊流的一个指标。管径愈小，流速愈大，管壁表面粗糙度对摩擦损失的影响愈大。摩擦阻力和微观不平度深度与层流层厚度之比有关，也和微观不平度轮廓形状有关，特别是和微观不平度峰谷侧面的倾斜角有关。

表面粗糙度参数（GB/T 1031—2009）与零件功能之间的影响关系见表 2-4-15。

表 2-4-15　　表面粗糙度参数影响零件功能的情况

零件功能		*Ra*	*Rz*	*Rsm*	*Rmr*(c)	*r*	*r′*	表面加工纹理
耐磨性	干摩擦	(+)	(+)	(+)	+	+		+
	摩擦	+	(+)	+	+	+	(+)	+
	带润滑摩擦	+	(+)	+	+	(+)	(+)	+
	选择性转移	(+)	(+)	(+)	(+)	(+)	(+)	+
疲劳强度		(+)	+	(+)			+	+
接触刚度		(+)	(+)	(+)	+	+		+
抗振性		(+)	(+)	+	+	+		+
耐腐蚀性		(+)	(+)	+	(+)		(+)	
过盈连接强度		(+)		(+)	+	+		+
连接密封性		+	(+)	(+)	+			+
涂层粘贴强度		(+)	(+)	+	(+)	(+)	(+)	+
流体流动阻力		(+)	(+)	(+)	+	(+)		+

注：*r* 为轮廓峰顶曲率半径；*r′* 为轮廓谷底曲率半径；+表示此参数对所指零件功能有一定的影响；（+）表示此参数对所指零件功能有较大影响。

4.2　表面粗糙度参数的选择

① 轮廓算术平均偏差 *Ra* 是各国普遍采用的一个参数，在表面粗糙度的常用参数值范围内（即 *Ra* 为 0.025~6.3μm，*Rz* 为 0.1~25μm 范围内）推荐优先选用 *Ra*。*Ra* 既能反映加工表面的微观几何形状特征又能反映凸峰高度，通常采用电动轮廓仪测量零件表面的 *Ra* 值。*Rz* 通常采用双管显微镜或干涉显微镜测量，表面粗糙度要求特别高或特别低（*Ra*>6.3μm 或 *Ra*<0.025μm）时，选用 *Rz*。轮廓最大高度 *Rz* 只能反映表面轮廓的最大高度，不能反映轮廓的微观几何形状特征，对某些表面不允许出现微观较深的加工痕迹（影响疲劳强度）和小零件表面（如轴承、仪表等）有其实用意义，*Rz* 用于测量部位小、峰谷小或有疲劳强度要求的零件表面的评定。*Rz* 可和 *Ra* 同时选用，以控制多功能的要求。

② 对于零件表面，一般选用高度参数 *Ra*、*Rz* 控制表面粗糙度已能满足功能要求，但对某些关键零件有更多的功能要求时，如由于涂漆性能、抗振性、耐腐蚀性、减小流体流动摩擦阻力等附加要求，就要选用 *Rsm* 来控制表面微观不平度横向间距的细密度。对耐磨性、接触刚度要求高的零件（如轴瓦、轴承、量具等）要附加选用混合参数 *Rmr*(*c*)，以控制加工表面质量，在给定 *Rmr*(*c*) 值时，必须同时给出轮廓水平截面高度 *c* 的值。附加评定参数 *Rsm*、*Rmr*(*c*) 见标准 GB/T 1031—2009 全文。

4.3　表面粗糙度参数值的选择

零件表面粗糙度参数值的合理选用直接关系到零件的性能、产品的质量、使用寿命和生产成本。每个零件按照它的功能要求，其表面都有一个相应的合理参数值范围。在满足零件表面功能的前提下，应尽量选用较大的粗糙度参数值。

4.3.1 选用原则

通常表面粗糙度参数值的选用可以考虑下列一些原则。

① 同一零件上，工作表面的粗糙度应小于非工作表面的粗糙度值。

② 工作过程中摩擦表面粗糙度参数值应小于非摩擦表面的粗糙度参数值，滚动摩擦表面的粗糙度参数值应小于滑动摩擦表面的粗糙度参数值。

③ 对承受变动载荷的零件表面及最易产生应力集中的部位应选用较小的粗糙度参数值。

④ 接触刚度要求较高的表面，应选取较小的粗糙度参数值。

⑤ 运动精度要求高的表面，应选取较小的粗糙度参数值。

⑥ 承受腐蚀的零件表面，应选取较小的粗糙度参数值。

⑦ 配合性质和公差相同的零件、基本尺寸较小的零件以及要求配合稳定可靠的零件表面，其粗糙度参数值应选取较小的值。

⑧ 在间隙配合中，间隙越小，粗糙度参数值也应越小；在条件相同时，间隙配合表面的粗糙度参数值应比过盈配合表面的粗糙度参数值小；在过盈配合中，为了保证连接强度，应选取较小的粗糙度参数值。

⑨ 同样尺寸公差精度等级的轴表面的粗糙度参数值应比孔的参数值小。

⑩ 一般情况下尺寸公差要求越小，表面越光滑。但对于操作件等外露件，如机床的手柄、手轮以及食用工具、卫生用品等，虽然它们没有配合或装配功能要求，尺寸公差往往较大，但为了美观和使用安全，应选用较小的粗糙度参数值。

4.3.2 表面粗糙度参数值选用实例

① 一些常见表面的粗糙度参数值的选用（表 2-4-16、表 2-4-17）。

表 2-4-16　表面粗糙度选用举例

Ra/μm（不大于）	相当表面光洁度	表面状况	加工方法	应用举例
100	▽1	明显可见的刀痕	粗车、镗、刨、钻	粗加工的表面，如粗车、粗刨、切断等表面，用粗锉刀和粗砂轮等加工的表面，一般很少采用
25、50	▽2 ▽3			粗加工后的表面，焊接前的焊缝、粗钻孔壁等
12.5	▽4 ▽3	可见刀痕	粗车、刨、铣、钻	一般非结合表面，如轴的端面、倒角、齿轮及带轮的侧面、键槽的非工作表面，减重孔眼表面等
6.3	▽5 ▽4	可见加工痕迹	车、镗、刨、钻、铣、锉、磨、粗铰、铣齿	不重要零件的非配合表面，如支柱、支架、外壳、衬套、轴、盖等的端面，紧固件的自由表面，紧固件通孔的表面，内、外花键的非定心表面，不作为计量基准的齿轮顶圆表面等
3.2	▽6 ▽5	微见加工痕迹	车、镗、刨、铣、刮 1～2 点/cm²、拉、磨、锉、滚压、铣齿	和其他零件连接不形成配合的表面，如箱体、外壳、端盖等零件的端面；要求有定心及配合特性的固定支承面如定心的轴肩，键和键槽的工作表面；不重要的紧固螺纹的表面；需要滚花或氧化处理的表面等
1.6	▽7 ▽6	看不清加工痕迹	车、镗、刨、铣、铰、拉、磨、滚压、刮 1～2 点/cm²、铣齿	安装直径超过 80mm 的 0 级轴承的外壳孔，普通精度齿轮的齿面，定位销孔，V 带轮的表面，外径定心的内花键外径，轴承盖的定中心凸肩表面等
0.8	▽8 ▽7	可辨加工痕迹的方向	车、镗、拉、磨、立铣、刮 3～10 点/cm²、滚压	要求保证定心及配合特性的表面，如锥销与圆柱销的表面，与 0 级精度滚动轴承相配合的轴颈和外壳孔，中速转动的轴颈，直径超过 80mm 的 5.6 级滚动轴承配合的轴颈与外壳孔及内、外花键的定心内径，外花键键侧及定心外径，过盈配合 IT7 级的孔（H7），间隙配合 IT8、IT9 级的孔（H8、H9），磨削的轮齿表面等

续表

Ra/μm（不大于）	相当表面光洁度	表面状况	加工方法	应用举例
0.4	▽9 ▽8	微辨加工痕迹的方向	铰、磨、镗、拉、刮 3～10 点/cm^2、滚压	要求长期保持配合性质稳定的配合表面，IT7 级的轴、孔配合表面，精度较高的轮齿表面，受变应力作用的重要零件，与直径小于 80mm 的 5.6 级轴承配合的轴颈表面，与橡胶密封件接触的轴表面，尺寸大于 120mm 的 IT13～IT16 级孔和轴用量规的测量表面
0.2	▽10 ▽9	不可辨加工痕迹的方向	布轮磨、磨、研磨、超级加工	工作时受变应力作用的重要零件的表面；保证零件的疲劳强度、防腐性和耐久性，并在工作时不破坏配合性质的表面，如轴颈表面、要求气密的表面和支承表面、圆锥定心表面等；IT5、IT6 级配合表面，高精度齿轮的齿面，与 4 级滚动轴承配合的轴颈表面，尺寸大于 315mm 的 IT7～IT9 级孔和轴用量规及尺寸大于 120 至 315mm 的 IT10～IT12 级孔和轴用量规的测量表面等
0.1	▽11 ▽10	暗光泽面		工作时承受较大变应力作用的重要零件的表面；保证精确定心的锥体表面；液压传动用的孔表面；汽缸套的内表面，活塞销的外表面，仪器导轨面，阀的工作面；尺寸小于 120mm 的 IT10～IT12 级孔和轴用量规测量面等
0.05	▽12 ▽11	亮光泽面	超级加工	保证高度气密性的接合表面，如活塞、柱塞和汽缸内表面；摩擦离合器的摩擦表面；对同轴度有精确要求的轴和孔；滚动导轨中的钢球或滚子和高速摩擦的工作表面
0.025	▽13 ▽12	镜状光泽面		高压柱塞泵中柱塞和柱塞套的配合表面，中等精度仪器零件配合表面，尺寸大于 120mm 的 IT6 级孔用量规、小于 120mm 的 IT7～IT9 级孔和轴用量规测量表面
0.012	▽14 ▽13	雾状镜面		仪器的测量表面和配合表面，尺寸超过 100mm 的块规工作面
0.008	▽14			块规的工作表面，高精度测量仪器的测量面，高精度仪器摩擦机构的支承表面

表 2-4-17　常用工作表面的表面粗糙度 Ra　　μm

	公差等级	表面	基本尺寸/mm	
			≤50	>50～500
配合表面（间隙过渡）	5	轴	0.2	0.4
		孔	0.4	0.8
	6	轴	0.4	0.8
		孔	0.4～0.8	0.8～1.6
	7	轴	0.4～0.8	0.8～1.6
		孔	0.8	1.6
	8	轴	0.8	1.6
		孔	0.8～1.6	1.6～3.2

		公差等级	表面	基本尺寸/mm		
				≤50	>50～120	>120～500
过盈配合	压入装配	5	轴	0.1～0.2	0.4	0.4
			孔	0.2～0.4	0.8	0.8
		6、7	轴	0.4	0.8	1.6
			孔	0.8	1.6	1.6
		8	轴	0.8	0.8～1.6	1.6～3.2
			孔	1.6	1.6～3.2	1.6～3.2
	热装	—	轴	1.6		
			孔	1.6～3.2		

续表

分组装配的零件表面	表面	分组公差/μm				
		<2.5	2.5	5	10	20
	轴	0.05	0.1	0.2	0.4	0.8
	孔	0.1	0.2	0.4	0.8	1.6

高定心精度的配合表面	表面	径向跳动公差/μm					
		2.5	4	6	10	16	25
	轴	0.05	0.1	0.1	0.2	0.4	0.8
	孔	0.1	0.2	0.2	0.4	0.8	1.6

滑动轴承表面	表面	公差等级		流体润滑
		IT6~IT9	IT10~IT12	
	轴	0.4~0.8	0.8~3.2	0.1~0.4
	孔	0.8~1.6	1.6~3.2	0.2~0.8

滚压系统的油缸活塞等表面	表面	高压		普通压力	低压
		直径≤10mm	直径>10mm		
	轴	0.025	0.05	0.1	0.2
	孔	0.05	0.1	0.2	0.4

密封材料处的孔轴表面	密封材料	速度/m·s^{-1}		
		≤3	5	>5
	橡胶	0.8~1.6 抛光	0.4~0.8 抛光	0.2~0.4 抛光
	毛毡	0.8~1.6 抛光		
	迷宫式的	3.2~6.3		
	油沟式的	3.2~6.3		

导轨面	性质	速度/m·s^{-1}	平面度公差/μm·(100mm)$^{-1}$				
			≤6	10	20	60	>60
	滑动	≤0.5	0.2	0.4	0.8	1.6	3.2
		>0.5	0.1	0.2	0.4	0.8	1.6
	滚动	≤0.5	0.1	0.2	0.4	0.8	1.6
		>0.5	0.05	0.1	0.2	0.4	0.8

端面支承表面、端面轴承等	速度/m·s^{-1}	端面跳动公差/μm			
		≤6	16	25	>25
	≤0.5	0.1	0.4	0.8~1.6	3.2
	>0.5	0.1	0.2	0.8	1.6

球面支承	球面轮廓度公差/μm	
	≤30	>30
	0.8	1.6

端面接触不动的支承面(法兰等)	垂直度公差/μm·(100mm)$^{-1}$		
	≤25	60	>60
	1.6	3.2	6.3

第2篇

续表

表面	类型	有垫片	无垫片
箱体分界面(减速箱)	密封的	3.2~6.3	0.8~1.6
	不密封的	6.3~12.5	6.3~12.5
与其他零件接触但不是配合面		3.2~6.3	

表面	类型	线轮廓度公差/μm			
		≤6	30	50	>50
凸轮和靠模工作面	用刀口或滑块	0.4	0.8	1.6	3.2
	用滚柱	0.8	1.6	3.2	6.3

表面	带轮直径/mm		
	≤120	>120~315	>315
V带轮和平带轮工作表面	1.6	3.2	6.3
摩擦传动中的工作表面	与尺寸大小及工作条件有关 0.2~0.8		

表面	类型			
摩擦件工作表面	摩擦片、离合器	压块式	离合器	片式
		1.6~3.2	0.8~1.6	0.1~0.8
	制动鼓轮	鼓轮直径/mm		
		≤500	>500	
		0.8~1.6	1.6~6.3	
圆锥结合工作面		密封结合	对中结合	其他
		0.1~0.4	0.4~1.6	1.6~6.3

表面	类型		键	轴上键槽	毂上键槽
键结合	不动结合	工作面	3.2	1.6~3.2	1.6~3.2
		非工作面	6.3~12.5	6.3~12.5	6.3~12.5
	用导向键	工作面	1.6~3.2	1.6~3.2	1.6~3.2
		非工作面	6.3~12.5	6.3~12.5	6.3~12.5

表面	类型	孔槽	轴齿	定心面		非定心面	
				孔	轴	孔	轴
渐开线花键结合	不动结合	1.6~3.2	1.6~3.2	0.8~1.6	0.4~0.8	3.2~6.3	1.6~6.3
	动结合	0.8~1.6	0.4~0.8	0.8~1.6	0.4~0.8	3.2	1.6~6.3

表面	类型	螺纹精度等级		
		4、5	6、7	8、9
螺纹	紧固螺纹	1.6	3.2	3.2~6.3
	在轴上、杆上和套上螺纹	0.8~1.6	1.6	3.2
	丝杠和起重螺纹	—	0.4	0.8
	丝杠螺母和起重螺母	—	0.8	1.6

表面	类型	精度等级								
		3	4	5	6	7	8	9	10	11
齿轮和蜗轮传动	直齿、斜齿、人字齿 蜗轮(圆柱)齿面	0.1~0.2	0.2~0.4	0.2~0.4	0.4	0.4~0.8	1.6	3.2	6.3	6.3
	圆锥齿轮齿面			0.2~0.4	0.4~0.8	0.4~0.8	0.8~1.6	1.6~3.2	3.2~6.3	6.3
	蜗杆牙型面	0.1	0.2	0.2	0.4	0.4~0.8	0.8~1.6	1.6~3.2		
	根圆	与工作面同或接近的更粗些的优先数								
	顶圆	3.2~12.5								

表面	类型	应用精度	
		普通的	提高的
链轮	工作表面	3.2~6.3	1.6~3.2
	根圆	6.3	3.2
	顶圆	3.2~12.5	3.2~12.5

续表

分度机构表面如分度板、插销	定位精度/μm					
	≤4	6	10	25	63	>63
	0.1	0.2	0.4	0.8	1.6	3.2

<table>
<tr><td colspan="2">齿轮、链轮和蜗轮的非工作端面</td><td>3.2~12.5</td><td colspan="2" rowspan="3">影响零件平衡的表面</td><td colspan="3">直径</td></tr>
<tr><td colspan="2">孔和轴的非工作表面</td><td>6.3~12.5</td><td>≤180</td><td>>180~500</td><td>>500</td></tr>
<tr><td colspan="2">倒角、倒圆、退刀槽等</td><td>3.2~12.5</td><td>1.6~3.2</td><td>6.3</td><td>12.5~25</td></tr>
<tr><td colspan="2">螺栓、螺钉等用的通孔</td><td>25</td><td colspan="2">光学读数的精密刻度尺</td><td colspan="3">0.025~0.05</td></tr>
<tr><td colspan="2">精制螺栓和螺母</td><td>3.2~12.5</td><td colspan="2">普通精度刻度尺</td><td colspan="3">0.8~1.6</td></tr>
<tr><td colspan="2">半精制螺栓和螺母</td><td>25</td><td colspan="2">刻度盘</td><td colspan="3">0.8</td></tr>
<tr><td colspan="2">螺钉头表面</td><td>3.2~12.5</td><td colspan="2" rowspan="2">操纵机构表面(如手轮、手柄)指示表面、其他需光整表面</td><td colspan="3" rowspan="2">0.4~1.6
抛光或镀层</td></tr>
<tr><td colspan="2">压簧支承表面</td><td>12.5~25</td></tr>
<tr><td colspan="2">床身、箱体上的槽和凸起</td><td>12.5~25</td><td colspan="2" rowspan="2">离合器、支架、轮辐等和其他件不接触的表面</td><td colspan="3" rowspan="2">6.3~12.5</td></tr>
<tr><td colspan="2">准备焊接的倒棱</td><td>50~100</td></tr>
<tr><td colspan="2">在水泥、砖或木质基础上的表面</td><td>100或更大</td><td colspan="2">高速转动的凸出面(轴端等)</td><td colspan="3">1.6~6.3</td></tr>
<tr><td colspan="2">对疲劳强度有影响的非结合表面</td><td>0.2~0.4抛光</td><td colspan="2">外观要求高的表面</td><td colspan="3">6.3</td></tr>
<tr><td rowspan="2">影响蒸汽和气流的表面</td><td>特别精密</td><td>0.2抛光</td><td rowspan="2">其他表面</td><td>中、小零件</td><td colspan="3">3.2~12.5</td></tr>
<tr><td>一　　般</td><td>0.8~1.6</td><td>大零件</td><td colspan="3">6.3~25</td></tr>
</table>

注：本表数据仅供参考。

② 参考尺寸公差、形状公差与表面粗糙度的关系选择表面粗糙度（表 2-4-18~表 2-4-20）。一般情况下，表面形状公差值 t、尺寸公差值 T 与 Ra、Rz 之间，有如下的经验对应关系：

若　$t \approx 0.6T$　则　$Ra \leqslant 0.05T$；$Rz \leqslant 0.2T$

$t \approx 0.4T$　　$Ra \leqslant 0.025T$；$Rz \leqslant 0.1T$

$t \approx 0.25T$　　$Ra \leqslant 0.012T$；$Rz \leqslant 0.05T$

$t < 0.25T$　　$Ra \leqslant 0.15t$；$Rz \leqslant 0.6t$

表 2-4-18　　轴、孔公差等级与表面粗糙度的对应关系

公差等级	轴 基本尺寸/mm	轴 粗糙度参数 Ra/μm	孔 基本尺寸/mm	孔 粗糙度参数 Ra/μm
IT5	≤6	0.10	≤6	0.10
	>6~30	0.20	>6~30	0.20
	>30~180	0.40	>30~180	0.40
	>180~500	0.80	>180~500	0.80
IT6	≤10	0.20	≤50	0.40
	>10~80	0.40	>50~250	0.80
	>80~250	0.80	>250~500	1.60
	>250~500	1.60		
IT7	≤6	0.40	≤6	0.40
	>6~120	0.80	>6~80	0.80
	>120~500	1.60	>80~500	1.60
IT8	≤3	0.40	≤3	0.40
	>3~50	0.80	>3~30	0.80
			>30~250	1.60
	>50~500	1.60	250~500	3.20

公差等级	轴 基本尺寸/mm	轴 粗糙度参数 Ra/μm	孔 基本尺寸/mm	孔 粗糙度参数 Ra/μm
IT9	≤6	0.80	≤6	0.80
	>6~120	1.60	>6~120	1.60
	>120~400	3.20	>120~400	3.20
	>400~500	6.30	>400~500	6.30
IT10	≤10	1.60	≤10	1.60
	>10~120	3.20	>10~180	3.20
	>120~500	6.30	>180~500	6.30
IT11	≤10	1.60	≤10	1.60
	>10~120	3.20	>10~120	3.20
	>120~500	6.30	>120~500	6.30
IT12	≤80	3.20	≤80	3.20
	>80~250	6.30	>80~250	6.30
	>250~500	12.50	>250~500	12.50
IT13	≤30	3.20	≤30	3.20
	>30~120	6.30	>30~120	6.30
	>120~500	12.50	>120~500	12.50

表 2-4-19　与常用、优先公差带相适应的表面粗糙度 *Ra*　μm

公差带代号	基本尺寸/mm												
	≤3	>3~6	>6~10	>10~18	>18~30	>30~50	>50~80	>80~120	>120~180	>180~250	>250~315	>315~400	>400~500
h1、js1、H1、JS1	>0.02~0.04 (0.025)	>0.02~0.04 (0.025)	>0.02~0.04 (0.025)	>0.02~0.04 (0.025)	>0.02~0.04 (0.025)	>0.04~0.08 (0.05)	>0.04~0.08 (0.05)	>0.04~0.08 (0.05)	>0.08~0.16 (0.1)	>0.08~0.16 (0.1)	>0.08~0.16 (0.1)	>0.16~0.32 (0.2)	>0.16~0.32 (0.2)
h2、js2、H2、JS2	>0.02~0.04 (0.025)	>0.02~0.04 (0.025)	>0.02~0.04 (0.025)	>0.04~0.08 (0.05)	>0.04~0.08 (0.05)	>0.04~0.08 (0.05)	>0.08~0.16 (0.1)	>0.08~0.16 (0.1)	>0.08~0.16 (0.1)	>0.16~0.32 (0.2)	>0.16~0.32 (0.2)	>0.16~0.32 (0.2)	>0.16~0.32 (0.2)
h3、js3、H3、JS3	>0.04~0.08 (0.05)	>0.04~0.08 (0.05)	>0.04~0.08 (0.05)	>0.04~0.08 (0.05)	>0.08~0.16 (0.1)	>0.08~0.16 (0.1)	>0.16~0.32 (0.2)	>0.16~0.32 (0.2)	>0.16~0.32 (0.2)	>0.16~0.32 (0.2)	>0.32~0.63 (0.4)	>0.32~0.63 (0.4)	>0.32~0.63 (0.4)
g4、h4、js4、k4、m4、n4、r4、s4	>0.04~0.08 (0.05)	>0.04~0.08 (0.05)	>0.08~0.16 (0.1)	>0.08~0.16 (0.1)	>0.08~0.16 (0.1)	>0.08~0.16 (0.1)	>0.16~0.32 (0.2)	>0.16~0.32 (0.2)	>0.16~0.32 (0.2)	>0.16~0.32 (0.2)	>0.32~0.63 (0.4)	>0.32~0.63 (0.4)	>0.32~0.63 (0.4)
H4、JS4、K4、M4	>0.04~0.08 (0.05)	>0.04~0.08 (0.05)	>0.08~0.16 (0.1)	>0.08~0.16 (0.1)	>0.08~0.16 (0.1)	>0.08~0.16 (0.1)	>0.16~0.32 (0.2)	>0.16~0.32 (0.2)	>0.16~0.32 (0.2)	>0.16~0.32 (0.2)	>0.32~0.63 (0.4)	>0.32~0.63 (0.4)	>0.32~0.63 (0.4)
f5、g5、h5、j5、js5、k5、m5、n5、p5、r5、s5、t5、u5、v5、x5、y5、z5	>0.08~0.16 (0.1)	>0.08~0.16 (0.1)	>0.16~0.32 (0.2)	>0.16~0.32 (0.2)	>0.16~0.32 (0.2)	>0.16~0.32 (0.2)	>0.32~0.63 (0.4)	>0.32~0.63 (0.4)	>0.32~0.63 (0.4)	>0.32~0.63 (0.4)	>0.63~1.25 (0.8)	>0.63~1.25 (0.8)	>0.63~1.25 (0.8)
G5、H5、JS5、K5、M5、N5、P5、R5、S5	>0.08~0.16 (0.1)	>0.08~0.16 (0.1)	>0.16~0.32 (0.2)	>0.16~0.32 (0.2)	>0.16~0.32 (0.2)	>0.16~0.32 (0.2)	>0.32~0.63 (0.4)	>0.32~0.63 (0.4)	>0.32~0.63 (0.4)	>0.32~0.63 (0.4)	>0.63~1.25 (0.8)	>0.63~1.25 (0.8)	>0.63~1.25 (0.8)
e6、f6、g6、h6、j6、js6、k6、m6、n6、p6、r6、s6、t6、u6、v6、x6、y6、z6	>0.16~0.32 (0.2)	>0.16~0.32 (0.2)	>0.16~0.32 (0.2)	>0.32~0.63 (0.4)	>0.32~0.63 (0.4)	>0.32~0.63 (0.4)	>0.32~0.63 (0.4)	>0.63~1.25 (0.8)	>0.63~1.25 (0.8)	>0.63~1.25 (0.8)	>1.25~2.5 (1.6)	>1.25~2.5 (1.6)	>1.25~2.5 (1.6)
F6、G6、H6、J6、JS6、K6、M6、N6、P6、R6、S6、T6、U6、V6、X6、Y6、Z6	>0.32~0.63 (0.4)	>0.32~0.63 (0.4)	>0.32~0.63 (0.4)	>0.32~0.63 (0.4)	>0.32~0.63 (0.4)	>0.32~0.63 (0.4)	>0.63~1.25 (0.8)	>0.63~1.25 (0.8)	>0.63~1.25 (0.8)	>0.63~1.25 (0.8)	>1.25~2.5 (1.6)	>1.25~2.5 (1.6)	>1.25~2.5 (1.6)
d7、e7、f7、g7、h7、j7、js7、k7、m7、n7、p7、r7、s7、t7、u7、v7、x7、y7、z7	>0.32~0.63 (0.4)	>0.32~0.63 (0.4)	>0.63~1.25 (0.8)	>0.63~1.25 (0.8)	>0.63~1.25 (0.8)	>0.63~1.25 (0.8)	>0.63~1.25 (0.8)	>0.63~1.25 (0.8)	>1.25~2.5 (1.6)	>1.25~2.5 (1.6)	>1.25~2.5 (1.6)	>1.25~2.5 (1.6)	>1.25~2.5 (1.6)
D7、E7、F7、G7、H7、J7、JS7、K7、M7、N7、P7、S7、T7、U7、V7、X7、Y7、Z7	>0.32~0.63 (0.4)	>0.32~0.63 (0.4)	>0.63~1.25 (0.8)	>0.63~1.25 (0.8)	>0.63~1.25 (0.8)	>0.63~1.25 (0.8)	>0.63~1.25 (0.8)	>0.63~1.25 (0.8)	>1.25~2.5 (1.6)	>1.25~2.5 (1.6)	>1.25~2.5 (1.6)	>1.25~2.5 (1.6)	>1.25~2.5 (1.6)
c8、d8、e8、f8、g8、h8、js8、k8、m8、n8、p8、r8、s8、t8、u8、v8、x8、y8、z8	>0.32~0.63 (0.4)	>0.63~1.25 (0.8)	>0.63~1.25 (0.8)	>0.63~1.25 (0.8)	>0.63~1.25 (0.8)	>0.63~1.25 (0.8)	>1.25~2.5 (1.6)	>1.25~2.5 (1.6)	>1.25~2.5 (1.6)	>1.25~2.5 (1.6)	>1.25~2.5 (1.6)	>1.25~2.5 (1.6)	>1.25~2.5 (1.6)
C8、D8、E8、F8、G8、H8、J8、JS8、K8、M8、N8、P8、R8、S8、T8、U8、V8、Y8、Z8	>0.32~0.63 (0.4)	>0.63~1.25 (0.8)	>0.63~1.25 (0.8)	>0.63~1.25 (0.8)	>0.63~1.25 (0.8)	>1.25~2.5 (1.6)	>1.25~2.5 (1.6)	>1.25~2.5 (1.6)	>1.25~2.5 (1.6)	>1.25~2.5 (1.6)	>2.5~5 (3.2)	>2.5~5 (3.2)	>2.5~5 (3.2)
a9、b9、c9、d9、e9、f9、h9、js9	>0.63~1.25 (0.8)	>0.63~1.25 (0.8)	>1.25~2.5 (1.6)	>1.25~2.5 (1.6)	>1.25~2.5 (1.6)	>1.25~2.5 (1.6)	>1.25~2.5 (1.6)	>1.25~2.5 (1.6)	>2.5~5 (3.2)	>2.5~5 (3.2)	>2.5~5 (3.2)	>5~10 (6.3)	>5~10 (6.3)
A9、B9、C9、D9、E9、F9、H9、JS9、N9、P9	>0.63~1.25 (0.8)	>0.63~1.25 (0.8)	>1.25~2.5 (1.6)	>1.25~2.5 (1.6)	>1.25~2.5 (1.6)	>1.25~2.5 (1.6)	>1.25~2.5 (1.6)	>1.25~2.5 (1.6)	>2.5~5 (3.2)	>2.5~5 (3.2)	>2.5~5 (3.2)	>5~10 (6.3)	>5~10 (6.3)
a10、b10、c10、d10、e10、h10、js10	>1.25~2.5 (1.6)	>1.25~2.5 (1.6)	>1.25~2.5 (1.6)	>2.5~5 (3.2)	>2.5~5 (3.2)	>2.5~5 (3.2)	>2.5~5 (3.2)	>2.5~5 (3.2)	>2.5~5 (3.2)	>5~10 (6.3)	>5~10 (6.3)	>5~10 (6.3)	>5~10 (6.3)
A10、B10、C10、D10、E10、H10、JS10	>1.25~2.5 (1.6)	>1.25~2.5 (1.6)	>1.25~2.5 (1.6)	>2.5~5 (3.2)	>2.5~5 (3.2)	>2.5~5 (3.2)	>2.5~5 (3.2)	>2.5~5 (3.2)	>5~10 (6.3)	>5~10 (6.3)	>5~10 (6.3)	>5~10 (6.3)	>5~10 (6.3)
a11、b11、c11、d11、h11、js11	>1.25~2.5 (1.6)	>1.25~2.5 (1.6)	>1.25~2.5 (1.6)	>2.5~5 (3.2)	>2.5~5 (3.2)	>2.5~5 (3.2)	>2.5~5 (3.2)	>2.5~5 (3.2)	>5~10 (6.3)	>5~10 (6.3)	>5~10 (6.3)	>5~10 (6.3)	>5~10 (6.3)
A11、B11、C11、D11、H11、JS11	>1.25~2.5 (1.6)	>1.25~2.5 (1.6)	>1.25~2.5 (1.6)	>2.5~5 (3.2)	>2.5~5 (3.2)	>2.5~5 (3.2)	>2.5~5 (3.2)	>2.5~5 (3.2)	>5~10 (6.3)	>5~10 (6.3)	>5~10 (6.3)	>5~10 (6.3)	>5~10 (6.3)
a12、b12、c12、h12、js12	>2.5~5 (3.2)	>2.5~5 (3.2)	>2.5~5 (3.2)	>2.5~5 (3.2)	>2.5~5 (3.2)	>2.5~5 (3.2)	>2.5~5 (3.2)	>2.5~5 (3.2)	>5~10 (6.3)	>5~10 (6.3)	>5~10 (6.3)	>10~20 (12.5)	>10~20 (12.5)
A12、B12、C12、H12、JS12	>2.5~5 (3.2)	>2.5~5 (3.2)	>2.5~5 (3.2)	>2.5~5 (3.2)	>2.5~5 (3.2)	>2.5~5 (3.2)	>2.5~5 (3.2)	>2.5~5 (3.2)	>5~10 (6.3)	>5~10 (6.3)	>5~10 (6.3)	>10~20 (12.5)	>10~20 (12.5)
a13、b13、c13、h13、js13、H13、JS13	>2.5~5 (3.2)	>2.5~5 (3.2)	>2.5~5 (3.2)	>2.5~5 (3.2)	>2.5~5 (3.2)	>2.5~5 (3.2)	>5~10 (6.3)	>5~10 (6.3)	>5~10 (6.3)	>10~20 (12.5)	>10~20 (12.5)	>10~20 (12.5)	>10~20 (12.5)

注：1. 本表适用于一般通用机械，并且不考虑形状公差对表面粗糙度的要求。

2. 对于特殊的配合件，如配合件孔、轴公差等级相差较多时，应按其较高等级的公差带选取。

3. 对于重型机械中采用配制配合时，应仍按完全互换性配合要求的公差选取。

4. 括号内数据为常用数据。

表 2-4-20　　间隙或过盈配合与表面粗糙度的对应关系

间隙或过盈/μm	表面粗糙度 Ra/μm	
	轴	孔
≤2.5	0.025	0.05
>2.5~4	0.05	0.10
>4~6.5		0.20
>6.5~10	0.10	0.40
>10~16	0.20	
>16~25		
>25~40	0.40	0.80

③ 表面粗糙度与加工方法有密切的关系，在确定表面粗糙度时，应考虑可能采用的加工方法（表 2-4-21~表 2-4-23）。

表 2-4-21　　不同加工方法可能达到的表面粗糙度 *Ra* 值

加工方法	表面粗糙度 Ra/μm													
	0.012	0.025	0.05	0.10	0.20	0.40	0.80	1.60	3.20	6.30	12.5	25	50	100
砂模铸造										—	—	—	—	—
型壳铸造										—	—	—	—	—
金属模铸造								—	—	—	—	—	—	
离心铸造								—	—	—	—	—		
精密铸造							—	—	—	—	—			
蜡模铸造						—	—	—	—	—	—			
压力铸造						—	—	—	—	—				
热轧										—	—	—	—	—
模锻								—	—	—	—	—	—	—
冷轧					—	—	—	—	—	—	—			
挤压						—	—	—	—	—	—			
冷拉					—	—	—	—	—	—				
锉						—	—	—	—	—	—	—		
刮削						—	—	—	—	—	—			
刨削 粗										—	—	—		
刨削 半精								—	—	—				
刨削 精						—	—	—						
插削								—	—	—	—			
钻孔							—	—	—	—	—	—		
扩孔 粗										—	—	—		
扩孔 精								—	—	—				
金刚镗孔			—	—	—	—								
镗孔 粗										—	—	—	—	
镗孔 半精							—	—	—	—				
镗孔 精						—	—	—						

续表

加工方法		表面粗糙度 *Ra*/μm													
		0.012	0.025	0.05	0.10	0.20	0.40	0.80	1.60	3.20	6.30	12.5	25	50	100
铰孔	粗								—	—	—	—			
	半精						—	—	—	—					
	精				—	—	—	—	—						
拉削	半精						—	—	—	—					
	精				—	—	—								
滚铣	粗									—	—	—	—		
	半精							—	—	—	—				
	精						—	—	—						
端面铣	粗									—	—	—			
	半精						—	—	—	—	—				
	精					—	—	—	—						
车外圆	粗										—	—	—		
	半精								—	—	—	—			
	精					—	—	—	—						
金刚车			—	—	—	—									
车端面	粗										—	—	—		
	半精								—	—	—	—			
	精						—	—	—						
磨外圆	粗							—	—	—	—				
	半精					—	—	—	—						
	精		—	—	—	—	—								
磨平面	粗								—	—					
	半精						—	—	—						
	精		—	—	—	—	—								
珩磨	平面		—	—	—	—	—	—	—						
	圆柱	—	—	—	—	—	—								
研磨	粗					—	—	—	—						
	半精			—	—	—	—								
	精	—	—	—	—										
抛光	一般				—	—	—	—	—						
	精	—	—	—	—										
滚压抛光				—	—	—	—	—	—	—					
超精加工	平面	—	—	—	—	—	—								
	柱面	—	—	—	—	—	—								
化学磨								—	—	—	—	—	—		
电解磨		—	—	—	—	—	—	—	—						
电火花加工								—	—	—	—	—	—		

续表

加工方法		表面粗糙度 $Ra/\mu m$													
		0.012	0.025	0.05	0.10	0.20	0.40	0.80	1.60	3.20	6.30	12.5	25	50	100
切割	气割										—	—	—	—	—
	锯								—	—	—	—	—	—	—
	车									—	—	—	—		
	铣											—	—	—	
	磨								—	—	—				
螺纹加工	丝锥板牙							—	—	—	—				
	梳洗							—	—	—	—				
	滚					—	—	—							
	车							—	—	—	—	—			
	搓螺纹							—	—	—	—				
	滚压						—	—	—	—					
	磨					—	—	—	—						
	研磨			—	—	—	—	—	—						
齿轮及花键加工	刨							—	—	—	—				
	滚							—	—	—	—				
	插							—	—	—	—				
	磨				—	—	—	—							
	剃					—	—	—	—						

注：本表作为一般情况参考。

表 2-4-22　　不同加工方法能达到的 Rz 值

加工方法	$Rz/\mu m$								
	0.16	0.4	1.0	2.5	6	16	40	100	250
火焰切割							—	—	
砂型铸造								—	—
壳型铸造							—	—	—
压力铸造						—	—	—	
锻造				—	—	—	—	—	
爆破成形						—	—	—	—
成形加工				—	—	—	—	—	—
钻孔						—	—		
铣削				—	—	—	—	—	
铰孔				—	—	—	—		
车削			—	—	—	—	—	—	—
磨削			—	—	—	—	—		
珩磨	—	—	—	—	—				
研磨	—	—	—	—	—				
抛光	—	—							

表 2-4-23　　不同加工方法所能达到的 *Rsm* 和 *Rmr*(*c*) 值

加工方法			参数值	
			Rsm/mm	*Rmr*(*c*)(*c*=20%)/%
外圆表面	车加工	粗	0.32~1.25	10~15
		半精	0.16~0.40	10~15
		精	0.08~0.16	10~15
		精细	0.02~0.10	10~15
	磨加工	粗	0.063~0.20	10
		精	0.025~0.10	10
		精细	0.008~0.025	40
	超精磨		0.006~0.020	10
	抛光		0.008~0.025	10
	研磨		0.006~0.040	10~15
	滚压		0.025~1.25	10~70
	振动滚压		0.010~1.25	10~70
	电机械加工		0.025~1.25	10~70
	磁磨粒加工		0.008~1.25	10~30
内圆表面	钻孔		0.160~0.80	10~15
	扩孔	粗	0.160~0.80	10~15
		精	0.080~0.25	10~15
	铰孔	粗	0.080~0.20	10~15
		精	0.0125~0.04	10~15
		精细	0.080~0.25	10~15
	拉孔	粗	0.080~0.25	10~15
		精	0.020~0.10	10~15
	镗孔	粗	0.25~1.00	10~15
		半精	0.125~0.32	10~15
		精	0.080~0.16	10~15
		精细	0.020~0.10	10~15
	磨孔	粗	0.063~0.25	10
		精	0.025~0.10	10
		精细	0.008~0.025	10
	珩磨	粗	0.063~0.26	10
		精	0.020~0.10	10
		精细	0.006~0.020	10
	研磨		0.005~0.04	10~15
	滚压		0.025~1.00	10~70
	振动滚压		0.010~1.25	10~70
	滚光		0.025	10

续表

加工方法			参数值	
			Rsm/mm	*Rmr*(*c*)(*c*=20%)/%
平面	端铣	粗	0.160~0.40	10~15
		精	0.080~0.20	10~15
		精细	0.025~0.10	10~15
	平铣	粗	1.25~5.0	10
		精	0.50~2.0	10
		精细	0.160~0.63	10~15
	刨	粗	0.20~1.60	10~15
		精	0.080~0.25	10~15
		精细	0.025~0.125	10~15
	端车	粗	0.20~1.25	10~15
		精	0.080~0.25	10~15
		精细	0.025~0.125	10~15
	拉	粗	0.160~2.0	10~15
		精	0.050~0.5	10~15
	磨	粗	0.100~0.32	10
		精	0.025~0.125	10
		精细	0.010~0.032	10
	刮	粗	0.200~1.00	10~15
			0.063~0.25	10~15
		精	0.040~0.125	10~15
			0.016~0.050	10~15
	滚柱钢球滚压		0.025~5.0	10~70
	振动滚压		0.025~12.5	10~70
	振动抛光		0.010~0.032	10
	研磨		0.008~0.040	10~15
花键侧表面	花键铣	粗	1.00~5.0	10~15
		精	0.10~2.0	10~15
	花键刨		0.08~2.5	10~15
	花键拉		0.08~2.0	10~15
	花键磨	粗	0.100~0.320	10
		精	0.032~0.100	10
	插削		0.080~5.00	10~15
	滚压		0.063~2.00	10~70

续表

加工方法			参数值	
			Rsm/mm	$Rmr(c)$ (c=20%)/%
齿轮齿面	铣齿		1.25~5.00	10~15
	滚齿		0.32~1.60	10~15
	插齿		0.20~1.25	10~15
	拉齿		0.08~2.0	10~15
	辗齿		0.08~5.0	10~15
	剃齿		0.125~0.50	10~15
	磨齿		0.040~0.100	10
	滚压齿		0.063~2.00	10~70
	研磨		0.032~0.50	10~70
螺纹侧面	车刀或梳刀车		0.080~0.25	10~15
	攻螺纹和板牙或自动板牙头切		0.063~0.200	10~15
	铣螺纹	粗	0.125~0.320	10
		精	0.032~0.125	10
	滚压		0.040~0.100	10~20

④ 一些零件表面的粗糙度高度参数值、附加参数值的要求和取样长度的选取（表 2-4-24）。

表 2-4-24　一些零件表面的粗糙度高度参数值、附加参数值要求和取样长度的选取

表面	Ra /μm	$Rmr(c)$ (c=20%) /%	lr /mm
与滑动轴承配合的支承轴颈	0.32 Rz=1μm	30	0.8
与青铜轴瓦配合的支承轴颈	0.4	15	0.8
与巴氏合金轴瓦配合的支承轴颈	0.25	20	0.25
与铸铁轴瓦配合的支承轴颈	0.32	40	0.8
与石墨片轴瓦配合的支承轴颈	0.32	40	0.8
与滚动轴承配合的支承轴颈、滚动轴承的钢球和滚柱的工作面	0.8		0.8
保证摩擦为选择性转移情况的表面	0.25	15	0.25
与齿轮孔配合的轴颈	1.6		0.8
按疲劳强度设计的轴表面		60	0.8
喷镀过的滑动摩擦面	0.08	10	0.25
准备喷镀的表面	Rz=125μm	Rsm=0.5mm	0.8
电化学镀层前的表面	0.2~0.8		
齿轮配合孔	0.5~2.0		0.8
齿轮齿面	0.63~1.25		0.8
蜗杆牙侧面	0.32		0.25

表面		Ra /μm	$Rmr(c)$ (c=20%) /%	lr /mm
铸铁箱体的主要孔		1.0~2.0		0.8
钢箱体上的主要孔		0.63~1.6		0.8
箱体和盖的结合面		Rz=10μm		2.5
机床滑动导轨	普通的	0.63		0.8
	高精度的	0.1	15	0.25
	重型的	1.6		0.25
滚动导轨		0.16		0.25
缸体工作面		0.4	40	0.8
活塞环工作面		0.25		0.25
曲轴轴颈		0.32	30	0.8
曲轴连杆轴颈		0.25	20	0.25
活塞侧缘		0.8		0.8
活塞上的活塞销孔		0.5		0.8
活塞销		0.25	15	0.25
分配轴轴颈和凸轮部分		0.32	30	0.8
油针偶件		0.08	15	0.25
摇杆小轴孔和轴颈		0.63		0.8
腐蚀性的表面		0.063	10	0.25

注：本表仅供参考。

第5章 孔间距偏差

1 孔间距偏差的计算公式

孔间距偏差根据轴（即螺栓、双头螺栓、螺钉、销钉等）与孔的配合性质而定。其计算通常用尺寸链中极大极小法。在计算孔间距偏差时一般作下列假设：孔的位置尺寸偏差取决于配合间隙的大小和连接方法，而与孔间距本身尺寸无关；孔与轴的尺寸为已知，即最小间隙已知。

孔间隙的作用，在于使轴能自由通过孔进行连接，即用这个间隙来补偿两个被连接件孔间距在制造过程中所引起的误差。

在连接中必须分清两种不同的连接结构：螺栓（穿通孔），见图 2-5-1；螺钉（双头螺栓、销钉、铆钉等），见图 2-5-2。

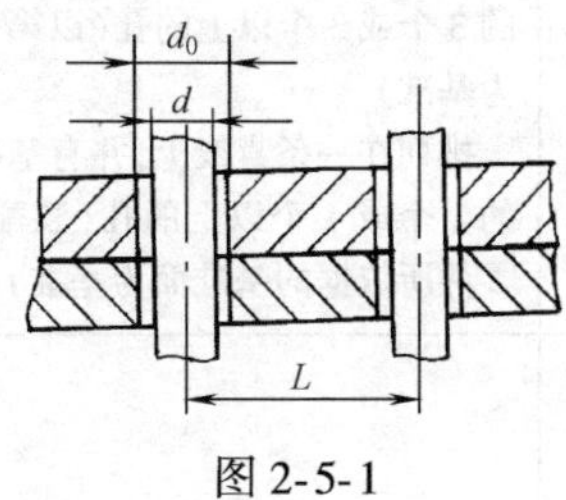

图 2-5-1

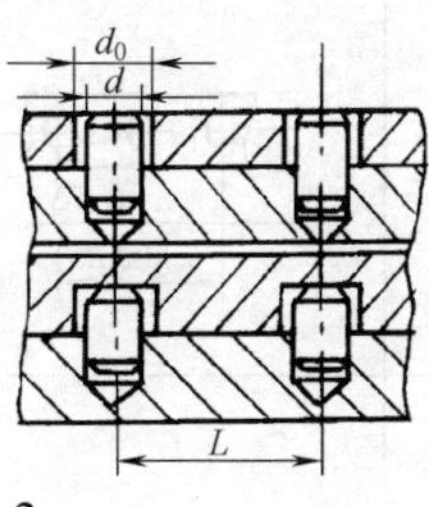

图 2-5-2

最小间隙 S_M 为

$$S_M = d_0 - d$$

式中 d_0——孔的最小极限尺寸；

d——轴的最大极限尺寸。

当在一条直线上有很多孔（大于 3 个）时，偏差值根据尺寸标注的方法不同，其值也不相同，计算式按表2-5-1。

孔数 $n>3$ 一般不推荐按链式法标注，因偏差值随孔数增加而减少，孔数愈多，孔间距偏差愈小，加工愈困难，若按阶梯式法标注，其孔间距偏差与孔数无关。

对于鱼眼孔及沉头螺孔以及类似这类连接的其他孔，其孔间距偏差 $\Delta L'$ 推荐按表 2-5-2 中的公式计算。

表 2-5-1 链式与阶梯式孔间距偏差的计算

尺寸标注法	简图	偏差计算式
链式	L_1 L_2 L_3	$\Delta L=\dfrac{S_M}{n-1}$
阶梯式	L_1 L_2 L_3	$\Delta L=\dfrac{S_M}{2}$
链式与阶梯混合式	L_1 L_2 L_3 L_1 L_2 L_3	$\Delta L=\dfrac{S_M}{2}$ $\Delta L=\dfrac{S_M}{n-1}$

表 2-5-2 带沉头的螺钉连接孔间距偏差的计算

名称	简图	偏差计算式	说明
鱼眼孔		$\Delta L'=(0.7\sim0.8)\Delta L$	ΔL 按表 2-5-4~表 2-5-7 选取
沉头孔		$\Delta L'=(0.5\sim0.6)\Delta L$	

第 2 篇

2 按直接排列孔间距允许偏差

2.1 连接形式及特性

表 2-5-3

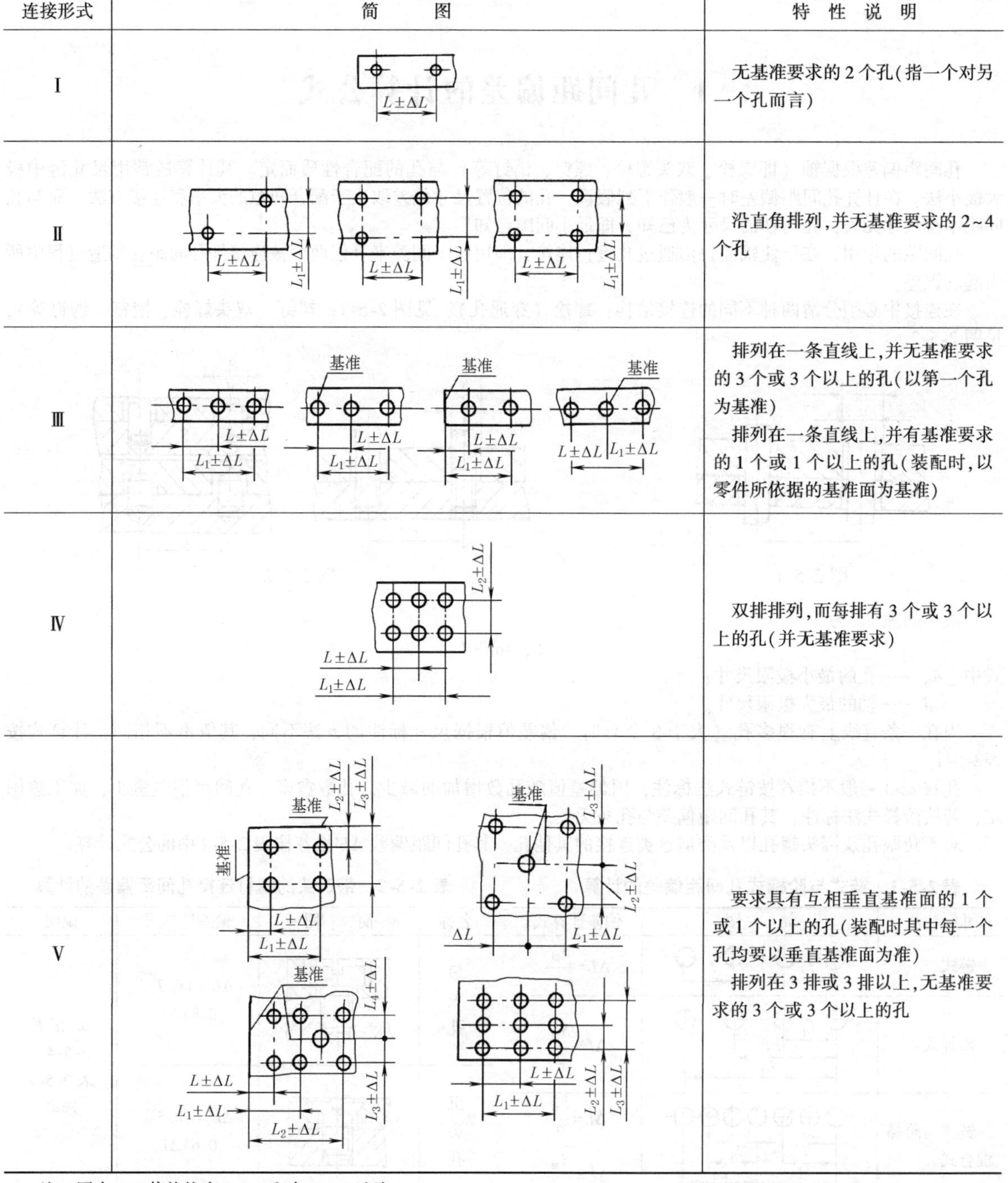

连接形式	简图	特性说明
Ⅰ	$L\pm\Delta L$	无基准要求的 2 个孔(指一个对另一个孔而言)
Ⅱ	$L\pm\Delta L$ $L_1\pm\Delta L$	沿直角排列,并无基准要求的 2~4 个孔
Ⅲ	基准 $L\pm\Delta L$ $L_1\pm\Delta L$	排列在一条直线上,并无基准要求的 3 个或 3 个以上的孔(以第一个孔为基准) 排列在一条直线上,并有基准要求的 1 个或 1 个以上的孔(装配时,以零件所依据的基准面为基准)
Ⅳ	$L\pm\Delta L$ $L_1\pm\Delta L$ $L_2\pm\Delta L$	双排排列,而每排有 3 个或 3 个以上的孔(并无基准要求)
Ⅴ	基准 $L\pm\Delta L$ $L_1\pm\Delta L$ $L_2\pm\Delta L$ $L_3\pm\Delta L$ $L_4\pm\Delta L$ ΔL	要求具有互相垂直基准面的 1 个或 1 个以上的孔(装配时其中每一个孔均要以垂直基准面为准) 排列在 3 排或 3 排以上,无基准要求的 3 个或 3 个以上的孔

注:图中±ΔL 值均按表 2-5-4 和表 2-5-5 选取。

2.2 一般精度用孔的孔间距允许偏差

表 2-5-4

连接形式	连接特性及计算公式	最小间隙 S_M/mm												
		0.2	0.3	0.4	0.5	0.6	0.7	0.8	1	2	3	4	5	6
		允许偏差 ±ΔL/mm												
Ⅰ	螺栓 $\Delta L=\pm S_M$	0.3	0.4	0.5	0.5	0.6	0.7	0.8	1	2	3	4	5	6
	螺钉 $\Delta L=\pm 0.5S_M$	0.15	0.2	0.25	0.25	0.3	0.35	0.4	0.5	1	1.5	2	2.5	3
Ⅱ	螺栓 $\Delta L=\pm 0.7S_M$	0.2	0.25	0.3	0.4	0.4	0.5	0.6	0.7	1.4	2	2.8	3.5	4.2
	螺钉 $\Delta L=\pm 0.35S_M$	0.1	0.12	0.15	0.2	0.2	0.25	0.3	0.35	0.7	1	1.4	1.8	2
Ⅲ	螺栓 $\Delta L=\pm 0.5S_M$	0.15	0.2	0.25	0.3	0.3	0.35	0.4	0.5	1	1.5	2	2.5	3
	螺钉 $\Delta L=\pm 0.25S_M$	0.08	0.1	0.12	0.15	0.15	0.18	0.2	0.25	0.5	0.8	1	1.25	1.5
Ⅳ	螺栓 $\Delta L=\pm 0.45S_M$	0.12	0.18	0.2	0.25	0.25	0.3	0.35	0.45	0.9	1.3	1.8	2.2	2.7
	螺钉 $\Delta L=\pm 0.225S_M$	0.06	0.09	0.1	0.12	0.12	0.15	0.18	0.22	0.45	0.6	0.9	1.1	1.3
Ⅴ	螺栓 $\Delta L=\pm 0.35S_M$	0.1	0.12	0.15	0.2	0.2	0.25	0.3	0.35	0.7	1	1.4	1.8	2
	螺钉 $\Delta L=\pm 0.175S_M$	0.05	0.07	0.08	0.1	0.1	0.12	0.15	0.18	0.35	0.5	0.7	0.9	1

注：黑线左侧的偏差值±ΔL，已考虑到最小间隙 S_M 有可能增大。连接形式的意义见表 2-5-3。

2.3 精确用孔的孔间距允许偏差

表 2-5-5

连接形式			Ⅰ		Ⅱ		Ⅲ		Ⅳ		Ⅴ	
连接特性			螺栓 $\Delta L=\pm S_M$	螺钉或销钉 $\Delta L=\pm 0.5S_M$	螺栓 $\Delta L=\pm 0.7S_M$	螺钉或销钉 $\Delta L=\pm 0.35S_M$	螺栓 $\Delta L=\pm 0.5S_M$	螺钉或销钉 $\Delta L=\pm 0.25S_M$	螺栓 $\Delta L=\pm 0.45S_M$	螺钉或销钉 $\Delta L=\pm 0.225S_M$	螺栓 $\Delta L=\pm 0.35S_M$	螺钉或销钉 $\Delta L=\pm 0.175S_M$
螺栓和销钉直径	配合	最小间隙 S_M	允许偏差±ΔL/mm									
2~3	$\frac{H7}{f7}$	0.008	0.008		0.006							
3~6		0.010	0.010		0.007		0.005					
6~10		0.013	0.013		0.009	0.005	0.006		0.006		0.005	
10~18		0.016	0.016		0.011	0.006	0.008		0.007		0.006	
2~3	$\frac{H7}{e8}$	0.012	0.012	0.006	0.008		0.006		0.005			
3~6		0.017	0.017	0.009	0.012	0.006	0.008		0.007		0.006	
6~10		0.023	0.023	0.012	0.016	0.008	0.011	0.006	0.010	0.005	0.008	
10~18		0.030	0.030	0.015	0.021	0.010	0.015	0.008	0.013	0.006	0.011	0.005
2~3	$\frac{H7}{d8}$	0.018	0.018	0.009	0.013	0.006	0.009	0.005	0.008		0.006	
3~6		0.025	0.025	0.013	0.018	0.009	0.013	0.006	0.011	0.005	0.009	
6~10		0.035	0.035	0.018	0.025	0.012	0.018	0.009	0.016	0.008	0.012	0.006
10~18		0.045	0.045	0.023	0.032	0.016	0.023	0.011	0.020	0.010	0.016	0.008
2~3	$\frac{H8}{f9}$	0.007	0.007		0.005							
3~6		0.011	0.011	0.006	0.008		0.006		0.005			
6~10		0.015	0.015	0.008	0.011	0.006	0.008		0.007		0.005	
10~18		0.020	0.020	0.010	0.014	0.007	0.010	0.005	0.009		0.007	
2~3	$\frac{H8}{d9}$	0.017	0.017	0.009	0.012	0.006	0.009		0.007		0.006	
3~6		0.025	0.025	0.013	0.018	0.009	0.013	0.006	0.011	0.005	0.009	
6~10		0.035	0.035	0.018	0.025	0.012	0.018	0.009	0.016	0.008	0.012	0.006
10~18		0.045	0.045	0.023	0.032	0.016	0.023	0.011	0.020	0.010	0.016	0.008

注：1. 计算公式和偏差值是按零件完全互换条件下计算的。当大批生产或连续生产以及当单件或部分调整时，偏差可增大 1.3 倍（$\Delta L'=1.3\Delta L$）。

2. 连接形式的意义见表 2-5-3。

3　按圆周分布的孔间距允许偏差

3.1　用两个以上的螺栓及螺钉连接的孔间距允许偏差

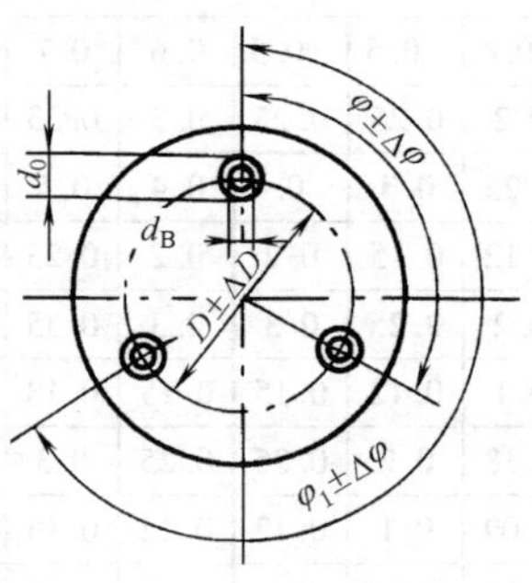

表 2-5-6

(表中数值为 $\frac{\pm\Delta D}{\pm\Delta\varphi}$)

D /mm	最小间隙 S_M/mm													
	0.1	0.2	0.3	0.4	0.5	0.6	0.7	0.8	1	2	3	4	5	6
	允许偏差±ΔD 及±Δφ													
	螺　栓　连　接													
1~12	0.1/30′	0.2/1°	0.3/1°	0.4/1.5°	0.4/2°	0.4/2°	0.6/2°							
12~20	0.1/15′	0.2/30′	0.2/1°	0.3/1°	0.4/1°	0.4/1.5°	0.5/1.5°	0.6/1.5°						
20~40	0.1/8′	0.2/15′	0.3/20′	0.3/30′	0.4/35′	0.4/45′	0.5/45′	0.6/1°	0.7/1°	1/2.5°				
40~60	0.1/5′	0.2/10′	0.2/15′	0.3/15′	0.4/20′	0.4/30′	0.5/30′	0.6/30′	0.7/45′	1/2°				
60~80		0.2/5′	0.2/15′	0.2/20′	0.3/20′	0.4/25′	0.4/30′	0.4/30′	0.6/45′	1/1.5°				
80~100		0.2/5′	0.2/15′	0.2/15′	0.3/20′	0.4/20′	0.4/25′	0.4/30′	0.4/30′	0.8/1°				
100~120		0.2/5′	0.2/10′	0.2/15′	0.3/15′	0.3/15′	0.4/15′	0.4/20′	0.4/25′	0.8/50′				
120~160		0.2/5′	0.2/10′	0.3/10′	0.3/10′	0.4/10′	0.4/20′	0.4/20′	0.8/40′	1.2/1°				
160~200			0.2/5′	0.2/8′	0.3/8′	0.3/10′	0.3/10′	0.4/10′	0.4/15′	0.8/30′	1.2/45′	1.6/1°		
200~250				0.2/5′	0.2/5′	0.2/5′	0.2/8′	0.3/10′	0.3/15′	0.6/25′	1/45′	1.6/50′		
250~300				0.2/4′	0.2/5′	0.2/5′	0.2/8′	0.3/8′	0.3/10′	0.6/20′	1/30′	1.6/40′	1.6/45′	
300~400				0.2/4′	0.2/5′	0.2/5′	0.2/6′	0.2/7′	0.3/8′	0.6/15′	1/25′	1.6/30′	1.6/40′	2/50′
400~500				0.2/3′	0.2/4′	0.2/4′	0.2/5′	0.2/6′	0.3/6′	0.6/12′	1/20′	1.4/25′	1.6/30′	2/40′
500~700									0.3/5′	0.5/10′	1/15′	1.4/18′	2/22′	2/30′
700~1000									0.3/4′	0.5/7′	1/10′	1.4/12′	2/16′	2/20′

续表

D /mm	最小间隙 S_M/mm													
	0.1	0.2	0.3	0.4	0.5	0.6	0.7	0.8	1	2	3	4	5	6
	允许偏差±ΔD 及±Δφ													
	螺 栓 连 接													
1000~1300										0.5/5′	1/8′	1.4/11′	2/12′	2/16′
1300~1600										0.5/4′	1/6′	1.6/8′	2/10′	2/12′
1600~2000											1/5′	2/6′	2/8′	2/10′

D /mm	最小间隙 S_M/mm													
	0.1	0.2	0.3	0.4	0.5	0.6	0.7	0.8	1	2	3	4	5	6
	允许偏差±ΔD 及±Δφ													
	螺 钉 连 接													
1~12	0.16/15′	0.2/30′	0.2/35′	0.2/45′	0.2/1°	0.2/1°20′								
12~20	0.08/15′	0.16/15′	0.2/20′	0.2/30′	0.2/45′	0.2/1°	0.2/1°							
20~40	0.08/8′	0.1/15′	0.16/15′	0.2/20′	0.2/25′	0.2/30′	0.2/30′	0.3/35′	0.6/1.5°					
40~60	0.08/5′	0.1/8′	0.2/8′	0.2/10′	0.2/10′	0.2/15′	0.2/20′	0.3/20′	0.6/45′					
60~80		0.1/5′	0.2/5′	0.2/8′	0.2/10′	0.2/10′	0.2/15′	0.3/15′	0.6/35′					
80~100			0.2/5′	0.2/8′	0.2/10′	0.2/10′	0.2/10′	0.3/15′	0.6/25′					
100~120			0.16/5′	0.16/5′	0.16/8′	0.2/10′	0.2/10′	0.3/10′	0.6/20′					
120~160				0.16/5′	0.16/5′	0.2/5′	0.2/8′	0.3/8′	0.4/20′	0.6/30′				
160~200					0.1/5′	0.2/5′	0.2/5′	0.3/5′	0.4/15′	0.6/25′	0.8/30′			
200~250							0.1/5′	0.2/5′	0.3/10′	0.5/25′	0.8/25′			
250~300								0.2/5′	0.3/10′	0.5/15′	0.8/20′	0.8/22′		
300~400								0.16/4′	0.3/8′	0.5/12′	0.8/15′	0.8/20′	1/25′	
400~500								0.16/3′	0.3/6′	0.5/10′	0.6/12′	0.8/15′	1/20′	
500~700									0.3/5′	0.5/8′	0.6/9′	1/11′	1/15′	
700~1000									0.3/3′	0.5/5′	0.6/6′	1/8′	1/10′	
1000~1300										0.5/4′	0.6/6′	1/6′	1/8′	
1300~1600										0.5/3′	0.8/4′	1/5′	1/6′	
1600~2000										0.5/3′	1/3′	1/4′	1/5′	

注：表中分子为 ΔD 值（单位 mm），分母为 Δφ 值。

第2篇

3.2 用两个螺栓或螺钉及任意数量螺栓连接的孔间距允许偏差

两个螺栓或螺钉连接（无基准） **任意数量螺栓连接**（以中心孔为基准）

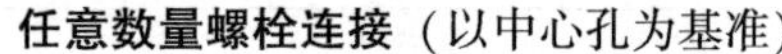

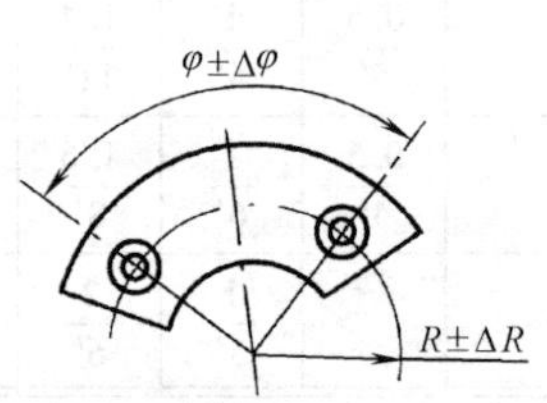

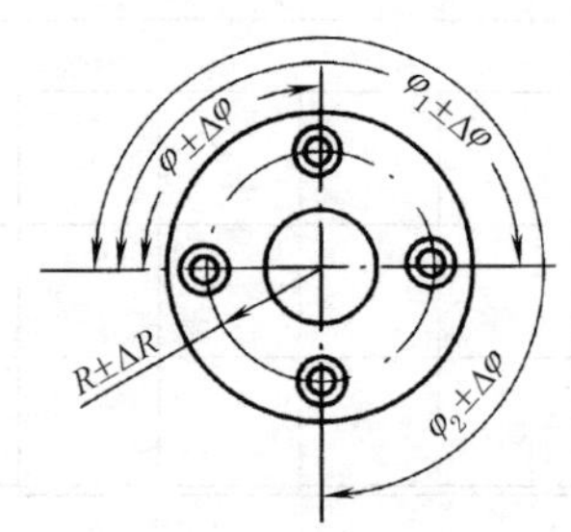

表 2-5-7

R /mm	最小间隙 S_M/mm												
	0.2	0.3	0.4	0.5	0.6	0.7	0.8	1	2	3	4	5	6
	允许偏差±ΔR 及±Δφ												
	两个螺栓或螺钉连接(无基准)												
1~6	0.15/2°	0.2/3°	0.3/3°	0.4/4°	0.4/4°	0.5/5°							
6~10	0.15/1°	0.2/1.5°	0.3/2°	0.4/2°	0.4/3°	0.5/3°	0.6/3°						
10~20	0.1/45′	0.2/1°	0.3/1°	0.3/1.5°	0.4/1.5°	0.5/1.5°	0.6/1.5°	0.7/2°	1/3°				
20~30	0.1/30′	0.2/30′	0.3/45′	0.3/1°	0.4/1°	0.5/1°	0.6/1°	0.7/1.5°	1/3°				
30~40	0.1/15′	0.2/25′	0.2/45′	0.3/45′	0.4/45′	0.4/1°	0.4/1°	0.6/1.5°	1/2.5°				
40~50	0.1/15′	0.2/25′	0.2/30′	0.3/40′	0.4/40′	0.4/45′	0.4/1°	0.4/1°	0.8/2°				
50~60	0.1/15′	0.2/15′	0.2/25′	0.3/25′	0.4/25′	0.4/30′	0.4/45′	0.4/1°	0.8/1°45′				
60~80		0.1/15′	0.2/20′	0.3/20′	0.3/20′	0.4/20′	0.4/30′	0.4/45′	0.8/1.5°	1.2/2°			
80~100		0.1/15′	0.2/15′	0.3/15′	0.3/20′	0.3/20′	0.4/20′	0.4/30′	0.8/1°	1.2/1.5°	1.6/2°		
100~125			0.2/10′	0.2/10′	0.2/10′	0.2/20′	0.3/20′	0.3/30′	0.6/1°	1/1.5°	1.6/1°40′		
125~150			0.2/8′	0.2/10′	0.2/10′	0.2/20′	0.3/20′	0.3/20′	0.6/45′	1/1°	1.6/1°20′	1.6/1.5°	
150~200			0.2/8′	0.2/10′	0.2/10′	0.2/12′	0.2/14′	0.3/16′	0.6/30′	1/50′	1.6/1°	1.6/1.5°	2/1°40′
200~250			0.2/6′	0.2/8′	0.2/8′	0.2/10′	0.2/12′	0.3/12′	0.6/24′	1/40′	1.4/50′	1.6/1°	2/1°20′
250~350				0.2/6′	0.2/8′	0.2/10′	0.3/10′	0.3/10′	0.5/20′	1/30′	1.4/36′	2/44′	2/1°
350~500						0.2/6′	0.2/8′	0.3/8′	0.5/14′	1/20′	1.4/24′	2/32′	2/40′
500~650									0.5/10′	1/16′	1.4/22′	2/24′	2/32′
650~800									0.5/8′	1/12′	1.6/16′	2/20′	2/24′
800~1000										1/10′	2/12′	2/16′	2/20′

续表

R /mm	最小间隙 S_M/mm												
	0.2	0.3	0.4	0.5	0.6	0.7	0.8	1	2	3	4	5	6
	允许偏差±ΔR 及±Δφ												
	任意数量螺栓连接(以中心孔为基准)												
1~6	0.1/1°	0.15/1°	0.2/1°30′	0.2/2°	0.2/2°	0.3/2°							
6~10	0.1/30′	0.1/1°	0.15/1°	0.2/1°	0.2/1°30′	0.25/1°30′	0.3/1°30′						
10~20	0.1/15′	0.15/20′	0.15/30′	0.2/35′	0.2/45′	0.25/45′	0.3/1°	0.35/1°	0.5/2.5°				
20~30	0.1/10′	0.1/15′	0.15/15′	0.2/20′	0.2/30′	0.25/30′	0.3/30′	0.35/45′	0.5/2°				
30~40	0.1/5′	0.1/15′	0.1/20′	0.15/20′	0.2/25′	0.2/30′	0.2/30′	0.3/45′	0.5/1.5°				
40~50	0.1/5′	0.1/15′	0.1/15′	0.15/20′	0.2/20′	0.2/25′	0.2/30′	0.2/30′	0.4/1°				
50~60	0.1/5′	0.1/10′	0.1/15′	0.15/15′	0.15/15′	0.2/15′	0.2/20′	0.2/25′	0.4/50′				
60~80		0.1/5′	0.1/10′	0.15/10′	0.15/10′	0.2/10′	0.2/20′	0.2/20′	0.4/40′	0.6/1°			
80~100		0.1/5′	0.1/8′	0.15/8′	0.15/10′	0.15/10′	0.2/10′	0.2/15′	0.4/30′	0.6/45′	0.8/1°		
100~125				0.1/5′	0.1/5′	0.1/8′	0.15/10′	0.15/15′	0.3/25′	0.5/45′	0.8/50′		
125~150				0.1/5′	0.1/5′	0.1/8′	0.15/8′	0.15/10′	0.3/20′	0.5/30′	0.8/40′	0.8/45′	
150~200					0.1/5′	0.1/6′	0.1/7′	0.15/8′	0.3/15′	0.5/25′	0.8/30′	0.8/40′	1/50′
200~250					0.1/4′	0.1/5′	0.1/6′	0.15/6′	0.3/12′	0.5/20′	0.7/25′	0.8/30′	1/40′
250~350								0.15/5′	0.25/10′	0.5/15′	0.7/18′	1/22′	1/30′
350~500								0.15/4′	0.25/7′	0.5/10′	0.7/12′	1/16′	1/20′
500~650									0.25/5′	0.5/8′	0.7/11′	1/12′	1/16′
650~800									0.25/4′	0.5/6′	0.8/8′	1/10′	1/12′
800~1000										0.5/5′	1/6′	1/8′	1/10′

注：表中分子为 ΔR 值（单位 mm），分母为 Δφ 值。

3.3 用任意数量螺钉连接的孔间距允许偏差

螺钉连接以中心孔为基准

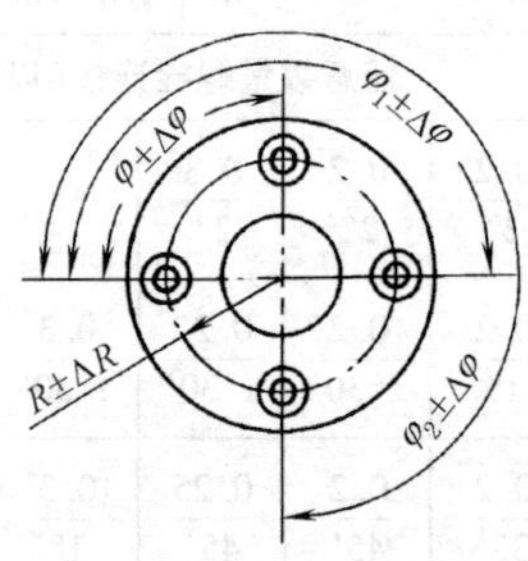

表 2-5-8

R /mm	最小间隙 S_M/mm												
	0.2	0.3	0.4	0.5	0.6	0.7	0.8	1	2	3	4	5	6
	允许偏差 ΔR 及 Δφ												
1~6	0.08/15′	0.1/30′	0.1/35′	0.1/45′	0.1/1°	0.1/1°20′							
6~10	0.04/15′	0.08/15′	0.1/20′	0.1/30′	0.1/45′	0.1/1°	0.1/1°						
10~20	0.04/8′	0.05/15′	0.08/15′	0.1/20′	0.1/25′	0.1/30′	0.1/30′	0.15/35′	0.3/1°30′				
20~30	0.04/5′	0.05/8′	0.1/8′	0.1/10′	0.1/10′	0.1/15′	0.1/20′	0.15/20′	0.3/45′				
30~40		0.05/5′	0.1/5′	0.1/8′	0.1/10′	0.1/10′	0.1/15′	0.15/15′	0.3/35′				
40~50			0.1/5′	0.1/8′	0.1/10′	0.1/10′	0.1/10′	0.15/15′	0.3/25′				
50~60			0.08/5′	0.08/5′	0.08/8′	0.1/10′	0.1/10′	0.15/10′	0.3/20′				
60~80				0.08/5′	0.08/5′	0.1/5′	0.1/8′	0.15/8′	0.2/20′	0.3/30′			
80~100					0.05/5′	0.1/5′	0.1/5′	0.15/5′	0.2/15′	0.3/25′	0.4/30′		
100~125							0.05/5′	0.1/5′	0.15/10′	0.25/25′	0.4/25′		
125~150								0.1/5′	0.15/10′	0.25/15′	0.4/20′	0.4/22′	
150~200								0.08/4′	0.15/8′	0.25/12′	0.4/15′	0.4/20′	0.5/25′
200~250								0.08/3′	0.15/6′	0.25/10′	0.3/12′	0.4/15′	0.5/20′
250~350									0.15/5′	0.25/8′	0.3/9′	0.5/11′	0.5/15′
350~500									0.15/3′	0.25/5′	0.3/6′	0.5/8′	0.5/10′
500~650										0.25/4′	0.3/6′	0.5/6′	0.5/8′
650~800										0.25/3′	0.4/4′	0.5/5′	0.5/6′
800~1000										0.25/3′	0.5/3′	0.5/4′	0.5/5′

注：表中分子为 ΔR 值（单位 mm），分母为 Δφ 值。

第 6 章 产品标注实例

1 典型零件标注实例

1.1 减速器输出轴

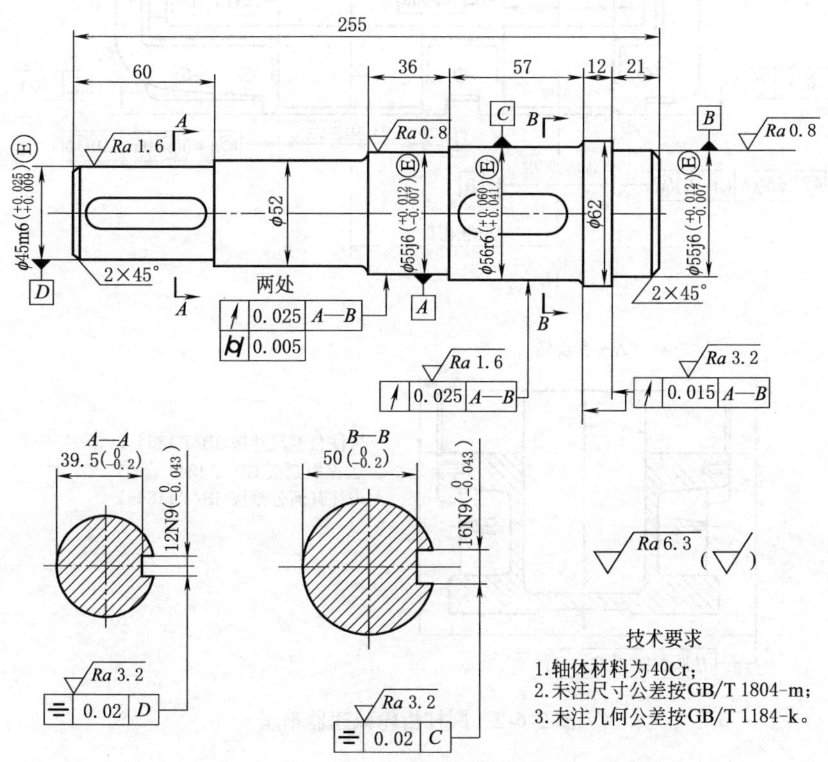

图 2-6-1 减速器输出轴

图 2-6-1 表示了典型减速器输出轴的尺寸、几何精度及表面粗糙度轮廓的公差及技术要求。

两轴颈 ϕ55j6、轴颈 ϕ56r6、轴头 ϕ45m6，分别与滚动轴承内圈、传动齿轮以及其他传动件相配合，为保证配合性质，均采用了包容要求。为保证轴承的旋转精度，两轴颈 ϕ55j6 在遵循包容原则的前提下，又提出了圆柱度公差要求 0.005mm；该两轴颈上安装滚动轴承后，将分别与减速器箱体的两孔配合，因此需限制两轴颈的同轴度误差，以保证轴承外圈和箱体孔的安装精度。为检测方便，图中给出了该两轴颈的径向圆跳动公差 0.025mm（跳动公差 7 级）。ϕ62mm 处的两轴肩都是止推面，起一定的定位作用，为保证定位精度，给出了两轴肩相对于基准轴线 A—B 的轴向圆跳动公差 0.015mm。轴颈 ϕ56r6 及轴头 ϕ45m6 通过键与传动齿轮或其他传动件连接，为确保键与键槽的可靠装配及工作面的负荷均匀，对轴槽规定了对称度公差 0.02mm。零件各表面粗糙度轮廓的技术要求如图所示。

其他未注尺寸及未注几何公差分别按 GB/T 1804-m 及 GB/T 1184-k 级进行控制；未标注表面的表面结构要求去除材料，并按 $Ra6.3$ 控制。

1.2 减速器箱座

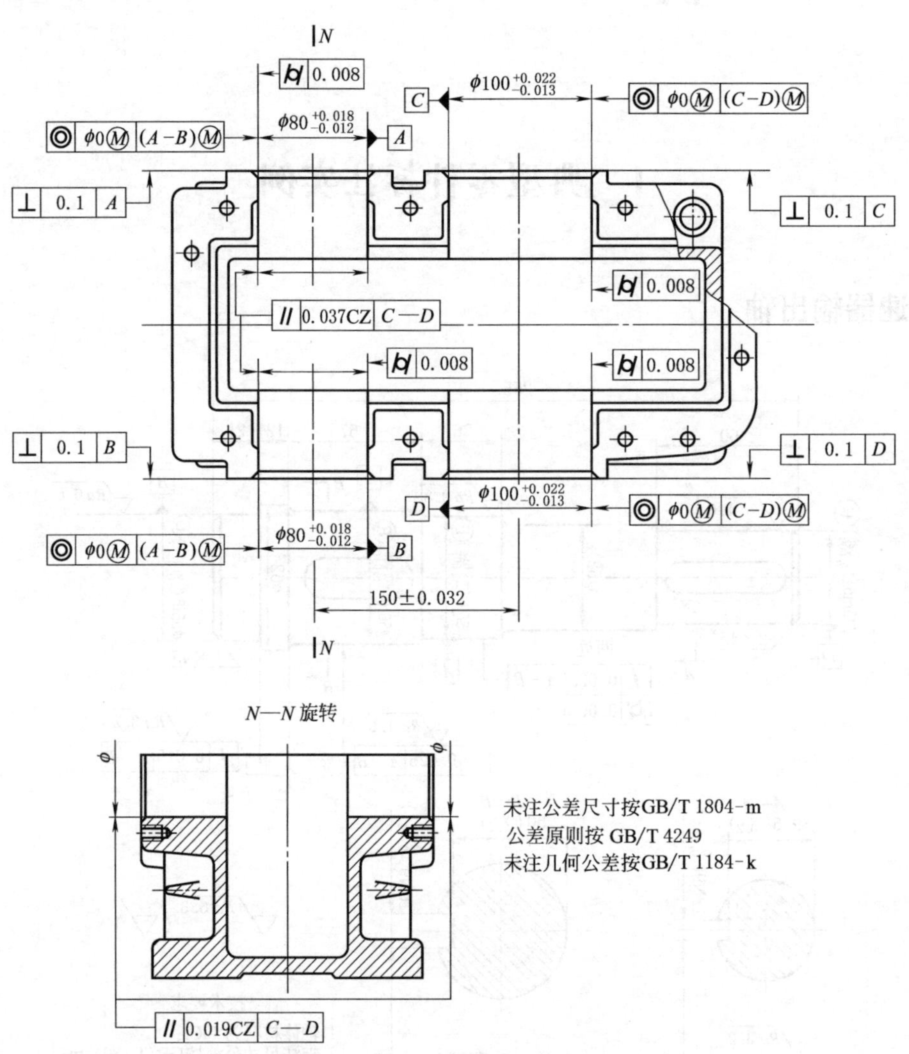

图 2-6-2　圆柱齿轮减速器箱座

图 2-6-2 表示了典型圆柱齿轮减速器箱座的尺寸及几何精度的公差及技术要求。

在几何公差方面，为保证齿轮传动载荷分布的均匀性，对箱体的两对轴承孔 $\phi100$ 及 $\phi80$，分别规定了两轴线在垂直平面内的平行度公差 0.019mm，在轴线平面内的平行度公差 0.037mm；为防止轴承外圈安装在轴承孔中产生过大变形，对同一根轴的两个轴承孔分别规定了同轴度及圆柱度要求。为保证轴承孔与轴承外圈的配合性质，对两对轴承孔的同轴度，均采用了最大实体要求的零形位公差；并对两对轴承孔的公共轴心线基准（*A—B*）及（*C—D*）均采用了最大实体要求，即当孔的实际尺寸达到最大实体尺寸（MMS）时，同一轴上的两个孔允许的同轴度误差为零。为保证轴承的配合精度及旋转精度，又进一步对两对轴承孔规定了圆柱度公差 0.008mm。

其他未注尺寸及未注几何公差分别按 GB/T 1804-m 及 GB/T 1184-k 进行控制，公差原则按 GB 4249 执行。

1.3 减速器箱体

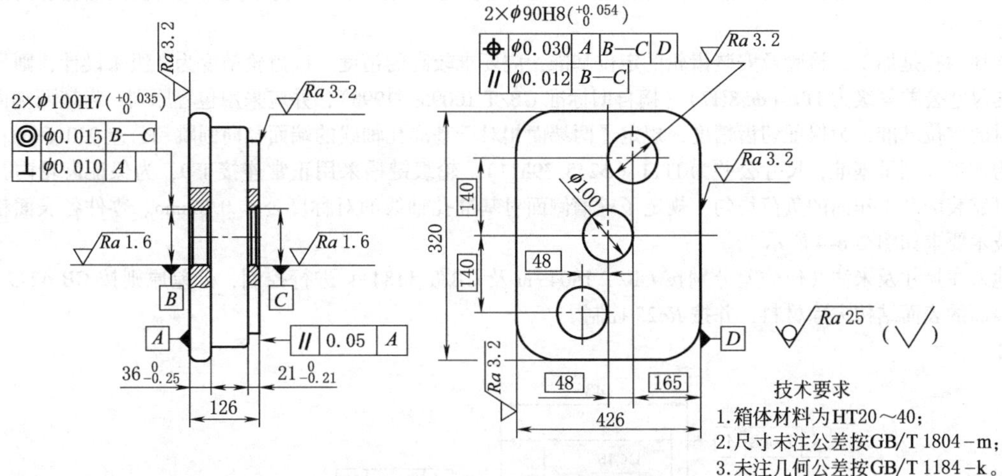

图 2-6-3 减速器输出箱体

图 2-6-3 表示了典型箱体类工件减速器箱体的尺寸、几何精度及表面粗糙度轮廓的公差及技术要求。

在几何公差方面，为保证轴承的旋转精度，对 2 个 ϕ100H7 轴承孔的轴线，分别规定了对 *B*—*C* 公共轴线为基准的同轴度公差、对端面 *A* 基准的垂直度公差以及箱体右端面对左端面 *A* 基准的平行度公差。其轴心线的理想位置分别由公共轴线 *B*—*C* 及基准面 *D* 的理论正确尺寸所确定，规定了对其公共轴线 *B*—*C* 的同轴度公差 ϕ0.015mm、对端面 *A* 基准的垂直度公差 ϕ0.010mm；对 2 个 ϕ90H8 孔的轴线位置，分别规定了其对于 *A*、*B*—*C* 以及 *D* 三基准的位置度公差要求，即要求该两孔圆柱面的实际轴线，应位于由 *B*—*C* 及 *D* 基准所确定的理论正确位置为基准轴线、以 ϕ0.030mm 为直径、并垂直于 *A* 平面的圆柱面内；同时还需满足该两孔的实际轴线与 *B*—*C* 公共基准轴线的平行度误差不超过 ϕ0.012mm；另外，还规定箱体右端面对左端面 *A* 基准的平行度公差为 0.05mm。零件各表面粗糙度轮廓的技术要求如图 2-6-3 所示。

其他未注尺寸及未注几何公差分别按 GB/T 1804-m 及 GB/T 1184-k 级进行控制；未标注表面的表面结构不允许去除材料，并按 *Ra*25 控制。

1.4 圆柱齿轮

例 1

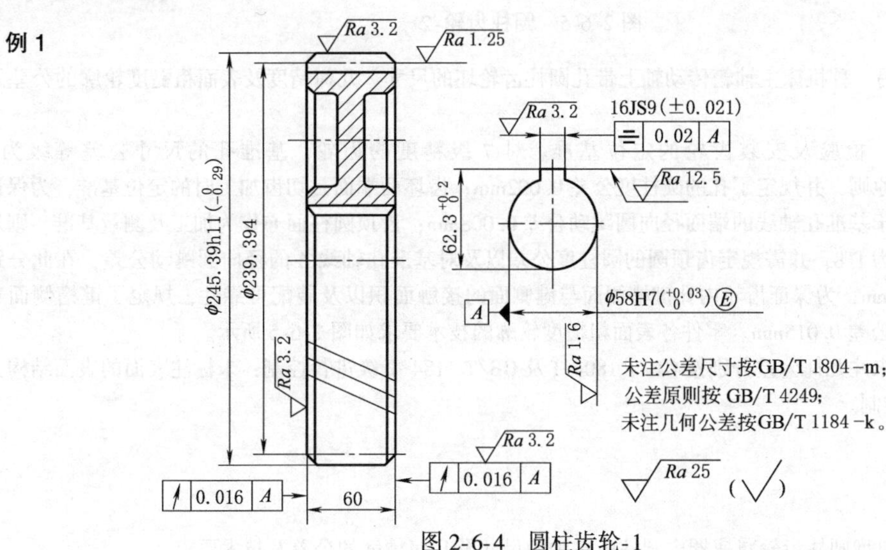

图 2-6-4 圆柱齿轮-1

齿轮的传动质量与齿轮坯精度有关。齿轮坯的尺寸、几何精度以及表面质量，对齿轮的加工、检验、齿轮副的接触以及啮合状况有很大影响，因此必须严格控制齿轮坯的加工精度。

图 2-6-4 表示了典型机床主轴箱传动轴上盘型带孔圆柱齿轮坯的尺寸、几何精度及表面粗糙度轮廓的公差及技术要求。

齿轮坯内孔是加工、检验及安装齿轮的定位基准，应要求较高的精度。按齿轮精度为 7 级来设计，则齿轮坯基准孔的尺寸公差等级为 IT7（ϕ58H7）（摘自旧标准 GB/T 10095—1998），并应采用包容原则；齿坯两端面是切齿加工时的定位基准，为保证切齿精度，规定了两端面相对于基准孔轴线的端面径向圆跳动公差 0.016mm；齿顶圆不作为加工或测量基准，尺寸公差为 IT11（ϕ245.39h11）。轮毂键槽采用正常连接 JS9，为保证齿轮内孔键槽与键的可靠装配及工作面的负荷均匀，规定了键槽侧面对基准孔轴线的对称度公差 0.02mm。零件各表面粗糙度轮廓的技术要求如图 2-6-4 所示。

其他未注尺寸及未注几何公差分别按 GB/T 1804-m 及 GB/T 1184-k 进行控制，公差原则按 GB 4249 执行。未标注表面的表面结构去除材料，并按 *Ra*25 控制。

例 2

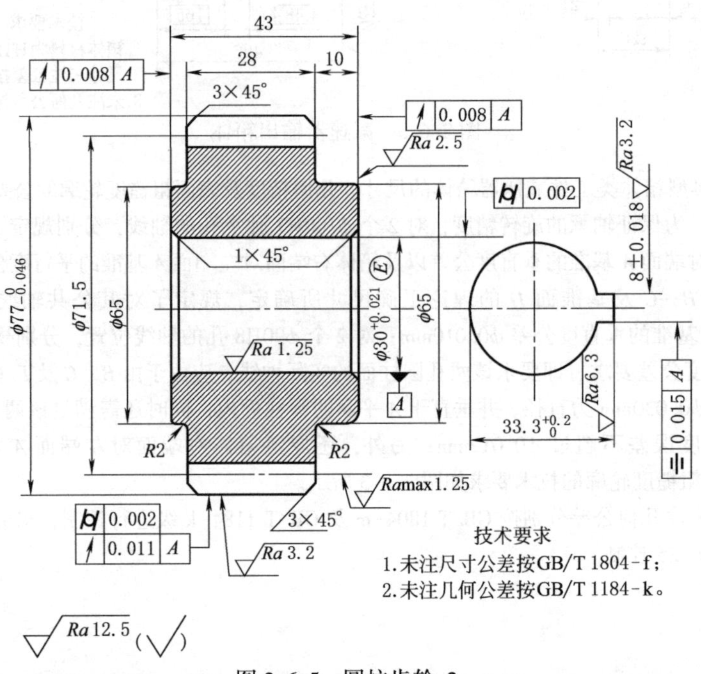

图 2-6-5　圆柱齿轮-2

图 2-6-5 表示了另一种机床主轴箱传动轴上带孔圆柱齿轮坯的尺寸、几何精度及表面粗糙度轮廓的公差及技术要求。

齿坯内孔是加工、检验及安装齿轮的定位基准。对 7 级精度的齿轮，基准孔的尺寸公差等级为 IT7（ϕ30H7），采用包容原则，并规定了孔的圆柱度公差 0.002mm；齿坯两端面是切齿加工时的定位基准，为保证切齿精度，规定了相对于基准孔轴线的端面径向圆跳动公差 0.008mm；齿顶圆柱面亦作为加工及测量基准，则规定了齿顶圆的尺寸公差为 IT8，并需规定齿顶圆的圆柱度公差以及对基准孔轴线 *A* 的径向圆跳动公差，在此分别取值 0.002mm 及 0.011mm；为保证齿轮内孔键槽侧面与键侧面的接触面积以及装配可靠性，规定了键槽侧面对基准孔轴线 *A* 的对称度公差 0.015mm。零件各表面粗糙度轮廓的技术要求如图 2-6-5 所示。

其他未注尺寸及未注几何公差分别按 GB/T 1804-f 及 GB/T 1184-k 级进行控制；未标注表面的表面结构去除材料，并按 *Ra*12.5 控制。

1.5　齿轮轴

图 2-6-6 表示了典型圆柱齿轮减速器中圆柱齿轮轴的尺寸及几何精度的公差及技术要求。

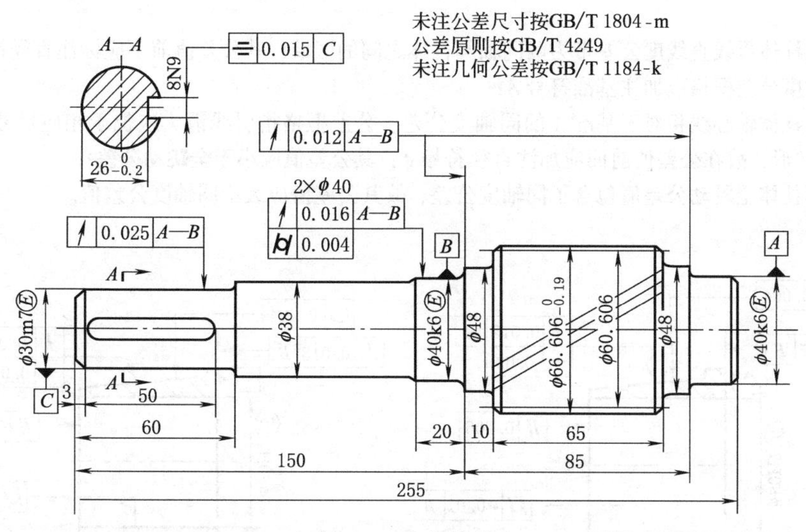

图 2-6-6　齿轮轴

齿轮轴上两个 ϕ40k6 的轴颈分别与两个相同规格的 0 级滚动轴承内圈配合，两个 ϕ48 轴肩的端面分别是这两个滚动轴承的轴向定位基准以及齿轮轴在箱体上的安装基准；ϕ30m7 轴头与带轮或其他传动件的孔配合。

两轴颈 ϕ40k 以及轴头 ϕ30m7，分别与滚动轴承内圈以及传动齿轮相配合，为保证配合性质，均采用了包容要求。为保证轴承的旋转精度，两轴颈 ϕ40k6 在遵循包容原则的前提下，按滚动轴承的公差等级为 0 级的精度要求，还确定了轴颈的圆柱度公差 0.004mm；为保证齿轮轴的传动精度要求，需保证齿轮轴两轴颈与轴头的同轴度精度，为检测方便起见，分别给出了两轴颈以及轴头相对于基准轴心线 A—B 的径向圆跳动公差 0.016mm 及 0.025mm；为保证滚动轴承在齿轮轴上的安装精度，按滚动轴承有关标准的规定，分别选取了两个轴肩的端面相对于公共轴心线 A—B 的轴向圆跳动公差 0.012mm。为保证轴头键槽与键以及传动件轮毂键槽的可靠装配以及工作面的负荷均匀性，规定了键槽相对于轴头轴线 C 的对称度公差。按使用要求选择了正常连接 8N9，并确定了对称度公差值 0.015mm。

其他未注尺寸及未注几何公差分别按 GB/T 1804-m 及 GB/T 1184-k 进行控制，公差原则按 GB 4249 执行。

2　几何公差标注错例比较分析

例 1

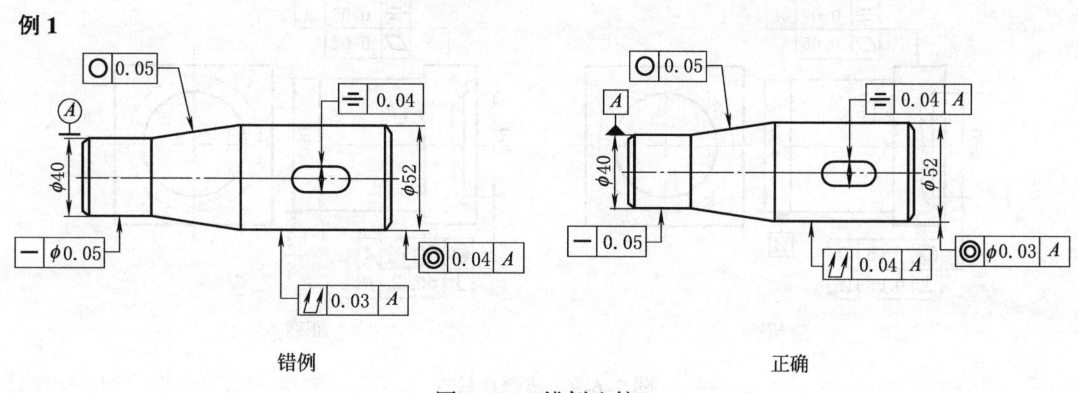

图 2-6-7　错例比较 1

错误分析：

1）圆锥体圆度公差带为垂直于公称轴线两同心圆之间的区域，公差框格指引线箭头应垂直于圆锥体轴心线；

2）基准要素 A 为左侧小圆柱体轴心线，其标注符号应为基准三角形，且应放置在小圆柱尺寸线的延长线上；

3）左侧小圆柱体母线直线度公差带为两同轴圆柱体之间的区域，其公差值前不应标注直径符号 ϕ；

4）键槽对称度公差框格应加注基准符号 A；

5）右侧大圆柱体轴心线相对于基准 A 的同轴度公差，公差框格指引线箭头应位于相应尺寸线的延长线上，其公差带为一圆柱形，故在公差值前面应加注直径符号 ϕ；其公差值应小于全跳动公差；

6）右侧大圆柱体全跳动公差值包含了同轴度公差，故其公差值应大于同轴度公差值。

例 2

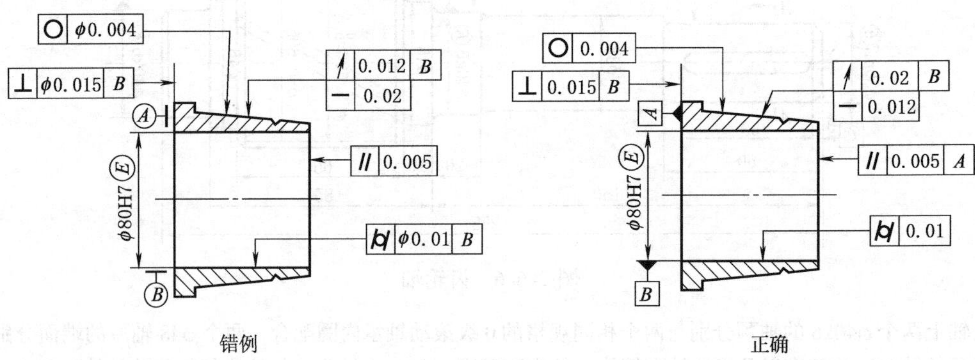

图 2-6-8 错例比较 2

错误分析：

1）轴套外圆锥面圆度公差带为两同心圆之间的区域，其公差值前不应标注直径符号 ϕ；

2）轴套左端面基准要素 A 的标注符号应为基准三角形；

3）基准要素 B 为孔的轴心线，标注符号应为基准三角形，且应位于 ϕ80H7 孔尺寸线的延长线上；

4）轴套外圆锥面的跳动公差及直线度公差框格，其指引线箭头应为被测圆锥面的法线方向：由于同一被测要素的跳动误差包含了形状误差，故跳动公差值应大于直线度公差值；

5）左端面相对于轴心线的垂直度公差带为两平行平面之间的区域，公差值前直径符号 ϕ 应去掉；

6）右端面相对于左端面的平行度公差，公差框格右边应添加基准代号 A；

7）轴套内圈的圆柱度公差带为两同心圆柱面之间的区域，公差值前不应标注直径符号 ϕ，且应去掉基准代号 B。

例 3

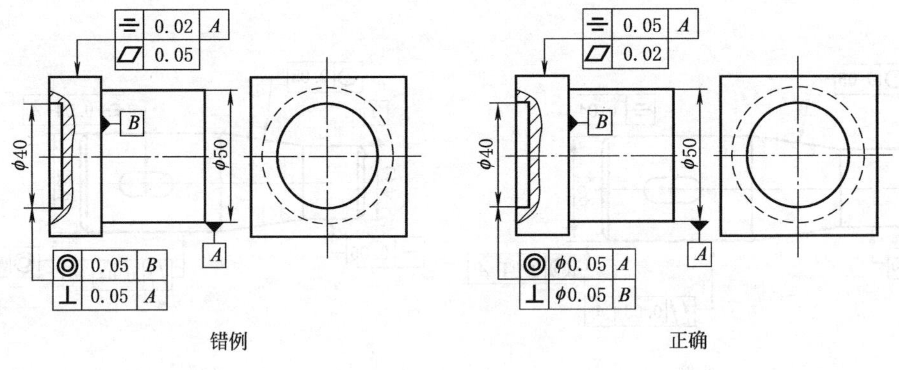

图 2-6-9 错例比较 3

错误分析：

1）基准要素 A 是圆柱体 ϕ50 轴心线，其基准代号应位于轴 ϕ50 尺寸线的延长线上；

2）零件左孔 ϕ40 轴心线的同轴度及垂直度公差带均为圆柱体，故在该两项公差值前均应加注直径符号 ϕ；另外，该孔同轴度公差的基准应为轴心线 A，而垂直度公差的基准则应为端面 B；

3）零件左边矩形上平面相对于轴线 A 的对称度误差包含了平面度误差，故其对称度公差值应大于平面度公差值。

例 4

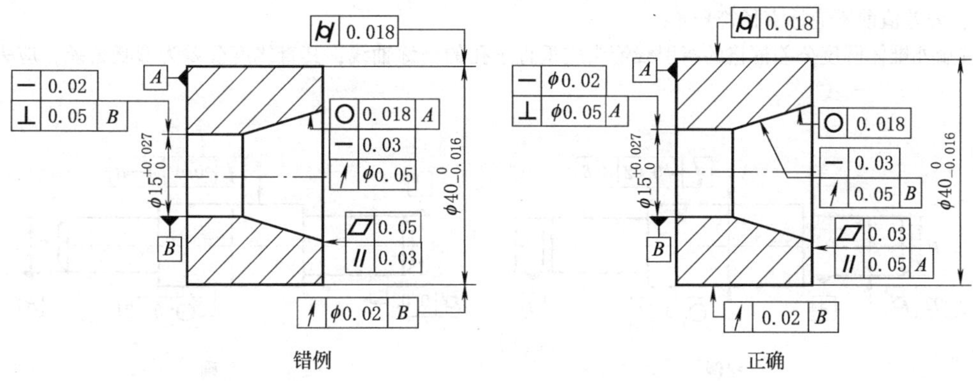

图 2-6-10　错例比较 4

错误分析：

1）零件外圆柱面 ϕ40 的圆柱度公差，其被测要素为轮廓要素，故其公差框格指引线箭头应与相应尺寸线错开；

2）零件外圆柱面的圆跳动公差带是以轴线 B 为基准的两圆柱面之间的区域，公差值前不应标直径符号 ϕ，且公差框格指引线箭头应与尺寸线错开；

3）零件内孔 ϕ15 轴心线的直线度以及垂直度公差带均为圆柱体，故此两项公差值前均应加注直径符号 ϕ，且其轴心线垂直度的基准应改为端面 A；

4）零件右端面的平面度公差值应小于方向公差平行度的公差值，且其平行度公差框格应加基准代号 A；

5）零件右端圆锥孔的几何公差标注有如下错误：

① 其圆度公差框格的指引线箭头应垂直于孔的公称轴线，而其圆跳动及直线度公差带的公差框格指引线箭头应于被测圆锥面的法线方向，故相应的公差框格应与圆度公差框格分开标注；

② 其圆度公差为形状公差，故不应标注基准代号 A；

③ 其圆跳动公差为位置公差，公差框格应加基准代号 B；公差带是两圆锥面之间的区域，公差值前不应标直径 ϕ。

例 5

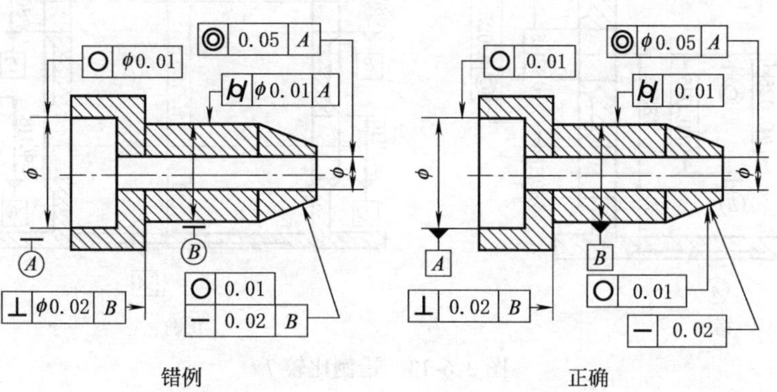

图 2-6-11　错例比较 5

错误分析：

1）基准要素 A 和 B 的标注符号均应为基准三角形；

2）基准要素 A 是零件左端圆柱休孔的轴心线，故其基准代号应位于孔 ϕ 尺寸线的延长线上；

3）左端孔的圆度公差带为两同心圆之间的区域，其公差值前不应标注直径符号 ϕ，且公差框格指引线箭头应与孔的尺寸线错开；

4）大圆柱体右端面对小孔轴心线的垂直度公差带为两平行平面之间的区域，其公差值前不应标直径符号 ϕ；

5）右端小孔相对于基准 A 的同轴度公差应为圆柱体，故公差值前应加注直径符号 ϕ；

6）右端小圆柱体的圆柱度公差为形状公差，公差框格中的基准代号 A 应去掉；其公差带为两同心圆柱面之间的区域，公差值前不应标直径符号 ϕ；

7）右端外锥体圆度公差框格的指引线箭头应垂直于孔的公称轴线；其直线度公差为形状公差，应去掉基准代号 B。

例 6

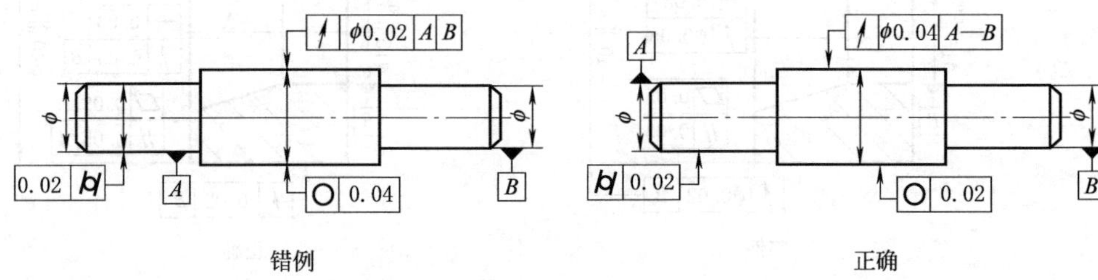

图 2-6-12　错例比较 6

错误分析：

1）基准要素 A 和 B 是零件左、右端圆柱体的轴心线，故其基准代号均应在该两轴 ϕ 的尺寸线延长线上；

2）左端小圆柱体的圆柱度公差框格，自左至右第一格应为几何特征符号，第二格应为公差值，并且其公差框格指引线箭头应与尺寸线明显错开；

3）中间圆柱体的圆度公差框格，其指引线箭头应与尺寸线明显错开：另外其公差值应小于该轴相应的径向圆跳动公差值；

4）中间圆柱体的径向圆跳动公差框格，其指引线箭头应与尺寸线明显错开，并且其基准代号应为公共轴线 A—B；其次，其公差值为两圆柱面之间的区域，故公差值前不应标直径符号 ϕ，另外，圆柱体的圆跳动误差包含了形状误差，故其公差值应大于圆度公差值。

例 7

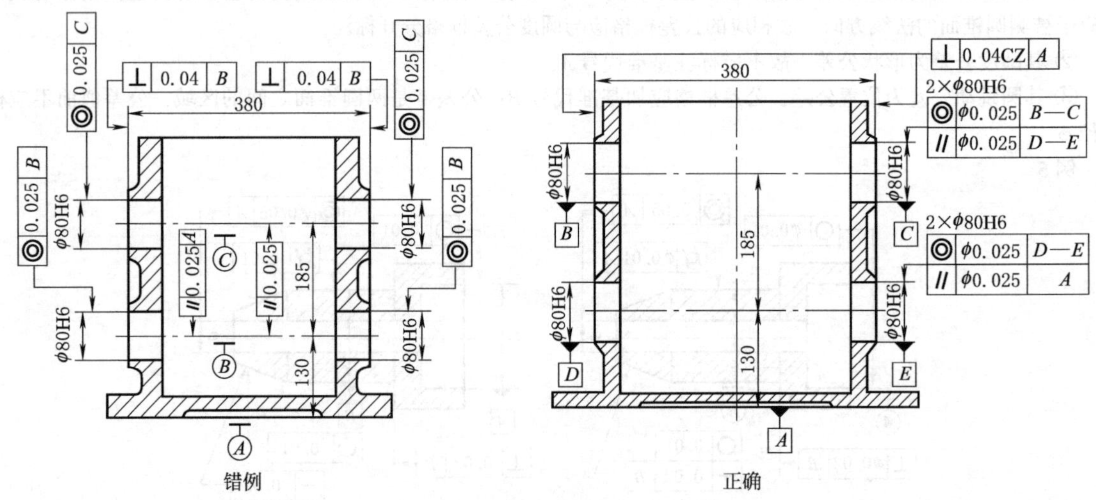

图 2-6-13　错例比较 7

错误分析：

1）所有基准要素 A、B、C、D、E 的标注符号均应为基准三角形代号；

2）4 个 ϕ80H6 孔的轴心线均为基准要素，故其代号 B、C、E、F 均应标注在孔的尺寸延长线上；

3）4 个 ϕ80H6 孔的轴心线分别相对于公共轴心线 B—C 及 D—E 的同轴度公差带均为圆柱体，故在公差值前均应加注直径符号 ϕ，且公差框格的指引线箭头均应位于孔的尺寸延长线上；

4）箱体上部一对 ϕ80H6 孔的公共轴心线 B—C 相对于轴心线 D—E 的平行度公差，其公差框格指引线箭头应位于孔的尺寸延长线上；

5）箱体下部一对 ϕ80H6 孔的公共轴心线 *D*—*E* 相对于底面 *A* 的平行度公差，其公差框格指引线箭头应位于孔的尺寸延长线上；

6）零件两侧面分离要素相对于底面的垂直度公差带可用一个公差框格表示，在框格中公差值的后面，应加注公共公差带符号 CZ，且其基准应为底面 *A*。

例 8

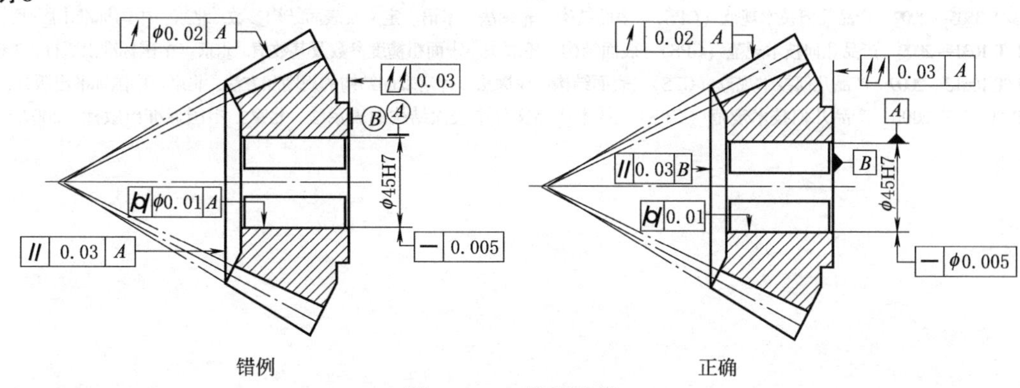

图 2-6-14　错例比较 8

错误分析：

1）基准要素 *A*、*B* 的标注符号均应为基准三角形代号；

2）圆锥面对基准孔 ϕ45H7 轴心线的跳动公差框格，其指示箭头应垂直于轴心线；因其公差带为两同心圆之间的区域，故应去掉公差值前的直径符号 ϕ；

3）零件左端面对右端面的平行度公差，其基准代号应为 *B*；

4）零件右端面对基准孔轴线的端面全跳动公差框格，应加注基准代号 *A*；

5）基准孔 ϕ45H7 轴心线的直线度公差带为一圆柱休，故其公差值前应加注直径符号 ϕ；

6）基准孔 ϕ45H7 表面的圆柱度公差为形状公差，应去掉基准代号 *A*，且其公差带为两同心圆之间的区域，故公差值前不应标注直径符号 ϕ。

第 2 篇

参　考　文　献

[1] 成凤文主编. 机械制图. 北京：中国标准出版社，2006.
[2] 王之煦编著. 几何作图. 北京：机械工业出版社，1965.
[3] 汪恺主编. 机械设计标准应用手册·第1卷. 北京：机械工业出版社，1997.
[4] 汪恺主编. 形状和位置公差标准应用指南. 北京：中国标准出版社，2000.
[5] GB/T 3505—2009 产品几何技术规范（GPS） 表面结构 轮廓法 术语、定义及表面结构参数. 北京：中国标准出版社，2009.
[6] GB/T 1031—2009 产品几何技术规范（GPS） 表面结构 轮廓法 表面粗糙度参数及其数值. 北京：中国标准出版社，2009.
[7] GB/T 10610—2009 产品几何技术规范（GPS） 表面结构 轮廓法 评定表面结构的规则和方法. 北京：中国标准出版社，2009.
[8] GB/T 131—2006 产品几何技术规范（GPS） 技术产品文件中表面结构的表示法. 北京：中国标准出版社，2007.